손에 잡히는 ICT2.0 1st Power writing

for Pre-Professional Engineers

INformation

핵심 ICT만 들어있는

&

COMmunication

정보통신기술사와 함께하는

TECHnology

합격의 기술

4차 산업혁명의 최신기술을 답안 프레임으로 재해석
ICT 산업현장전문가 8인의 심도있는 인사이트
ITPE 최신 합격 방법서 Easy Pass

박영철 장기천 최원태 이치문
유가람 조응영 노조원 박종화 공저

도서출판 GS인터비전

차 례

PART 1 정보공학이론

PART 2 ICT 기반망 기술

06 근거리통신망

10 재난·철도망

정보공학이론

PART 1

prologue

CHAP.1 최소한 이것만은 알고가자

기술사 공부는 토픽으로 하지만 통신에서 토픽은 따로 떨어져 있는 것이 아니라 기술과 기술이 융합되어 있습니다. 하나의 기술만 언급하는 것보다는 전후 기술을 살피고 연계되는 기술을 설명하면 효과적인 차별화가 될 수 있습니다.

통신은 송신부에서 보낸 데이터를 수신부에서 정확하게 받는 것입니다. 복잡한 통신의 단계를 쉽게 이해하기 위해서는 주요장치와 기능을 이해해야 합니다. 지금부터 통신의 과정을 블록다이어그램으로 나누고 하나의 블록에 연결되어 있는 주요장치와 사용목적에 대해 간략히 설명해드리겠습니다.

마이크: 통신의 시작입니다.

- 음성신호 또는 초음파를 받아서 그 진동을 전기적인 신호로 변환하는 장치로 넓은 의미에서 전화기의 송화기도 마이크에 포함됩니다.

LPF: 최고 주파수(고역 부분)를 차단하고 저역 부분을 통과시키는 필터입니다.

- 연관토픽: 표본화, 최고 주파수를 차단, 필터의 종류(LPF, HPF, BPF, BSF) 및 특성, 아날로그 필터, 디지털 필터 등

ADC: 아날로그 신호를 디지털 신호로 변환하는 장치입니다.

- 연관토픽: 표본화, 나이키스트, 샤논, 엘리어싱, 오버샘플링, 양자화잡음, 양자화 잡음 방지대책 , 적응형양자화, PCM 등

압축: 전송용량을 줄이기 위해 사용하는 기술입니다.

- 연관토픽: 손실 압축, 무손실 압축, 음성압축, 영상압축, 청각심리부호, 마스킹효과, 공간적, 시간적, 통계적 압축의 원리 등

암호화: 데이터 송수신 과정의 기밀성, 무결성, 가용성을 보장하는 기술입니다.
- 연관토픽: 암호기법, 비밀키, 공개키, 스트림암호, 블록암호, 해쉬함수 등

채널코딩: 전송채널에서 에러와 같은 잡음에 대해 내성을 강화시키는 기술입니다.
- 연관토픽: FEC는 R-S code, 컨벌루션, 터보코드, LDPC 가 사용되며 BEC는 ARQ기술이 사용되고 있습니다. 채널코딩을 위해 잉여비트를 사용해야 하므로 전송에 필요한 대역폭이 넓어지는 단점이 있습니다.

인터리버: 군집에러를 랜덤에러로 변환하여 전송하고 디인터리버 과정을 통해 재배열하여 출력된 신호를 원래 순서로 바꾸는 복원률을 높이기 위한 기술 입니다.

변조: 전송하고자 하는 정보를 전송로의 특성에 가장 적합한 형태로 변환하는 과정 입니다.
- 연관토픽: 변조의 목적, 아날로그변조(AM, FM, PM), 디지탈 변조(ASK, FSK,PSK,QAM), 성상도, 송수신기 구조, 변조방식별 오율, 채널용량 등

LO: 다른 주파수대역으로 천이시키기 위해 사용합니다.
- 연관토픽 : PLL, 수정발진기, 위상잡음 등

HPA: 고출력 증폭기로 변조된 신호를 증폭하여 급전선에 연결합니다.
- 연관토픽: 선형성, P1dB, ACPR, OIP3, LPA(선형증폭기) 방식, 등

급전선: 증폭기의 출력신호를 안테나에 연결하기 위해 사용합니다.
- 연관토픽: 임피던스매칭, 임피던스 정합방법, 동조급전, 비동조급전, 도파관, S-PARAMETER, 스미스차트, 네트워크 분석기 등

송신안테나: 변조된 신호를 공간으로 방사합니다.
- 연관토픽: 맥스웰방정식, 안테나 파라미터, 반파장다이폴, 안테나 종류, 수직접지안테나, 지향성, 전후방비, 어레이안테나, 위성통신용 안테나 등

전송채널: 유선, 무선, 광선, 위성통신 등 다양한 방식의 전송채널이 존재합니다.

수신안테나: 안테나는 송신 및 수신이 동일한 특성을 갖으며 전자파가 전파되는 곳에 도체를 두면 그 도체에 유도 전류가 흐르게 됩니다. 즉, 안테나 특성에는 가역성이 있으며, 안테나 임피던스도 수신용과 송신용은 같은 값입니다.

- 연관토픽: 맥스웰 방정식, 안테나에 전파수신원리, 유도기전력, 수신기의 성능지표- 감도, 선택도, 충실도, 안정도

LNA: 잡음지수(NF)를 줄이기 위해 수신기의 초단에 사용하는 저잡음 증폭기입니다.

- 연관토픽: 다단증폭기, 종합잡음지수, 최소수신레벨, 페이드마진 등

복조부: RF신호를 IF로 천이하여 검파기에 적합한 형태로 신호를 변환합니다.

- 연관토픽: IF 사용이유, 헤테로다인 수신기, ZERO IF 등

검파부: 수신기에 의해 수신된 피변조파(반송파+신호파)에서 신호파를 꺼내는 회로로 복조회로라고도 합니다.

- 연관토픽: 동기검파, 비동기 검파, 포락선검파 등

정보공학은 통신이론, 무선통신, 전송채널, 안테나 공학 등 전반적으로 이론과 관련된 문제가 출제 되는 영역입니다. 샤논의 통신모델의 송신부, 수신부, 전송채널에서 나올 수 있는 많은 토픽들 중 '최소한 이것만은 알고가자' 하는 바램입니다. 좀 어렵고 이해가 필요한 부분이지만 정보공학을 제대로 이해해야만 합격을 문턱을 넘을 수 있습니다.

수신부 시스템 구성도

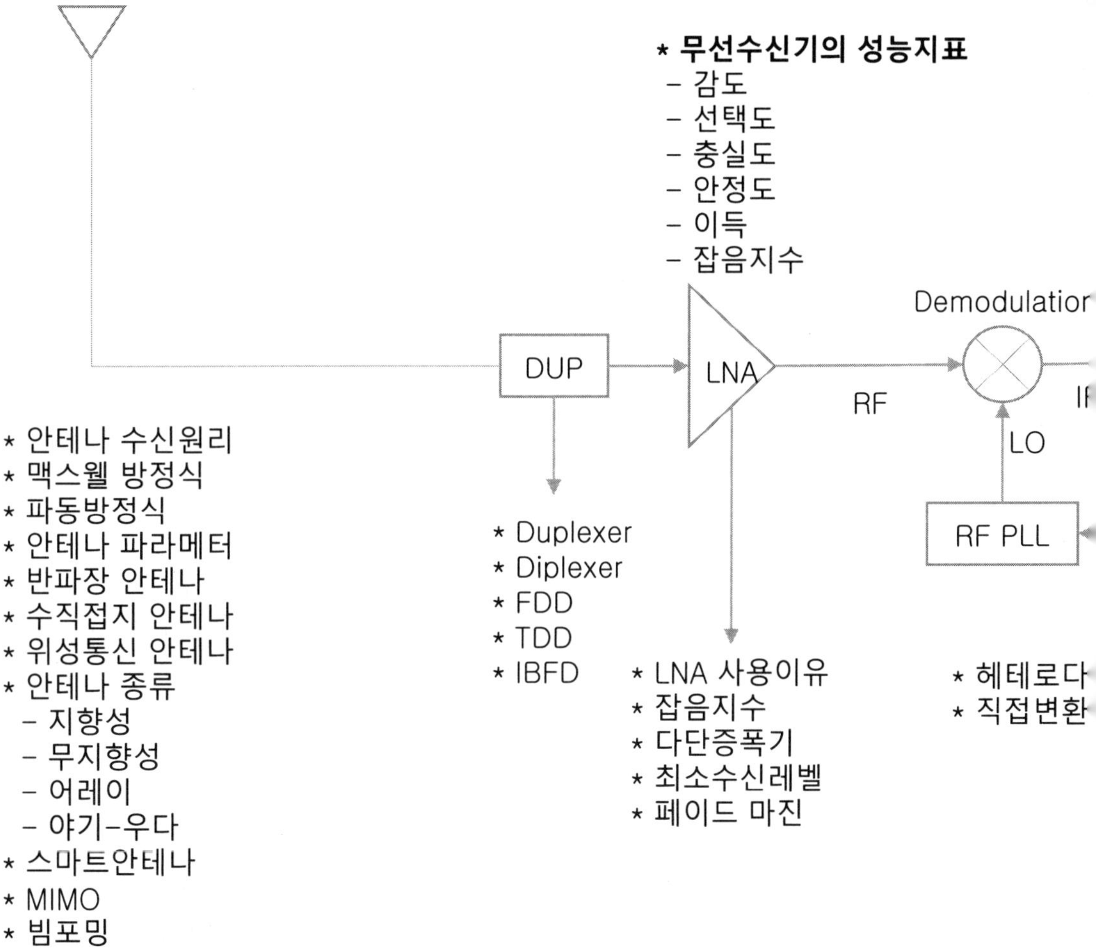
* 무선수신기의 성능지표
- 감도
- 선택도
- 충실도
- 안정도
- 이득
- 잡음지수
Demodulatior
DUP
LNA
RF
LO
RF PLL
* 안테나 수신원리
* 맥스웰 방정식
* 파동방정식
* 안테나 파라메터
* 반파장 안테나
* 수직접지 안테나
* 위성통신 안테나
* 안테나 종류
- 지향성
- 무지향성
- 어레이
- 야기-우다
* 스마트안테나
* MIMO
* 빔포밍
* Duplexer
* Diplexer
* FDD
* TDD
* IBFD
* LNA 사용이유
* 잡음지수
* 다단증폭기
* 최소수신레벨
* 페이드 마진
* 헤테로다
* 직접변환

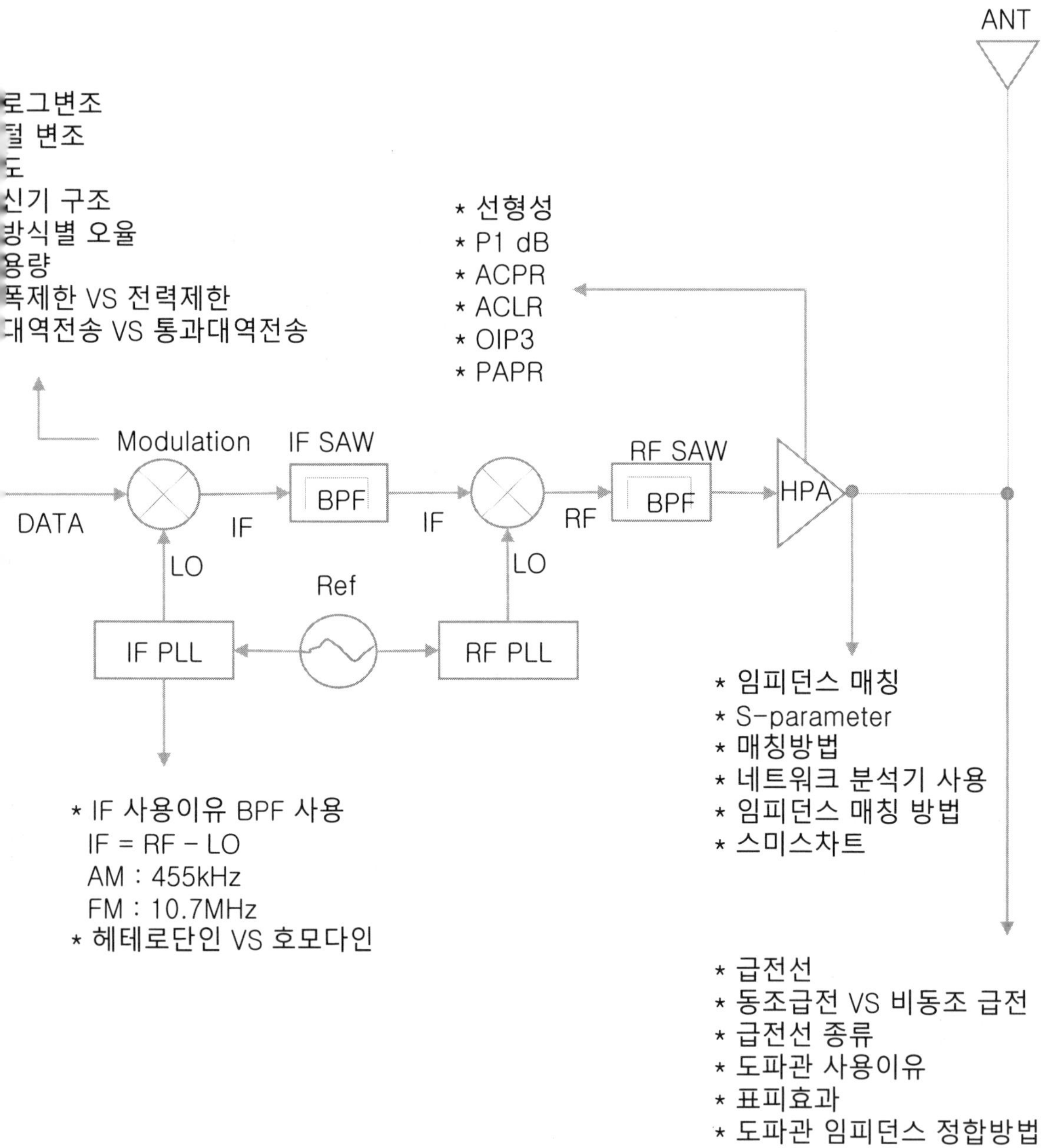

로그변조
털 변조
도
신기 구조
방식별 오율
용량
폭제한 VS 전력제한
대역전송 VS 통과대역전송
* 선형성
* P1 dB
* ACPR
* ACLR
* OIP3
* PAPR
ANT
Modulation
IF SAW
RF SAW
DATA
IF
BPF
IF
RF
BPF
HPA
LO
LO
Ref
IF PLL
RF PLL
* 임피던스 매칭
* S-parameter
* 매칭방법
* 네트워크 분석기 사용
* 임피던스 매칭 방법
* 스미스차트
* IF 사용이유 BPF 사용
IF = RF - LO
AM : 455kHz
FM : 10.7MHz
* 헤테로단인 VS 호모다인
* 급전선
* 동조급전 VS 비동조 급전
* 급전선 종류
* 도파관 사용이유
* 표피효과
* 도파관 임피던스 정합방법

송신부 시스템 구성도

* 변조
* 목적
* 아날
* 디지
* 성상
* 송수
* 변조
* 채널
* 대역
* 기저

Audio
- 청각심리부호
- * 마스킹효과

Video
- 공간적 : DCT + 양자화
- 시간적 : 움직임 보상
- 통계적 : RLC +VLC

Source Coding

LPF → ADC → 압축 → 암호화 → Channel Coding → Inter leaving →

* 음향변환 원리

LPF → 필터

* 아날로그필터

LPF 저가
HPF L/C구현
BPF 범용적
BSF 간단구성

* 디지털 필터

A/D변환 고가
DSP사용 복잡
D/A변환 특수목적
특성 좋음
* AF VS DF

ADC

* 표본화
* 나이키스트 주파수
  fs=2fm
* 샤논 주파수
  fs>2fm
* 엘리어싱,
* FTN
* 양자화
* 양자화 잡음발생
  경사과부하잡음, 입상잡음
* 비선형 양자화
* 적응형 양자화
* 오버샘플링

암호화

* 암호기법
* 비밀키 vs 공개키
* 해쉬함수

Channel Coding → CC

* BEC
  - STOP & WAIT
  - GO BACK N ARQ
  - AELECTIVE ARQ
  - ADAPTIVE ARP
  - * HYBRID ARQ
* RFC
  - R-S
  - CONVOLUTION
  - TURBO
  - * LDPC

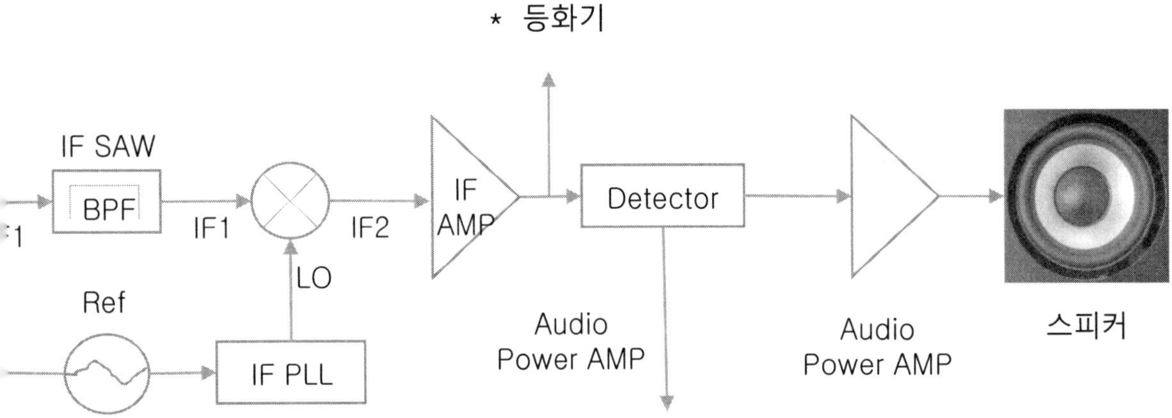

인 방식 수신기
(호모다인, ZERO IF)

* 동기검파
- DSB-SC (AM)
- PSK, FSK , ASK, QAM
- PLL 사용
- 수정발진기 사용
- 파일럿 반송파 사용

* 비동기검파
- 포락선검파 (AM)
- 정류검파

* 동기 VS 비동기

1.1 AWGN(Additive White Gaussian Noise)

1. AWGN의 개요

- ○ 통신시스템의 주로 열잡음이 있으며 신호를 훼손시키는 특성으로 가산성, 백색성, 가우시안성의 특성을 가짐.
- ○ 광의의 정상적 랜덤과정 N(t)의 전력밀도 스펙트럼이 전 주파수에 걸쳐 일정한 경우 N(t)를 백색잡음이라 함.

2. AWGN의 개념이해

가. 개념도

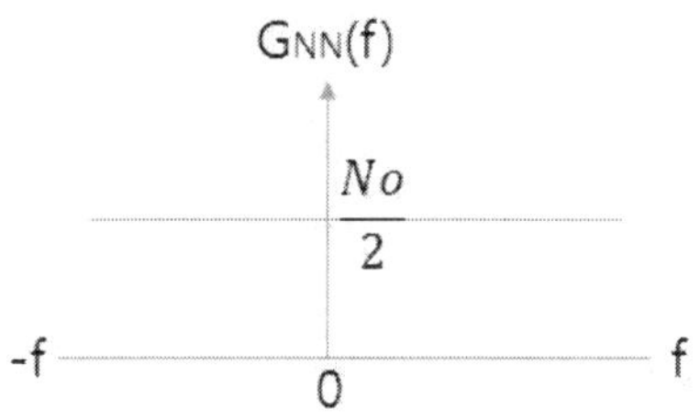

전력밀도 스펙트럼

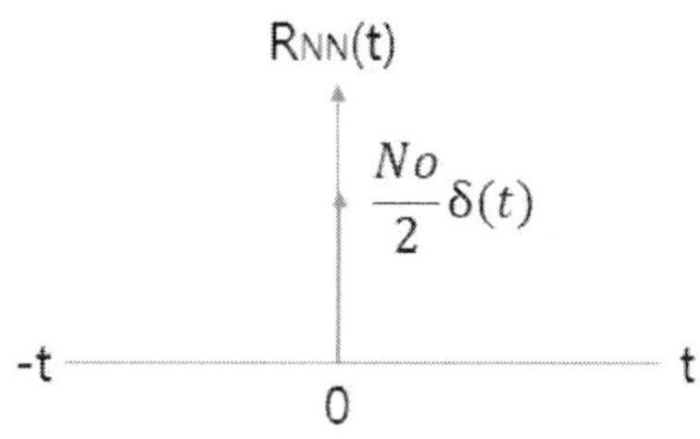

자기상관함수

① 전력밀도 스펙트럼

Gnn(f) = No/2 [W/Hz]

② 자기상관함수

$R_{NN}(t) = F^{-}[G_{NN}(f)] = \frac{N_O}{2}\delta(t)$

나. 백색잡음의 특징

① 평균값은 0이고 비주기 신호임.

② 전력밀도 스펙트럼이 전 주파수에서 일정함.

③ 시간에 따라 변하지 않는 정상적 랜덤과정.

④ 대역폭이 무한대이므로 평균전력도 무한대(실현 불가능함).

⑤ 가우시안 분포를 형성함.

3. 백색잡음의 의미

구분	설명
가산성(Additive)	통신채널에서 열잡음이 더해지는 형태를 취함 모든 통신채널에서 가산적으로 부가됨
백색성(White)	거의 모든 주파수를 포함하고 있기에 빛의 색처럼 백색이라고 함
가우시안(Gaussian)	열잡음이 갖는 확률분포특성을 말하며 시간영역에서 가우시한 확률 분포를 가짐

4. 유색잡음

가. 대역 제한된 백색잡음의 전력밀도 스펙트럼의 형태를 말하며 통신 시스템에서 필터를 통과할 때 발생하는 잡음임.

나. 개념이해

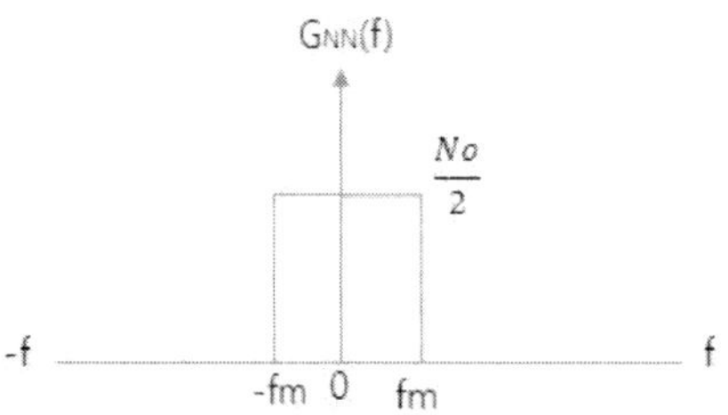

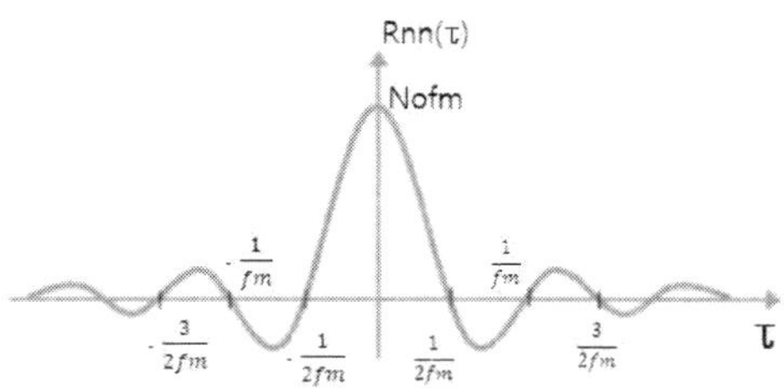

※ Rect(t)와 Sinc(f)를 이용하여 구하며 대역이 제한된 백색잡음의 형태는 Sinc함수의 형태로 나타남.

Point

키 워 드	백색잡음, 전력밀도 스펙트럼, 자기상관함수, 열잡음, 유색잡음, 가우시안
기출코드	통신2018상2, 통신2005상1
통합사고	백색잡음은 가산성, 백색성, 가우시안성의 특성을 가집니다. 전력밀도 스펙트럼의 형태와 자기상관함수를 알아야 하며 백색잡음의 특징을 정확히 이해해야 합니다. 전 주파수 대역에 걸쳐 일정하면 백색잡음이고 백색잡음이 수동소자(필터)등을 지나면 유색잡음이 되므로 잡음의 전 과정을 설명하기 위해서는 백색잡음과 유색잡음을 같이 설명해야 더 차별화가 됩니다.
함께보기	"AWGN" 손에 잡히는 ICT, 60p "자기상관함수" 손에 잡히는 ICT, 46p

참고문헌

[1] AWGN, http://www.ktword.co.kr, 2017
[2] 최우영, "통신이론", 예문사, 2017

1.2 직교함수의 정의 및 응용

1.			**개요**
	○		두 함수(벡터)의 내적이 0 일 경우 두 함수(벡터)는 직교관계의 함수라고 함.
	○		함수 f1(x), f2(x), …가 변수가 있는 변역 a≤ x ≤b에서 연속적이고,
			어느 함수도 항등적으로 0이 아닐 때 두 함수의 곱의 적분 값이 0 이면
			두 함수는 직교관계라 함.
2.			**신호를 직교로 표현하는 이유**

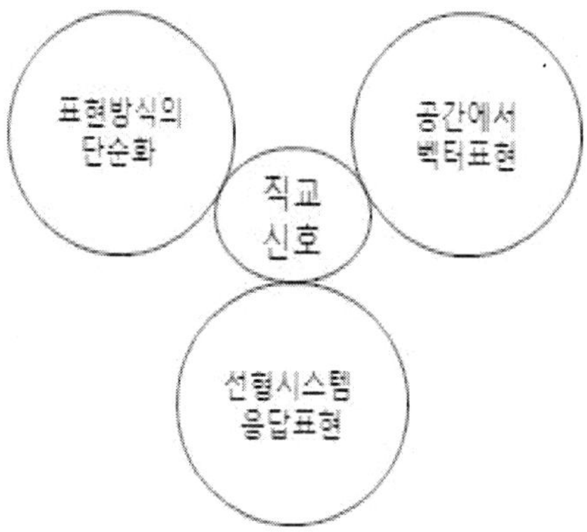

3.			**함수 및 벡터에서 직교성**
	가.		벡터 직교성
		①	두 벡터의 내적(Inner Product / Dot Product)이 '0'
		②	x ∘ y = 0
	나.		함수 또는 신호 직교성
		①	두 함수를 곱하여 적분한 결과가 '0'
		②	실수함수

$$< x(t),y(t) > \; = \int x(t)y(t)dt = 0$$

③ 복소수함수

$$< x(t), y(t) > \ = \int x(t)y^*(t)dt = 0$$

4. 직교함수의 활용

활용분야	설 명
신호해석	임의의 두 신호를 선택하더라도 두 신호가 서로 직교함(독립적임)
푸리에 급수	정현파 또는 지수신호들의 무한집합을 이용하여 주기신호를 무한급수로 표현
통신의 변조	동위상 및 직교위상으로 위상이 상호 직각(90°)로 직교한다는 의미 QAM, QPSK 등
코드분야	직교코드로 서로 다른 코드 사이에 상호상관이 '0'인 코드를 사용(왈쉬코드)

5. 맺음말

- 두 함수(벡터)의 내적이 0 일 경우 두 함수(벡터)는 직교관계일 때 두 함수는 직교관계라 함.
- LTE 통신방식의 OFDM 변조는 이 직교관계를 이용하며 다양한 통신에서 활용되고 있음.

Point

키 워 드	직교관계, 벡터내적, 실수함수, 복소수함수
기출코드	
통합사고	두 개의 함수가 직교를 하면 서로 분리하기가 용이해지고 벡터적으로 설명이 쉬워집니다. 신호의 해석, 푸리에 변환, 통신의 변조(QPSK), OFDM, 코드분야(왈쉬코드) 등에서 직교의 관계를 이용하여 사용됩니다. 전자파의 이동 또한 직교관계가 있기에 다방면에서 직교관계를 물어볼 수 있습니다. 아직 미 출제 문제로 1교시용으로 출제가 가능한 문제입니다.
함께보기	

참고문헌

[1] 정보통신기술용어해설, http://www.ktword.co.kr/, 2017

[2] 최우영, "통신이론", 예문사, 2017

1.3 디지털통신시스템 설계목표 및 특징

1.			**디지털통신시스템의 개요**
	○		디지털통신시스템은 아날로그신호를 디지털로 변환한 후 압축, 암호화,
			채널코딩을 거쳐서 전송하는 방식을 말함.
	○		디지털 통신은 잡음 및 간섭, 오류에 강인하고 저장 및 재생 등이 용이하나
			넓은 대역폭과 복잡한 동기화 기술이 필요함.
2.			**디지털통신시스템의 설계 목표**

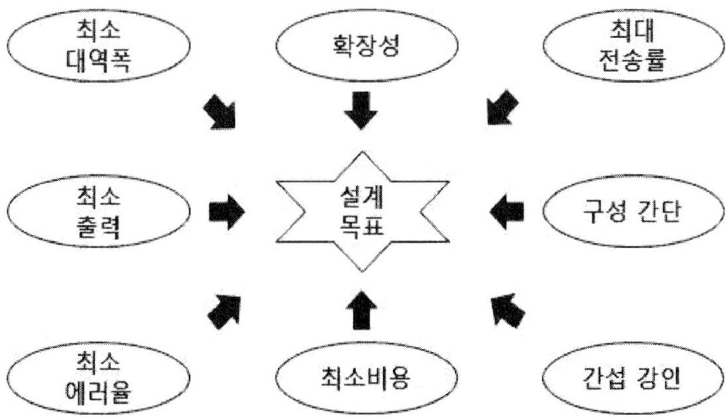

		①	최소 대역폭: 나이키스트 대역폭 W=Rs/2를 만족해야함.
		②	최소 출력: 최소의 Eb/No를 사용하여야 함.
		③	최소 에러율: 에러가 적도록 고효율 채널코딩 사용
		④	확장성: 향후 증설을 위한 확장성 필요
		⑤	최대 전송률: 샤논의 채널용량을 고려한 설계
		⑥	간섭 강인: 전송채널에서 외부/내부의 간섭에 강인
		⑦	구성 간단: 유지보수 용이
		⑧	최소비용으로 설계
		⑨	기타: 보안성, 유지보수 용이성, 안전성 등

3. 디지털통신시스템의 특징

장 점	단 점
왜곡, 간섭, 잡음에 강인	넓은 대역폭 필요
오류정정이 가능함	복잡함
유연한 망 설계 가능	동기화기술이 필요(PLL[1])
저장 및 재생이 용이	
다중화 통신이 가능	
처리속도 향상	

4. 맺음말

- ○ 디지털통신시스템은 유선통신, 무선통신, 광통신등 모든 통신에 광범위하게 사용되고 있음.
- ○ 디지털통신 설계 시 비용, 대역폭, 가용성, 유지보수성, 확장성 등을 고려하여 설계를 해야 할 것임.

1) PLL(Phase Lock Loop): 출력 신호의 주파수를 항상 일정하게 유지하도록 구성된 주파수 부귀환 회로이다. 입력 신호와 기준주파수, 출력 신호와 주파수를 일치시키는 전자회로로, 입력 신호와 출력 신호의 위상차(位相差)를 검출하고, VCO(Voltage Controlled Oscillator, 전압제어 발진기)를 제어하는 것으로 정확하게 고정시킨 주파수 신호를 발신한다.

Point

키 워 드	최소 대역폭, 최소 출력, 최대 전송율, 최소 에러
기출코드	
통합사고	디지털통신시스템은 샤논의 통신용량 수식을 만족하며 최소의 대역폭과 최소의 출력으로 최대의 통신용량을 제공하는 시스템을 구축해야 하며, 또한 오류발생을 최소화하기 위해 채널코딩기술을 적용해야 합니다. 디지털 통신시스템의 특징을 설명 시 아날로그 통신과 비교를 해도 좋으나 장,단점까지 비교한다면 더 통신이론에 대한 관점이 있음을 어필할 수 있습니다. 장점은 5개 이상, 단점은 3개 정도로 작성합니다.
함께보기	“샤논이론” 손에 잡히는 ICT, 28p

참고문헌

[1] 허경행, “기술사 서브노트”, 2015
[2] 최우영, “통신이론”, 예문사, 2017

1.4 기저대역 전송방식(Baseband)과 대역통과 전송(Bandpass)

1.			**개요**
	○		기저대역 전송방식은 신호를 변조하지 않고 Digital 신호 그대로 신호를
			전송하는 방식임.
	○		반송대역 전송방식은 변조를 사용하여 Digital 신호에 반송파를 곱하여
			반송대역으로 천이하여 전송하는 방식임.
2.			**기저대역 전송방식**
	가.		동작개념(Line Coding)
			디지털화된 데이터를 전송로에 적합한 펄스 파형으로 대응 변환시켜 전송
			하는 방식임.
	나.		전송조건
		①	대역폭(W)이 좁아야 함.
		②	Error Detection이 가능해야 함.
		③	잡음(Noise)에 강인해야 함.
		④	전송데이터에 DC 성분이 포함되지 않아야 함.
		⑤	Self Clocking, 동기 확보가 용이해야 함.
3.			**대역통과 전송방식**
	가.		동작개념
			디지털 데이터에 따라 반송파의 진폭, 주파수, 위상을 변조시켜 전송하는
			방식임.
	나.		사용이유
		①	장거리 전송
		②	다중화가 가능

③ 잡음 및 간섭에 강인

④ 전송매체에 정합

⑤ 안테나 길이 단축 및 크기의 단축

4. 비교

구분	기저대역 전송방식	대역통과 전송방식
구현	구현이 용이	구현이 복잡
가격	값이 저렴함	고가
전송거리	단거리	근거리/원거리 전송가능
전송용량	저용량 전송	대용량 전송가능
사용처	특수목적용 통신	일반적 통신

5. 맺음말

○ 신호의 전송방식은 기저대역 전송과 대역통과 전송방식으로 나뉘며 기저대역전송은 전송의 한계성으로 인해 거의 사용하지 않음.

○ 대역통과 전송은 변조방식을 사용하는 모든 시스템에서 사용하며 재생중계를 통해 원거리 전송이 가능하며 일반적인 통신방법임.

Point

키워드	대역폭, 잡음, 동기 확보, Line Coding
기출코드	
통합사고	기저대역전송에는 반송파를 사용하지 않기 때문에 출력신호가 아주 작습니다. 약한 신호를 보내서 수신부에서 검출·확인하기 위해서는 에러에 강인해야 하며, DC성분이 없어야 하고, 대역폭이 좁아야하며 동기 확보가 가능해야 합니다. 반대로 반송파 대역전송은 변조 시 로컬 신호를 사용하기에 기저대역 전송에서 불가능한 것 대출력, 원거리전송 등이 가능합니다. 변조의 필요성에 대한 공부를 연계해야 합니다.
함께보기	

참고문헌

[1] 정보통신기술용어해설, http://www.ktword.co.kr/, 2017
[2] 최우영, “통신이론”, 예문사, 2017

1.5 PCM(Pulse Code Modulation)

1.			**PCM의 개요**
	○		PCM통신은 아날로그 신호를 3개의 분리된 과정인 표본화[2], 양자화, 부호화 과정에 의해 디지털신호로 변환하는 것을 말함.
	○		표본화 정리에 의해 원 신호 초고주파수의 2배 이상으로 샘플링하면 왜곡없이 원 신호를 복구 할 수 있음.
2.			**PCM 통신의 구성**
	가.		PCM통신의 송수신 구성도

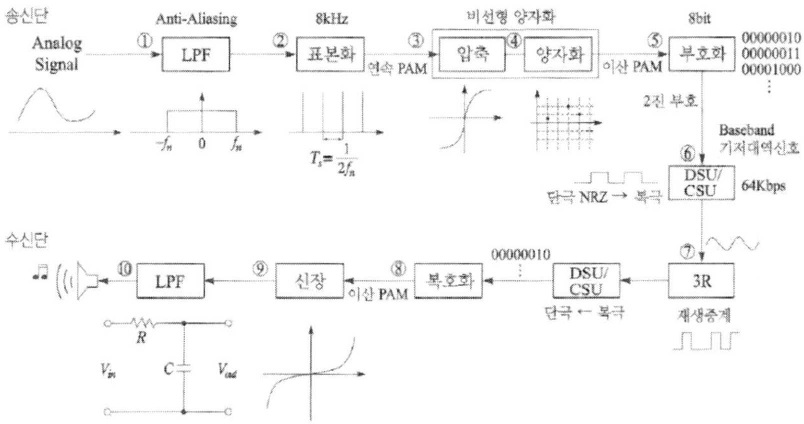

	나.		기능별 특징
		①	LPF: 엘리어싱 방지를 위해 최대신호(fm) 이상의 신호를 차단함.
		②	표변화: 신호를 시간적으로 샘플링함.(Ts=125uS)
		③	압축: 양자화잡음을 줄이기 위해 사용(비선형 양자화)함.
		④	양자화: 신호의 크기를 1과0으로 정수화 시킴.
		⑤	부호화: 양자화된 1과 0을 펄스열로 변환함.
		⑥	재생중계: 왜곡된 신호를 디지털 신호로 복구함.

2) 표본화: 추출한 펄스 진폭은 원파형(原波形)의 그 시점 부근에서의 진폭을 대표하는 표본이므로 이와 같은 조작을 표본화라 한다.

		⑦	신장: 압축된 신호를 복호하기 위해 신장시킴.
		⑧	LPF: 최고주파수를 차단하고 저역 신호를 복구함.
3.			**PCM 방식의 비교**

구분	PCM	DPCM	ADPCM	DM	ADM
특징	기본	선형예측	적응형 양자, 예측	오버샘플링	적응형 양자
샘플링	8k	8k	8k	16/32k	16/32k
양자화 비트	8bit	4bit	4bit	1bit	1bit
STEP	256	16	16	2	2
전송속도	64kbps	32kbps	32kbps	16/32kbps	16/32kbps

4.			**양자화 잡음**
		①	경사과부하잡음(Slope overload noise[3])
			입력신호의 기울기가 클 경우 발생하는 잡음특성
		②	입상잡음(Granular noise[4])
			입력신호의 기울기가 완만한 경우 발생하는 잡음특성
5.			**맺음말**
	❍		PCM통신은 표본화, 양자화, 부호화를 통해 중계되는 디지털통신 방식으로
			A-LAW와 u-LAW 방식이 있음.
	❍		PCM통신은 특유의 양자화 잡음이 발생을 하며 이를 해결하기 위해 적응형
			양자화 방식이 도입되어 사용되고 있음.

3) 경사과부하잡음: 예측 부호화에서 나타나는 잡음 중의 하나로, 예측 오차 신호가 커짐으로써 이것이 양자화 특성의 대푯값의 최댓값을 초과했을 때에 발생한다.

4) 입상잡음: 미소한 입력 변화에 의해 끊임없이 양자화 스텝의 변화가 생겨, 이것이 양자화 잡음이 된다.

Point

키 워 드	표본화, 양자화, 부호화, 재생중계, 복호화
기출코드	통신2012하1, 통신2010상1
통합사고	PCM 통신은 표본화, 양자화, 부호화를 통하여 2진 신호를 생성하고 재생중계를 통하여 원거리 통신을 가능하게 합니다. PCM은 다양한 형태로 출제가 가능하므로 표본화 과정, 양자화 잡음문제, 부호화방법, 재생중계 등 전과정을 포괄적으로 이해를 해야 합니다. 특히, 양자화 잡음을 줄이기 위한 적응형 방안으로 ADM, ADPCM은 따로 정리할 필요가 있습니다.
함께보기	"PCM" 손에 잡히는 ICT, 30p

참고문헌

[1] 정보통신기술용어해설, http://www.ktword.co.kr/, 2017
[2] 최우영, "통신이론", 예문사, 2017

1.6 샤논정리와 통신용량 증대방안

1.			**샤논정리의 개요**
	○		샤논의 정리는 정보이론(Information Theory)의 기초를 제시하며 정보량,
			전송, 채널용량에 대한 근거 이론을 제시함.
	○		샤논의 정리는 '정보이론', '코딩이론'의 학문적 시초가 되는 정리임.
2.			**샤논의 정리**
	가.		제1정리(소스코딩의 정리)
		①	정보원 평균부호길이 L의 하한은 정보원 엔트로피[5] H가 됨.
		②	소스코딩을 위하여 얼마까지 정보량을 줄일 수 있는지(압축)를 결정하는
			문제임.
	나.		제2정리(채널코딩의 정리)
		①	주어진 채널을 통하여 오류확률을 줄일 수 있는 부호화 및 변조기법이
			반드시 존재함을 증명함.
		②	R < C (R: 전송용량, C: 채널용량) 이면 오류 없이 정보를 전송이 가능함.
	다.		제3정리(채널용량의 정리)
		①	주어진 채널을 통해 신뢰성 있게 전달할 수 있는 최대 정보량 C가 있음을
			증명함.
			$C = W\log_2(1 + S/N)(bps)$
			(W: 가용대역폭, S: 수신 신호전력, N: 잡음전력)
		②	제3정리는 통신용량을 결정하는 가장 중요한 수식으로 통신망을 설계 시
			가장 많이 사용하는 정리임.

5) 엔트로피: 다시 가용할 수 있는 상태로 환원시킬 수 없는, 무용의 상태로 전환된 질량(에너지)의 총량을 '엔트로피(entropy)'고 한다.

3. 통신용량 증대방안

구분	설 명
대역폭 증대	가장 효율적인 방안임, 채널본딩, 대역폭확장
	캐리어어그리게이션(CA), MIMO,
	선로의 구축비용 증대로 망 설계 중요
신호전력증대	송신신호의 전력을 증가시킴
	송신출력증대는 타 통신에 간섭을 줄 수 있어 한계를 가짐
잡음전력감소	외부잡음유입억제, 내부 잡음 발생 억제
	선형성 증대, 간섭제거, LNA 사용
	고효율 채널코딩 기법의 사용
안테나	MIMO 사용 시 안테나 개수만큼 통신용량이 증가함
	SMART ANT 사용으로 용량증대가 가능함

4. 맺음말

○ 샤논의 정리를 통해 전송채널에서 채널용량의 결정이 가능하며 통신시스템의 설계는 Pe, W, Eb/No를 최소화하며 최대의 전송률 R을 얻기 위해 코딩기술 및 고효율 변조기술 등에 대한 지속적인 연구가 필요함.

Point

키 워 드	소스코딩, 채널코딩, 채널용량
기출코드	통신2013하1
통합사고	샤논의 정리는 1정리, 2정리, 3정리가 있으며, 1정리는 소스코딩의 정리로 압축을 수행할 때 사용합니다. 제2정리는 채널코딩의 정리로 전송채널에서 발행하는 에러정정을 위해 사용합니다. 제3정리는 채널용량의 정리로 가장 많이 사용을 하며 주어진 채널을 통해 신뢰성 있는 통신을 가능하게 하는 최대전송률에 관련된 통신용량의 정리입니다.
함께보기	"샤논 이론" 손에 잡히는 ICT, 28p "소스코딩과 채널코딩" 손에 잡히는 ICT, 36p

참고문헌

[1] 박상규 외 3인, "통신이론", 교보문고, 2015
[2] 최우영, "통신이론", 예문사, 2017

1.7 FTN(Faster Than Nyquist) 전송기술

1.			**FTN의 개요**
	○		FTN전송은 OFDM[6])시스템에서 심볼간 직교성을 유지하는 심볼 주기인
			나이퀴스트율[7])보다 빠르게 전송함으로써 고속의 데이터 전송을 가능하게
			하는 전송방식임.
	○		FTN전송기법의 사용으로 채널용량의 극대화가 가능하나 ISI(Inter Symbol
			- Interference)가 발생하여 대책이 필요함.
2.			**FTN의 개념이해**
	가.		송신기 구조

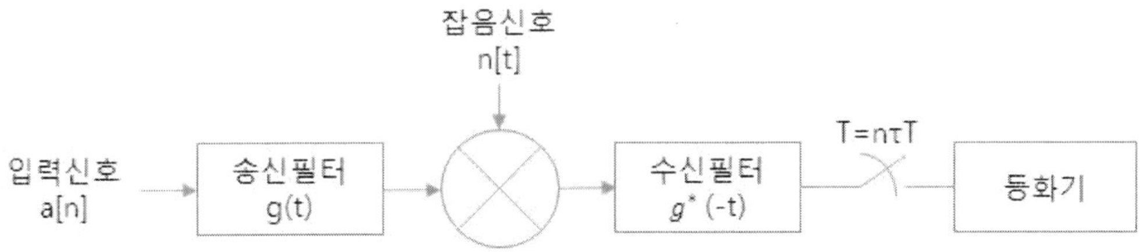

		①	신호 주기는 1보다 작은 값을 가지는 τ를 적용한 τT로 정해줌으로써 FTN
			전송을 가능하게 함.
	나.		FTN스펙트럼 개념도

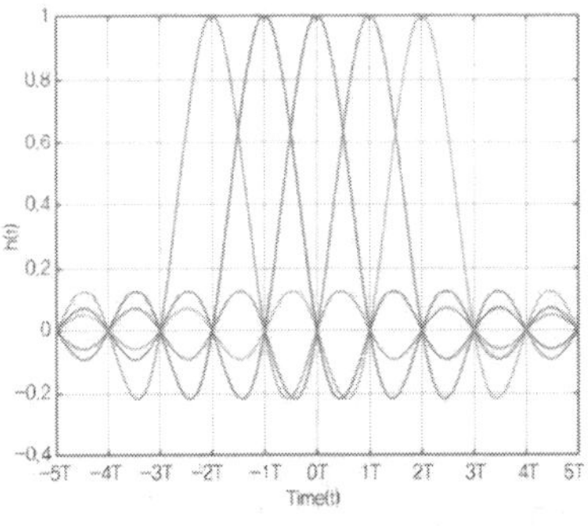

기존 직교전송기법

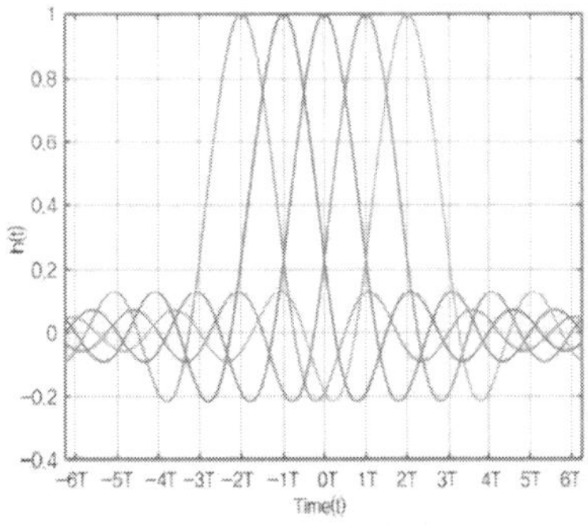

FTN에 의한 전송기법

3.			**FTN전송원리**
		①	FTN전송은 펄스 성형된 심볼간 직교성을 유지하는 심볼 주기인 나이퀴스
			트율보다 빠르게 전송함으로 고속의 통신을 가능하게 함.
		②	신호 주기는 1보다 작은 값을 가지는 τ를 적용한 τT로 정해줌.
		③	ISI제거를 위한 초고속 적응형 터보 등화 처리가 필요함.
4.			**FTN의 특징**
		①	FTN전송용량 이득 증대가 예상됨.
		②	ISI발생으로 인한 오류성능 열화됨.
		③	채널코딩을 위한 터보 등화기가 필요함.
		④	최소 유클리드 거리를 확인하여 오류성능을 평가함.
5.			**맺음말**
	❍		FTN기술은 나이키스트 표본화 주파수보다 빠르게 샘플링을 함으로써 보다
			많은 정보를 전송하려는 방식임.
	❍		FTN의 핵심은 전송비트를 판정하는 것임으로 안티 엘리어싱 필터의 개발
			이나 고성능의 등화기 기술이 함께 발전되야 할 것임.

6) OFDM: 고속의 송신 신호를 다수의 직교(Orthogonal)하는 협대역 반송파로 다중화시키는 변조 방식을 말한다.

7) 나이퀴스트율: 원 신호를 복원 가능한 최소의 샘플링 주파수로, 원 신호 최대 주파수의 2배이다.

Point

키 워 드	나이퀴스트율, 직교성, ISI, 등화기
기출코드	통신2015상1
통합사고	FTN은 나이퀴스트율보다 빠르게 전송함으로 고속의 데이터 전송이 가능한 기술입니다. ISI발생을 무시할 수 없으며 이를 줄이기 위한 채널코딩, 등화방법에 대한 연구가 필요합니다. FTN전송 시 엘리어싱이 발생을 하며 이를 대처하기 위해 안티엘리어싱 필터의 개발이 필요합니다. FTN은 5G이동통신에서 주파수사용을 극대화 할 수 있는 기술로 5G 통신의 요소기술입니다.
함께보기	“ISI”, 손에 잡히는 ICT, 56p “OFDM” 손에 잡히는 ICT, 358p

참고문헌

[1] 강동훈, 오왕록, “FTN시스템을 위한 동시 복조 및 복호기법”, 전자공학회 논문지 제 52권 제 1호, 2015

[2] 노고산, 김준우, 박윤옥, “FTN 전송기술 동향”, ETRI, 2015

1.8 통신 속도와 채널용량

1.			**개요**
	❍		통신 속도는 데이터 단위(비트, 심볼, 패킷 등)가 전송되는 속도(비트율, 심
			볼률 등)를 총칭함.
	❍		채널용량은 샤논의 정보이론에 의해 정의된 통신채널의 대역폭을 통해 전
			송 가능한 최대 평균 정보전송량임.
2.			**정보량[8]과 채널용량[9]**
	가.		정보량은 R로 표현을 하며 실제 정보 전송량을 나타냄으로 신뢰성 있는 통
			신을 하려면 채널용량 보다 작은 정보량으로 통신해야 함.
	나.		개념도

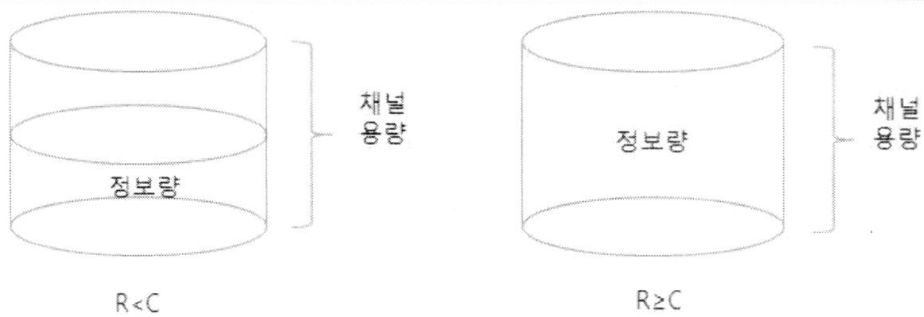

< 정보량과 채널용량 >

		①	R < C: 신뢰성 있는 통신이 가능
		②	R ≥ C: 신뢰성 있는 통신이 불가능
3.			**정보 전송률(Data Transfer Rate)**
	가.		비트율(Rb)
			초당 전송되는 비트 수(bps, bit/sec)
	나.		심볼률(Rs)
			여러 비트가 하나의 심볼로 전송되는 초당 심볼 수(sps, sym/sec)

8) 정보량: 샤논(Claud E. Shannon)의 정보 이론에 등장하는 개념으로, 어떤 정보를 받아들임으로써 애매함이 얼마나 해소되는지를 나타내는 양을 말한다.

4.			**채널 용량**
	가.		표현식
			$C = W \log_2(1 + S/N)$ [bps]
	나.		심볼 또는 비트 전송률의 한계를 결정하는 요소
			W: 전송대역폭
			S: 수신신호전력
			N: 잡음전력
5.			**정보전송율(속도) 증대방안**
		①	W: 전송대역폭 → 증대(가장 효율적임)
		②	S: 수신신호전력 → 증대(송신전력의 증대)
		③	N: 잡음전력 → 감소
		④	적절한 채널 코딩기술의 사용
		⑤	최적의 전력 Vs 대역폭 Trade off를 구현해야 함.

9) 채널용량: 정해진 오류 발생률 내에서 채널을 통해 최대로 전송할 수 있는 정보의 양으로, 측정 단위는 초당 전송되는 비트의 수가 된다.

Point

키 워 드	정보량, 비트율, 심볼율, 채널용량
기출코드	통신2013하1
통합사고	채널용량은 통신 속도를 결정하는 가장 중요한 요소이며 샤논의 정리에 의해 설명됩니다. 정보량이 채널용량보다 많으면 통신이 불가하고 채널용량이 정보량보다 작아야 신뢰성 있는 통신이 가능합니다. 통신용량을 결정하는 요소로 대역폭, 송신전력, 잡음전력이 있으며 대역폭을 효율적으로 사용하려는 기술이 지속적으로 연구되고 있습니다.
함께보기	"샤논이론" 손에 잡히는 ICT, 28p

참고문헌

[1] 양윤석, "통신이론", 탑스팟, 2017
[2] 최우영, "통신이론", 예문사, 2017

1.9 아날로그 필터와 디지털 필터

1.			**개요**
	○		필터란 어떤 것은 차단시키고 어떤 것은 통과시키도록 설계된 장치를
			말하며 필요한 부분만을 선택적으로 통과시키는 것임.
	○		아날로그 필터란 일반적으로 사용하는 필터를 말하며 LPF, HPF, BPF,
			BSF의 종류로 분류함.
	○		디지털 필터란 이산적 필터링을 구현하는 이산시간시스템에서 사용하는
			필터를 말함.
2.			**필터의 이해**
	가.		대역별 통과 특성에 따른 구분

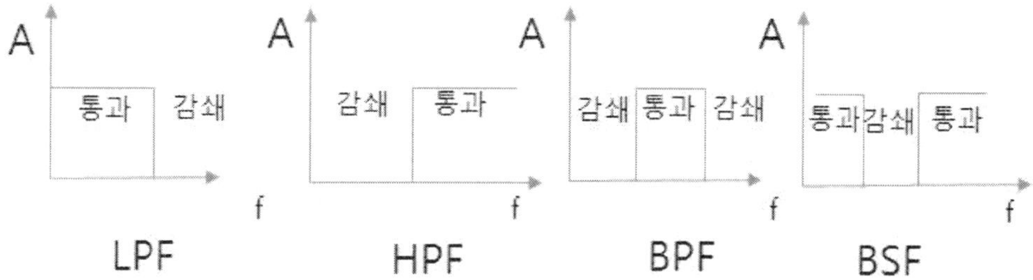

		①	LPF(Low Pass Filter, 저역통과필터): 저역만 통과
		②	HPF(High Pass Filter, 고역통과필터): 고역만 통과
		③	BPF(Band Pass Filter, 대역통과필터): 정해진 통과대역만 통과
		④	BSF(Band Stop Filter, 대역소거필터): 정해진 대역만 저지
	나.		아날로그 필터의 특징
		①	R, L, C로 구성된 필터로 주로 고주파용으로 사용을 함.
		②	동작주파수 제한을 받지 않음.
		③	소비전력이 큰 반면 가격이 저렴함.

		④	주파수 특성이 안정된 편임.
	다.		디지털 필터의 특징
		①	하드웨어 및 소프트웨어의 루틴으로 구성함.
		②	아날로그 필터보다 낮은 왜곡.
		③	낮은 주파수에도 사용이 가능.
		④	선형적 위상특성 구현 가능.
3.			**아날로그 필터와 디지털 필터의 비교**

구 분	아날로그 필터	디지털 필터
구성	R, L, C 수동소자	A/D변환, DSP[10], D/A변환
사용대역	고주파	저주파
스커트 특성	나쁨	좋음
가격	저가	고가
특성	가변적	일정함

		※	필터의 사용은 사용목적 및 용도, 특성, 비용들을 고려하여 선정
4.			**맺음말**
	❍		단품 필터의 사용은 주로 아날로그 필터를 사용을 하고 있으며 특수한
			경우에 디지털 필터를 사용하고 있음.
	❍		디지털 필터를 사용 시 ADC[11] 및 DSP를 사용해야 함으로 디지털 필터가
			필요한 경우에만 사용해야 함.

10) DSP(Digital Signal Processing): 디지털 신호처리방식을 말한다.
11) ADC(Analog-to-Digital Conversion): 아날로그신호를 디지털 신호로 변환하는 장치이다.

Point

키 워 드	LPF, HPF, BPF, BSF
기출코드	
통합사고	미 출제 문제로 나올 가능성이 높은 문제입니다. 기본적으로 알고 있는 아날로그 필터의 특성과 디지털 필터의 특성을 접목한 문제입니다. 필터는 특정 주파수 대역을 통과시키거나 차단시키는 목적으로 사용되며 필터의 구현방식에 따라 아날로그 필터 및 디지털 필터로 구분합니다. 아날로그 필터는 R, L, C 소자만으로 쉽게 만들 수 있고 디지털 필터는 A/D, D/A 변환 및 DSP가 필요하여 특수 목적용으로 사용이 가능합니다. 용도에 따라 4가지의 형태로 제작을 하며 동작 주파수, 형태, 특성, 제작방식 등에 따라 비용차가 크므로 목적에 적합한 필터를 선택하는 것이 중용합니다.
함께보기	

참고문헌

[1] Rodger E. Ziemer, “통신이론”, 시스마프레스, 2016

[2] 양윤석, “통신이론”, 탑스팟, 2017

1.10 변조의 필요성과 변조지수

1. 변조의 개요

○ 변조란 보내고자 하는 신호정보를 전송매체의 채널 특성에 맞게 신호의 진폭, 주파수, 위상 등을 적절한 파형 형태로 변환하는 것임.

○ 정보신호에 반송파를 곱하여 낮은 신호파를 높은 고조파로 천이시키는 과정을 말하며 반대과정은 복조라고 함.

2. 변조의 개념

가. 기저대역 스펙트럼을 특정대역으로 천이시키는데 사용되는 반송파는 주로 정현파[12)]를 사용함.

나. 개념도

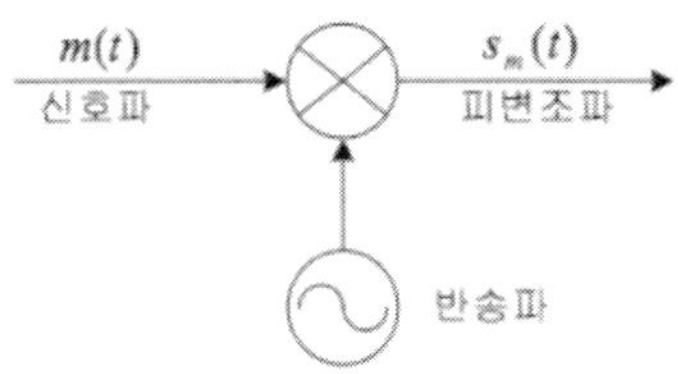

$$s_c(t) = A\cos(2\pi f_c t + \theta)$$

신호파에 따라 반송파의 진폭, 주파수, 위상을 변화 가능함.

3. **변조의 필요성**

구 분	설 명
전송손실 보상	전송매체에 의한 손실을 보상이 가능
장거리 전송	주파수가 높을수록 직진성 및 간섭에 강인하여 장거리 전송에 적합
전송매체 정합	변조를 통해 전송매체의 주파수로 천이
다 중 화	하나의 전송매체에 다수의 채널 구성가능

4.			**변조지수(Modulation Index)**
	가.		변조된 파에 포함된 변조 성분(원신호)의 변화 비로 반송파를 어느 정도
			변화시키며 원 정보 신호를 담아낼 수 있는 정도임.
	나.		아날로그 변조지수

아날로그 변조	진폭 변조	변조된 파에서 진폭 변화 비
	주파수 변조	피변조파(반송파) 주파수가 원 정보 신호
		진폭에 비례하여 중심 주파수에서 벗어나는 양
	위상 변조	입력 신호가 최대일 때의 위상 편차

	다.		디지털 변조지수

디지털 변조	심볼[13] 당 얼마나 많은 비트를 담아낼 수 있는 정도
	심볼당 비트수, bits/symbol
	BPSK=1, QPSK=2, 8PSK=3, 16QAM=4 등등

5.			**맺음말**
	○		변조는 모든 통신방식에 사용되는 기본이 되는 방식으로 반송파의 진폭,
			주파수, 위상에 데이터를 싫어서 보내는 방식임.
	○		모든 변조는 변조된 상태를 나타내는 변조지수를 사용을 하며, 기술
			기준에 부합되는 변조지수를 사용해야 함.

12) 정현파: 사인파라고도 하며, 이 파장의 형태는 고주파가 없기 때문에 교류파형의 가장 기본적인 형태이다.

13) 심볼: 의미 있는 하나의 정보 단위로 여러 작은 정보 단위를 보다 큰 의미 있는 정보 단위로 모아놓은 것을 말한다.

Point

키 워 드	변조, 반송파, 주파수변조, 진폭변조, 위상변조
기출코드	통신2016상1
통합사고	변조는 신호파에 반송파를 곱하여 피변조파를 생성하는 과정이며 전송손실의 보상, 장거리전송, 장비제한을 극복, 전송매체 정합, 다중화 등의 장점이 있어 대부분의 통신시스템에서 사용하는 방법입니다. 기저대역전송방식과 비교하여 설명할 수 있도록 준비해야 합니다.
함께보기	

참고문헌

[1] Rodger E. Ziemer, “통신이론”, 시스마프레스, 2016

1.11 ISI(Inter Symbol Interference)의 발생원인 및 대책

1. ISI의 개요

○ ISI는 다중경로 페이딩이나 대역제한 채널에 의하여 수신된 펄스파형이 일그러져 각 비트에 할당된 타임 슬롯을 벗어나 인접 심볼과 겹치며 디지털 심볼 간 상호 간섭 현상임.

2. ISI의 개념

가. 한 펄스 구간에서 발생된 펄스가 이웃구간의 펄스 구간으로 넘어가는 현상(겹침, 찌그러짐 등)임.

나. 개념도

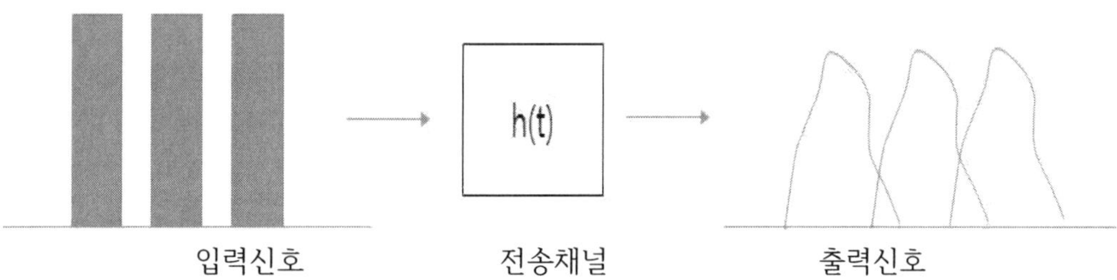

3. ISI의 발생원인

가. 다중경로 페이딩[14)]

① 다중경로에 의해 시간차를 갖는 신호가 도달할 때 신호가 겹치게 되어 심볼간 간섭이 발생하게 됨.

② 신호대역폭이 채널의 상관대역폭보다 클 때 발생함.

나. 채널 대역폭 제한

① 모든 전송로는 나이키스트 대역폭에 의해 전송대역폭이 제한되기 때문에 이 범위를 초과하는 경우 간섭이 발생함.

4.			**ISI의 대책방안**
	가.		유선채널
			채널의 대역폭을 나이키스트 대역폭 제한조건을 만족시킴.
			W = 1/2Ts = Rs/2 (Ts: 심볼구간, Rs: 심볼속도)
	나.		무선채널
		①	Guard Interval[15]을 사용함.
		②	심볼의 일정구간을 GI로 설정하여 지연된 신호가 겹치더라도 무시할 수
			있도록 함.
	다.		올림코사인 필터를 사용함.
			W = 1/2 (1+ r) Rs, 0 ≤ r ≤1
	라.		등화기를 사용함.
			등화기를 사용하여 전송채널의 역함수를 만들어줌.
	마.		재생중계기 사용함.
			3R 재생중계기의 사용으로 왜곡된 신호를 복구 후 전송중계.

14) 다중경로 페이딩: 신호를 전달하는 전파가 통로상의 여러 가지 장애물에 의해 2개 이상의 경로를 통하여 수신 측에 도달하는 경우, 그 합성 신호가 시공간적으로 강도가 변하는 현상이다.

15) OFDM 방식은 자신의 신호 일부를 보호구간(GI: Guard Interval)에 삽입하여 심볼 간의 간섭을 거의 완벽하게 제거한다.

Point

키 워 드	다중경로, 대역제한, 상호간섭, Guard Interval
기출코드	통신2004상1
통합사고	ISI는 송신한 신호가 다중경로 페이딩 및 대역 제한된 채널을 통과할 때 자신의 할당된 슬롯을 벗어나 이웃 슬롯으로 신호가 들어가는 현상입니다. OFDM 방식에서는 GI, CP 기술을 이용하여 ISI를 방지하고, 펄스 정형 필터 중 가장 일반적인 방법인 올림코사인(Raised-cosine filter) 필터를 사용하거나 재생중계기, 등화기 등을 이용하여 ISI를 방지할 수 있습니다.
함께보기	“ISI” 손에 잡히는 ICT, 56p

참고문헌

[1] Rodger E. Ziemer, “통신이론”, 시스마프레스, 2016

1.12 16QAM의 구조 및 성상도

1. QAM의 개요

- QAM(Quadrature Amplitude Modulation)은 디지털 변조 방식 중 진폭과 위상을 동시에 변조시키는 방식으로 APK[16]라고도 함.
- 4개 비트를 하나의 심볼로 표현하며 주파수 효율이 QPSK에 비해 2배 우수한 변조 방식임.
- QAM은 대역폭 효율을 향상시켜 고속전송에 이용하고 이동통신, UHDTV, CATV 등 다양한 통신에 사용됨.

2. QAM의 구조

가. 변조기 구성도

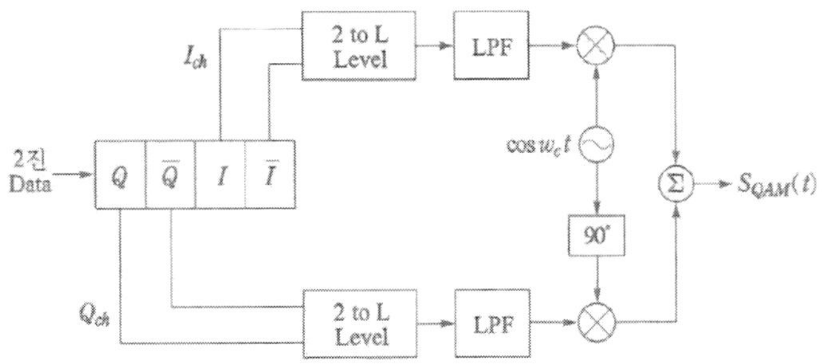

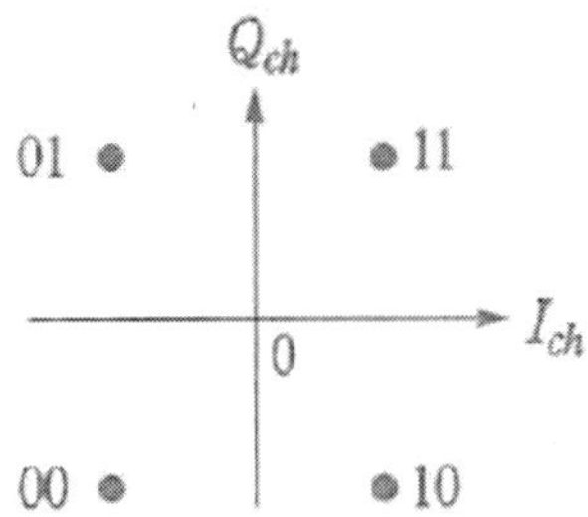

① 극성결정: Q1, I1 (1은 '+', 0은 '-')

② 크기결정: Q2, I2 (1은 0.821V, 0은 0.22V)

나. 일반식

① SQAM(t) = UI(t)cos2πfct - UQ(t)sin2πfct =α(t)cos(2πfct + θ) UI(t)와 UQ(t)는 서로 독립임.

② 곱셈기와 합성기는 2개의 반송파를 곱하고, 합성하여 M진 QAM 심볼로 생성됨.

3. QAM의 특징

① 2개의 직교성 DSB-SC[17]신호를 선형적으로 합한 것과 같음.

② 전송대역이 정보신호 대역폭의 2배로 DSB-SC와 동일함.

③ 동기검파 방식만 사용 가능함.

④ M진 QAM의 대역폭 효율은 $\log_2 M$임.

4. QPSK와 QAM의 비교

구분	QPSK	QAM
심볼수	M=4	M=16
주파수 효율	2	4
대역폭 효율	나쁨	좋음
활용	위성통신	이동/방송통신

5. 맺음말

❍ QAM 방식은 디지털 변조방식의 발전형으로 진폭과 위상에 동시에 정보를 실어 보내는 방식임.

❍ 한 번에 많은 양의 정보를 실어 보낼 수 있어서 4096QAM 방식까지 사용되고 있으나, 심볼 오율이 증가하고 많은 전력이 소모되므로 통신방식의 결정시 목적에 맞는 QAM을 선정해야 함.

16) APK(Amplitude Phase shift Keying): 진폭과 위상을 동시에 변조하는 방식이다.
17) DSB-SC(Double Side Band - Suppressed Carrier): 양측파대 억압 반송파 방식이다.

Point

키 워 드	진폭, 위상, DSB-SC, QPSK, $\log_2 M$
기출코드	통신2015상1
통합사고	QAM 방식은 이동통신 및 유선통신, 방송에서 사용되고 있는 고속변조 방식입니다. QAM 방식은 진폭과 위상에 동시에 정보를 실을 수 있어서 보다 많은 데이터의 전송이 가능합니다. LTE에서 256QAM을 사용하고 CATV 및 UHDTV에서는 4,096QAM 까지 확장하여 적용되고 있습니다. 고차 QAM으로 올라갈수록 송신출력이 증가하고, 오율이 증가하므로 통신환경에 적합한 전력제어와 오류제어기술이 함께 연구되야 합니다.
함께보기	“BPSK와 QPSK” 손에 잡히는 ICT, 50p

참고문헌

[1] Rodger E. Ziemer, “통신이론”, 시스마프레스, 2016

1.13 디지털 변조방식 및 특성

1. 개요

- ❍ 디지털 통신 시스템은 디지털 신호를 전송로 특성에 맞게 변환하여 전송하는 시스템임.
- ❍ 디지털 정보의 변조 유·무에 따라 Baseband전송방식과 Broadband전송방식으로 나뉨.
- ❍ Baseband전송은 기저내역전송으로 반송파 없는 무 변조 전송이고, Broadband전송은 정보를 반송파대역으로 천이시켜 전송하는 방식임.

2. 디지털 통신 시스템의 구성도

가. 구성도

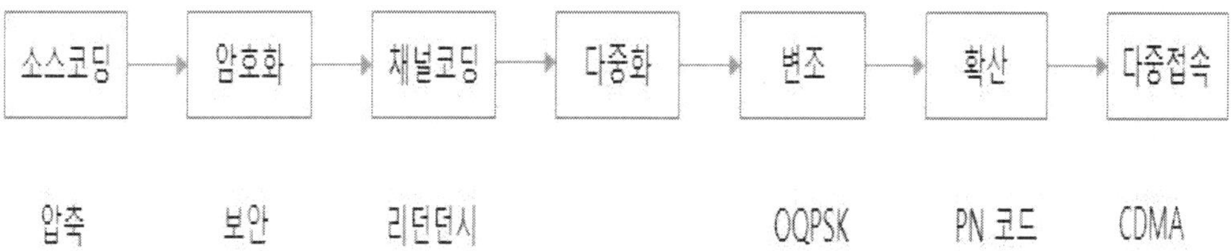

① 소스코딩: 정보의 Redundancy를 감소시키기 위하여 압축 부호화하는 과정으로 전송효율을 향상시킴.

② 암호화: 정보의 기밀성을 유지하기 위하여 고의로 왜곡시킴.

③ 채널코딩: 수신측에서 오류정정 및 동기를 맞출 수 있도록 Redundancy를 증가시키며, 대역폭이 증가하는 단점이 발생됨.

④ 다중화: 통신 자원의 효율적 이용을 위해 신호들을 결합함.

⑤ 변조: 전송로 특성에 맞게 정보를 변조하여 주파수를 천이됨.

⑥ 주파수 확산: 다수의 사용자가 사용이 가능하도록 함.

⑦ 다중접속: 한정된 채널을 다수의 사용자들이 공유하여 사용함.

3. 디지털 변조의 특징

장점	단점
왜곡 및 간섭에 강인함	넓은 대역폭 필요
오류검출 및 정정이 용이	회로 구성이 복잡
신호 재생이 용이	정확한 동기 신호 필요
보안성 우수	
다중화 용이	
저장 및 전송처리 용이	

4. 맺음말

○ 디지털 변조는 오류에 강인하며 신호의 재생중계, 우수한 보안성 저장 및 신호처리에 용이한 특성을 가짐.

○ 하지만 넓은 대역폭과 복잡한 회로구성, 정확한 동기신호의 사용 등의 단점이 있음으로 변조방식을 선정 시 유의해야 할 것임.

Point

키 워 드	소스코딩, 채널코딩, 압축, 다중화, 확산
기출코드	통신2011상1
통합사고	디지털 통신시스템은 아날로그 통신시스템 대비 많은 장점을 가지고 있습니다. 간섭에 강인하고, 오류검출 및 정정이 가능하며, 신호의 저장 및 재생이 가능하고, 보안에 강인하며, 다중화 등이 용이합니다. 반면에 넓은 대역폭이 필요하고, 회로 구성이 복잡하며, 정확한 동기 일치가 요구됩니다.
함께보기	

참고문헌

[1] 양윤석, "통신이론", 탑스팟, 2017
[2] 최우영, "통신이론", 예문사, 2017

1.14 디지털 변조의 오류확률

1. 오류확률의 개요

- ❍ 디지털 통신은 0 또는 1을 정확하게 판단하는 것이 핵심 기술이며, 이를 정확하게 판단하기 위하여 정합필터를 사용함.
- ❍ Baud율(심볼당 비트율)이 커지면 데이터 속도가 증가되지만 반면에 오류 확률이 커지게 됨.
- ❍ 스펙트럼 효율은 전송비트 수 및 보드율과 상관관계에 있음.

  r(스팩트럼효율) = n(전송 bit수) × b(Baud율 또는 심볼율)[bps]
- ❍ 전송효율은 변조방식과 무관하며, 변조지수와 대역폭과 관계가 있음.

2. Eb/No 와 Pe[18]

가. 오류확률(Pe)

① 오류확률은 심볼 0을 보냈을 때 1로 잘못 판정할 오류확률을 표현.

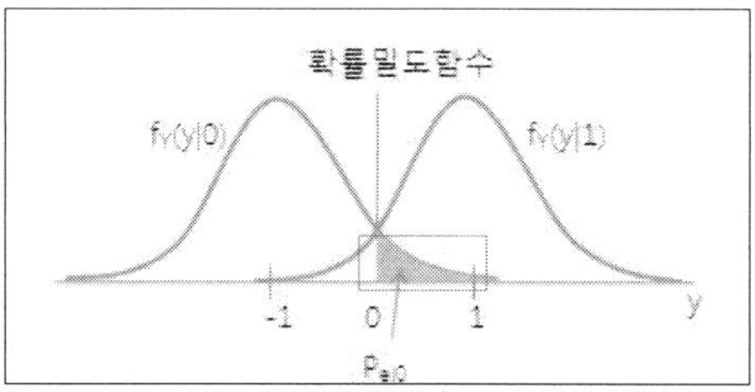

Pe = erfc[19](x) $\int \infty$ x $1/\sqrt{2\pi} \cdot e^{-y/2}$ dy 의 크기임.

나. BPSK와 QPSK

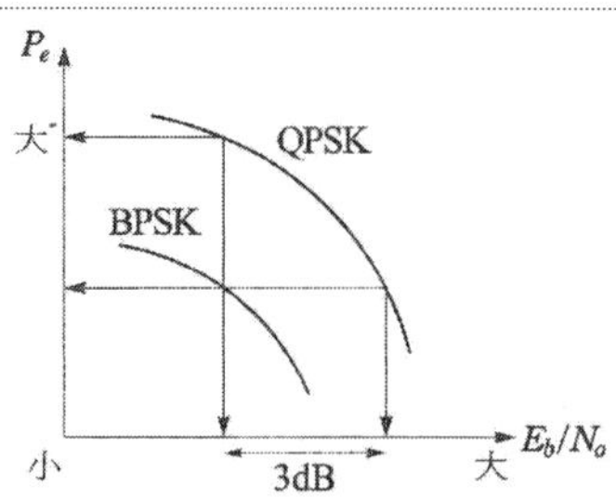

① BPSK신호방식과 QPSK신호방식은 BPSK가 QPSK보다 동일한 오류확률(Pe) 에서 Eb/No가 3dB 낮음.

② Eb/No가 낮다는 것은 낮은 에너지/작은 전력으로 수신이 가능함.

③ 같은 잡음전력 하에서 Eb가 클수록 오류확률 Pe는 감소함.

3. BPSK와 QPSK의 비교

구분	BPSK	QPSK
심볼당 비트수	1 bit	2 bit
전송용량	B(작다)	2B(크다)
동일 정송량 필요대역폭	크다	작다(1/2 배)
심볼오율	$Q\sqrt{\frac{2E_s}{N_o}}$	$2Q\sqrt{\frac{2E_s}{N_o}}$
구성	간단	복잡

4. 맺음말

❍ 디지털 변조는 BPSK, QPSK, QAM 방식으로 대표되는 방식으로 전송 시 보다 많은 비트를 보내기 위한 방식으로 발전하고 있음.

❍ 심볼 당 전송비트수가 많아지면 심볼오율이 증가하게 되어 전송채널에서 발생하는 에러에 대비하기 위한 AMC[20]기술이 필요함.

---

18) Pe(Probability error): 관측된 표본값이 기각되는 확률이다.
19) Error function: 측정에서 오차는 정규분포를 따르는 것으로 가우스오차함수라고도 한다.
20) AMC(Adaptive modulation and coding): 무선 채널에서 수신 전력, 페이딩, 혼신 등 전파 상태에 따라 수시로 변조 및 코딩 방식의 파라미터를 변경하여 최대의 데이터 속도를 얻도록 하는 기술이다.

Point

키 워 드	Pe, Eb/No, erfc, 스펙트럼효율
기출코드	통신2012상3
통합사고	디지털 변조의 오류확률은 Eb/No의 의미를 정확히 이해해야 하며 BER과 Eb/No를 함께 사용하는 이유를 알아야 합니다. 또한 스펙트럼 효율을 결정하는 erfc함수에 대한 이해가 요구됩니다. 통신시스템에서는 심볼당 전송 비트수가 높아지면 오류확률이 증가하므로 전송채널이 열악하면 잡음내성을 높여 낮은 비트수로 전송을 하고, 채널상태가 좋으면 잡음내성을 낮추고 대신 높은 비트수의 변조률을 사용하는 AMC(Adaptive Modulation Coding)을 적용할 수 있습니다.
함께보기	“BPSK와 QPSK의 BER특성” 손에 잡히는 ICT, 50p

참고문헌

[1] 박상규 외3, “통신이론”, 교보문고, 2015

[2] 양윤석, “통신이론”, 탑스팟, 2017

1.15 Source Coding과 Channel Coding

1. **개요**

   ○ 디지털 통신은 신호를 전송채널의 특성에 부합되게 변조하여 신뢰성 있는 통신을 하는 것이 목적임.

   ○ 소스코딩은 효율적인 정보전송을 위해 압축하는 과정이고 채널코딩은 신뢰성 있는 통신을 위해 오류정정코드[21]를 삽입하는 것임.

2. **코딩의 개념**

   가. 개념도

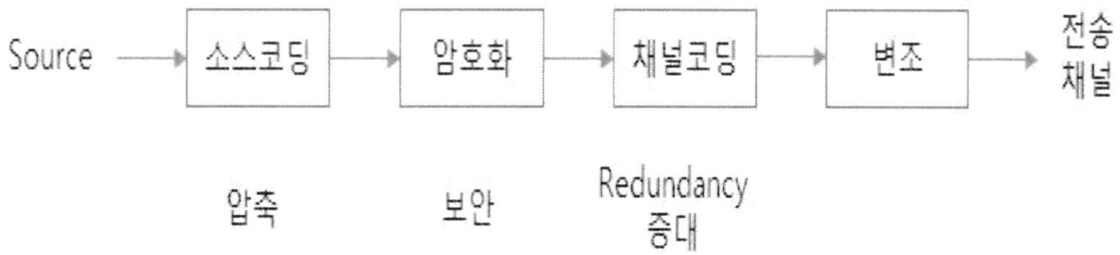

   ① 소스코딩: 효율적 전송을 위해 통계적 성질에 따라 잉여 정보 압축.

   ② 채널코딩: 전송 신뢰성 확보를 위해 오류 정정 코드를 추가함.

   ③ 변조: 전송 채널 특성에 맞게 변조함.

3. **<u>소스코딩</u>**

   가. 아날로그데이터를 디지털데이터로 변환한 후 리던던시 감소를 위해 최소의 평균길이를 갖는 심볼로 압축부호화 하는 과정임.

   나. 종류

   ① 파형부호화 방식(PCM)

   음성신호의 표본화, 양자화, 부호화하여 전송

---

21) 오류정정코드: 데이터 내의 오류를 검출하여 수정 할 수 있도록 조립되어 있는 코드로, 코드화된 중요한 데이터를 잘못 기재하거나 천공했을 때 특수한 연산으로 그 오류를 발견하여 수정한다.

② 보코딩 방식(Vocoding)

음성의 특징만을 추출하여 전송하는 방식

③ 변환부호화(DCT)

DTV에서 영상압축을 위해 사용하는 방식

4. **채널코딩**

가. 잉여비트[22]를 삽입함으로써 전송채널에서 발생하는 오류를 정정 가능하게 함으로 비트오율 및 심볼오율의 개선이 가능함.

나. 종류

코딩방식	Block Code		비 Block Code
	선형 코드	순회 코드	
종류	BCH, 해밍코드	CRC	컨벌루션, 터보코드, LDPC

5. **Source Coding 과 Channel Coding의 비교**

구분	소스코딩	채널코딩
목적	압축을 통한 전송효율향상	오류정정으로 신뢰성향상
리던던시	감소	증대
대역폭	감소	증가

22) 잉여비트: 이동 통신에서 전송 신호에 오류가 발생하는 경우, 오류 정정 부호에 첨가되는 비트이다. 예를 들어 [0, 1]을 전송하는 경우 잉여 비트를 사용하여 [000, 111]을 전송하면 1비트씩 오류가 발생하더라도 수신한 3비트 중 2비트는 원래의 데이터이므로 바른 데이터를 검출하여 정정할 수 있다.

Point

키 워 드	전송효율향상, 신뢰성향상, Redundant bit
기출코드	통신2009상1
통합사고	소스코딩과 채널코딩은 아주 기본적인 기출문제입니다. 각각의 의미와 목적을 정확히 기술할 수 있어야 하며, 각 각의 코딩방식을 알고 Redundant bit의 사용여부를 명확히 서술해야 합니다. 채널코딩의 단점인 대역폭 증가 부분은 반드시 체크해야 합니다.
함께보기	"Source Coding과 Channel Coding" 손에 잡히는 ICT, 36p

참고문헌

[1] 박상규 외3, "통신이론", 교보문고, 2015

1.16 LDPC

1. LDPC의 개요

- ❍ 패리티 행렬의 1의 수가 작은 저밀도 검사 행렬을 사용하므로 LDPC (Low Density Parity Check)라고 함.
- ❍ LDPC는 열악한 무선 채널 환경에서 고속 데이터 전송 시 발생하는 데이터 오류를 정정 가능한 차세대 부호 방식임.
- ❍ 고속전송이 요구되는 5G 이동통신이나 UHD 방송 등의 서비스에서 사용이 되고 있음.

2. LDPC의 개념 이해

가. 개념도

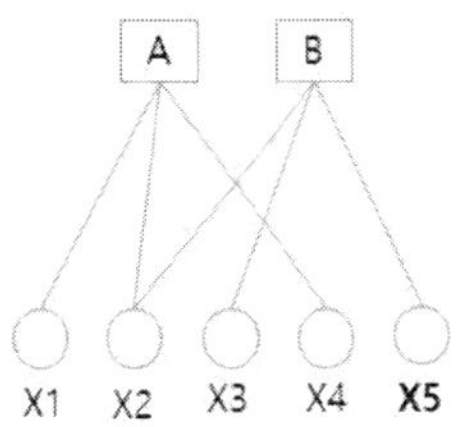

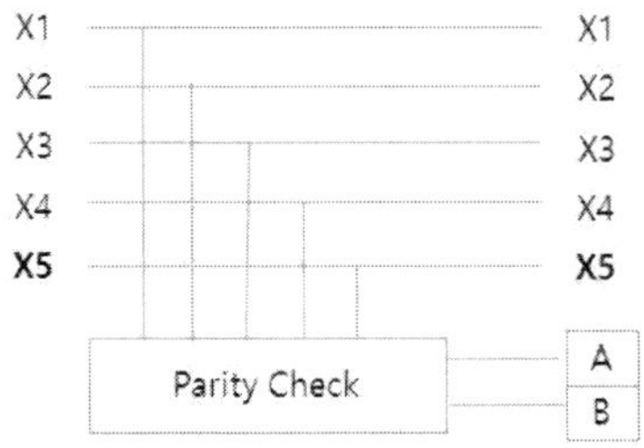

행렬식: A=X1⊗X2⊗X4
B=X2⊗X3⊗X5

(합곱 알고리즘) (패리티 검사 행렬)

나. 전송과정

① 송신측에서 입력신호를 합곱 알고리즘의 행렬식을 곱함.

② 수신측에서 패리티 검사 행렬[23]을 이용하여 디코딩함.

3. 특징

① 복잡도가 낮고 병렬처리에 제한이 없음.

② 인터리빙의 효과를 가짐으로 별도의 인터리버가 불필요함.

③ 다양한 부호화율을 가진 부호생성이 용이함.

④ 인코더의 복잡 및 유연성이 부족함.

4. 터보코드와 LDPC코드의 비교

구분	터보코드[24]	LDPC코드
블럭길이	작은 블록일 때 사용	큰 블록일 때 사용
유연성	높음	낮음
처리속도	저속	고속
병렬처리	곤란	용이
활용	CDMA, WCDMA	5G, UHDTV

※ 블록길이가 길수록 높은 처리속도가 요구되는 시스템에 LDPC가 유리함.

5. 맺음말

- LDPC는 샤논의 한계에 가장 근접하는 오류정정부호로 다양한 통신에서 표준으로 채택중임.
- 5G 이동통신 및 UHDTV에서 고속 데이터 통신이 가능해져 LDPC코드의 활용도가 증대되고 있음.

23) 패리티 검사 행렬: 중복 검사의 하나로, 2진 코드에 있어서 1의 개수가 홀수 또는 짝수가 되도록 여분의 비트를 부과하여 이 2진 코드의 오류를 검출하는 오류 제어 방식이다.

24) 터보코드(Turbo Code): 통신 채널의 비트 오류 확률을 최소로 유지하는 알고리듬에 기반을 둔 오류 정정 부호(ECC)의 하나로 비교적 간단한 구조를 가지면서도 섀넌(Shannon)의 이론적 한계에 근접하는 매우 우수한 오류 정정 성능을 제공한다.

Point

키 워 드	합곱 알고리즘, 패리티 검사 행렬, FEC, 터보코드
기출코드	
통합사고	아직 미 출제 문제로 출제 가능한 토픽입니다. 5G이동통신 및 UHDTV 방송에 사용되는 에러정정 방식으로 터보코드의 성능을 뛰어넘는 차세대 오류정정기술입니다. 특징을 정확히 명시해야하며 터보코드와 비교를 통해 LDPC코드의 장점을 부각시켜 서술하면 좋은 차별화가 될 수 있습니다.
함께보기	"터보코드와 LDPC" 손에 잡히는 ICT, 130p

참고문헌

[1] R. G. Gallager, "Low Density Parity Check Codes. Cambridge", MA MIT Press, 1963
[2] 허경행, "기술사 서브노트", 2015

1.17 정합필터(Matched Filter)

1.			**개요**
	❍		디지털 통신 시스템에서는 펄스의 파형이나 크기는 별로 중요하지 않고
			펄스의 존재 유무를 정확하게 판별하는 것이 중요함.
	❍		정합필터는 펄스의 존재 유무를 판별하는 순간에 신호 대 잡음의 비가 최
			대가 되도록 것을 말함.
	❍		시간영역에서는 상관기[25] 라고 하며 주파수영역에서는 일반적으로 정합
			필터(Matched Filter)라고 함.
2.			**수신기의 구성**
	가.		정합필터형 수신기

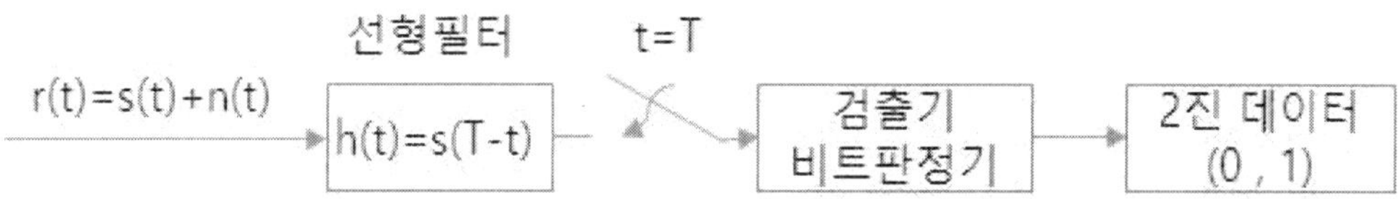

		※	최대 출력(SNR)을 찾기 위한 조건은 t=T 임.
	나.		상관기형 수신기

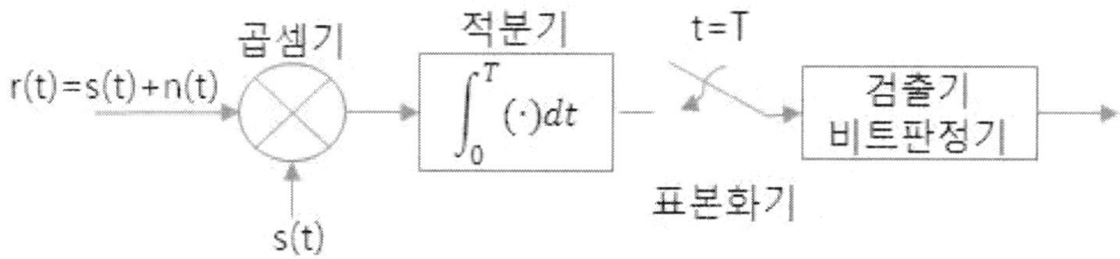

25) 상관기: 수학적인 상관 함수의 계산을 근사적으로 하여 잡음 중에서 약한 정보 신호를 분리하는 데 쓰이는 전자 장치로, 자기 상관기, 상호 상관기 등이 있다.

		①	정합필터는 입력신호에 정합시키는 '선형 시불변 필터'임.
		②	샘플링 순간(t=T)에 수신 신호대 잡음비(SNR)를 최대화시킴.
			신호는 강조하며 잡음은 억제시킴으로 SNR을 최대화함.
		③	ISI 발생이 쉬움.
			신호를 강조하므로 인접 심볼의 에너지가 강조되어 ISI[26]가 발생함.
		④	부가잡음의 영향을 최소화.
3.			**최적 수신기의 구성방안**

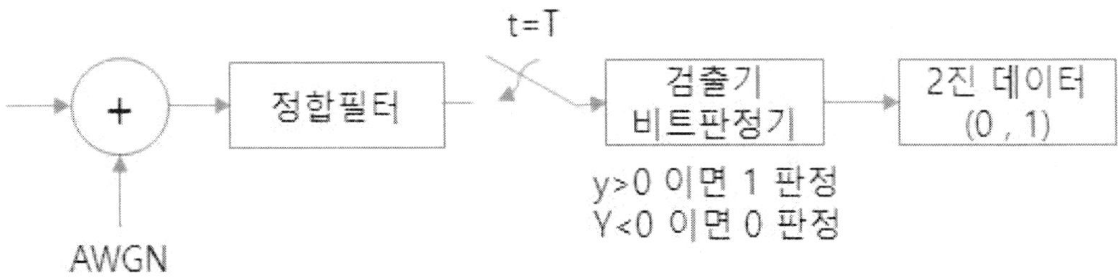

		①	AWGN 환경에서 최적 검파가 가능해야 함.
		②	동기검파 방식의 구현으로 송·수신기간 동기유지가 중요함.
4.			**맺음말**
	❍		디지털 통신시스템에서 가중 중요한 것으로 수신데이터에서 비트를 판정
			하는 것이며 비트판정 시 정합필터가 사용됨.
	❍		전송속도의 증대로 한 번에 많은 비트를 보내는 통신이 사용되면서 정합
			필터의 중요성이 증대되고 있음.

26) ISI(Inter Symbol Interference): 펄스 응답의 끝 부분이 다른 부호에 주는 영향으로, 전송로의 진폭 일그러짐, 지연 일그러짐 또는 복조 캐리어, 타이밍의 동기 차 등에 의해 발생한다. 이것에 의해 파형 일그러짐이 생기며 부호 식별이 어렵게 된다.

Point

키 워 드	신호대 잡음비, 상관기, 동기검파
기출코드	통신2007상3, 통신2004상1
통합사고	정합필터는 여러 번 기출 되었던 기출문제임으로 정확히 숙지해야 합 니다. 정합필터는 데이터(심벌 또는 비트)를 판정하는 방법으로 사용되는 필터입니다. 신호를 판정하는 순간에 신호는 강조하고 잡음은 억제하여 신호대 잡음비를 최대로 하여 신호를 판정하는 필터로 시간영역에서는 상관기라 부르며 곱셈기와 적분기만으로 구성이 가능합니다.
함께보기	“정합필터와 상관기” 손에 잡히는 ICT, 42p

참고문헌

[1] 박상규 외3, “통신이론”, 교보문고, 2015

1.18 컨벌루션 & 코릴레이션

1. 컨벌루션의 개요

가. 정의

컨벌루션은 두 함수 중 하나를 이동시켜 가며 다른 함수와의 곱을 연이어 적분하여 얻어지는 함수를 말함.

나. 컨벌루션의 수식적 표현

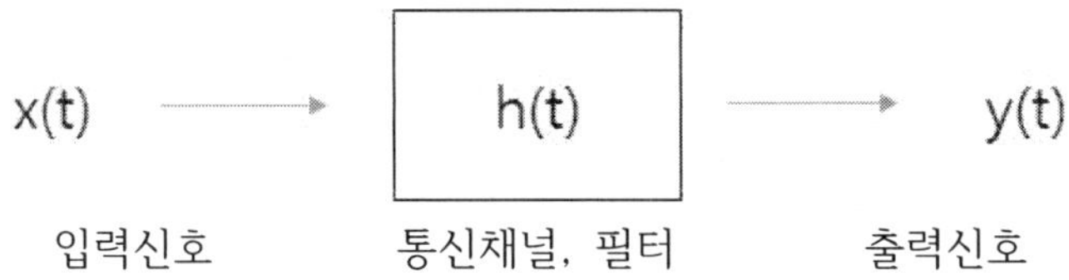

$$y(t) = x(t) * h(t) = \int_{-\infty}^{\infty} x(\tau) h(t-\tau) d\tau$$

※ Convolution 순서: Folding -> Shifting -> Multiplication -> Integration

다. 특징

① LTI[27] 시스템에서 출력신호 결과는 입력신호 x(t)와 임펄스 응답 h(t) 컨벌루션 결과로 입출력 간의 상호관계를 명확히 표현.

② 시간영역 곱의 결과는 주파수 영역에서 컨벌루션으로 표현.

③ 교환, 배분 결합 법칙이 성립 $y(t) = g(t) * h(t) \Leftrightarrow Y(f) = G(f).H(f)$

라. 활용

① 시스템 해석.

② Digital & Analog Filter 해석.

③ Impulse 응답.

27) LTI(Linear Time-Invariant): 선형 시불변 시스템을 말한다.

2			**코릴레이션의 개요**
	가.		정의
			한 신호와 그 신호만큼 시간 지연시킨 신호를 Matching시키는 과정으로
			시간 영역에서 두 신호 사이의 연관성을 나타내는 함수임.
	나.		코릴레이션의 수식적 표현
			$Rxx\ (\tau) = E[X(t)X(t+\tau)]$ → 기대값 표현
			$= \int x(t)x(t+\tau)dt$ → 적분표현
	다.		특징
		①	최대값은 τ=0에서 발생함, $Rxx(\tau) \le Rxx(0)$
		②	$\tau = 0$에서 함수값은 평균전력과 같음.
		③	자기상관함수와 전력밀도 스펙트럼은 푸리에 변환 관계임.
			$Rxx(t) \leftrightarrow Gxx(f)$
		④	자기상관함수가 클수록 신화와 잡음의 구분이 용이함.
	라.		응용
		①	다중경로에서 지연된 신호화 자기신호의 관계를 확인.
		②	시스템의 평균전력, 스펙트럼 밀도측정.
		③	잡음신호의 분식.

Point

키 워 드	중첩적분, 임펄스 응답, 자기상관함수, 평균전력
기출코드	통신2016하2
통합사고	컨벌루션과 코릴레이션은 여러번 기출된 문제입니다. 각각의 정의와 개념, 특징, 활용방안을 정확히 서술할 수 있는 수준까지 준비해야 합니다.
함께보기	"콘볼루션" 손에 잡히는 ICT, 64p

참고문헌

[1] 박상규 외3, "통신이론", 교보문고, 2015

2.1 맥스웰방정식

1. 맥스웰방정식의 개요

○ 전기 및 자기에 대해 나타나는 현상들을 설명하는 여러 개의 개별 법칙들을 맥스웰방정식에 포함하여 정리한 방정식임.

○ 시간적으로 변화되는 전계와 자계 및 상호관계를 4개의 수식으로 표현하며 전자파 해석의 기본이 되는 방정식임.

2. 맥스웰방정식의 표현식

가. 맥스웰방정식

미분형(점형)	적분형
$\nabla \cdot \mathbf{D} = \rho$	$\oint_S \mathbf{D} \cdot d\mathbf{S} = \int_V \rho dV$
$\nabla \cdot \mathbf{B} = 0$	$\oint_S \mathbf{B} \cdot d\mathbf{S} = 0$
$\nabla \times \mathbf{E} = -\frac{\partial \mathbf{B}}{\partial t}$	$\oint_C \mathbf{E} \cdot d\mathbf{l} = -\frac{\partial}{\partial t}\int \mathbf{B} \cdot d\mathbf{S}$
$\nabla \times \mathbf{H} = \mathbf{J} + \frac{\partial \mathbf{D}}{\partial t}$	$\oint_C \mathbf{H} \cdot d\mathbf{l} = \int \mathbf{J} \cdot d\mathbf{S} + \frac{\partial}{\partial t}\int \mathbf{D} \cdot d\mathbf{S}$

E: 전계, H: 자계, D: 전속밀도, B: 자속밀도, Jc: 전류밀도, ρ: 전하밀도

나. 맥스웰방정식의 의미

① 전기장에 대한 가우스 법칙[28)]

전속밀도 D의 발산양은 그 원천인 내부의 전하밀도 ρ임.

② 자기장에 대한 가우스 법칙

폐곡면 관통하는 자속밀도 B의 발산양은 0임.

28) 가우스 법칙(Gauss's law): 폐곡면을 통과하는 전기 선속이 폐곡면 속의 알짜 전하량에 비례한다는 법칙이다.

		③	패러데이 전자기유도 법칙
			자속밀도 B의 시간변화를 방해하는 방향으로 전기장은 회전함.
		④	암페어의 주회적분의 법칙[29)]
			시간적으로 변화하는 전기장은 자기장의 회전을 발생시킴.
3.			**맥스웰방정식의 의의**
		①	전계와 자계의 상호작용 및 관계를 이론화하여 정립함.
		②	전자기파 해석 및 이론의 기본이 됨.
		③	전자기파의 존재를 예견함.
4.			**맺음말**
	○		맥스웰방정식을 통해 전자파이론이 정립되었으며 전파의 전파를 이해하는
			데 가장 정확한 이론임.
	○		맥스웰방정식을 통해 파동방정식을 설명할 수 있으며 이를 통해서 매질을
			통과하는 전파의 특성을 확인할 수 있음.

29) 암페어의 주회적분의 법칙: 임의의 폐회로를 따라 자계를 적분함에 따라 얻어지는 기자력은 폐회로를 관통하는 전체 전류와 같다는 법칙이다.

Point

키 워 드	맥스웰방정식, 주회적분, 전자기 유도, 가우스법칙
기출코드	통신2010하2
통합사고	맥스웰방정식은 언제든지 출제가 가능한 문제이므로 확실하게 정리할 필요가 있습니다. 맥스웰은 패러데이 전자계유도 법칙 및 암페어의 주회적분의 법칙, 가우스 법칙들을 이용하여 전계와 자계에 대한 해석을 가능하게 하는 방정식을 유도합니다. 이를 통해 전자기파의 해석이 가능하게 되며, 파동방정식의 유도가 가능합니다.
함께보기	"맥스웰의 파동방정식" 손에 잡히는 ICT, 276p

참고문헌

[1] Kai Chang, "RF 및 초고주파공학", 한빛아카데미, 2014

2.2 포인팅 정리(전자파의 에너지 흐름)

1.			**포인팅 정리의 개요**
	❍		포인팅 정리는 전자계에 대한 에너지와 운동량의 곱이며(벡터) 표면에서
			단위면적당 P = E×H [W/m2]라는 벡터로 표현함.
	❍		전자파가 공간을 전파해 나가는 것을 일종의 에너지의 이동으로 볼 수
			있으며 무선전력 전송기술의 모태가 되는 기술임.

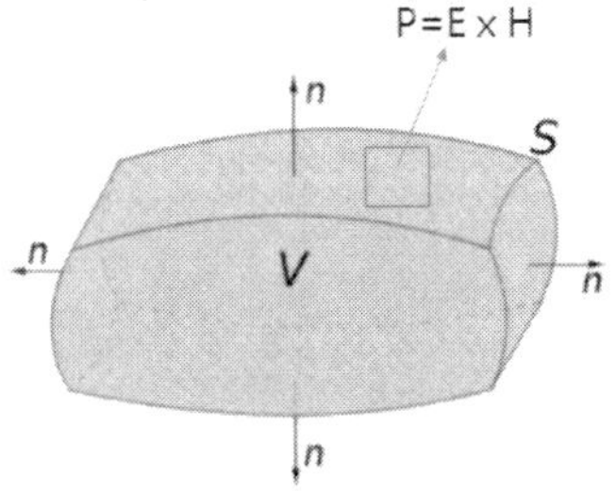

< 포인팅 벡터 >

2.			**체적내의 전자계 에너지 밀도의 계산**
		①	체적내의 에너지는 전계에너지와 자계에너지의 합으로 표현이 가능함.
		②	전계에너지
			$We = \frac{1}{2}ED = \frac{1}{2}\epsilon E^2$
		③	자계에너지
			$Wm = \frac{1}{2}BH = \frac{1}{2}\mu H^2$
		④	전체에너지는 W = We + Wm
			= $W = \frac{1}{2}(\epsilon E^2 + \mu H^2)$ = $\sqrt{\epsilon\mu}\,EH$ [J/M^3]
3.			**포인팅 벡터**
		①	평면파가 속도 $v = \frac{1}{\sqrt{\epsilon\mu}}$ [m/s] 로 이동할 때 단위면적/단위시간에 표면

을 통화하는 에너지의 흐름 P

P = 에너지 × 속도 = W × V

$= \sqrt{\epsilon\mu}EH \times \frac{1}{\sqrt{\epsilon\mu}}$ = EH [W/m^2]

② 포인팅 벡터 P = E × H

= E × H$sin\theta$ = $\frac{E^2}{120\pi}$ [W/m^2]

③ P의 크기는 단위면적 및 단위시간 당 전력을 나타내며 포인팅 벡터 P의 방향은 오른나사를 돌릴 때 나사가 진행하는 방향임.

4. 맺음말

- 포인팅 벡터는 전자계의 흐름을 설명할 수 있는 수식임.
- 포인팅 정리를 통해 무선전력전송기술의 바탕이 되며 포인팅 정리를 이용하여 안테나의 송신전력 및 수신 전계강도를 계산이 가능함.

Point

키 워 드	단위면적, 단위시간, 에너지의 이동, 포인팅벡터
기출코드	통신2010하1
통합사고	포인팅 벡터는 단위시간에 단위면적을 통과하는 에너지의 흐름을 표현하는 수식으로 이를 통해 안테나의 송신 전력과 수신 전계강도, 안테나의 이득 등의 계산이 가능합니다.
함께보기	“맥스웰의 파동방정식” 손에 잡히는 ICT, 276p

참고문헌

[1] Kai Chang, “RF 및 초고주파공학”, 한빛아카데미, 2014
[2] 정동호, “초고주파공학”, 내하출판사, 2015

2.3 안테나에 전자파 수신 원리

1. 전자파수신 원리의 개요

- 전자파란 주기적으로 세기가 변화하는 전자기장이 공간 속으로 전파해 나가는 현상을 말함.
- 맥스웰 방정식[30]으로 표현이 되며 전계와 자계의 관계를 분석하여 전자파 해석의 기본이 되는 방정식임.

2. 전자파 해석의 기본 공식

가. 맥스웰 제 1방정식

① 공간의 어느 점에서 전계가 시간적으로 변화할 때 그 주위에 자계의 회전을 발생시킨다는 방정식.

$$\nabla \times H = \mathrm{rot}H = \frac{\partial D}{\partial t} = \varepsilon 0 \frac{\partial E}{\partial t}$$

나. 맥스웰 제 2방정식

① 공간내의 한 점에 대한 자속밀도의 시간적 변화는 그 변화를 방해하는 방향으로 전계의 회전을 발생시킴.

$$\nabla \times E = \mathrm{rot}E = -\frac{\partial B}{\partial t}$$

다. 포인팅 벡터

전자파가 공간을 전파해 나가는 것은 일종의 에너지 이동임.

$P = E \times H\ [W/m^2]$

3. 안테나에 전자파가 수신되는 원리

① 전자파는 기본적으로 변동하는 전계와 자계의 파동임.

② 시간적으로 변동하는 자계에 도체가 존재하면 패러데이 법칙에 따라 유도 기전력[31)]이 발생함.

$$V_{emf} = -N\frac{d\Phi}{dt}$$

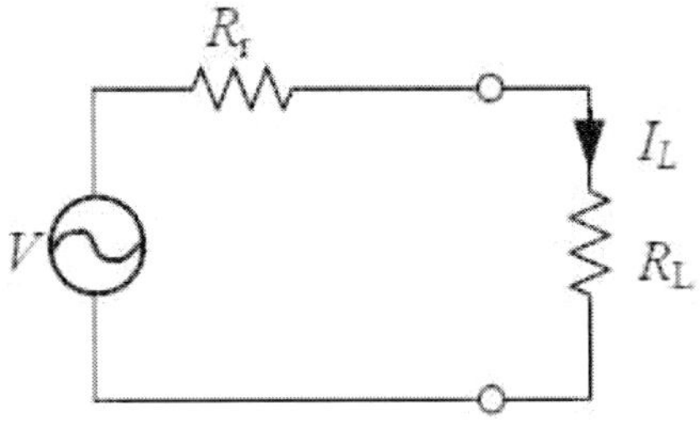

유도기전력의 발생

③ 안테나 단자에 유기된 수신전압 V는 수신 전계강도(E)와 안테나의 실효고 (he)의 곱으로 표현됨.

4. 맺음말

○ 전자파는 전계와 자계의 파동으로 안테나를 통하여 수신하면 유도기전력을 얻을 수 있어서 전자파 수신이 가능함.

○ 안테나는 가역성원리가 성립하기에 송신과 수신에서 안테나의 파라미터는 동일하게 적용됨.

30) 맥스웰 방정식: 전자기 현상의 모든 면을 통일적으로 기술하고 있는, 전자기학의 기초가 되는 방정식이다. 이 방정식을 기본으로 하여 맥스웰이 전자기장이론을 확립하였다.

31) 유도 기전력: 전자 유도 작용에 의해서 발생하는 기전력으로, 변압기나 발전기에 생기는 기전력 등이 있으며, 그 크기는 단위 시간에 쇄교하는 자속에 비례한다.

Point

키 워 드	맥스웰 방정식, 패러데이 법칙, 유도기전력, 포인팅벡터
기출코드	통신2012하2
통합사고	안테나는 맥스웰 방정식으로 해석이 가능합니다. 시간적으로 변화할 때 전자기파가 발생을 하면 안테나의 기능이 발휘 됩니다. 안테나에 수신기 유도기전력이 발생을 하며 이를 통하여 발생한 전압으로 전자파가 수신됩니다. 맥스웰 방정식과 포인팅벡터를 병행하여 알아야 합니다.
함께보기	“맥스웰의 파동방정식” 손에 잡히는 ICT, 276p

참고문헌

[1] Kai Chang, “RF 및 초고주파공학”, 한빛아카데미, 2014
[2] 정동호, “초고주파공학”, 내하출판사, 2015

2.4 임피던스 정합

1.			**임피던스 정합의 개요**
	○		임피던스 정합이란 입력 측의 전력이 출력 측에 전달될 때 부하의 반사
			손실 없이 최대전력이 전달되도록 하는 것임.
	○		임피던스가 정합되지 않으면 반사파가 발생하여 급전선에 정재파[32]가 발생
			하며 전력손실 및 장비파손이 발생함.
2			**임피던스 정합의 이해**
	가.		임피던스 정합은 신호원과 부하 등 2개의 회로 접속 시 반사 손실이 없도
			록 임피던스[33]를 같게 하는 것임.
	나.		개념도

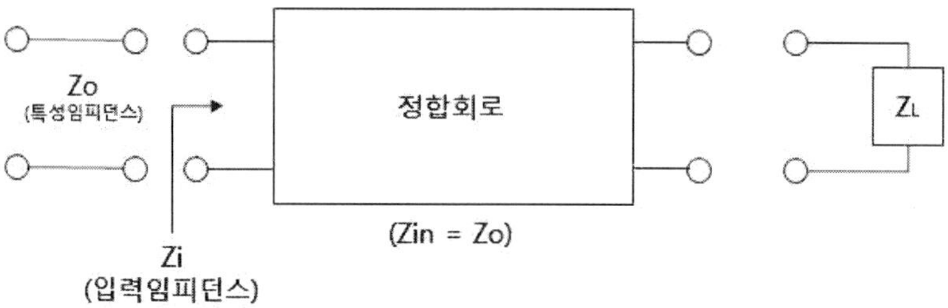

		※	전송선로에서 전력손실을 최소로 하여 부하로 최대의 전력 전달이 되도록
			하기 위함임.
	다.		조건
			소스 임피던스(Zs)와 부하 임피던스(ZL)가 공액 복소수 관계
			Zs=R+jX, ZL=R-jX (Rs=RL, Xs=-XL)
3.			**임피던스 정합의 목적**
	가.		최대 전력전달
			신호원에서 제공된 모든 전력이 부하로 전달됨.

	나.		최대 전력 취급능력 확대
			전력 운용의 극대화 및 효율적인 전력 사용이 가능함.
	다.		잡음영향의 최소화
			민감한 수신기 부품을 임피던스 정합하면 SNR비를 향상시킴.
4.			**주요 임피던스 정합의 예**
		①	스피커: 8 Ω
		②	RF, 안테나: 50 Ω
		③	영상, 방송: 75 Ω
		④	2선식 통신선로: 600 Ω
5.			**맺음말**
	❍		임피던스의 정합은 최대의 전력을 전달하기 위해 사용되는 방법으로 급전
			선에서 안테나까지의 정합을 말함.
	❍		방송통신에서는 왜곡이 적은 75Ω을 사용하고 최대의 전력전달은 33Ω이
			좋으며 RF통신에서는 중간인 50Ω을 사용하고 있음.

32) 반사가 있는 선로 상에서의 전압, 전류는 입사파와 반사파의 합성한 파가 된다. 이 입사파와 반사파의 위상이 적당한 경우 선로상의 일정한 장소에 전압, 전류의 극댓값, 극솟값이 나타난다. 이것을 정재파라 한다.

33) 교류회로에서 전류가 흐르기 어려운 정도를 나타낸다. 복소수로서 실수부분은 저항, 허수부분은 리액턴스를 의미하며, 크기뿐 아니라 위상도 함께 표현할 수 있는 벡터량이다. 단위는 SI 단위계로 옴(Ω)을 사용하며, 보통 기호 Z로 표시한다. 임피던스의 역수는 어드미턴스라고 한다.

Point

키 워 드	최대 전력전송, 특성임피던스, 정합회로, 50옴, 75옴
기출코드	통신2012하1, 통신2018상2
통합사고	최대 전력을 전송하기 위해 전송로 간의 정합이 필요합니다. 전송로의 입력임피던스와 출력임피던스의 중간에 정합장치의 삽입으로 리턴로스를 줄일 수 있습니다. 임피던스의 정합을 확인하기 위해서는 스미스차트를 이용하거나 네트워크분석기를 사용하여 측정이 가능합니다. 광통신에서는 정합부위에서 산란이 발생함을 이용하여 장애를 찾아내거나 손실을 측정하는데 OTDR측정기를 사용합니다.
함께보기	"반사계수와 정재파비" 리턴로스, 손에 잡히는 ICT, 298p

참고문헌

[1] Kai Chang, "RF 및 초고주파공학", 한빛아카데미, 2014
[2] 정동호, "초고주파공학", 내하출판사, 2015

2.5 발진과 공진

1.			**발진[34]과 공진[35]의 개요**
	○		발진은 능동회로에서 입력신호가 없는데 출력신호가 검출되는 현상으로 원하
			지 않는 주파수대역에서 정체불명의 공진신호가 뜨는 것임.
	○		공진은 특정 진동수에서 반응이 최대가 되는 현상으로 공진주파수를 이용
			하여 필터제작 및 통신기기제작이 가능함.
2			**발진의 이해**
	가.		발진은 원하는 주파수를 만드는 발진 및 원치 않는 주파수를 만드는 발진
			으로 분류됨.
	나.		발진의 개념도

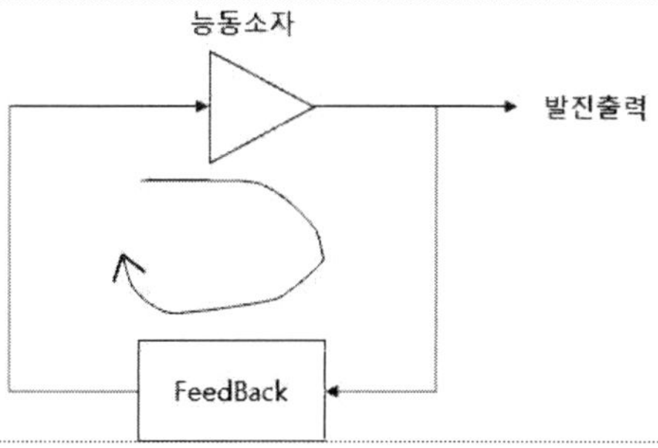

	다.		특징
		①	주파수 생성: 공진주파수를 생성함.
		②	PLL 제작: 위상고정회로로 안정하고 정확한 주파수를 만들어냄.
		③	믹서 제작: 발진주파수를 혼합하여 새로운 주파수를 만들어냄.
		④	불요발사: 기생발진으로 인한 원치 않는 불요파가 생성됨.
3.			**공진의 이해**
	가.		공진은 에너지의 집중과 에너지의 교환 및 공간으로 에너지를 방사하는
			기능을 가짐.
	나.		공진의 개념도

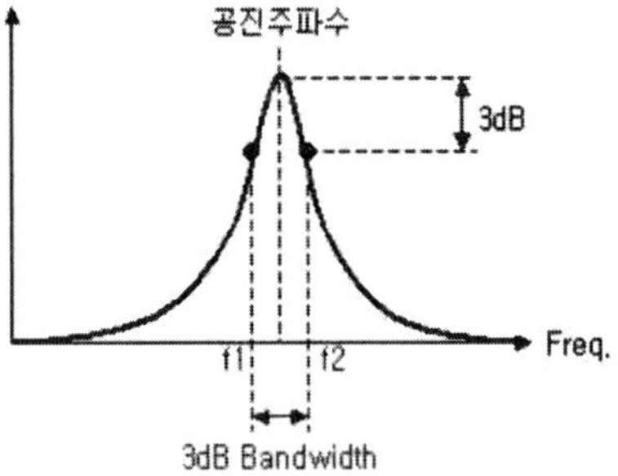

$$Q = \frac{f_r}{f_2 - f_1}$$

$$= \frac{resonance\ frequency}{3dB\ Bandwidth}$$

다. 공진의 특징

① 임피던스 매칭: 공진특성을 이용하여 서로 다른 임피던스를 매칭함.

② 필터 설계: 직렬공진 및 병렬공진 특성을 이용하여 필터를 설계함.

③ 대역폭 계산: Q값을 선정하고 대역폭을 계산이 가능함.

4. 발진과 공진의 비교

구분	발진	공진
발생소자	능동소자	수동소자
원리	Feedback, Gain	신호주파수와 일치
현상	발진조건에서 큰 신호 생성	특정주파수 선택 특성
DC사용	사용	상관없음
용도	주파수신호원	필터. 공진부
단점	시스템 파괴, 전력낭비	Spurious 생성

34) 발진: 트랜지스터의 증폭 또는 제어장치에 의해 직류에너지를 교류에너지로 변환하는 일을 말한다.
35) 공진: 물체가 고유 진동과 똑같은 진동수인 외력의 작용을 받아 자연적으로 진동을 시작해서 진동의 속도와 압력 등이 극댓값이 되는 현상, 또는 그와 같은 상태를 말한다.

Point

키 워 드	Feedback, Gain, 주파수 집중, 직렬공진, 병렬공진, PLL
기출코드	통신2018상1
통합사고	1교시 문제로 출제하기 좋은 문제입니다. 발진의 긍정적 사용과 부정적 기능에 대한 고찰 필요합니다. 입력신호와 기준주파수, 출력신호와 주파수를 일치시키는 신호가 특정 위상으로 유지되도록 강제로 잡아주는 PLL은 발진의 특성을 이용한 것입니다. 또한, 각종 간섭의 주요 원인으로 분류되는 불요파의 발생 또한 발진입니다. 발진은 양면성을 띠고 있기에 정확히 이해해야 합니다. 공진은 에너지의 집중현상, 주파수 선택적 특성으로 필터제작 및 다양한 RF분야에 공진특성을 사용합니다.
함께보기	“PLL(Phase Lock loop)” 손에 잡히는 ICT, 54p

참고문헌

[1] DAVID M. POZAR, “초고주파공학”, 대영사, 1998
[2] 정동호, “초고주파공학”, 내하출판사, 2015

2.6 안테나 급전방식(동조급전, 비동조급전)

1.			**안테나 급전의 개요**
	○		안테나 급전이란 무선신호를 전파시키기 위해 고주파 신호에너지를 안테나
			까지 전달하기 위하여 전송하는 것을 말함.
	○		급전방식에는 급전선의 길이와 사용하는 파장과 일정한 관계가 있는 동조급
			전방식과 정합장치를 이용하는 비동조 급전방식으로 분류됨.
2.			**급전방식의 개념이해**
	가.		개념도

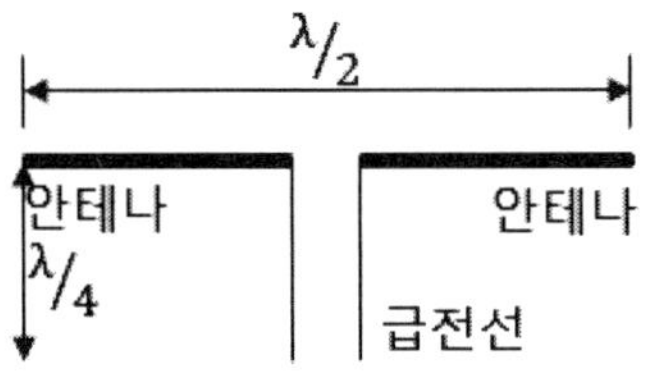

동조급전

평행2선식 급전

비동조급전

동축케이블 급전

	나.		동조급전방식
		①	급전선상 정재파가 존재함.
		②	정합장치가 불필요함.
		③	손실이 크고, 효율이 나쁨.
		④	협대역 특성을 가짐.
		⑤	평행형 급전선만 사용이 가능함.
	다.		비동조급전방식
		①	급전선에 진행파만 존재함.

② 별도의 정합장치 필요함.

③ 효율이 동조급전방식보다 좋음.

④ 광대역성 특성.

3. 급전방식의 비교

구분	동조급전	비동조급전
전송파형태	정재파[36]	진행파[37]
정합장치	비사용	사용
대역폭	협대역	광대역
급전선 형태	평행급전	평행, 불평행
방식	급전선의 길이를 동조	정합정치(발룬)를 사용

※ 광대역성 및 저손실성, 고효율로 인해 비동조급전을 주로 사용함.

4. 맺음말

❍ 급전은 전송선에서 안테나로의 전력을 전달하는 과정이며 급전의 방식으로 동조급전과 비동조급전이 사용되고 있음.

❍ 비동조급전은 정합장치를 사용해야 하는 단점이 있으나 전력효율이 좋아 주로 비동조급전방식으로 사용하고 있음.

36) 정재파: 반사가 있는 선로 상에서의 전압, 전류는 입사파와 반사파의 합성한 파이다.
37) 진행파: 반사파 없이 한 쪽 방향으로만 진행하는 파동으로 무한히 긴 선로에 고주파 전원을 연결하면 전류, 전압 파형이 한 쪽 방향으로만 진행한다.

Point

키 워 드	정합장치, 진행파, 정재파, 전송효율
기출코드	통신2009하1
통합사고	1교시성 문제로 출제 가능합니다. 급전선의 전송효율 측면의 집중적인 사고가 필요합니다. 비동조 급전에서는 정합장치를 하면 진행파가 사용하고, 대역폭이 넓고, 저손실, 고효율, 동축케이블의 사용이 가능 합니다. 동조급전은 정합이 안되어 반사파가 발생하고, 손실이 발생, 효율이 떨어지고, 케이블 접속 시 어렵습니다. 안테나 시공 시에는 주로 비동조급전을 사용하고 있으며 동조급전은 거의 사용하지 않는 추세입니다. 추가로 급전선의 일반조건은 전송효율이 우수하고, 급전선의 파동임피던스가 적당해야 하며, 송신용의 경우 절연내력이 커야 하며, 유도방해를 주거나 받지 않아야 하며, 가급적 가격이 저렴하고 취급이 용이해야 합니다.
함께보기	“반사계수와 정재파비, 리턴로스” 손에 잡히는 ICT, 298p

참고문헌

[1] DAVID M. POZAR, “초고주파공학”, 대영사, 1998
[2] 정동호, “초고주파공학”, 내하출판사, 2015

2.7 스미스차트

1. 스미스차트의 개요

- ❍ 스미스차트는 전송선로의 편리한 계산을 위해 고안한 것으로 복소 임피던스를 시각화한 원형의 도표임.
- ❍ 반사계수(Γ)[38]와 임피던스(Z)가 서로 변환되는 관계를 이용하여 전송선로의 행동특성을 파악이 가능함.

2 스미스차트의 구성

가. 수식표현

$$\Gamma = \frac{V_r}{V_f} = \frac{Z_L - Z_O}{Z_L + Z_O} = \frac{Z_L - 1}{Z_L + 1}$$

(Γ: 복소반사계수, ZL: 부하임피던스, Zo: 전송로 특성임피던스)

<반사계수를 정규화 임피던스로 표현>

나. 스미스차트 개념도

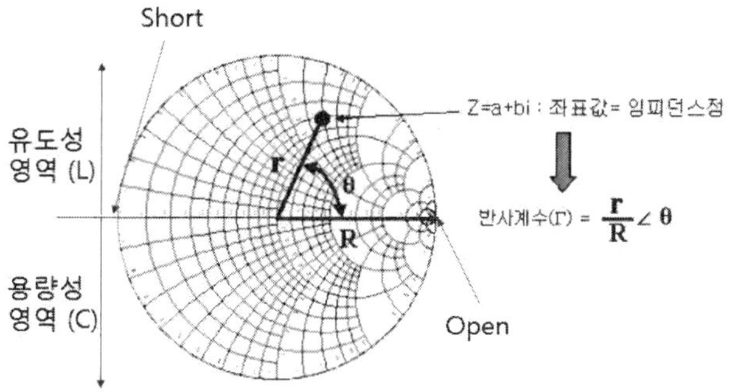

① 스미스차트는 저항 원과 리액턴스 원으로 구성.

② 중앙점은 50Ω +j0 이며 1 +j0으로 정규화하여 사용함.

③ 원의 윗부분은 유도성으로 L값을 표현.

④ 원의 아랫부분은 용량성으로 C값을 표현함.

3. 스미스차트의 활용

① 임피던스 매칭 시 L과 C를 결정함.

		②	네트워크 분석기에서 기본제공함.
		③	S-파라미터의 S11점을 확인 가능함.
		④	VSWR 확인이 가능함.
		⑤	필터, 안테나, 전송선로 등의 특성임피던스[39] 확인이 가능함.
		⑥	PCB에서 선로와 설계 시 사용함.
4.			**맺음말**
	❍		스미스차트는 전송선로의 특성을 확인하기 위해 고안한 방법으로 간단하게
			차트를 이용하여 전송선로의 상태를 확인이 가능함.
	❍		차트를 이용하기 보다는 네트워크 분석기에서 스미스차트 기능을 이용하여
			전송선로의 임피던스매칭을 위한 L, C의 값을 결정하는데 주로 사용됨.

38) 반사계수: 전송 선로에서 부하가 특성 임피던스와 같지 않으면 반사파가 생긴다. 이때의 전원으로부터의 입사파와 부하로부터의 반사파의 비를 말한다. 전압 반사 계수와 전류 반사 계수가 있다.

39) 임의의 길이를 가진 전송 선로 끝에 접속했을 때 마치 선로가 무한히 연장된 것과 같은 효과를 주는 임피던스로 반사파가 없으므로 정재파도 생기지 않는다. 선로 각 점의 전압과 전류의 비는 어디에서나 같으며, 이것이 특성 임피던스(혹은 서지 임피던스)이다.

Point

키 워 드	반사계수, 임피던스 정합, 특성임피던스
기출코드	통신2018상2
통합사고	스미스차트는 1교시 문제로 출제 가능합니다. 임피던스 정합 시 L, C 값의 결정이 가능합니다. 반사계수, VSWR, S11 등을 측정할 때 사용을 하며 네트워크 분석기에서 스미스차트 기능을 지원하고 있습니다. 스미스차트의 패턴도를 정확하게 그려낼 수 있어야 하며, 활용분야를 정리해 두세요.
함께보기	“S파라미터” 손에 잡히는 ICT, 292p

참고문헌

[1] DAVID M. POZAR, “초고주파공학”, 대영사, 1998
[2] 정동호, “초고주파공학”, 내하출판사, 2015

2.8 Directional Coupler

1.			**커플러(Coupler)의 개요**
	○		커플러는 신호전력을 분배하거나 결합하는 RF수동소자로 에너지의 일부를 다른 포트에 결합시키고 빼어내어 감시, 측정, 분파 등의 용도로 사용할 수 있도록 한 다 방향성 결합기임.
	○		주로 원하는 포트로 최적의 전력전달을 위해 사용됨.
2			**커플러의 이해**
	가.		개념도

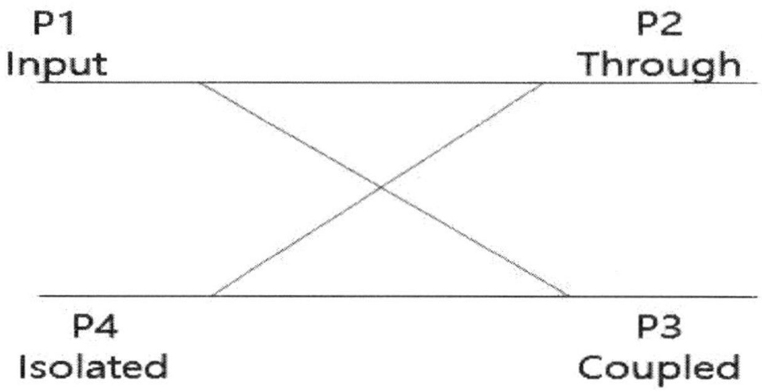

	나.		결합도/결합계수(Coupling Factor)
		①	$C = 10\log\frac{P_3}{P_1}$
		②	입력 전력이 원하는 포트에 결합되는 비
	다.		방향도(Directivity)
		①	$D = 10\log\frac{P_2}{P_1}$
		②	입력전력이 출력포트에 결합되는 비
	라.		격리도(Isolation)
		①	$I = 10\log\frac{P_4}{P_1}$

		②	입력전력이 격리포트로 누설되는 비
3.			**커플러의 용도**
	가.		Power Sampling
		①	주 신호는 정상적으로 진행을 하고 원 신호를 측정하기 위해 일부전력을
			Coupling해서 신호를 측정함.
		②	무선국 검사에서 공중선 전력을 측정 시 사용하는 방법임.
	나.		Power Dividing
		①	주신호의 신호를 분배하여 다른 포트로 전력을 배분하는 Divider로 동작이
			가능함.
		②	커플링 출력이 -3dBm이면 반반씩 배분하는 개념임.
4.			**Directional Coupler(방향성 결합기)**
		①	방향을 구분하여 측정 및 기타 용도로 활용할 수 있게 한 결합용 RF 수동
			소자임.
		②	격리포트가 내부적으로 정합되어 종단된 결합기임.
		③	RF 방향성 결합기 및 광 방향성 결합기 등이 있음.
5.			**맺음말**
	○		커플러는 Coupling Port를 이용하여 신호를 분리해서 측정하는데 사용
			하는 수동소자임.
	○		분배기를 사용할 때 보다 원 신호에서 Loss를 줄일 수 있어서 이동통신
			기지국 장비에서 주로 테스트 포인트로 사용되고 있음.

Point

키 워 드	Coupling, Isolation, 방향성 결합기
기출코드	
통합사고	1교시 출제가 가능한 문제입니다. 커플러는 필터만큼 많은 곳에 사용이 되는 중요한 수동소자입니다. 커플링 및 격리 시 사용하며 원 신호를 그대로 두고 커플링을 이용하여 신호를 측정하는 곳에 많이 사용됩니다. 무선국 검사 시 송신신호를 측정하는 포트 포인트로 사용되며, Power Divider로도 사용이 가능합니다.
함께보기	

참고문헌

[1] DAVID M. POZAR, "초고주파공학", 대영사, 1998

[2] 홍대영, 이동통신공학 교재, 서강대학교, 2012

2.9 편파(polarization)

1.			**편파의 개요**
	○		편파는 전자기파가 진행할 때 전계벡터(E-field)의 끝이 그리는 궤적의 방향을 말함.
	○		편파에는 직선편파, 원형편파, 타원편파가 있으며 직선편파의 조합에 의하여 원형편파 및 타원형 편파를 생성함.
2			편파의 개념이해
	가.		개념도

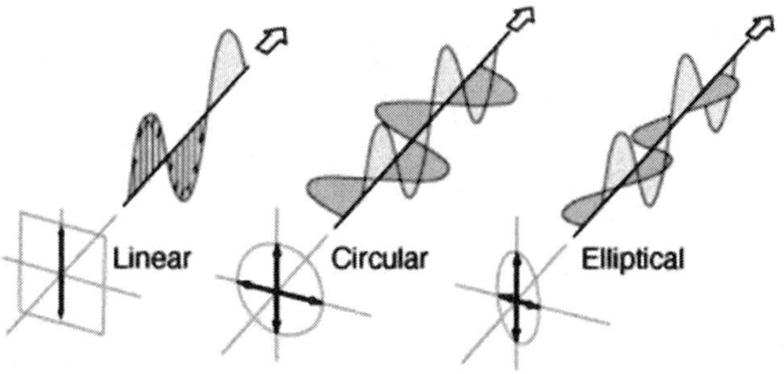

<편파의 개념도>

		※	무선통신에 사용하는 편파에는 직선편파, 원형편파, 타원편파의 방식을 사용하여 통신하고 있음.
3.			**편파의 분류**
	가.		직선편파
		①	대지를 기준으로 전계벡터[40]의 궤적이 수직 또는 수평으로 변화함.
		②	동일 주파수를 사용해도 수평, 수직이 간섭되지 않음으로 주파수 재활용이 가능함.
		③	이동통신 및 무선통신에 폭 넓게 사용됨.

40) 전계벡터: 대전체가 존재하는 공간 각 점의 전기적 상태를 나타내는 양을 말한다.

	나.		원편파
		①	전계벡터의 궤적이 좌/우측으로 원회전을 하는 파를 말함.
		②	2개의 선형안테나를 90도 위상차 합성을 하여 생성함.
		③	좌선회, 우선회를 사용하면 주파수 재활용이 가능함.
		④	위성통신용 및 GPS용으로 원편파를 사용함.
4.			**편파의 비교**

구 분	선형편파	원편파	타원편파
벡터궤적	수직/수평	원형이동	타원형
편파	수직/수평편파	RHCP[41] / LHCP[42]	좌선/우선
주축/부축 비	무한대	1	1 이상
특징	간단구조	2개 위상합성	2개 위상합성
활용	무선/이동통신	위성통신	단파통신

5.			**맺음말**
	❍		편파의 사용으로 주파수 효율을 증대가 가능함.
	❍		이동통신에서는 선형 ↔ 선형 보다 선형 ↔ 원형을 사용하며 3dB 손실이
			발생을 하지만 다양한 신호를 수신이 가능함.

41) RHCP(Right-Hand Circular Polarization): 우선회 편파로 전계벡터의 궤적이 우측으로 원회전 한다.
42) LHCP(Left-Hand Circular Polarization): 좌선회 편파로 전계벡터의 궤적이 좌측으로 원회전 한다.

Point

키 워 드	전계벡터, 궤적, 주축/부축 비
기출코드	통신2018상1, 통신2010상1
통합사고	1교시 문제로 유효합니다. “편파는 전계벡터의 끝이 그리는 궤적임.” 편파는 선형, 원형, 타원형이 사용되고, 선형안테나의 조합으로 원형 및 타원형 안테나 제작이 가능합니다. 원형편파는 회전방향에 따라 주파수 재사용이 가능합니다. 대부분의 통신에 선형편파가 사용되며, 위성통신에 원형편파가 사용 됩니다.
함께보기	

참고문헌

[1] DAVID M. POZAR, “초고주파공학”, 대영사, 1998

2.10 Friis 전력 전송방정식 및 링크버짓(Link Budget)

1.			**개요**
	○		Friis 전송방정식은 자유공간에서 무선링크의 송수신 전력관계를 나타내며
			수신 전력은 송신전력과 거리에 따른 공간손실로 표현함.
	○		링크버짓은 무선링크에서 필요로 하는 성능을 만족하기 위한 예상수식으로
			안테나이득, 공간손실[43], SNR[44] 등을 적용함.
2.			**Friis 전력방정식**
	가.		수신 전력은 두 안테나의 이득(송신 및 수신)에 비례하고 파장의 제곱에
			비례하고 거리의 제곱에 반비례함.
	나.		개념도

	다.		수식표현

$$Pr = Pt * Gt * Gr * \left(\frac{\lambda}{4\pi d}\right)^2$$

$$Pr = Pt + Gt + Gr + (-L)\ (dBm)$$

		-	P: 송수신 방사 전력
		-	G: 송수신 안테나 이득
		-	λ: 파장, d: 송수신간 거리

43) 공간손실: 자유 공간 내의 두 등방성 복사기 사이의 손실로, 자유 공간 손실은 전력선 밀도가 거리의 제곱에 따라 감소하기 때문에 발생한다.

3.			**링크버짓**
	가.		주어진 통신링크에서 필요로 하는 성능을 만족시키기 위해 예측하는 작업
			으로 충분한 여유전력 등 마진을 확보하려는 설계임.
	나.		계산절차
		①	송수신간 구성요소를 도출
		②	각각의 이득과 감쇠를 dB 단위로 합침.
		③	이득은 더하고 손실은 빼줌.
4.			**페이드 마진**
	가.		무선링크에서 발생하는 다양한 문제(페이딩)에 대처하기 위해 수신 장비의
			최소 허용 수신레벨보다 더 큰 레벨을 입력함.
	나.		전송성능이 페이딩에 대해 기준이하로 떨어지지 않도록 미리 확보해 두는
			여유량임.
5.			**맺음말**
	❍		송수신 양단간에 경로 상의 각 단계에서 손실 및 이득의 합이 링크버짓을
			넘지 않도록 마진을 두어 설계해야 함.
	❍		위성통신의 강우감쇠는 -25dB 정도 발생하기에 기본적으로 30dB 이상의
			마진을 두면 높은 강우강도에도 신뢰성 있는 통신이 가능함.

44) SNR(Signal to Noise Ratio): 신호대 잡음비를 말한다.

Point

키 워 드	송신전력, 수신전력, 안테나이득, 공간손실, 페이드 마진
기출코드	통신2008상1, 통신2018상2
통합사고	Friis 방정식은 안정된 송수신을 위하여 페이드 마진을 확보하기 위해서 수행하는 방정식으로 링크버짓을 잘 계산을 해야 송·수신 시스템의 성능을 최대한 발휘할 수 있습니다. 시스템 설계 시 케이블 손실과 결합손실의 보상을 고려해야 하며, 송신부는 고출력용 케이블을 사용하고 수신부는 저손실의 케이블을 사용하도록 설계해야 합니다.
함께보기	“종합잡음지수(Friss 전력방정식)” 손에 잡히는 ICT, 308p

참고문헌

[1] DAVID M. POZAR, “초고주파공학”, 대영사, 1998
[2] Yi Huang, “최신안테나공학”, 한빛아카데미, 2014

2.11 VHF대역에서 초가시거리 통신

1. 개요

- ❍ VHF 대역은 30MHz에서 300MHz대역으로 주로 가시거리에서 직접파와 공간파를 이용한 통신에 주로 사용함.
- ❍ 특정한 조건을 만족할 경우 가시거리를 넘어서는 초가시거리 통신이 이루어져 원거리 통신이 가능함.
- ❍ 실제 통신에 사용한 기술도 있으나 안전성, 경제성, 회선구성의 어려움 등으로 인해 사용되지 않으며, 타 통신에 장애 유발이 가능함.

2 초 가시거리 통신

가. 전파의 굴절, 회절, 산란 등의 작용에 의해 전파의 통로가 기하학적으로 생성되어 가시거리를 훨씬 넘어서는 초가시거리 통신이 가능해짐.

나. 개념도

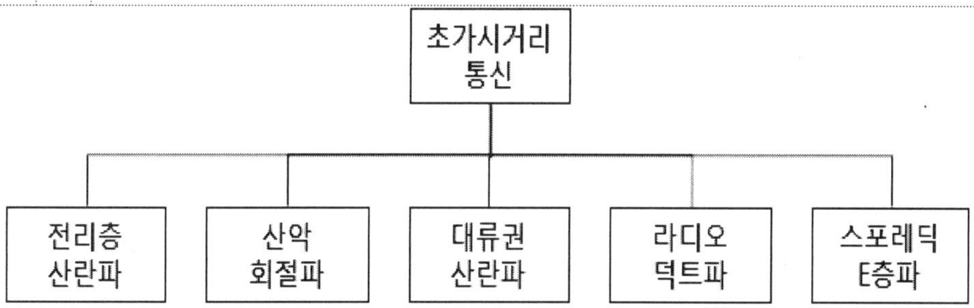

※ 초가시거리 통신은 조건에 따라 위 그림처럼 구분됨.

3. 초가시거리 통신방식

가. 전리층 산란파

① 전리층 전자밀도의 불규칙성으로 전리층에 입사된 전파가 전 방향으로 산란됨.

		②	산란된 전파의 일부가 수신부로 들어가 원거리 통신이 가능해짐.
		③	1000km이상 통신이 가능하며 전파가 약해 고이득 안테나가 필요함.
	나.		대류권 산란파
		①	송·수신점에서 가시거리 공간에 지향성 안테나를 사용하여 빔을 쇄교하면
			대기 중에서 일부 산란되며 이를 이용하여 통신이 가능함.
		②	전송거리 150 ~ 1500km가능하며 한국 일본 간 통신에 사용함.
	다.		산악회절파[45)]
		①	회절은 전파 통로 상에 장애물이 있을 때 그 기하학적 음영부분까지 전파
			가 도달하는 현상임.
		②	조건이 잘 맞도록 설계하면 산악회절 이득이 발생하여 수신부에서 큰 전계
			강도를 얻어 양호한 통신이 가능함.
	라.		산재 E층파
		①	전리층의 E층 높이에서 매우 큰 전자 밀도가 발생을 하면 VHF 대역의
			주파수를 지상으로 반사를 시킴.
		②	중·저위도의 지역에서 여름에 자주 나타나며 변동이 매우 심하여 통신에
			이용할 수 없는 방식임.
	마.		초 굴절파(라디오덕트파)[46)]
		①	초 굴절은 지상에서 높이 올라갈수록 굴절률이 감쇠되어 전파의 구부러
			짐이 현저해지며 역전층이 발생하면 전파가 빠져나가지 못해 원거리까지
			전파되는 현상임.
		②	전파통로로 신뢰성이 없어 사용할 수 없고, VHF 대역에서 덕트 발생 시
			무선간섭의 원인이 되는 현상임.

45) 전파의 전파(傳播) 도중에 여러 산이 있을 때의 전파. 특히 초단파(VHF)나 마이크로파에서는 산이 있으면, 음영(陰影) 손실 때문에 전계의 세기가 낮아진다. 그러나 산을 잘 이용하면 회절로 산이 없을 때의 전계의 세기보다 높은 전계의 세기를 얻게 된다.

Point

키 워 드	전리층 산란파, 대류권산란파, 산악회절파, 산재E층파, 라디오덕트파
기출코드	통신2005하4
통합사고	VHF 대역은 직접파를 주로 사용하여 가시거리 통신을 주로 행하는 대역인데 일정한 조건이 되면 원거리 통신인 초가시거리 통신이 가능합니다. 초가시거리 통신의 이용은 일반적으로 수신 성능이 열악하여 통신시스템에 적용은 곤란하여 VHF대역에서 통신방식으로 사용하지 않습니다.
함께보기	“대류권, 전리층, 이동통신페이딩 종류와 대책”, 손에 잡히는 ICT, 296p

참고문헌

[1] DAVID M. POZAR, “초고주파공학”, 대영사, 1998
[2] Yi Huang, “최신안테나공학”, 한빛아카데미, 2014

46) 초 굴절파: 대기 중의 온도나 습도의 분포가 변화된 특별한 기상 상태에서 굴절률 감소가 매우 큰 층이 형성되어 초단파 또는 마이크로파가 초굴절을 나타내면서 별로 감쇠되는 일이 없이 먼 곳까지 전해지는 현상이다.

2.12 전파의 현상(성질)

1. 전파의 개요

- ○ 전파란 인공적인 매개물 없이 공간에 전파하는 3000GHz 보다 낮은 주파수의 전자파를 전파라 함.
- ○ 전파는 전계와 자계가 상호유도하면서 직각방향으로 진행을 함.
- ○ 전파의 성질은 직진, 회절, 반사, 굴절, 간섭, 산란의 성질을 가짐.

2. 전파의 이해

가. 전파의 전파

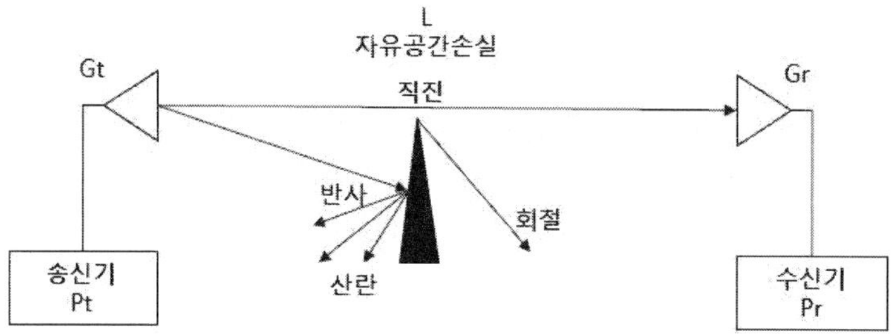

나. 전파의 특징

① 전파는 횡파임.

② 전파는 공기 중에서 광속으로 진행하고 매질에서 속도가 느려짐.

③ 전파는 직진, 반사, 굴절, 회절, 간섭이 발생함.

④ 전파는 빛의 성질을 가짐.

3. 전파의 성질

성 질	설 명
직진성	전파는 매질을 통과할 때 직진함
	주파수가 높을수록 직진성이 강함

성 질	설 명
반사	두 개의 매질을 통과할 때 매질에서의 굴절률의 차이로 인해 전파는 반사함.
	경계면에서 튕겨 나오는 현상
굴절	서로 다른 두 개의 매질을 통과할 때 그 경계면에서 휘어지는 현상
	굴절은 파의 진행 속도 차에 의하여 발생함
	스넬의 법칙이 굴절에 적용이 됨
회절	전파 통로에 장애물이 있을 때 전파가 뒤편 음영지역으로 도달하는 현상으로 초 가시거리 통신이 가능해짐
	회절은 파장이 길수록 잘 발생함
	회절은 호이겐스의 원리로 설명됨
간섭	간섭은 두 개의 신호가 서로 합성되는 현상으로 보상간섭과 상쇄간섭이 발생함
	이동통신은 간섭에 취약하며 간섭으로 Multipath Fading이 발생함
감쇠	전파는 이동 중에 전송매체에서 감쇠가 발생함
	주파수가 높을수록 전송거리가 길수록 감쇠가 커짐
	망 설계 시 가장 중요한 고려 요소임

4. 맺음말

○ 전파는 빛과 같은 성질을 모두 가지므로 무선통신망을 설계 시 전파의 성질을 고려하여 망 설계를 해야 함.

○ 특히 주파수 대역의 한계로 인해 간섭 가장 중요한 요소이기에 간섭을 줄일 수 있는 기술의 개발이 필요함.

Point

키 워 드	감쇠, 반사, 굴절, 산란, 회절, 직진
기출코드	
통합사고	전파의 특성은 빛의 특성을 가지고 있으며 맥스웰방정식으로 설명이 가능합니다. 전파의 전파 현상으로 반사, 산란, 굴절, 회절, 감쇠, 직진성 등의 특성을 이해해야 하며 무선망 구축 시 전파의 일반특성과 페이딩을 종합적으로 고려하여 설계를 해야 합니다.
함께보기	

참고문헌

[1] 중앙전파관리소 홈페이지, 2018
[2] DAVID M. POZAR, "초고주파공학", 대영사, 1998

2.13 무선통신의 잡음 및 간섭

1.			**개요**
	○		전파 잡음은 무선통신에서 안테나를 통해 유입되는 전자기적인 잡음으로써 인공적인 잡음과 자연적인 잡음으로 구분함.
	○		잡음은 제거가 불가능하며 시스템을 통과하면서 부가되는 것으로 복잡한 시스템일수록 잡음지수가 나빠짐.
2.			**잡음의 이해**
	가.		잡음의 분류

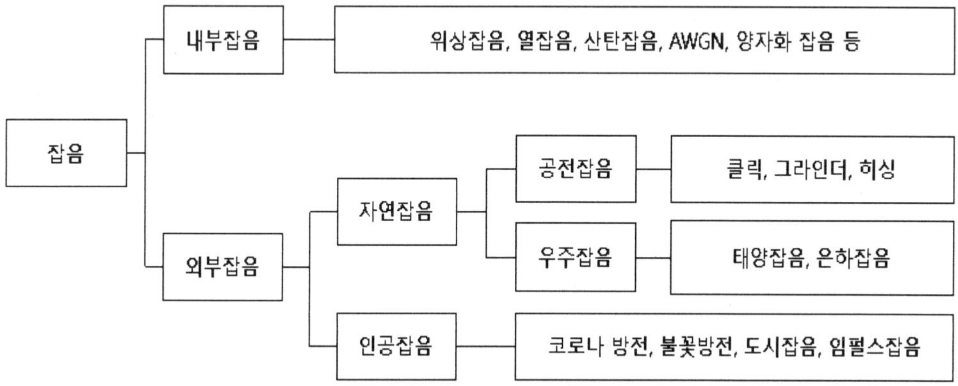

		※	잡음은 내부잡음과 외부잡음으로 분류됨.
		①	내부잡음: 시스템 내부에서 발생하는 잡음.
		②	외부잡음: 자연잡음과 인공잡음으로 시스템외부에서 발생함.
3.			**내부잡음**

구분	설명
열잡음[47]	저항소자에서 열적 불규칙 운동에 의해 발생하며 가장 일반적인 잡음임
위상잡음	오실레이터의 이상으로 원하는 주파수(발진주파수)근방에서 발생하는 잡음으로 수신기의 평가항목임

구 분	설 명
양자화잡음	ADC변환 과정에서 양자화 비트수에 비례하여 발생하는 잡음으로 경사과부하 잡음과 입상잡음이 발생함
AWGN	AWGN은 백색잡음으로 열잡음과 유사한 특성으로 모든 시스템에 부가되는 잡음임
충격잡음	음극에서의 전자의 무작위 방출에서 기인하여 발생
플리커 잡음	1/f 잡음으로 그 크기가 주파수에 반비례하는 특성을 가짐
누화	채널 간에 전자기적인 결합(Coupling)되어 발생하는 잡음
상호변조	주파수간 상호 간섭에 의하여 생성되는 새로운 주파수로 원하는 신호에 간섭을 발생함

4. 시스템 외부 잡음

가. 자연잡음: 자연적인 현상에 의해 발생하는 잡음

① 공전잡음

대기의 움직임에 의하여 발생하는 천둥, 번개의 방전에 의해 발생함.

구 분	설 명	영 향
클릭	짧고 날카로운 음이 혼입되는 충격성 잡음으로 천둥이 발생 시 나타남	적음
그라인더	긴 연속음이 포함된 연속적 잡음	큼
히싱	슈우~~소리의 연속적 잡음으로 눈보라나 바람이 심할 때 발생함	큼

② 우주잡음(Cosmic Noise)

지구 외부에서 발생하여 지구에서의 통신에 영향을 주는 잡음으로 태양잡음과 은하잡음이 있음.

47) 열잡음: 수신기, 전송 선로 또는 전파 매체 내에서 열 교란에 의해 발생하는 잡음이다.

구 분	설 명
우주잡음	태양잡음: 태양의 활동에 의하여 발행
	은하잡음: 은하에서 발생하여 지구에 영향을 끼침

	나.		잡음의 개선방안
		①	내부잡음이 적도록 수신기의 RF단 설계를 해야 함.
		②	전원회로에 필터 설계나 차폐를 수행함.
		③	적절한 통신방식 선정함.
		④	송신전력을 증대(SNR 증대) 시킴.
		⑤	안테나 지향성이 예민한 안테나를 적용함.
		⑥	실효 대역폭을 좁게 사용함.
		⑦	AGC(Auto Gain Control)회로를 사용함.
5.			**무선통신의 간섭**
	가.		심볼간 간섭(ISI)
		①	심볼간 간섭은 시간축에서 희망신호가 대역제한 등으로 인하여 퍼짐 현상
			을 일으켜 이웃하는 비트에 간섭을 주는 현상임.

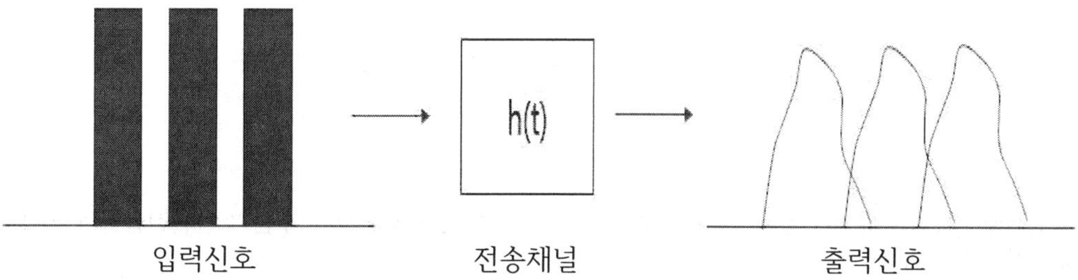

		②	개선방안
			- 나이키스트 대역폭 이상을 사용함.
			- 다이버시티 안테나 사용함.
			- 등화기 사용함.
			- OFDM 변조방식 사용함.
			- 재생중계기 사용함.
	나.		동일채널[48] 및 인접채널[49] 간섭
		①	동일채널 간섭

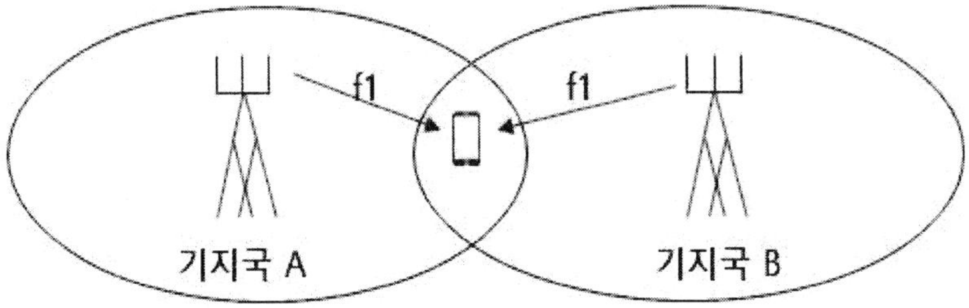

			- 발생: 기지국과 기지국간에 발생되는 간섭임.
			- 현상: 인접한 기지국이 동일한 주파수 채널을 함께 사용할 때 발생됨.
		②	인접채널 간섭

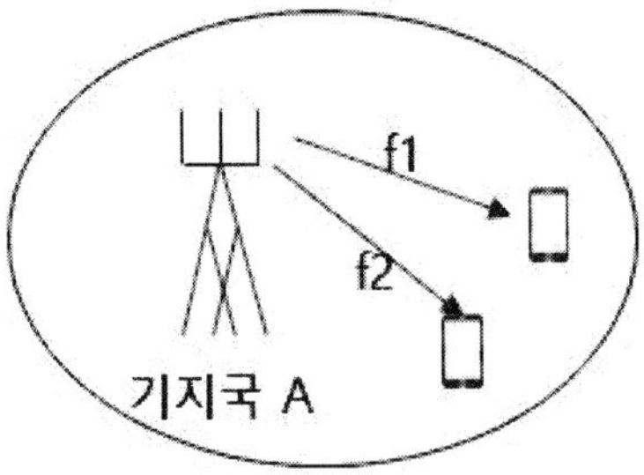

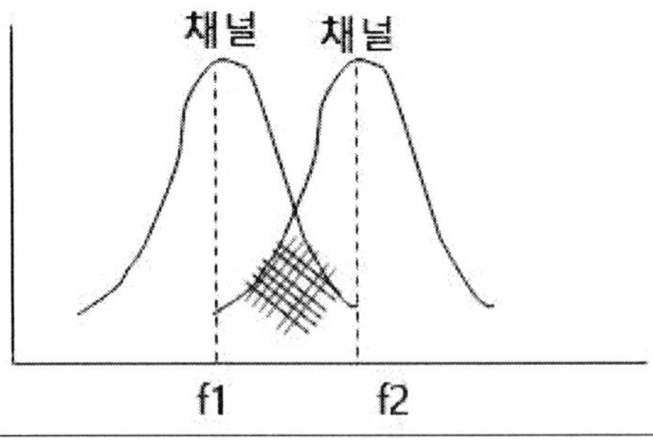

48) 동일채널 간섭: 주파수가 같은 동일 채널의 둘 또는 그 이상의 전파가 수신기에서 간섭하여 장애를 일으키는 현상이다.

49) 인접채널 간섭: 인접한 채널 사이의 간섭 현상. 특정 채널 상하의 채널로부터 송수신 시에 받는 간섭을 말한다.

		- 발생: 동일 기지국내 단말과 단말간의 발생되는 간섭임.
		- 현상: 동일 기지국내 단말 간 인접한 주파수 채널에 의한 간섭이 발생함.
다.		해결방안
	①	주파수 재사용거리 조정함.
	②	스마트 안테나 사용함.
	③	셀 최적화 및 전파환경 최적화를 수행함.
	④	협력통신을 통해 개선함.

Point

키 워 드	내부잡음, 외부잡음, 태양잡음, 동일채널간섭, 인접채널 간섭, 부호간 간섭
기출코드	통신2018상1, 통신2013상1, 통신2011상2
통합사고	무선통신의 방해요소로 잡음과 간섭이 있으며, 잡음은 내부잡음과 외부잡음으로 분류되고 외부잡음은 자연잡음과 우주잡음으로 분류됩니다. 분류를 정확히 알면 내용을 전개하는데 도움이 됩니다. 간섭은 부호 간 간섭과 주파수간 간섭으로 분류되고 주파수 간섭은 동일채널과 인접채널로 분류됩니다. 정확한 분류방법과 대책을 함께 정리해 두세요.
함께보기	“공전잡음의, 종류와 방지대책” 손에 잡히는 ICT, 304p “간섭제거 중계기” 손에 잡히는 ICT, 350p

참고문헌

[1] 홍대영, 이동통신공학 교재, 서강대학교, 2012

2.14 EMI/EMS/EMC

1.			**개요**
	○		전자파 적합성 EMC(Electro Magnetic Compatibility)을 만족시키기 위해
			서 전자기기로부터 발생하는 전자파 간섭 EMI(Electro Magnetic Interfer
			-ence)을 줄이고 외부 전자파 환경에 대한 전자파 내성(Electro Magnetic
			Susceptibility)을 강화해야 함.
2.			**전자파 적합성(EMC)의 이해**
	가.		개념도

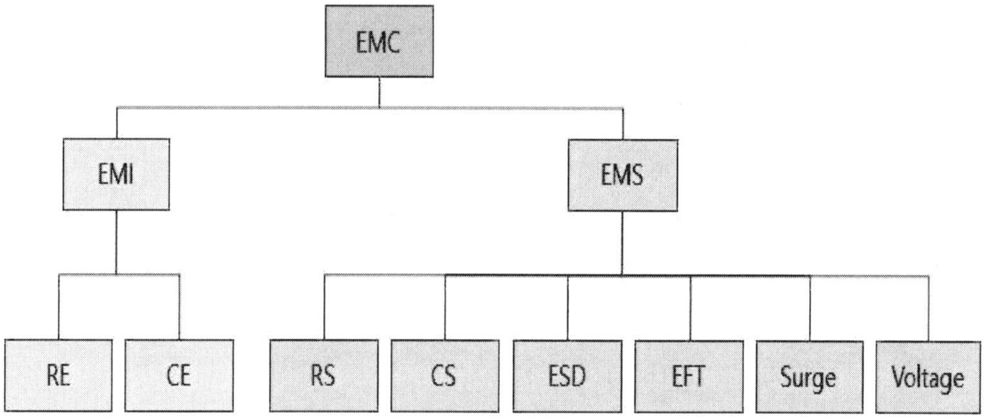

		①	EMC는 EMI와 EMS로 분류됨.
		②	전도성 시험 및 방사성 시험을 통과해야 함.
	나.		EMC의 목적
		①	전자기기에서 발생하는 불요전자파로 기기의 오작동을 방지하기 위함.
		②	제품의 품질향상 및 소비자 권익 보호.
		③	인명 및 재산피해의 최소화를 목적으로 함.

3.			**전자파 간섭(EMI)**
	가.		전자기기로부터 발생되는 전자기파가 타 장비의 동작에 해로운 영향을
			주는 것임.
	나.		발생원인

원 인	종 류
자연적	대기잡음, 우주잡음, 태양방사 등
인공적	고의적: AM, FM, TV방송 및 통신 등
	비고의적: TV, 컴퓨터, 모니터, 가전기기 등

	다.		종류
		①	CE(Conductive Emission): 전도성 방출
			- 신호선, 전원선 등의 전도성 매질을 통하여 전달되는 전자파
			- 150kHz ~ 30MHz 대역을 검사
		②	RE(Radiative Emission): 복사성 방출
			- 공기 중으로 방사되어 전달되는 전자파
			- 30MHz ~ 1GHz 대역을 검사
4.			**전자파 내성(EMS)**
	가.		전자파 감응성(CS)
			150kHz ~ 30MHz에서 전도성 매질을 통하여 외부로부터 유입되는
			전자파에 대한 내성을 측정함.
	나.		방사내성(RS)
			30MHz ~ 1GHz이상에서 외부로부터 공기 중으로 유입되는 전자파에 대한
			내성을 측정함.

5. EMC 대책

접지, 필터링, 쉴딩[50], 회로설계, 격리 등의 방법을 사용.

구 분	설 명
접지	캐비넷, 샤시, 케이블, 회로 등의 접지를 최적화
필터링	전원 및 신호라인에 필터, 페라이트 비드, 바리스터 등의 필터를 사용
차폐	PCB의 RF 부분을 차폐 실시
최적화설계	적절한 부품배치, 배선, 등을 최적화 설계함
회로분리	RF부분과 전원부분을 이원화설계, 적층형 PCB의 사용

6. 맺음말

- ❍ EMC는 EMI의 규격과 EMS의 규격을 동시에 만족해야 하는 것으로 최근 국내·외 규제기준의 폭이 강화되고 있음.
- ❍ EMC는 발생하면 대책이 어려우므로 전자제품의 설계 시부터 발생하지 않도록 철저히 개발해야 할 것임.

50) 쉴딩: 전자(電磁) 에너지가 일정 공간 내에 들어가지 않게 한다든지 또는 반대로 외부로 누설하지 않도록 차폐하는 것이다.

Point

키 워 드	EMI, EMC, EMS, 전도성, 방사성
기출코드	통신2010상4
통합사고	EMC는 EMI 와 EMS를 동시에 만족해야 합니다. EMI와 EMS 시험은 전도성시험과 방사성 시험이 있으며 EMC를 만족하기 위해 접지, 쉴딩, 최적화, PCB설계 등의 기술이 필요합니다.
함께보기	"전자파 양립성(EMC)" 손에 잡히는 ICT, 290p

참고문헌

[1] 국립전파연구원 홈페이지, www.rra.go.kr

[2] CONSTANTINE A. BALANIS, "안테나 이론", YOUNG, 2011

2.15 안테나 특성 광대역화 방안

1. 개요

- 하나의 안테나를 가지고 넓은 주파수 대역을 효율적으로 송수신하기 위해서는 안테나의 동작 대역폭이 넓어야 함.
- 안테나를 광대역하기 위해서는 Q값을 낮추는 방법, 진행파 여진형 소자의 이용, 대수주기형 구조, 상호임피던스의 특성이용 등이 있음.

2. 안테나의 광대역의 이해

가. 개념도

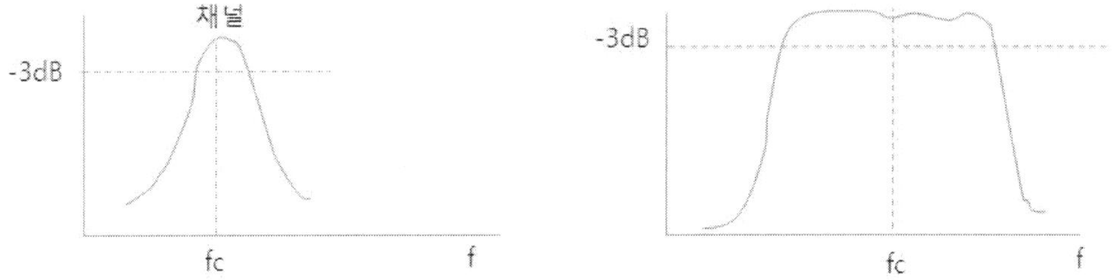

협대역 광대역

① 광대역을 사용하면 넓은 주파수대역을 사용이 가능함.

② 샤논의 통신용량에서 대역폭이 넓으면 통신용량 증대가 가능함.

3. 안테나 광대역화 방안

광대역화 방안	설명
안테나의 선택도[51] Q값을 낮춤	$Q = \frac{f_c}{BW} = \frac{Z_o}{R_e}$, Zo = 138log(2l / d)
	Q값을 낮추면 대역폭이 넓어짐
	도선의 직경(d)을 크게 하면 Zo가 작아지고 Q는 낮아짐으로 대역폭이 넓어짐
	야기 안테나, 디스콘 안테나. 슈퍼게인 안테나

광대역화 방안	설 명
진행파 여진형 소자의 사용	진행파 안테나로 제작을 하면 반사파가 없어 광대역화가 가능함
	비동조 급전방식으로 정합장치를 사용하여 진행파 안테나 형태로 제작
	롬빅 안테나, 어골형 안테나, 헬리컬 안테나
보상회로 사용	안테나의 급전부에 $\lambda/4$ trap을 접속하여 급전점의 임피던스 변화를 적게 함
	직렬공진 과 병렬공진을 합성하여 광대역 특성이 발생
	슈퍼케인 안테나, u라인 안테나
대수주기형[52] 안테나	안테나의 길이와 간격이 자기상사의 원리를 이용한 일정한 비율로 되어 있는 안테나 주파수에 따라 지향특성이나 임피던스의 변화가 없음
	대수주기 안테나, 바이코니컬 안테나, LP 안테나

4. 맺음말

○ 안테나를 광대역으로 만든다는 것은 공진주파수대역을 넓게 한다는 것으로 하나의 안테나로 다양한 통신이 가능하게 함.

○ 광대역 안테나의 개발은 제품의 소형화 및 비용절감이 가능하므로 광대역 특성의 안테나 개발을 해야 할 것임.

---

51) 선택도: 공진회로(共振回路)를 사용하는 것에서는 공진의 예민성을 나타내는 지표 Q(quality factor)로 표시한다.

52) 대수주기형 안테나: 인접한 안테나 소자 길이의 비나 간격의 비가 일정한 세로형 안테나 열의 사용 주파수 대역 내에서 거의 일정한 주파수 특성이 있는 광대역 안테나를 말한다.

Point

키 워 드	Q, 여진형 소자. 대수주기, TRAP, 상호임피던스
기출코드	통신2007상4
통합사고	안테나의 대역폭의 광대역화는 통신용량 증대 및 주파수를 효율적으로 사용이 가능합니다. Q, 여진형, 대수주기, 보상회로, 상호임피던스의 방법으로 광대역이 가능하며, 광대역화 하면 Q가 낮아져 안테나의 특성이 낮아지는 부분이 있으며, 광대역화는 Q값의 trade off 임으로 광대역이 필요한 부분에서 사용해야 합니다.
함께보기	

참고문헌

[1] Yi Huang, “최신안테나공학”, 한빛아카데미, 2014

2.16 안테나 접지방식

1. 안테나 접지의 개요

- ○ 장·중파대역에서는 파장이 길어 대지에 수직으로 세운 형태인 수직접지 안테나를 사용함.
- ○ 공중선의 복사효율을 향상시키기 위해서는 접지저항을 최소화시켜야 함.
- ○ 송출전력의 규모에 따라 심굴접지, 방사상접지, 다중접지, 카운터 포이즈 접지, 어스스크린 등의 방식이 사용 됨.

2. 안테나 접지의 목적과 필요성

구 분	내 용
접지의 목적	통신설비의 기기보호 접지 전위의 상승을 억제 기준전위[53] 제공으로 하나의 시스템으로 통합이 가능함.
접지의 필요성	전기적 필해로부터 시설물 보호 전기적인 충격으로부터 인명보호 충격전류를 대지로 신속히 방류 전기적인 기능 확보

3. 안테나 효율

수직접지 안테나의 접지저항을 감소시켜 안테나의 복사효율을 증대

안테나 효율 $\eta = \dfrac{R_R}{R_R + R_L} \times 100$ [%] (R_R: 방사저항, R_L: 접지저항)

4. 접지방식의 종류

가. 안테나 접지의 개념도

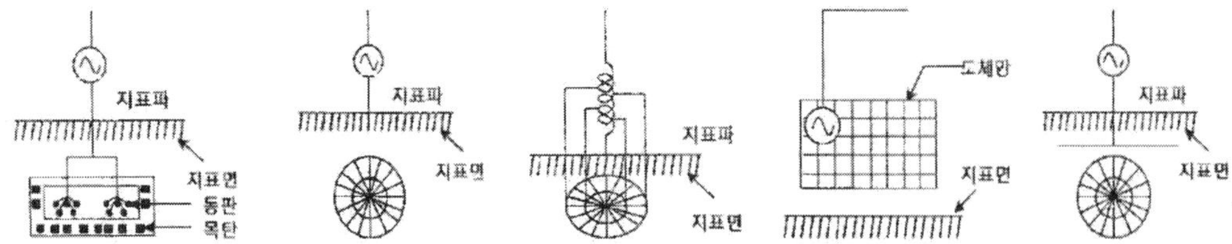

심굴접지　방사상접지　다중접지　카운터 포이즈　어스스크린

〈 안테나 접지방식 〉

나. 안테나 접지의 종류

① 심굴접지: 지하수가 나올 정도의 깊이에 동판을 매설 후 그 주위에 수분을 잘 흡수하도록 목탄을 넣는 방식임.

② 방사상접지: 지선을 안테나의 높이와 같은 정도의 깊이로 수십 줄을 방사상으로 매설하는 방식임.

③ 다중접지: 안테나의 전류가 기저부에 집중되는 것을 방지하기 위해 다중으로 접지하여 접지저항을 감소시키는 방식임.

④ 카운터 포이즈: 방사상의 지선망을 안테나 높이의 약 5% 지상에 대지와 절연하여 설치함.

⑤ 어스스크린: 안테나 아래 및 그 주위에 실효높이와 같은 면적에 스크린을 묻어 접지하는 방식임.

5. **접지방식별 비교**

구분	심굴	방사상	다중	카운터 포이즈	어스스크린
접지방식	동판, 목탄	방사선	다중	대지절연	스크린설치
구조	용이	복잡	복잡	단순	단순
접지저항	10Ω	5Ω	1~2Ω	5Ω	5Ω
활용	소전력	중파방송	대출력	산악, 도심	사막지역

6. **맺음말**

○ 안테나 접지는 설치장소의 송신전력, 대지 도전률 및 설치여건, 경제적 비용 등을 고려하여 설치해야 함.

53) 대지전위를 기준전위로 하고 0V로 한다.

Point

키 워 드	안테나 효율, 심굴, 방사상, 다중, 카운터 포이즈, 어스스크린
기출코드	통신2006하2
통합사고	안테나 접지는 장중파 안테나 설치 시 사용을 하며, 접지저항이 큰 저항요소로 작용합니다. 안테나 효율 $\eta = \frac{R_R}{R_R + R_L} \times 100$ 이 중요합니다. 설치 시 설치 장소의 송신전력, 대지 도전률 및 설치여건, 경제적 비용 등을 고려하여 설계해야 합니다.
함께보기	

참고문헌

[1] Yi Huang, “최신안테나공학”, 한빛아카데미, 2014

[2] 허경행, 기술사 서브노트, 2015

[3] CONSTANTINE A. BALANIS, “안테나 이론”, YOUNG, 2011

2.17 위성통신용 지구국 안테나

1.			**개요**
	○		위성통신은 공간에서의 손실이 크기 때문에 고이득 및 지향성이 우수한
			안테나가 필요 함.
	○		위성통신용 지구국 안테나로는 파라볼라 안테나, 카세그레인 안테나, 혼리
			플렉터 안테나 등이 주로 사용 됨.
	○		안테나의 이득은 개구면적[54]에 비례하며, 파장에 반비례 함.
2.			**위성통신용 안테나의 이해**
	가.		지구국 안테나의 조건
		①	안테나 이득이 크고 설치 비용이 적어야함.
		②	광대역 특성을 가져야 함.
		③	예민한 지향성을 가져야 함.
		④	정확한 구동제어 기능 및 자동추미기능[55]을 갖춰야 함.
	나.		지구국 안테나의 구조형태

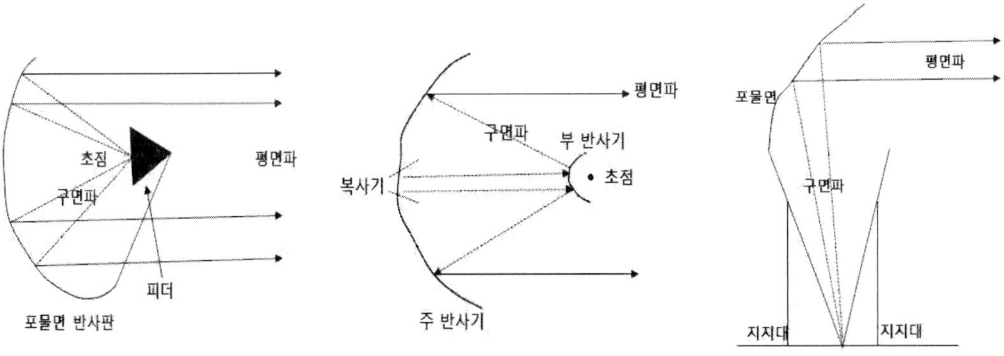

파라볼라 안테나 　 카세그레인 안테나 　 혼리플렉터 안테나

---

54) 안테나가 두어진 위치의 단위 면적당 전자에너지에 대하여 안테나에 흡수되는 에너지가 면적 Ae의 분량에 상당할 때 Ae를 실효 면적 또는 개구 면적이라 한다.

3.			**지구국 안테나의 특징**
	가.		파라볼라 안테나

장점	단점
구조가 간단	부엽이 많이 발생
경량형 제작이 용이	임피던스 정합
지향성 예민, 고이득	급전선 손실이 발생

	나.		카세그레인 안테나

장점	단점
고이득 및 지향성 우수	대형 크기로 고비용 발생
급전선 손실 적음	유지 및 관리의 어려움
대지반사파 영향이 적음	활용도가 제한적임.

	다.		혼리플렉터 안테나

장점	단점
임피던스 부정합 없음, 고이득	안테나 구조가 큼
초 광대역 제작 가능	기계적 강도가 취약 (지지대 필요)
적은 부엽 발생	개구면에 이물질 방지장치 필요

4.			**맺음말**
	❍		위성통신용 지구국 안테나는 초대형 사이즈의 안테나로 비용이 수십억에서
			수백억대의 안테나 임.
	❍		안테나 설치는 유지보수용이성, 확장성, 급전부, 운용자 교육 및 기타 장비
			까지 철저히 설계한 후 설치해야 함.

55) 레이더에서 거리, 각도, 도플러 주파수, 또는 위상과 같이, 신호 또는 목표물이 있는 특성을 자동적으로 추적하기 위해 서보모터 또는 컴퓨터와 같은 피드백 기구를 사용한 시스템에 의해 추미된다.

Point

키 워 드	파라볼라, 카세그레인, 혼리플렉터, 개구면
기출코드	통신2008하4
통합사고	위성통신용 지구국안테나는 고이득, 예민한 지향성을 필요로 하며, 위성통신을 위해서는 지구국 안테나에 자기추미가능이 필요합니다. 위성통신 시 송신용으로는 카세그레인 안테나를 사용하고 VSAT처럼 수신용으로 파라볼라 안테나를 사용하고 있습니다.혼리플렉터 안테나는 안테나 거치대의 부적합성 및 취급이 용이하지 못하여 사장되는 추세입니다.
함께보기	"카세그레인 안테나" 손에 잡히는 ICT, 286p "파라볼라 안테나" 손에 잡히는 ICT, 288p

참고문헌

[1] 손병태, "위성통신공학", 연학사, 1999

[2] CONSTANTINE A. BALANIS, "안테나 이론", YOUNG, 2011

2.18 위상배열 안테나

1.			**위상배열 안테나의 개요**
	○		지향성 향상과 이득을 높이기 위해 여러 개의 소자를 배열한 안테나로
			위상배열을 통해 다양한 복사패턴을 형성이 가능함.
	○		최근 전자전의 핵심으로 위상배열 안테나가 사용되며 어레이 방식은
			Broad side, End Fire, Phased 방식이 사용됨.
2.			**어레이 안테나의 개념이해**
	가.		개념도

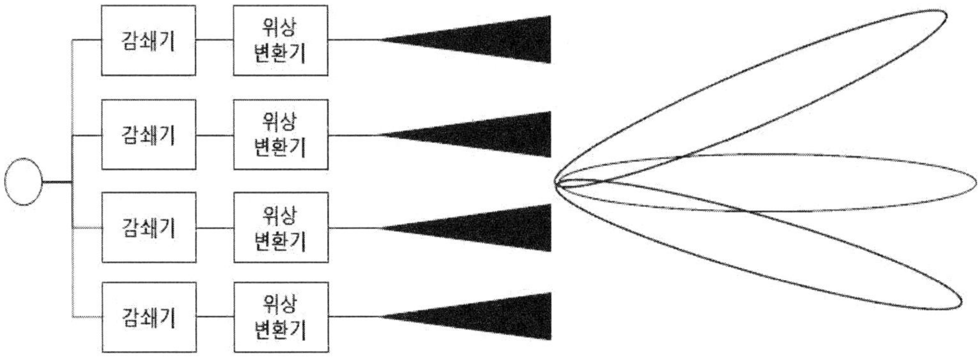

		①	위상조정은 위상변환기, 진폭조정은 감쇠기를 사용함.
		②	λ/2 소자를 여러 개를 배열하여 사용함.
	나.		어레이 안테나의 특징
		①	마이크로파대에서 고이득이면서도 빔 조작이 가능함.
		②	고 지향성 안테나임.
		③	실제 회전 않고도, 전기적 회전이 가능함.

④ 다수 사용자(목표물)들을 추적 가능함.

⑤ 급전회로가 복잡해짐.

3. 어레이 안테나의 종류

Broad Side	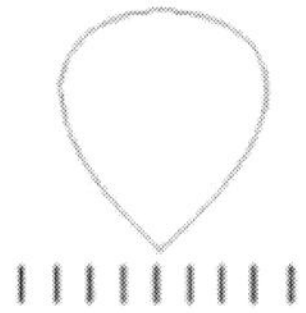	안테나 소자의 수평배열 Main lobe만 생성 이동통신 기지국용
End-Fire		안테나 소자의 수직 배열 빔패턴이 매우예리하나 side lobe가 많음 방송수신용 ANT
Phased	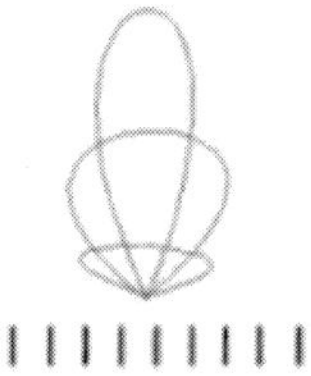	다양한 소자배열이 가능함 다방향으로 빔을 형성이 가능함 다양한 레이더에 사용 전자전 안테나에 사용됨.

4. 단일 안테나와 어레이 안테나의 비교

구분	단일 안테나	어레이 안테나
소자사용	단일 소자	배열소자
복잡도	낮음	높음
제어	사용안함	위상 및 진폭
방사패턴	단향성	다양한 형태
활용	단순 통신용	이동통신, 군통신 등 다양한 통신 적용

5.			**맺음말**
	❍		위상배열어레이 안테나는 Phase Array 방식을 사용하여 제작을 하며,
			이동통신에서는 스마트 안테나로 사용되고 있음.
	❍		최근 사드(THAAD)[56]에 사용되는 안테나가 능동형 어레이 안테나를
			사용하고 있어 고출력의 어레이 안테나를 사용할 경우 주변의 전파환경
			영향을 필히 확인해야 할 것임.

56) 사드(THAAD, Terminal High Altitude Area Defense): 미국의 탄도탄 요격유도 체계로, 탄두가 없는 유도탄과 6개 발사대(각 발사대당 8개 유도탄), 레이더(X 밴드, 1000km 탐지)로 구성되어 있다.

Point

키 워 드	Broad Side, End_Fire, Phased, 빔패턴, 고이득, 지향성
기출코드	통신2011하1
통합사고	어레이 안테나의 사용은 지향성 향상 및 이득의 증대를 위해 어레이 기술을 사용하여 제작을 합니다. 최근 사드(고고도미사일 방어체계)에 사용되는 안테나가 어레이 안테나로 Phased Array 방식을 적용하여 예민한 지향성을 갖는 안테나를 사용합니다.
함께보기	“어레이 안테나” 손에 잡히는 ICT, 282p

참고문헌

[1] Yi Huang, “최신안테나공학”, 한빛아카데미, 2014

2.19 네트워크 분석기와 S-PARAMETER

1. 개요

- ○ 네트워크 분석기는 2단자 또는 3단자 회로망의 특성을 측정하는 장비로 무선회로 및 소자의 파라미터를 측정 및 분석하는 장비임.
- ○ S-parameter특성을 통하여 입사파, 반사파, 투과파의 진폭 및 위상 등을 측정이 가능함.

2. 네트워크 분석기의 이해

가. 개념도

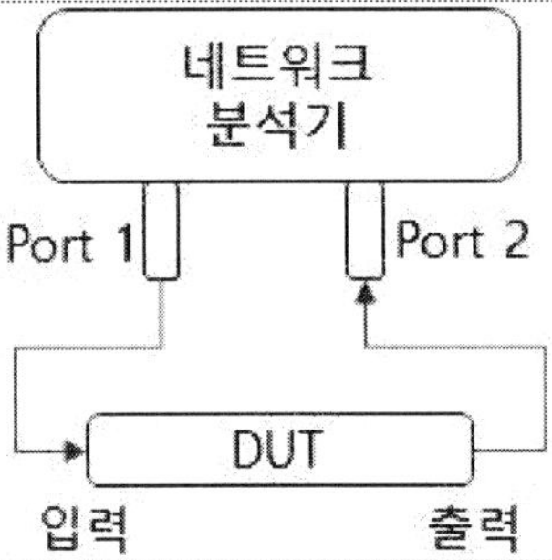

① port 1: source원으로 DUT[57]에 신호를 입사.

② port 2: 입사된 신호로 DUT의 특성을 분석.

나. 네트워크 분석기의 측정항목

항목	설 명
반사특성	반사계수 측정, 반사손실 측정, VSWR 측정 안테나 정재파 측정, 입력포트 측정 S11, S22
투과특성	투과계수, 삽입손실 측정, 이득 측정, 평탄도 측정 수동소자 측정(필터, 분배기, 결합기) S21, S12
임피던스매칭	L, C 소자결정 단자 및 전송선로의 임피던스 매칭상태 확인
지연특성	회로망을 통과한 신호의 지연특성을 측정
위상측정	회로망을 통과한 신호의 위상특성의 변화를 측정

		※	네트워크 분석기는 S-PARAMETER를 이용하여 특성을 측정함.
3.			**S-PARAMETER**
	가.		네트워크 분석기는 S11, S12, S21, S22를 이용하여 DUT 특성 분석이
			가능함.
	나.		S-PARAMETER 항목
		①	S11, S22: 반사손실 및 정재파비를 측정함.
		②	S12, S21: 투과계수, 삽입손실, 이득, 평단도 등을 측정함.
4.			**네트워크 분석기의 활용**
	가.		회로설계
			PCB 제작 RF Line 설계 시 임피던스 매칭을 확인하는데 사용함.
	나.		안테나 설계
			VSWR 측정을 통한 안테나 사용주파수 대역 측정에 상용함.
	다.		유지보수
			휴대용 네트워크 분석기를 통한 급전선의 고장부위 진단 및 각종 Cable의
			손실 측정, 임피던스 매칭상태 측정 등에 사용함.

57) DUT(Device Under Test): 피시험 장치를 말한다.

Point

키 워 드	반사계수, 삽입손실, s-parameter, VSWR, Delay
기출코드	통신2018상2
통합사고	네트워크 분석기는 신호발생기와 스펙트럼 분석기를 합쳐놓은 장비로 시스템의 입출력 특성을 한눈에 볼 수 있도록 하는 장비입니다. 제품의 개발에서 유지보수용으로 널리 사용되고 있으며, 고가의 장비로 사용 시 주의해야 합니다. 사용 시 고려할 사항으로는 다음과 같습니다. · 사용 주파수 · 사용목적 · 능동형 제품 시험 시 출력파워 · DC 입력금지 · 1W미만의 제품의 시험
함께보기	"S파라미터, 손에 잡히는 ICT" 292p

참고문헌

[1] www.Keysight.co.kr

2.20 SAR(Specific Absorption Rate)

1. **개요**

○ 전자파 흡수율은 생체조직에 단위 시간당 단위 질량에 흡수되는 전자파 흡수율로 인체모형을 이용하여 머리 부분에 흡수되는 전자파의 양을 측정하는 방법임.

○ SAR가 클수록 인체에 나쁜 영향을 끼치며, SAR는 국제 및 국내에서도 전자제품 출하 시 기준치를 넘지 않도록 규제하고 있음.

2. **전자파 흡수율 측정**

가. 측정방법

① SAR는 SAM 팬텀 및 평면 팬텀을 이용하여 측정함.

② SAM 팬텀: 휴대전화를 귀에 댄 상황을 시험 (머리 SAR).

③ 평면 팬텀: 사지에 지지 또는 착용상황을 시험 (몸체 SAR).

나. 대상기기

출력 20mW를 초과하고 20cm 이내에서 사용하는 무선기기로 휴대전화, LTE, PDA, 태블릿PC, 무전기, 생활용 무전기 등이 대상임.

다. 수식적 표현

$$SAR = \frac{\sigma}{2\rho}E^2 \quad [\frac{W}{kg}]$$

ρ: 조직 도전율 σ: 조질 질량 밀도 E: 내부 전기장 첨두치

3. 측정 기준 값

주파수	구분	전자파 흡수율 기준(W/kg)		
		전신	머리	사지
100Khz ~ 10GHz	일반인	0.08	1.6	4
	직업인	0.4	8	20

4. 인체영향

구분	영향
저주파	주파수: ~ 100Khz 인체에 유도되는 전류 때문에 신경자극이 발생함
고주파	고주파: 100Khz ~ 10GHz 체온을 상승시켜 열적작용을 발생하여 질병에 노출됨

5. 동향

- ❍ 인체보호를 위하여 휴대전화뿐만 아니라 인체로부터 20cm 이내의 무선기기에도 2013년부터 SAR 규정을 실시함.
- ❍ SAR 기준을 통과해야 수출 및 수입이 가능하게 됨으로 보이지 않는 새로운 무역장벽으로 작용을 하고 있음.

Point

키 워 드	전자파 흡수율, SAM팬텀, 평면팬텀, 인체영향
기출코드	통신2012하1
통합사고	전자파로부터 대응하기 위한 보호조치로 SAR를 측정하고 있으며, SAR는 휴대전화를 시작으로 개인휴대기기로 확대되고 있습니다. SAR를 만족하려면 방사특성이 떨어지게 되어 방사특성과 SAR 특성은 트레이드오프 관계에 있기에 제품을 설계 시 두 가지의 특성을 만족하도록 적절히 설계해야 합니다.
함께보기	“전자파흡수율(SAR)” 손에 잡히는 ICT, 314p

참고문헌

[1] 국립전파연구원 고시 제2015-23호(전자파흡수율 측정기준)
[2] 전자파강도 및 전자파흡수율 측정대상 기자재(방송통신위원회) 고시

2.21 무선RF 측정항목

1.			**개요**
	○		무선통신에서 RF 측정은 무선국검사 시 주로 사용을 하며 타 통신에 간섭을
			주지 않고 최고의 성능을 확보하기 위한 기술기준 임.
	○		무선 RF 측정은 주로 송신부에서의 측정이 대부분이고 수신부에서는 수신감
			도 측정을 수행 함.
2.			**무선 측정항목 이해**
	가.		무선 측정은 허가받은 주파수 대역의 사용과 출력을 사용하는지를 측정하며
			불요파를 발생시키지 말아야 함.
	나.		측정항목

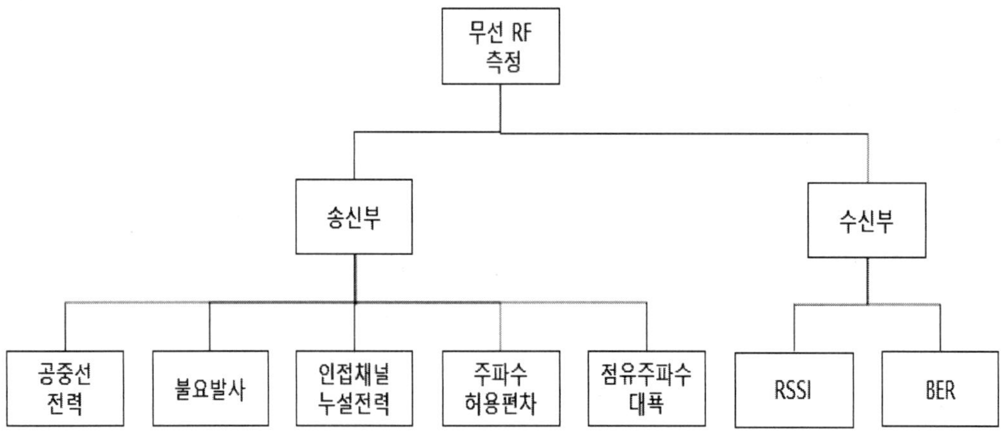

		①	무선 RF 측정은 송신부의 측정과 수신부의 측정으로 분류됨.
		②	송신부는 타 시스템에 영향을 주는 정도를 측정하며 수신부의 측정은
			수신 상태를 측정함.

3. 무선 측정항목

가. 송신부 측정

항 목	설 명
공중선전력	송신부의 공중선계의 급전선에 공급되는 전력으로 타 통신에 간섭을 최소화하기 위해 송신전력을 제한함
불요발사	변조의 결과로 발생을 하며 허가 주파수 대역 이외의 영역에서 발생하는 신호
인접채널 누설전력	할당받은 채널에 인접한 채널에 영향을 미치는 정도로 자기 채널의 반송파에서 일정 주파수를 이격시킨 지점과의 크기차이
주파수 허용편차	기준주파수와 실제 발사된 주파수 간에 허용되는 일정한도의 편차로 PPM 단위를 사용하며, 송신부의 오실레이터의 특성임
점유주파수 대폭	일반적으로 전 복사전력의 에너지가 99%가 포함되는 대역폭을 말하며, 대역폭은 신호가 차지한 주파수의 범위를 말함

나. 수신부 측정

항목	설명
RSSI[58)]	잡음이 포함된 수신 전파의 신호세기로 주로 dBm 및 dBuV의 단위를 사용하여 측정함
BER[59)]	Bit Error Rate로 신호를 수신하였을 때 신호에서 에러가 발생하는 비율을 측정함

4. 측정 장비

가. 송신부 측정

스펙트럼분석기: 수신신호의 스펙트럼을 분석하여 송신부의 다양한 파라미터를 측정이 가능함.

나. 수신부 측정

수신단말: 기지국에서 송신한 신호를 수신단말에서 측정을 하며 단말제조사에서 개발한 테스트 툴로 측정을 함.

Point

키 워 드	공중선 전력, 불요발사, 주파수허용편차, 점유주파수대폭
기출코드	
통합사고	무선국 측정은 주로 송신부의 측정을 합니다. 송신부의 측정은 타 무선국에 방해를 주지 않고, 허가된 사항을 충족하는지를 확인하기 위해 시험합니다. 수신부의 측정은 수신감도가 얼마인지를 측정하는 시험으로 수신 성능을 측정합니다. 무선국의 측정은 주로 스펙트럼분석기를 이용하여 측정을 합니다.
함께보기	“17.1 무선국 검사”

참고문헌

[1] 국립전파연구원 홈페이지, 2018

58) RSSI(Received Signal Strength Indicator): 잡음이 포함된 무선/RF '수신 신호 세기'에 대한 매우 일반적인 명칭으로 간단하게 측정하고 확인할 수 있는 수신 전파 신호의 세기를 말한다.

59) BER(Bit Error Ratio): 전송된 총 비트수에 대한 오류 비트수의 비율이다.

ICT 기반망 기술

PART 2

prologue

CHAP.2 완벽한 네트워크를 꿈꾸며

1876년 전화발명 이후 네트워크는 제어와 관리라는 효율성 측면에서 상당한 발전을 이뤄왔습니다. 최초의 전화교환기는 구리선 매체의 한계로 거리에 제약이 있었으며, 또 넓은 지역에 1:1로 전화배선을 모두 할 수 없었기 때문에 교환원을 배치하여 수동으로 전화교환을 하였습니다. 이용자가 늘어나면서 자동연결에 대한 요구는 더욱 증폭되었고 1889년 전기기계방식의 자동교환이 가능한 스트로저 교환기가 등장합니다. 곧 수동 교환원은 필요 없게 되었고 연결성과 프라이버시는 크게 개선되었습니다. 하지만 전화회선의 연결과 해제를 위한 제어신호의 자동화 동작 문제는 아직 개선해야 할 과제로 남게 됩니다. 1940년 전자동 교환기가 개발됩니다. 로컬지역 가입자 사이에 통화는 자동으로 연결되며, 원거리 통화에 대한 신호작업만 교환원이 수행하면 되게 되었습니다. 전통적 전화의 기능은 음성통화였는데 차츰 다양한 통신 서비스에 대한 수요가 생겨나면서 1980년 ITU에서 No7(SS7)방식이 표준화되고 네트워크 노드 사이에 데이터를 전송하는 프로토콜을 포함한 PSTN교환기가 확산되기 시작합니다. 하지만 SS7 전화망은 통화처리를 위해 상당한 중복성을 갖는 구조로 계층적 클래스 스위치와 원거리 통신을 위한 STP(패킷스위치), SCP(신호제어기) 등이 지능망 통화처리를 위해 중복적으로 광범위한 지역에 걸쳐 실치되야 했습니다. 이후 가입사와 교환국의 증가는 운용지원시스템(OSS)에 대한 개발을 촉발시켰으며, 1970년대 컴퓨터의 등장과 C언어의 개발로 전화망의 과금조정 등이 자동화되게 됩니다. 그 결과, 대형 네트워크의 경우에는 100여 개가 넘는 독립 OSS들이 서로 다른 플랫폼으로 운영되는 호환성의 문제가 야기되며, 또 다시 이러한 OSS들과의 서비스 통합 필요성이 이슈화되게 됩니다. 국내에서는 BcN project와 같은 정부사업으로 추진되었습니다.

네트워크 자동화에 대한 대혁신은 1980년대 초 인터넷의 탄생이라 할 수 있습니다. 알파넷 이전의 네트워크는 회선교환 방식이었으며, 알파넷 이후가 비로소 동등한 객체로서 종단 간 서비스를 제공한 네트워크라 할 수 있습니다. 네트워크의 상호연결은 장애 시에도 통신을 유지할 수 있게 하는 것으로 신뢰성 있는 통신을 위해 TCP가 개발되게 됩니다. 이후 TCP는 개별 패킷 전달을 위한 IP와 패킷손실 복구와 같은 서비스 기능을 담당하는 TCP/UDP로 기능이 세분화 됩니다. 알파넷은 두 개의 네트워크를 연결하기 위해 게이트웨이와 라우터를 사용했습니다. 그리고 네트워크의 연결성 정보를 공유하는 IGP라는 분산알고리즘을 통해 정보를 획득했는데 IGP내 모든 라우터는 동일한 정보를 공유하는 구조로 만들어집니다. 하지만 1970년대 알파넷은 인터넷의 폭발적 증가를 예상하지 못했습니다. 워크스테이션의 폭발적 연결은 LAN영역을 넘어 이러한 영역들을 결합하기 위한 계층적 모델로 BGP를 사용하기 시작합니다. 이후 1988년 알파넷은 NSFnet로 발전하다가 민영화 됩니다. 오늘날 다양한 상호 연결된 네트워크들은 개별적으로 발전하다 IP중심의 패킷네트워크로 진화가 가속화되는 분위기 입니다. 하지만 확장되고 있는 패킷네트워크의 객체 관리와 운영에 많은 비용이 지출되고 있습니다. 그리고 구조적으로 특정 제조사에 기술적 종속이 심화되기 시작합니다. 최근 다중 계층 다중 도메인 네트워크 운영을 단순화하고 설비의 신뢰성과 안전성도 갖추면서 프로그램 적으로 자동화를 수행하는 네트워크 가상화기술인 SDN과 NFV의 도입 연구가 한창 진행 중 입니다. 이러한 변화는 네트워크의 배치와 운영방식을 변화시키고 있을 뿐만 아니라 네트워크의 혁신적 자동화와 서비스의 생성 역량을 강화시킬 것으로 기대됩니다. 그러나 아직 SDN/NFV로의 현실적 이동은 갓 돌 지난 아이의 걸음마 수준입니다. 따라서 이러한 개방형 플랫폼에 대한 완벽한 설계와 최적화에 대한 구체적 제시가 시기적절하게 이뤄지지 않는다면 미래 네트워크를 향한 출발은 상당히 지연될 것으로 보입니다.

지난 40년간의 인터넷의 진화는 대역폭의 확장과 지연시간의 최소화를 지원하도록 하부 네트워크 인프라의 지속적인 진화를 요구해왔습니다. 또한 수백만에 불과하던 종단점들은 사물인터넷의 등장으로 수백억 개로 늘어나고 있습니다. 이러한 종단점들의 경로설정을 위해 라우터는 전용 ASIC과 T-CAM등을 통해 고도화되었으며 초당 수십 테라비트를 처리할 수 있는 능력을 갖추게 됩니다. 또한 광전송 네트워크는 100Gbps 이상의 DWDM 장거리 광신호 처리 기술이 적용되고 있으며, 현재 상용화된 가장 빠른 인터페이스는 400Gbps 속도에 도달하고 있습니다. 2006년 이후 반도체 집적화 기술의 발달은 라우터 인터페이스와 DWDM 직렬 인터페이스의 처리속도를 수렴하게 하였으며 ATM, SDH/SONET, OTN 등의 중개 다중화 계층장비의 필요성을 줄어들게 하고 있습니다. 최근 이슈화 되고 있는 SDN패러다임은 하부 네트워크 특성에 대한 추상화와 네트워크의 동적인 조율을 확대함으로써 경로의 최적화 계산을 빠르게 개선시키고 있습니다.

IP-MPLS와 광네트워크는 별도의 계층을 형성하며 발전했습니다. IP 경로와 MPLS의 라벨 교환은 함께 관리되지만 광파장은 별개로 관리됩니다. SDN은 이러한 모든 계층의 통합 제어를 할 수 있는 메커니즘을 제공합니다. 그 매커니즘은 네트워크의 효율성을 크게 증가시키고, 실시간적인 수요기반 대역폭 서비스와 다양한 응용서비스 개발을 가능케 하는 ICT기반망에 중추적 역할을 수행할 것입니다.

현재 디지털화가 상당 수준에 이르렀습니다. 미래 네트워크 역시 한 발짝 더 다가와 있습니다. 이런 완벽한 미래 네트워크 인프라를 활용하는 모든 산업은 지금에 소요되는 비용의 증가 없이도 급격한 생산성의 향상을 경험하게 될 것입니다.

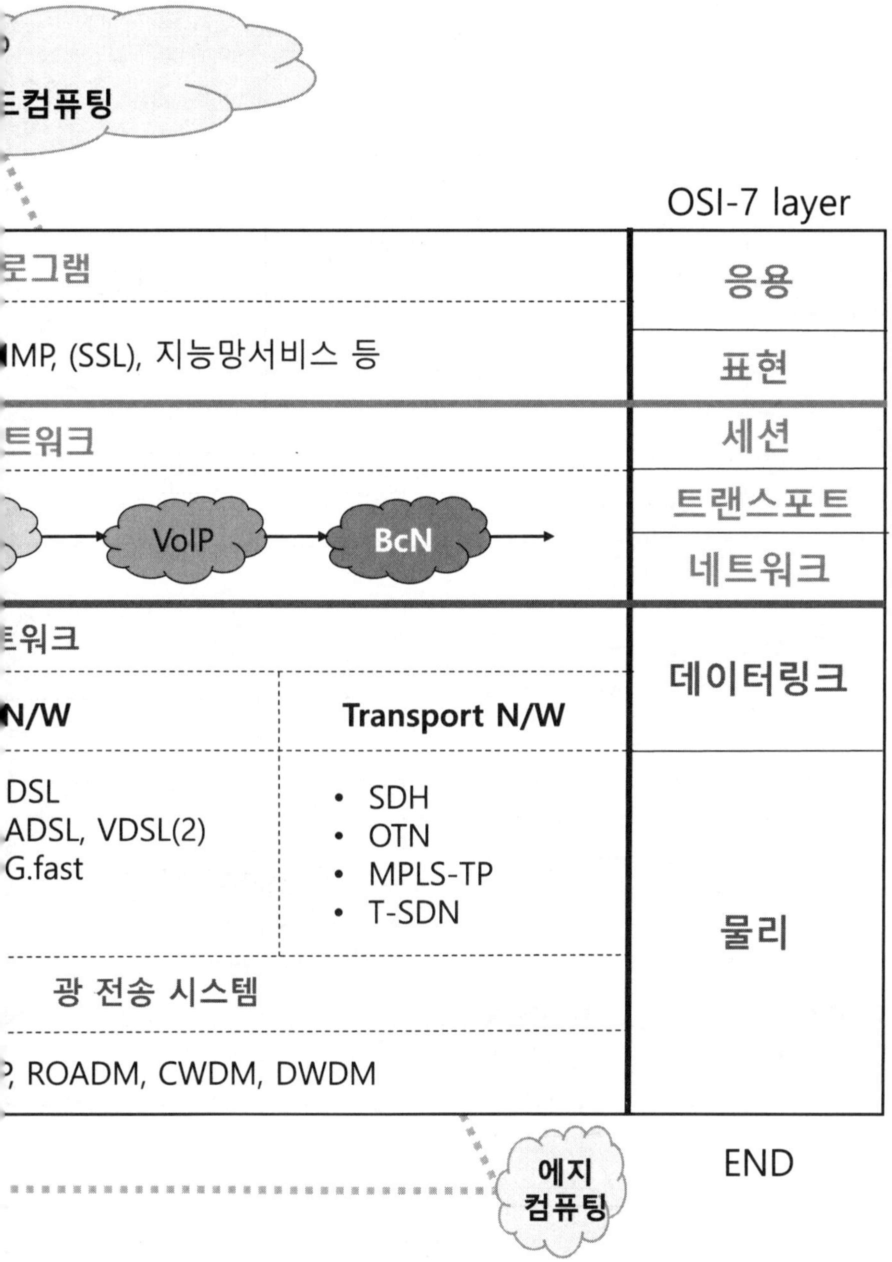

트컴퓨팅
OSI-7 layer
로그램
MP, (SSL), 지능망서비스 등
트워크
VoIP
BcN
트워크
N/W
Transport N/W
DSL
ADSL, VDSL(2)
G.fast
SDH
OTN
MPLS-TP
T-SDN
광 전송 시스템
, ROADM, CWDM, DWDM
응용
표현
세션
트랜스포트
네트워크
데이터링크
물리
END
에지 컴퓨팅

광 네트워크

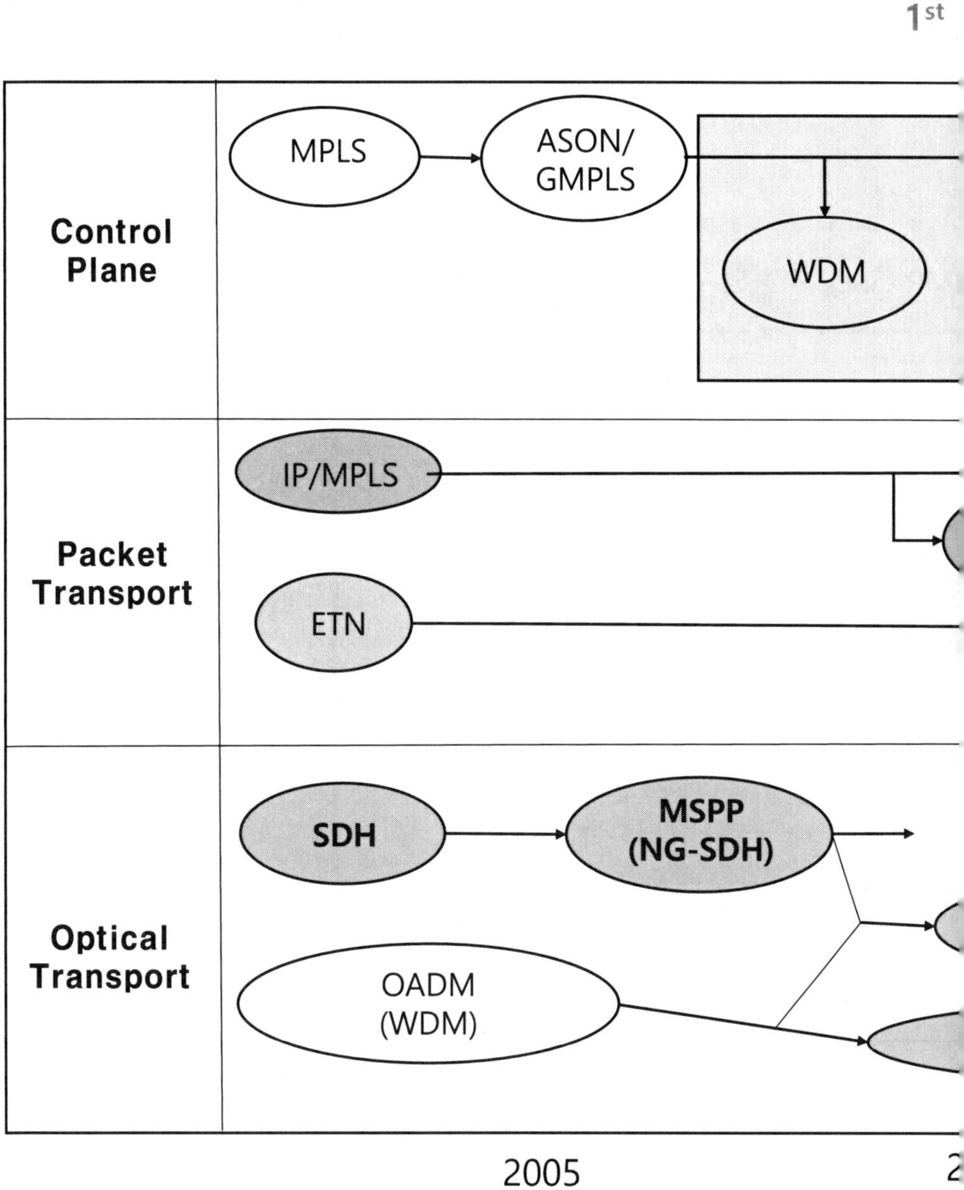
1st
Control Plane
MPLS
ASON/ GMPLS
WDM
Packet Transport
IP/MPLS
ETN
Optical Transport
SDH
MSPP (NG-SDH)
OADM (WDM)
2005

기반망 기술

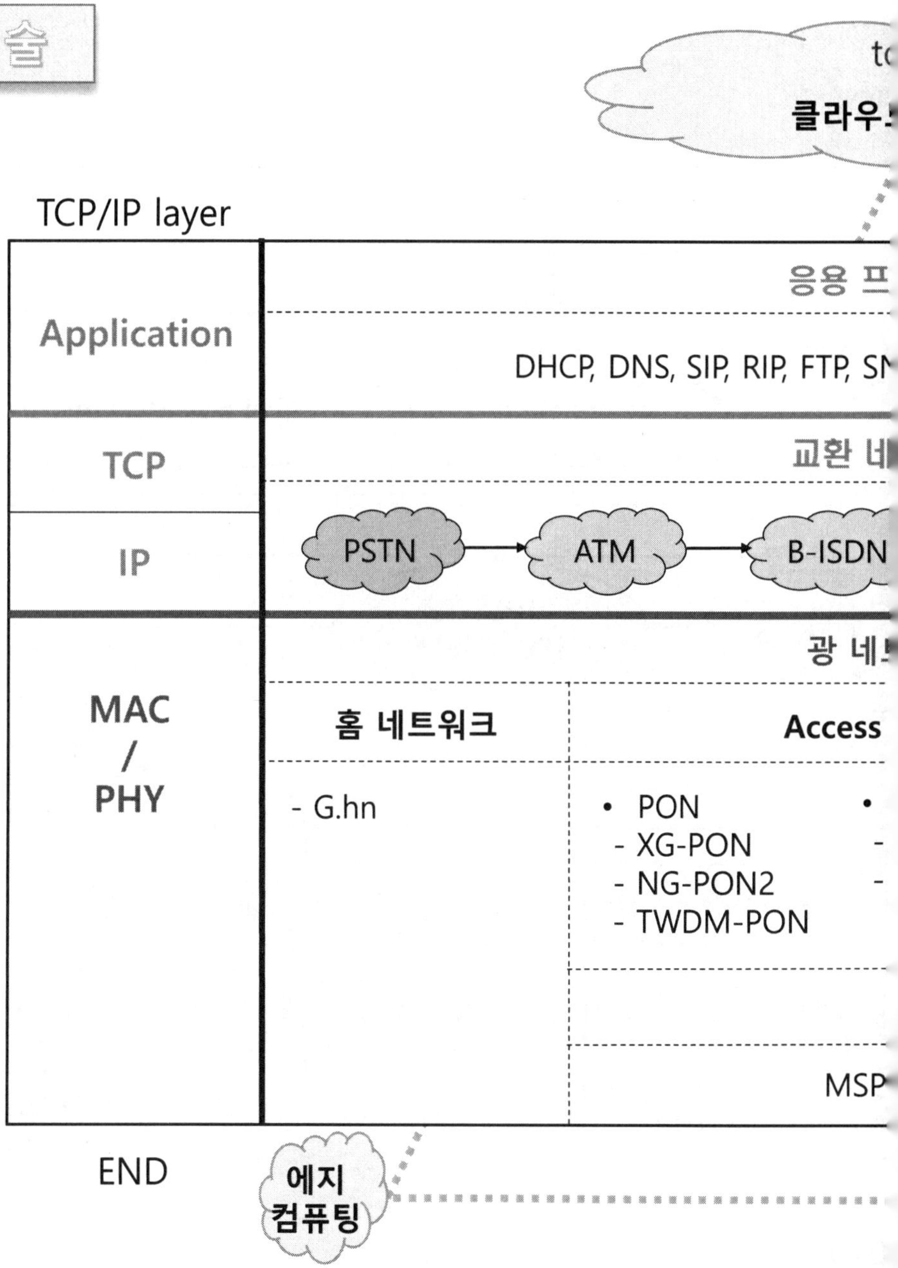

TCP/IP layer
Application
응용 프
DHCP, DNS, SIP, RIP, FTP, SN
TCP
IP
교환 네
PSTN
ATM
B-ISDN
MAC / PHY
광 네
홈 네트워크
Access
- G.hn
• PON
- XG-PON
- NG-PON2
- TWDM-PON
MSP
END
에지 컴퓨팅
클라우

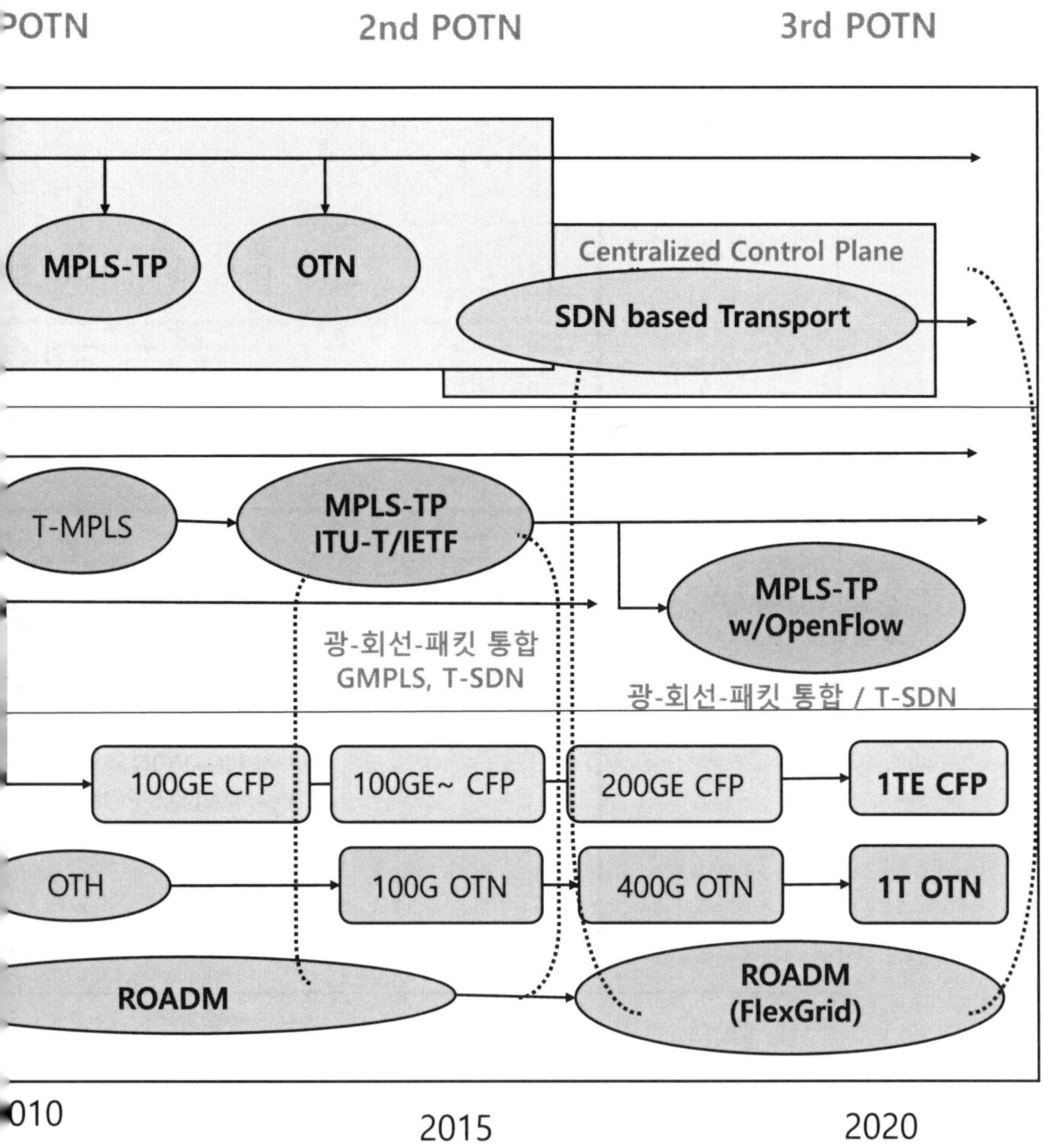

POTN
2nd POTN
3rd POTN
MPLS-TP
OTN
Centralized Control Plane
SDN based Transport
T-MPLS
MPLS-TP
ITU-T/IETF
MPLS-TP
w/OpenFlow
광-회선-패킷 통합
GMPLS, T-SDN
광-회선-패킷 통합 / T-SDN
100GE CFP
100GE~ CFP
200GE CFP
1TE CFP
OTH
100G OTN
400G OTN
1T OTN
ROADM
ROADM
(FlexGrid)
010
2015
2020

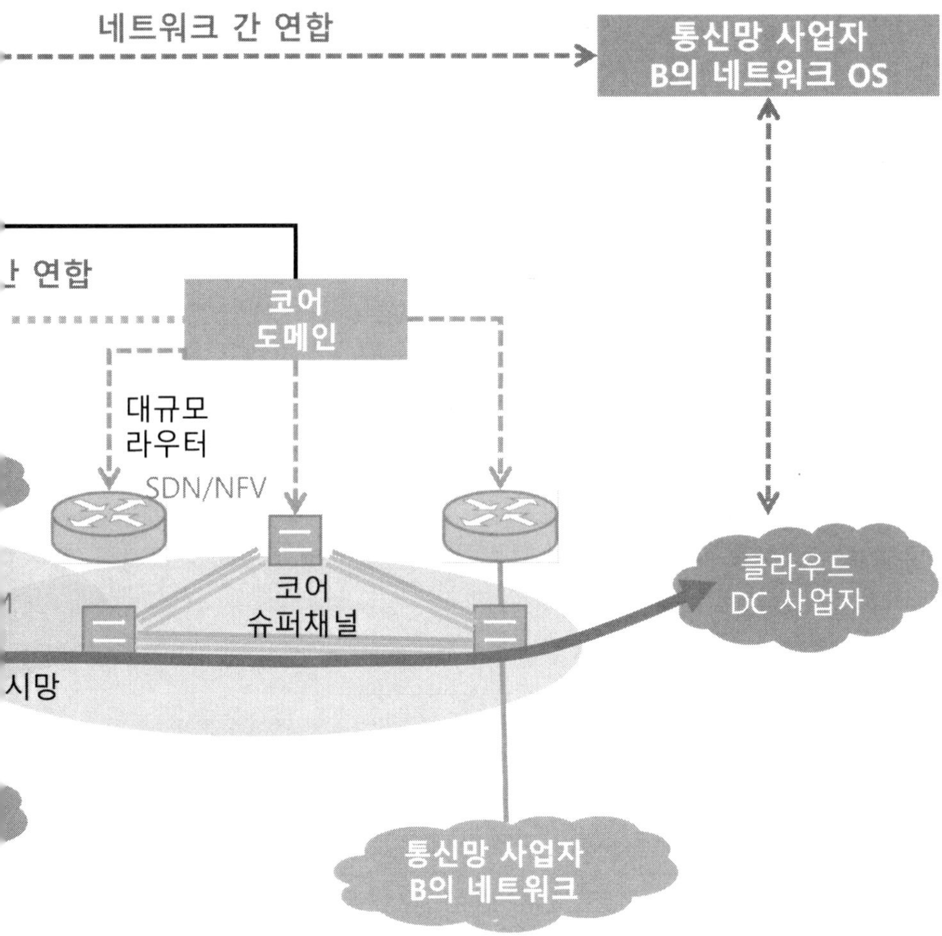
네트워크 간 연합
통신망 사업자
B의 네트워크 OS
간 연합
코어
도메인
대규모
라우터
SDN/NFV
코어
슈퍼채널
시망
클라우드
DC 사업자
통신망 사업자
B의 네트워크

미래 광역망

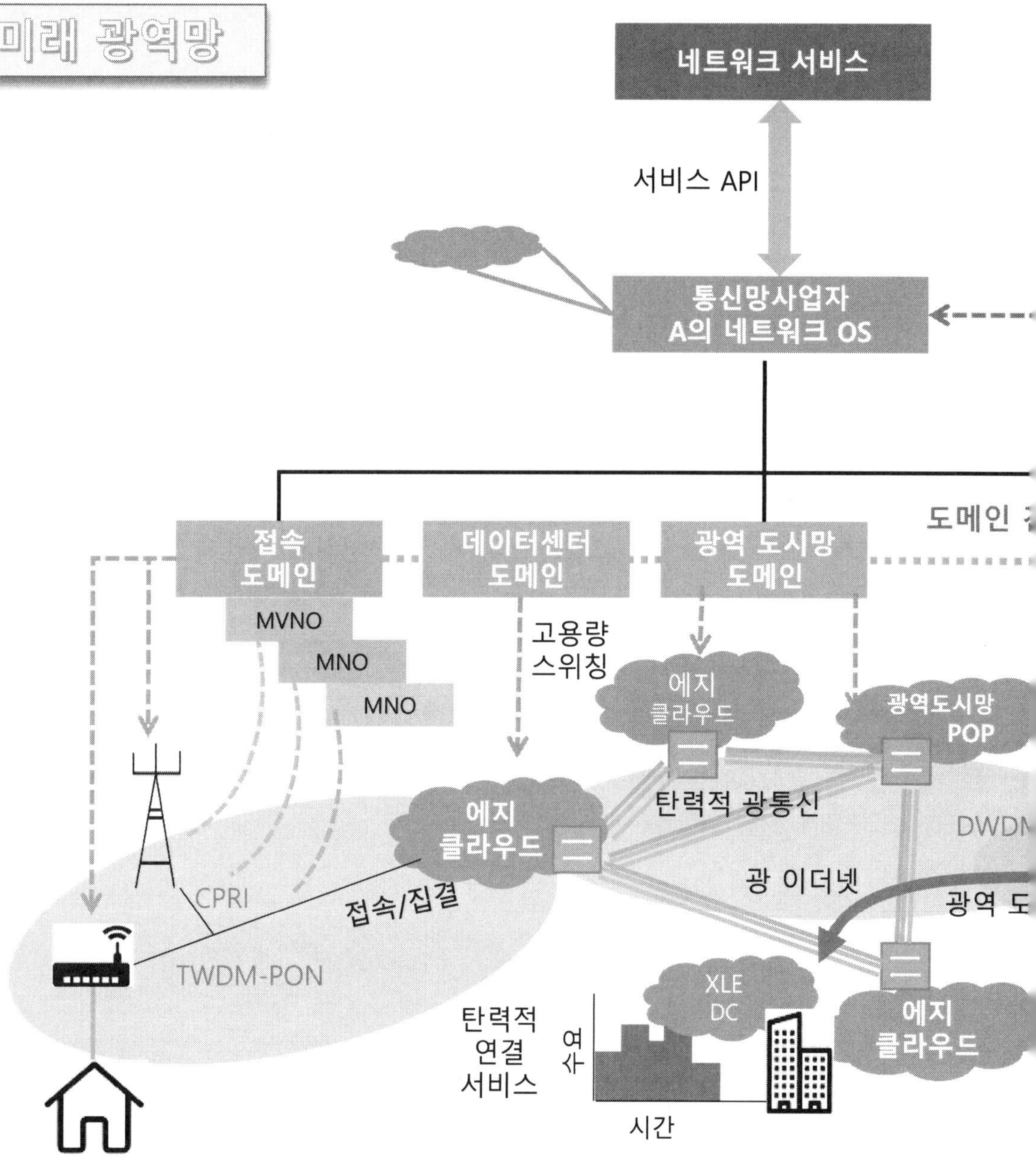
네트워크 서비스
서비스 API
통신망사업자
A의 네트워크 OS
도메인
접속
도메인
데이터센터
도메인
광역 도시망
도메인
MVNO
MNO
MNO
고용량
스위칭
에지
클라우드
광역도시망
POP
탄력적 광통신
DWDM
에지
클라우드
광 이더넷
광역 도
CPRI
접속/집결
TWDM-PON
XLE
DC
에지
클라우드
탄력적
연결
서비스
수요
시간

3.1 전화망 신호방식과 교환방식

1. 개요

○ 신호방식은 교환망에서 통신장치 간 호 설정 및 해제, 회선감시 등에 필요한 정보를 주고받기 위한 통신 규약을 말함.

○ 신호방식에는 전화기와 교환기 간에 적용되는 가입자 신호방식과 교환기 상호 간에 사용되는 국간 신호방식으로 구분됨.

○ 가입자 신호방식은 다이얼 펄스(DP) 방식과 DTMF[60] 방식이 있으며, 국간 신호방식에는 R2MFC와 No7(SS7) 방식이 사용됨.

2. 신호방식 개념 이해

가. 개념도

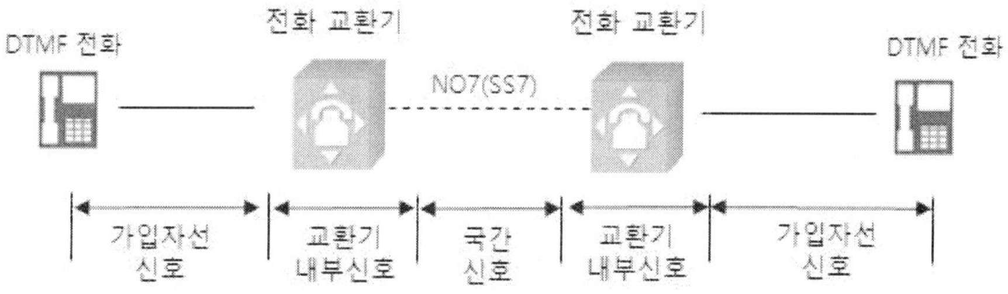

※ 각 구간별 신호방식은 가입자 신호방식, 국간 신호방식, 톨(TOLL)을 통해 연결되는 국제 신호방식으로 구분됨.

나. 가입자 신호방식

① 다이얼 펄스 방식은 전화기 다이얼을 돌림에 따라 전화번호 숫자에 상당하는 수의 펄스를 만들어 교환기로 보내는 방식으로 신호의 전달 속도에 따라 10pps와 20pps가 사용되며, 국내에서는 20pps가 사용되고 있음. 이때, 다음 숫자 전송을 위한 최소 단속시간은 0.6초임.

60) DTMF(Dual Tone Multiple Frequency): 푸시 버튼 전화기에서 다이얼 버튼을 누를 때 나는 신호음으로 두 개의 주파수 성분이 합성된 신호로 송신측에서 전화번호를 전화국으로 전달할 때 사용한다.

② DTMF는 푸시버튼 전화기에서 사용되며, MFC(Multi Freq. Code) 7개 중 2개의 저주파와 고주파의 합성으로 신호가 생성되는 방식임.

③ 주파수만 다르고 인펄스 폭이 일정하여 송출시간이 매우 짧음.

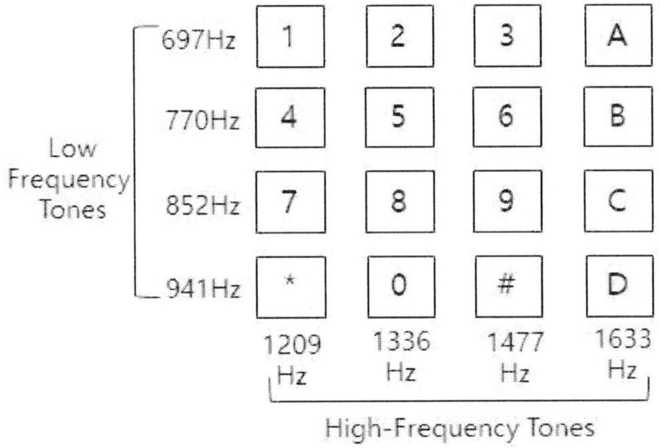

※ 고군 주파수: 1200,1300,1400Hz, 저군 주파수: 600,700,800,900Hz 대역

다. 국간 신호(교환기와 교환기간)

① R2MFC는 전자식 교환기 상호 간에 사용되는 방식으로 전송 매체 제어 감시신호와 레지스터신호(호 정보)를 MFC방식으로 주고받음.

② No7공통선 신호방식은 통화채널과 신호채널을 분리하여 공통선으로 제어 채널을 통합하고 양방향 전송이 가능하게 하는 방식이며, 최대 4,096 통화회선을 지원하고 신호회선으로 64Kbps의 디지털 전송도 가능함.

라. 음성채널과 데이터 채널의 혼용사용 유무에 따른 분류 음성과 데이터의 신호정보를 동일한 채널로 전송하는지 또는 별도의 채널을 통해 전송하는지에 따라 CAS/CCS로 분류함.

① CAS(Channel Associated Signalling)는 통화로 신호방식으로 음성정보,

			신호정보가 동일 회선을 사용하는 신호방식(예: T1, R2MFC)
		②	CCS(Common Channel Signalling)는 공통선 신호방식으로 음성과 신호
			정보를 분리해서 전송하는 신호방식(예: E1[61], NO7, ISDN[62])
3.			**교환방식 개념 이해**
	가.		교환방식에는 회선 교환방식과 메시지 교환방식, 패킷 교환방식이 있으며,
			패킷 교환방식으로 통합되어 All IP망으로 진화 중임.
	나.		개념도
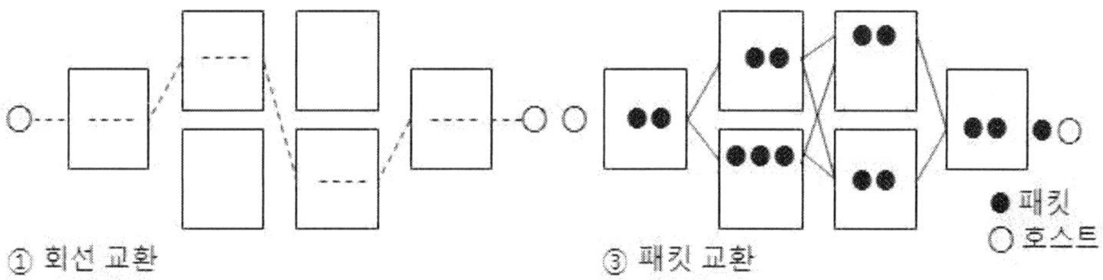			
		①	회선 교환은 통신하고자 하는 호스트가 데이터를 전송하기 전에 연결 경로
			를 먼저 설정하는 방식으로 송수신 호스트간의 경로가 미리 결정되기
			때문에 데이터가 모두 같은 경로로 전달됨.
		②	메시지 교환방식은 데이터 전송 전에 경로를 미리 설정할 필요가 없고
			대신 전송하는 헤더에 목적지의 주소를 포함시켜 전송하는 방식으로 송신
			데이터의 전부가 하나의 단위로 교환, 축적, 처리되는 방식임.
		③	패킷 교환방식은 회선 교환과 메시지 교환의 장점을 모두 이용한 것으로
			송신자는 전송할 데이터를 패킷이라는 일정 크기로 나누어 전송하며 각
			패킷은 개별 라우팅 과정을 거쳐 목적지에 도달함.

61) E1: 2.048Mbps의 속도를 가지는 디지털 전송 회로. E1은 총 32개의 채널을 전송하는 데 사용 되는 전송 채널로, 각 채널은 초당 64kbps의 속도를 가지며, 이들을 모두 합하면 2.048Mbps가 된다.

구분	회선 교환	패킷 교환
링크의 점유	접속하기 전 시그널링을 통해 미리 연결경로를 정하고 그 회선을 통화 종료 시까지 독점하며, 두 통화자 사이에 대화가 없어도 회선은 점유	시그널링 없이 여러 사용자 소유의 패킷들은 모든 가용한 링크를 따라 전달하며, 묵음이 발생하면 다른 사용자가 사용 가능
QoS	전화 같은 실시간 QoS 제공	Best-Effort의 낮은 QoS제공
요금제	상세 과금으로 다양한 요금제 가능	정액제, 종량제
통화량 폭주시	가용한 링크가 없을 시에는 한계를 넘는 접속은 허용하지 않음	패킷의 전달은 가능하나 병목현상으로 인한 지연과 손실이 발생될 수 있음
Routing	Static Routing(미리 정해진 경로에 의함)	Dynamic Routing(패킷마다 상황에 따라 다른 경로 선택)
망관리	구성, 장애, 성능 관리의 확정적 제어 가능	적응적 트래픽 제어의 관점

4. 결론

○ PSTN 전화망에서는 DTMF(Dual Tone Multi Frequency)가 대중적으로 이용되었으나 패킷 교환망에서는 입력되는 합성된 주파수 톤이 번호 정보를 유출할 가능성이 제기되며, 동일한 톤(Single Tone) 소리를 갖는 신호음으로 변경되었음.

○ 최근, 음성에 대한 요구가 데이터에 비해 크게 줄고 있으며, 데이터를 이용한 지능망 유,무선 서비스가 급격히 성장하고 있음.

○ 초기 지능망 서비스는 복잡한 플랫폼으로 개발에 오랜 시간과 비용이 소요되었지만, 최근 개선된 개발 플랫폼과 클라우드형 플랫폼의 보급으로 시장 진입이 한층 수월해지고 있으므로 국내 기술에 기반한 플랫폼 개발에 정부와 기업의 ICT역량을 집중해야 할 것임.

62) ISDN(Integrated Services Digital Network): 종합정보통신망. 단일 통신망으로 음성, 문자, 영상 등의 다양한 서비스를 종합적으로 제공하는 서비스이다.

Point

<table>
<tr><td>키 워 드</td><td>신호방식, 교환방식, DTMF, CAS, CCS, NO7</td></tr>
<tr><td>기출코드</td><td>통신2010하1</td></tr>
<tr><td>통합사고</td><td>ITU-T의 NO.7 신호방식(SS7[63])의 계층구조는 크게 메시지 전달부인 MTP 1~3, 신호연결 제어부인 SCCP(Signaling Connection Control Part), 사용자부인 TUP(Telephone User Part), TCAP(Transaction Capabilities Application Part), ISUP(ISDN User Part)로 구성됨을 파악하고 주요기능에 대한 추가적인 이해가 요구됩니다.
<table>
<tr><td colspan="3">사용자 계층</td></tr>
<tr><td>TUP</td><td>TCAP</td><td>ISUP</td></tr>
<tr><td colspan="3">SCCP</td></tr>
<tr><td colspan="3">MTP3</td></tr>
<tr><td colspan="3">MTP2</td></tr>
<tr><td colspan="3">MTP1</td></tr>
</table>
○ 주요 기능
• 호접속 관련 제어
• 사용자간의 호 정보 교환
• 발신정보 확인 및 호 전환
• 광대역 ISDN 지원
• 지능망 서비스 지원</td></tr>
<tr><td>함께보기</td><td>“교환방식”, 손에 잡히는 ICT, 88p</td></tr>
</table>

참고문헌

[1] 양재수 외1, “광대역 통합 네트워크 서비스”, 전자신문사, 2006

[2] 강경인, “정보통신망과 시스템, 오성미디어, 2010

[3] 이재광, “데이터 통신”, McGraw-Hill Eduction, 2016

63) SS7(Signaling System No7): 음성 통신의 호출 정보와 데이터 통신의 접속 정보 등을 통합적으로 관리하기 위한 개방 신호 처리 프로토콜이다.

3.2 ATM(Asynchronous Transfer Mode)

1. 개요

- ATM은 기존 PVC[64]형태의 회선 교환방식과 SVC[65] 형태의 패킷 교환방식의 장점을 결합한 방식임.
- ATM의 통신원리는 Q.2931(P to P), Q.2971(P to M)의 콜 셋업을 통해 경로 설정을 먼저 수행하고, 콜 셋업이 완료되면 VPI, VCI를 통해 정해진 경로로 빠르게 스위칭하는 교환가상 연결기술임.
- ATM은 하나의 물리회선을 논리적 가상회선으로 나눠 사용하므로 구축 비용의 절감효과가 있으며, 완벽한 QoS제공도 가능함.

2. ATM기술의 이해

가. 다중화 전송 방식의 종류

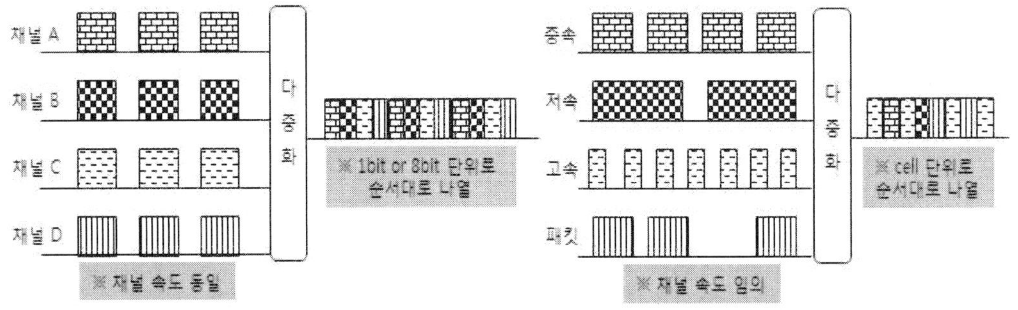

(1) 동기다중(STM) (2) 비동기 다중화(ATM)

① 시분할 방식의 목적은 장거리 전송시 전송로의 효율적 이용을 위해 도입되었으며, 동기방식인 STM과 비동기 방식인 ATM이 있음.

② STM(Synchronous Transfer Mode)은 각 채널의 전송속도가 항상 같거나 정수비 간격으로 분할 전송되므로 대역폭 효율이 낮음.

64) PVC(Permanent Virtual Circuit connect): 영구가상접속방식으로 통신 상대방을 고정적으로 접속한다.
65) SVC(Switched Virtual Circuit connect): 선택적가상접속방식으로 통신하면서 상대를 연결한다.

③ ATM은 셀(cell)을 메모리에 저장해 두고 타이밍을 조절하기 때문에 전송 지연이 발생하지만 필요할 때만 보내기 때문에 STM과 비교 시 대역폭 이용 효율이 매우 우수함 (속도에 맞춰 셀의 수를 증감시킴).

나. ATM 셀 구조

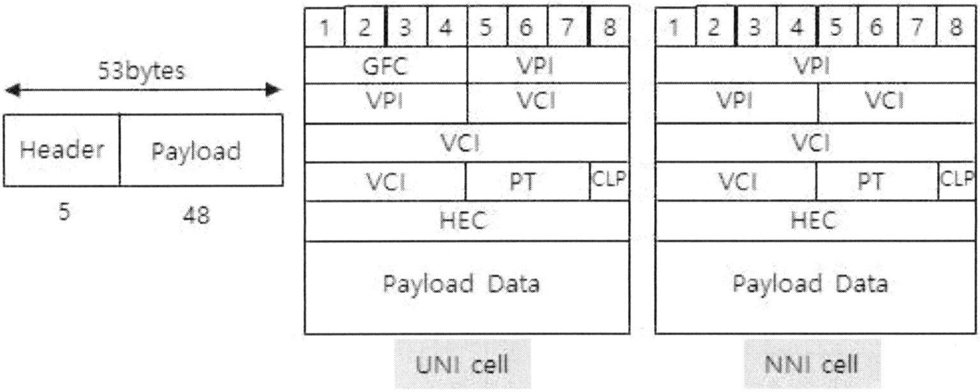

① ATM 셀은 53바이트의 고정길이를 가지며, 5바이트의 헤더와 48바이트의 payload로 구성됨.

② NNI 셀: ATM 장비 간 정보를 전송하는 셀.
UNI 셀: 사용자와 ATM 장비 간 연결을 지원하는 셀.

구성 요소	주요 역할
GFC(General Flow Control)	• UNI에서의 매체접속 및 정보 흐름제어 • CBR 서비스에서 Cell Jitter 감소 • VBR 서비스에서 공정한 용량 할당 • VBR 흐름에 대한 체증 제어(충돌방지)
VPI(Virtual Path Identifier) VCI(Virtual Channel Identifier)	셀들을 구분하기 위하여 가상경로와 가상 채널의 식별번호를 기록
PT(Payload Type)	Payload의 내용이 사용자 정보인지 망 정보인지 (제어정보) 여부를 나타냄
CLP(Cell Loss Priority)	통신망에서 체증이 생겼을 때 그 셀을 포기해도 좋은지 여부를 나타냄

다. ATM 프로토콜 계층구조

① ATM은 AAL(ATM Adaptation Layer), ATM Layer, 그리고 Physical Layer로 3계층을 정의하며 교환 기능에서는 하위 2개 계층을 사용하고 End Point 전송에서는 3개 계층 모두를 사용함.

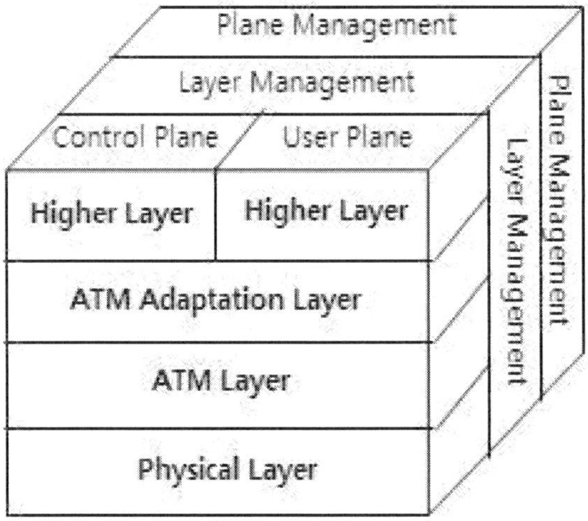

ATM 프로토콜 참조모델

주계층	부계층	기능
상위계층	-	상위계층의 기능 수행
AAL계층	수렴부 계층 (CS)	상위계층의 사용자 서비스 정보를 PDU (Protocol Data Unit)로 만듦
	절단 및 재결합 (SAR)	PDU를 절단하여 ATM셀의 사용자 정보구간을 형성하거나 역기능을 수행
ATM계층	-	• 순수 흐름 제어 • 셀 헤더 생성 및 추출 • 셀 VPI/VCI 번역 • 셀 다중화 및 역다중화
물리계층	전송수렴(TC)	• 셀 속도 정합 • HEC 헤더 생성 및 검증 • 셀 경계 식별 • 전송 프레임 정합 • 전송 프레임 생성 및 복구
	물리매체(PM)	• 비트 타이밍 • 물리 매체

② ATM 서비스 카테고리

Class	서비스	서비스 특성	AAL	적용 예
A	CBR	망의 종단까지 보장하는 서비스로 고정속도의 음성, 영상전송에 적합	1	전화
B	rt-VBR	평균전송률과 최대전송률을 설정하여 망 상태에 따라 가변속도 제공(실시간성)	2	가변율 음성
C	nrt-VBR	평균전송률과 최대전송률을 설정하여 망 상태에 따라 가변속도 제공(비실시간성)	3/4, 5	프레임 릴레이
D	ABR	최대전송률 범위 안에서 망 상태에 따라 가변속도 제공(최소 전송률은 보장)	3/4	IP통신
	UBR	최대전송률만 지정하고 망 상태에 따라 가변속도 제공(속도 보장은 없음)	3/4	이메일

※ AAL1은 고정 비트율(CBR), AAL2는 낮은 비트율과 짧은 프레임을 가진 트래픽에 적용하며, AAL3는 연결중심 데이터 서비스, AAL4는 비연결성 서비스 지원용으로 사용됨.

3. **발전적인 정보통신망 구현을 위한 선결과제**

- 전화망은 초기 회선 교환망에서 메시지 교환망, 최근 패킷 교환망으로 백본 교환 생태계가 크게 변화되었음.
- 패킷 교환망은 지연시간을 최소화하고 대역폭 효율을 극대화하기 위해 ATM, MPLS[66] 등을 도입하며 개별망의 고도화를 이뤄냈음.
- 하지만 최근의 정보통신 환경은 음성, 데이터, 영상 등 모든 형태의 정보를 디지털로 통합하고, 방송망, 유·무선 통신망이 대통합되는 융합망 인프라의 시대이며, 현재 BcN[67] 완성단계에 진입 중임.

66) MPLS(multi Protocol Label Switching): IETF가 표준화한 cut and through 방식의 패킷 전송의 계층 3 라벨 스위칭 기술이다.

ㅇ 4차 산업혁명으로 촉발된 트래픽의 폭증은 또 다시 인프라의 확충과 투자를 종용하고 있음.

ㅇ 결국 인프라를 구축하고 수익을 내지 못하는 통신사업자와 플랫폼을 기반으로 콘텐츠를 유통하는 서비스사업자 간 합의가 필요한 시점이며, 공정하고 투명한 시장정착을 위해 망중립성, 망공정성에 대한 정부의 역할이 절실히 요구되는 시점임.

67) BcN(Broadband Communication Network): 통신과 방송, 인터넷 등 각종 서비스를 통합한 차세대 통합 네트워크이다.

Point

<table>
<tr><td>키 워 드</td><td>STM, ATM, ATM서비스 카테고리, 미래 통신망</td></tr>
<tr><td>기출코드</td><td>통신2006상1, 통신2005상2, 통신2004하4</td></tr>
<tr><td>통합사고</td><td>
<table>
<tr><th>구분</th><th>ATM</th><th>패킷교환</th></tr>
<tr><td>패킷크기(byte)</td><td>53 고정셀</td><td>128~4096 가변셀</td></tr>
<tr><td>라우팅설정</td><td>하드웨어</td><td>소프트웨어</td></tr>
<tr><td>CPU의존도</td><td>낮음</td><td>높음</td></tr>
<tr><td>전송속도</td><td>고속</td><td>저속</td></tr>
<tr><td>트래픽제어</td><td>클래스에 따라 적용</td><td>Int_SerV, Diff_SerV</td></tr>
<tr><td>망 통합성</td><td>우수</td><td>패킷에 한정</td></tr>
</table>
※ ATM은 통계적 다중화 기법의 적용으로 채널효율이 우수함.</td></tr>
<tr><td>함께보기</td><td>“ATM과 MPLS”, 손에 잡히는 ICT, 214p
“ATM 서비스 카테고리”, 손에 잡히는 ICT, 220p
“정보통신망의 발전방향”, 손에 잡히는 ICT, 224p</td></tr>
</table>

참고문헌

[1] 김은환, “정보통신과 컴퓨터 네트워크”, 북스홀릭퍼블리싱, 2014
[2] 오창석, “데이터 통신과 컴퓨터 네트워크”, 내하출판사, 2015
[3] Willam Stallings, “데이터 통신 및 컴퓨터통신 7판”, 사이텍미디어, 2004

3.3 전화지능망 서비스

1.			**개요**
	○		지능망은 전화망(PSTN), No7 신호망, 패킷망(X.25)을 연동시켜 부가적인
			통신서비스를 제공하는 부가가치망을 말함.
	○		기존 통신망 인프라 위에 지능망 서비스 제공을 위해 필요 장치를 추가하여
			서비스를 신속히 제공하는 서비스 지향 네트워크를 의미함.
	○		주요 지능망 서비스로는 전국대표번호 서비스(1588), 광역착신과금 서비스
			(080), 정보료 수납대행서비스(700), 통화 연결음 등이 있음.
2.			**전화 지능망 계층 구조**
	가.		지능망 서비스 흐름도

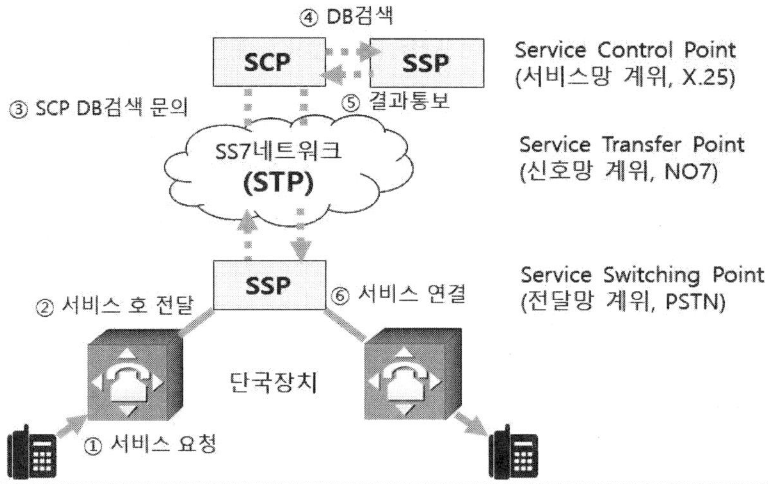

		①	전화 지능망은 3계층(전달망, 신호망, 서비스망)의 수직적인 계위로
			PSTN과 NO.7 그리고 X.25[68]를 연동하여 서비스를 제공함.
		②	전달망 계위는 서비스 호를 실제 교환하는 단국장치와 SSP로 구성됨.
		③	신호망 계위는 통신망 구성요소 간 신호 전달을 목적으로 함.

68) X.25: 패킷 교환망에서 DCE(회선 종단 장치)와 DTE(데이터 단말 장치)사이에 이루어지는 상호작용을 규정한 프로토콜이다.

		④	서비스망 계위는 서비스를 제어하는 알고리즘을 가지고 서비스호를 처리
			하게 됨.
		⑤	무선 지능망은 전화 지능망의 구성요소에 SCE(Service Creation Environ
			-ment)와 IP(Intelligent Peripheral)을 추가하여 서비스를 제공
	나.		지능망 구성요소의 역할
		①	SSP는 공중망 교환기로써 지능망 서비스를 요구하는 호를 인식하고 지능
			망으로 통화로를 설정함.
		②	STP는 SSP와 SCP간 신호를 중계함.
		③	SCP는 데이터베이스 관리와 지능망 서비스를 제어함.
	다.		지능망 등장배경
		①	이전 대다수의 통신 교환망 부가 서비스들은 교환기에 탑재되어 신규
			서비스 제공을 위해서는 교환기 SW업그레이드가 요구되었음.
		②	신규 서비스를 추가할 때마다 교환기 업그레이드가 수행되면 장비업체,
			서비스 업체는 연동규격을 맞추기 위해 많은 노력과 비용이 소모되어
			이런 문제점을 해결하기 위한 방안으로 지능망이 등장함.
	라.		지능망의 서비스 종류

전화 지능망 서비스 명	주요 사용 번호
착신과금 서비스	080
가상사설망 서비스	166
평생번호 서비스	0502
전국대표번호 서비스	1588(1688, 1899, 1755 등)
전화여론 조사	1580
정보료수납대행 서비스	700
콜렉트 콜	1541

		※	ITU-T에서는 착신과금서비스(FP: Free Phone), 신용통화서비스(CCC[69])
			등 25가지의 지능망 서비스를 정의하고 있음.
3.			**주요 지능망 서비스 동작원리**
	○		착신과금 서비스는 착신 가입자가 사용료를 지불하는 서비스로 기업 고객
			서비스센터, 전국망 점포를 가진 기업 콜센터에서 활용 중임.
	○		전국대표번호 서비스는 가입자가 전국 어디서든 대표번호로 전화를 걸면
			가입자의 번호와 위치를 분석하여 가장 가까운 지점으로 연결해 주는 서비
			스로 피자주문, 음식점 안내, 고객 민원실 등에 사용됨.
		※	최근 1588번호 대역이 모두 할당 되면서 1688, 1899, 1755 등의 번호
			대역도 사용이 확산되는 추세임.
	○		정보료수납대행 서비스는 가입자가 정보이용 후 정보제공자에게 지급한
			정보이용료와 통화요금을 정보제공자와 통신사업자가 분배하는 지능망
			서비스임.

69) CCC(Credit Card Call): 미리 등록된 가입자 번호와 신용 카드 번호의 대조로 신용 번호의 정당성이 확인되었을 때, 발신자 대신 등록 가입자 부담으로 통화가 가능한 서비스이다.

Point

<table>
<tr><th>키 워 드</th><td>지능망서비스, SSP, STP, SCP, SMS</td></tr>
<tr><th>기출코드</th><td></td></tr>
<tr><th>통합사고</th><td>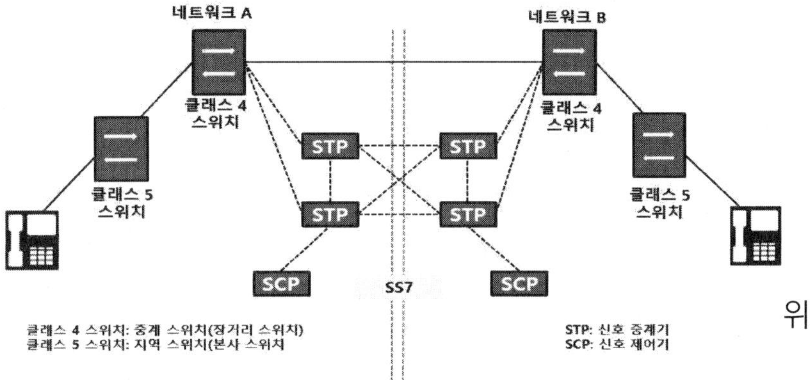

위
그림은 SS7 전화망의 기본 구조이며, 이는 SS7에서 통화처리가 갖는 중요성으로 인해 상당한 중복성을 갖는 구조입니다. 사용자의 전화는 지역 교환스위치(클래스5)에 연결되며, 일단의 지역 스위치들은 장거리 스위치(클래스4)에 연결됩니다. 장거리 스위치들은 신호 중계기(STP)를 통해 상호 연결되며, STP는 SS7네트워크에서 “패킷 스위치”에 해당되며, 메시지를 목적지로 라우팅하는 기능을 수행합니다. SS7네트워크의 또 다른 핵심은 신호 제어기(SCP)로 SCP는 수신자 부담 서비스(800)에 대한 라우팅과 고급 통화 처리에 요구되는 정보 그리고 논리를 제공하는 역할을 수행한다는 점입니다.</td></tr>
<tr><th>함께보기</th><td>“IMS”, 손에 잡히는 ICT, 202p
“SoIP”, 손에 잡히는 ICT, 250p</td></tr>
</table>

참고문헌

[1] 정진욱, “정보통신 배움터”, 생능출판사, 2015
[2] 신현식, “정보통신공학개론”, 광문각, 2008

3.4 VoIP(Voice over IP)

1.			**개요**
	❍		VoIP란 음성을 디지털화하고 이를 패킷화하여 인터넷망을 통하여 음성을
			전달하는 전화서비스를 말함.
	❍		인터넷을 접속할 수 있으면 장소를 가리지 않고 사용 가능하며, 기존 시내
			·외 통화지역에 구분이 없고, PSTN 전화망에 비해 다양한 부가서비스가
			서비스가 제공될 수 있는 구조임.
2.			**VoIP의 망 구성**
	가.		PSTN망과 VoIP망 구성 비교

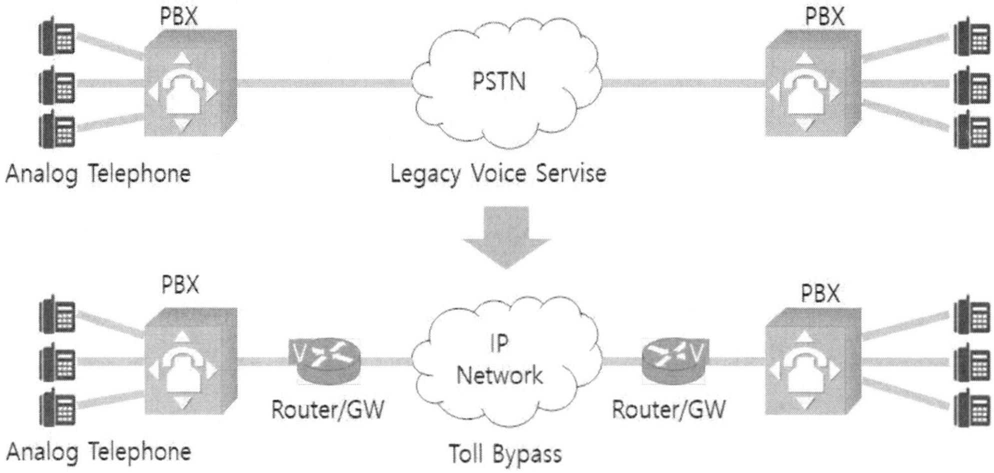

		①	PSTN을 통해 전화를 하면 통신사업자의 요금정책에 따라 많은 통화
			비용이 발생되는 문제가 있어 전화비용을 절감하기 위해 영상회의용
			프로토콜인 ITU-T H.323을 이용한 인터넷 전화기술이 등장하게 됨.
		②	기존의 PSTN망을 이용하던 것에서 장거리 비용이 들지 않는 IP망을

이용하기 위해 VoIP에서는 게이트웨이(GW)를 사용하여 기존의 PBX와 연동을 시킴.

③ 음성을 IP네트워크에 싣기 위해서 A/D 컨버팅 과정이 필요함.

④ VoIP 망 요소는 프로토콜을 변환하는 게이트웨이와 호 라우팅, 과금, 인증 허가, 보안 등 관리제어를 하는 게이트키퍼로 구성됨.

나. 망 특성 비교

구분	VoIP	PSTN
접근범위	인터넷이 가능한 곳	전화회선이 설치된 곳
통신방식	H.323, SIP[70]	국가별로 다름(E1/T1 등)
통신방법	패킷 음성(Packet Voice)	아날로그 음성(Circuit Voice)
회선 이용률	다수 사용자 동시 사용	한 명이 독점적 사용

※ H.323 통신 프로토콜은 영상회의시스템에서 먼저 활용되었음.

다. VoIP 통신 프로토콜

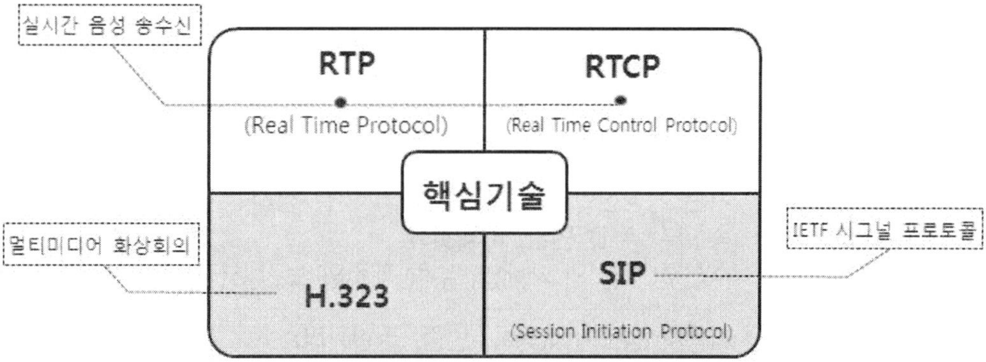

① SIP는 IETF에서 H.323의 확장성 문제를 보완하여 표준화 한 것으로 호 설정 단계가 단순하고 구현이 용이한 기술임.

70) SIP(Session Initiation Protocol): 텍스트 기반의 호설정 시그널링 프로토콜이다.

② H.323은 품질이 보장되지 않는 네트워크에서 단말간 멀티미디어 통신을 하기 위한 ITU-T 프로토콜로 초기 VoIP사업자가 사용함.

라. H.323과 SIP의 프로토콜 비교

구분	H.323	SIP
표준화	ITU-T	IETF
모델유형	바이너리 기반 P2P	텍스트 기반 P2P
출현기반	전화망 기반	인터넷 기반
클라이언트	H.323 터미널	사용자 에이전트

마. VoIP의 특징(장, 단점)

① 인터넷망 사용에 따른 전화비용 절감, 인터넷 및 다른 서비스와의 융합이 용이함.

② 단, 음성이 암호화되지 않으면 도청이 가능하고, VoIP 스니핑, 스팸 등 네트워크에 부하를 증가시켜 위협이 될 수 있음.

바. H.323기준 VoIP 구성요소와 동작과정

구성요소	설명
Gateway	• 기존 음성전화망과 인터넷 간의 연결 장치 • 송신부: A/D 변환, IP패킷화 • 수신부: 패킷의 재배열, 누락 패킷의 보간 처리, D/A 변환
Gate Keeper	• 사용자 정보관리(등록, 인증, 권한관리) • Billing/Accounting, Addressing
MCU	• Multipoint Control Unit(다자간 화상회의를 제공하는 장치) • 터미널이 멀티캐스팅 될 오디오 및 비디오 스트림을 MCU로 보내고, MCU에서는 이 스트림을 혼합하고 재분배하여 여러 터미널들에 전송

구성요소	설명
Terminal	• 실시간 양방향 통신을 제공하는 Client(PC, 인터넷 전화 등) • 호설정, 코딩, 패킷화, 음성 패킷의 송출 및 수신 그리고 이를 다시 스피커나 이어폰 등에 연결해주는 기능

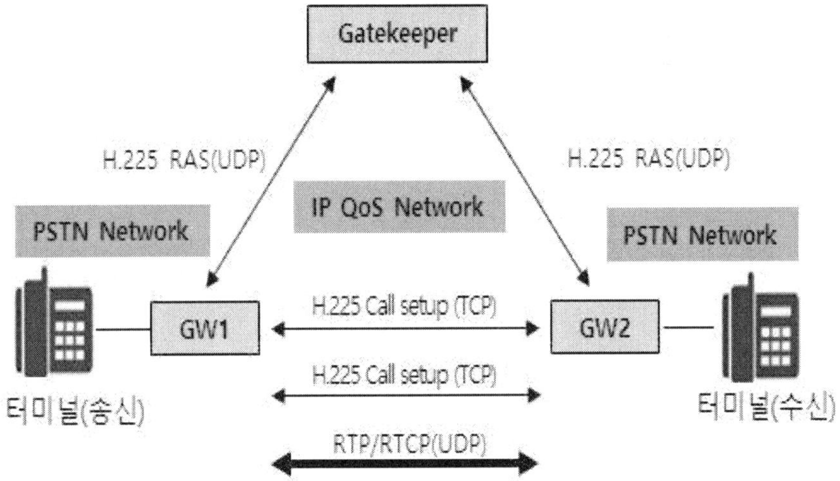

① RTP/RTCP는 UDP에서 동작하는 실시간 응용 데이터 전송 프로토콜임.

② H.225(RAS)는 터미널과 게이트웨이 간 응답, 수락, 상태, 대역폭의 변환 및 파기에 관한 절차 규정을 수행.

③ H.225(Call Setup)은 두 단말간 호 제어용 프로토콜.

④ H.245(Media Control)은 두 단말간 사용가능한 코덱 등의 파라메터를 게이트웨이와 게이트키퍼를 통해 교환하는 서비스 참조점 임.

사. SIP기준 VoIP 구성요소와 동작과정

구성요소	설명
User Agent	• 사용자 인증, 호연결 및 종료, 발신자 정보표시 • 다자간 호 기능, 다양한 단말 지원, UAClient

구성요소	설명
Proxy Server	• VoIP 단말 간 연결관리, 단말간 Call Setup • Transfer, 포워딩
Location Server	• 단말 인증, 단말(위치) 정보관리 • 호 사용내역 저장
Redirect Server	• UAC로부터 호 설정을 요청받고, 다음 서버를 결정하거나 요청에 대한 포워딩 대신 다음 서버 주소를 UAC에게 통보

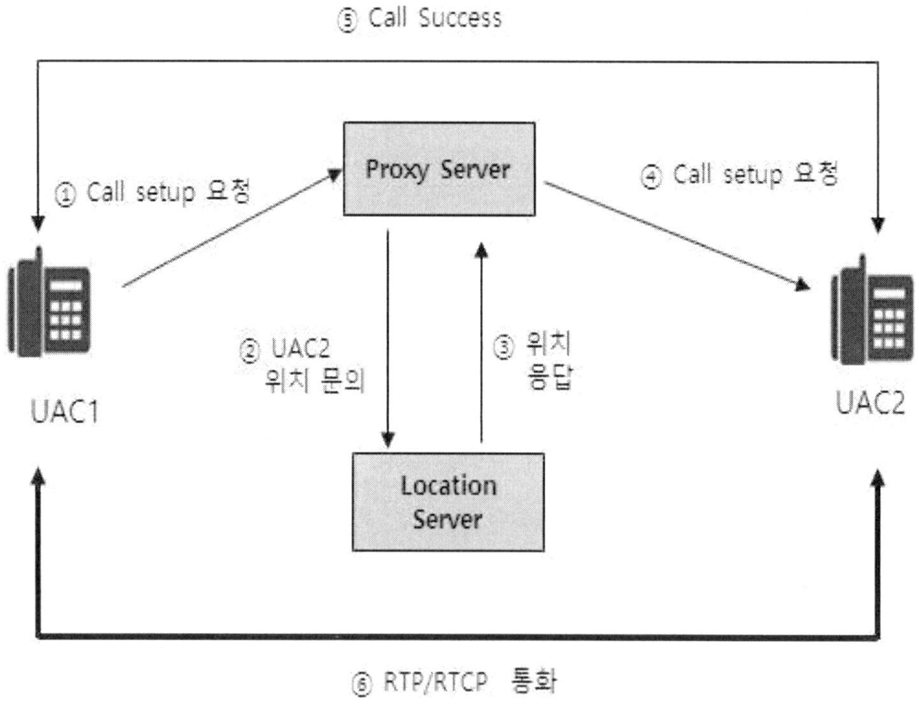

① 위 그림은 SIP 동작 절차 중 Proxy Mode를 설명한 것임.

② Proxy Server는 Call Setup 요청을 받고 UAC2의 위치를 Location Server를 통해 확인 한 후 Proxy Server가 UAC2로 호 설정을 시도하는 방식으로 Proxy Server가 Call Setup의 제어권을 갖는 구조임.

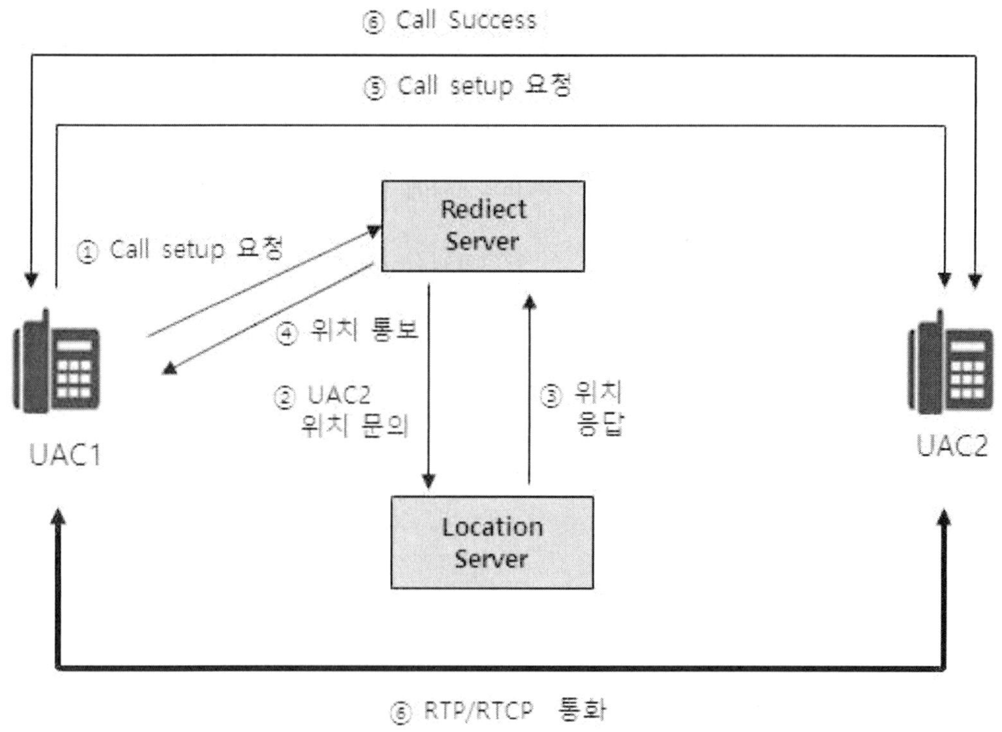

		①	위 그림은 SIP 동작 절차 중 Rediect Mode를 설명한 것임.
		②	Redirct Server는 Call Setup 요청을 받고 UAC2의 위치를 Location
			Server를 통해 확인 한 후 위치 정보를 UAC1에게 통보하여 UAC1이
			직접 UAC2와 Call Setup을 하게 하는 구조임.
3.			**SIP의 활용 분야**
		①	웹 기반의 인터넷 전화서비스 및 콜센터.
		②	인스턴스 메세징 서비스.
		③	멀티미디어 영상회의 시스템.
		④	3GPP기반의 IMS서비스.

4. SIP의 해결과제

- SIP는 이동성을 보장하는 강력한 장점에도 불구하고 활용 확대가 더딘 이유는 각 도메인에 존재하는 SIP서버들과 그 서버들이 가진 Location 서버 간에 호환성 문제로 데이터 교환에 문제가 있기 때문임.
- BcN의 핵심기술로 SIP가 지속 사용되기 위해선 각 서버간의 상호호환성을 높이고 H.323과의 연동을 개선하는 연구가 더 필요해 보임.

Point

키 워 드	VoIP, H.323, SIP, Proxy Mode, Redirect Mode
기출코드	통신2017하1, 통신2011상1, 통신2009상1, 통신2006상1
통합사고	SIP 호 처리 과정은 Proxy, Redirect Mode가 있으며 공동 주거형 건축물 세대간 VoIP 통화 보안을 위해 UAC1와 UAC2가 직접 연결되지 않는 Proxy Mode 방식이 주로 구축 됩니다. Proxy Mode는 관리적인 측면에서 호에 대한 처리를 중앙에서 관장하므로 부하가 많이 걸리는 단점이 있지만 보안, 유지보수가 매우 유리하므로 대중적으로 사용되고 있습니다.
함께보기	"SCTP", 손에 잡히는 ICT, 178p "RTP", 손에 잡히는 ICT, 226p "SoIP", 손에 잡히는 ICT, 250p

참고문헌

[1] 김동옥, "무선통신 네트워크 구축", 사이버북스, 2015

[2] 윤종호, "데이터 통신", 계백북스, 2015

3.5 BcN(Broadband Convergence Network)

1. 개요

- ❍ BcN은 유선, 무선, 통신, 방송이 융합된 복합 서비스를 언제 어디서나 이용할 수 있는 광대역 통합 네트워크를 말함.
- ❍ 다양한 서비스를 용이하게 개발하고 제공할 수 있는 Open API 기반의 차세대 통신망임.
- ❍ 개별 정보통신망의 기술적 한계와 유무선 음성 서비스 시장의 포화 등의 문제점을 극복하고 다양한 융합형 서비스 창출을 위해 NGcN으로 추진되다 IPv6 등의 고도화 기술을 포함시켜 BcN으로 발전됨.

2. 개념 이해

가. BcN의 계층 구조

계층 구분		융합망 핵심 기술
서비스 및 제어계층		• CP/PP[71], OSS/BSS[72] 응용 서버
		• 통합 Softswitch, QoS/보안 제어서버 • Open API G/W
전달망 계층		• IP 기반 단일망(IPv6/MPLS), 보안망 • GMPLS, OTN, SDN/NFV 테라급 광 전달망
접속망 계층	가입자망 계층	• 차세대 이동통신망, WiFi망 • 차세대 방송망, 위성방송 • HFC, FTTH 등 초고속 가입자 망
	홈 단말 계층	• 지능형 홈 네트워크 및 u-센서 네트워크
		• 지능형 통합 단말 및 다기능 정보가전

① 제어계층은 Open API 플랫폼, Soft Switch, 응용 서버 등으로 구성

② 전달계층은 IPv6, MPLS기반 All IP망, DWDM 등 광테라 전달망

③ 접속계층은 유·무선 통신망, 방송망, 위성망, USN 등의 개별망

	나.		Open API 역할
		①	상호 호환되는 개방형 표준을 채택, 서로 다른 네트워크에서 서비스 제공이
			가능하도록 함.
		②	서비스 계층과 전달망 계층 사이의 표준화된 인터페이스를 제공함.
	라.		Open API의 구조와 기능

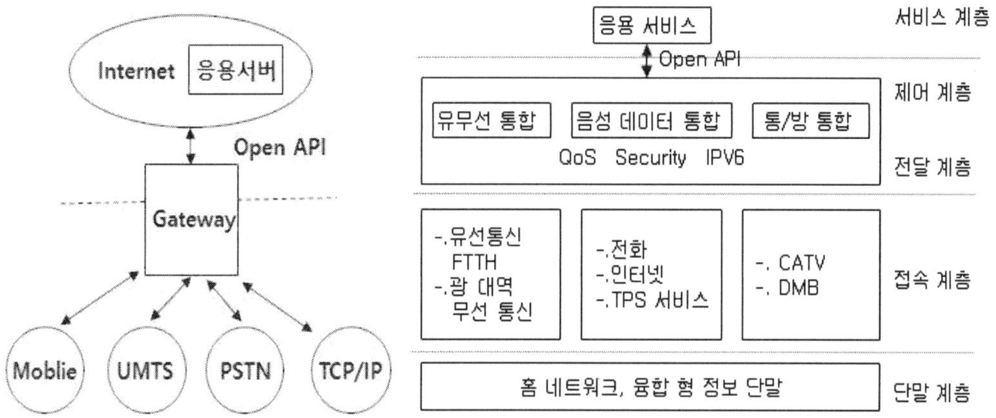

		①	응용서버는 서비스계층에서 OSA/Parlay[73] API를 활용해 개발된 어플리
			케이션들을 수용함.
		②	OSA/Parlay GW는 하부 통신망에 적합한 프로토콜로 변환하고 제어
		③	OSA/Parlay API는 응용서버와 OSA Parlay GW 연동에 사용됨.
3.			**BcN 융합망의 도입 배경과 진화방향**
	가.		도입 배경
		①	기존 개별망의 기술적 발전의 한계 봉착.
		②	유·무선 및 음성 서비스 시장의 포화.
		③	방송과 통신의 융합 서비스 요구 증가.

71) CP/PP(Contents Provider/Program Provider) : 각종 콘텐츠/프로그램을 공급하는 사업자이다.
72) OSS/BSS(Operating Support System/Business Support System): 운영 및 사업 지원 시스템이다.

나. 진화 방향

대부분의 통신, 방송 서비스가 융합되며, 4차 산업혁명의 핵심 인프라로 다양한 서비스를 수용하는 스마트 네트워크가 될 것임.

73) OSA(Open Scripting Architecture): 여러 망이 통합돼 컨버전스 서비스를 제공하기 위해 응용서비스 계층과 통신망 사이에 표준화된 인터페이스 계층을 정의하며, Parlay는 통신 사업자들이 IT 기술을 접목하거나 IT 기술에 통신을 적용하려 할 때 쉽게 사용되도록 개방형 팔레이 API(Application Programming Interface)로 정의되는 기술이다.

Point

키 워 드	BcN, Open API, 기가코리아
기출코드	통신2013하4, 통신2012상4, 통신2009상2
통합사고	u-BcN[74]의 구축과 더불어 기가급 무선통신과 테라급 유선 네트워크를 구축하고 개인 스마트단말에 기가급의 다양한 콘텐츠 서비스를 누릴 수 있게 하는 기가 코리아 프로젝트가 2013년부터 2020년까지 구축 중입니다. C-P-N-D 가치사슬 체계 조성이 핵심으로 성공적인 기가코리아 완성을 위해서는 우선 각 기술의 개발과 실증이 완료되야 하며, 이후 기업의 참여를 유도하고, 실제 시장이 요구하는 비즈니스 모델이 상용화될 수 있도록 포지티브 생태계 조성에 노력해야 합니다.
함께보기	“BcN”, 손에 잡히는 ICT, 204p “정보통신망의 발전방향”, 손에 잡히는 ICT, 224p

가치사슬	목표
C(Contents)	양방향 실감 서비스용 미래 콘텐츠의 개발
P(Platform)	대용량 미디어서비스 제공을 위해 처리속도를 1,000배 향상하는 플랫폼 개발
N(Network)	유선은 테라급, 무선은 기가급 서비스 제공
D(Device)	단말의 처리능력 10배, 저장능력 1,000배 향상

참고문헌

[1] 이정욱, “차세대 광대역통합망의 이해”, 전자신문사, 2008

[2] BIR조사그룹, “광대역통신망(BCN) 산업동향과 정책방향”, BIR, 2011

74) u-BcN(Ultra Broadband convergence Network): 광대역 통합망(BcN)보다 10배 빠른 망으로 유선은 최고 1Gbps, 무선은 평균 100Mbps 속도의 ALL-IP망 기반 초광대역 융합망이다. 우리나라에서 미래 방송 통신 서비스 수요 충족을 위해 2012년까지 추진하던 정부 사업이다.

3.6 차세대 광 가입자망 기술

1.			**개요**
	○		기가코리아는 기가급 무선 및 테라급 유선 네트워크 서비스 제공을 위한
			초광대역, 초저지연 네트워크 국가 실현 프로젝트를 말함.
	○		8K급 실감미디어, 홀로그램 등을 실시간으로 전달하고, 개인 융합형 서비스
			제공이 가능한 ICT동반 성장을 유도하는 선도형R&D 사업임.
	○		이를 위해 테라 광통신 접속 기술로 XG-PON, NG-PON2, OFDM-PON,
			OFDM-RoF 등의 차세대 광 가입자망 기술이 연구되고 있음.
2.			**XG-PON과 NG-PON2의 기술 이해**
	가.		개념도

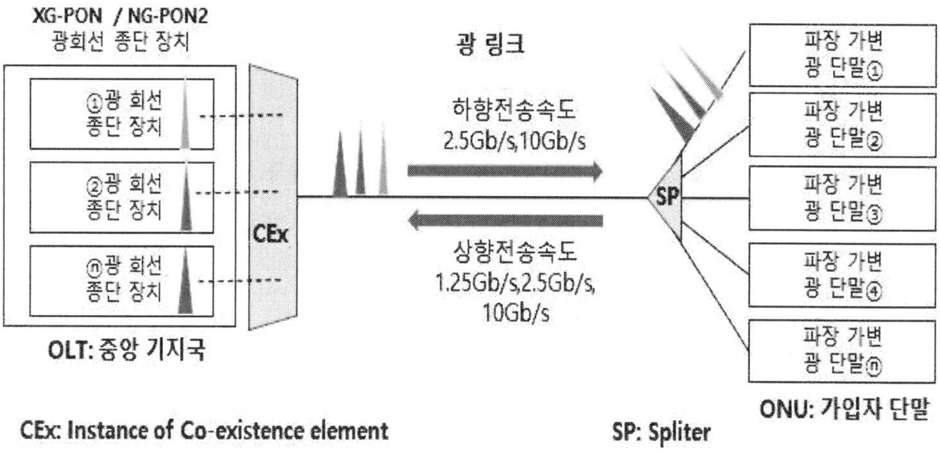

		①	다수의 XG-PON[75] 서브 네트워크가 WDM 기술로 파장을 전송하고
			스플리터 기반의 단일 ODN을 통해 파장을 공유하는 구조임.
		②	WDM 전송을 위한 광원의 발진 파장은 고정형, 가변형 모두 적용이 가능함.
		③	위 그림은 하향 10Gbps급 TDMA방식의 XG-PON에 대한 구조로 ITU-T

75) XG-PON(10-Gigabps Passive Optical Network): 10기가급 데이터 전송이 가능한 광가입자망 기술이다.

G.987에서 표준화 하였으며, NG-PON2는 상하향 40Gbps급 TWDMA방식 광가입망 기술 표준으로 ITU-T G.989가 표준화 됨.

나. NG-PON2 핵심 요구사항

구분	내용
최대 전송용량(하향/상향-TWDMA)	40/40Gbps
가입자당 최대 유효 대역폭	1Gbps
최대 전송 거리	40km
하향 40Gbps 분기수	20km 64분기~40km 32분기

다. 핵심 기술

① 파장가변(무의존) 광트랜시버

파장 가변 광원 및 파장 가변 필터, 파장 가변 광링크 운용 기술.

② 실시간 광파장 제어 관리 및 10Gbps MAC 계층 구현

최소 4개 이상의 광 파장, 시간의 운용 자원에 대한 효율적 관리.

③ Reach Extender

광학적, 전기적 신호 증폭과 광섬유 색분산 보상 기술.

3. 40Gbps급 광가입자 기술 OFDM-PON 이해

가. OFDM-PON 구조

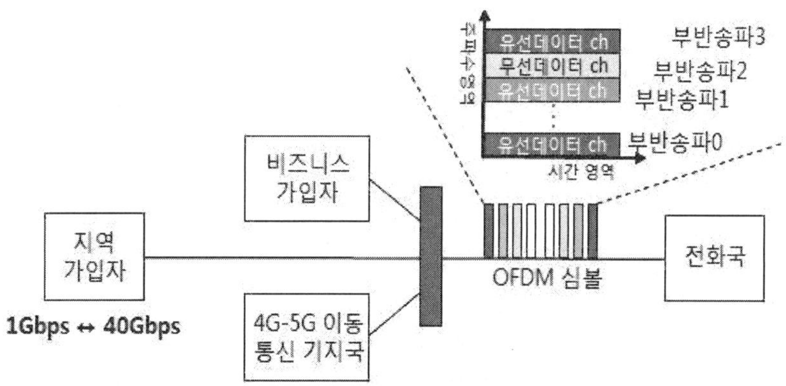

단일섹터 2.5Gbps ↔ 멀티 섹터 40Gbps

	나.		핵심 기술
		①	기저대역 OFDM 변복조 기술
			- 10Mbps부터 최대 40Gbps 급의 전송 대역폭.
			- 실시간으로 가변이 가능한 모뎀부 제작.
		②	동적 부반송파 다중 접속 기술
			- 40Gbps 급 신규 MAC 계층 구현.
			- 시간영역, 주파수 영역의 동적 할당 및 관리/제어 알고리즘.
		③	전송 속도 가변형 링크 보상 기술
			- 개별 링크 속도에 적합한 최적의 전기적 분산보상 및 증폭 기술.
			- 광 단말 및 광 회선 종단장치에 구현.
		④	다중 샘플링 속도 지원이 가능한 디지털 아날로그 변환 기술
			- SiGe(Silicon Germanium) 기반의 디지털 신호 처리 장치.
			- 모놀리식 집적화된 디지털 아날로그 상호 변환 장치.
			- 단일 레인/다중 속도 지원 가능한 전기적 인터페이스.
4.			**OFDM-RoF 기반 유무선 융합 액세스 기술 이해**
	가.		OFDM-RoF 기반 망 개념도

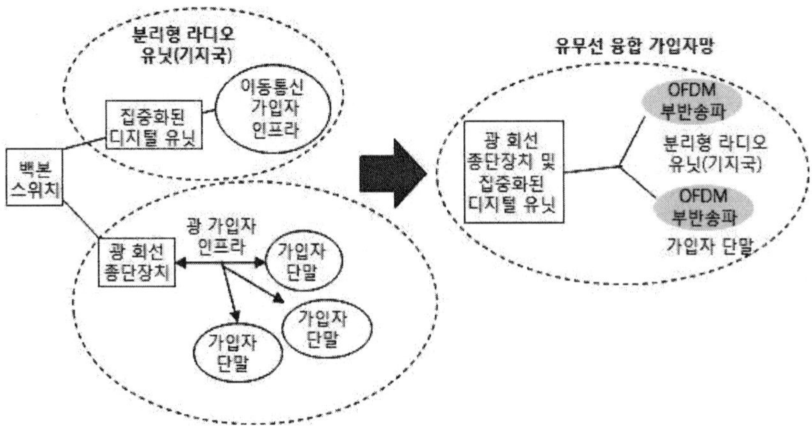

	나.		핵심 기술
		①	OFDM-RoF 변복조 기술
			- 클라우드 기지국을 위한 광 프론트홀 구간에서의 전송대역폭.
		②	OFDM 기반 심볼 생성/정합 기술을 활용한 지연 감소 기술
			- CPRI/OBSAI 프레이머 제어 기술[76](Common Public Radio Interface,
			Open Base Station Architecture Initiative).
			- CPRI/OBSAI 프레이머에 대한 동기/운영 정보를 OFDM 기반 심볼 정보
			로 상호 변환해주는 기술.
		③	상위 MAC 계층 제어 기술
			- 유선 MAC 계층과 무선 MAC 계층을 통합해 효율적으로 제어 및 관리할
			수 있는 가상의 상위 MAC 계층 제어 기술.
5.			**결론**
	가.		테라 광통신 기술 개발 과정을 통해 국내의 기술력은 세계 최고 수준의
			테라급 광 전달망과 광 가입자망 인프라 구축 기술 분야에서 발빠른 시장
			선점이 가능할 것으로 기대됨.
	나.		하지만 지금까지 우리는 초대형 프로젝트를 추진해 오면서 많은 업적과
			성과를 거두었지만 원천기술의 부족과 과도한 정부정책의 시행착오로 선전
			한 기술이 사장되는 경험을 갖고 있음.
	다.		이에 원천 기술 확보를 위해 산학연 컨소시엄이 구성돼야 할 것이며, 사업
			추진에 있어 수시로 바뀌는 신기술에 대한 탄력적인 적응과 정책 변화가
			요구됨.

76) CPRI/OBSAI: CPRI 규격은 Ericsson, NSN, ALU, NEC, Huawei 주도로 기지국 장비 (DU, RU)간 주요 신호 연동 인터페이스 규격이며, OBSAI는 CPRI와 유사한 경쟁 규격으로 CPRI에 앞선 2002년말에 정의되었고, 삼성, NSN 등 다수의 기지국 업체가 참여를 하고 있는 개방형 기지국 구조를 만드는 것을 목표로 기지국의 주요 기능을 모듈 단위로 나누고, RP(Reference Point)라는 인터페이스로 각 모듈들을 상호 연결하도록 구성한 광 신호규격이다.

Point

키 워 드	기가코리아, NG-PON2, OFDM-PON, OFDM-RoF
기출코드	통신2013하4
통합사고	NG-PON2의 가장 큰 특징은 상향채널에 TWDM[77]을 사용하는 것으로 할당된 파장은 모두 8개입니다. 이중 채널 5~8번 파장을 TWDM전용으로 사용할 수 있고 다른 용도로도 사용할 수 있습니다. 5번 채널의 파장이 1599.75, 6번이 1600.60, 7번은 1601.46, 8번은 1602.31nm이며, NG-PON2는 채널당 3개의 옵션 속도를 지원합니다. 옵션1(하향/상향)은 10G/10G, 옵션2 10G/2.5G, 옵션3은 2.5G/2.5G 가변 속도를 지원합니다. TWDM이 4개 파장을 지원하므로 NG-PON2는 최대 하향/상향 각각 40Gbps의 속도 지원이 가능하게 됩니다. 참고로, 거리, 속도의 제한이 없는 경우의 논리적 분기는 256분기 이상이 가능합니다.
함께보기	“광 가입자망 기술”, 손에 잡히는 ICT, 188p “PON의 종류와 동작원리”, 차이점, 손에 잡히는 ICT, 190p “PON과 AON”, 손에 잡히는 ICT, 194p

참고문헌

[1] 이종형, “광통신 공학”, 한빛미디어, 2015
[2] 윤지욱, “광 전달망 저지연 FEC기술, 2013
[3] 윤지욱, “윤지욱, “100G OTN 프레이머 기술, 2013

77) TWDM(Time and Wavelength Division Multiplexing): 시간과 파장을 분할하여 광 다중화하는 기술로 100~200Gbps전송이 가능한 기술이다.

3.7 차세대 광 전달망 기술

1.			**차세대 광전달망 기술의 개요**
	○		실감미디어 등 인터넷 데이터의 폭증으로 광 전달망에서의 대역폭 확장에
			대한 요구가 확대되고 있음.
	○		현재까지 광 전달망은 광/회선/패킷 별로 분리 운용되었기 때문에 망관리
			가 복잡하고, 망 확장성에 문제점이 많아 광-회선-패킷을 통합 스위칭하는
			시스템이 등장하게 됨.
	○		100G급 초고속 전달망을 구현하기 위한 주요 기술로는 OTN, MPLS-TP,
			T-SDN 등이 있으며, 향후 PONT[78]로 통합될 것임.
2.			**광전달망 기술의 진화 과정**

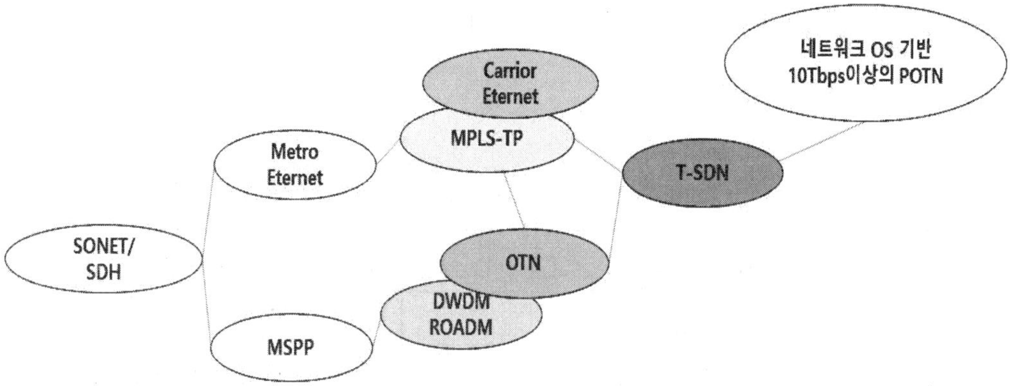

	가.		ROADM과 MPLS-TP와의 결합
			ROADM을 기반으로 하는 광전송계층에 OTN 스위칭 기술과 MPLS-TP
			기술이 통합된 구조로 광 채널당 100Gbps의 대역폭을 가짐.
	나.		SDN 기반의 제어평면으로 전환
			네트워크 가상화와 클라우드 환경을 지원하기 위해 SDN기반의 제어 평면

78) POTN(packet optical transport network): 수십~수백 테라급의 패킷 광 전송망

			을 수용하는 방향으로 발전 되어가고 있음.
3.			**OTN(optical transport network)[79] 기술**
	가.		OTN 기술의 개요
		①	100Gbps를 전송하기 위한 OTU(Optical channel Transport Unit) 4표준 기술과 코히런트 광트랜시버 기술이 ONT의 핵심임.
		②	1.25Gbps 단위로 대역폭을 증감할 수 있는 ODU(Optical channel Data Unit) flex 증감기술과 OTN 스위칭기술로 유연성을 확보함.
		③	LO ODUk(k=0,1,2,3,4,flex) 기반으로 다양한 신호의 클라이언트를 수용하며, 하나의 HO ODUk(Optical channel Data Unit-k)에 다중화한 후 광 파장에 전송함.
		④	LO ODUk에 매핑된 신호들은 광전달망 내에서는 ODUk 스위칭만을 통해 전송하기 때문에 패킷 스위칭을 사용하는 기존의 시스템에 비해 저지연 특성을 가짐.
	나.		OTN 스위칭 기술

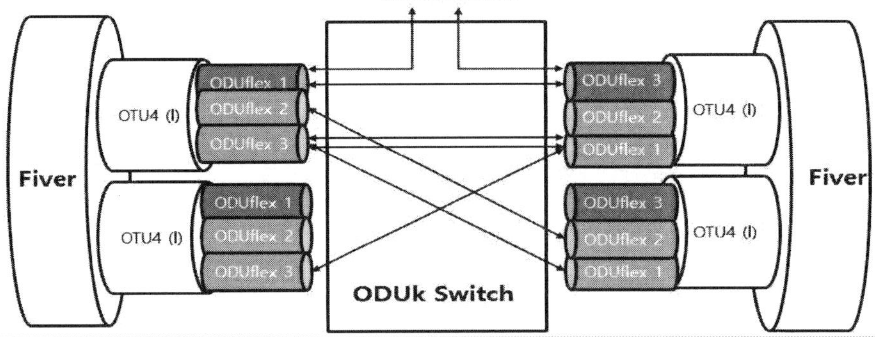

		①	ODUflex 신호는 1.25Gbps 단위로 최대 100Gbps까지 대역폭을 증가시킬 수 있음.

79) OTN(optical transport network): IP 기반 데이터 및 기타 데이터 서비스를 통합하는 능력을 가진 광 전송 계층을 정의하는 표준이다.

		②	ODUk 단위의 스위칭 기술은 대역폭 변경, 지연시간, 신뢰성 등에 대한
			요구사항을 만족시키며 다른 서비스들의 통합과 관리를 수행함.
	다.		광 트랜시버 기술
		①	100Gbps 코히런트 광 트랜시버 기술은 OIF PLL(Physical and Link
			Layer) 워킹 그룹에서 표준화를 주도하고 있는 기술임.
		②	DP-QPSK(Dual Polarization-Quad Phase Shift Keying)[80] 변조 방식의
			코히런트 기술이 주로 사용됨.
		③	색분산과 편광분산을 전기적으로 보정하며, SD-FEC(Soft Decision Fow
			-ard Error Correction)[81] 적용이 가능하여 높은 대역폭과 장거리 전송이
			가능해짐.
4.			**MPLS-TP(Multiprotocol Label Switching-Transport Profile) 기술**
	가.		MPLS-TP 기술의 개요
		①	패킷 전달경로의 신뢰성을 회선망 수준으로 높이기 위해 OAM 및 보호절체
			기능을 개선한 것임.
		②	ITU-T와 IETF에서 2012년 11월에 MPLS-TP OAM 표준을 완료 하였고,
			2014년 7월에 MPLS-TP 보호절체 기술 표준화 완료함.
	나.		MPLS-TP 주요 기술
		①	MPLS와 동일한 패킷 포워딩 방식을 사용하고 전달망 요구사항을 만족하
			기 위해 OAM 및 보호절체 기능이 추가 되었음.
		②	단대단 LSP(Label Switched Path)/PW(PseudoWire)를 기본으로 다양한
			객체를 정의하고 있음.

80) DP-QPSK(Dual Polarization-Quad Phase Shift Keying): 이중분산 4진 PSK 변조방식으로 기존의 10G 네트워크에서 4배나 많은 정보를 전송할 수 있다.

81) SD-FEC(Soft Decision Forward Error Correction): 소프트웨어적으로 전진에러수정을 하는 기술이다.

		③	MPLS-TP 선형 보호절체 방식의 규격은 G.8131이며, APS와 PSC의 단점
			을 개선한 APC(Automatic Protection Coordination) 소프트웨어적으로
			50ms이내 자동보호절체가 가능한 프로토콜임.
5.			**T-SDN((Transport-Software Defined Networking) 기술**
	가.		T-SDN의 개요
		①	통신사업자망을 자동화하기 위한 SDN기술로 5G 광전송망 기술임.
		②	T-SDN기술은 다중 도메인과 다중 계층으로 구성된 전달망에서 BoD
			(Bandwidth on Demand)[82]서비스와 망 복구 및 IP 트래픽 Offload
			-ing[83]을 신속하게 제공할 수 있음.
		③	ONF의 OTWG에서 표준화를 추진 중이며, T-SDN OpenFlow 프로토콜을
			이용함.
	나.		계층화된 네트워크 구성도

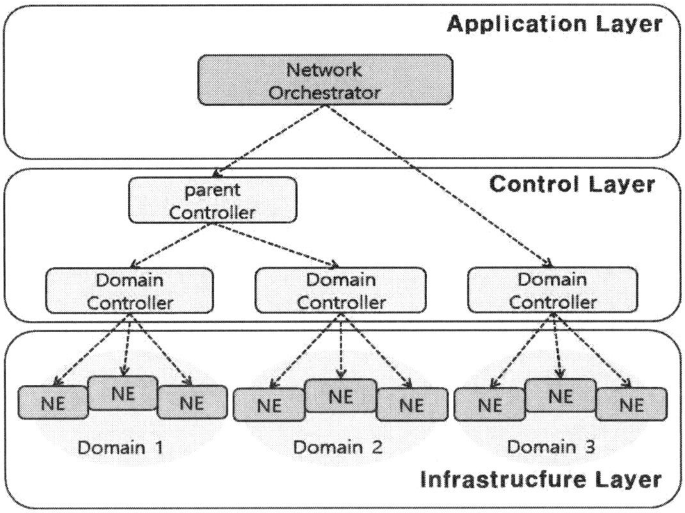

82) BoD(Bandwidth on Demand): 방송 프로그램 제공자의 서버 저장 매체에 저장된 프로그램을 허용된 사용자들이 직접 선택하여 원하는 프로그램을 원하는 시간에 요청해 방송을 시청할 수 있는 서비스이다.
83) Offloading: 급증하는 데이터 트래픽을 다른 네트워크로 분산하는 효과이다.

	①	인프라 계층은 여러 종류의 SBI 인터페이스(OpenFlow 확장버전)를 통해서
		네트워크 노드(NE)와 연결됨.
	②	제어계층은 하위레벨 제어를 위한 컨트롤러(Domain-controller)와 상위
		레벨 제어를 위한 컨트롤러(Parent controller)로 구성됨.
	③	응용계층은 통합 제어기능을 포함하며, NBI 인터페이스를 통해 제어 계층
		내의 컨트롤러와 연결됨.
	④	네트워크 세부 구성정보에 얽매이지 않고 요구사항에 따라 변경 가능
다.		T-SDN OpenFlow
		OpenFlow는 1.3버전을 코어로 사용하여 구현하며, 하나의 도메인에 대표
		되는 OpenFlow 인터페이스를 갖는 게 효율적임.
라.		서비스 API
	①	서비스 API(Application Programming Interface)는 REST[84] (Represen
		-tational State Transfer)와 JSON(Java-Script Object Notation)[85]을
		기반으로 구현됨.
	②	다양한 종류의 애플리케이션을 공통으로 사용하기 위해 서비스 연결 점을
		표준화함.
마.		토폴로지 API
	①	NBI API인 토폴로지 API는 형상정보를 네트워크 오케스트레이터에게 제공
		하는 기술을 수행함.

84) REST(Representational State Transfer): 확장성 생성 언어(XML) 파일로 된 웹 페이지를 읽어 원하는 정보를 수집하는 기능이다.

85) JSON(Java-Script Object Notation): JSON은 경량의 DATA교환 형식이다. 이 형식은 사람이 읽고 쓰기에 용이하며, 기계가 분석하고 생성함에도 용이하다.

6. **결론**

- ❍ 광 전달망은 광, 회선, 패킷 분리구조에서 광-회선-패킷 통합구조로 발전되어 가고 있음.
- ❍ 100Gbps 상용화 이후, 400Gbps 또는 1Tbps 이상의 초고속 광 신호를 전송하기 위한 하드웨어 기술 및 물리계층에 대한 새로운 기술과 표준 규격에 대한 연구가 요구되는 시점임.
- ❍ 광 전달망의 구조를 단순화시켜 관리의 편의성을 제공하기 위한 기술로 네트워크 가상화와 클라우드 환경을 지원하는 시스템이 예상됨.
- ❍ 향후 보다 높은 전송 및 전달 속도를 실현하기 위해 T-SDN 기반의 네트워크 가상화를 수용하는 방향이 될 것이며, 초연결 네트워크의 기반 역할을 담당하기 위해 프로그램 OS 상에서 망 전체의 제어와 관리가 가능한 미래 네트워크로 진화가 예상됨.

Point

<table>
<tr><td>키 워 드</td><td>OTN, MPLS-TP, T-SDN, 에지 컴퓨팅</td></tr>
<tr><td>기출코드</td><td>통신2018상1, 통신2018상2, 통신2012하4, 통신2009상2</td></tr>
<tr><td>통합사고</td><td>
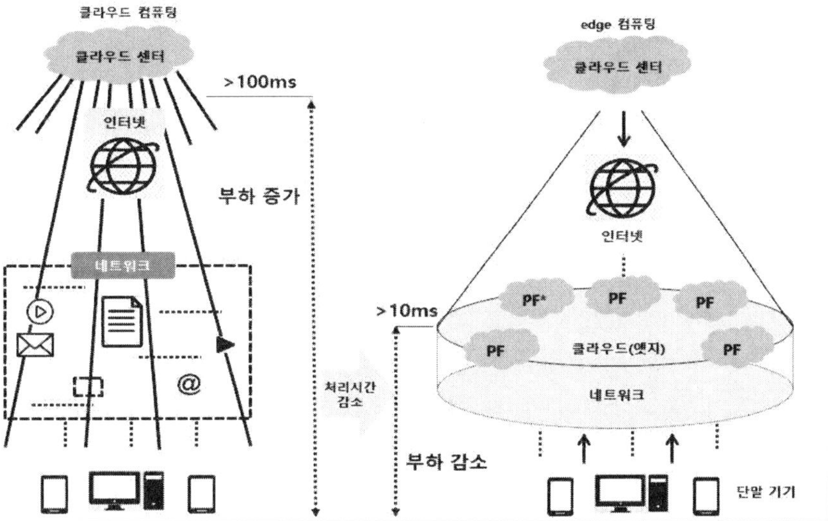

* PF(Peta Flop): 컴퓨터가 1초내 1,000조회의 연산을 처리하는 컴퓨터 처리속도 단위(이론값임)

광네트워크의 발전은 클라우드컴퓨팅을 가능하게 했습니다. 하지만 IoE와 같은 모든 만물이 네트워크에 연결되는 세상에서 전달 네트워크의 부담은 더욱 가중되고 처리지연의 문제가 예견되고 있습니다. 클라우드 컴퓨팅이 중앙의 데이터센터와 직접 소통하는 방식이라면 엣지 컴퓨팅은 기기 가까이 위치한 엣지 데이터센터와 주로 소통하고 그 결과물의 저장을 위한 2차 작업을 중앙 클라우드에 전달하는 컴퓨팅 방식입니다. 엣지 컴퓨팅은 과거 클라우드에 위임했던 작업의 대부분을 엣지에 넘김으로써 데이터 처리시간을 크게 줄일 수 있고, 네트워크의 부하량을 대폭 줄일 수 있습니다. 또한 엣지 클라우드에서 중앙 클라우드로 2차 데이터를 보낼 때 프라이버시 정책을 강화할 수 있으며, 네트워크나 중앙 클라우드의 오류, DDoS공격 시 엣지 플랫폼에서 임시 서비스를 받을 수 있습니다. 따라서 향후 엣지 컴퓨팅에 거는 기대는 한층 높아질 전망입니다.
</td></tr>
</table>

함께보기	“SONET/SDH”, 손에 잡히는 ICT, 210p “3.8 SDN과 NFV” “9.17 OTN”

함께보기 “SONET/SDH”, 손에 잡히는 ICT, 210p / “3.8 SDN과 NFV” / “9.17 OTN”

참고문헌

[1] 윤지욱, “윤지욱, “100G OTN 프레이머 기술, 2013
[2] 윤지욱, “광 전달망 저지연 FEC기술, 2013

3.8 SDN과 NFV

1. SDN과 NFV의 개요

○ Open Flow를 기반으로 한 개방형 미래 네트워킹 기술로 ONF(Open Net-working Foundation)에서 표준화를 추진 중이며, 네트워크 장비의 제어부와 데이터부를 분리하여 운용하는 기술임.

○ SDN 기술은 네트워크 장비의 비용과 복잡성을 근본적으로 해결하기 위한 기술로 Open Flow스위치와 제어장치(서버) 간에 통신을 프로토콜로 구현했으며, 데이터센터를 중심으로 적용 중임.

○ NFV는 기존 하드웨어로 구현된 라우터와 방화벽, IDS 등 다양한 네트워크 장비 기능들을 가상화시켜 소프트웨어 형태로 서비스하는 기술로 가입자 측에 최소한의 설비만 설치되는 가상화 기술임.

○ NFV는 ETSI에서 표준화 중인 가상화 기술로 네트워크의 유연성과 효율성 증대 그리고 망구성의 신속성, 관리성이 개선될 수 있음.

2. SDN(Software Defined Network)의 개념 이해

가. SDN 스택 구조

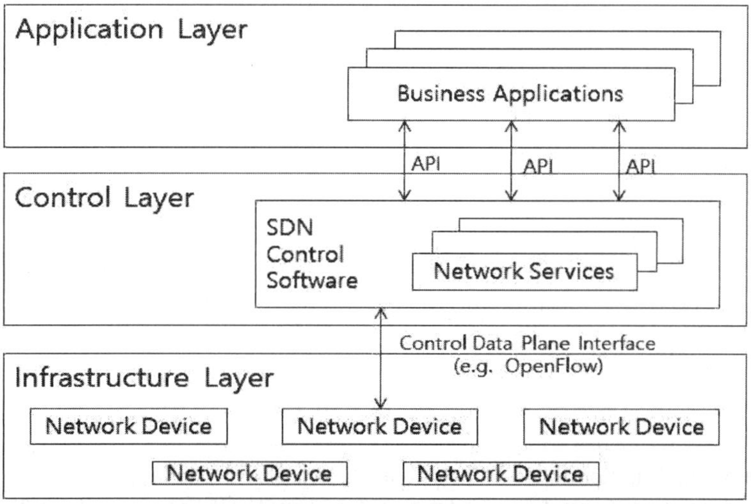

① 제어 플레인과 데이터 플레인(패킷 포워딩 기능)을 분리함.

② 제어 플레인이 외부 엔티티로 분리됨으로써 SDN Controller 혹은 NOS (Network Operating System)가 인프라 구성과 망 상태에 대한 글로벌 뷰와 통합 제어권을 가짐.

③ Northbound Interface[86]를 통해 BiZ 민첩성을 갖도록 프로그래밍 되고, Southbound Interface[87]를 통해 하부 통신장비의 포워딩을 제어할 수 있게 구성함.

④ 지금까지의 네트워크 산업은 장비 제조사가 하나의 장비에 일체로 하드웨어와 소프트웨어를 패키징하여 공급하였기에 기능과 신기술 적용 등 제조사의 이익관계에 의해 결정되는 매우 폐쇄적 구조였음.

⑤ SDN은 사용자 필요시 자신의 환경에 맞는 소프트웨어를 개발하고 손쉽게 도입이 가능한 개방형 구조로 필요한 네트워크 기능만 선택하여 원하는 최적화된 네트워크 구현이 가능해짐(벤더 종속성 탈출).

나. 기존 네트워크와 SDN의 비교

구분	기존 네트워크	SDN
네트워크 관점	HW 중심	SW 중심
구성 주도권	HW 제공 벤더	사용자
기술 개방성	폐쇄형	개방형
연동 호환성	독자 프로토콜	표준 프로토콜
관리 효율성	비효율/ 고비용 운용	효율적/ 합리적 운용
신기술 수용	벤더의 필요에 따름	사용자 요구에 따라 수용
시장의 공정성	독과점 형태	공정경쟁

86) Northbound Interface: Control layer와 Application layer사이에 Interface
87) Southbound Interface: Control layer와 Infrastructure layer사이에 Interface. 이 영역이 Openflow이다.

※ SDN의 Infrastructure layer는 논리적으로 거대한 한 대의 네트워크 장비(Big Switch)처럼 동작되도록 OpenFlow 프로토콜을 사용함.

3. NFV(Network Functions Virtualization)의 개념 이해

가. NFV 개념도

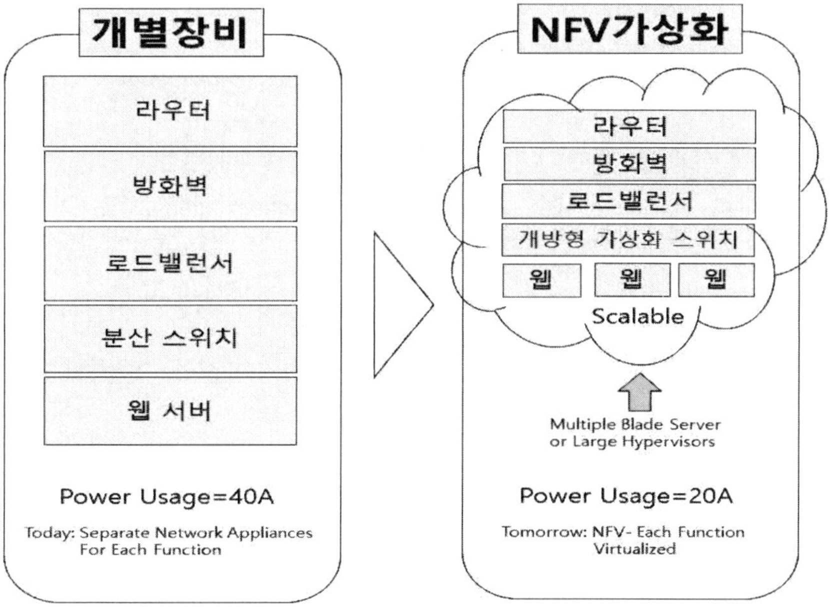

① NFV의 목적은 흩어져있던 네트워크 기능들을 고집적 장비에 몰아넣어 비용절감 및 효율성을 극대화 하는 것임.

② 기존 네트워크의 개념은 각 요소를 하드웨어 단위로 구분하여 개별 단위로 장비를 설치하는 경향이 강했음. 이는 자원의 낭비가 심하고 전력 사용량도 매우 높았음.

③ 이런 문제 해결을 위해 NFV는 개별 성능보다 잘 설계된 아키텍처에 의해 물리적 자원을 최소화하여 전체의 효율 향상과 시스템 복잡성 감소에 초점이 맞춰진 가상화 기술임.

나. NFV 스택구조

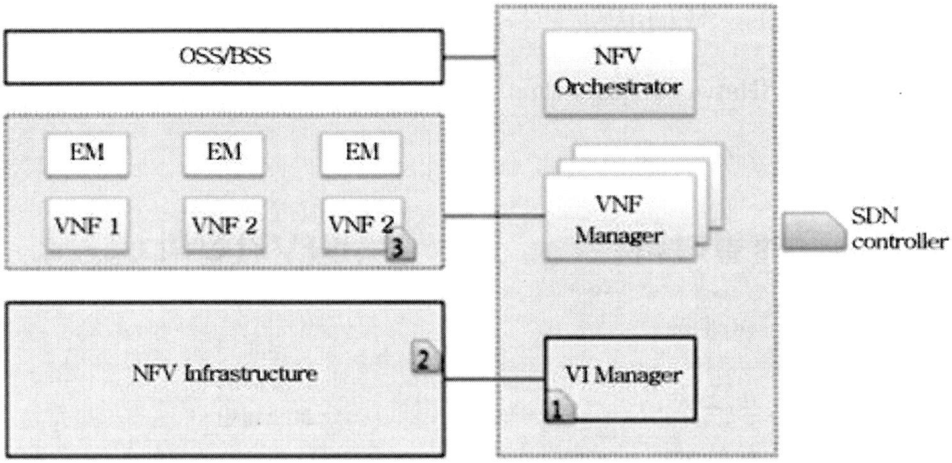

① NFVI는 인프라로서 컴퓨팅, 스토리지, 네트워크 기능을 지원하는 물리적 하드웨어 자원과 이를 가상화시킨 하이퍼바이저 같은 소프트웨어 형태의 서비스 자원을 제공함.

② VNF는 NFVI에서 제공한 네트워크 기능의 라이프사이클 관리를 담당

③ 그림의 우측은 관리평면으로 좌측의 NFVI, VNF의 관리 기능을 수행하며, VI Manager, VNF manager, NFV Orchestrator로 나눠 관리 기능을 제공하게 됨.

④ 관리평면은 직접적으로 SDN controller와 연동되며 다양한 선택 및 비용 절감 그리고 효율적 운영을 가능하게 함.

4. SDN과 NFV 비교

구 분	SDN	NFV
출범 동기	제어 평면과 데이터 평면 분리 중앙집중형 관리 네트워크 프로그래밍 제공	특정장비에 귀속된 네트워크 기능을 일반 서버에 재배치

구 분	SDN	NFV
적용 위치	데이터센터, 클라우드	서비스 공급업자 네트워크
사용 장비	서버와 스위치	서버와 스위치
프로토콜	OpenFlow	아직 제정 안됨
애플리케이션	클라우드 통합과 네트워킹	방화벽, 게이트웨이, CDN 라우터, WAN 가속기
규격 제정	ONF(Open Networking Forum)	ETSI NFV 그룹

※ NFV와 SDN은 가상 네트워크 기술이란 측면에서 매우 유사하나 출발점이 서로 달라서 두 기술 중 하나만 이용해도 구현할 수 있음.

※ 그러나 서로 상호 보완적인 관계에 있는 두 기술을 적절히 조합하면 새로운 수익창출의 기회를 도모할 수 있음.

5. 결론1

- ❍ SDR(Software Defined Radio)이 단말 측면의 가상화 기술이라면 SDN은 망 측면의 네트워크 가상화 미래인터넷 기술임.
- ❍ 현재 국내 이통사들은 DU/RU, vEPC[88], 네트워크슬라이싱, CA[89] 등의 가상화 기술을 도입하여 네트워크 구축비용과 시스템의 복잡성을 기술적으로 해결하고 있음.
- ❍ 예로 1.8GHz 대역과 800MHz 대역을 CA(Carrier Aggregation)하여 고속화하는 기술을 적용한 사례임.
- ❍ NFV는 CAPEX/OPEX 절감(투자비용/운영비용), 새로운 서비스 생성에

88) vEPC(virtual Evolved Packet Core): EPC는 3GPP LTE (Long Term Evolution)망에서의 코어 네트워크 구조를 지칭하며, vEPC는 MME, SGW, PGW 등을 클라우드로 가상화하는 기술이다.

89) CA(Carrier Aggregation): 서로 다른 여러 개의 주파수 대역을 묶어 하나의 주파수처럼 속도를 끌어올리는 기술이다.

			대한 시간 단축과 투자비용 회수 증대, 유연한 서비스의 진화성과 스케일
			변경에 따른 관리 자동화 등을 들 수 있음.
	❍		NFV로 복잡하고 무겁고 비싸고 어려운 기존 통신 기기의 경직성을 탈피
			하여 컴퓨팅의 요소와 해져 새로운 응용 서비스를 창출할 것으로 기대됨.
6.			**결론2**
	❍		SDN이 활성화 될수록 DPI(Deep Packet Inspection)[90]의 중요성이 더욱
			부각될 것임.
	❍		왜냐하면 SDN을 통해 네트워크를 지능화하는 방법은 Application layer
			의 Application들이 얼마나 명확하게 트래픽을 구분할 수 있는가에 달려
			있기 때문임.
	❍		또한, 최근의 SDN Application 개발 역시 L4~L7 단계에서 이뤄지는데
			이를 위해서도 기본적으로 DPI에 대한 심도있는 이해가 요구됨.

90) DPI(Deep Packet Inspection): 인터넷으로 전송되는 데이터인 패킷 내부의 콘텐츠까지 분석하는 기술이다.

Point

키 워 드	SDN, NFV, OpenFlow, DPI
기출코드	통신2016하3, 통신2013상2, 컴응2015하1, 컴응2013상1
통합사고	SDN에서 Infrastructure의 Big Switch구현을 위해 모든 개별 스위치들은 Control layer와 긴밀하게 통일된 정보를 주고받기 받아야 하는데 이때 OpenFlow프로토콜이 널리 사용됩니다. Controller와 개별 스위치들은 OpenFlow통신 시 보안상 안전을 위해 Secure Channel을 통해 연결되며 Secure Channel을 통해 다양한 정보들이 교환되는데 패킷처리를 위한 Flow Table도 Secure Channel을 통해 전달됩니다. 이 Flow Table은 크게 Rule, Action, State로 구성됩니다. • Rule는 어떠한 패킷을 처리할지를 정의하는 영역으로 12개의 구분자를 가지고 패킷을 처리함. • Action은 Rule에 의해 정의된 패킷을 어떻게 처리할지를 정의 하는 영역으로 만약 Forward명령어를 사용하여 패킷은 지정된 포트를 통해 전송되고, Drop명령어를 사용하면 해당 패킷은 폐기되며 이외에 다른 헤더변경 옵션들이 있습니다. • State는 해당 Flow Table에 얼마나 많은 패킷이 매칭 되었고, 얼마나 큰 용량이 전송되었는지를 보여주는 영역으로 다양한 정보를 수집하고 이 정보를 Controller에게도 전송합니다.
함께보기	“네트워크 가상화”, 손에 잡히는 ICT, 168p “5.28 Network Slicing”

참고문헌

[1] 서영석 외1, “SDN입문”, 영진닷컴, 2014
[2] 스터디 9기,“SDN과 NFV”, 손에 잡히는 ICT, 2016
[3] SDN/NFV포럼, “SDN과 NFV”, 에이콘출판, 2016

3.9 기가와이어와 G.fast

1.			**구리 배선 그대로 기가인터넷 서비스의 개요**
	❍		기가인터넷은 기존 초고속인터넷의 100M급 보다 10배 빠른 1Gbps 급속도
			제공을 목표로 함.
	❍		하지만 기가인터넷 서비스 확산에 걸림돌은 구내통신망 배선 성능 노후화와
			제공 사업자의 망 소유권 문제가 걸림돌임.
	❍		최근 건축물의 노후 배선을 그대로 사용하면서 서비스 속도를 올릴 수 있은
			기술로 KT의 기가와이어, SKB의 G.fast가 주목받고 있음.
2.			**인터넷 회선 서비스의 개념이해**
	가.		가입자망 구성도

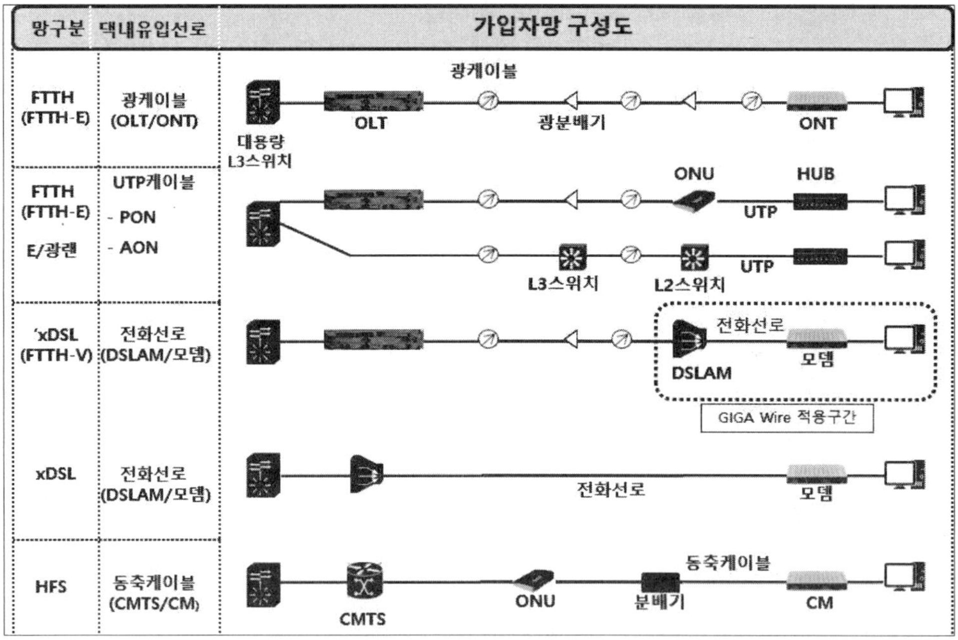

		①	초고속 광대역 가입자망 기술을 이용하여 가입자에게 100Mbps를 초과하
			여 최대 1Gbps급 인터넷 서비스를 제공하는 기술로 건축물 내 광케이블

이나 UTP Cat.5e 4pair 이상의 배선이 필요함.

② 신규 건축물은 강화된 배선성능 기준을 적용하므로 서비스 제공이 용이하지만 기 건축물은 전화선로로 환경이 열악함.

나. 기축 건축물의 기가인터넷 서비스 확산의 걸림돌

구내통신망의 구조적 한계	기간사업자의 망소유권 문제
▪ 한번 설치된 구내통신망은 20~30년간 변경곤란 ▪ 노후 건축물의 배선성능으로는 기가서비스 제공이 원천불가 ▪ 기가인터넷 보급 확산을 위해선 구내통신망 고도화가 전제	▪ 전기통신사업법 상 케이블 분계점 기준 구내통신망 설치는 건물주 몫 ▪ 실제, 구내통신 인터넷망 구축 및 고도화 비용은 사업자가 부담 중 ▪ 사업자가 기가서비스 망 고도화 시 투자비 회수에 대한 보장 요원

① 구내통신 선로설비에 대한 선발 사업자의 과도한 선점으로 후발 사업자는 댁내까지 별도의 선로를 포설해야하는 문제가 발생됨.

② 건물 인입부를 넘어 가입자 댁내까지 광케이블로 선로를 고도화해야 하는 비용적 부담은 사업자가 투자를 기피하는 원인됨.

3. 기 건축물 내 기가인터넷 서비스 확산 방안

가. KT 기가와이어(G.hn) 전송기술

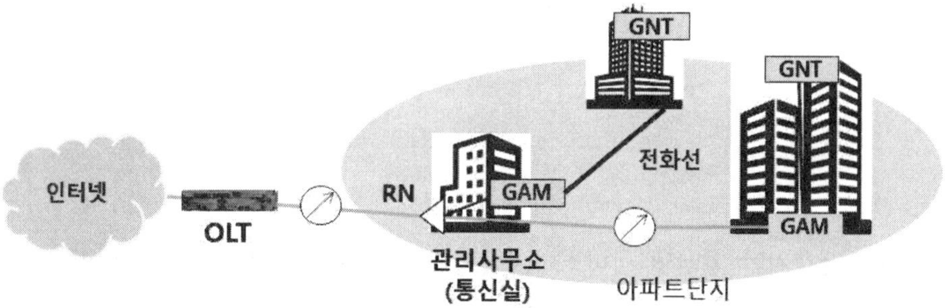

① G.fast 상용화 지연에 따라 기가코리아 사업의 일환인 기가인터넷 보급을 위해 ADSL/VDSL[91] 대체 기술을 ITU-T G.hn을 기반으로 한 기가와이어가 KT를 중심으로 서비스가 시작됨.

② 전화선, 동축케이블, PLC 등을 이용한 홈네트워크 기술인 G.hn을 전화선에 적용하여 인터넷 서비스가 제공하도록 응용한 기술임.

③ ITU-T G.hn은 1Gps까지 전력선, 전화선 혹은 동축케이블을 통해 홈네트워크 내 연결 및 전송을 담당하는 물리·MAC계층 표준임.

④ 건물 인입부에 GAN을 설치하고 댁내에 GNT 모뎀을 설치한 후 기존 구내 통신망 배선(구리선)을 그대로 이용하며 기가서비스를 제공함.

⑤ 기가와이어 vs VDSL 특징 비교

구분	기가와이어	VDSL
표준화	ITU-T G.996x series	ITU-T G.993
최고속도	600Mbps	100Mbps
상/하향 대역폭 비	가변(5:5, 3:7, 2:8)	고정(5:5)
접속시간	90초 이내	12초 이내
주파수 대역폭	3.5MHz~96.5MHz	25kHz~30MHz

나. SKB의 G.fast 전송기술

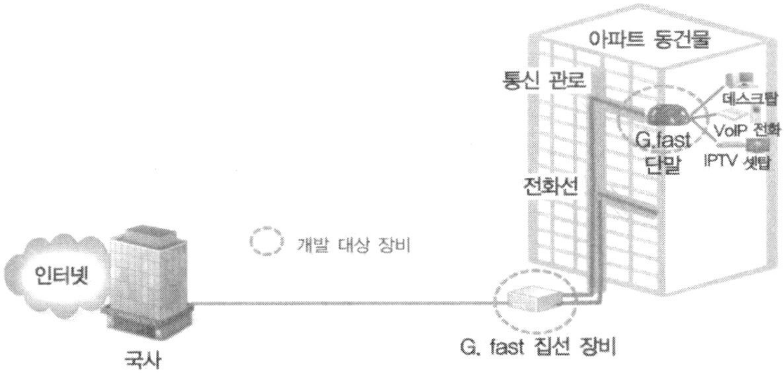

① 동선기반 인터넷 서비스의 통신 속도를 기가 인터넷급으로 높이기 위해 VDSL의 차기 버전으로 ITU-T G.fast가 2014년 표준화됨.

91) ADSL(Asymmetric Digital Subscriber Line): 기존의 전화선을 이용하여 컴퓨터가 데이터 통신을 할 수 있게 하는 통신수단으로 별도의 회선을 설치하지 않고도 기존에 사용하던 전화선으로 통신이 가능하다는 장점이 있으며 VDSL(very high-bit rate digital subscriber line)은 ADSL을 진화시킨 기술로 빠른 속도의 양방향 통신이 가능한 통신망으로, '초고속디지털가입자회선'으로 불린다.

② 하지만 VDSL과의 후방 호환성 확보 등 장기간의 노력이 있었지만 기술적 어려움으로 상용화가 지연되며 후방 호환성은 포기함.

③ 건축 지하에 G,fast 집선장치를 설치하여 G.fast 단말장치의 트래픽을 집선하고 통신국사로 전송하는 구조를 가짐.

④ 500m 이내에서 150Mbps~1Gbps의 가변속도가 제공되며, 100m 이내에서는 500Mbps~1Gbps의 제공 가능함. (아래 표를 참조)

⑤ 아래 표는 브릿지 탭이 없는 경우 [거리에 따른 서비스 제공 목표]

거리(Distance)	목표성능(Performance Target)
〈100 m, FTTB	500-1000 Mbps
100 m	500 Mbps
200 m	200 Mbps
250 m	150 Mbps
500 m	100 Mbps

4. G.fast와 기가와이어의 규격 비교

항목	G.fast	GIGA Wire
주파수 대역	2~106MHz(2048 subcarrier)	2~100MHz(2048 subcarrier)
PSD 출력	-65dBm/Hz 이하	-70dBm/Hz 이하
상/하향 전송	TDD(Time Division Duplex)	TDD(Time Division Duplex)
변조방식	OFDM@51.75kHz tone-spacing	OFDM@48.8kHz tone-spacing
FEC	Reed-Solomon	LDPC
Crosstalk 관리	Vectoring (optional)	VectorBoost (optional)
셋업시간	serval minutes	3~5 seconds
Max line rate	1Gbps	1Gbps
국제표준	G.970x@ITU-T SG15(2014.12월) 승인	G.996x@ITU-T SG15(2010년) 승인

5. 결론

○ 정부와 민간사업자의 부단한 노력으로 기가인터넷 서비스 보급률이 지속적으로 높아지고 있음.

○ 하지만 정부의 기가인터넷 정책은 2017년까지 전국 기가인터넷 보급을 90% 이상으로 높이려 노력중이지만, 아직 광 보급률은 KT가 60%, SKB는 30% 이하에 머무르고 있는 실정임.

○ 우선, 망 고도화에 대한 비용분담 문제 해결을 위해 망 고도화 시 건물주와 사업자 간 망 소유권, 이용권, 유지관리 등의 내용을 담은 표준계약서를 제정·사용함으로써 확산기반의 발판을 마련해야 할 것임.

Point

키 워 드	기가와이어, G.fast, GAM92), GNT93)
기출코드	통신2012하2
통합사고	현재 기가인터넷 서비스 단말장치는 기존의 VDSL서비스와 30MHz 이하 대역을 공유하고 있어 동일 번들 내 전화선을 이용하는 VDSL시스템과의 간섭에 대한 영향이 우려 되고 있다. 하지만 현재 이를 위한 적절한 보호기준이 마련되지 않은 실정으로 구체적인 간섭 회피기준을 만들어 통신사업자와 제조사의 이해를 통해 관련 기준이 적용될 수 있도록 해야 할 것입니다. (PSD레벨 -70dBm/Hz 사용 시 VDSL시스템의 업링크 전송속도가 저하되는 현상 있음). • ITU-T G.996x series: 동선 고도화 표준(기가와이어) • ITU-T G.fast: VDSL의 차기버전
함께보기	“FTTx”, 손에 잡히는 ICT, 206p “9.18 AON과 PON 구축방안 비교”

참고문헌

[1] 최문환 외, “기가 인터넷 서비스 단말장치 기술기준 동향”, 전자통신동향분석 제31권 제2호, 2016

[2] KT, “ITU-T G.hn 기반동선을 활용한 기가인터넷 서비스 제공 기술(GiGA Wire 기술 중심)”, 한국정보통신기술협회 TC2 워크숍, 2015

---

92) GAM(G.hn Access Multiplexer): 아파트 각 동 지하 또는 통신실(관리사무소)에 위치하며, 전화선을 이용하는 기가인터넷 가입자 회선을 집선하여 인터넷망과 연결하는 역할을 한다.

93) GNT(G.hn Network Termina)): 모뎀과 같이 댁내에 위치하며, 댁내에 인입되는 전화선을 통해 GAM과 연결하여 사용한다. 기존의 DSL 장비의 DSLAM/모뎀을 기가와이어 장비(GAM/GNT)로의 교체만으로 동작이 가능하다.

3.10 미래 광역망

1. 미래의 완벽한 종단 간 네트워크(미래 광역망)의 개요

- ○ 앞으로 다가올 시대는 모든 것이 디지털화되는 시대로 미래의 네트워크는 지금까지와는 근본적으로 다른 운용 원리와 시스템에 근간을 두고 구축돼야 할 것임.
- ○ 미래 광역망은 모든 분야에서 최적화, 방대한 규모, 다중 네트워크의 자동화된 서비스 연합, 프로그래밍 가능한 인터페이스에 의한 접근 등을 포함될 것임.

2. 완벽한 종단 간 네트워크 전체 구조의 개념 이해

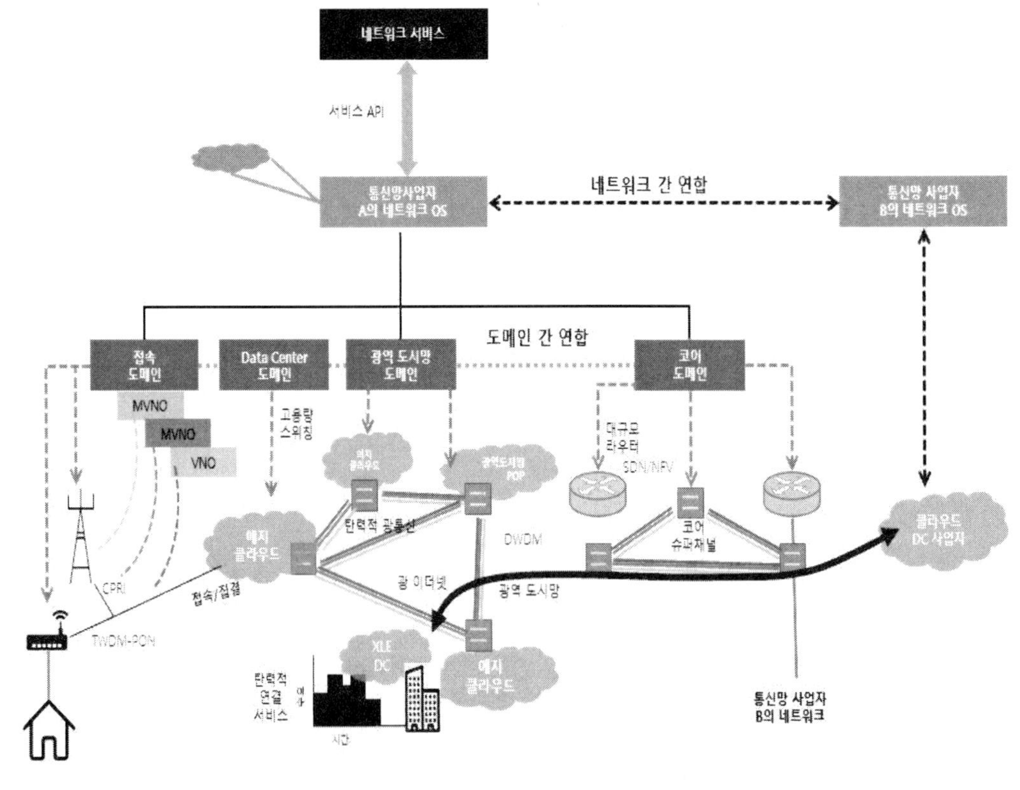

		①	외형상 무한한 용량을 가지는 미래 광역망은 필수적인 구성요소로 에지
			클라우드, SDN, 망 자동 최적화가 가능한 네트워크OS를 포함.
		②	향후 5년 동안 지금의 10배의 트래픽 증가를 지원하도록 구축되는 미래
			광역망은 전체 비용(TCO)을 단위용량 당 거의 70% 절감시킬
			전망이며, 절감분의 50% 이상은 대규모 고밀도 라우팅과 광전송 기술의
			발전으로 가능해질 전망임.
		③	또한 나머지 40% 이상은 SDN의 자동화와 네트워크의 최적화에 기인하여
			절감될 것임.
		④	10배가 넘는 네트워크 트래픽의 수요와 공급의 발전은 많은 변화와 새로운
			기회가 창출될 것임.
3.			**미래 광역망을 완성할 요소 기술**
	가.		네트워크 OS(운영체계)
		①	웹서비스만큼 쉽게 네트워크 서비스를 조달받고, 동적으로 처리할 수 있는
			이상적인 가상화 기반 네트워크 OS환경 구축이 필요.
		②	이상적인 네트워크 OS의 필수 기능
			- 단순하고 확장성이 우수한 인터페이스를 통한 실시간 망 제어
			- 하부 네트워크 설비가 혁신 서비스와 연계하여 수용할 수 있도록 확장
			될 수 있어야 함.
			- 다른 네트워크 도메인과 기술에 대한 통합운영이 가능해야 함.
	나.		네트워크 간 연합제어(통신망 사업자들의 연합)
		①	네트워크 도메인 연합의 개념은 강상의 통합망을 생성하기 위해 둘 이상의
			독립적으로 관리되는 네트워크 도메인을 상호 연결하는 것임.

		②	연합 네트워크 인프라의 운영과 관리를 위한 선결 사항
			- 현재의 BGP는 서비스 보장을 지원하기 위한 QoS메커니즘을 포함하지
			않고 있으므로 상호 종단 간 자동화 서비스 보장을 위해 연합 메커니즘
			은 모든 네트워크 기술을 수용가능하게 확장돼야 함.
			- 여기에는 유선접속과 여러 무선접속 기술을 포함해야 함.
			- 글로벌-로컬 '클라우드 통합망'을 생성하기 위해 서로 다른 통신망 사업
			자들의 연합에도 연합 메커니즘이 적용될 수 있어야 함.
	다.		튜링 가능한 네크워크 설비
		①	아마존 AWS와 같이 용량을 순식간에 조정 받는 것처럼 탄력적으로 네트
			워크도 네트워크 OS의 자동 제어에 의해 고도의 최적화가 가능한 유연한
			네트워크가 만들어 질 것임.
		②	이렇게 동적으로 구성되는 가상 네트워크 요소들은 SDN제어를 통해 이런
			시스템들에 대한 조정, 최적화, 프로그래밍이 가능해 질 것임.
		③	가상 네트워크의 가상 장비
			- 가상 컴퓨터들은 가상포트로 연결되며, 하이퍼바이저 안에서 가상 소프트
			웨어 스위치(Open vSwitch)를 구현해야 함.
			- 보안과 같은 고급 서비스 지원을 위한 DPI, IDS, IPS, 부하균형, WAN
			가속기도 포함.
	라.		고도의 규모 확장성을 갖는 광 통신망
		①	이러한 대규모 데이터센터를 상호연결하기 위해서는 규모의 경제를 실현할
			수 있는 광 통신망 역시 수백 배로 증가되어야 함.

		②	동적 수요의 수용에 필요한 수준의 네트워크 프로그래밍을 가능하게 하려
			면 광전송 동적 유연성도 훨씬 높여야 함.
		③	요구 실현을 위한 필수 혁신기술
			- 현재 C대역 DWDM[94]으로 10Tbps의 용량달성이 가능함.
			- 향후 10배의 속도 증가를 위해 C+S+L 대역의 파장을 이용한 DWDM
			시스템의 확장으로 광전송 시스템의 총 처리율을 극대화
			- 다중 공간 경로의 병렬적 사용을 위한 스펙트럼 슈퍼채널 기술과 공간
			슈퍼채널 기술의 개발 및 기술 적용
	마.		수요 적응형 광역도시망 구현
		①	코어 광 네트워크가 전반적인 규모 확장성과 비교적 조잡한 수준의 유연
			성을 요구하고 있음.
		②	반면, 에지 클라우드와 기관들을 연결하는 광역도시 광 통신망은 시간에
			따라 유동적인 트래픽 규모를 처리할 수 있게 최적화돼야 함.
		③	적용 가능한 패킷 전달 기술
			- 광-이더넷 스위칭 방식의 기술.
			- 지능형 자동 튜링이 가능한 코히런트 광모뎀 기술.
			- 현재의 IP 기반 방식과 SDN 제어, 클라우드 기반 관심 브로커를 조합
			하고 사용자가 표현한 관심을 콘텐츠 서버로 변환해 주는 하이브리드
			방식의 방식 채택 전망.

94) DWDM(Dense Wavelength Division Multiplexing): 한 가닥의 광섬유를 통해 40-80개의 채널을 보내는 기술로 최근에는 40~80 채널에 전송 속도도 10Gbps로 높아지고 있으며 채널 간격도 50GHz로 좁아지고 있어 DWDM(Dense WDM)이라고 불린다.

※ 관심 브로커는 에지 SDN제어에 포함되어 고객의 질의에 기반하여 스트림 메터데이터를 검색하고 콘텐츠를 연결하는 관심기반 콘텐츠 검색 구성요소임. 관심 브로커의 기능을 수정하는 것만으로도 어떤 형태의 콘텐츠 기반 라우팅이라도 지원할 수 있음.

4. 미래 광역망의 동적 연결성이 시장에 미칠 영향

가. 다수의 공급자와 소비자 사이에서 용량의 수요를 효율적이고 실시간적으로 맞추기 위한 동적 브로커와 집합 판매자가 출현할 것임.

나. 대규모 클라우드 사업자는 자연스럽게 시장의 거래 허브가 될 것임.

다. 쉽고 실시간적인 접속은 여러 공급자, 연결 기술, 신뢰성 수준 등에 맞춰 다양한 조합을 통해 새로운 사업모델을 만들어 낼 것임.

라. 네트워크 서비스 기회에 대한 최대의 수익을 보장하기 위한 실시간 경매 촉진을 위해 분석 기반 최적화된 가격 책정과 경매 모델이 설계 될 것임.

마. 결국 수요 기반의 프로그래밍 가능한 네트워크 기능 및 용량이 일반화됨에 따라 임대용인 기존의 정적용량은 할인을 위한 상품으로 격하될 것이며 경우에 따라서는 실시간 집합 판매자가 가격을 높이는 대신 추가제공 상품으로 마케팅에 이용될 것임.

5. 미래 광역망의 전망

❍ 컴퓨터 산업에서 일어났던 클라우드 컴퓨팅으로의 근본적 기술전환 패러다임은 순식간에 조정 가능한 탄력적 스케일 업/다운일 것임.

❍ 완벽한 네트워크를 지원하기 위해서는 동적 서비스 수요에 따라 네트워크 설비에 대한 완전한 튜링 가능성이 요구됨.

❍ 이러한 동적 네트워크 맞춤형 서비스 구축은 이상적인 네트워크 OS와

SDN 기반 논리적 중앙 집중화를 채택함으로써 가능해 질 것임.

○ 지금은 에지 클라우드와 중앙 클라우드에 대한 IP/광 네트워킹이 이뤄지는 새로운 시대로 접어드는 시기로 미래 광역망의 실현은 비즈니스의 환경과 소비자 생활의 변화, 새로운 기술혁명의 중요한 기반 인프라가 될 것으로 판단됨.

Point

키 워 드	미래 통신망, 네트워크 OS, 튜링 가능한 망설비, 동적 연결성
기출코드	통신2018상1, 통신2012하4
통합사고	오늘날의 자체 완성형 독립적인 네트워크 구조는 해체되어 가고 다양한 수준에서 재조정과 재통합의 압박이 가중되고 있으며, 이를 위해 새로운 소프트웨어 플랫폼과 인터페이스들이 사용되어질 겁니다. 새로운 디지털 네트워크 시대를 실현하기 위해서는 아래 세 가지의 핵심요소를 기억해야 합니다. 첫째, 진정 자동화된 네트워크를 위한 이상적 네트워크 OS 둘째, 조율 가능한 자동화 네트워크 설비 셋째, 역동적인 연결성 시장 생태계 구현 위 세 가지 비전이 현실화된 미래 광역망은 분산되어 있는 인프라를 하나의 자동화된 네트워크 설비로 통합하면서 이들 사이에 구분과 경계를 사라지게 할 것입니다.
함께보기	"3.7 차세대 광 전달망 기술" "3.8 SDN과 NFV" "9.21 국가 간 광대역 통신망 구축방안 비교"

참고문헌

[1] 마커스 웰던, "미래 네트워크", 휴먼사이언스, 2016

[2] Bell Labs Consulting, Growth in US Real-Time Bidding Market, 2010

[3] ONOS(http://onosproject.org/), 2017

4.1 OSI-7계층(Open System Interconnection 7Layer)

1.			**데이터통신을 위한 연동 모델, OSI-7의 개요**
	○		OSI-7는 서로 다른 종류의 정보처리 시스템 간을 접속하여 정보를 원활히 주고받기 위한 표준화된 네트워크 구조임.
	○		개방형 시스템 간 정보교환을 목적으로 하며, 시스템 개발자는 표준모델을 기초로 하여 기능을 추가하거나 필요에 따라 간략화가 가능.
	○		국제 표준화기구 ISO(International Standard Organization)에서 OSI (Open System Interconnection) 7계층 표준모델을 제안함.
2.			**OSI-7계층 구조의 이해**
	가.		송신측, 중간경로, 수신측 동일 표준모델을 구현하여 원활한 통신연결과 공통적인 제어기술의 적용이 가능해짐.

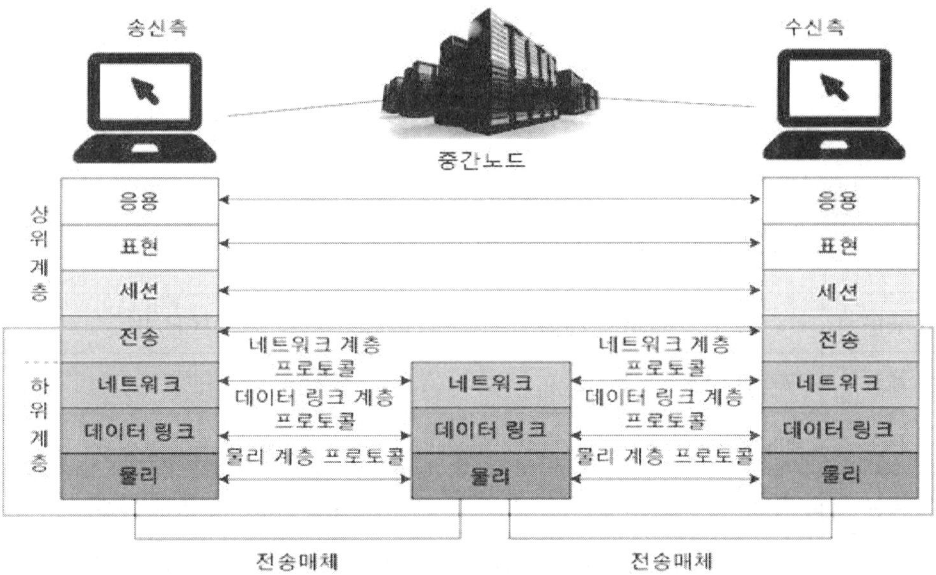

		①	OSI 참조 모델은 7계층으로 각 구성 요소는 개방형 시스템, 물리매체, 응용 프로세서로 구성됨.

② OSI 참조 모델은 TCP/IP 모델과도 비교 될 수 있으며, 각 계층과는 Transparent[95], Virtual한 특성이 있음.

나. 각 계층별 기능 설명

계층	기능	프로토콜
물리	단말과 전송 매체 사이의 전기적 신호 • 전송 단위: 비트	RS232,485, X.25
데이터링크	인접노드 간 에러 없는 데이터 전송 • 전송 단위: 프레임	이더넷,HDLC,PPP
네트워크	최초 송신노드, 최종 수신 노드 결정 • 전송 단위: 패킷	IP,ARP,ICMP,IGMP
전송	End to End 연결, 비 연결형 통신 관리 • 전송 단위: 메세지	TCP,UDP,SCTP
세션	프로세스 간 연결 설정/관리/해제 담당	
표현	응용 계층의 다양한 표현 형식 제공함	
응용	사용자 다양한 응용 프로그램 제공	HTTP,SNMP,DNS

※ TCP/IP는 실제로 많이 사용되는 기술을 중심으로 OSI-7계층의 복잡성을 4계층으로 단순화 시킨 모델임.

3. **OSI-7계층과 TCI/IP계층 비교**

구분	OSI-7계층	TCP/IP
계층	7계층 구조	4계층 구조
표준	OSI 표준(참조모델)	인터넷 표준
특징	이상적인 표준 모델	실제 사용중인 동작 모델
구성	네트워크 프로토콜의 총 집합	인터넷에 최적화된 프로토콜

95) Transparent: 정보 메시지로서 전송되는 부호가 회선의 종별, 전송 제어 절차 등으로 제한을 받지 않는 것으로 동일한 계층은 통일한 프로토콜이 적용되어 투명한 통신처럼 보인다.

구분	OSI-7계층	TCP/IP
장점	계층적 표준화를 통한 개발비용 절감	하나의 계층에 여러 프로토콜이 존재하여 망 설계의 유연성 확보
단점	구조가 너무 복잡 망 설계 시 변화에 대응 곤란	프로토콜 간 경계나 기능 구분이 명확하지 않음

※ TCP/IP에서는 OSI-7계층의 표현 및 세션계층의 역할을 응용계층이 처리하며, 계층수가 간단해 개발이 용이함.

Point

키 워 드	OSI-7계층, TCI/IP계층, 캡슐화, 캡슐 해제화
기출코드	통신2016하1, 통신2015하1, 통신2011상4, 통신2005하4
통합사고	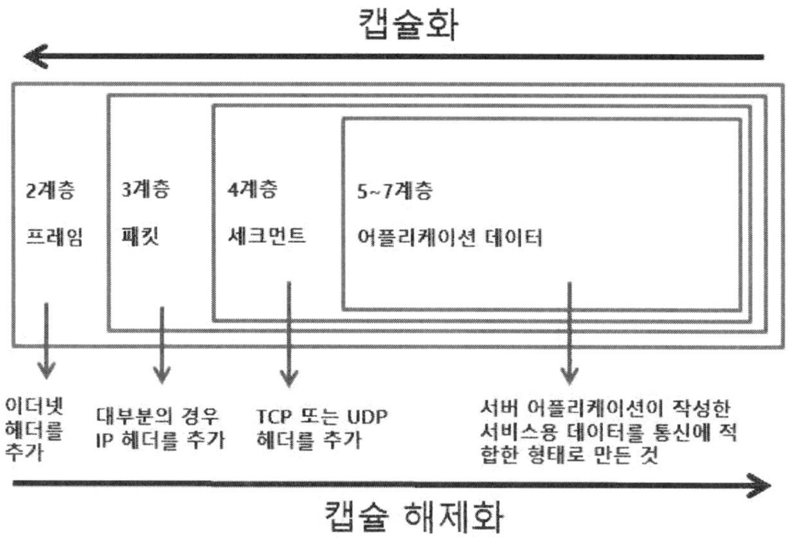 네트워크를 학습할 때 가장 먼저 이해해야 하는 개념이 바로 OSI-7계층 참조모델인 프로토콜입니다. 프로토콜은 통신을 할 때의 규칙 모음으로 데이터 송수신을 할 때 반드시 지켜야 할 규약입니다. 각 계층별로 다른 기능을 규정하고 있는데, 예를 들면 HTTP는 웹 서버와 웹 클라이언트 사이의 통신 규칙을 규정한 것입니다. 프로토콜이 가진 역할 중 가장 중요한 것이 "캡슐화"와 "캡슐 해제화"입니다. 서버는 상위계층에서 하위계층으로 캡슐화하여 전송데이터를 만들어가고, 클라이언트는 하위계층에서 상위계층으로 캡슐 해제화를 통해 원래의 애플리케이션 데이터를 복원합니다.

함께보기	
	“OSI 참조 모델”, 손에 잡히는 ICT, 21p “UTP Cat.5e 4P 케이블”, 손에 잡히는 ICT, 80p “웹 서비스 동작 원리와 구성”, 손에 잡히는 ICT, 266p

참고문헌

[1] 남기진, “네트워크 운용”, 내하출판사, 2016

4.2 전송제어 프로토콜

1. 개요

- 데이터링크 계층은 하위의 물리적인 연결을 위한 보다 신뢰성 있는 데이터 전송을 제공하기 위한 계층임.
- 전송(회선) 제어란 데이터링크 계층에서 데이터의 원활한 흐름을 위해 입출력 제어, 회선제어, 동기제어, 오류제어, 흐름제어 등을 수행하는 것을 말함.
- 전송제어 프로토콜에는 BSC(Binary Synchronous Control), HDLC (High-level Data Link Control), SDLC(Synchronous Data Link-Control and Derivatives) 등이 있음.

2. 전송제어절차

가. 데이터통신 회선의 접속

① 회선의 접속교환 회선에서 단말기를 물리적으로 접속하는 단계

② 교환 회선을 이용한 포인트 투 포인트(Point -to-Point) 방식이나 멀티-포인트(Multi-Point) 방식으로 연결된 경우에 필요한 단계임.

나. 데이터링크 설정(확립)

① 접속된 통신 회선 상에서 송수신 간의 확실한 데이터 전송을 수행하기 위한 논리적 경로 구성의 단계.

② 링크설정 순서는 수신측 호출 → 수신측 자격인증 → 수신측 데이터 수신

			준비 상태 확인 → 송·수신 측 입장의 확인 → 수신 측 입출력 기기 지정.
		③	전송(회선)제어 기능은 데이터 링크의 설정과 관련된 기능으로 점대점 전용
			링크를 통한 ENQ/ACK[96] 기법과 주종 간 데이터 통신에서 사용되는 폴링
			과 셀렉션 기법이 있음.
	다.		정보 메시지 전송
			설정된 데이터 링크를 통해 데이터를 수신 측에 전송하고 오류 제어와
			순서 제어를 수행하는 단계임.
	라.		데이터 링크 종결
			송·수신 간의 논리적 경로를 해제하는 단계임.
	마.		데이터 통신 회선의 절단
			통신 회선과 단말기 간의 물리적 접속을 절단하는 단계임.
3.			**전송제어 프로토콜**
	가.		BSC(Binary Synchronous Control)
		①	문자(Character) 위주의 프로토콜로, 각 프레임에 전송제어 문자를 삽입
			하여 전송을 제어함.
		②	문자코드 상에 정의된 전송 제어 문자를 이용하여 링크를 제어하기 때문
			에 사용하는 문자코드에 의존하며, 사용할 수 있는 코드가 제한 적임.
		③	반이중(Half Duplex)전송만을 지원함.
		④	주로 동기식 전송 방식을 사용.
		⑤	Point-to-Point, Multi-Point방식에서 주로 사용함.
		⑥	오류 제어 및 흐름 제어를 위해 Stop-and-Wait ARQ를 사용함.
		⑦	전파 지연 시간이 긴 선로에서는 비효율적임.

96) ENQ/ACK(enquiry/acknowledgement): 목적지 단말에 데이터 수신 준비가 갖추어졌는지를 알아보기 위해 ENQ를 보내며, 이 신호를 수신한 목적지 단말은 준비가 되었다는 의미로 ACK를 보내어 응답한다.

		⑧	오류 검출이 어렵고 전송 효율이 나쁨.
	나.		HDLC(High-level Data Link Control)
		①	비트(Bit) 위주의 프로토콜로 각 프레임에 데이터 흐름을 제어하고 오류를
			검출할 수 있는 비트열을 삽입하여 전송함.
		②	단방향, 반이중, 전이중 통신을 모두 지원하며, 동기식 전송 방식이 사용됨.
		③	오류제어를 위해 Go-Back-N과 Selective Repeat ARQ를 사용
		④	흐름 제어를 위해 슬라이딩 윈도우 방식을 사용함.
		⑤	전송 제어상의 제한을 받지 않고 자유롭게 비트 정보를 전송할 수 있음.
			(비트 투과성).
		⑥	전송 효율과 신뢰성이 높음.
		⑦	NRZ[97]부호룰 사용함.
	다.		SDLC(Sync hronous Data Link Control and Derivatives)
		①	IBM사에서 개발한 비트 방식의 프로토콜임.
		②	BSC의 많은 제한점을 보완했으며. HDLC의 기초가 됨.
		③	HDLC와 동일한 프레임 구조를 가짐.
		④	단방향 , 반이중 , 전이중 전송을 모두 지원.
		⑤	Point-to-Point, Multi-Point, 루프방식에서 모두 사용 가능.
4.			**HDLC 프레임 구조**
	가.		플래그(flag)
		①	프레임의 동기를 맞추기 위해 사용, 특유 패턴(01111110)을 가짐.

97) NRZ(Non-Return to Zero): 1 또는 0을 나타내는 하나의 펄스파형 시간간격을 하나의 주기와 같게한 선로부호 방식으로 `NRZ-L` 이라고도 한다.

② 모든 프레임은 플래그에서 시작해서 플래그로 끝남.

나. 주소부

① 명령 프레임일 경우 명령 프레임을 수신할 2차국 또는 상대 복합국의 주소를 나타내며, 응답 프레임의 경우 응답 프레임을 송신한 2차국 또는 복합국의 주소를 나타냄.

② 주소부가 모두 1이면 모든 국에 대한 명령용으로 사용하는 global addre-ss이며, 주소부가 모두 0이면 시험용으로 사용되는 no station address 임.

다. 제어부

1차국 또는 복합국이 주소부에서 지정하는 2차국 또는 복합국에 대해 동작을 명령하거나, 2차국 또는 복합국이 명령에 대한 응답을 위해 사용함.

라. 정보부

이용자 사이에 교신하는 정보 메시지를 넣는 부분으로 정보비트의 구성은 특정한 제한이 없는 비트 투명성을 가짐.

마. FCS(Frame Check Sequence)

프레임이 잘 전송되었는지를 확인하기 위한 에러 검출용 16비트 코드로, CRC 방식을 이용함.

5. HDLC를 사용하는 스테이션 형식

스테이션	내용	사용 프레임
주국 (Primary Station)	• 데이터 회선을 제어 • 채널상의 보조국에 명령 전송	• 명령(Command)
보조국 (Secondary Station)	• 주국으로부터 수신된 명령에 대한 응답 • 주국과의 관계 세션은 하나만 가능	• 응답(Response)
복합국 (Combined Station)	• 명령과 응답을 모두 발생 • 전송의 성격과 방향에 따라 주국 또는 보조국으로 수행	• 명령(Command) • 응답(Response)

6. HDLC 동작 모드 특성

특성	NRM (일반 응답 모드)	ARM (비동기 응답 모드)	ABM (비동기 균형 모드)
스테이션 타입	주국+보조국	주국+보조국	복합국
구성	Point to Point	Point to Multpoint	Point to Point
연결 주체	주국	주국 또는 보조국	양쪽 복합국 모두

가. NRM은 주국과 보조국의 관계로 보조국은 전송 전 주국의 허가 필요.

나. ARM은 채널이 사용되지 않을 때 보조국은 주국 허락 없이 전송 가능.

다. ABM은 점대점으로 연결된 동등한 지위를 가진 복합국을 사용.

Point

키 워 드	전송제어 프로토콜, BSC, HDLC, SDLC, PPP
기출코드	통신2015하1, 통신2011하3, 통신2009상2, 컴응2014하1
통합사고	HDLC는 표준 프로토콜이긴 하지만, 시스코에서 사용하는 HDLC는 표준 HDLC에 없는 Proprietory패킷부가 때문에 시스코 라우터와 다른 회사의 라우터를 서로 시리얼(1:1)연결하려면 연동이 되지 않는 문제가 있습니다. HDLC와 같은 2계층 프로토콜 중 PPP(Point to Point)는 WAN에서 가장 일반적으로 사용되는 캡슐화 방식으로 강력한 보안기능과 멀티 프로토콜 지원이 가능합니다. PPP는 멀티 프로토콜을 지원하는NCP(Network Control Protocol)와 링크의 보안접속, 에러체크, 압축 등을 지원하는 LCP(Link Control Protocol)를 통해 데이터링크 계층의 세션연결과 보안 인증, 네트워크 계층의 세션을 구축합니다. PPP의 보안 인증 방법으로 PAP(PPP Authentication protocol)과 해쉬 암호화 방식과 3way handshake를 지원하는 CHAP(Challenge Handshake Authentication protocol) 방식이 있습니다.
함께보기	“HDLC”, 손에 잡히는 ICT, 84p “경로제어”, 흐름제어, 오류제어, 손에 잡히는 ICT, 86p “PPP”, 손에 잡히는 ICT, 94p

참고문헌

[1] 이중호, “Big Network Design”, 성안당, 2017

[2] 양대일, “네트워크 해킹과 보안”, 한빛아카데미, 2016

[3] 남기진, “네트워크 운용”, 내하출판사, 2016

4.3 IPv6 패킷 구조와 라우팅

1. 개요

- 현재 대부분의 IP 주소는 버전4(IPv4)로 네 부분으로 나눠진 최대 12자리의 번호로 RFC4632 표준으로 규약됨(예: 123.112.38.224).
- 32비트로 이뤄진 IPv4는 최대 약 40억개의 서로 다른 주소를 부여 할 수 있지만 기하급수적 사용자 증가에 IP부족이 예상됨.
- IPv4 주소가 고갈될 것으로 예측되며, NAT, CIDR 등의 보완기술이 등장했으며, 1995년 IPv6를 근본 대안으로 하는 표준이 제정됨.

2. IPv4/6 비교

구분	IPv4	IPv6
주소 길이	32비트	128비트
주소 개수	약 43억 개	약 3.4 × 1038(거의 무한대)
품질 제어	품질 보장 곤란 (QoS 일부 지원)	등급별, 서비스 별로 패킷을 구분할 수 있어 품질 보장이 용이
보안 기능	IPsec 프로토콜 별도 설치	확장 기능에서 기본 제공
자동 네트워킹	곤란	있음(Auto configuration)
이동성 지원	곤란(비효율적)	용이(효율적)

3. IPv6의 헤더(Header) 구조와 기능

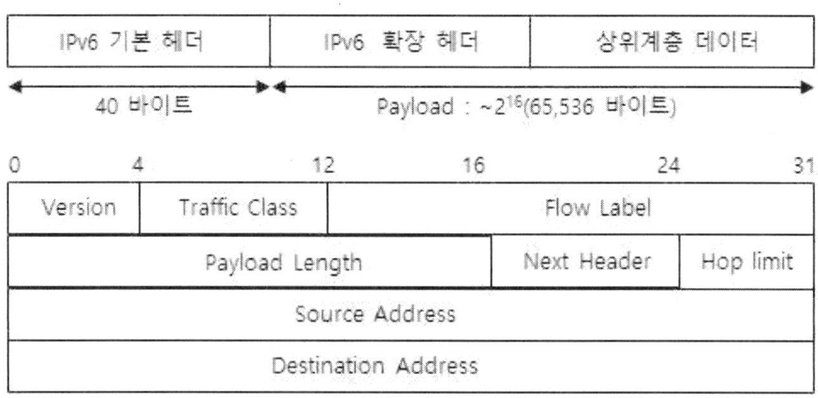

		①	IPv6의 기본 헤더는 8개로 40Byte로 구성.
		②	Version(4비트): IPv4이며 4, IPv6이면 6.
		③	Traffic Class(8비트): IP 패킷마다 서로 다른 서비스 요구사항을 구분하기 위한 목적이며, 민감한 실시간 응용 패킷과 긴급하지 않은 데이터 패킷 간의 차별적 구분이 가능함.
		④	Flow Label(20비트): IP를 연결 지향적 프로토콜로 사용할 수 있게 규약하며, 실시간 서비스 등과 같이 우선권을 주기 위해 특정 트래픽 Flow에 라벨링이 부여됨.
		⑤	Payload Length(16비트): 페이로드의 길이는 2^{16}비트 이하로 확장 헤더와 상위계층 데이터를 포함하여 65,536Byte까지 확장 가능.
		⑥	Next Header(8비트): 기본 헤더 다음에 위치하는 확장 헤더의 종류를 표시함.
		⑦	Hop Limit(8비트): 버전 4일 때의 TTL(Time to Live)과 같은 역할.
		⑧	Source address(128비트): 발신처 주소.
		⑨	Destination address(128비트): 수신처 주소.
4.			**라우팅 관리기법 개념 이해**

Distance Vector Routing	• 각 라우터가 인접해 있는 라우터와 경로설정 정보(네트워크 토폴로지 및 라우팅 메트릭[98]) 정보)를 교환 • 전체 네트워크 토폴로지에 대해 알지 못하고, 단지 이웃 라우터의 주기적인 갱신정보로부터 원격 목적지 네트워크에 대한 라우팅 경로결정을 하게 되는 프로토콜

Link State Routing	• 라우팅 정보에 변화 있을 경우 변경된 라우팅 정보만을 공유 • 각 라우터는 자신을 네트워크의 중심으로 간주하여 최단 경로 트리를 구성한 라우터가 목적지까지의 모든 경로 정보를 파악 • 토폴로지 DB를 기반으로 SPF(Shortest Path First)[99]알고리즘을 이용하여 경로설정을 하는 프로토콜

5. 라우팅 관리기법 기술비교

구분	Distance vector	Link state
패킷 전송	거리와 방향에 따라	전체 토폴로지를 고려
주요 메트릭	Hop count	Symbolic length
경로 설정	라우터와 라우터 간의 거리를 더하여 계산	다른 라우터까지의 Shortest path를 계산
경로 알고리즘	벨만 포드 알고리즘	다익스트라 알고리즘
업데이트	인접 라우터	지역 내 모든 라우터
업데이트 시점	일정주기	링크 이벤트 변화 발생시
교환 정보	이웃한 라우터와 테이블 교환	링크 상태 정보만을 교환
라우팅 테이블	이웃한 라우팅 정보	링크 상태 정보
점유 메모리	작은 라우팅 테이블(소용량)	큰 라우팅 테이블(대용량)
전송 정보	자신이 알고 있는 모든 정보	변경된 정보만 전송
장점	• 모든 라우터 정보를 가질 필요가 없으므로 라우터 테이블 크기가 감소 • 메모리 절약 • 구성 간단, 알고리즘 단순	• 수렴시간이 빠름 • 라우팅 테이블 교환 오버헤드 감소 • 필요 정보만 교환하여 네트워크 트래픽 감소

98) 메트릭: 라우터가 목적지로 가는 여러 경로 중 최적의 경로를 결정하는 최적 경로 선택 기준 값이다.
99) SPF(Shortest Path First): 출발지로부터 최단 경로를 갖는 점들을 차례대로 찾는 탐색 알고리즘이다.

구분	Distance vector	Link state
단점	• 수렴시간이 느림 • 주기적 정보 교환 따른 네트워크 대역폭 낭비 • 네트워크 변화를 모든 라우터가 알 때까지 소요되는 시간이 오래 걸림	• 대용량 메모리 필요 • SPF 계산 등 여러 가지 계산 수행을 위한 라우터 CPU의 부하 발생
대표 프로토콜	RIP, IGRP	OSPF[100], EIGRP
AS 분류	IGP[101]	IGP
적용 범위	작은 규모 네트워크	큰 규모 네트워크

100) OSPF(open shortest path first): 규모가 크고 복잡한 TCP/IP 네트워크에서 RIP의 단점을 개선한 라우팅 프로토콜로 RIP에 비해 자세한 제어가 가능하고, 관리 정보의 트래픽도 줄일 수 있다.
101) IGP(Interior Gateway Protocol): Autonomous System내에서 라우팅을 수행하는 프로토콜이다.

Point

키 워 드	IPv6 패킷, Distance Vector Routing, Link State Routing
기출코드	통신2017하2,통신2013하1,통신2010하4
통합사고	IPv6의 헤더 구조를 이해하고 확산에 대비하여 IPv6의 주요 특징과 IPv4에서 IPv6로의 전환기술을 상세히 공부할 필요가 있습니다. 또한, IPv6에서 제공하는 애니캐스트 어드레스 방식도 함께 공부해 두어야 합니다.
함께보기	“라우팅 프로토콜”, 손에 잡히는 ICT, 140p “서브넷과 슈퍼넷”, 손에 잡히는 ICT, 146p “IPv6의 주소종류와 확장헤더”, 손에 잡히는 ICT, 150p

참고문헌

[1] 이중호, “Big Network Design”, 성안당, 2017
[2] 현정훈, “실전 네트워크와 네트워크 보안 실물, 에이콘출판, 2017
[3] 리브로웍스. “TCP/IP 쉽게, 더 쉽게”, 제이펍, 2016

4.4 BGP(Border Gateway Protocol) 보안취약점과 대응방안

1. BGP의 개요

- ❍ BGP는 AS[102] 번호가 서로 다른 네트워크 사이에서 라우팅 정보를 주고받을 때 사용되는 프로토콜로 유니캐스트 전송을 함.
- ❍ 라우팅 프로토콜은 크게 AS 내부엔 IGP(Interior Gateway Protocol)이 외부에는 EGP(Exterior Gateway Protocol)가 사용됨.
- ❍ ISP업체를 연결하거나 둘 이상의 ISP에 동시 접속하는 멀티호밍 시 BGP를 사용하며, 신뢰성 통신을 위해 TCP 179번 포트를 사용함.

2. BGP 개념이해

가. 라우팅 네트워크 구성

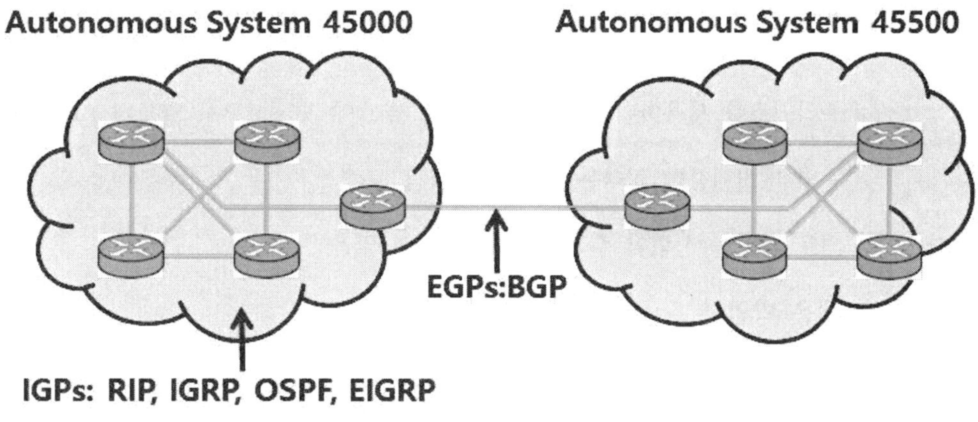

① EGP(External BGP): 다른 AS간 이웃 관계를 맺고 라우팅 정보 전송.

② IGP(Internal BGP): 동일한 AS내 멀티캐스트 방식으로 전송.

③ AS번호가 같으면 IGP, 다르면 EGP 프로토콜을 사용.

102) AS(autonomous system): 하나의 단일 정책이나 한 명의 관리자에 의해 관리되는 영역이다.

	나.		BGP 메시지 포맷

Ethernet	IP Header	TCP Header	BGP Header	BGP data	FCS
14	20	20	19	가변	4 바이트

		※	공통 헤더 뒤에 각 메시지 종류별로 다른 내용이 붙게 됨.
	다.		관련 표준은 아래와 같다.
		①	RFC1771 : BGP-버전4.
		②	RFC1772 : BGP application 관련.
		③	RFC1773 : Experience with BGP-버전4.
		④	RFC1774 : BGP-버전4 프로토콜 분석.
3.			**BGP 보안 취약점**
	가.		무결성, 상호인증 메커니즘이 없음.
	나.		BGP는 NLRI(Network Layer Reachability Information)[103]을 포함하는
			프리픽스를 사용하여 루트를 설명하고 루트에 도달하므로 별도의 AS 권한
			증명 메커니즘이 없다는 것은 치명적임.
	다.		경로 속성을 신뢰할 수 있는 메커니즘이 없음.
4.			**대응 방안**
	가.		BGP MD5 인증 사용
		①	IETF RFC 2385에서 BGP세션의 확실성을 보호하기 위해 권고.
		②	모든 TCP 세그먼트는 MD5 알고리즘[104]을 이용하여 생성된 16바이트
			다이제스트를 필수적으로 포함.

103) NLRI(Network Layer Reachability Information): 도달 가능한 망들에 대한 주소들의 영역이다.

104) MD5 알고리즘: 128비트 암호화 해시 함수로 RFC 1321로 지정되어 있으며, 주로 프로그램이나 파일이 원본 그대로인지를 확인하는 무결성 검사 등에 사용된다.

	나.		Secure BGP(S-BGP)의 사용
		①	S-BGP는 IP주소블록, AS번호,AS ID, BGP 라우터 ID를 인증하기 위해서
			PKI와 IP-Sec 등의 여러 암호 매커니즘을 사용하여 보호.
		②	라우터에 S-BGP가 구현되어 있어야 함.
	다.		Secure Origin BGP(SO-BGP)를 사용
		①	SO-BGP는 전달되는 프리픽스[105]의 검증을 목표로 함.
		②	각 AS는 공개키 인증서를 가지며, AS번호는 이 공개키로 암호화됨.
	라.		BGP Scalable Transport(BST) 프로토콜의 사용
			현재의 BGP를 그대로 사용하면서 BGP가 하위 프로토콜로 TCP대신 보안
			이 강화된 BST를 사용하도록 하는 방식.
	마.		Pretty Good BGP(PG-BGP)의 사용
			PG-BGP는 의심이 되는 경로의 전파와 사용에 자동적으로 지연을 유발시
			키는 방식의 시스템.
5.			**BGP장애의 심각성과 대응책**
	○		IGP는 각 라우팅 프로토콜이 사용하는 메트릭에 따라 가장 빠른 경로를
			최적의 경로 선택하는 반면, BGP는 라우팅의 성능보다는 각 AS조직 간에
			계약된 정책에 따라 최적 경로가 결정됨.
	○		만약 보안 위협 시 IGP는 AS내부만 문제가 되지만, BGP는 국가 단위의
			네트워크 장애를 유발하므로 대부분의 라우터에 S-BGP 도입을 촉구할 수
			있도록 위험성에 대한 적극적인 홍보와 기업의 투자를 독려하고 정부도 활
			성화 지원정책에 관심을 가져야 할 것임.

105) 프리픽스: IP 주소의 접두부분에 위치한 몇 자리의 숫자이다.

Point

키 워 드	AS, IGP, BGP, NLRI, S-BGP
기출코드	통신2014상2, 컴응2016상3, 컴응2012상3
통합사고	BGP는 TCP프로토콜을 사용하므로 TCP태생 상 모든 보안취약성에 노출되어 있습니다 (예: Syncflooding 공격[106]). 하지만 대규모 비용이 요구되므로 적극적인 개선이 이뤄지지 않는 실정입니다. 이에 정부주도의 위험성 홍보와 투자 지원을 확대하고, 능동적으로 보안결함을 극복할 수 있는 방법연구와 이웃라우터를 무조건 신뢰하는 BGP개발자 관행을 지양하도록 해야 합니다. • RFC1771 : 제공자 간의 통신에 사용되는 경로지정 통신규약
함께보기	“라우팅 프로토콜”, 손에 잡히는 ICT, 140p

참고문헌

[1] 허경행, “멀티캐스트 라우팅 기술”, 서브노트, 2015
[2] 박명종, “BGP SYS Attack 차단을 위한 개선 BGP TCP제안”, 석사학위논문, 2013
[3] 스터디 10기, “BGP보안 취약점과 대응방안”, 손에 잡히는 ICT, 2016

106) Sync flooding 공격: 존재하지 않는 클라이언트가 서버별로 한정되어 있는 접속 가능한 공간에 접속한 것처럼 속여 다른 사용자가 서버의 서비스를 제공받지 못하게 하는 것이다.

4.5 TCP/UDP기반 응용 프로토콜

1. 개요

- 응용계층 프로토콜은 하나의 통신 세션 동안에 송신지와 수신지 장치 양쪽 모두에서 최종적으로 사용됨.
- 성공적인 통신을 위해 송신지와 수신지 호스트 상에 구현되는 응용 계층 프로토콜은 반드시 일치해야 함.
- TCP기반의 응용계층 프로토콜로는 FTP, TELNET, SMTP, HTTP, DNS 등이 있으며, UDP기반의 응용계층 프로토콜로는 TFTP, DHCP, SNMP 등이 있음.

2. 프로토콜 개념 이해

전송 프로토콜	응용 계층 서비스
TCP	File Transfer Protocol(FTP), TELNET Simple Mail Transfer Protocol(SMTP) Hyper Text Transport Protocol(HTTP)
TCP, UDP (모두 지원)	Network File System(NFS) Domain Name System(DNS)
UDP	Trivial FTP(TFTP), DHCP, SNMP

① TCP는 데이터를 중요하게 생각하고 확실한 신뢰성을 갖고 데이터를 주고 받을 때 사용함.

② UDP는 신뢰성은 제쳐두고 우선 빨리 전달하고자 할 때 사용하며, 확인과 응답절차가 생략되므로 신속성을 높일 수 있음.

③ TCP는 웹이나 메일, 파일 공유 등과 같이 데이터 누락을 허용하지 않은 서비스에 사용되며, UDP는 VoIP, 시간 동기, 이름 해결 등과 같이 속도를 중요시하는 서비스에 적용됨.

3.			**TCP기반의 응용계층 프로토콜**
	가.		FTP(File Transfer Protocol)
		①	FTP는 로컬 시스템과 원격 시스템 사이에서 파일을 복사할 수 있게 해주는
			프로토콜임.
		②	보통 클라이언트/서버 관계를 이루며 동작함.
		③	2개의 TCP포트 연결을 사용(데이터 전달시 : 20번 포트 사용 제어정보 전
			달시 : 21번 포트).
	나.		TELNET(Telecommunications Network)
		①	TELNET은 통신 최상위계층인 응용계층에서 동작하는 원격 문자형 가상
			단말 기능을 하는 소프트웨어 인터페이스를 말함.
		②	호스트와 단말 간에는 문자 혹은 줄 단위로 정보가 송수신 됨.
		③	TCP포트는 23번을 사용.
	다.		SMTP(SimpleMail Transfer Protocol}
		①	SMTP는 UNIX용 전자우편 프로토콜로써 ARPANET에서 사용하기 위하여
			1982년에 제정된 규약으로 오늘날 인터넷에서 전자우편의 표준으로 사용
			되고 있음.
		②	SMTP는 두 시스템이 전자우편을 교환할 수 있도록 구현된 비교적 간단한
			메시지 전송용 프로토콜임.
		③	SMTP가 사용하는 통신 포트는 25이고 , 신뢰성이 높은 TCP연결에 기초
			한 프로토콜임.
		④	메일 액세스용 프로토콜로는 POP3[107], IMAP[108] 등이 있음.

107) POP3(post office protocol 3): 메일 클라이언트가 메일을 사용자 자신의 PC로 다운로드할 수 있도록 해주는 프로토콜이다.

108) IMAP(internet messaging access protocol): 인터넷 메일 서버에서, 메일을 읽기 위한 인터넷 표준 통신 규약의 한가지이다. POP3보다도 유연하고 뛰어난 성능을 가진다.

	라.		HTTP(Hiper Text Transfer Protocol)
		①	인터넷에서 하이퍼텍스트(Hypertext) 문서를 교환하기 위하여 사용되는
			통신규약임.
		②	하이퍼텍스트는 문서 중간 중간에 특정 키워드를 두고 문자나 그림을 상호
			유기적으로 결합하여 연결시킴으로써 , 서로 다른 문서도 하나의 문서인 것
			처럼 보이게 하면서 참조하기도 쉽도록 함.
		③	인터넷 주소를 지정할 때 'http://www ... '와 같이 하는 것은 www로 시
			작되는 인터넷 주소에서 하이퍼텍스트 문서의 교환을 http 통신규약으로
			처리하라는 의미임.
		④	최근 보안강화를 위해 SSL[109]이 적용된 https 사용이 확산 중임.
	마.		DNS(Domain Name Server)
		①	기본적으로 호스트에 대한 정보를 분산시켜 관리하는 DB를 말함.
		②	IP주소와 Host이름이 서로 연결되어 구조화된 역 트리 구조를 갖는 계층
			적이고, 분산(Distributed)된 클라이언트/서버 구조의 데이터베이스 시스
			템임.
4.			**UDP기반의 응용계층 프로토콜**
	가.		TFTP(Trivial File Transfer Protocol)
		①	TFTP는 UDP 상에서 이루어지는 간단한 파일전송프로토콜(File Transfer
			Protocol)을 말함.
		②	통상 클라이언트와 서버 간에 복잡한 상호동작을 필요로 하지 않는 응용
			프로그램에서 많이 사용됨.
		③	FTP는 TCP 상에서 비교적 복잡한 상호 동작이 수행됨.
	나.		DHCP(Dynamic Host Configuration Protocol)

109) SSL(Secure Sockets Layer): 월드 와이드 웹 브라우저와 웹 서버 간에 데이터를 안전하게 주고받기 위한 업계 표준 프로토콜이다.

		①	네트워크상에서 클라이언트에게 동적으로 IP 주소 및 기타 구성정보 등을
			부여하고 관리하는 프로토콜을 말함.
		②	부팅 시 자동으로 구성정보를 구성하는 BOOTP와는 상호 호환되며 보다
			더 확장되고 진보된 형태를 띠고 있음.
	다.		SNMP(Simple Network Management protocol)
		①	IETF가 망관리를 위해 규약화한 것으로 , UDP/IP 상에서 동작하는 비교적
			단순 형태의 메시지 교환형 네트워크 관리 프로토콜임.
		②	구조가 매우 간단하고 구현 용이하여 TCP/IP를 기반으로 하는 네트워크에
			서 기본적인 망관리 도구의 역할을 수행함.
		③	SNMP서버는 크게 나눠서 상태 및 성능감시, 설정 변경, 장애 감지를 수
			행하며, 클라이언트의 MIB[110]정보를 SNMP를 통해 정기 취득함.
5.			**TPC/UDP기반 응용계층 프로토콜 연결 구조**

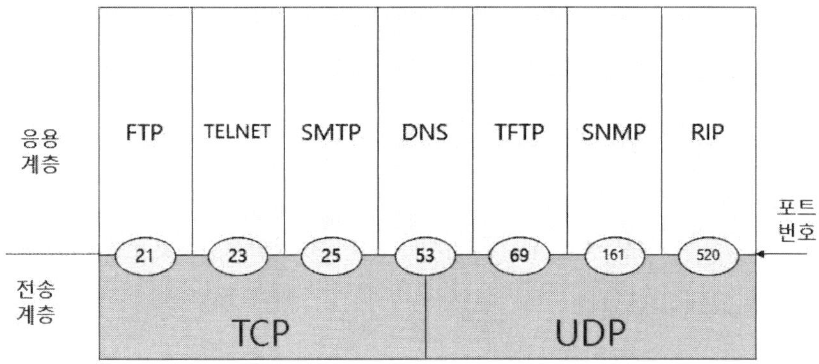

		①	TCP와 UDP는 포트번호를 사용하여 컴퓨터 내 어떤 응용 프로그램에게
			데이터를 전달할지를 식별하며, 0~65535까지 포트를 사용함.
		②	0~1023포트가 잘 알려진 포트(well-known port)로 사용됨.

110) MIB(Management information base): 관리 정보 베이스 체계로 망관리 및 망기기를 감시 제어하기 위해 사용되는 체계화(Hierarchically)된 관리 정보(Management Information)를 말한다.

Point

키 워 드	FTP, HTTP, DNS, DHCP, SNMP
기출코드	통신2014상1, 통신2005하1, 컴응2014하4
통합사고	데이터를 어떤 서비스로 연결할지는 포트번호를 보고 식별합니다. 웹 서버(http)의 경우 TCP포트 80번으로 클라이언트의 서비스 요청이 들어올 줄 알고 80번 포트를 보며 대기하고 있으며, 데이터가 TCP 포트 80번에 도착하면 웹 서버로 전달되게 됩니다. 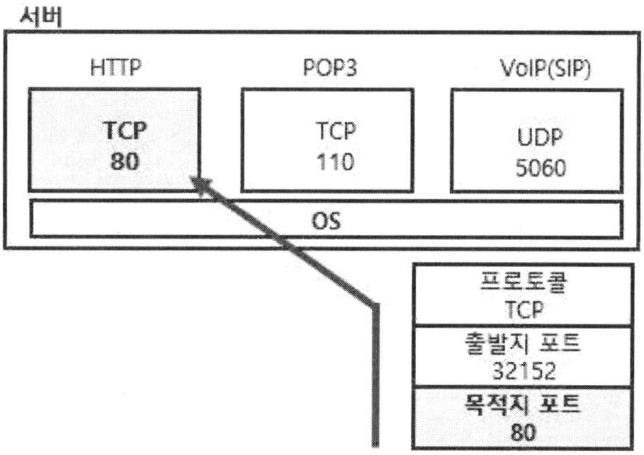
함께보기	“SNMPv1,2,3”, 손에 잡히는 ICT, 196p “RMON”, 손에 잡히는 ICT, 198p

참고문헌

[1] ANK Co.,Ltd. “TCP/IP가 보이는 그림책”, 성안당, 2015

[2] 알리아 그리고릭, “네크워킹과 웹 성능 최적화 기법”, 인사이트, 2015

[3] 케빈 폴, “TCP IP 이론과 예제”, 에이콘출판, 2013

4.6 인터네트워킹

1.			**개요**
	❍		인터네트워킹이란 이기종 간의 네트워크를 연결시키고 다양한 하드웨어 기
			술의 결합을 통해 데이터통신을 하는 연결기술을 말함.
	❍		어느 계층에서 연결되는가에 따라 장비, 기대효과, 목적이 다르게 되며, 이
			것의 Configuration[111)]은 설계자의 능력이기도 함.
	❍		인터네트워킹의 장비로는 리피터, 스위치, 라우터, GW[112)] 등이 있음.
2.			**개념이해**
	가.		개념도

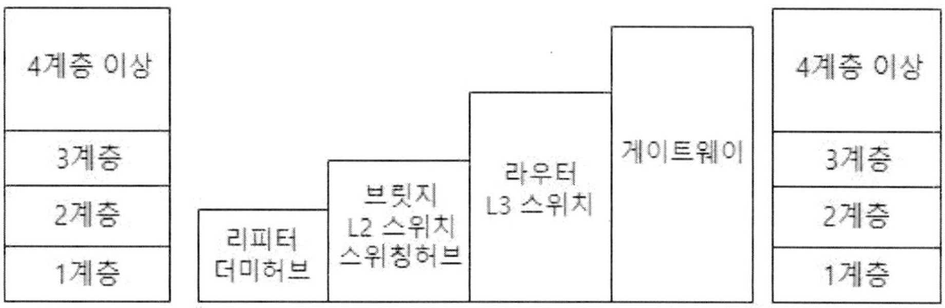

		①	1984년 ISO에서 인터네트워킹의 호환성을 위해 OSI 7 layer를 발표하면
			서 이후 모든 기기의 인터페이스가 정의됨.
		②	주요장비는 1, 2, 3, 4계층 이상의 기능을 수행하는 장비로 구성됨.
		③	리피터는 물리적인 LAN 세그먼트의 연장, 장거리 전송 시 신호를 재생
			및 재전송하는 1계층 장비.
			- 허브는 네트워크 길이가 길어지면 임피던스의 증가로 신호레벨이 감소
			하므로 리피터가 필요하게 됨.

111) Configuration: 정보 처리 시스템이나 네트워크를 그 기능 단위의 개수, 성질, 상호 접속, 기본적인 특성에 따라 편성하는 것이다.

- 리피터는 신호를 전기적으로 증폭하는 것으로 동일 종류, 동일규격의 케이블만 접속 가능함.

② 허브

허브는 랜 환경에서 여러 전송케이블을 한곳에 모아서 접속하기 위한 집선 장치로 데이터의 전송이 주목적이며, 스타형 토폴리지를 사용. 허브기능에 VLAN기능과 각종 관리기능이 추가되면 스위치가 됨.

③ 리피터와 허브의 차이점

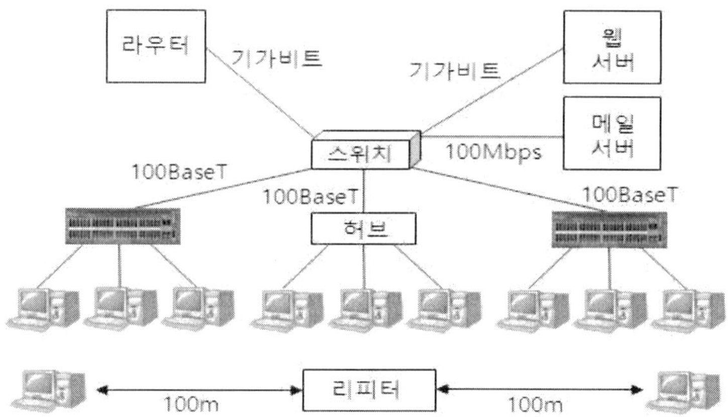

리피터는 신호 재생 및 재전송기능이 주이며, 허브는 배선과 관련된 회선 공유 기능을 수행하므로 스타형 토폴로지 배선하게 됨.

④ 브릿지

브릿지는 2개의 케이블을 묶어 하나의 논리적인 이더넷을 만드는데 사용되는 장치임.

⑤ 스위치

입력된 패킷을 다른 출력 포트로 전송하는 역할로 설계가 우수하고 적절히 설치된 스위치 망은 전체 LAN성능을 향상 시킬 수 있으며, 캡슐화와 캡슐화 해제 능력에 따라 L2~L4, L7스위치로 구분됨.

112) GW(gateway): 복수의 컴퓨터와 근거리 통신망 등을 상호 접속할 때 컴퓨터와공중 통신망, LAN과 공중 통신망 등을 접속하는 장치이다.

L2 스위치	• MAC 주소를 보고 어떤 포트로 보낼지 결정
L3 스위치	• 네트워크 계층의 정보 이용하여 고속 패킷 처리 • 3계층의 라우터가 수행하던 라우팅 기능 추가
L4/L7 스위치	• TCP/UDP 포트번호를 이용하여 적절한 서버로 전달 • 패킷 전달과정에서 네트워크나 서버의 효율을 고려함

⑥ 라우터

라우터는 IP라우팅 테이블을 가지고 있으며 요청된 네트워크에 대한 경로를 설정하고 전달하는 역할을 수행함.

3. **인터네트워킹 개요도**

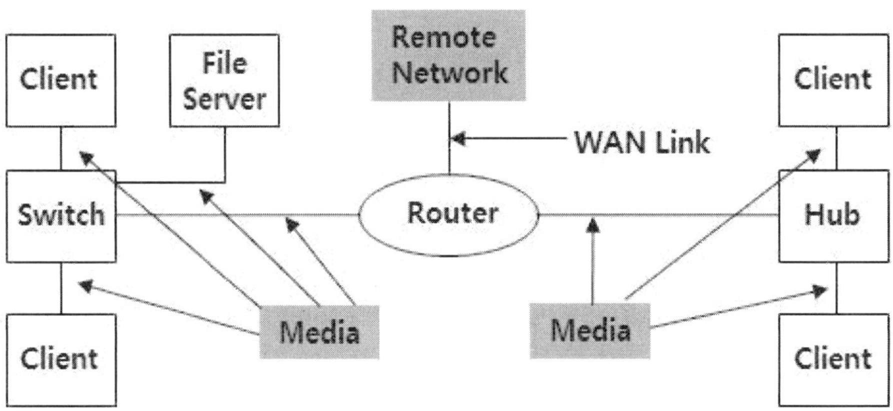

① 클라이언트: 네트워크에 접근하는 엔드유저가 사용하는 장치.

② 서버: 네트워크 자원을 제공(웹페이지, 파일서버의 파일 등).

③ 허브: Layer1 장치, 단순한 중계 역할만 수행.

④ 스위치: Layer2 장치, 정해진 목적지로 전달.

⑤ 라우터: Layer3 장치, 라우팅 테이블 DB이용하여 목적지로 전달.

⑥ 미디어: 위의 장치들은 미디어를 통해 서로 연결됨(예: 광 케이블).

⑦ WAN Link: Wide-Area N/W Link(다른 NW과 연결).

Point

키 워 드	인터네트워킹, 허브, 리피터, 스위치, 라우터, 게이트웨이
기출코드	통신2017상2, 통신2006하4, 통신2006상4
통합사고	인터네트워킹은 컴퓨터에 접속한 LAN이나 WAN과 같은 네트워크가 몇 개 있고, 이 네트워크끼리 서로 접속하는 것을 인터 네트워킹이라 합니다. 인터네트워킹은 거대한 네트워크를 만드는 하나의 방법이며 복수개의 작은 네트워크를 조합하여 커다란 네트워크가 형성되게 됩니다. 결과로 쓸데없는 통신의 확산을 막을 수 있으며, 장애 시 영향범위를 작은 네트워크로 국한시킬 수 있으며, 또한 개별 네트워크는 해당 조직의 운영방침에 따라 관리될 수 있는 장점이 생기게 됩니다. 인터네트워킹을 하려면 통신 프로토콜이 필요한데 현재 가장 일반적인 TCP/IP가 이 인터네트워킹의 기능을 담당하고 있습니다.
함께보기	“CSMA/CD와 CSMA/CA”, 손에 잡히는 ICT, 142p “Router/Gateway 기술 비교”, 손에 잡히는 ICT, 164p

참고문헌

[1] 현정훈, “실전 네트워크와 네트워크 보안 실물”, 에이콘출판, 2017
[2] 송광진, “정보컴퓨터 일반과정”, 배움, 20170
[3] 박기현, “데이터 통신과 컴퓨터 네트워크”, 한빛아카데미, 2016

4.7 암호화 키와 SSL서버

1. 인터넷 암호화 기술의 개요

- ○ SSL(Secure Socket Layer)은 데이터를 암호화하거나 통신 상대를 인증함으로써 데이터를 보호하는 암호화 프로토콜임.
- ○ SSL에는 암호화를 하기 위한 암호화키와 암호를 풀기 위한 복호화키가 필요하며, 키 보유 형태에 따라 공통키와 공개키 방식으로 구분됨.
- ○ SSL은 IETF에 의해 TLS(Transport Layer Security)[113]로 표준화되었으며 SSL3.0이 TLS1.0으로 유지되어 오고 있음.

2. 암호화키 관리 방식의 이해

가. 키 관리 방식의 개요

① 암호화, 복호화 시 사용하는 키가 같으면 공통키 암호화 방식이며, 사용하는 키가 다르면 공개키 암호화 방식임.

② 최근 전자 서명의 범위가 공개키 기반구조(PKI) 암호방식에서 지문, 음성, 홍채인식 방식 등으로 확대되고 있음.

나. 공통키(대칭키) 암호화 방식.

① 원문을 암호화할 때 키와 복호화할 때의 키 동일한 암호화 방식

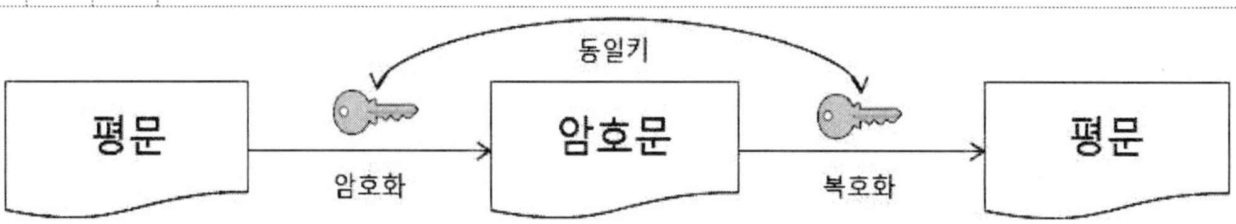

② 특징

- 암호화키(비밀 키) = 복호화 키(비밀키)

---

113) TLS(Transport Layer Security): 인터넷에서 인증서로 상대방을 인증하고, 기밀성과 무결성을 제공하기위한 보안 표준으로 SSL의 표준화된 정식 명칭이 TLS이다.

- 비공개키 암호화 방식이라고도 함.
- 암호화와 복호화 속도가 빠르며, 키의 길이가 짧음.
- 사용자의 증가에 따라 관리해야 할 키의 수가 상대적으로 많으며 키를 어떻게 안전하게 공유할지의 문제(= 키 분배의 문제)가 있음.

다. 공개키 암호화 방식

① 원문을 암호화할 때 공개키를 사용하고, 이를 해독할 때에는 공개키에 대응하는 개인키를 대입하여 복호 하게 됨.

② 특징

- 암호화 키(공개 키) ≠ 역암호화 키(비밀 키).
- 공개키 암호화 방식이라고도 함.
- 공개키 주 용도는 암호화, 전자서명[114].
- 공개키 신뢰성 확보를 위해 제3의 인증기관(CA)[115]을 통함.
- 키 관리가 용이하며 다양한 응용이 가능 함.
- 처리가 복잡하므로 암호화와 복호화 속도가 느리고 부하가 걸림.

3. SSL의 동작 이해

가. SSL의 동작 방식의 개요

① SSL은 공통키 암호화 방식과 공개키 암호화 방식을 조합하여 사용함으로써 키 배송의 문제와 처리부하 문제를 해결하였음.

114) 전자서명(Digital Signature): 인터넷 환경에서 특정 사용자를 인증(Authentication)하려고 사용하며, 인증은 특정인이 진짜 그 사람인지를 확인하는 절차다.

② 우선 공개키 암호화방식으로 공유해야 하는 키를 교환하고, 공개키 암호화 방식으로 서버와 클라이언트가 공유해야 하는 키를 교환함.

③ 이후 공개키 암호화 방식을 이용하여 교환한 키를 사용해 공통키 암호화 방식으로 데이터를 주고받음으로써 처리 효율을 도모함.

나. SSL 프로토콜 계층 구조

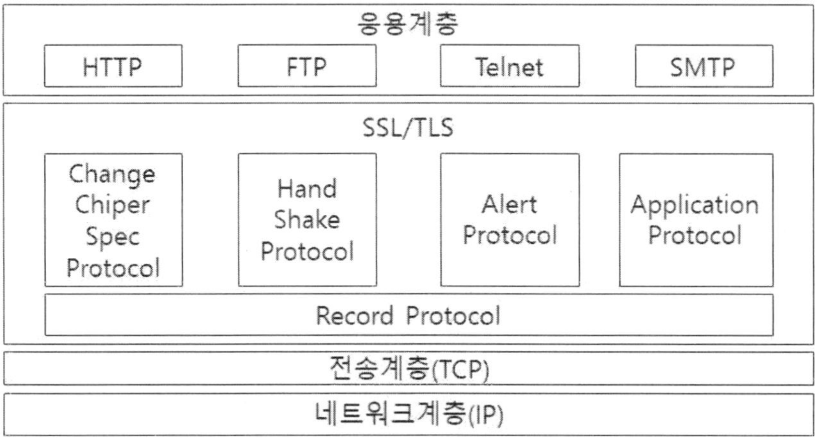

① Record Protocol

- 데이터의 압축 수행하여 TCP 패킷으로 변환.
- 데이터의 암호화 및 무결성을 위한 메시지 인증 수행.

② Change Cipher Spec Protocol

- 암호화 알고리즘과 보안 정책을 송수신 측간에 조율하기 위해 사용하는 프로토콜임.

③ Alert Protocol

- 전송과정 중 발생 한 오류 메시지 전송.
- Warning: 주의 요함, 연결 미 종료를 의미.

---

115) 인증기관(CA): 보안 적격 여부 및 메시지 암호화를 위한 공개키의 발급과 관리를 담당하는 신뢰성이 보장된 온라인상의 기관이다.

			- Fatal은 매우 중대한 문제, 연결 종료를 의미.
		④	Hand shake Protocol
			- 암호 알고리즘 결정, 키 분배, 서버 및 클라이언트 인증을 수행.
4.			**SSL로 보호할 수 있는 위협**
	가.		위협
		①	제 3자가 데이터를 훔쳐보는 도청.
		②	제 3자가 데이터를 바꿔 쓰는 변조.
		③	통신상대가 진짜인 것처럼 확인/응답하는 위장.
	나.		SSL의 보호기능

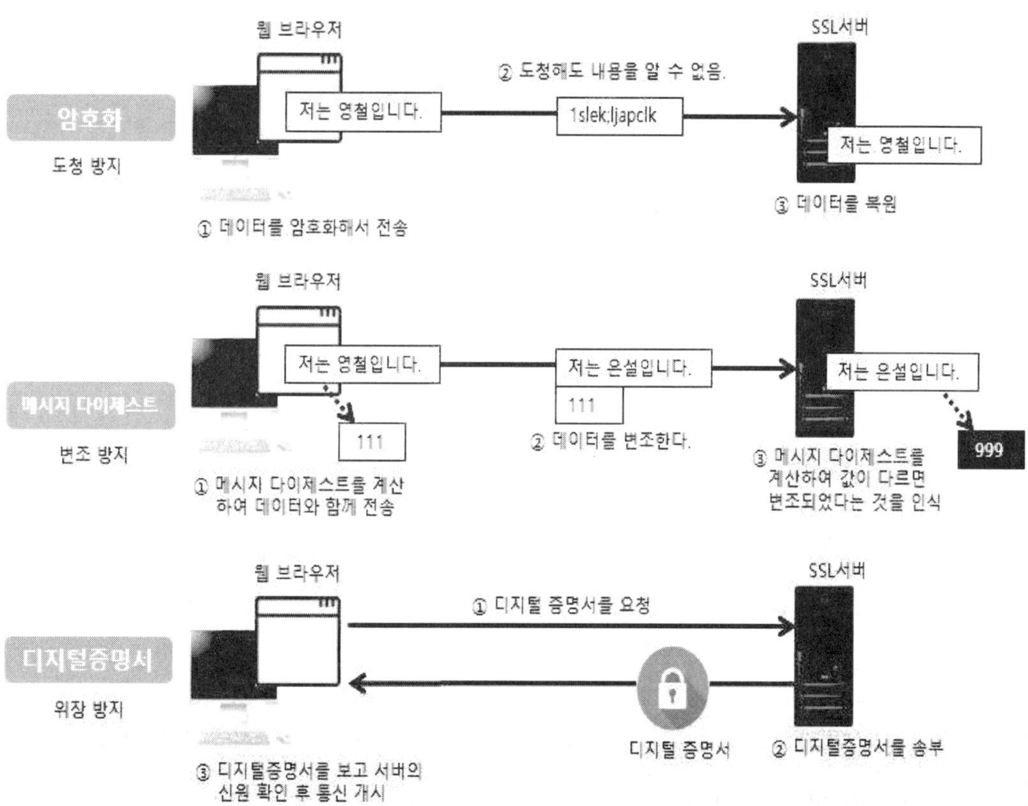

		①	SSL은 데이터 보호를 위해 암호화, 메시지 다이제스트, 디지털증명서를 조합하여 사용함.
		②	메시지 다이제스트는 데이터로부터 고정 길이 해시값을 꺼내 계산을 해보고 그 계산된 값이 동일하면 데이터가 바뀌지 않음을 판단함.
		③	상대가 진짜인지를 디지털증명서로 먼저 확인하고 통신을 개시함.
	다.		SSL에서 사용하는 암호 알고리즘

구분	알고리즘
전자서명, 키 교환 알고리즘	RSA, DH/DHE-DSS/RSA, DH, Fortezza
암호 알고리즘	RC4, RC5, DES, 3DES, Fortezza
Hash 함수(MAC)	MD5, SHA-1

	라.		SSL(Secure Socket Layer) 통신 절차
		①	클라이언트가 서버에 접속하면 서버인증서(서버의 공개키를 인증기관이 인증한 것)를 수신 받음. 클라이언트 인증이 필요할 경우 클라이언트 인증서 송신함.
		②	클라이언트는 받은 서버 인증서를 분석하여 신뢰할 수 있는지 분석한 후 서버의 공개키를 추출함.
		③	클라이언트가 세션키로 사용할 키값을 서버의 공개키로 암호화하여 서버에 전송함.
		④	서버에서는 자신의 개인키로 세션키를 복호화하여 그 키를 사용하여 대칭키 방식으로 메시지를 암호화하여 클라이언트와 통신 함.

5.			결론
	❍		Secure Sockets Layer는 Transport 계층의 보안을 위해 사용되며, 웹
			브라우징, 전자메일, 메신저, VoIP 등에 사용됨.
	❍		IETF에 의해 넷스케이프의 SSL3.0이 TLS로 표준 제정되었으며, 최종 갱
			신은 RFC5246임.
	❍		도청, 위조 방지 등을 위해 암호화 기법 및 키교환 알고리즘이 사용되며,
			보안 강화를 위해 생체인증 등이 보완될 수 있음.

Point

키 워 드	암호화 키, SSL, 비밀키(대칭키), 공개키 암호, SSL
기출코드	통신2018상1, 통신2013상1, 컴응2016하4, 컴응2011하2
통합사고	SSL은 데이터를 암호화하거나 통신의 상대를 먼저 인증함으로써 데이터를 보호합니다. 웹 브라우저의 URL창에 https://로 시작하는 HTTPS는 HTTP over SSL의 약자로, HTTP를 SSL로 암호화한 프로토콜을 의미합니다. SSL서버는 디지털증명서를 인스톨하기 위해 제3의 기관인 CA(인증국)에 비밀키와 공개키를 작성한 후 공개키를 넣은 CSR(인증서명요청)을 제출하고 CA로부터 돌아온 디지털증명서를 서버에 인스톨하게 됩니다.
함께보기	“L2/L3 VPN과 SSL VPN”, 손에 잡히는 ICT, 156p “비대칭키”, 손에 잡히는 ICT, 264p

참고문헌

[1] V.안톤 스프라울, “소프트웨어 작동법”, 비제이퍼블릭, 2015
[2] 최태영, “컴퓨터 시스템 보안”, 카오스북, 2013
[3] 히로시 유키, “정보보호개론”, 인피니티북스. 2017

4.8 DNS서버와 FTP서버

1.			**DNS와 FTP의 개요**
	❍		TCP/IP 통신을 하기 위해서는 상대방의 IP주소를 알아야 하는데 수많은 통신 대상자의 IP주소를 모두 알기는 불가능하여, DNS서버를 만들어 도메인네임과 IP주소를 매핑시켜 놓음.
	❍		FTP는 TCP/IP 프로토콜을 이용하여 서버와 클라이언트 사이의 파일전송을 위한 프로토콜임.
	❍		도메인 이름 형성에 관한 규칙은 RFC1035, RFC1123, RFC2181에 정의되어 있으며, FTP는 RFC2428에 정의되어 있음.
2.			**DNS(Nomain Name Server)의 이해**
	가.		DNS의 개요
		①	DNS서버는 IP주소와 Host이름이 서로 쌍으로 연결된 트리구조를 가지며 계층적이고 각 계층의 라벨은 중복되지 않게 관리됨.
		②	분산구조 데이터베이스의 의미는 각 도메인 네임 영역별로 관리를 수행한다는 의미하며, kr도메인 영역의 경우 한국 도메인 관리기관에서 관리를 수행함.
		③	연결성이 주된 목적이므로 DNS서버는 이중화로 구성됨.
	나.		DNS의 동작원리

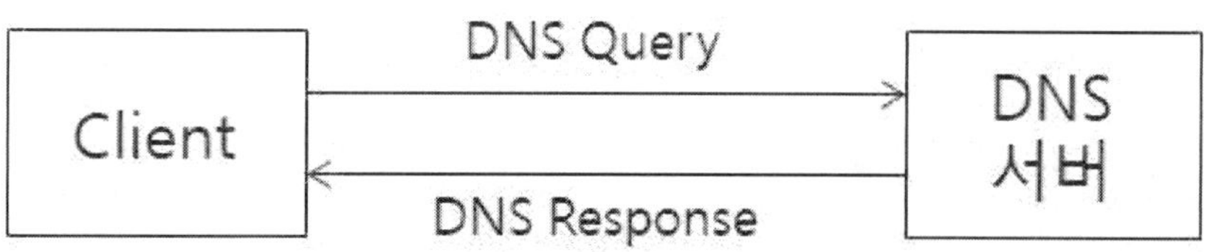

① Client는 특정 도메인 이름에 대한 IP 주소를 알기 위해 DNS Query 메시지를 전송.

② DNS 서버는 DB 검색 후 해당 IP 주소를 DNS Response 메시지를 통해 응답.

다. 도메인 구성 체계

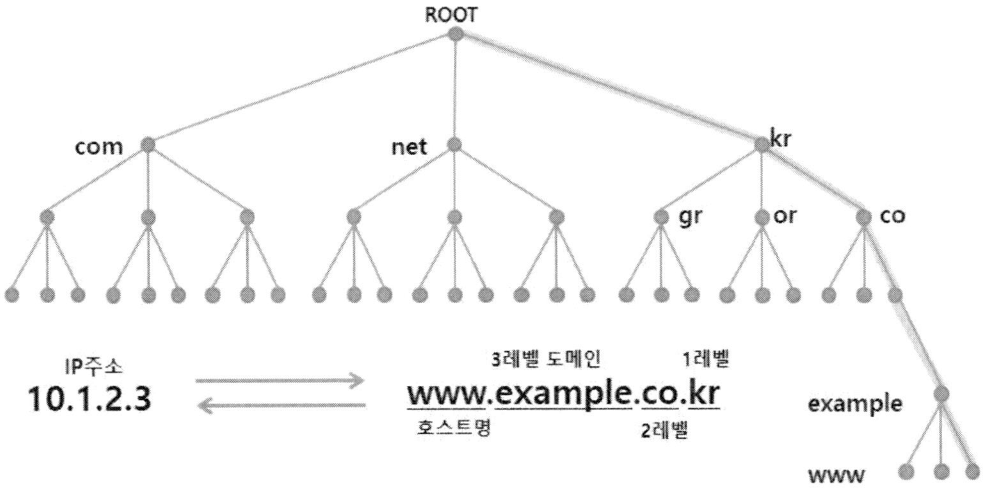

① 도메인은 트리구조이며 '0'으로 표현되는 루트 도메인[116] 바로 밑에 Top 레벨 도메인들이 있음.

② Top Level Domain은 크게 Generic(gLTD)과 Country(ccTLD)로 나눠지며, gTLD은 mil(군사), edu(교육), gov(정부), org, com, net, int 등이며, ccTLD(Two Letter Code)는 kr, jp, fr, us 등이 있음.

③ 루트 도메인으로부터 최대 128 Level을 가지는 역 계층 구조임.

④ 전 세계에 13개 루트네임서버가 있으며, 우리나라는 일본의 루트네임 서버의 미러서버[117]를 사용 중임.

116) 루트 도메인: 루트 도메인 네임 서버, 루트 서버 또는 루트 이름 서버 등 여러 가지 명칭으로 불린다 (경로 서버와는 다른 개념이다)

		①	Client는 특정 도메인 이름에 대한 IP 주소를 알기 위해 DNS Query
		⑤	서비스를 제공을 위해 클라이언트를 대신해 인터넷에 조회하는 캐시서버와
			관리중인 도메인에 관한 조회를 받는 콘텐츠 서버가 필요함.
		⑥	계층화된 도메인을 트리 검색하여 IP주소를 교환받음.
	마.		DNS 운용시 고려사항
		①	장애에 대비한 이중화 구성이 필수임.
		②	DNS 부하에 따른 적절한 부하 분산이 필요.
		③	DDoS 공격 등 각종 해킹에 대비한 기능구현 필요하며, IP Anycast
			기반 DNS가 적용됨.
		④	IP Anycast 기반 DNS
			- DNS 서비스 안정성 확보와 DDoS 공격에 대해 지역적 분산처리가 가능
			해야 하며, 장애범위가 국지화되어야 함.
			- DNS 서비스 다중화를 위해 다수의 DNS 서버에 의한 서비스 분산 및
			서비스 다중화가 가능해야 함.
			- DNS 서비스 복원력 강화를 위해 다중화된 서버 간 자동 서비스 전환
			매커니즘으로 중단 없는 DNS 서비스 제공이 가능해야 함.
3.			**FTP의 이해**
	가.		FTP의 개요
		①	HTTP는 문자, 영상, 음악 등 다양한 콘텐츠를 간편하게 사용할 수 있는
			장점이 있으나, 많은 양의 데이터를 주고받기에는 속도가 느리고 파일

117) 미러서버: 원래의 서버와 동일한 콘텐츠나 접근 권한을 가진 서버이다.

		제어도 번거롭기 때문에 대량의 파일을 주고받을 때는 FTP를 사용하는
		것이 유리 함.
	②	FTP는 인터넷을 통한 파일 송수신만을 위해 고안된 서비스로 동작 방식이
		대단히 단순하고 직관적임.
나.		FTP의 동작
	①	FTP를 제공하는 서버와 여기에 접속하는 클라이언트 사이에 두 개의 연결
		이 생성 됨.
	②	데이터 전송 제어를 위한 21번 포트와 실제 데이터를 전송하는데 사용되는
		20번 포트, 두 개의 연결이 생성 됨.
	③	FTP 클라이언트는 여러 파일을 연속적으로 송수신해야하기에 서버 지속적
		인 응답 메시지 전송을 통해 세션을 유지함.

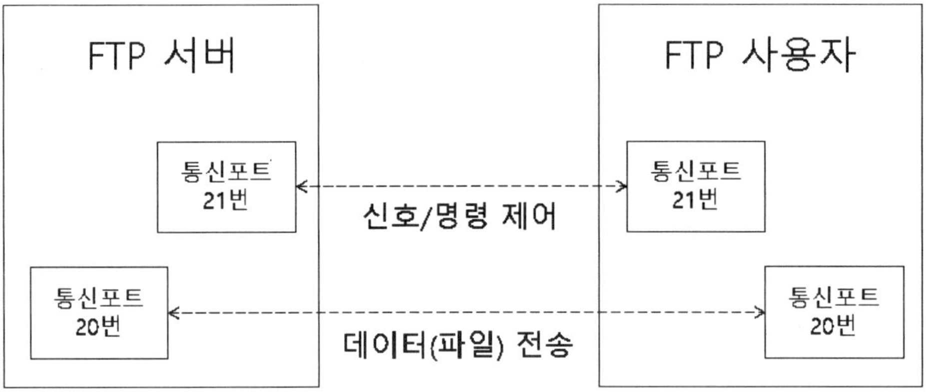

다.		FTP 연결의 종류
	①	능동모드는 서버와 클라이언트간 포트 20번(데이터 전송용)과 포트 21번
		(신호 제어용)을 사용하는 방식.

		②	수동모드는 데이터 전송용 포트를 20번이 아닌 다른 임의의 번호로 할당
			하여 전송하는 방식.
		③	Anonymous[118] 계정을 활용한 연결은 사용자 계정 및 암호 입력이 필
			요하지 않은 공개형 FTP 연결을 말함.
4.			**FTP서버가 가진 중요한 인증 기능과 보안 취약점**
	가.		ID/PW를 이용한 인증 기능
			사용자별로 파일을 저장할 사용자 디렉토리를 나눠서 다른 사용자의 파일을
			보이지 않게 하거나 사용자별로 읽기나 쓰기 접근 권한의 부여가 가능함.
	나.		보안 취약점
		①	FTP는 암호화 기능이 없어서 데이터들은 암호화되지 않은 상태로 네트워
			크를 이동되게 됨.
		②	보안을 고려하려면 FTP를 SSL로 암호화한 FTTPS(FTP over SSL) 또는
			SSL로 암호화된 파일을 FTP로 전송하는 SFTP를 사용해야 함.
5.			**결론**
	❍		루트네임 서버들에 대한 DDoS 등의 공격으로, 인터넷 기반 시설에 대한
			보호가 이슈로 떠오르고 있음.
	❍		DNS 위변조 방지를 위한 기술로 DNSSEC 등이 개발되고 있으며, DNS
			데이터에 대한 인증과 무결성에 대한 보호조치가 강화됨.
	❍		FTP는 보안에 취약한 통신방식이므로 인터넷망을 통해 FTP 전송 시 전송
			경로를 암호화 시키는 FTPS 등을 필수적으로 사용해야 할 것임.

118) Anonymous: 특정 컴퓨터를 사용하기 위한 계정(ID, 비밀번호)없이 익명으로 FTP기능을 사용하는 것으로서 해당 시스템에 접속할 때 사용자 ID에는 'anonymous' 를 패스워드에는 자신의 인터넷 메일 주소를 입력하면 된다.

[통합사고]

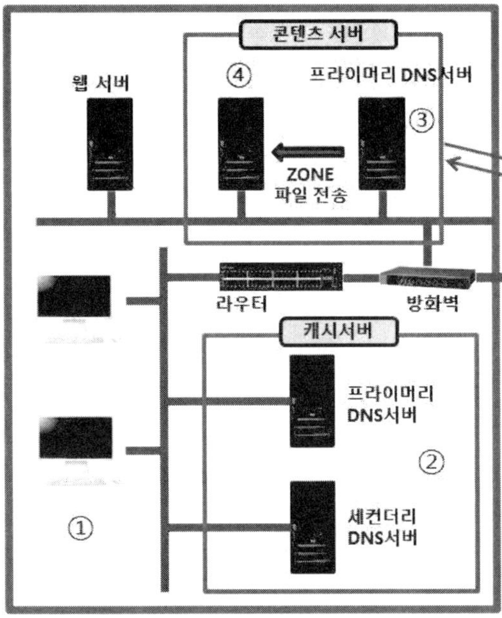

③ 자사의 도메인에 대해 동일한 정보를 저장하도록 정보의 복사본을 전송함

④ 자사의 도메인 정보를 저장해 두고 외부로부터 조회가 있을 때 응답하는 DNS 서버

① 사내 사용자는 언터넷설정에서 태시 서버로 프라이머리/세컨더리 DNS서버를 등록함

② 사내 사용자로부터 도메인명과 IP주소의 변환을 받아 다른 DNS서버에게 조회 검색하여 응답을 반환하는 서버

Point

키 워 드	DNS, FTP
기출코드	통신2013상1, 컴응2012상4, 관리2011하1
통합사고	DNS서버가 호스트명과 도메인명에 해당하는 IP주소를 교환할 수 없다면 목적하는 웹 서버에 접근할 수 없습니다. 그래서 DNS서버는 이중으로 구축하는 것이 기본입니다. DNS서버는 캐시 서버와 콘텐츠 서버로 구분되는데 각각 이중화하는 방법이 상이합니다. 우선 캐시 서버의 이중화는 LAN에 배치하는 캐시 서버는 클라이언트가 조회한 도메일명에 대한 대응하는 IP정보를 찾아가는 정보를 일시 저장할 뿐입니다. 따라서 특별한 이중화 설정은 필요없으며, 단지 OS의 DNS설정에서 미리 프라이머 DNS서버와 세컨더리 DNS를 지정만 해두면 되며, 프라이머리가 응답이 없으면 세컨더리를 다시 조회하면 됩니다. 콘텐츠 서버의 이중화는 도메인명에 대한 중요한 정보를 저장하는 서버로 프라이머리 DNS서버가 다운되어도 세컨더리 DNS서버가 동일한 정보를 요청자에게 반환할 수 있도록 이중화 해야 합니다. 동일한 정보를 임의의 타이밍 또는 정기적으로 동기화하는 과정(Zone전송)이 필요하며, 둘 중 어느 서버로 조회요청이 들어와도 동일한 결과를 반환하게 해야 합니다. 즉, 로드밸런싱의 기능과 무중단 서비스가 가능한 장애대책이 포함돼야 합니다.
함께보기	“4.1 OSI-7계층” “4.4 TCP/UDP기반 응용 프로토콜”

참고문헌

[1] Masahiro Kihashi, “최신 서버 가이드북”, 정보문화사, 2016
[2] 박성업, “정보시스템 네트워크 보안 이론서”, 북플러스, 2017
[3] 박기현, “데이터 통신과 컴퓨터 네트워크”, 한빛아카데이, 2016

4.9 DHCP서버와 SIP서버

1.			**DHCP와 SIP의 개요**
	○		DHCP(Dynamic Host Configuration Protocol)서버는 네트워크와 관련된 설정정보를 DHCP클라이언트에게 동적 배포하는 서버임.
	○		DHCP서버를 사용하면 번잡한 IP 주소 관리를 쉽게 할 수 있을 뿐만 아니라 부족한 IP주소를 효율적으로 사용할 수도 있음.
	○		SIP(Session Initiation Protocol)서버는 SIP라는 프로토콜을 이용하여 VoIP용 IP전화의 호출을 제어하는 서버로 레지스트라, 로케이션, 프록시, 리다이렉션 서비스를 통해 통화를 연결시킴.
2.			**DHCP의 이해**
	가.		DHCP의 개요
		①	IP 주소와 다른 TCP/IP를 위한 매개변수를 할당하기 위한 메커니즘으로 호스트 전용정보를 제어하고 송신하기 위한 프로토콜임.
		②	BOOTP와 유사하나 사용기간 내 정해진 주소설정 및 IP 주소를 위한 모든 파라메타를 제공하며, DHCP 메시지 타입 지정에 차이가 있음.
	나.		DHCP 주소할당 방식
		①	DHCP 주소 할당 방식은 크게 정적할당과 동적할당으로 구분되며, 동적할당은 다시 자동할당과 동적할당방식으로 구분됨.
		②	수동할당방식은 DHCP 클라이언트 IP 주소를 DHCP 서버의 네트워크 관리자가 수동으로 설정하는 방법.
		③	자동할당방식은 최초 DHCP 서버에 접속할 때 IP가 할당되면, 이 주소는 영구적으로 DCHP 클라이언트에 할당되고, 다른 DHCP 클라이언트에게 재할당 될 수 없음.

		④	동적할당방은 IP 주소를 일시적으로 DHCP 클라이언트에 할당하고, 일정
			시간 IP주소 사용이 없다면 회수하여 재활당하는 방식.
	다.		DHCP 특징(장/단점)
		①	사용자가 TCP/IP 설정을 따로 해주지 않아도 됨.
		②	한 정보가 모든 클라이언트에 적용됨으로 네트워크 문제발생시 추적이 용
			이함.
		③	DHCP 기능을 다른 서브넷에 적용하려면 라우터에 반드시 중계 에이전트
			기능이 포함되어있어야 함.
		④	관리하는 호스트수가 많아지면 서버 과부하가 발생될 수 있음.
	라.		DHCP 서버의 설정과정

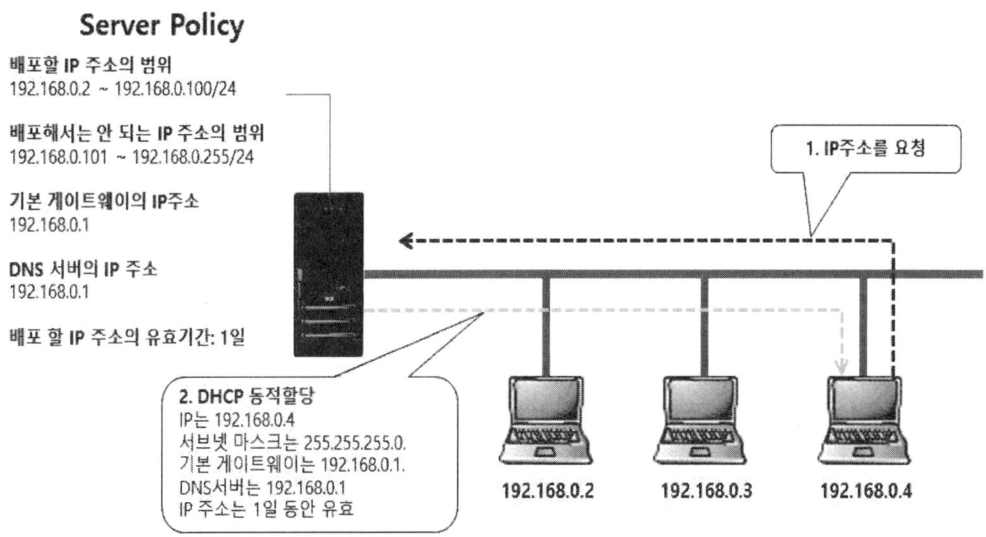

		①	DHCP 서버 구축 시 먼저 클라이언트에게 배포할 IP주소의 범위와 그에
			맞춰 배포할 설정 정보, 유효기간을 서버 정책으로 설정함.
		②	그 다음은 배포해서는 안 되는 IP주소 대역을 확정함.

		③	DHCP서버는 DHCP클라이언트가 네트워크에 연결하면 IP 주소 풀에서 현
			재 사용하지 않는 IP 주소를 배포함.
		④	설정 정보를 받은 클라이언트는 리스 기간이 경과하거나 네트워크의 연결이
			해제되면 할당받아 사용한 설정정보를 반환해야 함.
		⑤	소규모 근거리 네트워크 환경에서는 DHCP의 기능을 라우터나 방화벽이 갖
			고 있는 DHCP서비스 기능을 활용하고, 그 이상의 대규모 네트워크에서는
			전용서버나 어플라이언스를 사용하는 것이 효과적임.
	마.		IP주소 할당 정책 결정시 고려사항
		①	LAN으로 연결된 컴퓨터 대수가 많고, IP 주소가 변경되어도 업무에 지장이
			없는 기기는 DHCP서버를 통해 자동설정 하도록 함.
		②	IP주소가 변경되면 안 되는 프린터, 팩스 등은 수동으로 설정함.
3.			**SIP(Session Initialize Protocol)의 이해**
	가.		SIP의 개요
		①	SIP는 단말 간 또는 사용자간에 다양한 서비스의 호 시그널링을 위한
			프로토콜로 사용자 간 멀티미디어 세션에 대한 초기화, 변경, 종료를 정의
			한 응용계층의 프로토콜임.
		②	텍스트 기반으로 고장수리와 네트워크 디버깅이 용이하며 호 설정을 간결
			하게 수행할 수 있어 서비스 구현이 용이함.
		③	사용자가 통신망에 접속하는 지점을 변경하거나, 다른 단말기를 사용해도
			동일한 식별자에 의한 세션 연결이 가능하므로 이동성이 지원되어 인터넷
			전화 이외에도 널리 사용 중임.
	나.		SIP 프로토콜 구조도

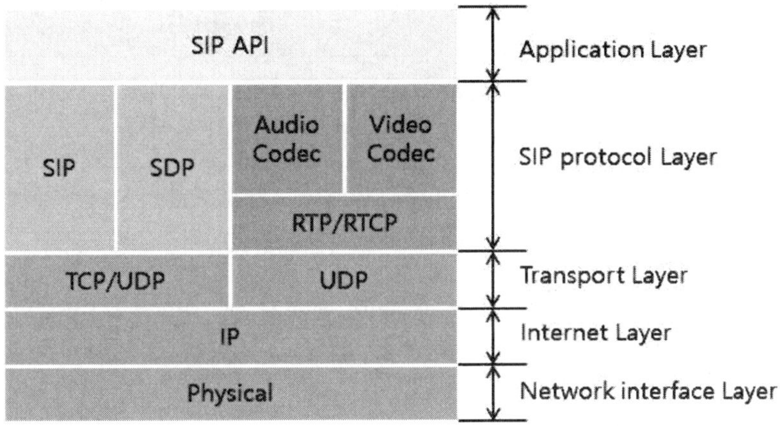

분류	항목	설명
시그널링	SIP	SIP header, message body로 구성 (RFC 3261)
	SDP	멀티미디어 세션 파라미터 설정 (RFC 4566/3264)
멀티미디어 전송	RTP/RTCP	실시간 데이터 전송 및 제어 프로토콜 (RFC 3550, RFC 3551)
	Audio codec	음성 코덱파트(G.711A, G.723.1, G.729A)
	Video codec	비디오 코덱파트(H.263, MPEG-4[119], H.264)

다.	VoIP 서비스를 위한 SIP세션의 생성 과정

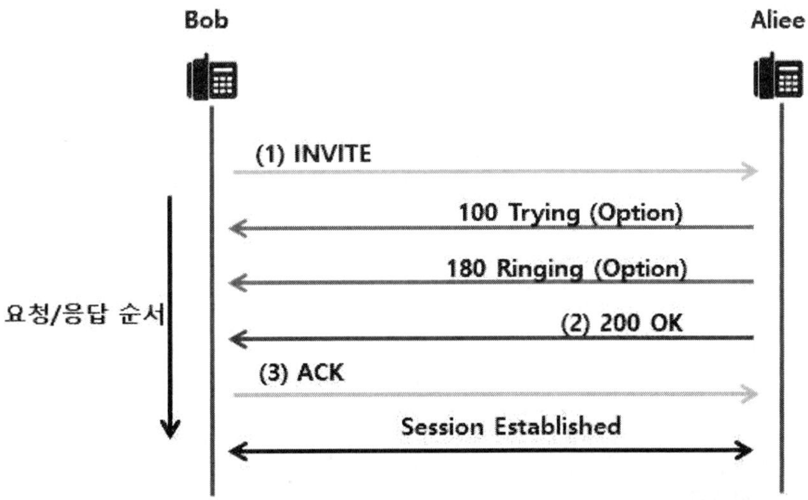

절차	유형	설명
INVITE	요청 메세지	• Alice의 전화기가 INVITE 메시지를 수신하면,100 Trying 응답 메시지가 즉시 송신됨 • INVITE를 처리하여 벨이 울리기 시작하면 180 Ringing을 Bob 전화기로 보냄
100 Trying	응답 메세지	• SIP INVITE를 수신하여 처리하는 중임을 나타냄
180 Ringing	응답 메세지	• 착신 전화기의 벨이 울리고 있으나, 링 백톤을 재생하거나, 컬러링과 같은 음원을 준비하라는 의미로 전송됨
200 OK	응답 메세지	• INVITE 메시지에 대한 최종 응답 메시지임
ACK	요청 메세지	• INVITE 메시지에 대한 최종 응답인 200 OK를 수신했음을 통지

※ ACK 메시지 수신 이후 세션의 생성이 완료되며, 통신음성은 RTP (Realtime Transfer Protocol)이라는 스트리밍 프로토콜로 통화함.

4. SIP 서버의 각 서비스 역할

가. 레지스트라 서비스는 IP전화를 등록하기 위한 서비스로 IP 전화의 이름 (SIP URI)과 IP주소를 접수받아 로케이션 서비스에게 전달.

나. 로케이션 서비스는 SIP URI와 IP의 대응표를 만듦.

다. 프록시 서비스는 SIP메시지를 상대에게 적절히 전송하려는 서비스.

5. 결론

○ DHCP를 통해 한정된 IP자원으로 많은 수의 가입자를 수용할 수 있으나, 근본적인 해소를 위해 IPv6 도입 필요함.

○ SIP는 IP전화용이므로 보안에 취약하므로 암호화 기술과 끊기는 일이 없도록 우선 제어를 위한 QoS정책도 함께 설정해야 할 것임.

119) MPEG-4(Moving Picture Experts Group 4): 양방향 멀티미디어를 구현할 수 있는, 화상통신을 위한 동영상 압축 기술이다.

Point

<table>
<tr><td>키 워 드</td><td>DHCP, SIP, VoIP</td></tr>
<tr><td>기출코드</td><td>통신2017하1, 통신2009상2, 컴응2016하3</td></tr>
<tr><td>통합사고</td><td>컴퓨터는 네트워크에 연결되어 있지 않으면 의미없는 도구에 불과합니다. 네트워크에 장애가 발생되었을 때 OSI-7계층의 물리계층부터 상위계층으로 상태를 점검해 나갑니다.

1. NIC와 LAN 케이블이 정상적으로 연결되어 있는지를 확인
이때, NIC의 링크 램프가 점멸하지 않고 있다면 NIC, 스위치 포트, LAN 케이블의 장애를 의심할 수 있습니다.
2. 기본 게이트웨이의 MAC주소를 인식하고 있는지를 확인
우선 기본 게이트웨이에 대해 ping 명령을 실행하여 응답이 없다면 arp명령어로 기본 게이트웨이의 MAC주소를 인식하고 있는지를 확인합니다. 만약 인식이 안된다면 스위치 장애나 게이트웨이 설정 실수를 의심할 수 있습니다.
3. 목적하는 컴퓨터까지의 통신 경로가 확보되어 있는지 확인
기본 게이트웨이보다 앞에 위치한 목적지IP 주소에 ping 명령을 실행하여 응답이 없으면 tracert 명령어로 어디까지 경로가 확보되었나를 확인합니다. tracert의 응답이 없는 곳에 장애를 의심할 수 있습니다.
4. 방화벽에서 통신이 필터링이 되고 있는지를 확인
방화벽이 통신을 거부하고 있는지를 확인합니다. 만약 허가가 되어 있다면 애플리케이션 레벨의 장애를 의심할 수 있습니다.
5. DNS서버에서 도메인명이 등록되어 있는지를 확인
URL을 IP 주소로 변환할 수 있는지 nslookup 명령어로 확인합니다. 변환되지 않는 경우에는 DNS서버 장애가 의심됩니다.</td></tr>
<tr><td>함께보기</td><td>“IPv4의 헤더구조와 주소체계”, 손에 잡히는 ICT, 144p
“4.1 OSI-7계층”
“4.4 TCP/UDP기반 응용 프로토콜”</td></tr>
</table>

참고문헌

[1] 기술평론사 편집부, "인프라 엔지니어의 교과서", 길벗, 2016

[2] 케빈 폴, "TCP IP 이론과 예제", 에이콘출판, 2013

4.10 RAID(Redundant Array of Inexpensive Disks)

1.			**스토리지의 고속화와 데이터 보호를 위한 RAID의 개요**
	❍		여러 개의 스토리지 디스크를 묶어 하나의 대용량 드라이브처럼 운용하는
			기술로 다중화와 고속화를 도모하는 기술임.
	❍		스토리지 드라이브의 특성상 지속적으로 읽고, 쓰는 과정에서 제품 피로도
			가 증가되고 손상되어 데이터의 손실이 발생되게 됨.
	❍		데이터의 손실은 곧, 기업의 신뢰 추락과 금전적 손실로 이어지므로 스토
			리지 드라이브의 장애를 최소화하는 노력이 필요함.
	❍		RAID컨트롤러 카드를 이용하여 RAID 1, 5, 1+0을 구성하게 됨.
2.			**RAID에 사용되는 기술**
	가.		RAID를 구성하려면 우선 RAID컨트롤러 카드가 필요함.

	나.		RAID에 사용되는 기술
		①	RAID 0은 Striping(스트라이핑) 하나의 스토리지에 모두 기록할 수 없는
			대용량의 데이터를 여러 개의 스토리지 디스크에 논리적으로 분산시켜
			고속화를 꾀하는 기술.

		②	RAID 1은 Mirroring(미러링)이라는 기술이 사용되며, 데이터를 복수의
			장치에 동일한 데이터를 저장하는 방식으로 하나의 디스크가 Fault 되어도
			미러된 드라이버로 데이터의 이용이 가능함.
		③	RAID 5는 분산 Parity(패리티)를 사용한 기술로 데이터 복구에 사용
3.			**RAID System의 특성**
	가.		장점
		①	고가용성 지원과 데이터 보호.
		②	저렴한 비용과 작은 체적으로 대용량 구현.
		③	물리적 디스크에 데이터를 적절히 분산시킴으로써 효율성을 제고.
	나.		단점
		①	디스크의 수가 증가할수록 구성된 디스크의 일부가 장애를 일으킬 확률
			높아짐.
		②	이러한 장애 대처 방안을 위한 특별한 별도 시스템이 필요.
		③	단일의 데이터에 대한 분산된 입·출력은 때때로 불필요한 많은 오버헤드로
			시스템의 처리속도를 지연시킬 수 있음.
4.			**주요 RAID의 종류**
	가.		RAID 레벨의 개요
		①	레벨별로 비용과 속도에 대한 상반되는 요구를 절충하여 각기 다른 방법
			으로 여러 드라이브에 데이터를 분산시킴.
		②	RAID의 각 레벨은 서로 다른 용도를 위해 최적화하여 운영함.
	나.		RAID 0(Striping)

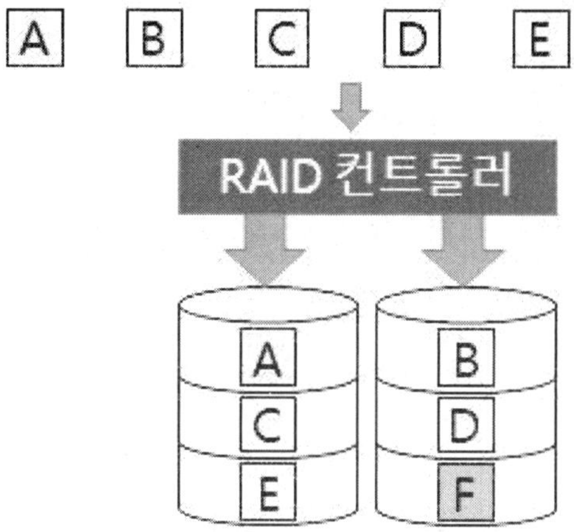

	①	장애 발생에 대비한 저장 공간을 갖지 않는 구조.
	②	여분의 정보를 기록하지 않기 때문에 빠른 입출력이 가능.
	③	어느 한 드라이브에서 장애가 발생하게 되면 데이터는 손실됨.
다.		RAID 1(Mirroring)

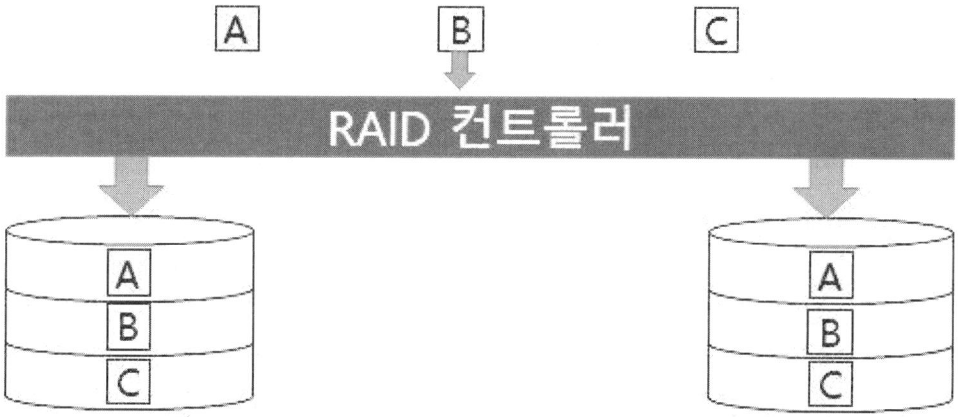

	①	여러 개의 드라이브에 동일한 데이터를 복사하는 기술
	②	실제 디스크의 용량을 절반밖에 데이터가 저장되지 않아 비효율적
	③	한 대가 고장이 나도 완전히 같은 데이터가 있어 처리 중단이 없음.

라. RAID 5(분산 Parity)

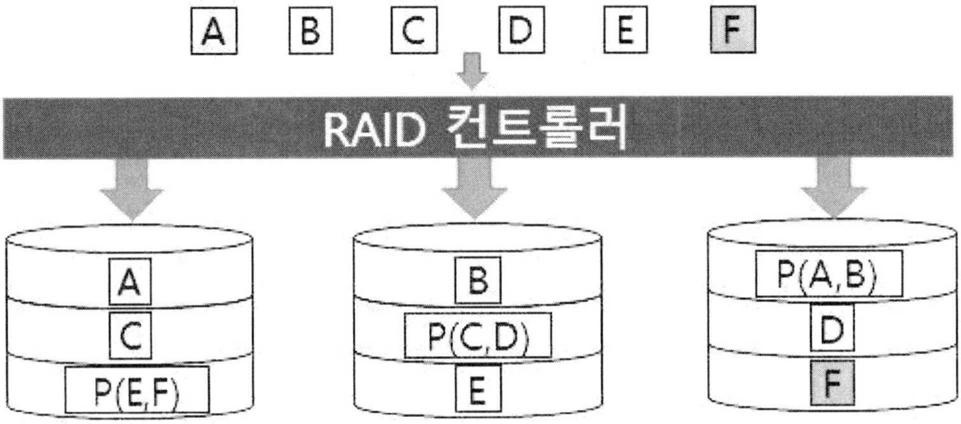

① 패리티(Parity)는 데이터를 복구하기 위한 데이터를 말함.

② 데이터와 패리티를 여러 드라이브에 분산·저장하여 신뢰성과 용량확보.

③ 패리티 저장영역이 필요하여 '실제 디스크-1'대분을 저장할 수 있음.

마. RAID 1+0(미러링과 스트라이핑)

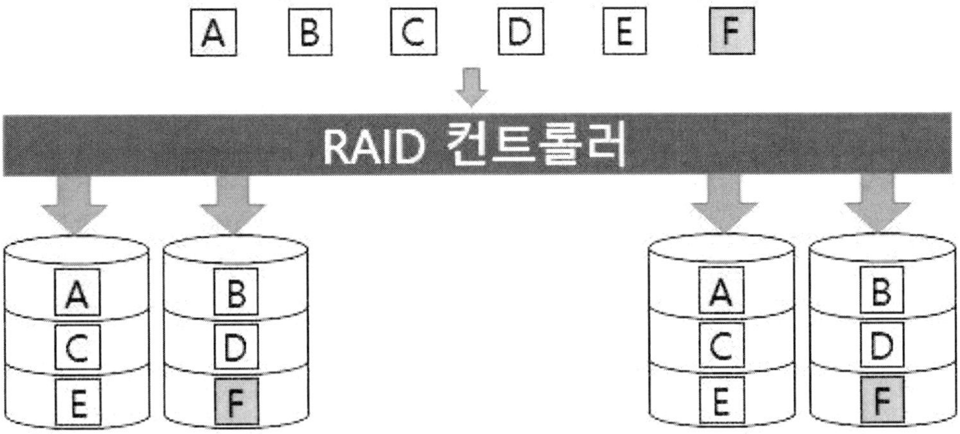

① RAID 1에 RAID 0에서 사용하는 스트라이핑을 추가한 방식

② RAID 1+0은 스트라이핑으로 분산시킨 데이터를 미러링으로 다중화하는 2단계 처리 구성임.

		③	평소에는 스트라이핑으로 처리를 고속화하고, 디스크 장애 시 미러링으로
			복사해 둔 데이터를 사용하여 업무 연속성을 확보함.
5.			**결론**
	❍		아무리 고성능의 컴퓨터라 할지라도 컴퓨터는 기계에 지나지 않으며, 언젠
			가는 반드시 고장이 날 수 밖에 없는 시스템임.
	❍		컴퓨터의 고장은 수리하면 되지만 그 속에 저장된 데이터의 손실은 그렇게
			간단히 복구되지 않고 또한 치명적인 손실을 유발시킴.
	❍		향후 클라우딩 컴퓨팅과 멀티미디어 서비스의 폭발적 증가는 RAID에 대한
			수요를 더욱 증가시킬 것임.
	❍		이에 언제 어디서 장애가 발생돼도 계속적인 서비스 제공이 가능한 업무
			연속성(BCP/DR)[120]을 증가 시킬 수 있는 생태계 조성에 정부와 기업은
			함께 노력해야 할 것임.

120) BCP/DR(Business Continuity Planning/Disaster Recovery): 업무 지속 계획은 기업이 재해로 타격을 입은 뒤 업무 운영을 어떻게 복구 재개하는지에 대한 계획으로 재해 복구(DR)를 포함하는 더 넓은 개념이며, DR은 자연재해나 인위적인 재해가 일어나면 특정 단체에 중요한 기술 인프라를 복구하거나 지속할 목적으로 준비하는 데 대한 과정, 정책, 절차를 가리킨다.

Point

키 워 드: RAID, BCP/DR, 장애대책기술

기출코드: 통신2015하4, 관리2013상2

통합사고

장애 대책 기술은 크게 '다중화'와 '백업'으로 분류됩니다. 다중화는 동일한 구성을 여러 개 준비하여 논리적으로 하나처럼 연동시킨 기술이며, 백업기술은 데이터를 별도로 저장하는 개념이 아니라 해당 역할을 대체하는 방법을 찾아 준비하는 기술로 일반적으로 정전시 동작되는 UPS시스템이 여기에 해당됩니다. 하지만 장애 대책 기술은 비용과 관련이 높으며, 안전성을 높이면 비용 효율성이 떨어지고, 비용을 아끼려면 안전성이 결여되는 문제가 있으므로 위험성이 높고, 업무연속성이 보장되어야 하는 시스템을 우선적으로 이중화 구성하고, 그 다음은 비용이나 중요도에 따라 어떤 장애 대책을 적용할지를 검토해야 합니다.

❍ 장애대책기술

대책 유형	기술	내용
다중화	티밍	여러 개의 NIC를 논리적으로 하나처럼 운용
	RAID	여러 개의 스토리지 드라이브를 하나처럼 운용
	클러스터링	여러 대의 서버를 논리적으로 하나처럼 운용
	부하분산 기술	여러 대의 서버, 사이트로 통신을 분배하여 부하처리
백업	UPS	정전 시 무정전 전원공급과 고전압 전류 차단

❍ RAID 도입시 고려사항

- 용량과 확장성 • 가격대 성능비 • 유지보수 편의성

함께보기: "QoS", 손에 잡히는 ICT, 246p

참고문헌

[1] 마사히로 키아시, "최신 서버 가이드북", 정보문화사, 2017

[2] 서희명 외4, "정보관리기술", 세화, 2006

prologue

CHAP.3 언제 어디서나 기가 서비스

시속 500km의 고속 열차에서 UHD 화질의 영화를 끊김 없이 감상 하고, 고속 도로에서 차량간의 정보 공유를 통해 위험 지역을 스스로 회피하여 목적지까지 탑승자를 안전하게 데려다 주는 세상을 상상해 보셨나요? 우리가 가까운 미래에 체험할 세상의 모습입니다. 상상속의 세상을 현실로 만드는데 무선 통신기술이 있습니다.

무선 통신 기술은 크게 면허 대역을 사용하는 이동통신 기술과 비면허 대역을 사용하는 무선 통신 기술로 나눌 수 있습니다. 이동통신 기술은 기술적 진화를 거듭하여 5세대 기술의 2020년 상용화를 준비하고 있습니다. 5G는 전송 속도의 향상 뿐 아니라, 원격조정 같은 초신뢰/저지연 통신(URLLC: Ultra-Reliable low latency communication)과 수 억 개의 센서 연결을 같은 초연결 IoT(Massive Internet Of Thing) 서비스 등도 제공 할 수 있습니다.

5G 이동통신은 4G LTE와 밀접하게 연결되어(Tightly coupled) 서비스를 제공하는 NSA(Non-Stand Alone)와 단독으로 서비스하는 SA(Stand Alone)의 두 가지 형태가 3GPP에 의해 정의되었고, 일반적으로 NSA단계를 거쳐 이후 SA가 도입되는 형태의 망진화가 예상됩니다. 4G LTE망은 5G로 넘어가는 중요한 가교역할을 포함할 뿐만 아니라 그 사용범위가 현재의 이동통신망에서, 재난망 통신(PS-LTE), 철도망 통신(LTE-R), 해상무선통신(e-Navigation)등으로 확대되고 있습니다.

4G LTE는 MIMO(Multiple Input Multiple Output), 256QAM, CA(Carrier Aggregation)의 기술을 통해 이미 1Gbps이상의 속도를 지원하고 있고, 음성 서비스는 VoLTE(Voce Over LTE)로만 서비스가 가능하도록 망이 진화 하였습니

다. 또한, SON(Self Organizing Network) 기술들을 처음 도입하여 통신 망의 OPEX(Operating Expenditure)를 줄이며 망을 최적화할 수 있었습니다.

사물 인터넷시대에 LTE 망은 사물 인터넷 서비스 NB-IoT(Narrow Band Internet Of Thing)와 CAT-M(Category M)를 지원할 수 있도록 진화 되었습니다. NB-IoT와 CAT-M은 저전력, 저가의 IoT 디바이스들이 4G 이동통신 망에 직접 연결되어 넓은 지연에서 IoT 서비스가 구현되는 데 그 의미가 있습니다. 또한 4G서비스의 또 다른 하나의 성장 원동력으로 자리매김 하였고, 그 자체로 보다 나은 서비스를 위하여 기술이 계속 진화되고 있습니다.

이동통신 기술은 3G까지 유지되었던 3GPP기반의 유럽방식과 3GPP2방식의 북미방식이 4G에 와서 3GPP기반의 LTE로 단일화 되었습니다. 우리나라에서도 2G, 3G까지 서비스 하였던 북미방식은 결국 시장 원리에 의해 그 진화를 멈추었고 4G LTE는 3GPP2를 포용하는 형태로 규격이 진화되었습니다.

이동통신의 가장 큰 장점이자 특징은 바로 서비스의 이동성 제공입니다. ITU-T 기준으로 4G에서는 350Km/h의 속도 지원에서 5G에서는 500Km/h의 속도 지원으로 향상됩니다. 기존 2G, 3G의 소프트 핸드오버방식은 Flat구조 형태의 4G에 와서는 한 순간에 하나의 기지국에만 연결되는 하드 핸드오버 방식을 이용하고, All IP방식의 장점을 최대로 이용한 Packet Forwarding기술을 도입하여 패킷간 지연을 최소화 하였습니다. 5G에서는 사용 주파수가 30GHz대역 부근으로 높아짐에 따라 빔포밍 기술이 핵심기술이 되었고, 빔포밍간 스위칭 기술 또한 5G 이동성 제공 기술의 핵심기술입니다.

비면허 대역에선 다양한 통신 기술이 발전하여 IoT(Internet of Things) 생태계를 구축하고 있습니다. 비면허 대역은 이동통신 서비스를 지원하는 면허 대역(licensed band)과는 달리 주파수 자원을 사용하기 위해 국가에 지불하는 비용이 없고, 국가의 정책적 제약으로부터 자유로운 장점이 있습니다. 이러한 장점을 기반으로 다양한 무선통신기술들이 개발되고 상용화 되고 있습니다. 하지만, 다양한 통신 기술이 혼재하기 때문에, 통신 채널에서 발생하는 간섭(interference)이 크고 출력 파워의 제약이 큰 단점이 있습니다. 특히 상대적으로 낮은 주파수 사용 효율(spectral efficiency)의 약점이 있어, 주파수 사용 효율이 높은 이동통신 기술 진영에선 비면허 대역을 사용한 이동통신 서비스 구현을 시도하고 있습니다.

LTE 기술과 같은 이동통신 기술은 기지국에서 사용자들의 접근을 복잡한 매체접근 제어 기술(인증, 허가, 과금 등)을 사용하여 관리하고 있습니다. 이동통신 기술과 비면허 대역의 통신기술의 주파수 사용 효율은 제한된 토지 면적에 용적률을 가득채운 고층 아파트를 세우는 것과 1층짜리 단독 주책을 짓는 것과 비교할 수 있습니다. 토지를 효율적으로 사용하는 측면에서는 모든 토지를 고층 아파트로 짓는 것이 효과적이겠으나, 시민들의 다양한 주거 상황을 만족하기 위해서는 아파트와 단독 주택의 공존이 필요하듯이 주파수 자원도 비면허 대역과 면허 대역의 적절한 배분을 통한 공존이 필요합니다.

1980년 2월 전기전자 기술자 협회(IEEE)에서 근거리 통신망과 관련된 첫 번째 표준이 수립된 이후 IEEE 802 계열 하에는 다양한 통신 기술이 표준 기술로 수립되어 있습니다. 이들 중 오랜 시간동안 많은 사람들에게 활용되고 있는 기술은 IEEE 802.11 WiFi 기술과 IEEE 802.15.1 Bluetooth 기술입니다. WiFi 기술은 이동통신 기술 보다 저렴한 비용으로 IT 서비스 구현을 가능하게 합니다. IT 기술의 발달에 따라 발생할 수 있는 정보 접근 취약 층에게 보편적인 IT 서비스 제공을 가능하게 합니다. WiFi 기술은 IEEE 802.11 b/g/n/ah/ac/ad 등 고속의 데이터 전송 기술로 발달하고 있습니다. 하지만 비면허 대역을 사용하고자 하는 LAA, LTE-U 등 이동통신 기술의 시도가 계속 되고 있어, 이동통신 기술과 상생할 수 있는 기술적, 정책적 준비가 필요합니다. Bluetooth 기술은 이어폰, car dock 등 주변기기 연동 기술로 사용되어 왔습니다. 하지만 현재는 다양한 wearable 기기 연동에 사용 될 뿐만 아니라, BLE를 기반으로 한 beacon 서비스 구현에도 사용되고 있습니다.

최근에는 IoT 생태계 구축을 위해 새로운 무선 통신 기술들이 제안 되고 있습니다. 성공적인 IoT 서비스 구축을 위해서는 저 전력, 저비용으로 다수의 기기를 연동 할 수 있어야 합니다. 기존 근거리 통신 기술들도 이러한 IoT 서비스의 니즈를 만족하기 위해 발전하고 있으나 기술적인 기반을 뒤집어서 새로운 버전을 만드는 데에는 많은 리스크가 있습니다. 새로운 IoT 기술에는 SKT에서 상용화 중인 LoRa와 LTE 진영에서 준비한 LTE-M 등이 있습니다. LoRa는 CSS(Chirp Spread Spectrum) 방식을 사용하여 저 전력, 장거리 통신 서비스를 구현하였습니다. WiFi, Bluetooth 등 기존의 근거리 통신 서비스 대비 장거리 IoT 서비스를 저비용으로 구현할 수 있습니다. LTE-M은 KT에서 사용화가 되고 있습니다. 다른 IoT 기술들과 달리 면허 대역을 사용하고 있으며, 기존의 이동통신 프로토콜 및 단말 구조를 간단히 하여 IoT 서비스에 적합하도록 개발 되었습니다.

이미 무선 통신기술은 우리의 일상생활 가까운 곳에서 영향을 미치고 있습니다. 앞으로 무선 통신기술은 어떻게 발전할까요? 우리의 미래는 무선 통신기술의 발전에 따라 결정되게 될 것입니다.

화>

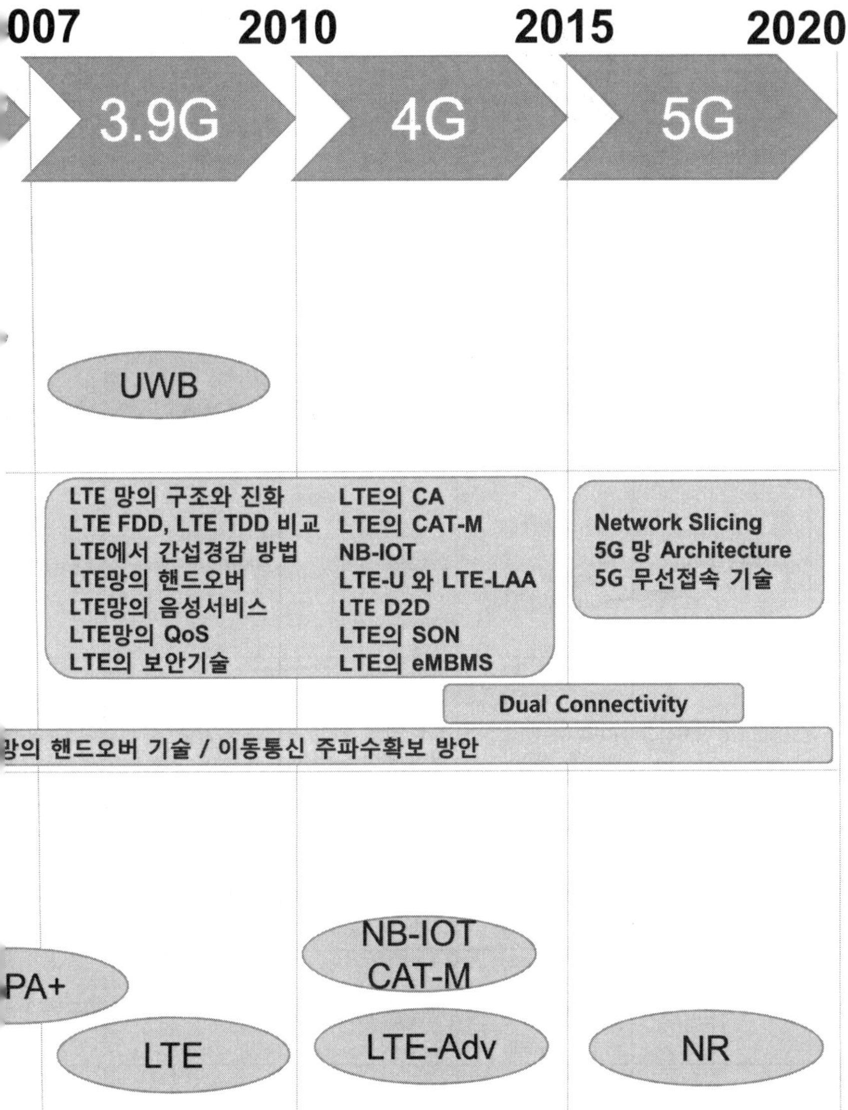

007
2010
2015
2020
3.9G
4G
5G
UWB
LTE 망의 구조와 진화
LTE FDD, LTE TDD 비교
LTE에서 간섭경감 방법
LTE망의 핸드오버
LTE망의 음성서비스
LTE망의 QoS
LTE의 보안기술
LTE의 CA
LTE의 CAT-M
NB-IOT
LTE-U 와 LTE-LAA
LTE D2D
LTE의 SON
LTE의 eMBMS
Network Slicing
5G 망 Architecture
5G 무선접속 기술
Dual Connectivity
망의 핸드오버 기술 / 이동통신 주파수확보 방안
NB-IOT
CAT-M
PA+
LTE
LTE-Adv
NR

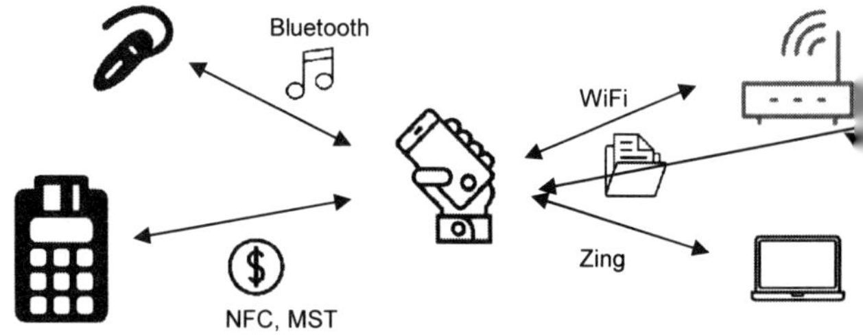

	WiFi	Bluetooth	Zing	NF
주파수	2.4GHz: 802.11 b/g/n 5GHz: 802.11n 60GHz: 802.11ad	2.4GHz	60GHz	13.56MHz
전송거리	2.4GHz: 35 ~ 70m 5GHz: 35m 60GHz: 10m	BT 3.0 + HS: 10m BLE: 50m Bluetooth 5: 240m	Under 10cm	10 cm 이
전송속도	최대 약 6.93Gbps	BT 3.0 + HS: 24Mbps BLE: 1Mbps Bluetooth 5: 2Mbps	Tag: 3Gbps Reader: 5Gbps	424kbps
표준	IEEE 802.11	IEEE 802.15.1	IEEE 802.15.3e	ISO1443
변조 방식	DSSS, OFDM	BT 3.0 + HS: DPSK BLE: GFSK Bluetooth 5: GFSK	OOK/QPSK	ASK

<이동통신의 진

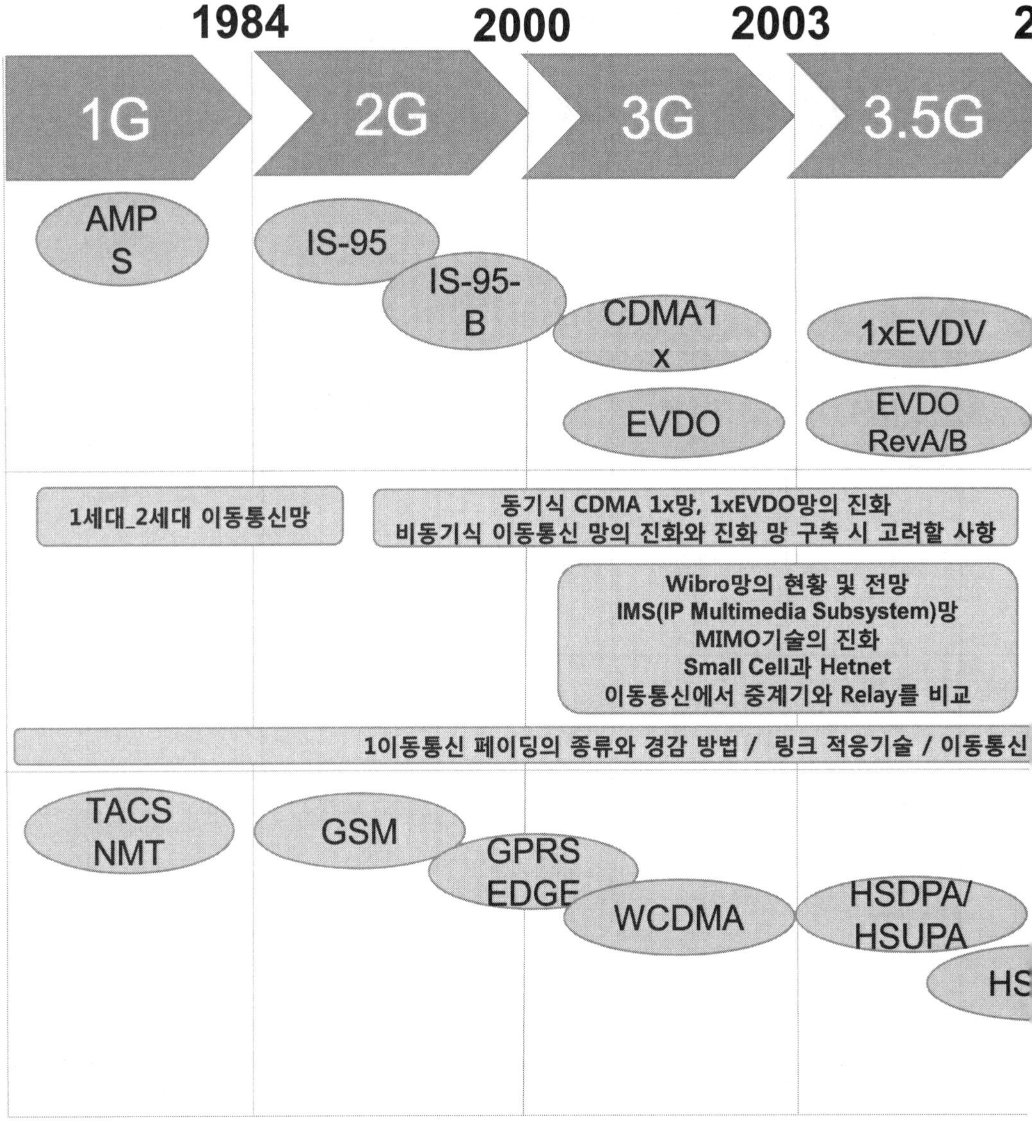
1984
2000
2003
1G
2G
3G
3.5G
AMP
S
IS-95
IS-95-
B
CDMA1
x
EVDO
1xEVDV
EVDO
RevA/B
1세대_2세대 이동통신망
동기식 CDMA 1x망, 1xEVDO망의 진화
비동기식 이동통신 망의 진화와 진화 망 구축 시 고려할 사항
Wibro망의 현황 및 전망
IMS(IP Multimedia Subsystem)망
MIMO기술의 진화
Small Cell과 Hetnet
이동통신에서 중계기와 Relay를 비교
1이동통신 페이딩의 종류와 경감 방법 / 링크 적응기술 / 이동통신
TACS
NMT
GSM
GPRS
EDGE
WCDMA
HSDPA/
HSUPA

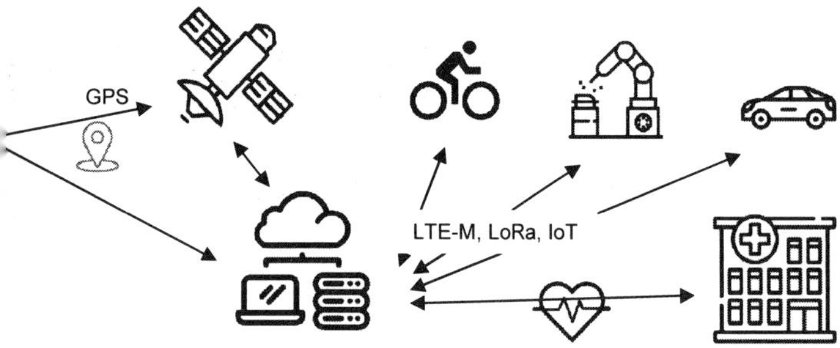

MST	Sigfox	LoRa	LTE-M	AGPS
자기장	868 / 902MHz	920MHz	700~900MHz	1575.42MHz
5 cm 이내	도심: 30~50km 교외: 3~10km	도심: 10~15km 교외: 3~5km	약 15km	약 수백 km
Track1: max 6.6kbps Track2: max 3.3kbps	약 10^6Kbps	약 10^4Kbps	약 1Mbps	1.023Mbit/s
Loop pay 특허기술	비표준	비표준	3GPP Rel.8	비표준
주기내 자기장 변화 횟수	UNB	CSS	QPSK/16QAM	C/A 코드 spreading BPSK

5.1 이동통신 페이딩의 종류와 경감 방법

1.			**개요**
	○		수신전파가 변하는 현상인 페이딩의 종류는 크게 Large Scale 페이딩과 Small Scale 페이딩으로 구분됨.
	○		Small Scale 페이딩은 주파수 선택적 페이딩과 주파수 비 선택적 페이딩, Fast 페이딩과 Slow 페이딩으로 구분될 수 있음.
2.			**페이딩의 개념과 형태**
	가.		개념
		①	페이딩은 전파가 지나온 매질의 변화에 따라 그 수신전파의 강도가 급격하게 변동되는 현상임.
		②	경로가 다른 2개 이상의 전파가 상호 간섭하여 진폭 및 위상이 불규칙하게 변화하는 현상으로 크게 Large Scale 페이딩과 Small Scale 페이딩으로 구분됨.
	나.		페이딩의 형태

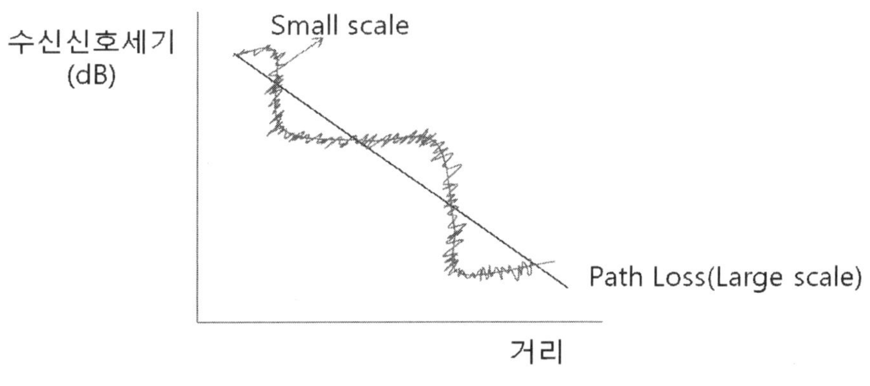

		※	Large Scale 페이딩과 Small Scale 페이딩은 항상 같이 나타남.

3. 페이딩의 상세 종류 및 경감 방법

가. Large Scale 페이딩

① 개념: 거리에 따라 Signal의 Power가 줄어드는 Path Loss 현상으로 로그 정규 분포 형태로 나타남.

② 경감 방법 : 이동 통신 Cell Planning, Link-Budget 계산 반영.

나. Small Scale 페이딩

종류	원인	경감 방법
주파수 선택적 페이딩	Coherent 대역폭 [121]〈 Symbol Rate	적응형 등화기, Pilot신호, Spread Spectrum, OFDM(직교주파수분할)
주파수 비 선택적 페이딩(Flat 페이딩)	Coherent 대역폭 〉 Symbol Rate	Diversity, 전진오류수정코딩
Fast 페이딩	Doppler Spread[122] 〉 Symbol Rate	Robust 변조, 채널코딩, 인터리빙
Slow 페이딩	Doppler Spread 〈 Symbol Rate	Diversity 기법, FEC 코딩

다. 4세대 이동통신 LTE에서 사용 중인 페이딩 경감 방법

페이딩 종류	LTE의 경감방법
주파수 선택적 페이딩	Symbol Rate를 Coherent 대역폭보다 작게 하기 위해 OFDM방식의 부 반송파들을 사용함
주파수 비 선택적/Slow 페이딩	Transmit Diversity mode, MIMO(Multiple Input Multiple Output)
Fast 페이딩	Turbo coding, Convolutional coding, Block coding, HARQ(Hybrid Automatic Request), AMC(Adaptive Modulation and Coding)

---

121) Coherent 대역폭: 모든 대역의 주파수 응답의 Gain이 일정하고 선형phase특성의 통계적 대역폭.
122) Doppler Spread: 채널의 시간 변화의 지표로 채널의 시간 변화율이 심볼 속도 보다 큰 경우이다.

4. 이동통신망 기술 선택 시 고려사항

- 이동통신시스템 설계 시 사용 주파수와 주변 환경 및 통신 방식을 고려하여 적절한 경감 방법을 선별해야 함.
- 다중 경로에 의한 신호의 주파수 선택적 페이딩의 특성을 이용하여 다른 시간에 도착하는 같은 신호를 합성하여 수신 확률을 늘리는 방법인 CDMA방식의 Rake수신기, LTE의 COMP(COordinated MultiPoint)도 널리 사용되고 있음.

Point

키 워 드	Fast 페이딩, Slow 페이딩, 주파수 선택적 페이딩, Flat 페이딩
기출코드	통신2013상3
통합사고	이동통신 페이딩의 원인과 방지대책에 대한 이해와, 각 대책 기술에 대해서도 정리가 필요합니다. 추가로 인접채널간섭, 동일채널간섭 등의 이동통신에서 발생 할 수 있는 간섭과 대류권 통신의 페이딩, 전리층 통신의 페이딩, 그리고 그 방지대책도 같이 정리가 필요합니다.
함께보기	“대류권페이딩, 전리층페이딩, 이동통신페이딩의 종류와 대책“, 손에 잡히는 ICT, p296 “이동통신 환경의 전파특성“, 손에 잡히는 ICT, 343p

참고문헌

[1] B. Sklar, “Rayleigh Fading Channels in Mobile Digital Communication Systems Part I: Characterization” IEEE Communications Magazine, Vol. 35, No. 9, 1997

5.2 링크 적응(Link Adaptation) 기술

1. 개요

○ 무선 상태의 변화에 따라 무선 파라미터를 가변시켜 무선 링크를 최대한 효율적으로 사용하기 위한 기술임.

○ 2, 3세대 이동통신의 전력제어 기술과 3, 4대 이동통신에서 사용되는 AMC(Adaptive Modulation Coding)과 H-ARQ(Hybrid Automatic Repeat and Request)기능이 대표 기술임.

2. 전력제어(Power Control) 기술

가. 정의

이동 통신에서 Near-far현상[123]를 해결하기 위해 기지국에 수신 되는 Power를 동일하게 제어하기 위해 사용되는 기술임.

나. 개념도

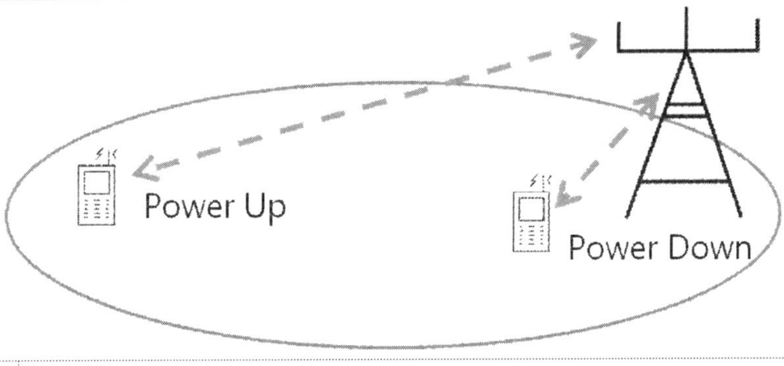

다. 동작원리 및 종류

① Open Loop: 단말기가 기지국 신호의 수신레벨에 반비례하여 초기 송신 파워 값을 결정하는 방법.

② Close Loop: 기지국에서 단말기의 송신 파워를 측정하여 기지국이 주기적으로 단말기의 송신파워의 증감을 요구함.

		③	Close Loop: 기지국에서 단말기의 송신 파워를 측정하여 기지국이
			주기적으로 단말기의 송신파워의 증감을 요구함.
		④	Outer Loop: Close Loop전력 제어의 임계값을 채널 상태에 따라
			Dynamic하게 변화시키는 방법.
3.			**AMC(Adaptive Modulation and Coding)기술**
	가.		정의
			무선 채널 상태에 따라 변조 방법과 채널 코드 Rate를 가변시켜 전송하는
			기법임.
	나.		개념도

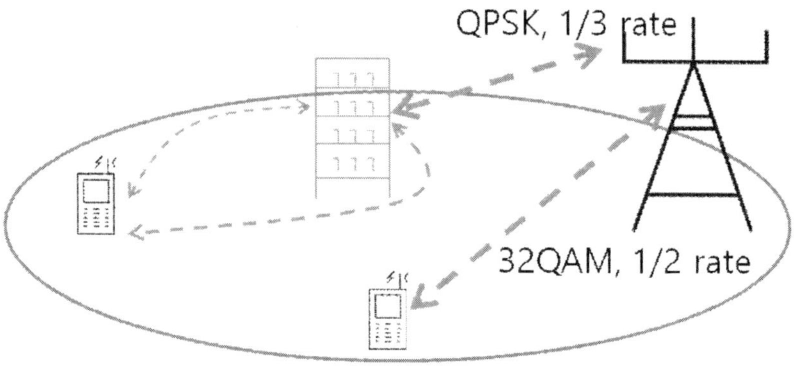

	다.		동작 원리
		①	단말기는 기지국의 채널 상태를 측정하여 주기적으로 기지국으로 보고함
			(Channel Quality Indicator).
		②	기지국은 보고된 채널 상태에 따라 미리 지정된 MCS(Modulation Coding
			Selection) index를 찾아냄.
		③	MCS index에 맞는 변조기법과 채널코딩 rate로 변경함.

123) Near-far현상: 근거리 단말기의 강한 신호에 의해 원거리 단말기의 약한 신호가 큰 간섭을 받는 현상.

		④	채널 환경이 좋으면 전송율이 좋은 변조기법과 적은 채널 코딩 rate
			가 선택되고(예) 16QAM, 1/2 rate), 반대의 경우는 Robust한
			변조기법과 채널 코딩 rate가 증가됨(예) QPSK, 1/4 rate).
4.			**HARQ(Hybrid Automatic Repeat and Request)**
	가.		정의
			ARQ방식과 FEC방식을 조합한 기술로 적은 전송 전력으로 요구되는
			Error Rate를 만족시킬 수 있음.
	나.		개념도

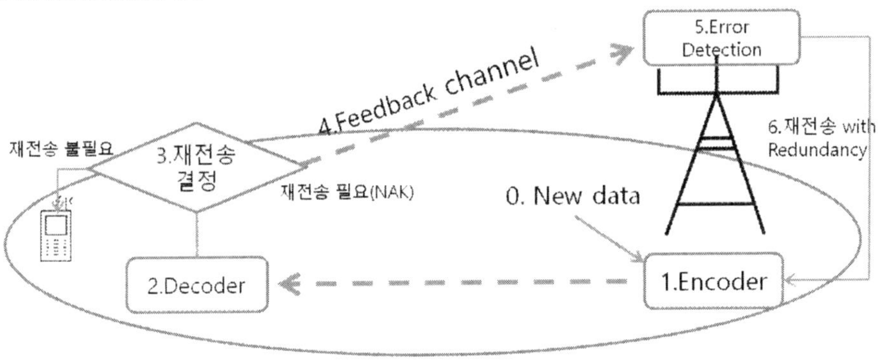

	다.		동작 원리
		①	수신단에서 Data를 Decode 후 NAK이 결정되면 Feedback 채널로
			송신단에 Data 재전송을 요구함.
		②	송신단은 NAK수신 후, Redundancy Data를 추가하여(채널코딩 Rate
			증가) 재전송 함.
		③	수신단은 재전송된 Data와 이전 Data와 조합을 통하여 최종 Data를
			복구함.
		④	단순 HARQ방식, IR(Incremental Redundancy)[124]방식, Chase
			Combining방식[125] 이 있음.

	라.		LTE에서 HARQ
		①	LTE에서는 8개의 Packet이 동시에 전송되고 수신 측에서 ACK/NAK
			수신 전 까지 다음 Packet 전송을 하지 않는 8 SAW(Stop And Wait)
			Process의 HARQ 방법이 사용됨.
		②	Up Link는 재전송이 고정된 시간에 이뤄지는 프로세스 ID가 불필요한
			비동기식 HARQ 방식이 사용되고, Down Link는 어느 특정 프로세스
			아이디가 필요한 동기식 HARQ방식이 사용됨.
		③	HARQ는 MAC Layer에서 수행 됨.
5.			**링크제어 기술 비교**

구분	전력 제어	AMC	HARQ
전력	변경	고정	고정
전송 률	고정	변경	변경
적합한 Data성격	음성	Data	Data
적용	2,3,4세대	3,4세대	3,4세대

6.			**결론**
	❍		링크 적응 기술은 고도화 되는 이동통신 시스템의 기본이 되는 기술로
			High order 변조를 사용할 수 있어, 고속 전송에 유리함.

124) IR(Incremental Redundancy): 재전송패킷에 부가적인 데이터 전송, 수신 측에서는 이전 데이터와 새로운 재전송 데이터의 정보를 결합하여 수신 데이터를 Decoding 한다.
125) CR(Chase combining): IR에 비해 재전송 패킷전송 시 동일한 패킷을 전송하는 점이 다르다.

❍ 4세대 LTE시스템에서는 전력제어, AMC, HARQ가 동시에 사용되고 HARQ는 8 SAW Process가 사용됨.

❍ 5G에 사용 주파수가 3G, 30GHz 대역 등의 High band로 변경됨으로, 링크 적응 기술의 중요성은 더해질 것임.

Point

키 워 드	전력제어, AMC, HARQ
기출코드	통신2016상2
통합사고	각 링크 적응 기술의 개별 문제도 가능하고, 개별 문제로도,여러 링크 적응 기술의 비교를 통해 설명하는 방법도 생각해 볼 수 있습니다. 2G, 3G, 4G 이동통신의 핵심기술 중 하나로, 5G의 규격에서도 핵심기술로 이용이 예상되고, IEEE 802.11의 WiFi기술 등 에서도 이용됩니다.
함께보기	“전력제어(Power Control)”, 손에 잡히는 ICT, 332p “AMC(Adaptive Modulation and Coding)”, 손에 잡히는 ICT, 334p “H-ARQ(Hybrid ARQ)“, 손에 잡히는ICT, 336p

참고문헌

[1] Heikki Kaaranen, “UMTS Network: Architecture, Mobility and Services”, Wiley, 2006.

[2] Tumula V. K. Chaitanya, “HARQ Systems: Resource Allocation, Feedback Error Protection, and Bits-to-Symbol Mappings”, Linköping University, SE-581 83 Linköping, Sweden.

5.3 이동통신에서 핸드오버 기술

1.			**개요**
	○		핸드오버 기술은 단말의 Idle상태의 핸드오버 기술과 Connected 상태의
			핸드오버 기술로 나눌 수 있음.
	○		Connected 상태의 핸드오버 기술은 Break Before Make 기술과 Make
			Before Break 기술로 크게 나눠질 수 있음.
	○		서로 다른 사업자간의 핸드오버 기술은 로밍이라 함.
2.			**Idle상태의 핸드오버**
	가.		개념도

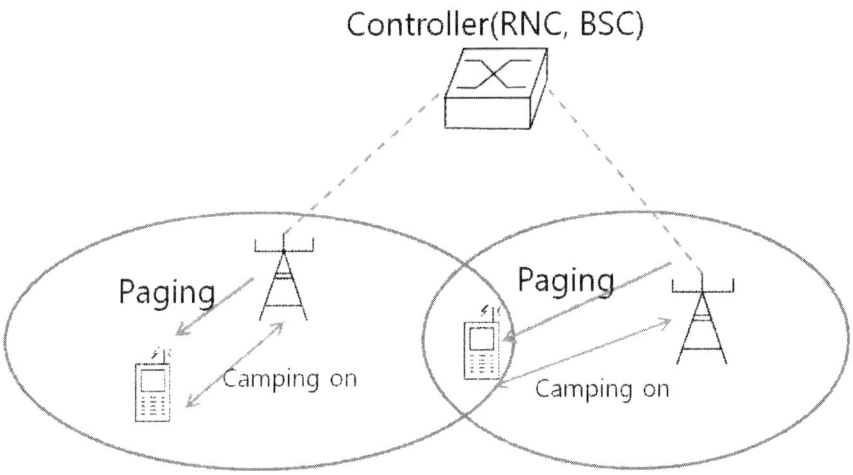

	나.		동작 원리
		①	단말기가 기지국과 연결되지 않은 상태에서 모니터링 하는 Cell을 이동에
			따라 계속 변경하는 것으로 이 cell을 통해 페이징을 받음.
		②	수신 레벨의 크기가 가장 큰 셀을 선택하는 것이 보통임.

		③	기지국에서는 시스템 정보로 셀 간 선택 확률에 따라 로드를 분산시키기
			위한 정보와 인접 기지국 셀의 정보를 전송함.
3.			**Connected상태의 핸드오버**
	가.		개념도(소프트 핸드오버)

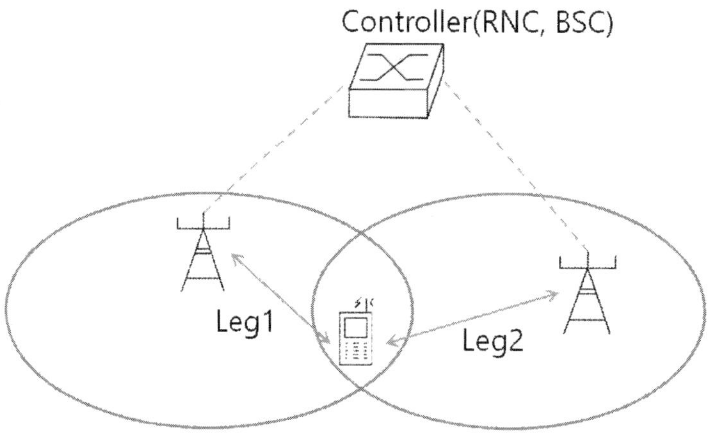

	나.		동작 원리
		①	단말기가 이동함에 따라 기지국이 정한 세기보다 큰 인접 셀을 서빙
			기지국에 보고한다.
		②	기지국은 인접 셀에 자원할당을 요구하고, 단말기로 인접 셀의
			자원 정보를 전송하여 인접 셀로 Access를 시도한 뒤 접속한다.
		③	이전 기지국의 자원을 회수한다.
	다.		종류
		①	하드 핸드오버 : 단말기의 서비스에 단절이 생기는 형태의 핸드오버를 말함.
			1세대 AMPS의 핸드오버 방법이나, 2, 3세대에서 MSC가 변경되는 경우,

Frame Offset[126] 이 변경되는 경우를 말함. 4세대 LTE 핸드오버도 이 종류로 분류될 수도 있으나, 서비스 단절을 최소화하기 위해 패킷 포워딩 기술을 도입하였다.

② 소프트 핸드오버: 2, 3세대 CDMA를 이용한 시스템에서 단말기가 동시에 여러 기지국의 자원을 점유하여 동시에 같은 데이터를 수신하는 형태를 말함. 기지국 자원의 낭비요소는 있으나 끊김 없는 서비스에 강한 장점을 가지고 있음.

③ 소프터 핸드오버: 셀 내에서 섹터간 이동시 발생되는 핸드오버를 말함. 2, 3세대 이동통신 시스템에서 나타남.

④ Access 핸드오버: 기지국이 호 설정시 동시에 여러 기지국 자원을 점유하고 동시에 호 설정 절차를 수행함. 단말기의 접속 성공률을 높일 수 있음. 엄밀히 말하면 Idle과 Connected상태 중간단계의 핸드오버임.

4. 핸드오버와 로밍 비교

비교	핸드오버	로밍
정의	사업자내에서 기지국간 이동성 보장 기술	사업자간 이동성 보장 기술
사전 협약	불필요	필요
단말 상태	Idle / Connected상태	Idle / Connected상태
사업자 경제성	보통	뛰어남
사용자 경제성	보통	추가요금

126) Frame Offset: CDMA통화 채널 프레임이 시스템 시간부터 간격을 1.25ms의 정수배로 나타낸 것이다.

	가.		외국 서비스 형태
			유럽에서는 통신사업자의 나라별 서비스가 통합되어 무료 로밍 서비스가
			점점 보편화 되고 있음.
	나.		우리나라 서비스 전망
			현 정부에서는 한국, 일본, 중국에서 무료 로밍 서비스 허용을 검토 중에
			있고, 이 무료 와이파이 서비스로부터 무료 로밍 서비스가 시작될 예정임.
5.			**이종시스템 간 핸드오버(Vertical Handover)**
	가.		IRAT(Inter Radio Access Technology) 핸드오버
			LTE에서 WCDMA망, GSM망, CDMA1x망 및 HRPD[127)]망으로의
			핸드오버를 말함. LTE시스템이 기존망 위에 Overlay Hot Spot형태로
			구축되어 Coverage가 더 넓은 2세대, 3세대망으로의 핸드오버를 말함.
	나.		WiFi망으로의 핸드오버
			LTE망과 WiFi망이 서로 연동하는 Untrust망으로의 핸드오버를 말함.
			P-GW[128)]를 통하여 두 망의 연동되고, UE에 적합한망을 판단하여
			핸드오버를 수행함.
6.			**결 론**
	○		단말기의 이동성과 Seamless 서비스를 보장하기 위해 이동통신 시스템은
			핸드오버 기술과 로밍 기술을 이용함.

127) HRPD망(High Rate Packet Data망):1xEVDO망을 말한다.
128) P-GW(PDN Gateway): LTE망에서 Serving Gateway과 연결되어 단말의 QoS정책을 수행하고, Accounting관리를 수행한다.

- 핸드오버는 Idle상태의 핸드오버와 Connected상태의 소프트, 소프터, 하드, Access 핸드오버가 있음.
- 패킷 서비스를 본격적으로 시작하는 3세대 이동통신에서는 핸드오버 외에 Fast Cell Selection기술이 도입되어 Active Set중 가장 세기가 좋은 한 cell에 Packet을 전송하는 형태임.
- 4세대 이동통신에서는 처음 하나의 셀에서만 서비스를 하였으나, COMP (COordinated MultiPoint), CA(Carrier Aggregation), DC(Dual Connectivity)등의 기술을 이용, 여러 기지국에서 동시에 서비스 형태로 진화되고 있음.
- 5세대 이동통신에서는 빔포밍 기술과 더불어, L2 핸드오버, L3 핸드오버 등의 신기술이 고려되고 있음.

Point

키 워 드	이동성, 소프트핸드오버, 하드핸드오버, 로밍
기출코드	통신2009상1, 컴응2010하1
통합사고	이동통신이 유선통신과 비교 시 이동성 제공이 가장 핵심적인 서비스이고, 이동성 제공 서비스의 가장 핵심적인 기술이 핸드오버입니다. 실제 상용망에서도 이동통신 시스템의 호 절단률과 가장 밀접한 기술로 핸드오프 성공률이 시스템의 핵심 지표(KPI)로 고려됩니다. 추가로, 단말기의 위치등록 방법도 함께 정리할 수 있습니다.
바로가기	“핸드오버와 로밍(Handover and Roaming)“, 손에 잡히는 ICT, 343p

참고문헌

[1] 3GPP 36.300 “Evolved Universal Terrestrial Radio Access (E-UTRA) and Evolved Universal Terrestrial Radio Access Network (E-UTRAN); Overall description”

5.4 이동통신 주파수 확보방안

1. 개요

- ❍ LTE기술의 진화, 5G 이동통신의 준비, 그리고 고품질 멀티미디어 서비스 현 등의 이유로 주파수 부족 현상이 나타남.
- ❍ 2020년까지 600MHz의 신규 주파수를 확보하는 '모바일 광개토플랜'을 수립하였음.
- ❍ 추가로, 2023년 내에 1GHz 폭 이상 추가 확보하는 '모바일 광개토플랜2.0'을 세워 모바일 최강국 건설을 추구하는 계획을 수립하였음.

2. 모바일 주파수 부족 원인과 결과

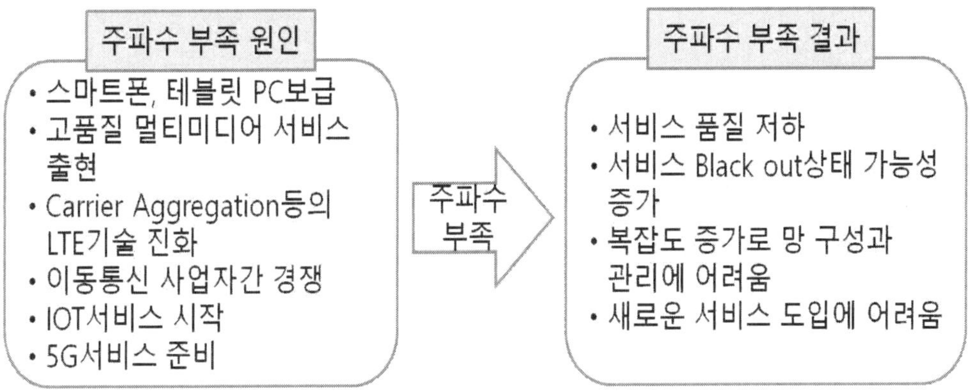

※ 기술적 해결 방법으로, Admission Control[129], Load balancing[130], Congestion control[131] 등의 기술이 있으나, 궁극적 해결방법으로 추가 주파수 할당과 기존 주파수 발굴이 있음.

---

129) Admission Control: 단말 및 서비스 권한별 Access를 제어하는 방식.
130) Load Balancing: 인접 기지국의 셀 간의 로드를 균등하게 하는 기술.
131) Congestion Control: 기지국의 Load나 메모리 사용량 등에 따라 Access를 제어하는 기술.

3.			**모바일 광개토 플랜**
	가.		비젼과 목표
		①	비젼: 실제 영토는 좁지만 주파수 영토는 가장 넓게 잘 쓰는 나라.
		②	목표: 2020년 까지 600MHz 이상의 신규 주파수 확보 및 보급.
	나.		계획 방안

기간	계획 방안	목표 주파수
단기(~2013년)	1) 700MHz대역:40MHz	170MHz
	2)1.8GHz대역:70MHz	
	3)2.1GHz대역: 60MHz	
중기(~2016년)	1) 2.6GHz대역: 30MHz	230MHz
	2) 2GHz대역: 40MHz	
	3)3.5GHz대역: 160MHz	
장기(~2020년)	5GHz이하대역 200MHz	200MHz

	다.		**주요 성과**
		①	700MHz, 1.8GHz, 2.6GHz대역에서 총 180MHz확보로 목표대비 220MHz
			부족 한 상태임.
		②	단기 확보 중, 700MHz와 1,8GHz대역은 확보되었으나 2.1GHz위성 대역은
			주변국과 지속적 협의가 필요함.
		③	중기 확보 중 2.6GHz대역 위성 DMB주파수 반납에 80MHz폭 확보.
4.			**모바일 광개토 플랜2.0**
	가.		비젼과 목표 및 전략
		①	비젼: 광활한 주파수 영토자원을 누리는 모바일 최강국 건설.

② 목표: 2023년 까지 1GH폭 이상 추가 확보하여 1인당 평균 데이터 속도를 최대 50Mbps로 향상시킴.

③ 전략

- 광대역 주파수 단계적 확보.
- TDD대역 경쟁력 강화.
- 주파수 재활용 계획 수집.
- 선도적 구제활동 강화.
- 효율적 이용제도 개선.

나. 계획 방안

기간	계획 방안	목표 주파수
1단계(~2015년)	2.6GHz대역 20MHz	60MHz +100MHz재활용
	2.5GHz대역 40MHz	
	재활용:2.1GHz대역 주파수 100MHz	
2단계(~2018년)	2.1GHz대역 60MHz	290MHz + 40MHz재활용
	2.0GHz(TDD) 40MHz	
	2.3GHz대역 30MHz	
	3.5GHz대역 160MHz	
	재활용:2.3GHz와이브로 대역 중 40MHz	
3단계(~2020년)	1.8GHz대역 20MHz	220MHz + 20MHz재활용
	6GHz이하 200MHz	
	재활용: 1.8GHz('21,6월 만료) 20MHz	
4단계(~2023년)	2.6GHz대역 10MHz	510MHz
	6GHz이하 500MHz	

	다.		주요 성과
		①	2016년 이미 확보된 주파수와 더불어 총 100MHz대역 주파수 경매를 통한
			분배를 실시하였음.
		②	700MHz의 방송과 통신의 갈등 속에서 최종 UHD방송용 40MHz 와 재난
			안전 통신용 20MHz로 분배되었음.
		③	2.5GHz의 TDD대역은 제 4 이동통신 사업자 자격 미달로 분배 실패.
5.			**5G 이동통신 주파수**
	가.		5G 요구 사항 및 특징
		①	IOT 서비스와 고품질 서비스 증가로 트래픽량 증가.
		②	IOT, V2X등의 서비스로 다양한 디바이스 타입 존재.
		③	다양한 모바일 융합 서비스(증강현실, 가상현실, 홀로그램) 등장.
		④	Ultra-Reliable low latency communication의 서비스 등장.
	나.		5G주파수 계획
		①	5G 서비스를 만족하기 위해 나라별 새로운 주파수를 계획하고 있음.
		②	주요 나라별 현황

주요 나라	주파수
대한민국	3.4~3.7GHz/ 28GHz
중국	3.4~3.6GHz for 5G trial 25~27GHz, 31~33GHz
EU	3.4~3.8GHz / 24~27GHz
미국	27~28GHz /38~40GHz / 64~71GHz
일본	3.6~3.8GHz / 27~29GHz

※ 주로 3.5GHz대역과 30GHz대역을 5G서비스 주파수로 하여 여러 시범 서비스와 데모가 예정 중이고, 연구도 진행 중임.

6. 결론

- 현재 모바일 광개토 플랜 3.0 계획안이 논의 중에 있으나 좀 더 구체적인 장기적 플랜에 대한 논의가 필요해 보임.
- 4G, 5G서비스 주파수가 전파의 창 주파수와 중첩되므로, 이웃 나라와의 협상을 통해 위성 주파수의 재사용에 대한 중요성이 커지고 있음.
- 5G의 30GHz 대역의 이동 통신 서비스로의 특성 파악을 위해 좀 더 신속한 연구가 필요함.

Point

키 워 드	모바일 광개토 플랜, 5G 주파수, 주파수 부족이유
기출코드	통신2013상3, 통신2015하4
통합사고	각 주파수별 대략적인 특성을 파악해야 하고, 현 시점 방송, 통신, 재난 중 추가 주파수 할당이 필요한 부분에 대한 자신만의 철학과 논리가 시사와 결합한 종합적 사고가 필요합니다. 향후 5G이동통신의 서비스 주파수 대역인 High밴드, Middle밴드와 Low밴드들의 특징에 대해서도 같이 정리가 필요합니다.
함께보기	"이동통신 주파수 확보전략", 손에 잡히는 ICT, 386p

참고문헌

[1] 미래창조과학부, "모바일 광개토 플랜 2.0", 2017

5.5 1세대/2세대 이동통신망

1.			**개 요**
	❍		1세대 이동통신시스템은 아날로그 이동통신으로 북미 AMPS와 유럽의 TACS[132], NMT[133]가 있고 주로 차량용 음성 서비스를 제공함.
	❍		2세대 이동통신시스템은 디지털 시스템으로 유럽의 GSM과 북미의 IS-95망이 있고, 음성 서비스와 14.4kbps의 Data서비스를 제공함.
	❍		국내에서는 1세대 AMPS에서 2세대 IS-95시스템을 선택하여 상용화 성공하였음.
2.			**1세대, 2세대 이동 통신 기술 비교**
	가.		서비스망 형태 비교

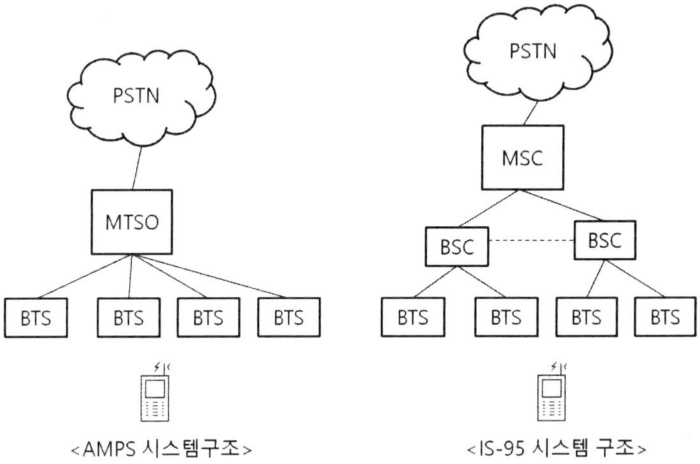

		①	AMPS의 시스템구조는 4세대 LTE와 비슷해 보이나, MTSO와 BTS 인터페이스가 IP가 아닌 TDM이고, MTSO가 Control과 Data전송을 같이하여 Control(MME), DATA(SGW)가 분리된 LTE와 다름.

132) TACS(Total Access Communication System): 유럽 영국의 1세대 망.
133) NMT(Nordic Mobile Telephone): 북유럽의 1세대 망.

구분	AMPS	GSM	IS-95
규격	EIA/TIA-553	ETSI	TIA/EIA-95
Multiple Access	FDMA	TDMA	CDMA
서비스지역	북미	유럽, 중국, 남미	북미, 한국
전송속도	~10kbps	9.6~64kbps	9.6~64kbps
상용화 시기	1984년	1991년	1995년
사용주파수	800MHz	800MHz, 900MHz, 1.8GHz, 1.9GHz등	800MHz, 1.8GHz
현재 상태	서비스 종료	서비스 중	서비스 종료

3. 이동통신 기술 선택 시 고려사항

- ○ 2세대 IS-95시스템을 최초 상용화를 이룬 우리나라는 CDMA의 종주국이라 일컬었지만, 원천기술 부족으로 이를 가진 미국 칩셋 제조 회사만 대기업으로 성장하게 만들었고, 현재 진화된 3세대 CDMA1x형태의 서비스로 일부 미비하게 서비스 중에 있음.
- ○ 유럽, 중국 등 많은 나라에서 현재도 사용하는 GSM은 최근 NB-IoT (Narrow Band Internet of Things)기술의 Standalone mode[134] 와 같이 사용 될 수 있도록 기술이 진화하였음.
- ○ 이동통신 장비는 막대한 자본이 투자되고 사용자 역시 국민 대다수 이므로, 그 기술의 선택과 유지는 단순히 기업 자체의 이득과 보여주기 위한 출혈경쟁 보다는 국민의 보편적인 이동통신 서비스 제공에 초점을 맞추어야 함. 출혈경쟁은 곧 국민의 경제 압박임.
- ○ 기술의 선택에 있어서 무엇보다도 자국민의 사용편리성과 경제성 서비스의 신속성을 중요하게 생각해야함.

134) Standalone Mode: NB-IOT deployment mode중 하나로 NB-IOT단독 서비스가 가능 하다.

Point

키 워 드	AMPS, GSM, IS-95
기출코드	통신2010하2, 통신2005하2
통합사고	1세대 2세대 통신은 과거의 시스템으로 이 부분이 시험에 나올 확률은 적습니다. 그러나 GSM이 일부 밴드에 최신 NB-IOT서비스를 도입할 정도로 생명력이 긴 시스템으로 현재 자리 잡고 있지만, 동기식 CDMA 2세대 시스템은 현재 세계 어디서도 거의 찾아볼 수 없습니다. 과연 우리는 너무 빠른 주기로 시스템을 과열 경쟁으로 업그레이드 하고 있는 것은 아닌지? 그리고 이 과열 경쟁의 희생은 사용자인 국민이 아닌지 등에 대한 생각을 해 볼 수 있습니다.
바로가기	“다원접속방식(Multiple Access)”, 손에 잡히는 ICT, 124p “대역확산방식(Spread Spectrum)”, 손에 잡히는 ICT, 126p

참고문헌

[1] Man Youn Rhee, “CDMA cellular mobile communications and network security”, Prentice-Hall, 1998

5.6 동기식 CDMA1x망, 1xEVDO망의 진화

1. 개요

- 3GPP2규격을 따르는 동기식 이동통신은, Circuit망인 CDMA1x망과 Packet망인 1xEVDO(Evolution Data Only)망으로 진화함.
- CDMA의 종주국인 우리나라도 3GPP2의 규격진화를 따랐으나 3세대 이동통신부터는 3GPP규격의 비동기식 이동통신과 공존함.
- 4세대에서 동기식 이동통신은 3GPP2에서는 그 규격이 계속 진화 하였으나, 상용화 되지 못하고 비동기식 방식인 LTE로 진화됨.

2. 동기식 이동통신 기술의 진화

가. 세대별 기술의 진화

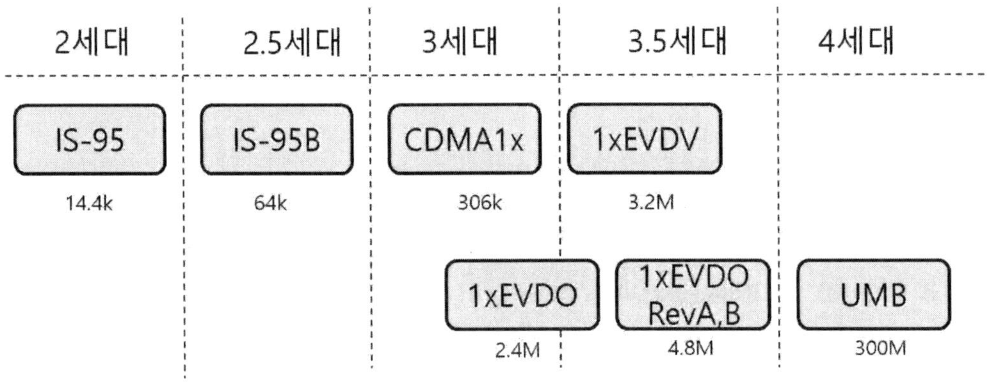

① Circuit기반은 Multi-Code방식의 IS-95B를 거쳐 CDMA1x방식으로 진화하였으나 1xEVDV(Data and Voice)는 상용화되지 못하였음.

② Packet기반은 퀄컴이 주도하에 1xEVDO기술이 상용화 되었고 이는 Rev A과 Multi-Carrier기술의 Rev B까지 진화하였음.

③ 4세대 UMB(Ultra Mobile Broadband) 기술을 OFDM방식으로 무선 구간을 변경하였으나, LTE기술에 밀려 상용화 되지는 못하였음.

④ 3세대 서비스는 CDMA1x와 1xEVDO가 Overlay되는 형태로 음성은 CDMA1x망을 통하여 Data는 1xEVDO망을 통하여 서비스 됨.

나. 세대 별 주요 기술의 비교

구분	IS-95	CDMA1x	1xEVDO	1xEVDV
기반	Circuit	Circuit	Packet	Circuit+ Packet
다중접속	CDMA	CDMA	CDMA +TDMA	CDMA +TDMA
속도(bps)	14.4k	153.6k	2.4M	3M
대역폭(MHz)	1.25	1.25	1.25	1.25
서비스	음성위주	음성+저속데이터	데이터	음성+데이터
상용화 성공	O	O	O	X

① 동기화 이동통신 기술은 주로 북미와 국내에서 상용화 되어 시장의 확대에 한계가 있었음.

② 현재는 CDMA1x과 1xEVDO의 혼용 망이 4G LTE망과 연동됨.

3. **동기식 이동통신 기술의 4세대 진화 현황**

가. 북미와 국내 동기식 서비스 사업자들이 4세대 이동통신 기술로 비동기식 기술의 4세대 기술인 LTE 기술을 선택하였음.

나.	동기식과 연동되는 LTE망 구성도

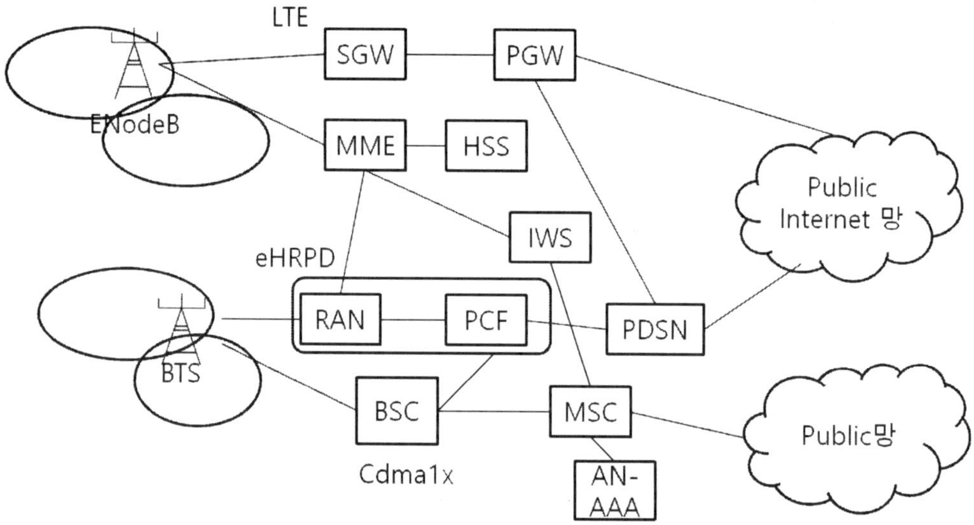

① CDMA망이 Coverage망으로 이용되고 LTE망이 Hot spot 형태의 Capacity망으로 이용됨.

② 1xEVDO망은 LTE와 연동하기 위해 eHBPD망으로 진화되어 MME와 Direct하게 연동되고, CDMA1x망은 voice서비스 등을 위해 IWS (InterWorking Solution)을 통해 MSC와 MME가 연결됨.

③ 비동기식 사업자들에 비해 상대적으로 소수였던 동기식 사업자들의 LTE 선택은 경제성과 기술의 진화를 고려한 선택이었음.

④ LTE에서는 동기식 시스템과 Seamless한 이동성을 지원하기 위하여 IRAT(Inter Radio Access Technology) 핸드오버나 SRVCC[135), CSFB[136) 등의 서비스를 제공하였음.

135) SRVCC: Single Radio Voice Call Continuity로 LTE망에서 VoITE서비스 중 2G/3G로 핸드오버하며 음성서비스를 유지하는 기술을 말한다.

136) CSFB: Circuit Switched Fall-back으로 LTE망에서 음성서비스를 2G/3G망을 통해 받고, LTE망으로 다시 접속하는 기술을 말한다.

4. 결론

- 우리나라는 미국, 중국, 유럽보다 시장이 작기 때문에, 시장의 원리로 이동통신 흐름을 이끌기는 한계가 있음.
- 기간망이 발달되었고, 큰 대도시가 있기 때문에 새로운 기술을 먼저 도입하는 테스트 베드로 많이 활용되고 있는 상태임.
- 다양한 신규 이동 통신 기술이 많이 도입되어 고용효율 향상에 도움이 되고 또, 경험한 다양한 기술을 바탕으로 원천기술 확보에 더욱 힘 써야 함.
- 반면 신규 기술에 대한 서비스 중단되는 등 중복투자가 이뤄져서 결국, 국민들이 그 중복 투자를 부담하는 경우가 발생되는 것을 지양해야 함.

Point

키 워 드	CDMA1x, EVDO, EVDV
기출코드	통신2017상1
통합사고	동기식 이동통신의 세대별 정리와 현재 기존 Legacy시스템이 LTE와 어떻게 연동되고 있는지에 대한 정리가 필요합니다. 추가로, 동기식 기술의 진화가 왜 멈추었고 비동기로 변경하였는지, 그렇다면 과연 우리의 과거 디지털 동기식 이동통신 방식의 선택이 최선의 선택이었는지, 또, 기술 선택 시 어떤 점들이 고려되어야 하는지 등 에 대한 생각을 해볼 수 있습니다.
함께보기	"대역확산방식(Spread Spectrum)", 손에 잡히는 ICT, 126p "왈쉬코드(Walsh-code)", 손에 잡히는 ICT, 319p "레이크수신기(Rake Receiver)", 손에 잡히는 ICT, 328p

참고문헌

[1] 김현욱, "IMT-2000 이동통신의 원리", 진한앰앤비, 2012

5.7 비동기식 이동통신망의 진화와 진화망 구축 시 고려사항

1. 개요

○ 비동기식 GSM망은 3GPP규격을 기반으로 하여 GPRS, WCDMA,HSPDA, HDUPA, HSPA+를 거쳐 4세대는 LTE망으로 진화하였음.

○ 국내는 3세대인 WCDMA망부터 상용화 성공하였고 현재도 3세대와 4세대가 Overlay형태로 서비스 중이며, LTE망은 5G의 NR(New Radio)로 진화 중에 있음.

2. 비동기식 이동통신망의 진화 과정

가. 진화 과정

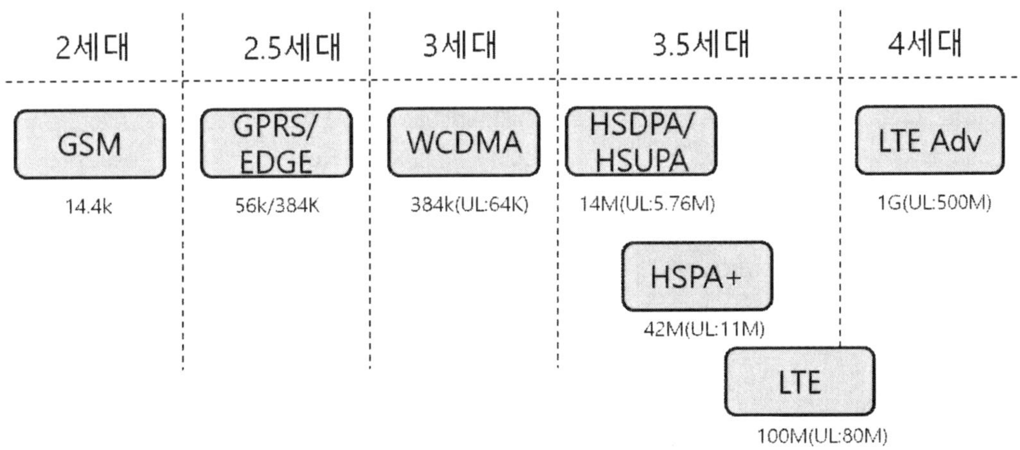

① GSM망은 무선 데이터 통신이 강화된 GPRS(General Packet Radio Service)와 EDGE(Enhanced Data Rate for GSM Evolution)망으로 진화하였음.

② 3세대에는 WCDMA망으로 진화해 TDMA에서 Wide CDMA방식으로 전환하였고, Down Link Data속도가 향상된 HSDPA(High Speed DownLink

Packet Access)와 Up link의 속도가 향상된 HSUPA (High Speed Uplink Packet Access)로 진화하였음.

③ 이후 MIMO기술과 64QAM기술이 도입된 HSPA+(Evolved HSPA) 망으로 진화된 OFDM방식인 LTE망으로 진화됨.

④ LTE-Advanced기술은 Cell Edge에서의 성능향상 기술인 Relay와 COMP 기술을 도입하고 8X8 MIMO와 Carrier Aggregation을 적용, ITU-R의 4G요구 사항을 만족하도록 진화되었음.

나. 주요 기술의 비교

구분	WCDMA	HSDPA / HSUPA	HSPA+	LTE
기반	Circuit	Circuit+ Packet	Circuit+ Packet	Packet
다중접속방식	CDMA	CDMA+ TDMA	CDMA+ TDMA	OFDMA
규격	Rel99(Rel3)	Rel5/6	Rel7	Rel8
속도	384K	14M	42M	100M
네트워크구조	Hierarchical	Hierarchical	Hierarchical	Flat
상용화	O	O	O	O
주요 서비스	전화, 화상전화	전화, 화상전화, 무선인터넷	전화, 화상전화, 고속 무선인터넷	초고속 무선인터넷

① 비동기 WCDMA기술은 TDD기반의 TD-SCDMA기술이 별도로 존재함. DL/UL을 하나의 주파수에서 Time sharing하여 주파수 효율을 극대화 한 것으로 중국에서 독자적으로 개발한 방식임.

② 이는 4G에서 3GPP LTE 규격 내에 흡수되어 LTE가 TDD방식과 FDD 방식을 모두 지원할 수 있게 되었음.

3. 이동통신 진화망 구축 시 고려사항

가. 망 진화 방법

① 주파수 증설과 새로운 기지국 장비 도입: 신규 장비를 도입하여 진화된 기술이 신규 Band와 주파수에서 서비스 됨.

② 새로운 기지국 장비 도입: 기존 Band와 주파수에서 신규 장비를 도입하는 경우로, 기존 망이 축소되면서 신규기술로 대체됨.

③ 단순 S/W 업그레이드 방식: 새로운 S/W Package 적용만으로 망이 진화하는 형태로 가장 단순하고 효율적인 방법임.

나. 구축 시 고려사항

① 진화된 망의 서비스 지역의 트래픽 예치작업, Cell Planning작업, 전송 전력, 할당된 주파수의 간섭 측정 등 진화 기술에 대한 무선망 계획 작업을 수행해야함.

② 신규 기지국 설치시는 기지국 위치, 안테나 위치, 틸팅 정도 및 임대 계약서 작성, 주변 건물 정보 등을 파악해야 함.

③ Core망도 규격에 정의된 Open Interface를 기준으로 정합이 이뤄져야 하며 신규 Core망 설 치 후 사전 IOT(Inter Operability Test)를 수행해서 안정성 확보가 필요함.

④ 기존 서비스 망과의 seamless 핸드오버를 고려하여, Cell의 반경을 조정해야 하며, 기존 망과 진화 망에 각각 Neighbor cell정보를 입력해야 함. 이 때 진화된 기술 간 핸드오버는 많은 시그널링을 유발하고 복잡도가 높으므로, 그 핸드오버가 최소화 되는 구간을 셀 경계로 잡을 필요가 있음.

		⑤	이 후 Driving Field Test[137]) 를 통하여 망 Parameter들을 최적화 하는
			작업이 필요하고, 호 성공률, 절단률, 핸드오버 성공률, DL/UL
			Throughput, 패킷 지연, Availability 등의 KPI[138]) 를 모두 지속적으로
			모니터링 해야 함.
	다.		WCDMA망에서 진화된 LTE망 구축 구성도

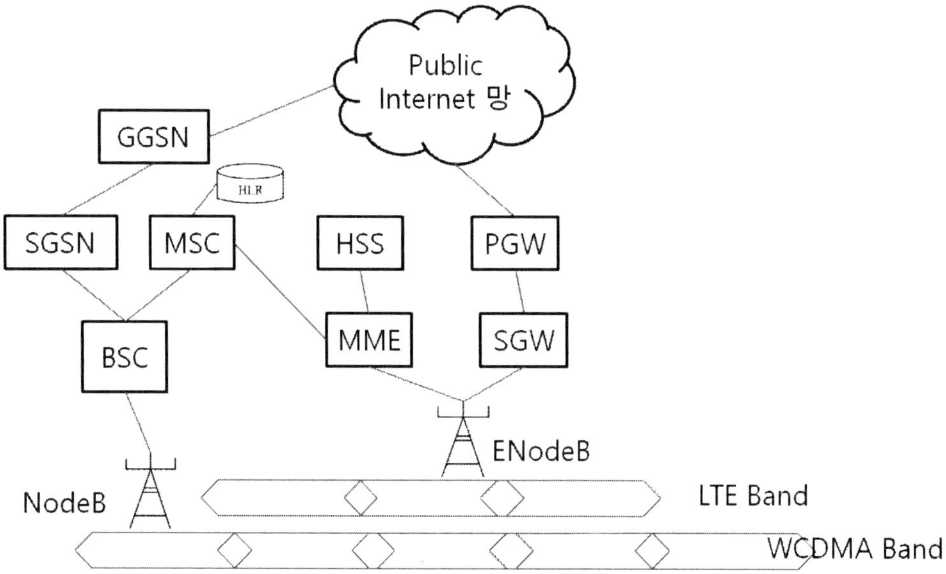

		①	WCDMA band가 coverage band이고 LTE band는 Hot Spot형태
			의 Capacity band 임.
		②	LTE와 WCDMA의 경계 지역에서 IRAT(Inter Radio Access
			Technology) 핸드오버가 발생되고, 단말기의 정보는 MME와 MSC
			를 통해 상호 전달 됨.

137) Driving Field Test: LTE망에서는 SON(Self Organization Network)기술인 MDT(Minimize Driving Test)기술을 이용할 수 있다.

4.			결론
	❍		GSM에서 시작된 비동기 이동통신시스템은 WCDMA/HSDPA/HSUPA
			/HSPA+를 거쳐 LTE로 진화하였고 현재 5G로 진화중임.
	❍		전 세계적으로 비동기 가입자 수와 사업자수가 큰 시장이 이미 형성
			되어있어 단말기 및 장비의 가격경쟁력과 품질이 우수하여 당분간은
			비동기시스템의 독주가 예상됨.
	❍		현재도 Massive IOT[139]와 Critical MTC의 서비스를 제공하는 형태로
			진화중이고, 5G에서도 NSA(Non-Standalone)모드에서는 LTE와의
			연동이 필요하므로 LTE서비스는 당분간 계속 유지될 것임.

138) KPI(Key Performance Indicator): 망의 품질을 모니터링 할 수 있는 지표이다.
139) Massive IOT: NB-IOT나 CAT-M의 IOT 단말들을 지원하는 서비스.

Point

키 워 드	WCDMA, HSDPA/HSUPA, HSPA+, LTE 진화망 구축
기출코드	통신2018상1, 통신2012하3, 통신2015하3, 통신2016상3
통합사고	비동기 이동통신시스템의 세대별 진화와 각 진화별 기술의 특성에 대해서 정리가 되어있어야 합니다. 이동통신 망 구축 형태의 문제에 대해서는 지금은 새롭게 서비스를 시작하는 망 보다는 기존 망을 진화시키는 경우가 더 많으므로, 망을 진화하는 형태로 답안을 작성한다면 분명히 차별화 될 수 있습니다.
함께보기	"LTE(Long Term Evolution)", 손에 잡히는 ICT, 360p "WCDMA, LTE초기동기과정", 손에 잡히는 ICT, 362p

참고문헌

[1] Harris Holm 외, "WCDMA for UMTS", Wiley, 2007

5.8 Wibro망의 현황 및 전망

1.			**개요**
	❍		이동전화와 무선 LAN 인프라의 한계를 극복하고 저렴한 무선 초고속
			인터넷 서비스를 이동 중에도 제공하기 위해 출현한 서비스임.
	❍		4G LTE서비스에 밀려 서비스가 축소되고 있는 상태이고, 주파수 활용이
			재검토 되고 있는 상태임.
2.			**Wibro망**
	가.		네트워크 구성

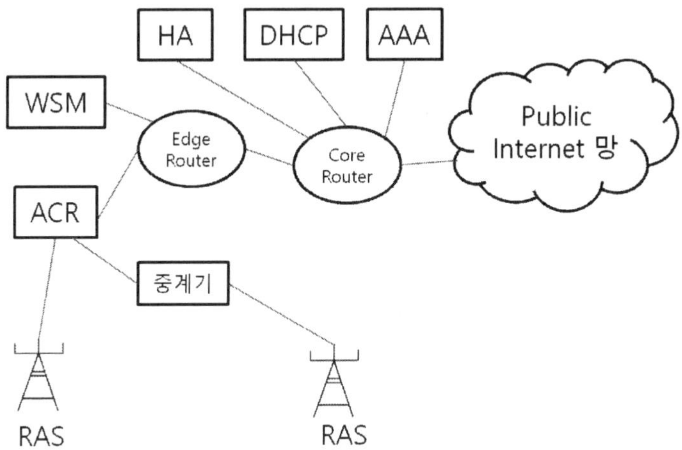

		①	RAS(Radio Access Station)는 IEEE 802.16e의 Air Resource
			Scheduling과 Physical Processing, 데이터 암호화/복호화를 처리함.
		②	ACR(Access Control Router)는 Handover 처리를 담당하고, Traffic의
			Switching과 Integration의 point임.
		③	Edge Router에는 WSM(Wibro System Management)가 운영자
			Interface를 처리하고, Core Router를 거처 Public망에 연결됨.

나 IEEE 802.16e의 Wave1과 Wave2기술의 비교

구분	WAVE1	WAVE2
기본표준	IEEE 802.16e	IEEE802.16e-2005
기반기술	OFDMA	OFDMA
Duplex	TDD	TDD
속도(Mbps)	18(DL), 7(UL)	37(DL), 10(UL)
대역폭	10MHz(국내:8.75MHz)	10MHz
특징	DL에서 64QAM지원	2x2 MIMO지원

3. Wibro망의 현황 및 전망

- 국내 토종 기술로 처음에 기대가 큰 기술이었지만, 음성을 지원하지 않고 세계적인 트랜드인 속도가 더 빠른 LTE기술에 밀려 현재 서비스가 축소화 되고 있는 상태임.
- 기술의 차이보다는 이동 통신 시장의 정치적 논리와 이동통신의 하위 호환성 여부, 중복 투자 가능성 그리고 적절한 시장 형성 시점의 차이에서 LTE의 기술을 따라가지 못하였음.
- 정부는 2019년에 Wibro사용 주파수인 2.3GHz대역을 회수할 예정임. 전체 대역을 회수할지는 미정이지만, Wibro 서비스가 2019년 사업 종료가 예상됨.
- 이런 계획하에 사업자들의 투자가 미비하고, 가입자도 점점 줄어드는 상태로 현재 가입자망의 용도보다는 WiFi망의 백홀 용도로 주로 사용됨.
- 주파수는 국민들의 재산이므로, 토종 기술이란 명분만을 가지고 재산을 낭비하지 말고 적극적인 회수와 LTE TDD[140] 서비스 등의 새로운 기술 도입이 필요해 보임.

140) LTE TDD(TD-LTE): 중국, 미국, 일본 등 에서 이미 LTE FDD와 TDD서비스를 같이 제공하고 있다.

Point

키 워 드	Wibro현황, 주파수 재분배
기출코드	통신2009상4
통합사고	Wibro기술 보다는 Wibro이용 TDD주파수에 대한 이용효율방안을 모바일 광개토 플랜과 더불어 정리할 필요가 있습니다. 세계적으로 통신 사업자들이 주파수 부족으로, TDD LTE와 FDD LTE를 같이 사용하는 추세로, Carrier Aggregation기술과 TDD-FDD의 혼합모드도 지원할 수 있습니다.
함께보기	“LTE와 Wibro핸드오버의 종류 및 동작절차”, 손에 잡히는 ICT, 364p “Wibro활성화 방안”, 손에 잡히는 ICT, 382p

참고문헌

[1] 배성수 외, “와이브로 기술과 시스템”, 세화, 2006

5.9 IMS망

1.			**개요**
	❍		IMS(IP Multimedia Subsystem)은 IP기반 멀티미디어 서비스를 위한
			서브시스템으로 3GPP/ETSI에서 표준을 제작하고 3GPP2에서 수용함.
	❍		IMS계층 구조는 서비스 Plane, Control Plane, Transport Plane으로
			크게 나눌 수 있고, Control Plane에서는 SIP를 통해 전체 호처리를
			제어함.
2.			**IMS계층 구조와 망 구성도**
	가.		망 구성도

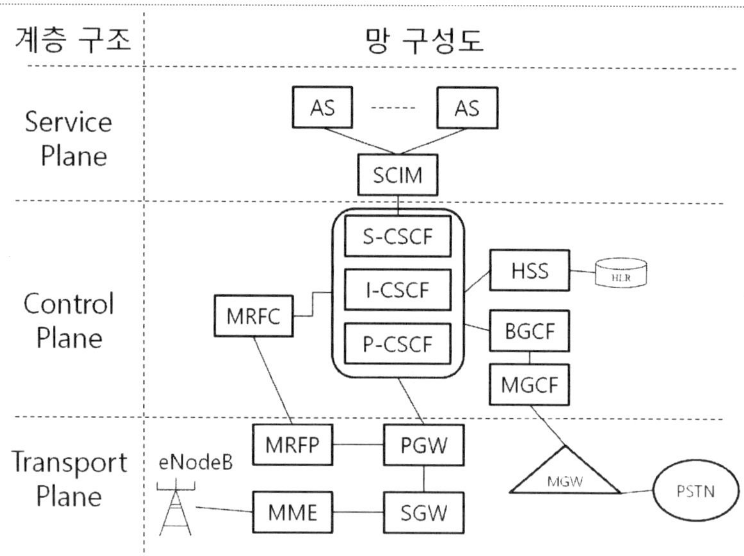

		①	Service Plane: AS(Application Server)와 AS서비스 브로커 역할을
			수행하는 SCIM(Service Capability Interaction Manager)으로 구성 됨.
		②	Control Plane: CSCF(Call Session Control Function)에서 핵심적인[141]

141) SIP(Session Initiation Protocol): IETF에서 정의한 텍스트기반 멀티미디어 세션 제어 프로토콜.

SIP기반 호처리 기능을 제공하고, 기능상 Serving-CSCF, Proxy-CSCF, Interogating-CSCF 로 나뉜다. MRCF(Multimedia Resource Function Controller)는 다자간 서비스를 위한 호제어 기능 과 미디어 믹싱을 처리하는 부임. 이 외 PSTN 착신호에 대한 라우팅 기능을 담당하는 BGCF(Breakout Gateway Conrol Function)와 IMS와 Legacy망 연동을 가능하게 하는 MGCF(Media Gateway Control Function)이 있음.

③ Transport Plane: 이동통신 Access망을 말함, WCDMA, LTE, CDMA 2000, 1xHRPD의 망이 연동될 수 있고, IMS과 Legacy망 사이 미디어 변환하는 MGW(Media G/W)가 있음.

나. IMS망의 특징과 제공 서비스

① IMS망은 이동통신의 다양한 Access망 뿐 아니라 방송망도 수용할 수 있어 IP기반 통합 서비스를 제공할 수 있음.

② 화상 전화 서비스, LTE의 VolTE서비스, PTT서비스, 재난망, 철도망의 그룹 통신, 협업 통신 등 다양한 서비스제공이 가능함.

3. IMS 망의 전망

○ 유, 무선 Access망과 무선의 경우는 5G포함 세대별 망이 IMS를 통해 서비스가 이뤄지고, Access망은 dummy pipe의 형태로 그 역할이 변경될 수 있음.

○ 망 자체가 고도화 되어야 하고 고용량 및 Cloud형태의 망으로 융통성 있게 발전해 나가야 할 것임.

Point

키 워 드	IMS, SIP
기출코드	통신2009하1
통합사고	IMS의 계층구조와 그 Node별 기능을 파악해야 하고, 호처리 Protocol인 SIP의 호처리 동작원리(Registration, Invite등)도 함께 정리할 필요가 있습니다. IMS를 이용한 응용 서비스인 VoLTE나 ViLTE(Video over LTE)과 통합적 답안작성도 고려해 볼 수 있습니다.
함께보기	"IMS(IP Multimedia Subsystem)", 손에 잡히는 ICT, 202p "SIP(Session Initiation Protocol)", 손에 잡히는 ICT, 222p

참고문헌

[1] 김화숙 외, "IMS 기반의 서비스 제어 기술 동향, 전자통신동향분석", 2006

5.10 MIMO기술의 진화

1.			**개요**
	○		송수신단에 Multiple 안테나를 이용, 다중입력과 출력이 가능하여 전송속도
			증가와 잡음에 강한 시스템에서 이용되는 안테나 시스템임.
	○		MIMO안테나 시스템에서 다중이득과 다이버시티 이득을 최대한 얻기
			위해서는 높은 SINR과 많은 반사파가 필요함.
	○		OFDM기술과 같이 Wibro, HSPA+, LTE에서 사용되고 IEEE802.11의
			WiFi기술 계열에서도 널리 사용되는 기술임.
2.			**MIMO 개념의 이해**
	가.		동일 시간, 동일 주파수를 사용해 독립적인 심볼들을 동시에 전송하고 이
			심볼들은 서로 다른 페이딩을 거치므로 수신되는 신호 간에는 비 상관적인
			특성을 갖게 되는 현상을 이용하여 수신함.
	나.		안테나 시스템 구성도

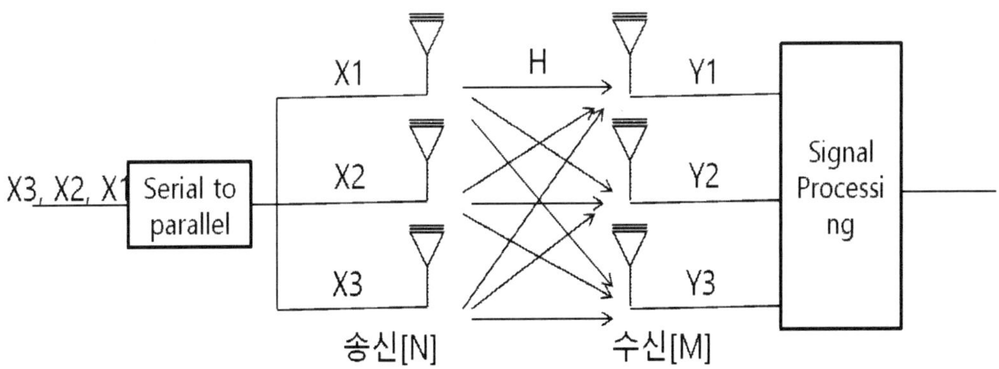

		①	X1, X2, X3는 송신 데이터, Y1, Y2, Y3는 수신 데이터, H는 채널로 산란
			행렬을 타나남. 즉 Y = HX+N(Noise)로 표현됨.

② 송신 ANT수(N)가 많을수록 대역폭이 증가되어 더 고속 전송이 가능하게 됨.

3. **다양한 MIMO기술의 응용**

가. High Order MIMO

① 3GPP계열: HSPA+(2X2), LTE(4X4), LTE-Adv(8X8).

② IEEE802.16계열: Wibro(2X2), WiMAX(4X4).

③ IEEE802.11계열: 802.11n(4X4), 802.11ac(8X8).

나. Single-User와 Multi-User MIMO 비교

구분	Single-User MIMO	Multi-User MIMO
개념	모든 Stream이 한 단말로 특정시간에 집중	Stream별로 여러 단말별로 구분됨
대규모망	보통 용량	용량 확대
복잡도	보통	많이 증가됨
특징	일반 MIMO	확장된 기술임
이용	MIMO지원하는 기술 모두 기본적으로 지원	LTE-Adv, IEEE802.11

다. Massive MIMO

① 기지국에 현재보다 수십 개 이상의 안테나를 장착하여 단말기별로 개별 빔을 형성하여 높은 전송속도와 높은 에너지 효율을 얻는 다중 안테나 기술임.

② 빔포밍 형성으로 단말기간의 간섭이 줄어듦.

③ 다수의 안테나 형성으로 밀리미터파[142]에 유리하므로 5G에서 그 상용에 대한 논의가 활발히 이뤄지고 있음.

142)밀리미터파: 파장이 1~10mm, 주파수가 30~300GHz인 전파를 말한다.

		④	많은 안테나가 사용되므로 많은 채널정보(H)가 필요하고, 채널정보 추출을
			위해 많은 Cell reference시그널이 필요함.
		⑤	빔포밍을 기존 수평에서 수직으로 형성하는 FD-MIMO(Full Dimension-
			MIMO), 혹은, 3D-MIMO방식 적용에 대한 논의가 활발히 이뤄지고 있음.
	라.		LTE에서 MIMO기술
		①	Transmit Diversity Mode: 각 안테나 별로 같은 신호를 전송하여
			수신부가 해당 신호를 정확하게 수신할 수 있게 함.
		②	빔포밍 Mode: Multiple안테나가 안테나 빔 패턴의 방향을 조절함.
			AAS(Adaptive Antenna System)이라고도 함.
		③	Spatial Division Multiplexing Mode: Single-user MIMO로 다른
			Mode는 품질 향상이 목적인데 비해 Throughput 향상이 목적임.
4.			**결론**
	❍		MIMO기술은 4G LTE 시스템의 핵심 기술 중 하나로, 높은 전송 속도와
			신뢰성 있는 통신을 할 수 있게 함.
	❍		복잡도가 단점인데, 5G에서 사용주파수가 3GHz, 30GHz로 변경되므로,
			ANT의 크기측면에서 MIMO기술에 더 유리하게 되었고, 실제 빔포밍
			기술이 5G의 핵심기술 중 하나로 생각되어 연구가 활발히 이뤄지고 있는
			상태임.
	❍		국내도 원천 기술 확보를 위해여 기업 및 정부의 적극적인 투자와 연구
			협력이 필요함.

Point

키 워 드	MIMO, MU-MIMO, Massive MIMO
기출코드	통신2014상3, 통신2016상1, 컴음2015하3, 통신2016하1, 통신2013하1
통합사고	MIMO의 기본 개념과 응용을 같이 정리할 필요가 있다. 더불어 5G에서 빔포밍은 이동성을 제공하는 핵심 기술로 앞으로도 계속 출제될 가능성이 크므로 5G규격을 지속적으로 follow-up할 필요가 있습니다.
바로가기	"다이버시티(Divercity Reception)", 손에 잡히는 ICT, 306p "MIMO(Multiput Input Multiple Output)", 손에 잡히는 ICT, 366p

참고문헌

[1] 황근철 외, "Diversity와 MIMO기술", 서울대학교이동통신연구실, 2016

5.11 Small Cell과 Hetnet

1. 개요

- Small Cell은 초기 음영지역 해소의 목적에서부터 네트워크 용량증대 및 매크로의 로드분산의 목적으로 도입되고 있는 기술임.
- Small Cell의 종류로는 펨토, 피코, 마이크로로 그 전송파워와 커버리지 및 최대 사용자 수에 따라 구분될 수 있음.
- Small Cell은 매크로 셀에 비해 구축비용이 적게 들고, 크기가 작아 협소한 지역이나 인도어 등 인구가 밀집된 곳에 설치가 용이하고 매크로 셀과 함께 Hetnet(Heterogeneous Network)을 형성함.

2. Small Cell

가. 정의

저전력 무선 접속 기지국으로 최소 10m에서 수백 미터 정도의 운영 범위를 가지는 기지국으로 정의됨.

나. 종류

구분	펨토	피코	마이크로	매크로
전송파워	1W(아웃도어) /100mw(인도어)	5W(아웃도어)/2 50mW(인도어)	5~10W	10W이상
커버리지	750m	1.5Km	3km	25km
최대사용자수	32	64	256	256이상
구축장소	가로등기둥, 전신주	가로등기둥, 전신주,빌딩벽	빌딩벽, 옥상,전신주	옥상, 타워마스트
운영자 관리	불필요함	필요함	필요함	필요함

※ Small Cell은 펨토, 피코, 마이크로 셀로 구분됨.

※ 인도어(Indoor)에는 보통 펨토와 피코가 설치 가능함.

	다.		Small Cell 관련 기술
		①	SON(Self Organization Network)
			Small Cell이 설치 시 운영자의 관리를 최소화 할 수 있도록, Self-Configuration, Self-Optimization, Self-Healing, Self-Restart등의 기능을 통해 스스로 운영에 필요한 작업을 수행하는 기술임.
		②	Radio Interference Management
			Small Cell과 매크로 셀과 셀 영역이 겹치기 때문에 셀 간 간섭이 발생되므로, 이를 최소화하기 위해 스케쥴링을 피해서 수행하는 ICIC, eICIC, FeICIC 기술과 스케쥴링 간 협업 통신을 수행하는 CoMP 기술이 있음.
		③	Small Cell On/Off기술
			용량 향상용 Small Cell의 현재 가입자 상태에 따라 가입자가 없으면 Small Cell의 Power를 off하고, 가입자가 많이 생기면 Small 셀 Power를 On하는 기술로 매크로에서 제어하는 피코/마이크로 에서 가능한 기술로 에너지절약과 간섭의 최소화를 가능하게 함.
		④	백홀(Backhaul)
			무선 네트워크와 Core Network사이의 유선망을 말함. Fiber, ADSL, VDSL, FTTx가 사용가능하고, 최근 무선 백홀 기능이 제시되고 있고, 백홀 망은 IPSec을 이용하여 운영데이터의 보안성이 유지됨.
3.			**HetNet**
	가.		정의
			여러 종류의 Small Cell들이 기존의 매크로 네트워크과 같이 혼합되어 운용되는 이종간(Heterogeneous) 네트워크를 말함.

나. 구성도

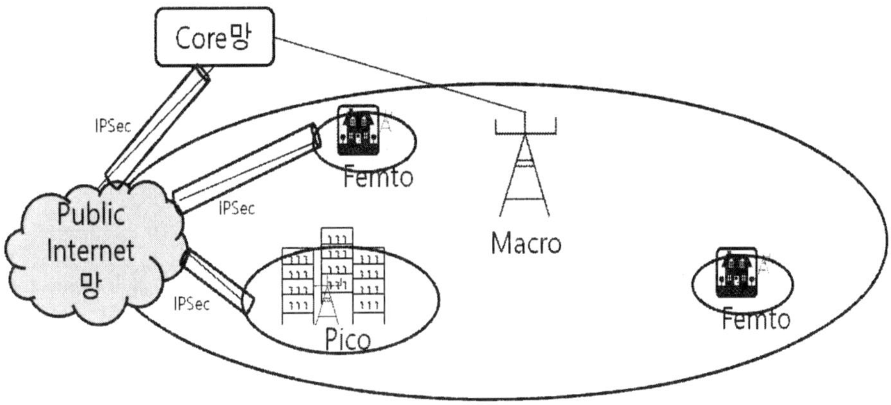

① 매크로 셀 내에 피코와 펨토 셀이 혼합 되어 구성되어있는 Hetnet으로, Macro 셀의 음영지역 보안 및 용량 확대의 목적으로 구성됨.

② 펨토는 운용시스템에 연결될 수 도 있고, SON기능으로 자체적으로 운영파라미터를 설정할 수 있음.

③ 펨토나 피코가 운영자 Core망에 연결되는 경우는 IPSec[143]를 이용하여 망 운영 값이나 운영자 정보 등이 Encryption되어 송, 수신됨.

다. Hetnet망의 장단점

장점

- 고속의 고품질 서비스가 가능함
- 단말기의 전력 소모가 줄어듦
- Macro셀의 과부하가 방지됨
- 운영자의 Capex/Opex에 유리함

단점

- 매크로셀의 운용 복잡도가 증가됨
- 셀경계 지역 간섭해결이 필요함
- 매크로와 Small cell간 mobility 지원이 복잡함

143) IPSec(Internet Protocol Security): IP단 암호화, 인증 등을 담당하는 여러 개방형 Protocol Suites를 말한다.

4.			**Small Cell과 Hetnet의 동향 및 방향**
	❍		Mobile IoT서비스와 폭증하고 있는 모바일 데이터 서비스를 지원하기 위해 Hetnet은 셀 용량을 확대하고 음영지역을 해소할 수 있는 경제적인 솔루션으로 그 역할이 점점 더 중요해 질것임.
	❍		5G의 주파수는 3GHz나 30GHz로 셀의 반경은 더 작아질 것임으로 Small Cell과 호환이 더 잘 될 수 있고, 진화할수록 Small Cell과 Macro 셀간 경계가 점점 무너질 수도 있음.
	❍		Small Cell과 Macro간 협업 통신 기법도 많이 연구되어, DC(Dual Connectivity)기술을 이용해 속도를 좀 더 높일 수 있고, X2[144] 나 S1[145] interface를 통한 Seamless한 Mobility도 지원 가능함.
	❍		셀 간 간섭을 줄이는 다양한 연구가 이뤄지고 있고, 이 분야에 정부와 민간 연구기관이 적극 투자해 IPR확보에 힘써야 함.

144) X2: LTE에서 eNodeB와 eNodeB간의 인터페이스를 말한다.
145) S1: LTE에서 eNodeB와 MME간 인터페이스를 말한다.

Point

키 워 드	Pico, Femto, Hetnet
기출코드	통신2014상3 , 통신2017상1
통합사고	Hetnet의 가장 큰 이슈는 매크로와 및 다른 Small Cell 간 간섭 제어와 Small Cell의 관리기법 및 Small Cell과 매크로 셀간 seamless한 핸드오버 등이 있습니다. LTE에서 간섭 제어기술인 ICIC/COMP기술 등을 함께 정리하고, 관리기술인 SON의 기능도 같이 정리해야 합니다. 그 밖에 특정 가입자만 Small Cell에 access하게 하는 CSG(Closed Subscriber Group) 셀의 개념과 일반 가입자도 같이 access가능하게 하는 hybrid 셀의 개념도 같이 정리하면 좋습니다.
함께보기	“기지국 간섭 경감방안”, 손에 잡히는 ICT, 346p “기지국 통화용량 증대방안”, 손에 잡히는 ICT, 348p “펨토셀(Femtocell)”,손에 잡히는 ICT, 374p

참고문헌

[1] 김이재 외3, "차세대 이동통신 Small Cell 발전 동향", TTA저널, 2014

[2] 김향석 외2, "스몰셀 시장현황 및 전망", 한국전자통신연구원, 2014

5.12 이동통신에서 중계기와 릴레이(Relay)를 비교 설명

1.			**개요**
	❍		이동통신용 중계기는 음영지역 해소 및 이동통신의 셀 커버리지를 경제적
			으로 확대하기 위해 사용됨.
	❍		이동통신에서 릴레이 기술은 ITU-R[146] 의 4G요구사항 중 Cell Edge의
			속도 및 서비스 품질을 만족하기 위해 LTE-Adv에서 처음 도입하였음.
	❍		릴레이 기술에는 Layer1, Layer2, Layer3기술이 있으며 Layer1기술이
			기존 중계기와 같은 개념임.
2.			**중계기(Repeater)**
	가.		개념도

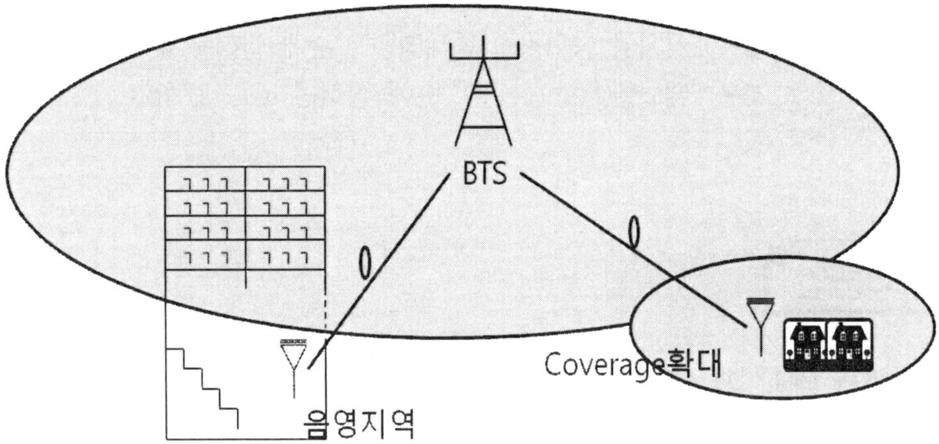

		①	기지국 셀 커버리지 내에서 음영지역해소와 Coverage확대의 목적으로
			중계기를 이용함.

146) ITU-R(ITU Radiocommunication Sector): 국제 전기 통신 연합(ITU)을 구성하는 3가지 중에 하나로서, 라디오 주파수대역의 통신규약이다.

② 교외 및 산간벽지 등 Traffic이 많이 발생하지 않은 지역에서 기지국 추가 설치 없이 경제적으로 이동통신 서비스를 제공할 수 있는 장점이 있음.

③ 기지국과 중계기 사이 전송지연을 고려한 망 파라미터 설정이 필요.

나. 종류

구분	광중계기	RF중계기	ICS중계기
개념	기지국신호→광신호→중계→광신호→ 기지국신호	기지국 미사용주파수를 이용하여 중계함	중계신호의 Feedback신호의 Canceller를 수행함.
품질	우수	낮음	우수
경제성	낮음	우수	우수
설치	어려움	용이	용이
지역	대도시	외각음영지역, 지하	도시, 외각음영지역, 지하철

※ 광 중계기가 가장 많이 사용됨.

3. **LTE의 릴레이(Relay)**

가. ITU-R의 4G요구사항 중 Cell Edge에서의 요구를 만족하기 위해 3GPP Release 10표준에 RN(Relay Node)의 개념을 도입하였음.

나. 개념도

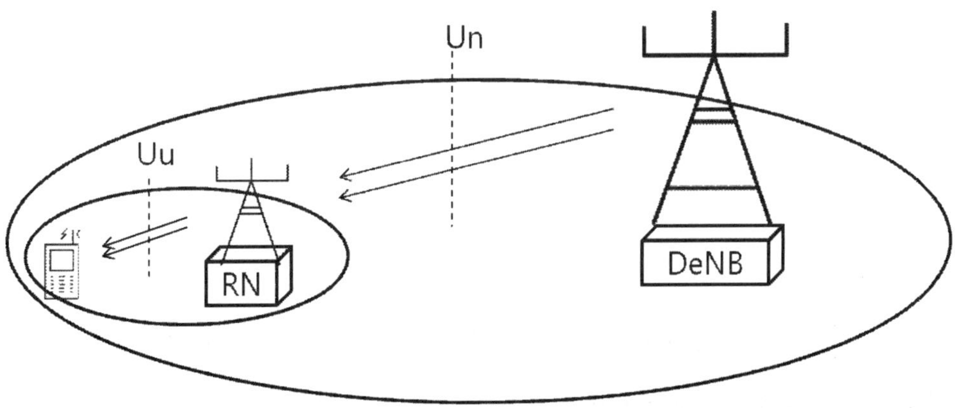

① RN(Relay Node)가 DeNB(Donor ENodeB)에 Un인터페이스를 통해 연결 되어있고, 단말은 RN에 Uu인터페이스를 통해 연결됨.

② Un과 Uu의 인터페이스가 같은 주파수를 사용하는 In-Band방법과 다른 주파수를 사용하는 Out-band방식이 있음.

③ 같은 주파수를 사용하는 경우는 Time Division을 적용, 시간을 분배하여 서로 간섭이 일어나지 않도록 함.

④ RN은 Un를 통해 수신된 DeNB의 신호를 복제하여 Uu를 통하여 단말기에 전송하여 고품질의 서비스를 Cell Edge에서도 받을 수 있음.

다. 종류와 비교

구분	Layer 1 릴레이	Layer 2 릴레이	Layer 3 릴레이
개념	Un의 신호를 Power Amp로 증폭하여 Uu로 전달함	Un의 신호를 복조/ Decoding후 다시 Encoding한 다음 변조 후 증폭하여 다시 Uu로 전송함	Un의 신호를 복조/ Decoding후 User-Data를 재생성, 이를 다시 Encoding하고 변조 후 증폭하여 Uu로 전송함
장점	단순하고, 경제적	노이즈 제거	노이즈 제거 규격에 영향이 적다(빠른 제품 출시 가능함)
단점	Noise도 같이 증폭됨	프로세싱 지연이 있고, Relay Node가격이 비쌈.	프로세싱 지연이 없음

① Layer 1 릴레이는 기존 중계와 같은 개념임.

② Wireless backhaul이나 긴급재난의 경우 등에는 Multiple Hopes도 가능하도록 설계되어있음.

4.			결론
	❍		HetNet은 보통 Macro셀과 Small Cell들 그리고 릴레이 Node가 같은 한
			셀에 혼합하여 서비스하는 형태를 말함.
	❍		이중 릴레이 Node가 가장 경제적으로 Cell의 음영지역을 없애고 셀을 확장
			할 수 있는 기술로, CAPEX/OPEX를 고려했을 때 큰 장점이 있으나 전송
			지연을 고려한 망 최적화 작업이 필요함.
	❍		기존 Layer1 릴레이에서 규격에 영향이 적고 Noise를 제거할 수 있는
			Layer3 릴레이도 많이 고려되고 있음.

Point

키워드	중계기, ICS, RN
기출코드	통신2011상1
통합사고	중계기와 릴레이의 비교표도 추가로 생각해 볼 수 있고, Hetnet 내에서 펨토셀, 피코셀 등의 Small셀들과 함께 사용되는 RN이나 중계기의 구성도도 추가로 생각해 볼 수 있습니다. 특히, 중계기나 릴레이는 국내 중소기업의 제품에 많이 의지를 하고 있으므로 중소기업활성화 관점에 있어서도 중요한 기술들입니다.
함께보기	"간섭제거중계기(ICS, Interference Cancellation System)", 손에 잡히는 ICT, 350p

참고문헌

[1] Mikio Iwamura 외2, "Relay Techcnology in LTE Advanced Technical Report", NTT DOCOMO Technical Journal, 2010

5.13 LTE망의 구조와 진화

1.			**개요**
	❍		3GPP Release 8표준을 기반으로 하는 LTE망은 Flat한 구조를 가지며
			OFDMA방식을 이용한 Packet기반의 4세대 이동통신 망으로 현재
			Release14 까지 진화하였음.
	❍		순방향(DL) 1Gbps, 역방향(UL) 500Mbps의 속도를 지원하는 ALL IP기반
			Packet 전용망임.
	❍		이동통신에서 철도망, 지하철, e-Navigation, 재난 망 등 다양한 분야에서
			사용 중이고, 5G에서도 5G기술과 Co-sited되는 형태인 evolved LTE로
			진화될 예정임.
2.			**LTE 망 구조와 특징**
	가.		망 구성도

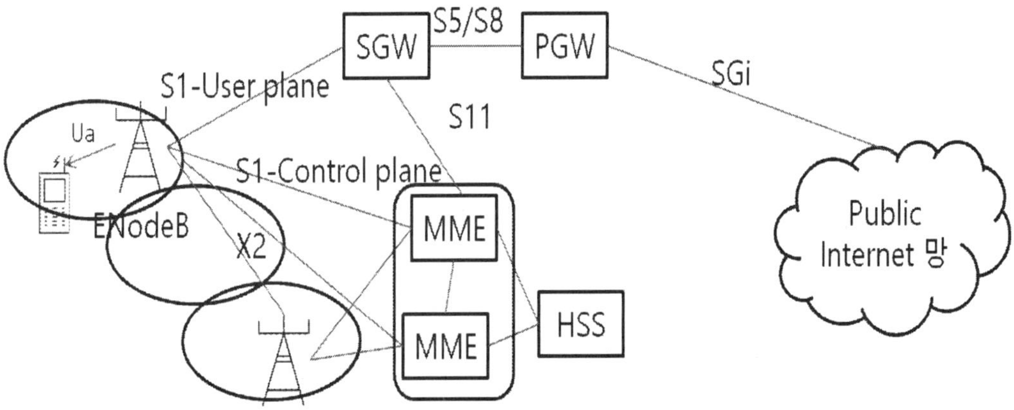

		①	eNodeB와 단말(UE)사이는 순방향 OFDM, 역방향 SC-FDMA의 무선
			접속기술이 이용됨.

		②	MME와 eNodeB사이의 S1 control plane과 eNodeB간인 X2 control
			plane은 SCTP[147]가 Transport 프로토롤로 사용됨.
		③	eNodeB와 SGW(Serving Gateway)와 PGW(PDN Gateway)로 연결 되는
			User Plane의 UDP가 Transport 프로토콜로 사용, GTP[148]가 Application
			프로토콜로 사용됨.
		④	MME는 보통 Pool형태로 제공되고, eNodeB와 Full Mesh로 연결되어
			서비스 안전성이 확보되도록 함.
	나.		특징
		①	기존 3세대 망의 RNC의 기능을 eNodeB와 MME/SGW로 분산하여 Simple
			한 Flat Architecture를 가짐.
		②	경제적으로 망을 구축 할 수 있고, Packet 지연도 기존 3G망에 비해
			줄어드는 장점이 있음.
		③	Packet전용 all IP network임. Circuit은 지원하지 않으므로 음성 서비스
			를 위해서 IMS망과 연동하는 VOLTE가 필수적임.
		④	Soft handover를 지원하지 않고, eNodeB간 Cell스위칭 형태의 Mobility
			를 제공하고 버퍼링된 Packet을 eNodeB간 전달하여 데이터 재전송 및
			Packet전송 Interruption 시간을 최소화 함.
3.			**LTE Protocol Stack**
	가.		User Plane Protocol Stack

147) SCTP(Stream Control Transmission Protocol): Port번호 132를 이용하는 전송계층 프로토폴이다.
148) GTP(GPRS Tunneling Protocol): 3GPP계열 규격에서 사용되는 IP 기반의 그룹형태의 통신 프로토콜이다.

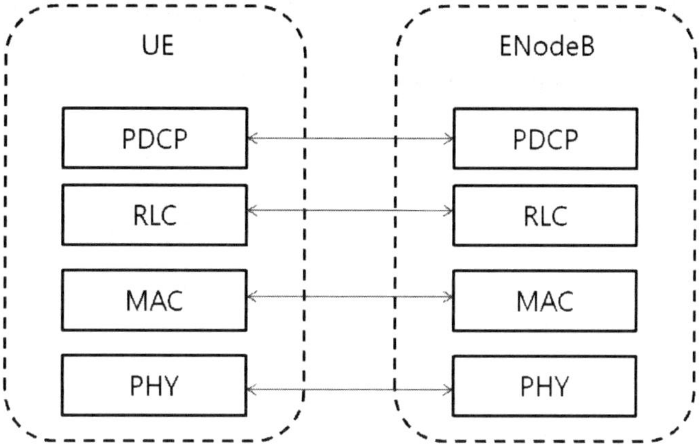

	①	PDCP(Packet Data Convergence Protocol): 데이터 암호화, 복호화 기능
		과 RoHC를 이용한 Header Compression이 이뤄짐.
	②	RLC(Radio Link Control):ARQ기능을 담당하고, ACK모드, UNACK모드,
		Transparent의 모드가 서비스 별로 선택됨.
	③	MAC(Medium Access Control):MUX, DEMUX기능, HARQ가 동작되고,
		Scheduler 알고리즘이 동작됨.
	④	PHY(Physical): 변, 복조가 이뤄지고, OFDM신호로 변경됨.
나.		Control Plane Protocol Stack

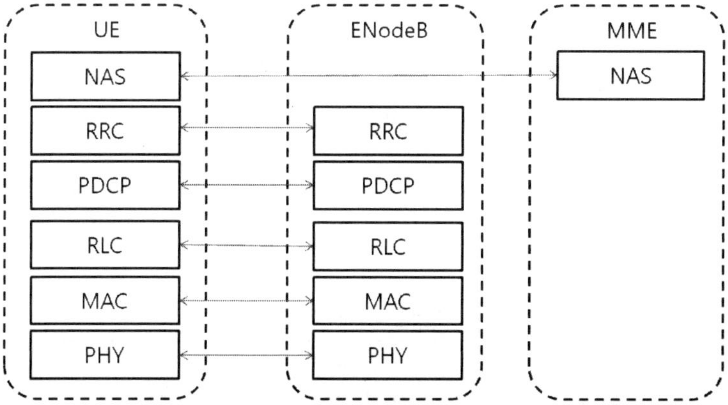

① RRC(Radio Resource Control): RRC Connection 셋업과 해제, 핸드오버 및 Measurement, Paging, Broadcast 시스템 메시지의 기능 등을 담당함.

② NAS(Non Access Stratum):UE과 MME간 Bearer관리, Tracking Area Update, 인증 등의 기능을 담당함. eNodeB는 UE나 MME로 Bypass하는 메시지임.

4. LTE망의 진화

가. 주요 진화 기술 비교

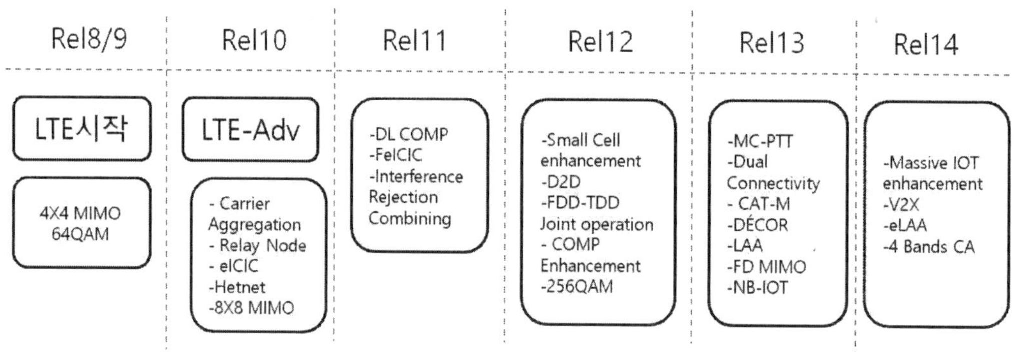

① LTE규격 초기에는 속도를 높이는 high order MIMO, CA(Carrier Aggregation), 셀 간 간섭을 줄이는 ICIC, COMP 기술에 집중되었음.

② 이후 LTE의 기술의 확대되는 D2D(Device to Device), FDD-TDD Joint, Small Cell 관련 기술들이 발전되었음.

③ 근래는 MTC(Machine Type Communication)기술에 집중되어 CAT-M (Category M), NB-IoT(Narrow Band Internet of Things), V2X[149] 등의 기술을 포함하는 형태로 진화중임.

149) V2X: V2I(Vehicle to Infrastructure), V2V(Vehicle to Vehicle), V2P(Vehicle to Personnel)의 기술을 모두 말한다.

5.			결론
	○		WCDMA망에서 진화된 LTE기술은 망이 단순하고, 경제적이며, 빠른
			속도와 QoS를 지원하므로, 그 사용범위가 확대되고 있음.
	○		최근에는 NB-IoT, CAT-M, V2X등 IOT서비스를 지원하도록 진화중임.
	○		5G기술과 호환성도 뛰어나서 Control은 LTE에서 수행하고, 데이터
			전송만 5G인 NR에서 처리되는 옵션도 존재하므로 앞으로 당분간 LTE
			기술의 독주가 예상됨.

Point

키 워 드	LTE진화, LTE protocol, LTE망구조
기출코드	통신2016상4, 통신2014상3, 통신2012하3, 컴응2015상4
통합사고	LTE Architecture와 그 특징, 그리고 LTE기술의 발전 및 추가된 최신기술을 파악하고 있어야 합니다. 각 진화별 기술에 대한 개념과 그 목적을 숙지하고 있어야 합니다. 더 나아가 5G이동통신의 Architecture인 NSR(Non Stand-Alone)과 SR(Stand-Alone)도 같이 정리되어야 합니다.
함께보기	“SCTP(Stream Control Transmission Protocol)”, 손에 잡히는 ICT, 178p “LTE(Long Term Evolution)”, 손에 잡히는 ICT, 360p “WCDMA, LTE 초기동기 과정”, 손에 잡히는 ICT, 362p

참고문헌

[1] 3GPP 36.300, “Evolved Universal Terrestrial Radio Access (E-UTRA) and Evolved Universal Terrestrial Radio Access Network (E-UTRAN); Overall description”, 2017

5.14 LTE FDD/TDD를 비교

1.			**개요**
	○		상향, 하향 주파수가 같은 주파수인 LTE TDD방식은 다른 주파수를 사용 하는 LTE FDD방식보다 주파수 효율면에서 장점이 있음.
	○		고품질, 고속의 서비스가 요구되어 추가 주파수 확보가 필요한 LTE 서비스 에서 LTE TDD방식 도입은 좋은 대안이 될 수 있음.
2.			**LTE FDD/TDD기술**
	가.		개념 비교도

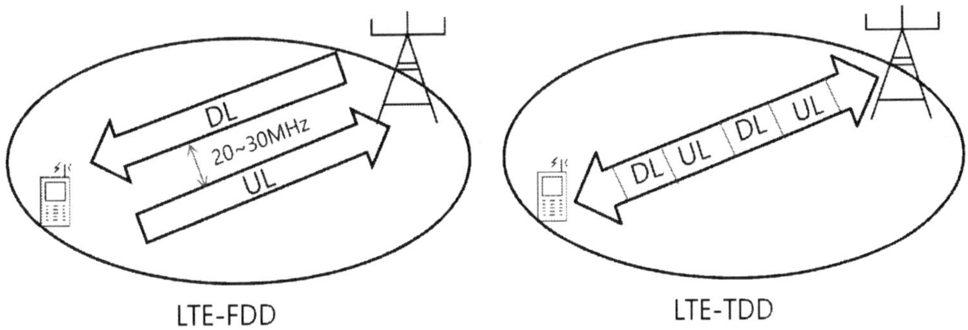

		①	LTE FDD기술은 기존 3GPP UTRA기술에서 진화된 형태로 하향 방향 (Down Link, DL)과 상향방향(Up Link, UL)의 주파수가 서로 다른 경우로 보통 20~30MHz 차이가 남.
		②	LTE TDD기술은 기존 3GPP의 TDD UTRA기술에서 진화된 기술로 DL과 UL의 주파수가 같고, Time Division을 통해 DL/UL을 분리하고 Guard Time[150])이 있는 방식으로 TD-LTE라고도 함.
		③	3세대 중국 독자 기술은 TD SCDMA기술은 3GPP UTRA에 UTRA TDD의 이름으로 상호 타협에 의해 사후에 포함되었지만, LTE TDD기술은 LTE

150) Guard Time: Subframe단위(1ms) DL과 UL이 나눠지고, Guard time이 그 사이에 존재 한다.

표준 시작부터 TDD를 고려하였기 때문에 FDD와 규격측면에서 유사성이 상당히 강함.

나. 기술 비교

구분	LTE FDD	LTE TDD
DL/UL주파수	다름	같음
Cell Coverage	TDD보다 같은 Power에서 넓음	FDD보다 같은 Power에서 작음(3dB)
주파수 효율성	TDD보다 안좋음	FDD보다 좋음
기지국간 시간동기	중요(Syn/Async모두 존재)	매우 중요함(Sync만 지원)
Latency	TDD보다 작음	FDD보다 큼
DL/UL Balancing	어려움	좋음

3. **LTE TDD기술의 전망**

- TD SCDMA기술은 중국 고유기술이지만, LTE TDD기술은 규격 논의부터 전 세계가 함께 했으므로, 중국 고유기술이란 선입견에서 벗어나야 하고 세계표준이라 여겨야 함.
- 고품질, 고속서비스의 요구사항이 높아지면서, 주파수 부족현상이 나타나고, TDD주파수의 효율적인 활용이 요구되는 상태에서 LTE TDD는 좋은 대안이 될 수 있고 실제 미국, 중국, 일본 등에서 FDD, TDD혼용 시스템이 운용 중에 있음.
- 실제 TDD, FDD 혼용 모드 Carrier Aggregation등의 기술이 개발되어 운용되고 있고, COMP나 ICIC기술도 적용될 수 있음.
- 우리나라도 TDD 주파수 대역을 사용 중인 Wibro주파수[151] 대역이 2019년 전체 혹은 부분 회수할 예정이 있고 LTE TDD기술을 도입할 수 있는 이동통신 서비스 환경을 만들 수 있음.

151) Wibro주파수: 2.3GHz 대역을 말한다.

Point

키 워 드	LTE TDD, LTE FDD
기출코드	통신2015하3
통합사고	TDD, FDD기술 자체의 비교과 이를 LTE에 적용한 LTE TDD(TD LTE)와 LTE FDD기술의 비교를 같이 정리할 필요가 있습니다. 모바일 광개토플랜을 통한 주파수 재배치 현황과 더불어 LTE TDD mode의 도입에 대한 기술적, 경제적인 타당성에 대해 본인의 생각을 가지고 있어야합니다.
함께보기	“FDD/TDD(Frequency/Time Division Duplexing)”, 손에 잡히는 ICT, 356p

참고문헌

[1] 3GPP 36.300, “Evolved Universal Terrestrial Radio Access (E-UTRA) and Evolved Universal Terrestrial Radio Access Network (E-UTRAN); Overall description”, 2018

5.15 LTE에서 셀 간 간섭 경감 방법

1.			**개요**
	○		LTE에서 셀 간 간섭은 셀(Cell) Edge나 매크로 셀과 Small Cell간 간섭으로 OFDM방식을 이용하는 LTE에서는 PAPR[152] 이 더 커져 신호의 직교성이 깨어지는 등 신호 품질에 심각한 영향을 주는 요소임.
	○		셀 간 간섭 경감 방법에는 ICIC(Inter Cell Interference Coordination), COMP(COordinated MulitiPoint), IRC(Interference Rejection Combining), SON(Self Organization Network)의 기술이 있음.
2.			**LTE 셀 간 간섭**
	가.		개념도

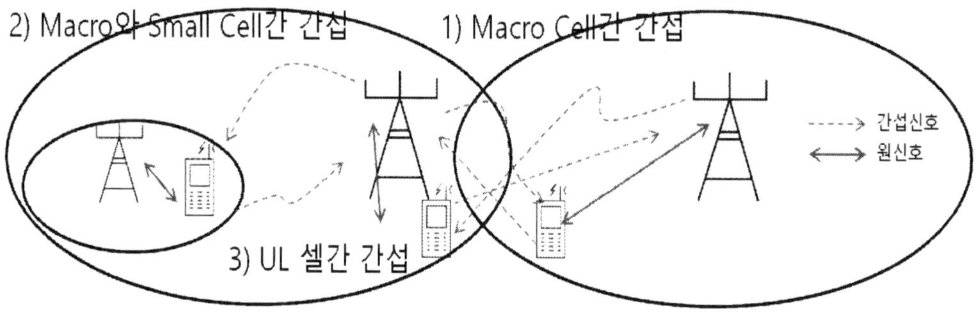

		①	Macro Cell간 간섭: Macro기지국간 중첩지역에서 Multi-Path Fading 등의 영향으로 나타나는 현상임.
		②	Macro와 Small Cell간 간섭: HetNet환경에서 셀 내의 Small Cell과 Macro 셀 간의 신호 간섭을 말함.
		③	UL 셀 간 간섭: 단말기의 Uplink신호 간 간섭을 말함.

152) PAPR(Peak To Average Power Ratio): 전력증폭기 효율이 감소되고 단말기 전력소모가 증가된다.

	나.		셀 간 간섭 영향
		①	단말기의 Throughput과 신호 품질에 영향을 준다. 특히, OFDM 신호의
			경우는 PAPR이 더욱 높아져서 직교성이 보장되지 않아 그 성능이 더욱
			열화됨.
		②	특히 셀 Edge에서의 단말기가 전송 Power를 높이기 때문에 품질이 급속히
			나빠져서 무선망의 용량이 저하되는 결과가 나타남.
3.			**LTE셀 간 간섭 제거 기법**
	가.		ICIC(Inter Cell Interference Coordination)

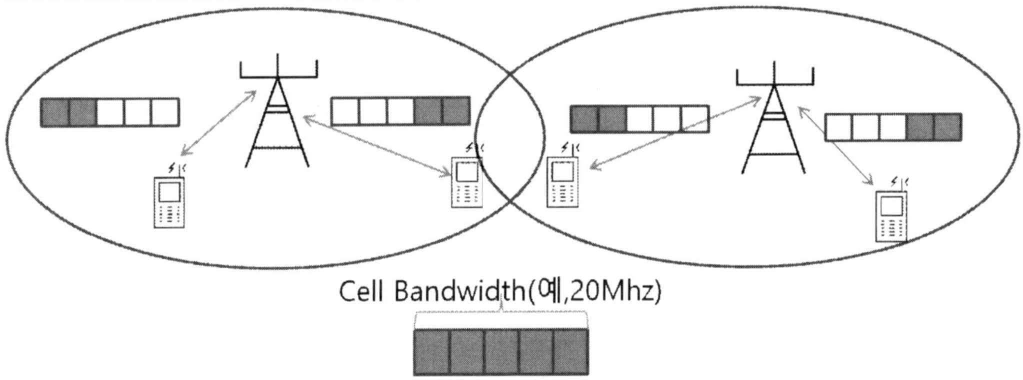

		①	셀 간 경계지역의 단말기에 대해 기지국간 X2를 이용, 사전 협의를 통해
			서로 다른 주파수 자원을 할당하여 간섭을 줄이는 기술임.
		②	추후 eICIC기술로 FeICIC기술로 진화가 되었음.
		③	진화된 ICIC기술 비교

구분	ICIC	eICIC (enhanced ICIC)	FeICIC (Further eICIC)
규격(3GPP)	Rel8	Rel10	Rel11
방법	서로 다른 주파수 (subcarrier)를 이용	서로 다른 시간(ABS, Almost Blank Subframe)을 이용	Reduced Power ABS, 수신기 기반 간섭 제거

구분	ICIC	eICIC (enhanced ICIC)	FeICIC (Further eICIC)
문제점	signaling 채널 간섭이 존재하고, 송신 Power가 차이가 큰 Macro와 Small Cell 간에는 효과가 적음.	매크로 셀의 전송용량 감소	복잡도가 늘어남, 단말 기능 지원이 필요함.

나. COMP(COordinated MulitiPoint)

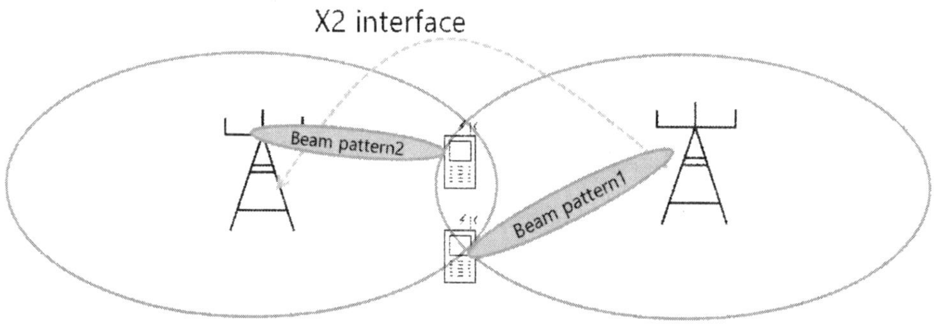

① 두 셀이 X2 interface를 통해 서로 협력 통신하여 셀 경계에 위치한 단말의 간섭을 피하고 throughput을 높이는 기술로, Rel11에 처음 도입되어 계속 진화 중에 있음.

② ICIC기술들은 간섭을 제거할 뿐, 셀 용량은 증가되지 못하지만 COMP는 다양한 셀 간 협력을 통해 간섭을 피하고 셀 용량증가도 가능한 기술로 위 그림은 COMP중 Coordinated Beamforming기술임.

③ 종류

- CS(Coordinated Scheduling): ICIC기술과 같이 셀 경계의 단말기에 서로 다른 subcarrier를 할당하지만, 두 셀 간 협력 통신 을 통해 dynamic하게 빠른 주기로 할당 가능한 기술임.
- CB(Coordinated Beamforming): 셀 경계의 단말기들에게 협력 통신을

			통해 서로 다른 beam pattern을 할당하는 기술임.
			- JP(Joint Processing): 협력하는 두 Point가 동시에 데이터를 전송하는
			Joint transmission방법과 단말기가 두 Point 중 좋은 Point를 선택하는
			Dynamic 셀 Selection방법이 있음.
	다.		IRC(Interference Rejection Combining)
		①	IRC는 셀 간 간섭의 공간적 특성을 이용한 기술로, 기지국의 여러 개의 수신
			안테나에서 간섭의 Power를 측정한 후 원 신호에서 제거한 다음 여러
			신호를 combining하는 기술을 말함.
		②	ICIC나 COMP는 간섭을 회피하고 기지국 간 협력을 하는데 비해 IRC는
			근본적으로 셀 자체의 간섭들을 제거하는 기술임.
	라.		SON(Self Organization Network)
		①	SON은 운영자 없이 기지국 자체적으로 자가진단을 통한 망 최적화 및
			운영 값 적용 등을 수행하는 기술을 말함.
		②	셀 간 간섭은 SON을 통해 기지국간 Traffic정보, Load정보[153] 등을 X2
			인터페이스로 주고받아, 인접 기지국의 상태를 확인 후 셀의 Power를
			조절하는 형태로 줄어 들 수 있음.
		③	ICIC, COMP나 IRC의 기술이 SON기술과 결합하여 좀 더 최적화되고
			용량이 높아진 망을 운영할 수 있음.
4.			**결론**
	○		셀 간 간섭은 셀 용량과 밀접한 관계가 있으므로 무선망 최적화 단계에서

153) Load정보: 인접 셀들 간 Load balancing에 이용 된다.

꼭 해결해야 할 문제임.

- LTE규격은 OFDM을 사용하여 셀 간 간섭에 더욱 민감하므로, ICIC, COMP, IRC등 다양한 셀 간 해결 방법을 제안하고 있음.
- 단말기의 지원여부 및 기지국간 백홀 망의 지연상태 등을 고려해서 셀 간 최적의 셀 간 간섭 제거기법을 선택해야할 필요가 있음.

Point

키 워 드	ICIC, eICIC, feICIC, COMP, IRC, SON
기출코드	통신2018상1, 통신2014상3, 통신2017상 2, 통신2014상 3
통합사고	LTE의 Hetnet시 매크로와 Small Cell 간 고려되어야할 주요 기술들 입니다. 물론, 매크로간 혹은 Small Cell 간도 적용될 수 있는 기술입니다. LTE에서 셀 간 간섭기술을 나열하는 형태로 서술형문제도 가능할 뿐 아니라 각각의 기술들은 단답형 형태로도 가능하므로 모두 대비할 필요가 있습니다.
함께보기	"이동통신 환경의 전파특성", 손에 잡히는 ICT, 343p "기지국 간섭 경감방안", 손에 잡히는 ICT, 346p

참고문헌

[1] 황진엽 외, "3GPP LTE-A에의해 진화된 간섭 제거 수신기", 한국통신학회 2014

5.16 LTE망의 핸드오버

1. 개요

- 단말기가 Connected상태에서 이동 중 현재 서비스를 유지하기 위해 이동 경로의 새로운 eNodeB(eNB)의 자원을 할당하고 단말기에게 새로운 자원 정보를 알려주고 기존 자원은 회수하는 과정을 핸드오버라 함.
- LTE에서는 단말기에게 다양한 종류의 기지국 세기 측정 요구가 가능하고, 단말기의 측정 보고 메시지를 통해 핸드오버가 시작됨.
- LTE핸드오버는 X2 based, S1 based가 있고, 다른 Radio Access Technology와의 핸드오버(IRAT 핸드오버)도 지원함.

2. LTE 핸드오버

가. 개념 설명

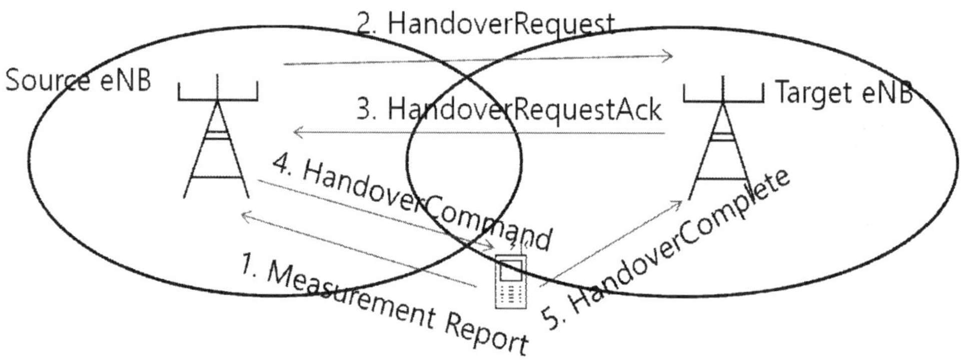

① 핸드오버의 모든 절차는 Signaling application protocol인 RRC (Radio Resource Control)과 S1AP에서 처리됨.

② Source eNB에 의해 사전에 Target eNB cell에 대한 측정 구성이 설정되고, 단말기는 설정된 측정 정보를 기초로 측정된 Target cell의 정보를 Source eNB로 전달함.

		③	보고된 측정 정보를 기반으로 핸드오버의 판단을 수행한 Source eNB는
			HandoverRequest메시지를 Target eNB로 전송하고,
			Target eNB는 내부 자원 할당 후 HandoverRequestAck를 전송함.
		④	Source eNB는 단말기에게 HandoverCommand(RRC Connection
			Reconfiguration) message를 전달함.
		⑤	단말기는 target에게 RACH[154]성공 후 HandoverComplete(RRC
			Connection Reconfiguration Completion) message를 전송 함.
	나.		단말기의 Measurement event 종류

Event type	설명
A1	서빙 Cell의 특정 Threshold 보다 높은 event
A2	서빙 Cell의 특정 Threshold보다 낮은 event
A3	이웃 cell이 서빙 Cell보다 Offset만큼 큰 경우
A4	이웃 셀이 특정 Threshold 보다 큰 경우
A5	서빙 셀이 Threshold1보다 작고, 이웃 셀이 Threshold2 보다 큰 경우
B1	IRAT 이웃 셀이 Threshold 보다 큰 경우
B2	서빙 셀이 Threshold1 보다 갖고, IRAT이웃 셀이 Threshold2 보다 큰 경우

	다.		단말기의 기지국 셀 측정 방법
		①	RSRP(Reference Signal Received Power): 단말기에 수신되는 CSR
			(Cell Specific Reference) signal의 절대적인 Power로 단 위는 dBm임.

154) RACH(Random Access Channel): 단말기가 기지국에 Preamble을 이용 최초 Access하는 것을 말하고, 핸드오버에서는 Preamble을 사전에 할당받는 Contention Free 방식과 Attach방식과 동일한 Contention Resolution방식 모두가 가능하다.

		②	RSRQ(Reference Singal Received Quality): RSRP/RSSI으로 단위는
			dB임. 여기서 RSSI(Reference Signal Strength Indicator)로 단말기에
			수신되는 간섭, 노이즈 포함한 신호를 말함.
		③	eNB는 RSRP, 혹은 RSRQ만을 기준으로 핸드오버를 판단하거나
			RSRP/RSRQ모두를 수신한 다음 핸드오버를 판단함.
3.			**LTE 핸드오버 종류**
	가.		X2기반 핸드오버 vs S1기반 핸드오버

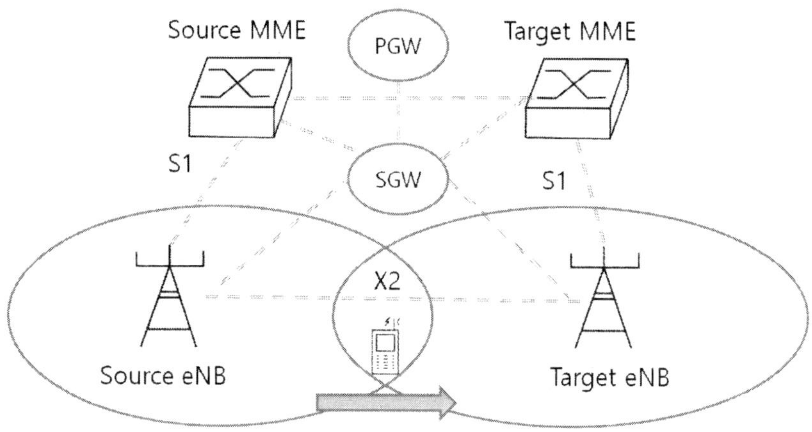

		①	단말기가 Source eNB에서 Target eNB으로 이동할 때 두 eNB간 X2
			인테페이스가 존재하고, 핸드오버가 허락되는 경우 X2를 통해 핸드오버
			자원 할당 메시지가 전달되는 핸드오버를 X2기반 핸드오버라 함.
		②	두 기지국간 X2인테페이스가 존재하지 않거나, 존재해도 핸드오버가
			허락되지 않는 경우 S1인터페이스를 통해 핸드오버 자원할당 메시지가
			Source eNB로부터 Target eNB로 전달되는 경우를 S1기반 핸드오버라
			하고, MME가 변경되는 경우는 자원할당 메시지는 MME간 전달되기도 함.

		③	X2나 S1이나 단말기가 Target eNB로 HandoverComplete를 전송한
			다음 Target eNB가 MME로 신호를 전송하여, SGW(Serving Gateway)
			에서 source eNB에서 target eNB로 packet 전송 Switching을 요청함.
	나.		IRAT 핸드오버

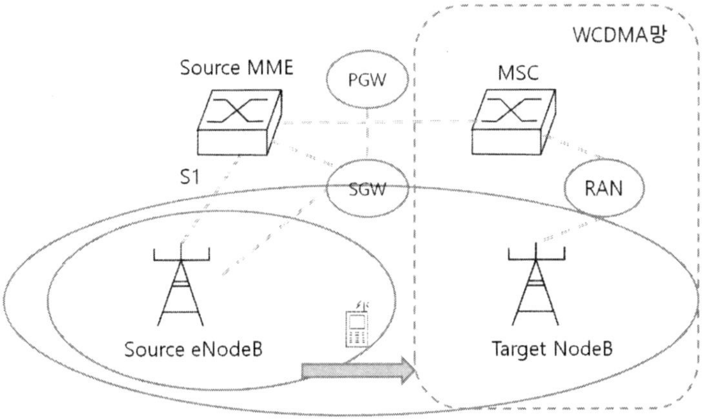

		①	B2 측정 구성을 통해 단말기는 GSM, WCDMA, CDMA1x망의 기지국의
			신호를 측정하여 Source eNB를 전달하고, Source eNB는 핸드오버
			를 판단한 다음 S1을 통해 IRAT핸드오버를 수행함.
		②	VoLTE서비스가 LTE경계 지역에서 WCDMA/GSM으로 핸드오버되는
			경우를 SRVCC(Single Radio Voice Call Continuity)[155]라 함.
4.			**결론**
	○		LTE 규격에서는 다양한 UE의 측정 방법이 존재한다. 특히, Inter
			Frequency나 IRAT 핸드오버의 측정은 Measurement Gaps 사용으로
			단말기의 Throughput에 영향을 주므로 측정기법을 효율적으로 사용하여
			셀 용량을 최적화 할 필요가 있음.

155) SRVCC외 LTE에서는 CSFB(Circuit Switched Fall back)을 이용하여 음성 서비스를 2G/3G망에서 서비스 받고 다시 LTE망으로 되돌아오는 서비스를 지원한다.

○ X2기반 핸드오버가 S1기반보다 핸드오버 지연도 적고, 신호 부하도 적어 더 효율적이므로 X2핸드오버를 우선순위로 발생 되도록 MME의 부하 등을 고려하여 망 최적화 작업이 필요함.

○ 단말기로 많은 인접 셀에 대해 측정을 요구하면 성능이 떨어지므로, 측정 요구 구성의 최적화 알고리즘이 필요함.

Point

키 워 드	X2기반 핸드오버, S1기반핸드오버, IRAT핸드오버
기출코드	통신2009상1, 컴응2010하1
통합사고	이동통신의 가장 핵심은 어떻게 단말기의 이동성을 Seamless하게 지원할 수 있는 가에 있고, 그 중심에는 핸드오버기술이 있습니다. LTE의 Connected상태의 핸드오버 기술과 더불어 Idle상태의 Cell Selection과 Re-selection 기술과 Tracking Area기반의 Registration 기능도 같이 정리할 필요가 있습니다.
함께보기	“LTE와 Wibro핸드오버의 종류와 동작절차”, 손에 잡히는 ICT, 364p

참고문헌

[1] 3GPP 36.331, “Evolved Universal Terrestrial Radio Access (E-UTRA); Radio Resource Control”, 2017

5.17 LTE의 CA

1.			**개요**
	❍		LTE의 CA(Carrier Aggregation)은 Rel10규격에서 ITU-R의 4G 요구 사항을 만족하기 위해 도입된 여러 Carrier에 병렬적으로 데이터를 전송하여 Throughput 향상시키는 LTE-Adv의 대표 기술임.
	❍		Intra Band contiguous CA, Intra Band non-contiguous CA, Inter Band CA의 조합을 모두 지원하여 파편적인 주파수 대역의 효율성을 향상시키는 기술임.
2.			**Carrier Aggregation**
	가.		Carrier Aggregation 기술

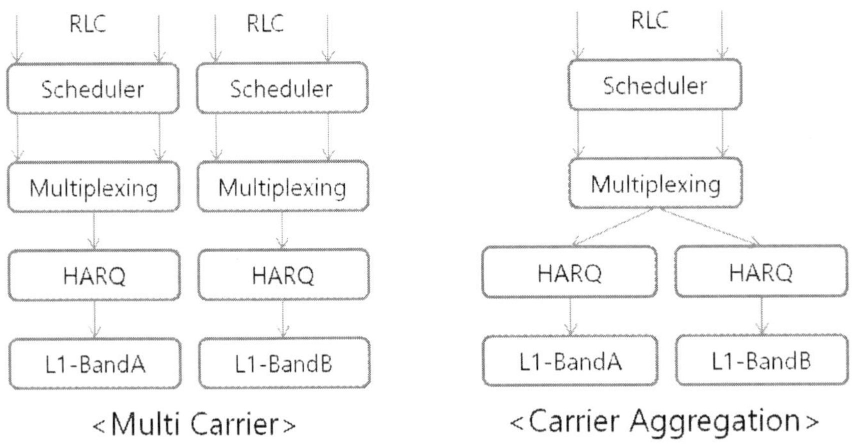

		①	MAC Layer에서 MUX된 Packet이 각 Band의 Carrier로 전달되고, Layer 1계층이 병렬화되어 고속의 데이터 통신이 가능함.
		②	각각 병렬 Carrier를 CC(Component Carrier)라 하고, DL/UL 각 최대 5CC까지 지원함.

		③	단말기가 초기 Initial Attach한 Carrier를 Primary CC혹은 PCell 이라
			하고, 병렬적으로 패킷을 같이 전송하는 다른 Carrier 들을 Secondary
			CC혹은 SCell이라 함.
		④	단말기의 이동성을 지원하기 위해 A6의 측정 구성을 정의하였고, 현 SCell
			보다 Offset만큼 큰 다른 SCell을 각 SCell마다 측정하여 단말은 기지국
			으로 보고함.
	나.		3가지 Band 시나리오
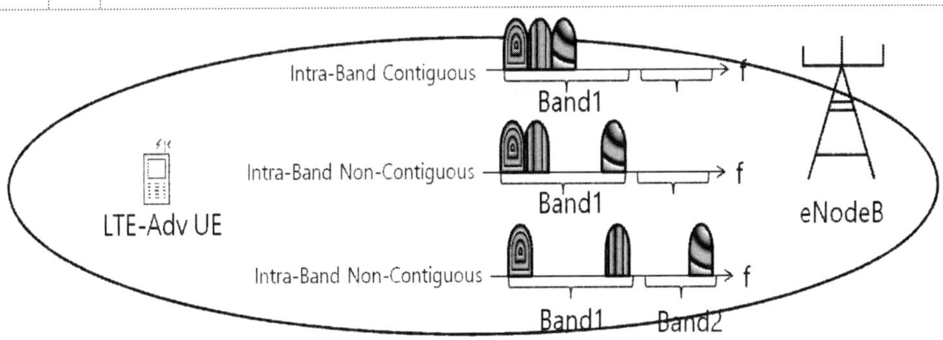			
		①	Intra-Band Contiguous: 같은 band에 연속된 CC를 묶음.
		②	Intra-Band Non-Contiguous: 같은 band에 연속하지 않은 CC를
			묶음.
		③	Intra-Band Non-Contiguous: 다른 Band의 CC를 묶음.
		④	세 가지 시나리오를 지원하여 파편화 되어있는 사용 주파수를 묶어 서비스
			하여 주파수 사용 효율성을 극대화시킴.
3.			**Carrier Aggregation망 구축 방법**
	가.		두 주파수 F1, F2가 같은 Band에 있고 두 주파수가 Co-located 되어있고,
			Overlay된 상태로 F1, F2는 같은 영역을 커버하고, Throughput향상[156]

156) Througput향상: LTE 대표적기술로 CA, MIMO(Multiple Input Multiple Output)과 High order변조방식(예, QAM)사용을 들 수 있다.

			을 기대할 수 있음.
	나.		두 주파수 F1, F2가 다른 Band에 Co-located되어있고, Overlay 되어있
			지만, F1, F2의 band 특성상 낮은 주파수가 Coverage를 담당하고, 높은
			주파수는 Capacity향상을 담당함.
	다.		F1, F2가 다른 Band이나 큰 주파수 F2가 F2의 Coverage hole 을 cover
			하는 형태임. Cell중심에서는 CA를 지원하지 않고, 성능이 나쁜 Cell경계
			지역에서 CA를 지원하는 망을 말함.
	라.		F1, F2가 다른 Band이고, F1은 Macro, F2는 Small Cell인 경우의 망
			구축 형태로, Small Cell내의 UE만 CA 이용 가능함.
	마.		위의 경우에서 Small Cell이 Relay Node를 이용 CA를 이용 가능한
			Coverage를 확대한 형태를 말함.
4.			**결론**
	❍		운영자에게 할당된 Band와 주파수 정보를 이용하여 망 구축을 해야 하며,
			운영자의 주파수 효율성과 성능을 최대한 활용하도록 CA를 고려하여 망
			구성 파라미터의 최적화가 필요함.
	❍		일반적으로 전체망의 Coverage Band를 이용하여 단말기의 이동성을 제공
			하고, Capacity Band를 이용하여 Throughput을 향상시킴.
	❍		광대역 주파수 확보가 어렵고 여러 밴드의 작은 주파수를 할당받은 사업
			자가 고속의 서비스를 위해 필수적인 기술임.
	❍		CA뿐 아니라, PDCP layer에서 packet을 분리하여 병렬 데이터 전송이
			가능한 DC(Dual Connectivity)기술이 Cloud형태의 차세대망인 5G 구조
			에서 핵심 기술로 자리 잡을 것임.[157]

157) 5G Architecture중 Non-Stand Alone(NSA) mode를 말한다.

Point

키 워 드	CA, PCell, SCell
기출코드	통신2015상1, 통신2014상3
통합사고	CA는 4G LTE기술인 LTE-Adv기술의 핵심의 기술로 전송속도와 관계가 있으므로 LTE상용이동통신 서비스에서 운영자가 가장 중요하게 생각하는 기술 중 하나입니다. 망 구축 시 운영자는 높은 Component Carrier의 수를 configure 하기위해 망 최적화 작업이 필요하고, 단말기의 지원 여부인 Band combination도 서비스에 있어서 중요한 요소입니다.
바로가기	“이동통신 데이터 고속화에 따른 문제점과 대책”, 손에 잡히는 ICT, 384p

참고문헌

[1] 3GPP 36.300, “Evolved Universal Terrestrial Radio Access (E-UTRA) and Evolved Universal Terrestrial Radio Access Network (E-UTRAN); Overall description”, 2017

5.18 LTE망의 음성서비스

1. 개요

- ○ Packet전용망인 LTE망에서 음성서비스를 위해 IMS(IP Multimedia Subsystem)망 기반의 VoLTE(Voice over LTE)서비스가 필요함.
- ○ LTE망의 성숙도 여부에 따라 CSFB(Circuit Switched Fall-back)이나 SRVCC(Single Radio Voice Call Continuity)의 기술을 이용하여 2G나 3G의 Circuit망과 연동을 통해 음성서비스를 제공할 수 있음.

2. Voice over LTE(VoLTE)

가. 망 구성도

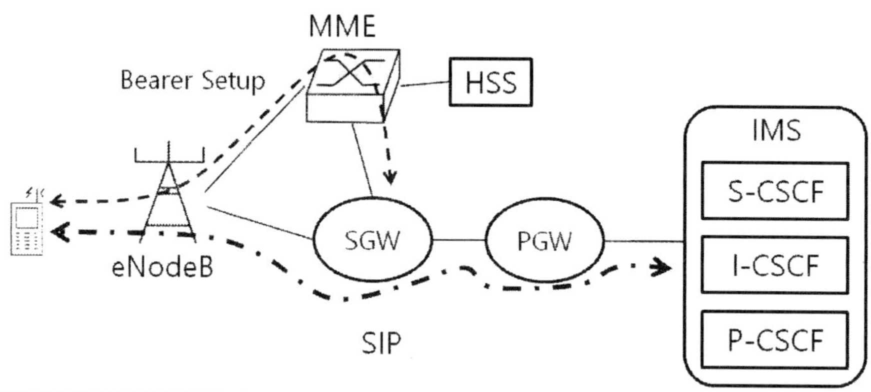

① Packet망으로만 구성된 LTE에서 제공하는 Telephony 서비스를 말함.

② IMS망과 연동을 통하여 SIP[158] signaling을 통해서 호가 제어됨.

③ SIP signaling, SIP Media(Voice packet)은 eNodeB와 단말기 사이에서는 다른 DRB(Data Radio Bearer)로 구분되고, DRB 설정은 MME가 SGW에 의해 eNodeB로 요청하여 이뤄짐.

158) SIP(Session Initiation Protocol): IETF에서 정의한 텍스트기반 멀티미디어 세션 제어 프로토콜이다.

		④	eNodeB의 Scheduler에서는 Voice packet을 GBR(Guaranteed Bit Rate)
			으로 판단하여 지연을 기준으로 packet 전송 순서를 정함.
	나.		기술 비교

구분	VOLTE	mVoIP
서비스 주체	망운영자	제 3사업자
안정도	서비스안정	서비스불안정
보안	강화	취약
Air QoS	지원	미 지원
코덱	AMR-WB+	SILK등

3.			CSFB과 SRVCC
	가.		개념도

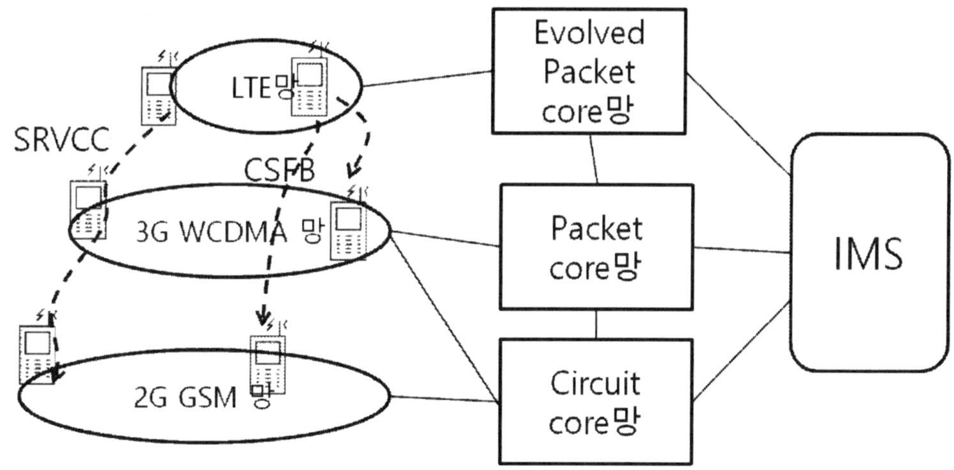

	나.		CSFB(Circuit Switched Fall-back)
		①	2G와 3G망이 4G LTE망과 overlapping되어있을 때 단말기에 음성서비스가
			필요한 경우, 2G나 3G망에 접속하여 음성서비스를 받고, 서비스 종료 후
			다시 LTE망으로 돌아오는 기술을 말함.

		②	MME와 2G나 3G망의 MSC와 사전 Registration절차를 수행하여 착신신호,
			발신신호를 서로 전달하여 음성서비스를 지원함.
	다.		SRVCC(Single Radio Voice Call Continuity)
		①	LTE망에서 VoLTE서비스 중 4G LTE와 2G, 3G망과의 경계지역을 통과 할
			때, 음성서비스를 유지하면서, 2G, 3G망으로 IRAT Inter Radio
			Technology) 핸드오버를 하는 기술을 말함.
		②	IMS망에서 LTE Packet 기반에서 Circuit기반으로의 Switching이 이뤄짐.
		③	Switching의 Time을 최소화 하는 기술이 핵심으로, IRAT핸드오버와
			Core망 내의 Switching이 병렬적으로 이뤄짐.
	라.		기술 비교

구분	CSFB	SRVCC	VoLTE
음성 서비스 망	Circuit	Circuit	Packet
음성 서비스 연속성	좋음	약간 단절이 가능함	좋음
데이터 서비스 연속성	끊길 수 있음	끊길 수 있음	좋음
서비스 적합 망	LTE망이 Hot Spot으로 있는 경우	LTE망이 부분적으로 연속적 cover가능한 경우	전체 LTE망인 경우

4.			**결론**
	○		LTE초기 도입 시는 CSFB으로 음성 서비스를 수행하면서, LTE망이 점점
			확대되면서 SRVCC서비스를 거쳐 VoLTE만으로 최종 음성서비스를 제공
			하는 형태로 망이 진화됨.

- VoLTE도입은 전체 LTE Packet망이 기존 Circuit망을 대체한다는 의미이므로, 통신사업자가 Packet망만을 이용하여 모든 서비스가 가능하게 되므로 사업자가 CAPEX/OPEX를 줄일 수 있는 장점이 있음.

Point

키 워 드	VoLTE, CSFB, SRVCC
기출코드	관리2013상1
통합사고	IMS망 설명과 LTE의 음성서비스인 VoLTE, CSFB, SRVCC와 SIP의 호처리 과정은 서로 연결되어 있으므로, 이를 복합적으로 혹은, 개별적으로 설명할 수 있어야합니다. 추가로, SIP의 호 설정 과정 및 registration과정도 단답형으로 언제나 나올 수 있음으로 함께 정리해야 합니다.
함께보기	"VoLTE(Voce Over LTE)", 손에 잡히는 ICT, 390p "3.4 VoIP"

참고문헌

[1] 3GPP TS 23.272, "Circuit Switched (CS) fallback in Evolved Packet System (EPS)",2017
[2] 3GPP TS 23.216, "ingle Radio Voice Call Continuity (SRVCC)",2017

5.19 LTE망의 QoS

1.			**개요**
	○		LTE시스템에서 프리미엄 가입자 및 서비스의 품질 보장을 위해 End to
			End의 각 traffic을 Bearer란 개념으로 제어함.
	○		Bearer의 종류는 망에서 어느 정도의 Bit Rate를 보장하는 GBR
			(Guaranteed Bit Rate)과 보장 못하는 Best Effort의 non-GBR이 있음.
	○		QoS관련 망 parameter들은 QCI(QoS Class Identifier), ARP(
			Allocation and Retention Priority)등이 있음.
2.			**LTE의 QoS**
	가.		QoS의 필요성
		①	가입자 중 고액 요금의 프리미엄 가입자가 존재하고, 프리미엄 가입
			자의 트래픽을 다른 가입자 보다 우선순위로 처리해야 해야함.[159)]
		②	LTE 서비스 중, VoLTE(Voice Over LTE), ViLTE(Video Over LTE)나
			MC-PTT(Mission Critical Push To Talk)서비스는 가입자에게 일정량의
			traffic을 항상 보장해야 가능한 서비스임.
	나.		LTE의 QoS EPS(Evolved Packet System) Bearer
		①	개념
			PDN-GW와 UE사이의 생성되는 가상적인 터널로 특정 traffic의 특성을
			지원하기 위한 네트워크의 설정 값들로 구성되고, 각 노드는 설정 값에
			의해 QoS보장 동작을 수행함.
		②	종류
			- Default Bearer: UE(User Equipment)가 LTE망과 접속 시 반드시

159) LTE망을 재난망으로 활용할 경우 재난망 가입자와 일반 가입자의 구분을 위해서도 QoS필요하다.

생성되는 Bearer로 호가 해제될 때 까지 유지되며, Best Effort의 Non-EGBR특성 인 품질을 보장하지 못하는 특성을 가짐.

- Dedicated EPS Bearer: Default Bearer생성 후 사용자가 VoLTE서비스 요청 등 필요 시 생성 되는 Bearer로 GBR(Guaranteed Bit Rate)와 Non-GBR이 서비스특성에 따라 결정됨.

3. LTE Network내에 Bearer구분

가. 개념도

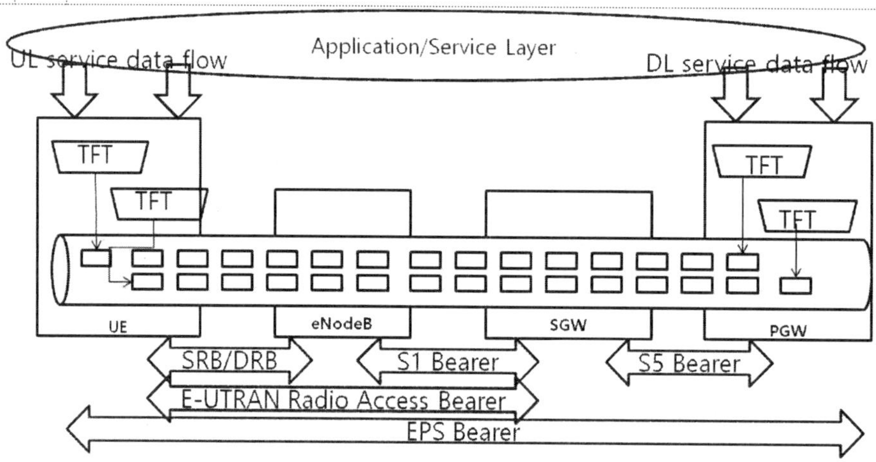

① PGW의 TFT(Traffic Flow Template)에서 application의 Service data flow와 Data bearer간 Mapping을 담당함.

② PGW(PDN Gateway)와 SGW(Serving Gateway)에 S5 bearer, SWG와 eNodeB사이에 S1 bearer, UE와 eNBodeB사이에는 DRB(Data Radio Bearer)에 대한 처리가 각 bearer의 특성에 맞도록 각 node에 파라미터 값의 설정 요구가 이뤄지고, 설정된 값에 의해 각 bearer의 QoS가 다르게 처리됨.

③ PGW에서는 MBR(Maximum Bit Rate)등의 파라미터에 의해 각 IP Flow의 Packet의 traffic이 Rate Policing됨.

		④	eNodeB에서는 S1 bearer가 bearer별 QCI(QoS Class Indicator)값에
			Mapping되어있는 스케쥴러 알고리즘이나 파라미터에 의해 각 DRB의 전송
			우선순위가 정해져 Multiplexing 되어 UE로 전송됨.
		⑤	특히, eNodeB와 UE사이 Signaling처리는 SRB(Signaling Radio Bearer)
			로 구분되어 높은 Priority로 처리됨.
	나.		LTE QoS관련 주요 파라미터
		①	QCI(QoS Class Identifier):각 Bearer별 QoS의 우선순위를 1~9로
			나타낸 것으로, 각 값에 따라 Priority, Resource type(GBR, nonGBR)
			,Packet delay의 특성이 정해져 있음. 규격이 정한 QCI와 운영자가 정한
			QCI로 나눠지고, 규격에서는 VoLTE traffic의 경우 QCI1을 사용하고
			MS SIP신호는 QCI5를 사용함.
		②	ARP(Allocation and Retention Priority): LTE자원 부족 시 새로운 EPS
			Bearer에 대한 Priority를 나타냄. High priority가 Low Priority
			Bearer를 선점할 수 있음.
		③	GBR(Guaranteed Bit Rate):LTE망에서 보장하는 Rate로 GBR Bearer에만
			적용됨.
		④	MBR(Maximum Bit Rate): LTE망에서 허용하는 최대 Rate로 GBR
			Bearer에만 적용됨.
		⑤	AMBR(Aggregate Maximum Bit Rate): Non-GBR Bearer의 최대 허용
			하는 Rate를 말함.
4.			**LTE망 구축 시 QoS관련 고려사항**
	가.		EPC(Evolved Packet Core)망
		①	고객의 Traffic별 Policy를 명확히 하고, 이에 따라 망 운영 값 설정.

		②	패킷스위치의 고속화와 Delay 최소화를 위해 고속의 스위치 설치가
			필요하며 장애 발생을 대비하여 항상 백업장치를 마련해야 함.
		③	이용 특정 서비스를 필터링 해야할 필요가 있을 때는 DPI(Deep Packet
			Inspection)[160) 장치를 사용해야함.
	나.		Access망
		①	eNodeB이 다양한 스케쥴링 알고리즘을 지원하도록 확인이 필요함.
		②	이외, High order MIMO, Carrier Aggregation 기술이나 Admission
			제어 등의 기술에 대한 확인이 필요함.
		③	Radio Unit과 Digital Unit의 인터페이스에도 광케이블 사용이 필수적임.
		④	음영지역의 최소화를 위한 cell planning이나 중계기, Relay Node,
			Small Cell등의 기술이 고려되어야 함.
5.			**결론**
	❍		LTE는 이동통신 뿐 아니라 철도망, 재난망, e-Navigation, IoT, PTT
			서비스 등 그 활용도가 높아지고 있어 다양한 서비스 요구사항이 존재하기
			때문에 LTE의 QoS는 중요한 기술 중 하나임.
	❍		특히 고가의 소중한 주파수 자원의 효율적 사용을 위해서 기지국망 최적화
			작업시, QoS지원 기술, 특히 스케쥴러에 대한 최적화가 필수적임.
	❍		추가 주파수 할당 및 재배치 방법도 기지국 QoS 향상의 근본적
			해결 방안 중 하나라 할 수 있음.

160) DPI(심층패킷분석): 패킷 내부의 콘텐츠까지 파악하는 기술로 망 중립성관점에서는 기술의 사용여부가 이슈로 있으나 2011년 까지 전 세계 70개국의 주요 ISP 중 절반정도가 트래픽 관리를 위하여 DPI를 사용하는 것으로 나타났다[3].

Point

키 워 드	LTE QOS, EPS Bearer, QCI, ARP
기출코드	통신2013상1, 통신2014하4
통합사고	LTE망의 QoS는 사용자 경험기반으로 시스템의 성능을 평가하기에 그 중요성이 점점 커지고 있습니다. LTE의 전반적인 QoS기술 뿐 아니라, Network QoS 기술인Traffic Shaping이나 큐 관리, 혼잡 제어, Admission control등의 기술에 대한 개념도 같이 정리할 필요가 있습니다. 추가로 5G의 주요 서비스인 eMBB(Enhanced Mobile Broadband), URLLC (Ultra-Reliable low latency communication), MIoT(Massive Internet Of Things)의 특성에 대해서도 같이 알고 있어야 합니다.
함께보기	"QoS(Qualty of Service)와 NP(Network Performance)", 손에 잡히는 ICT, 246p

참고문헌

[1] 3GPP 23.107, "Quality of Service (QoS) concept and architecture", 2017

[2] 3GPP 23.207, "End-to-end Quality of Service (QoS) concept and architecture", 2017

[3] 강유리, "인터넷 트래픽 관리와 DPI(Deep Packet Inspection), 정보통신 정책연구", 제25권 8호. 2013

5.20 LTE의 보안기술

1.			**개요**
	❍		LTE의 보안기술은 단말기와 네트워크의 상호 인증, NAS(Non Access
			Stratum) 보안기술, AS(Access Stratum) 보안기술이 있음.
	❍		단말기는 UICC(Universal IC Card)로 상호 인증을 수행하고 네트워크는
			MME가 ASME(Access Security Management Entity)[161] 역할을 수행함.
2.			**LTE의 보안기술**
	가.		LTE서비스의 보안위협
		①	DDOS공격의 감염 봇이 PC에서 스마트 폰으로 확대대고 있음.
		②	스마트폰의 IMSI, IMEI정보 Interception 확대.
		③	도청, 감청 등의 Call Interception 이나 Jamming신호 위협.
		④	Jamming신호에 의한 라디오 간섭 및 기지국 Attack.
	나.		LTE 보안기술

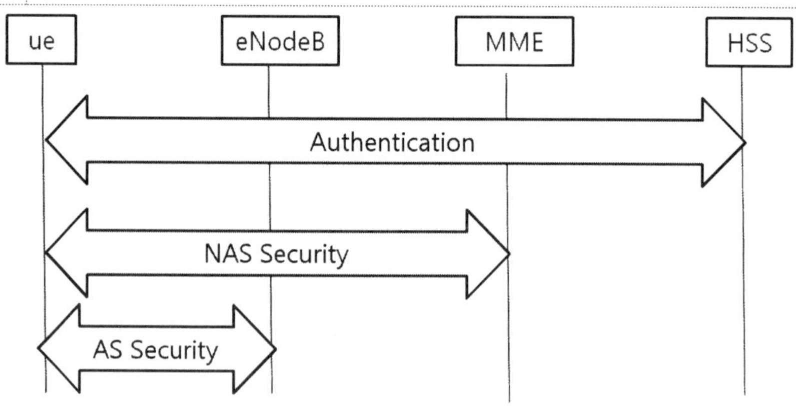

		①	Authentication
			AKA(Authentication and Key Agreement)Protocol을 이용하여 사용자
			와 망의 상호 인증을 수행함. 망에서 인증주체인 ASME의 역할은 MME가

			수행하며, HSS(Home Subscriber Server)와 연동을 통해 MME와 단말기
			상호인증 후 인증키를 공유함.
		②	NAS Security
			무선링크를 통한 단말과 MME간의 Signaling인 NAS signaling에 무결성
			과 암호화을 담당함. 인증단계의 인증키로부터 NAS키를 만들고 인증
			알고리즘을 단말기로 알려주는 방식으로 이뤄짐.
		③	AS Security
			무선링크를 통한 단말기와 eNodeB간 signaling과 data의 무결성과
			암호화를 담당함. eNodeB는 MME로부터 받은 AS Security 키를 바탕
			으로, PDCP단 Packet의 암호화 키를 생성하고, 무결성 키를 생성하고,
			또, 사용 알고리즘들 단말기에 알려주는 방식으로 이뤄짐. NAS signaling
			은 NAS Security와 AS security 거쳐 이중적 보안이 이뤄짐.
		④	네트워크 보안
			eNodeB와 MME나 SGW 사이의 traffic은 SEG(Security Gateway)를
			통해 전달되어 IPSec[162]을 사용하여 트래픽이 암호화 되어 전달되며, 각
			Node는 SW 이중화, HW 이중화 등을 통해 HA(High Availability)를
			제공함.
3.			**결론**
	❍		Massive IOT서비스, 재난망, V2V등 사회 기반 시설 서비스로 확대되는
			LTE시스템의 보안기술들이 선택이 아닌 필수 기술로 인식 되어져야 할
			필요가 있음.

161) ASME: HSS(Home Subscriber Server)로부터 Access망에서 사용될 최상위 레벨의 Key를 수신하는 Entity로 망의 상호 인증을 수행함.

162) IPSec(Internet Protocol Security): IP단 암호화, 인증 등을 담당하는 여러 개방형 Protocol Suites를 말한다.

Point

키 워 드	상호인증, NAS security, AS security
기출코드	통신2018상1, 통신2013하4
통합사고	보안기술 자체는 항상 시험에 많이 나오는 주제이지만, LTE 보안기술은 기출 된 적이 없습니다. LTE시스템의 LTE-R, e-Navaigation, V2X 및 IOT서비스 등으로 그 사용이 확대되는 시점에 보안기술의 중요성이 강조되고 있습니다. 역으로 일반 보안 문제에 대한 답안 작성 시 LTE보안기술을 이용하여 답안을 작성하면 충분한 차별화될 수 있습니다.
함께보기	"IP-Sec(Inter Procotol SECuirty)", 손에 잡히는 ICT, 133p "비대칭키", 손에 잡히는 ICT, 264p "12.1 디지털 통신 보안 필요성" "12.2 암호화 기술" "12.3 네트워크 보안기술" "13.2 이동통신 보안"

참고문헌

[1] 3GPP 33.401, "System Architecture Evolution (SAE); Security architecture", 2017

[2] 3GPP 36.331, "Evolved Universal Terrestrial Radio Access (E-UTRA); Radio Resource Control" 2017

[3] 3GPP TS 24.301, "Non-Access-Stratum (NAS) protocol for Evolved Packet System (EPS); Stage 3", 2017

5.21 LTE의 eMBMS

1.			개요
	○		3세대 UTRAN의 MBMS(Multimedia Broadcast and Multicast Service
			의 4세대 LTE에서 진화된 기술이 eMBMS(evolved MBMS)임.
	○		DMB나 OTT(Over The Top)[163] 서비스에 대응해서, 통신 사업자가 기존
			이동통신망의 인프라를 이용해서 방송서비스를 할 수 있는 새로운 Multicast
			와 Broadcast traffic의 기술을 지원함.
2.			**eMBMS 시스템**
	가.		eMBMS의 개념
			현재 Unicast만 지원하는 LTE Cellular시스템의 Broadcast나 Multicast
			을 지원 가능하게 하여 네트워크의 부하를 줄이고 방송서비스 등 새로운
			Traffic형태를 지원가능하게 하는 기술을 말함.
	나.		구성도 및 동작 설명
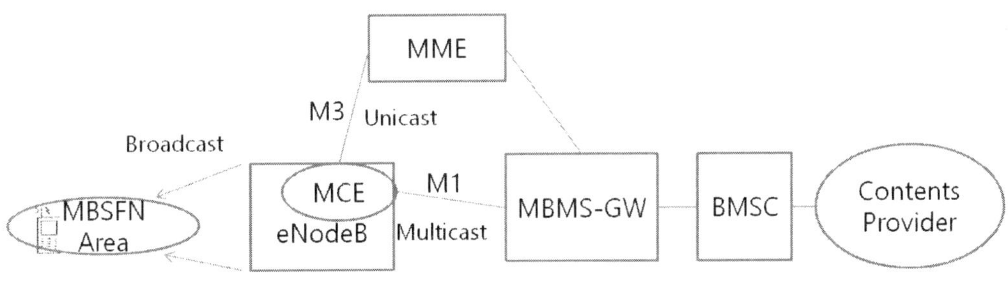			
		①	BMSC(Broadcast Multicast Service Center):eMBMS 세션 관리의 주체
			이고, User plane media와 Session 정보를 MBMS-GW로 전달함.

163) OTT(Over The Top): 셋톱박스 없이 기존 통신 방송사업자와 더불어 제3사업자들이 인터넷을 통해 드라마나 영화 등의 미디어 콘텐츠를 제공하는 서비스.

② MBMS-GW(Multimedia Broadcast Multicast service Gateway): MBMS IP Multicast 패킷을 MCE로 Multicast형태로 전송하고 세션 정보를 MME로 Unicast하게 전송하는 논리적인 노드임.

③ MME: MBMS Bearer의 세션정보를 E-UTRAN Access에 전달함.

④ eNodB/MCE(MultiCell Multicast Coordination Entity): MME로 받은 Session정보를 사용하여 Broadcast전송을 위한 라디오자원을 관리하고, MBMS IP multicast group에 join하여 IP multicast 패킷을 MBMS-GW로부터 수신 받아 MBSFN Area의 단말기들에게 media를 broadcast함.

⑤ MBSFN Area: MBSFN전송에 대한 동기가 맞춰져 있는 네트워크내의 여러 셀 그룹을 말함.

다. eMBMS와 DMB의 비교

구분	eMBMS	지상파 DMB
기반기술	OFDM(이동통신시스템기반)	OFDM(방송시스템기반)
품질	고품질(전국 Coverage)	보통(부분 서비스)
주파수	LTE와 같음	별도 주파수 필요
단말 복잡도	낮음	높음 (DMB칩 필요)
방향성	양방향	단방향
서비스 주체	이동통신사업자	방송사업자

3. eMBMS 서비스 현황 및 전망

○ DMB가 활성화 되어있는 우리나라는 eMBMS서비스가 시범서비스만 제공하였고, 본격적인 서비스는 도입 전임.

○ eMBMS를 이용한 Traffic의 Broadcast는 기존 Unicast에 비해 동시 이용자 수에 대한 제한이 없으므로, 효율적인 traffic관리가 가능하게 됨.

○ 방송서비스 뿐 아니라 다양한 서비스를 망의 CAPEX와 OPEX를 줄이면서 제공할 수 있는 장점이 있으므로, 현 주파수 자원부족의 해결방법으로도 이용될 수 있음.

○ 재난망, 철도망 등 PS-LTE[164] 의 기술에서는 필수적인 기술로 다수 사용자에게 고품질 정보 및 동영상을 제공할 수 있음.

○ 기존 LTE망과 결합하여 다양한 양방향 서비스 제공이 가능하므로 다양한 비즈니스모델을 확보하여 망 서비스에 준비를 해야함.

○ 방송 서비스 도입 시 DMB사업에는 치명적인 영향을 줄 수 있으므로, DMB사업군의 원활한 다른 사업의 점진적 이동에도 고려를 해야 함.

164) PS-LTE(Publick Safety. LTE): LTE를 이용한 재난안전통신망.

Point

키 워 드	eMBMS, MCE
기출코드	
통합사고	LTE eMBMS는 PS-LTE에서 기본의 기술로 개념이나 망구성도를 정리할 필요가 있습니다. 기본적으로 네트워크에서 Multicast, Broadcast, Unicast의 개념 또한 정리가 필요하고, eMBMS내에서 어느 구간에 어떤 전송기술이 사용되는지 알아야 합니다. 그리고 우리나라에서는 왜 eMBMS의 상용화가 늦어지고 있는지, 그리고 앞으로의 전망에 대한 고려가 필요합니다.
함께보기	“Mobile IPTV”, 손에 잡히는 ICT, 380p “7.5 IPTV와 OTT”

참고문헌

[1] 3GPP 23.246, “Multimedia Broadcast/Multicast Service (MBMS); Architecture and functional description”, 2017

[2] 3GPP 26.346, “Multimedia Broadcast/Multicast Service (MBMS); Protocols and codecs”, 2017

5.22 LTE의 SON

1.			**개요**
	❍		SON(Self Organization Network)은 어떠한 외부적인 요인이나 중심의
			역할이 되는 제어부 없이 조직된 시스템을 의미함.
	❍		LTE에서 SON은 크게 Self-Configuration, Self-Optimization, Self-
			Healing기능으로 나눠짐.
	❍		LTE의 SON은 유지보수 비용을 절감하면서, 가입자 용량 증가, 네트워크의
			품질향상 등 운영 효율을 증가시킬 수 있음.
2.			**LTE의 SON**
	가.		배경
		①	4G LTE시스템은 기존 2G, 3G시스템, WiFi등의 시스템과 결합되어
			네트워크 운영이 복잡해짐.
		②	스마트폰 등에 의해 Traffic의 급격한 증가로 네트워크 운영관리 방법을
			기존과 다른 다방면에서의 개선이 필요함.
		③	LTE제공 서비스가 재난망, 철도망 등 사회 기반시설로 확대되어 높은
			시스템의 신뢰성을 요구함.
		④	피코나 펨토셀 등 Small셀을 도입하여 HetNet형태의 망 구성이 요구
			되어지고 Small셀들의 망 관리에 어려움이 있음.
	나.		SON(Self Organization Networks)
		①	어떠한 외부적인 요인이나 중심의 역할이 되는 제어부 없이 조직된
			시스템으로 이동통신에서는 망 운영자의 개입 없이 기지국 스스로 망의
			운영 값 설정 및 최적화 작업을 수행하는 네트워크를 말함.

		②	LTE에서 SON의 종류에는 크게 Self-Configuration, Self-Optimization, Self-Healing기술이 있음.
3.			**Self-Configuration 기능**
	가.		기지국 설치의 전 과정에 있어 Plug and Play(PnP)기능을 제공하여 인적자원의 간섭을 최대한 줄이는 것임.
	나.		기지국 Power On시 하드웨어 자체 점검 후, 안테나 수신기 경로, DHCP를 통한 내부 IP주소 할당, 외부 IP 주소 할당 및 각 운영파라 미터 수신 등을 수행함.
	다.		대표적인 Self-Configuration 기능으로 ANR(Auto Neighbor Relation)이 있음.
		①	ANR 구성 및 설명

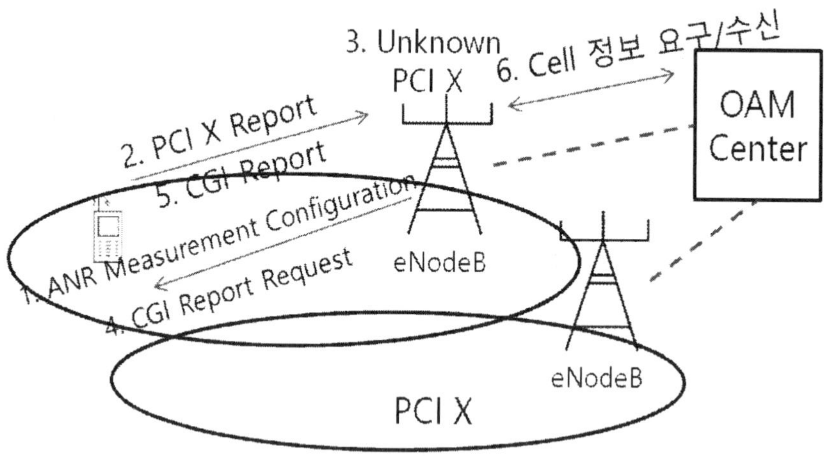

		②	Unknown PCI를 수신 받은 eNodeB는 CGI(Cell Global ID)의 값을 단말기를 통해 입력받고, 이를 OAM Center에 전송하여, CGI에 해당되는 IP주소 등의 기지국 정보를 수신 받음.

		③	eNodeB에 해당 Cell이 Neighbor에 자동 configuration된 후 두 eNodeB
			사이에 X2인터페이스가 설정됨.
4.			**Self-Optimization 기능**
	가.		기지국 운영 중 인접 기지국과 상호 통신을 통하여 기지국 간섭을 최소화
			하거나, Load의 분산, 망 운영 파라미터를 변경하는 등의 기능을 담당함.
	나.		종류
		①	기지국 Load Balancing:기지국간 X2 interface로 서로의 Load를 교환
			하고, 특정 기지국에 Load가 특정 임계 값 보다 클 경우 Load가 적은
			기지국으로 강제 핸드오버 시켜 시스템 전체 Load를 분산시키는 기능.
		②	ICIC(Inter Cell Interference Coordination) / COMP(Coordinated
			Multipoint): 기지국간 X2인터페이스로 사전 협의를 하거나, 협력을 통해
			서로의 간섭을 최소화 하는 기능.
		③	AMO(Automatic Mobility Optimization) :핸드오버 이후 이른 핸드오버
			인지, 너무 늦은 핸드오버인지 판단 후, 셀간 핸드오버 임계 값에 오프셋을
			조절하여 핸드오버 결정 시점을 최적화 하는 기능.
		④	MDT(Minimization of Driving Test): 일반 단말기에 위치정보와 더불어
			그 위치의 기지국 세기를 보고하게 한 다음 해당 세기를 기준으로
			핸드오버 파라미터를 최적화 하는 기능.
5.			**Self-Healing 기능**
	가.		자동적으로 내부 오류를 검출하여 이를 제거하고 때로는 Auto Restart를
			수행하여 시스템의 Availability[165] 를 높이는 기능을 말함.

165) Availability = [MTBF/(MTBF+MTTR)] x 100 여기서, MTBF: Mean Time Between Failure, MTTR: Mean Time To Repair.

나. 오류를 검출 시 오류에 대한 로그를 따로 저장하거나, 망 운영자 서버로 전송하여 추후 수정될 수 있도록 함.

다. 내부 오류 검출 시 운영 파라미터를 변경할 수 도 있음.

6. SON기능의 장, 단점

장점

- 네트워크 OPEX가 줄어듦
- 가입자 용량 증대 가능
- 망의 효율적 운영 가능
- 네트워크의 품질 향상
- 시스템 Availabilty향상됨

단점

- SW의 복잡도 증가됨
- 망의 Load가 증가됨
- 일반 단말기가 망에 이용되어 논란이 될 수 있음(사전협의 필요함).

7. 결론

○ SON기능은 기지국 Machine Learning의 초기 Version이라 할 수 있음. SON기능에 다양한 Machine Learning알고리즘과 결합 하여 최적의 SON기능이 수행될 수 있음.

○ 근래는 Machine Learning을 Network에 적용하는 KDN(Knowledge Define Network)이 본격적으로 연구되고 있어 단지 기지국 장비 뿐아니라 스위치, 라우터 등의 전체 네트워크에 Machine Learning이 적용 가능하도록 진화될 수 있음.

○ 5G에서 mMTC(Massive Mobile Type Communication) 서비스나 URLLC(Ultra-Reliable Low Latency Communication)을 위한 enhanced SON이 연구되고 있음.

Point

키 워 드	SON, Self-Configuration, Self-Optimization, Self-Healing
기출코드	통신2018상1
통합사고	LTE시스템 망운영의 최대 핵심 기능이 SON인 만큼, 그 활용범위가 점점 늘어나고 있으며, 최근 이슈가 되는 Machine Learning 기술과 결합되어 앞으로 그 진화와 활용도가 높을 것으로 예상되는 기술 분야입니다. 근래 이슈가 있는 Machine Learning/Deep learning의 정보를 추가하는 형태로 답안 작성을 차별화할 수 있습니다.
함께보기	“11.12 인공지능과 ICT 융합” “14.4 인공지능”

참고문헌

[1] 김홍숙 외2, “LTE SON기술동향 분석”, 전자통신동향분석, 2010

[2] 3GPP TS 32.500, “Telecommunication management; Self-Organizing Networks (SON)”, 2017

5.23 LTE의 CAT-M

1. 개요

- ○ CAT(Category)-M은 3GPP Rel13 규격에서 Massive MTC(Machine Type Communication) 의 Use Case 지원을 목표로 정의된 새로운 단말기 형태임.
- ○ 1MHz의 대역폭, Peak Rate는 최대 0.8~1Mbps로 줄어들었지만, 주요 물리 채널이 최대 32번까지 반복되어 최대 15dB까지 Cell 반경이 확대될 수 있음.

2. CAT-M

가. 서비스망 구성도

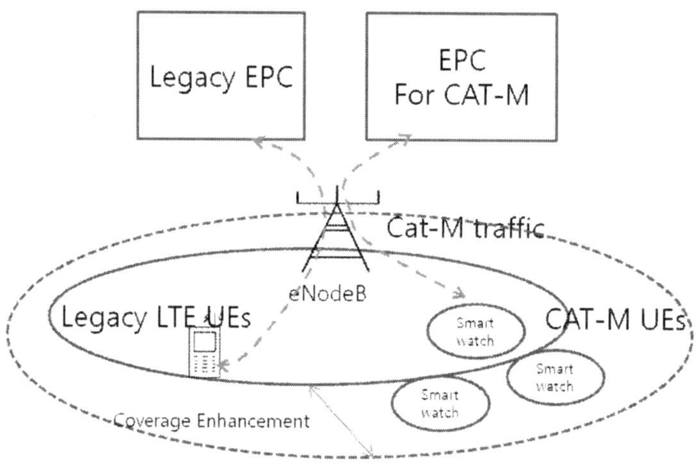

① eNodeB cell내에 기존 LTE 단말과 CAT-M 단말이 공존하고, 단말기 별 EPC core가 별도로 분리되어 서비스를 제공함.

② 단말기별 EPC core선택은 DECOR(Dedicated Core), eDECOR(Enhanced DECOR)의 기술, RAN Based CN selection을 통해 이뤄짐.

③ eNodeB의 Physical Channel이 반복 전송되어 최대 15dB의 셀 반경이 늘어나서 셀 내 음영지역이나 기존 셀 반경 밖의 CAT-M 단말기들에 대한 서비스 지원이 가능해짐.

나. CAT-M 단말기의 특징

항목	설명
규격	3GPP Rel13에서 CAT-M1(eMTC, enhance MTC), Rel14에서 CAT-M2(feMTC, further eMTC)가 정의됨
CE Mode	CE(Coverage Enhancement) Mode A는 CAT-M 단말의 필수기능임 CE mode B는 선택 기능으로, CE Mode A는 최대 10dB, B는 최대 15dB까지 셀 반경이 확대됨
반복전송물리채널	PRACH, MPDCCH, PDSCH, PUSCH, PUCCH
대역폭	1.080 MHz (6PRBs): Reduced Bandwidth
최대 전송 전력	20dBM(기존 LTE, 23dBm)
DL/UL Peak Rate	DL: Half Duplex:0.3kbps, Full Duplex:1Mbps UL: Half Duplex:0.375kbps, Full Duplex:1Mbps
Rx ANT Path	1개
Highest Order 변조방식	16QAM

※ CAT-M단말은 DL과 UL이 서로 동시 전송이 되지 못하는 Half Duplex mode와 동시 전송하는 Full Duplex모드 모두를 지원함.

3. CAT-M의 전망

○ 적은 비용과 적은 전력 소모의 massive MTC는 최근 Smart City나 Smart Watch등에서 그 수요가 폭발적으로 증가되고 있음.

○ 주로 센서 네트워크의 단말기들은 NB-IOT(Narrow Band Internet of Things)가 담당할 수 있고, NB-IOT보다 고속의 신뢰도가 보장되는 MTC 시장을 CAT-M이 담당할 수 있음.

- VoLTE와 Handover도 지원 가능 하므로, MTC지만 일반 사용자가 Wearable한 단말기들과 함께 서비스 될 수 있음.
- 무엇보다도 기존 LTE망을 많은 부분에서 재사용 가능하다는 점이 가장 큰 장점이고 다른 MTC보다 빠른 상용화가 가능함.

Point

키 워 드	CAT-M
기출코드	통신2018상3, 통신2017상4, 통신2015하4, 통신2015상3
통합사고	현재 3GPP의 Massive MTC의 두 대표기술은 CAT-M과 NB-IOT입니다. 센서나 알람의 시장을 생각하는 NB-IOT와 다르게 이동성을 제공하고, VoLTE서비스까지 지원 가능한 CAT-M의 시장 차별화를 고려해서 다른 답안 작성 시 같이 서술 할 수 있습니다. 그리고 기존 LTE와 NB-IOT사이에 CAT-M이 오래 지속될 수 있을까에 대한 고려를 생각해볼 필요가 있습니다.
함께보기	“6LoWPAN(IPv6 Low Power Wireless Personal Area Network)”, 손에 잡히는 ICT, 460p “13.3 IoT보안 대책” “14.1 사물인터넷”

참고문헌

[1] 3GPP 36.300, “Evolved Universal Terrestrial Radio Access (E-UTRA) and Evolved Universal Terrestrial Radio Access Network (E-UTRAN); Overall description”, 2017

[2] 3GPP 36.211, "Evolved Universal Terrestrial Radio Access (E-UTRA) and Evolved Universal Terrestrial Radio Access Network (E-UTRAN);Physical Channel And Modulation", 2017

5.24 NB-IoT

1.			**개요**
	❍		NB-IoT(Narrow Band Internet of Things)는 3GPP Rel13에서 새롭게 정의된 저 전력 장거리 통신기술로 긴 배터리 수명, 저렴한 가격, 다수의 단말기 접속을 LTE와 GSM 주파수 밴드에서 지원함.
	❍		스마트 미터링, 방제환경, 침입안전, 농작물관리 등 데이터의 주기적 보고나, 알람 보고 등에 이용될 수 있고, 핸드오버는 지원하지 않음.
2,			**3GPP NB-IoT**
	가.		망 구성도

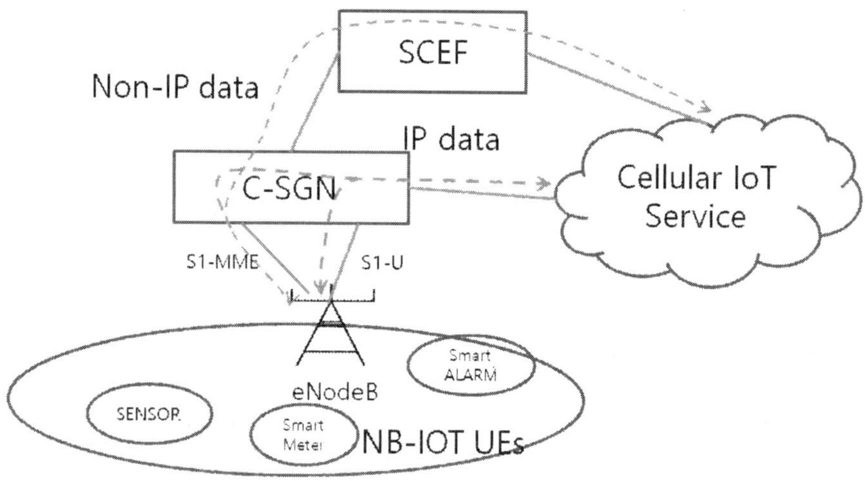

		①	C-SGN(CIoT Service Gateway Node): LTE망의 MME와 SGW와 PGW의 기능을 담당함.
		②	SCEF(Service Capability Exposure Function): Non-IP데이터를 C-SGN의 Control plane로 전송하는 기능을 담당.

③ Small Data는 Non-IP Data로 S1-MME의 Control plane에서 처리되어 NAS(Non Access Stratum)를 통해 전송되고 이를 Data Over NAS (DoNAS)라 부름.

④ Large Data는 IP data로 S1-U의 Data Plane을 통해 전송됨. IP data도 small data는 S1-MME로 전달됨.

나. NB-IoT와 CAT-M의 기술비교

구분	NB-IoT	CAT-M
3GPP Release	Rel13부터 시작	Rel13부터 시작
DL/UL Peak Rate	250/250kbps	1/1Mbps
Duplex Mode	Half Duplex	Full or Half
대역폭	180Khz (1PRB)	1.08Mhz (6PRBs)
핸드오버	지원하지 않음	지원
VoLTE	지원하지 않음	지원
사용처	스마트 미터링, 방제환경, 침입안전, 농작물관리	스마트워치, 홈제어, 차량통신, 무선결제

※ NB-IoT와 CAT-M 모두 3GPP에서 정의된 Massive IoT 단말기이고, NB-IoT는 Human Interface가 없는 단말기들의 서비스를 제공함.

다. NB-IoT 3가지 망 구축 방법

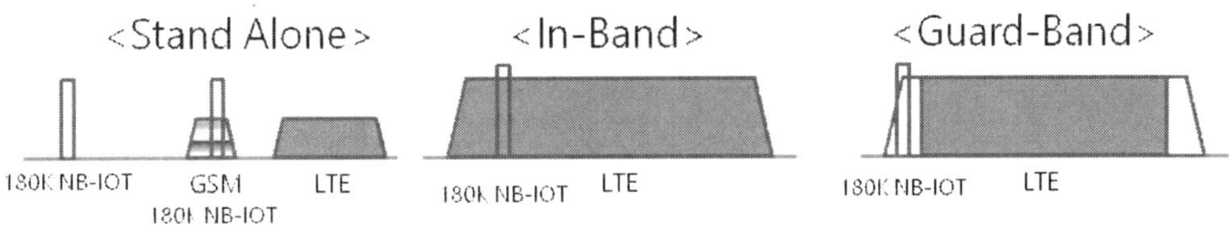

① Stand alone망 구축: LTE망과 독립적인 주파수 사용하거나 GSM망의 주파수 중 180KHz를 NB-IoT전용으로 사용하도록 구축함.

		②	In-Band망 구축: LTE망에 종속족인 망으로, LTE망의 PRB중 1개의 PRB
			를 NB-IoT PRB로 할당하는 형태임 하나의 eNodeB에 일반 LTE Cell과
			NB-IoT Cell이 존재함.
		③	Guard Band망 구축: LTE주파수 중 Guard Band영역에 NB-IoT 주파수를
			할당하는 방법으로 LTE에 서비스 영향을 최소화 할 수 있지만, Band의
			BPF의 Pass 대역폭을 dynamic하게 변경해야함.
3.			**NB-IoT서비스 전망**
	○		IoT기기는 2020년 수백억 개로 증가가 예상되고, 이중 대부분이 저 전력
			장거리 전송 IoT기기가 될 것 임.
	○		더 낮은 전력 소모의 저가의 IoT기기가 계속 출현할 것이고, LTE망을
			운영 중인 사업자들은 NB-IoT가 망 운영과 망 최적화에 있어서 유리한
			점이 있으므로 이미 많은 LTE망 사업자가 NB-IoT 상용화[166]에 앞장서고
			있음.
	○		3GPP Rel14에서 보다 향상된 enhanced NB-IoT서비스를 정의하였고,
			위치기반 기술, Tracking서비스, 그룹메시지 전송, 서비스 연속성 향상,
			저 전력 소모 단말기 등의 신기술과 서비스제공이 준비 중에 있음.

166) 다른 경쟁기술로, Massive IoT망 920MHz대역의 Non-IP기반의 LoRA(Long Range)가 있다.

Point

키 워 드	NB-IoT
기출코드	통신2018상3, 통신2017상4, 통신2015하4, 통신2015상3
통합사고	3GPP의 Massive IoT solution인 CAT-M, NB-IoT기술에 대한 비교 형태 기술 정리가 필요하고, 국내 사업자가 상용화 한 LoRa(Long Range)의 기술과도 함께 비교·정리하면 차별화 된 답안 작성에 도움이 됩니다.
함께보기	"6LoWPAN(IPv6 Low Power Wireless Personal Area Network)", 손에 잡히는 ICT, 460p "6.10 LoRa" "13.3 IoT보안 대책" "14.1 사물인터넷"

참고문헌

[1] Sara Landström, "NB-IoT A sustainable technology for connecting billions of devices, Ericsson Technology Review", 2016

[2] 3GPP 36.300, Evolved Universal Terrestrial Radio Access (E-UTRA) and Evolved Universal Terrestrial Radio Access Network (E-UTRAN); Overall description, 2017

5.25 LTE-U과 LTE-LAA

1.			**개요**
	❍		LTE-U(Unlicensed)와 LTE-LAA(License Assisted Access) 모두 비면허 대역을 이용하여 LTE와 함께 Carrier Aggregation기능을 지원, 전송속도 향상과 더불어 LTE부하의 Offload역할을 담당하는 기술임.
	❍		LTE-LAA는 LBT(Listen Before Talk)를 이용하지만, LTE-U는 short duty cycle을 이용하여 기본적으로 LBT를 이용하는 WiFi신호와 간섭 발생 가능성이 있음.
2.			**LTE-U and LTE_LAA**
	가.		CA(Carrier Aggregation)망 구성도

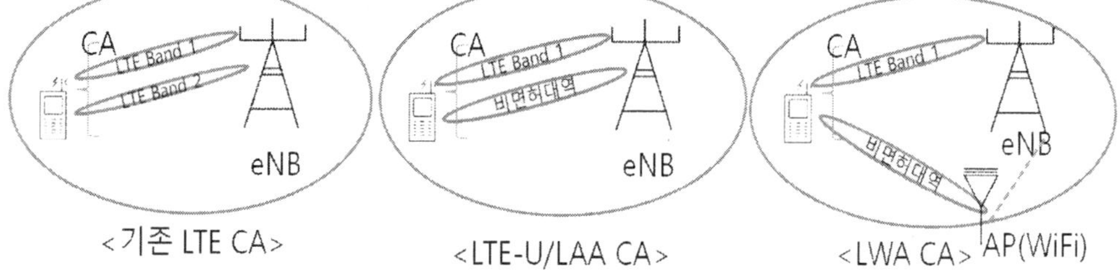

		①	LTE band로 정의된 주파수를 묶어 전송하는 기존 LTE CA기술에 비해 LTE-U나 LTE-LAA는 5GHz, 3.5GHz의 비면허 대역을 LTE band와 묶어 CA서비스를 가능하게 함.
		②	CA로 묶인 비면허 대역의 Link를 SDL(Supplemental DownLink)라 함.
		③	eNB의 데이터를 WiFi의 AP(Access Point)의 비면허밴드와 LTE Band를 묶어 CA서비스를 하는 LWA(LTE-WLAN Link Aggregation)도 있음.

나. LTE-U와 LTE-LAA기술 비교

구분	LTE-U	LTE-LAA
3GPP 규격	없음	Rel13
CA SCell 방향/최대속도	DL만/600Mbps	DL만/600Mbps
L2 Transport기술	LTE E-UTRA	LTE E-UTRA
WiFi공존 접근방법	Duty Cycle	LBT(Listen and Talk)
사용 나라	유럽과 일본제외한 모두	Worldwide

① LTE-U의 Duty Cycle은 비면허 대역 SCell[167] 이 On되는 구간과 Off되는 구간이 User마다 정해져 있어서 WiFi신호와 충돌이 생길 수 있음.

② 이런 충돌이 유럽과 일본의 Regulation에서는 허락이 될 수 없으므로 LTE-U는 사용하기 어려우나 우리나라를 포함한 몇몇 나라는 가능함.

3. LTE-U와 LTE-LAA의 전망

- 고품질 고속의 데이터 전송서비스를 위해 생기는 주파수 부족현상에 대한 해결기술이 될 수 있음.
- LTE-U의 경우 WiFi진영의 간섭문제로 반대가 심하고, 일부 나라에서는 사용자체가 불가하므로, LTE-LAA가 전송 효율이 나쁘더라도 좀 더 성공적인 서비스로 자리매김 할 가능성이 큼.
- 매크로 망보다 Small Cell에서 더 적합한 기술임.
- 기지국 PDCP단에서 WiFi AP로 패킷이 분리되어 CA기술이 적용되는 LWA기술도 주목을 받고 있고 WiFi망에 대한 영향이 가장 적은 기술임.
- 비면허 ISM밴드를 사용하는 기술의 증가에 따라 유럽과 일본처럼 간섭을 최소화 하는 법규에 대한 고려가 필요해 보임.

Point

키 워 드	LTE-U, LTE-LAA
기출코드	통신2016상4, 컴응2015상4
통합사고	LTE-U와 LTE-LAA의 기술에 대한 파악과 구분이 필요하고, WiFi(IEEE802.11a/g/n/ac/ad)와의 비교, 혹은 LWA와의 비교 등을 통해 비면허 대역을 사용하는 LTE기술에 대한 이해와 시장 환경에 대한 고찰이 필요합니다. 이와 더불어 WiFi의 비면허 대역의 활용에 대해 앞으로의 전략에 대한 법규마련 등에 대한 입장을 밝혀서 답 작성 시 차별화를 갖도록 합니다.
바로가기	“IEEE 802.11 a/b/g/n/ac”, 손에 잡히는 ICT, 452p “6.2 WiFi”

참고문헌

[1] Ahmed Ali, “Unlicensed LTE Technologies”, ABI Reasrch, 2016

[2] 3GPP 36.300, “Evolved Universal Terrestrial Radio Access (E-UTRA) and Evolved Universal Terrestrial Radio Access Network (E-UTRAN); Overall description”, 2017

167) SCell: Carrier Aggregation의 Secondary Cell을 말한다.

5.26 LTE D2D

1.			**개요**
	○		LTE의 D2D(Device to Device)는 3GPP Rel12부터 포함되어 Proximity-based Service(ProSe)란 이름으로 표준화되었음.
	○		서로 다른 UE(User Equipment)가 기지국을 거치지 않고 직접 통신할 수 있도록 지원하는 기술로 네트워크의 오프로딩 효과가 있고, 셀 반경 밖에서 UE간 통신이 가능하므로 재난망과 V2V등 에서 사용될 수 있음.
2.			LTE D2D
	가.		도입 배경
		①	스마트폰과 태블릿 등으로 데이터 폭증에 따른 통신망 과부하를 줄이는 방안으로 UE간 직접 통신이 논의되기 시작됨.
		②	LTE가 재난망에서 사용되고, 재난 시 Infrastructure가 불안정한 가운데 UE간 직접 통신이 필요로 함.
	나.		네트워크 기반 LTE D2D 절차

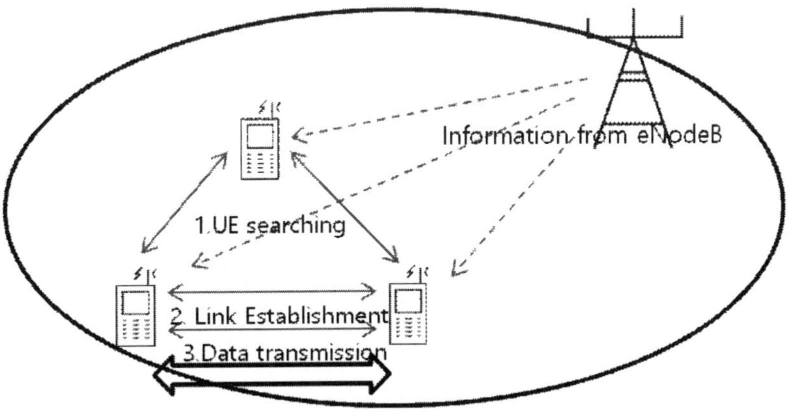

① eNodeB는 UE searching 정보와 동기 정보를 셀 내의 각 UE한테 전송함.

② eNodeB가 각 UE간 Link를 설정하고, 이후 UE간 직접 통신이 이뤄짐. 이 UE간 통신을 Rel12에서 Sidelink라 정의하고 간섭의 영행이 상대적으로 적은 UL주파수(FDD), UL subframe(TDD)를 이용함.

③ UE 그 자체가 Relay node로 동작하여 Cell Coverage밖의 UE와 통신이 가능함.

다. D2D통신의 장단점

장점

- 이동통신 네트워크 로그 감소효과가 있음
- UE의 Power 소비를 줄일 수 있음
- Cell coverage를 늘릴 수 있음
- 효율적인 대역폭사용이 가능함

단점

- D2D UE간 상호 간섭 문제가능
- D2D UE의 자원할당이 복잡함
- 제한된 전송 속도
- D2D 데이터전송의 보안문제

※ D2D통신의 단점은 기술이 5G의 V2V통신으로 확대됨으로 보안되도록 규격이 진화 중에 있음.

3. 앞으로 전망

○ D2D는 위치기반 광고 서비스, Data Off-loading, local 음성 및 데이터 교환, Cell coverage확장, 그룹 통신, V2V[168] 등 그 활용 범위가 점점 확대되고 있음.

○ D2D통신에 대한 합리적인 과금이 준비되어야 하고, 사업자는 저렴한 통신비로 D2D통신을 유도하여 소비자 만족과 더불어 네트워크 부하 감소를 유도할 수 있도록 할 수 있음.

○ 특히, 재난 망에서는 UE간 재난신호 broadcast와 셀 커버리지 밖의 UE간 통신이 가능하므로 그 활용이 필수적임.

Point

키 워 드	D2D, ProSe
기출코드	통신2015하1, 컴응2014상3
통합사고	LTE의 D2D기술과 더불어 퀄컴의 FlashLinkQ, WiFi Direct, PAC(Peer Aware Communication)이 모두 단말기간 직접 통신하는 기술로 각 기술에 대한 개념과 통합 비교에 대한 정리가 필요합니다.
함께보기	"와이파이 다이렉스(Wi-Fi Direct)", 손에 잡히는 ICT, 454p

참고문헌

[1] ICT표준화 포럼- 5G포럼, "LTE D2D Proximity Service 표준화 이슈" ICT표준화 포럼, 2014
[2] 3GPP 36.300, Evolved Universal Terrestrial Radio Access (E-UTRA) and Evolved Universal Terrestrial Radio Access Network (E-UTRAN); Overall description, 2017

168) V2V(Vehicle to Vehicle): 차량과 차량 간 통신이다.

5.27 LTE의 DC

1.			**개요**
	○		DC(Dual Connectivity)는 Small Cell향상을 위해 3GPP Rel12에 도입된 기술로 같은 코어망에 연결된 두 개 이상의 eNodeB(eNB)로부터 단말이 동시에 서비스를 받을 수 있는 특징을 가지고 있음.
	○		5G에서 LTE와 NR이 공존하는 NSA(Non Standalone) Mode에서도 핵심 기술로 고려되고 있음.
2.			**LTE Dual Connectivity**
	가.		구성도

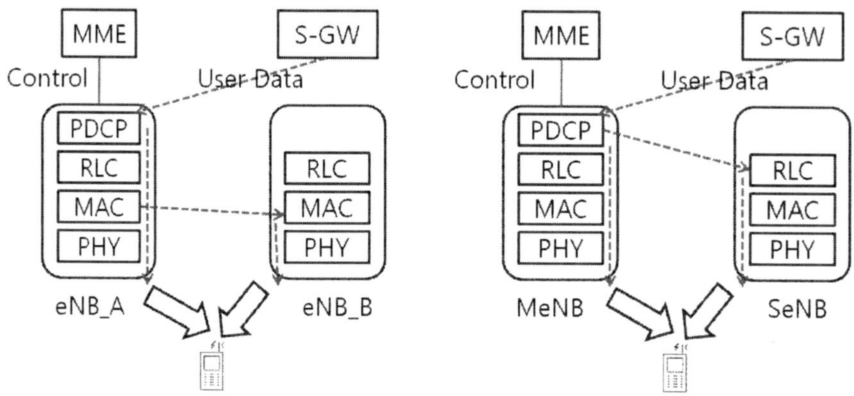

<Inter eNB Carrier Aggregation> <Dual Connectivity>

		①	CA(Carrier Aggregation)의 두 주파수가 각각 다른 eNB에 속하는 CA의 진화된 형태인 Inter eNB CA는 Intra eNB CA와 동일하게 MAC layer 에서 Packet이 분리되어 단말기로 병렬 전송됨.
		②	DC는 PDCP단에서 Packet이 분리되어 각 eNB에 RLC부터 독립적인 인스턴스가 생기므로, MAC/PHY이 다른 eNB와 결합하여 동시에 병렬 전송이 가능함.

③ S1-MME의 Terminate point가 MeNB(Master eNB)라 하고, 다른 eNB를 SeNB(Secondary eNB)라 함. Control은 MeNB를 통해서만 단말기로 전달되고, User Data는 두 eNB를 거쳐 병렬전송 됨.

나. CA 와 DC

구분	CA	DC
목적	매크로셀내 혹은 Small셀 내 속도향상	Small셀과 매크로셀간 협력통신을 통한 속도 향상
규격	Rel10	Rel12
Packet Split	MAC	PDCP
특징	Inter eNB CA와 Intra eNB CA 모두 지원 가능	DC의 각 eNB에서 CA기능을 함께 사용가능함.
고려사항	Inter eNB의 경우만, X2 latency	X2 latency

① PDCP패킷이 X2 User plane을 통해 전달되므로, X2백홀의 Latency를 최소화 하는 방법이 고려되어야 함.

② DC내에서 여러 셀과 CA를 사용가능하므로, 좀 더 고속의 데이터 전송이 가능하게 됨.

3. 5G의 Dual Connectivity

가. 5G NSA Architecture

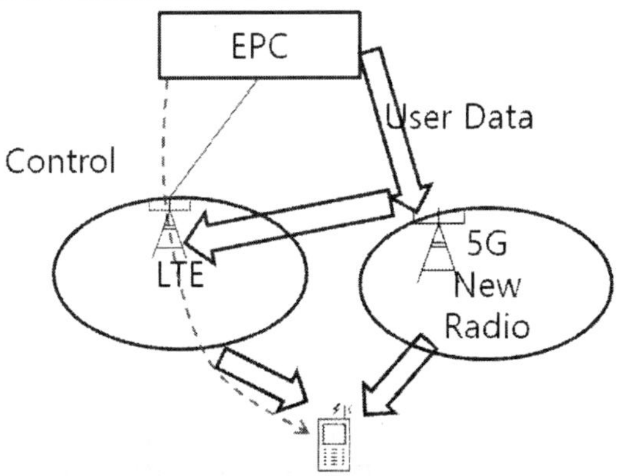

		①	5G Architecture중 하나인 NSA(Non Standalone)은[169] 5G NR기지국 이 LTE기지국과 Dual Connectivity개념으로 연결된 형태임[170].
		②	4G LTE망 사업자가 5G의 기술을 빨리 도입하고 싶을 때 선택할 수 있는 5G Architecture중 하나임.
		③	5G단말기가 Control signaling은 LTE기지국을 통해 설정되고, S1 User Plane은 NR기지국으로 전송 되어 PDCP Layer에서 LTE기지국으로 전송되어 LTE기지국과 NR기지국으로부터 동시 데이터 수신 가능함.
4.			**결론**
	❍		DC는 서로 다른 MAC/PHY의 두 기지국을 이용하여 하나의 단말기에 동시 서비스를 하여 서비스의 연속성을 확장하고 데이터 전송속도를 높이는 장점이 있음.
	❍		LTE Marco와 Small cell간 협력통신 뿐 아니라, LTE망과 WiFi망의 병렬전송기술인 LTE-LAA(Licensed Assisted Access)나 LWA (LTE-WLAN Link Aggregation)에서도 DC의 개념이 이용됨.
	❍		5G의 NSA Architecture에서도 LTE와 5G NR간 협력통신을 위해서 DC의 개념이 이용됨.
	❍		많은 곳에서 이용되는 DC기술의 가장 큰 장애물은 X2인테페이스의 Latency임. DC 서비스 전 X2 백홀의 고도화가 선행되어야 하며, Latency monitoring기술도 함께 고려되어야 함.
	❍		추후 Dual이 Multiple로 증가되어 동시에 두 개 이상의 다수 Connectivity를 통하여 좀 더 고속의 서비스를 제공하는 형태로 진화될 것임.

169) 현재 NSA외 NR간 DC를 지원하는 5G단독 시스템인 Standalone Mode(SA)도 존재 한다.
170) 그림은 3x 옵션으로 EPC Core에서 Data를 5G NR기지국으로 수신 받아 LTE로 전송할 수 있는 옵션

Point

키 워 드	DC, Inter eNB CA
기출코드	
통합사고	Dual Connectivity는 서로 다른 데이터를 전송하는 관점에서 서로 같은 데이터를 전송하는 기존 2G, 3G의 Soft handover의 개념과 다릅니다. MAC/PHY가 다른 두 기술을 묶어 전송가능하다는 큰 장점이 있으므로, 앞으로도 여러 기술이 존재하는 Multi-RAT환경에서 주목받는 기술이 될 것입니다.
함께보기	“5.29 5G망 Architecture”

참고문헌

[1] 안승진 외, “3GPP 표준 기술 발전에 따른 차세대 속도 경쟁 시장의 변화 예측 동향” Vol151 TTA저널, 2014

[2] Toru Uchino 외, “Carrier Aggregation Enhancement and Dual connectivity promising hihger throughput and capacity”, Vol17, NTT Docomo journal, 2016

[3] 3GPP TR 38.801, “Study on new radio access technology, Radio access and architecture and interface(Release 14)”, 2017

도 존재 하고 다양한 옵션은 참고문헌 [3]을 참조한다.

5.28 Network Slicing

1.			**개요**
	○		Network Slicing은 하나의 물리적 네트워크를 서로 다른 특성의 서비스에
			대해 특화되도록 논리적으로 분리하는 것을 말함.
	○		4G LTE에서는 MOCN(Multiple Operator Core Network), DECOR
			(Dedicated Core Network), eDECOR (Enhanced DECOR)의 기술이
			있음.
	○		5G시스템에서 제공되는 eMBB(Enhanced Mobile Broadband), URLLC(
			Untra-Reliable Low Latency Communication), MIoT(Massive IOT)
			의 3가지 서비스Type이 Network Slicing에 의해 분리됨.
2.			**Network Slicing**
	가.		배경
		①	Massive IOT서비스 지원과 네트워크 가상화 기술이 도입되면서
			효율적인 망 자원 활용을 위해 도입되었음.
		②	4G LTE에서도 Slicing개념이 사용되고 있으며 다양한 서비스를 제공하는
			5G네트워크에서는 기본이 되는 핵심 기술임.
	나.		개념
		①	하나의 물리적 네트워크를 논리적으로 격리되어 있는 여러 개의 가상적인
			End to End 네트워크로 분리하는 것을 말함.
		②	각각 격리된 네트워크는 서로 다른 요구사항과 특성을 가진 서비스를
			제공하고, 접속망, 전송망, Core망을 모두 포함함.

3.			**4G LTE의 Network Slicing**
	가.		배경
			4G LTE망에서도 CAT-M(Category M)이나, NB-IOT(Narrow Band Internet of Things)와 같은 Massive IOT서비스를 지원해야하고 이에 이에 대한 Networking Slicing이 필요하게 됨.
	나.		종류 및 망 구성도

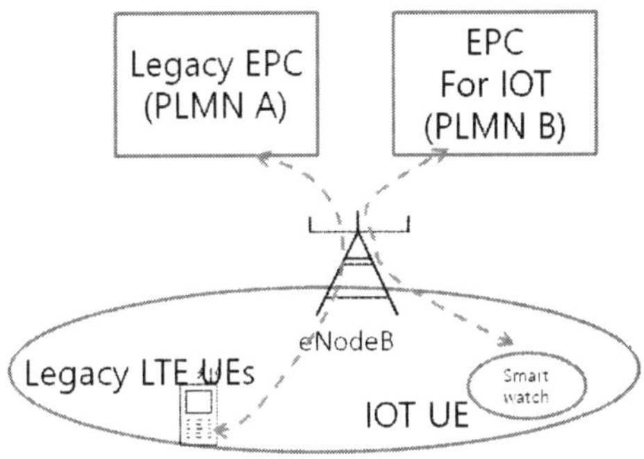

<Shared RAN - MOCN>

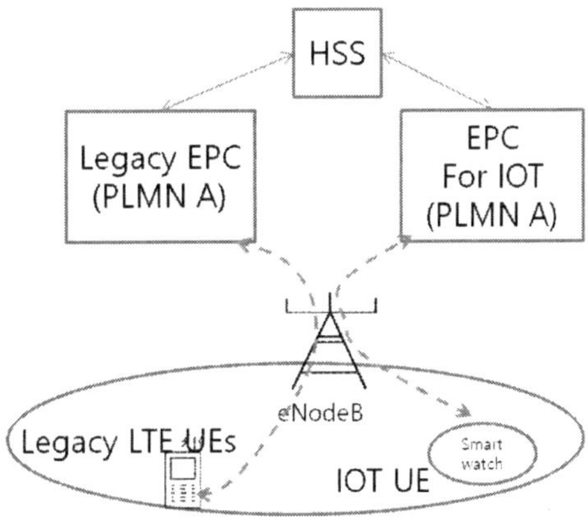

<DECOR, eDECOR>

		①	Shared RAN-MOCN: IOT UE와 기존 Legacy LTE UE에 서로 다른 PLMN[171] 을 할당하여 서비스하는 형태로, 기존 Shared RAN의 기능을 활용하여 IOT단말에 독립적인 PLMN을 할당하여 PLMN간 독립적으로 망을 격리시킬 수 있음.
		②	DECOR: IOT UE와 Legacy LTE UE의 구분을 HSS(Home Subscriber Server)에서 판단하여, 네트워크 내에서 전달하여 각 Core에 해당 UE type만 처리하도록 하는 3GPP Rel13에서 정의된 기술로 네트워크 내에 전달되는 추가 signaling이 필요함.

171) PLMN(Public Land Mobile Network): 사업자의 네트워크 식별번호를 말한다.

		③	eDECOR: 3GPP Rel14에서 정의된 기술로, 단말기에 Slice ID를 요구하여 이에 mapping되는 Core망으로 단말기의 서비스 요청을 전달하는 기능으로, HSS의 도움 없이 Core에 서비스요청이 가능함.
4.			**5G의 Network Slicing**
	가.		5G 서비스 종류
		①	eMBB(enhanced Mobile Broadband): 4K/8K UHD영상, AR/VR등 고속의 data rate를 필요로 하는 서비스.
		②	URLLC(Ultra- Reliable Low Latency Communications): Motion control, 공장 자동화, 자동주행 등 고 신뢰도와 적은 지연을 필요로 하는 서비스.
		③	MIoT(massive IoT): 농업, 검침, 빌딩 등 센서네트워크 서비스 등 고정의 다량의 디바이스지원을 필요로 하는 서비스.
	나.		5G Network Slicing 개념도

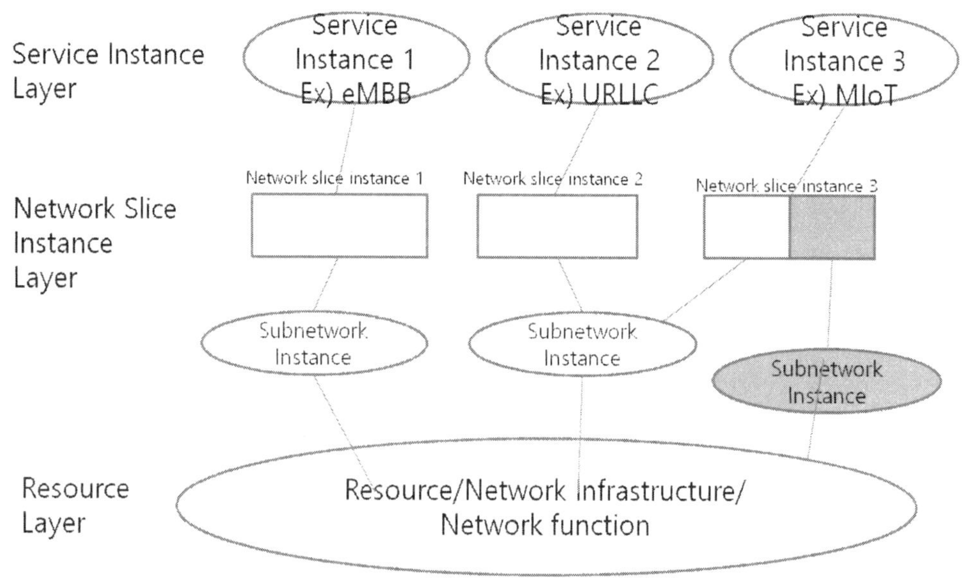

		①	Service Instance: Network Slice에 의해 구현된 서비스들로 eMBB,
			URLCC, MIOT를 말함.
		②	Network Slice Instance: 이더넷 스위칭, IP라우팅 등 네트워크 Function
			들의 세트와 이를 실행할 자원들을 말함.
		③	Resource: Storage, Radio Access, computation을 위한 물리적 자산
			들을 말함.
		④	하나의 서비스 instance가 정해지면, 이에 특성에 맞는 Network 특성
			(Low latency 등) 이 정해지고, 이를 실현하기 위해 Network Function
			들과 Resource를 할당받음.
		⑤	5G Network Slicing은 접속망, 전송망, Core망의 모든 자원의 Slicing을
			의미하고, 각각 격리(Isolation)되어 운영됨.
		⑥	상용서버에 DU, Core의 Network Function이 가상화가 되어 운영되는
			NFV(Network Function Virtualization)으로 구현됨.
	다.		Network Slicing의 장점
		①	새로운 서비스 도입을 신속하고 쉽게 할 수 있음.
		②	서비스의 자원 활용을 최대한 효율적으로 사용가능함.
		③	서비스 간 유연한 망 운영이 가능함.
		④	서비스의 QoS를 확실히 보장 가능함.
		⑤	사업자의 CAPEX/OPEX가 줄어듦.
5.			**결론**
	❍		이동통신망의 활용도가 높아짐에 따라 다양한 서비스 지원이 필요하고,
			이에 대한 망의 효율적 운영방안 중 하나로 Network Slicing 개념이
			도입되었음.

- 5G의 다양한 서비스 지원과 네트워크 가상화 기술이 Network Slicing을 활성화 할 수 있는 기반이 되고 있음.
- 망 복잡도가 증가함에 따라, 망의 Network slicing의 자원할당 및 Network function할당에도 Machine Learning기법의 적용이 가능하고 이에 대한 활발한 연구가 이뤄지고 있음.

Point

키 워 드	Network Slicing, MOCN, DECOR
기출코드	컴응2016상2
통합사고	Network slicing은 4G에서 이미 그 개념을 이용하여 서비스 중이며, 5G의 Cloud기술과 더불어 핵심 네트워크 기술로 자리 잡을 것입니다. Network slicing은 NFV로 구현되므로, 두 기술의 관계도 같이 정리할 필요가 있고, SDN과 함께 통합적인 전체 망 구성도도 같이 생각해보는 것이 좋겠습니다.
함께보기	"SDN(Software Define Network)", 손에 잡히는 ICT, 372p "3.8 SDN과 NFV" "14.3 클라우드컴퓨팅"

참고문헌

[1] 이승익 외, "5G 네트워크 슬라이싱 기술", OSIA S&TR Journal, Vol.29, 2017

[2] NGMN Alliance, "Description of Network Slicing Concept, NGMN 5G Project Requirements & Architecture – Work Stream E2E Architecture", 2016

5.29 5G망 Architecture

1. 개요

○ 5G는 5세대 이통통신을 의미하는 시장 통용어이고, 공식적 ITU-R의 승인 용어는 IMT-2020임.

○ DL 20Gbps, UL10Gbps. 최대 500km/h에서 eMBB서비스 제공 등의 IMT-2020의 요구사항 존재함.

○ 3GPP에서는 IMT-2020의 요구사항을 만족하기 위해 새로운 System Architecture를 정의하였고, RAN Architecture를 정의하였음.

2. ITU의 IMT-2020(5G) 요구사항

구분	5G	4G
Peak Data Rate(bps)	DL 20G/UL 10G	DL 1G/UL 0.5
사용자 체감 전송속도	100Mbps~1Gbps	10Mbps
Mobility제공 최대 속도	500km/h	350km/h
Latency(고신뢰 실시간 서비스 기준)	1ms(User Plane)/ 20ms(Control Plane)	10ms (User Plane)/ 200ms(Control Plane)
면적당 Traffic용량	10Mpbs/m2	0.1Mbps/m2
에너지 효율	100배(4G대비)	1배
최대 연결 수	1km당 100만대 단말	1km당 10만대 단말
대역폭	100MHz~1GHz	100MHz

※ 위 5G요구 사항은, 5G 대표 서비스인 eMBB(Enhanced Mobile Broadband), URLLC(Ultra-Reliable low latency communication), MIoT (Massive Internet Of Things) 의 3가지 서비스종류의 지원이 목표임.

3.			**3GPP의 5G 시스템 Architecture**
	가.		시스템 구성도
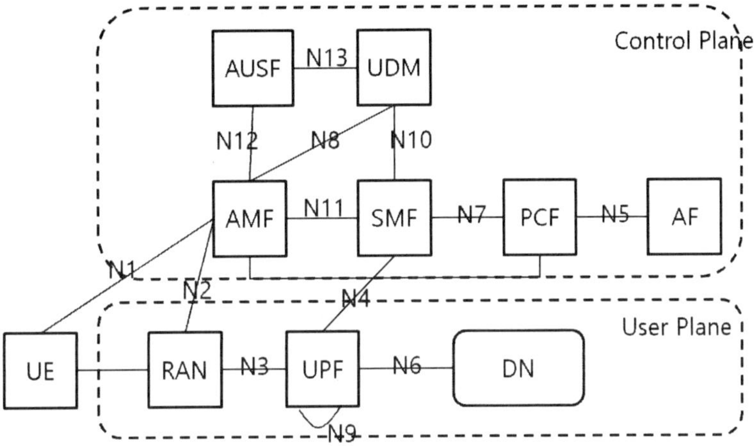			
		①	Reference Point기반의 5G 시스템의 Non-Roaming의 Architecture임.
		②	5G시스템 Architecture는 NFV나 SDN과 같은 기술을 고려한 서비스
			지원과 Data 연결성을 보장하도록 하였고, Control 과 User Plane의
			분리하여, 개별적인 진화와 Scale변화가 가능하도록 하였음.
		③	Network Function을 모듈화 하여 Network Slicing기능의 효율적 사용이
			가능하게 되었고, Access Node와 Core Node의 의존성을 최소화하도록
			하였음.
	나.		Network Function설명
		①	Access and Mobility Management function(AMF): Registration,
			Connection과 Mobility관리, Access인증과 권한 확인 등의 기능을 담당
		②	Session Management function(SMF): Session 셋 업, 수정, 해제를
			주로 담당하고 UPF와 RAN간의 터널을 관리함.
		③	User plane function(UPF): Intra, Inter RAT mobility의 Anchor point
			로 Data Network(DN)의 Packet을 forwarding하고 Routing하는 역할.

④ Policy function(PCF): Policy Framework을 제공하여 control plane에 Policy rule을 제공함.

⑤ Application Function(AF): Application별 Policy적용과 Routing의 우선순위를 적용할 수 있는 서비스를 PCF에 제공함.

⑥ Authentication Server Function(AUSF): 단말기의 인증을 위한 데이터를 저장

⑦ User Data Management(UDM): 사용자 의 subscription data, policy data 등을 저장

⑧ RAN(Radio Access Network): 5G의 New Radio(NR)을 사용하는 기지국으로 gNB(Next generation NodeB) 라 함.

4. 5G RAN 망 구축 방안 시나리오

<table>
<tr><th>시나리오</th><th>개념도</th><th>설명</th></tr>
<tr><td>Non-Centralized</td><td>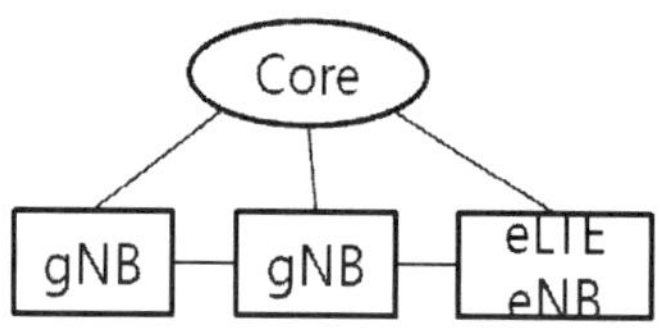
</td><td>gNB가 Macro나 Small Cell로 동작 가능. gNB와 evolved LTE의 eNB 와 접속이 가능함.</td></tr>
<tr><td>Co-Sited</td><td>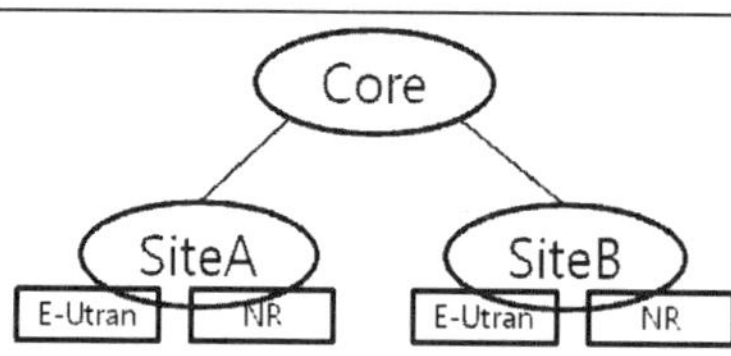
</td><td>E-UTRAN과 NR이 같은 기지국내 혹은 다른 기지국 형태로 같은 Site에 존재함.</td></tr>
<tr><td>Centralized</td><td>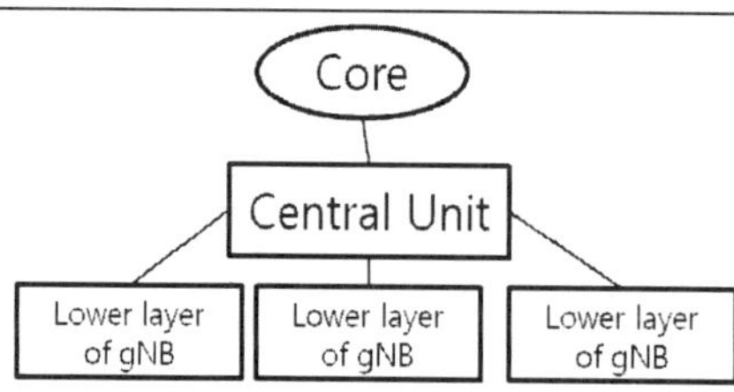
</td><td>상위 Layer는 Central Unit에 존재하고, Lower layer는 분산되고, 광으로 연결됨</td></tr>
<tr><td>Shared RAN</td><td>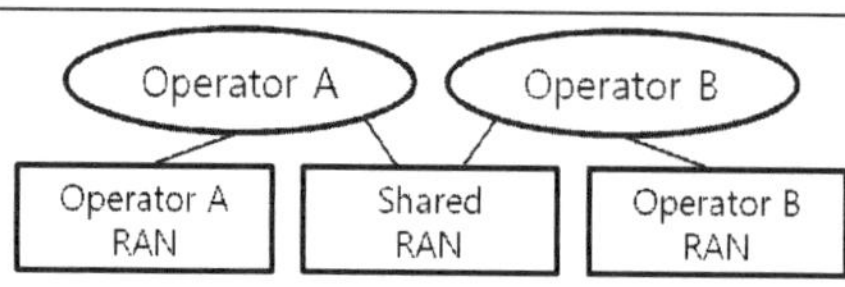
</td><td>두 사업자가 공유하는 Shared RAN형태</td></tr>
</table>

	가.		Centralized시나리오는 Co-Sited와 Non-Co-Sited 모두 적용 가능함.
	나.		4G LTE 구축이 완료된 사업자는 Centralized형태로 진화하여 빠른 5G
			서비스를 제공할 수 있고, NFV의 기술을 적용하면 Centralized 형태도 동시
			구축 가능함.
	다.		망 구축비용을 최소화하기 위해 Shared RAN형태의 구축 방안도 고려될
			수 있음.
5.			**결론 및 전망**
	○		ITU-R의 IMT2020의 요구사항을 만족시키기 위한 3GPP 규격논의가 활발히
			진행 중에 있고, ITU는 2017년 말부터 5G후보 기술 접수를 받고, 2018 ~
			2019년 평가를 수행한 다음 2020년 국제표준 승인 예정임.
	○		3GPP는 Rel15부터를 5G기술이라 명명하였고, Rel15는 2018년 9월,
			Rel16은 2020년 3월 완료를 목포로 진행 중임.
	○		우리나라도 2018년 평창올림픽을 통하여 5G기술을 세계로 선보일 예정임.
			규격측면에서 완성되지 않은 상태라 약간의 위험요소가
			있지만 , 5G주파수 대역에서 실감서비스, UHD중계 등을 통해 5G의 선도
			적인 역할을 수행할 수 있도록 총력을 다 해야 할 것임.
	○		평창 올림픽 준비과정에서 얻게 된 지식을 IPR화 하고 3GPP규격 논의에
			적극 활동하여 5G의 핵심기술 보유국이 되도록 해야 함.

Point

키 워 드	5G, IMT2020, 5G 시스템 Architecture
기출코드	통신2016하3, 통신2015상2, 통신2012하3, 컴응2015하2
통합사고	5G관련 다양한 문제가 출시되고 있습니다. 규격이 완성되지 않은 상태에서 5G에서 만족해야 하는 서비스들의 개념이 먼저 정리되었고, 이 서비스들을 만족하기 위해 시스템 Architecture와 기술들에 대해 논의되고 있다. 5G에서 대표 세 가지 서비스와 이를 만족하기 위한 시스템 구성도와 함께 New Radio기술도 같이 정리할 필요가 있고, 3GPP 38시리즈의 규격에 대한 follow-up도 필요합니다.
함께보기	"5.27 LTE의 DC" "5.28 Network Slicing"

참고문헌

[1] 3GPP TR 38.801, "Study on new radio access technology, Radio access and architecture and interface(Release 14)", 2017
[2] 김대중, "5G 이동통신 현황 및 전망", Vol163, TTA Journal, 2016
[3] 3GPP TS 23.501, "System Architecture for the 5G System", 2017

5.30 5G 무선 접속 기술에 대해 설명

1.			**개요**
	❍		5G의 무선 Wave form으로는 CP(Cyclic Prefix)가 불필요한 FBMC(Filter
			Bank Multi-carrier) 나 CP를 사용하는 CP-OFDM이 고려되고 있음.
	❍		5G 다원 무선 접속 방법 NOMA(Non Orthogonal Multiple Access),
			Duplex방법으로는 IBFD(In Band Full Duplex)이 고려되고 있음.
2.			**5G 무선 Waveform**
	가.		요구사항
		①	밀미미터파[172] 영역의 100MHz~ 1GHz의 대역폭의 Multipath 환경에서
			MIMO기술과의 기술 관련성을 고려,OFDM기반의 Waveform이 요구됨.
		②	주파수 효율의 극대화, Guard band영역의 축소, 서브캐리어간 직교성
			확대 등이 5G Waveform의 추가 요구사항이라 할 수 있음.
	나.		FBMC(Filter Bank Multi-carrier)
		①	부 반송파간 직교성을 높이기 위해 Steep Frequency 특성의 필터를 각
			부 반송파에 적용시키는 기술임.
		②	FMBC는 각 부 반송파간 직교성 강화로 Side-lobe가 거의 발생 되지 않아
			CP삽입이 불필요하므로 주파수 효율성이 뛰어남.
	다.		CP-OFDM(Cyclic Prefix-OFDM)
		①	기존 4G에서부터 사용되고 있는 Wave form으로 ISI(Inter Symbol
			Interference)감소의 목적으로 CP를 삽입함.
		②	MIMO기술과 호환성이 높다는 것이 가장 큰 장점임.
		③	WOLA(Weighted Overlap and Add) 같은 Pulse Shaping필터와 같이
			사용이 용이하고 이 경우 Out Of Band특성이 더 좋아짐.

라. FBMC와 CP-OFDM과의 비교

구분	FBMC	CP-OFDM
CP삽입	불필요	필요
주파수효율성	높음	보통
복잡도	높음	낮음
SideLobe	작음	작음(with WOLA)
MIMO호환성	보통	좋음

※ 이외 다른 Wave form후보로, UFMC(Universal Filter Multicarrier), GFDM(Generalized Frequency Division Multiplexing)등 이 있음.

3. 5G무선 다원 접속 방법-NOMA(Non Orthogonal Multiple Access)

가. 개념도

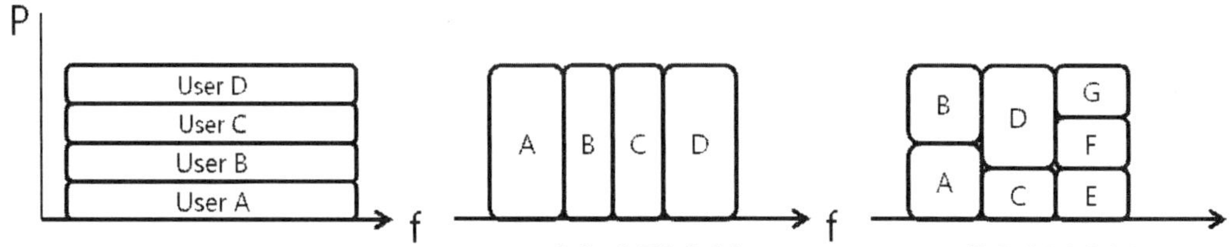

<3G CDMA> <4G OFDMA> <5G NOMA>

① NOMA는 셀 간 용량 증대를 위해서 동일한 시간, 주파수자원에 두 대 이상의 단말기를 동시에 전송하여 주파수 효율을 향상시킴.

② 기존 OFDM의 직교성[173)]을 깨고, 기지국 채널 품질이 큰 복수개의 단말기에 심볼을 중첩(Superposition)하고, 품질이 낮은 단말기에는 높은 전력, 품질이 좋은 단말기에는 낮은 전력으로 전송한다.

172) 밀리미터파: 30~300GHz 대역으로 밀리미터(mm)단위의 파장을 같는 전자기파를 말한다.

③ 이후 단말기는 다른 단말기의 심볼 역시 Decode하여 수신신호에서 제거하는 SIC(Successive Interference Cancellation)기법을 적용하여 자신의 신호만을 최종 수신 한다.

나. NOMA와 OFDMA비교

구분	NOMA	OFDMA
사용시점	5G	4G
주파수 효율성	좋음	보통
복잡도	높음	보통
셀간 용량	높음	보통임
셀간 간섭	취약함	보통임

다. 다른 다원접속 방법-SOMA, SCMA

① SOMA(Semi Orthogonal Multiple Access)은 NOMA의 전송 방법과 동일하게 셀 내에서 사용자의 송수신 거리에 따라 출력을 달리하지만 Gray Coding[174] 과 Maximum Likelihood 방식을 사용하여 복조 시 SIC 기법을 이용하지 않으므로 복잡도를 낮추는 방법임.

② SCMA(Sparse Code Multiple Access)는 Multi-dimensional code book을 이용하여 주파수 효율을 높이는 다중 접속기술임. 각 data stream마다 서로 다른 Multi-dimensional code book을 사용해 자원의 중첩 할당이 가능하여 기존 LTE 기술에 비해 많은 기기의 수용이 가능하고 주파수 효율이 뛰어남.

173) OFDM직교성: OFDM의 각 부 반송파 파형은 시간축 상 서로 간섭을 일으키지 않게 직교된다.
174) Gray code: 이진법 부호의 일종으로, 연속된 수가 1개의 비트만 다른 특징을 지닌다.

4. 5G의 Duplex 방법-IBFB(In Band Full Duplex)

가. 개념도

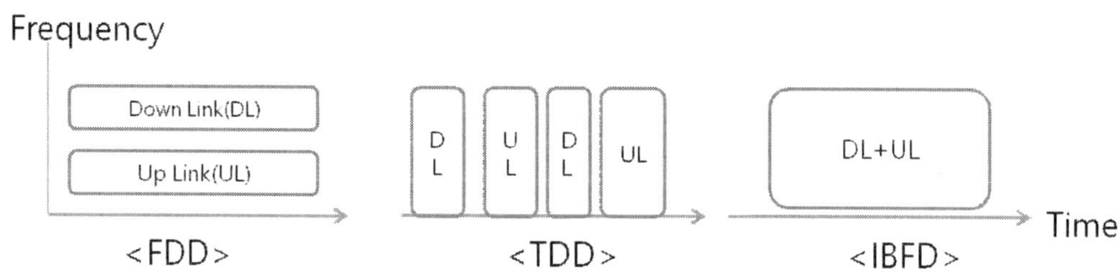

① DL과 UL의 전송이 같은 주파수에서 같은 시간에서 동시에 이뤄 짐.

② 수신기로 유입되는 강한 Self-Interference의 제거가 가장 큰 문제이고 이를 제거한다면, Full Duplex보다 최대 2배의 링크용량 증대를 가질 수 있는 장점이 있음.

③ 유효신호 대비 자기간섭신호가 상대적으로 작은 소형 셀 환경에서 효과적인 적용이 가능하다는 연구가 발표되고 있음.

④ Self-Interference제거 기법으로는 송, 수신 안테나의 물리적 이격과 함께 안테나 배치 및 구성을 달리하는 분리안테나 자기 간섭 제거 기법이 있음.

5. 결론

○ 5G시스템에서 제공되는 eMBB(Enhanced Mobile Broadband), URLLC(Ultra-Reliable low latency communication), MIoT(Massive IOT)의 3가지 서비스Type의 지원을 위한 무선 다원 접속기술, Waveform, Duplex기법에 대한 논의가 활발히 논의 중에 있음.

○ 무선 접속기술은 단말기 칩셋 기술과 밀접한 관계가 있으므로 칩 셋 시장에 열악한 국내에 새롭게 도전해볼 분야이고, 산학연의 관심과 적극적 투자가 필요한 분야임.

Point

키 워 드	FBMC, NOMA, IBFD
기출코드	통신2017상1, 통신2014하 2
통합사고	무선 접속 기술에 대해서는 현재 규격이 논의 중이므로, 3GPP Rel15와 Rel16의 규격이 완성되기 전까지 답안의 변화가 매 회 변경될 수 있는 분야입니다. 그러므로 3GPP 36.38시리즈에 대해 규격follow-up이 필요한 부분입니다.
함께보기	"OFDM(Orthogonal Frequency Division Multiplexing)", 손에 잡히는 ICT, 358p

참고문헌

[1] Anass Benjebbor 외, "5G Radio Access Technology", NTT Docomo Technical Journal Vol17, 2016

[2] 김선애 외, "동일대역전이중 방식 송수신기 기술 및 표준화 동향", 시험인증기술동향, 2014

[3] 3GPP TSG-RAN WG1 #84, Waveform candidates, April 2016

6.1 ISM(Industrial Scientific Medical) 밴드

1. 공공 주파수 자원 ISM 밴드

- ○ 주파수 자원은 사용을 위해 국가의 허가를 받아야 하는 면허대역과 국가의 허가가 필요 없는 비면허 대역으로 나눌 수 있음.
- ○ ISM 밴드는 산업, 과학, 의료 등 특수 용도를 위해 사용이 허가된 비면허 주파수 대역임.
- ○ ISM 밴드는 주파수 사용 비용이 없어서 다양한 근거리 무선 통신기술 사용되고 있으나, 주파수 사용 효율이 낮은 단점이 있음.

2. ISM 밴드 이해

가. ITU-R은 산업, 과학, 의료 등 특수용도 사용을 위해 900MHz, 2.4GHz, 5GHz 주파수 대역 등을 비면허 대역으로 지정함.

나. ISM 주파수 사용 현황

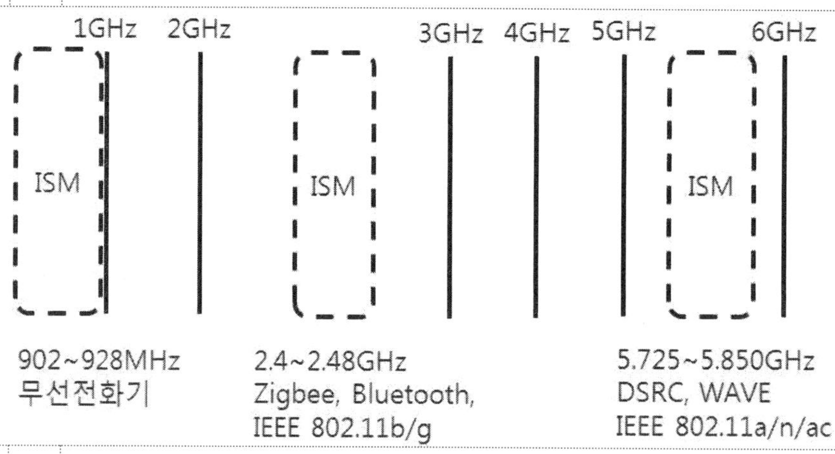

① 900MHz 대역은 무선 전화기를 위해 사용 되었으나, 현재는 LTE 주파수 대역으로 사용 중.

② 2.4GHz 대역은 ISM 용도로는 의료용 장비 등을 위해, 비 ISM 용도로는 Bluetooth, IEEE 802.11 b/g, Zigbee 등이 사용됨.

③ 5GHz 대역은 ISM 용도로는 과학, 실험 등의 용도로 사용되고, 비 ISM 용도로는 IEEE 802.11 a/n/ac 사용 됨.

3. ISM 밴드의 특징

구분	ISM 밴드	이동통신 주파수 밴드
서비스 제한	전파법 정의에 부합시 서비스 제한 없음	국가 주파수 계획에 따름
주파수 사용 비용	없음	2016 경매 기준 약 150억/MHz
주파수 사용 효율	IEEE 802.11n 1.2 bit/s/Hz	LTE-A 30 bit/s/Hz
장점	저비용으로 신기술 적용 용이	QoS 및 고속 통신 용이
단점	이종의 서비스가 간섭 이슈 있음	높은 구현 비용

※ ISM 서비스는 간섭 이슈를 최소화하기 위해 출력 파워를 제한함.

4 이동 통신 서비스의 ISM 밴드 사용 이슈

- ❍ IEEE 802.11, Bluetooth 등 다양한 통신 기술이 ISM 밴드를 이용하여 통신 서비스를 지원하고 있음.
- ❍ 주파수 자원 부족으로 통신용량 증가에 어려움을 겪는 이동 통신 진영에서 LTE-U[175], LAA[176] 등 ISM 대역을 사용하는 기술을 제시함.
- ❍ 이동통신 기술의 ISM 밴드 사용이 제한된 주파수 자원을 효율적으로 사용할 수 있다는 장점이 있으나, ISM 대역은 공공재 특성이 강한 통신 자원으로 이동통신 기술의 ISM 대역 사용 검토 시 기존 사용자의 피해가 최소화 될 수 있도록 해야 함.

175) LTE-Unlicensed: Listen Before Talk 없이 비면허 대역에 signal 전송하는 방식을 말한다.
176) LAA(Licensed Assisted Access): Listen Before Talk 이후 비면허 대역에 signal 전송 방식을 말한다.

Point

키 워 드	ISM, LAA, LTE-U, 면허 대역, 비면허 대역
기출코드	통신2011상3
통합사고	근거리 통신망이 주로 사용하는 주파수 대역인 ISM 밴드는 비면허 대역의 특징을 가지고 있습니다. 비면허 대역이 면허 대역 대비 어떠한 장, 단점을 가지고 있는지 알고 있어야 합니다. 또한 부족한 주파수 자원을 활용하는데 있어 비면허, 면허 대역을 어떤 방식으로 운용하는지에 대한 예비 기술사님의 의견을 가지고 있어야 합니다.
함께보기	"5.25 LTE-U와 LTE LAA"

참고문헌

[1] 박영철, 장기천, "손에 잡히는 ICT", GS인터비젼, 2013
[2] ISM band, http://en.wikipedia.org/wiki/ISM_band, 2017

6.2 WiFi

1. 평등한 인터넷 접속 기술 WiFi

- ○ 무선랜 이라고도 불리는 WiFi 기술은 IEEE 802.11 워킹 그룹에서 개발한 근거리 무선 통신 기술임.
- ○ WiFi 기술은 비인가 대역인 ISM 대역을 사용하여 저비용으로 인터넷 접속 서비스를 구현 할 수 있음.
- ○ IoT[177] 시장의 확장은 WiFi 기술의 성장의 기회가 될 수 있으나, 경쟁 IoT 기술 대비 우위를 확보하기 위한 기술 발달 필요함.

2. WiFi 개념 이해

가. WiFi(Wireless Fidelity)은 근거리 무선 통신망인 WLAN(Wireless Local Area Network)의 고속 통신 서비스를 지원하기 위해 발전함.

나. WiFi spec 별 서비스 현황

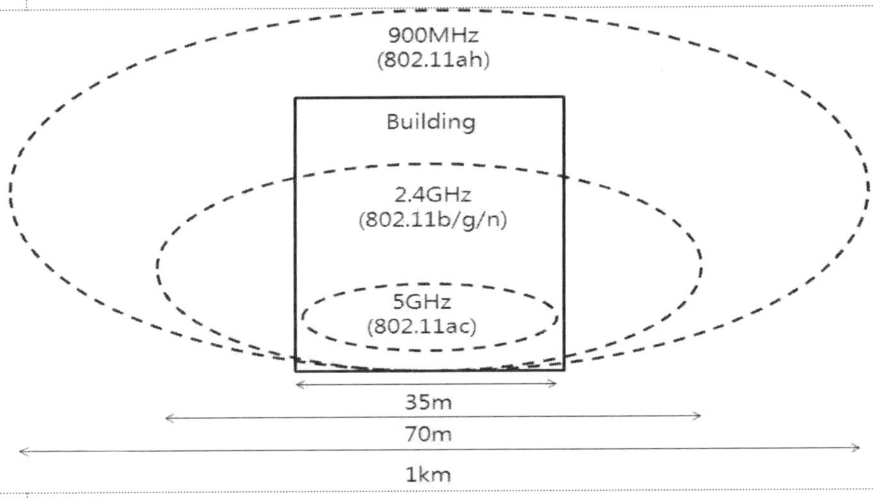

① WiFi 기술은 ISM 대역 (900MHz, 2.4GHz, 5GHz)을 이용하며, CSMA/CA 접속 기술을 이용하여 패킷간 충돌을 방지함.

② 서비스 주파수가 높아질수록 지원 가능한 data rate가 증가 하지만, 서비스 가능 범위(Service Coverage)는 축소됨.

		③	WiGig (Wireless Gigabit Alliance)는 60GHz 대역에서 수기가비트 속도로
			데이터 전송이 가능한 802.11ad spec를 제안함.
3.			**802.11 b/g/n/ah/ac/ad 비교**

구분	주파수	대역폭	변조방식	Data Rate	거리
802.11b	2.4 GHz	20 MHz	DSSS[178)]	2 Mbps	35 m
802.11g	2.4 GHz	23 MHz	OFDM[179)]	54 Mbps	70 m
802.11n	2.4 GHz 5GHz	24/40 MHz	OFDM	600 Mbps	70 m
802.11ah	900 MHz	1/2/4/8/16 MHz	OFDM	40 Mbps	1 km
802.11ac	5 GHz	20/40/80/160 MHz	OFDM	6.93 Gbps	35 m
802.11ad	60 GHz	2.16 GHz	OFDM	6.76 Gbps	10 m

		※	IEEE 802.11의 OFDM 기술은 315kHz의 subcarrier spacing을
			사용하여 10kHz를 사용하는 LTE의 OFDM 대비 실내통신에 유리함.
4.			**WiFi 기술의 효과**
	가.		평등한 데이터 접속 기회 제공
		①	통신 기술 발달의 이면에는 높은 서비스 비용 과 낮은 기술 숙련도 등의
			이유로 데이터 서비스 사용에 어려움을 겪는 데이터 접근 약자가 발생함.
		②	WiFi를 이용한 데이터 서비스 접속에는 유선망 접속 비용이 일부 발생하지
			만, 무선망에 대한 사용료는 없어 이동통신 대비 상대적으로 저렴함.
		③	KT가 2017년 6월 11일 WiFi AP를 개방함으로 이통 3사 모두 무료
			WiFi AP를 개방하게 되었음. 이는 데이터 접근 약자를 보호하는 동시에
			이동 통신 사용자의 통신비를 절감 시키는 효과가 있음.

177) IoT(Internet of Things): 사물을 대상으로 한 통신 서비스를 말한다.
178) DSSS(Direct Sequence Spread Spectrum): 원 시호에 확산코드를 곱하여 확산시키는 방식을 말한다.
179) OFDM(Orthogonal Frequency Division Multiplexing): 서브 케리어간 직교성을 확보한 상태에서 데이터 심볼을 전송하는 방식을 말한다.

	나.		이동통신 데이터 분산 효과
		①	스마트폰 등 모바일 기기의 확산으로 이동통신 네트워크의 데이터 서비스
			급증으로 인한, 데이터 병목 현상이 발생함.
		②	이동통신 망에 집중된 데이터 트래픽을 WiFi 망으로 분산 시켜서, 이동통신
			QoS(Quality of Service)를 증가 시키는 효과 있음.
		③	WiFi 망을 이동통신망에 직접 연동시켜 데이터를 분산 시키는 데이터
			오프로드(Data Offload) 솔류션도 개발 되었음.
	다.		IoT 구현 가능 기술
		①	WiFi는 스마트폰, 노트북 등을 통해 이미 많은 사용자가 서비스를 사용한
			경험이 있는 기술로, 기술에 대한 친밀도가 높음.
		②	AP가 필요 없는 WiFi direct, 밀리미터 대역에서 초고속 통신이 가능한
			802.11ad 등 사용자 편이를 위한 기술적 진화가 활발함.
		③	IoT 서비스를 구현하기 위한 후보 기술 군 중 WiFi는 기술적 친밀도가
			높고, 기술적 안정성이 높아 가장 유력한 기술 중 하나임.
5.			**WiFi 기술의 위기**
	가.		낮은 주파수 사용 효율
		①	ISM 대역을 사용하는 WiFi 서비스는 같은 대역을 사용하고 있는 WiFi
			혹은 다른 통신 서비스 사용자로부터 간섭을 회피 할 수 없음.
		②	제한된 사용자만 통신망 사용이 허락되는 이동 통신 서비스 대비 주파수
			사용 효율이 낮음.
		③	IEEE 802.11n의 속도가 약 1.2bps/Hz인 반면 LTE-A는 30bps/Hz로
			약 20배 이상 이동통신 서비스가 주파수 사용 효율이 높음.

④ PHY/MAC 프로토콜의 개선 등을 통한 주파수 사용 효율 개선을 통해 기술적인 경쟁력 확보가 필요함.

나. 이동통신 서비스의 ISM 대역 사용

① 이동통신 표준 단체인 3GPP/3GPP2 진영은 ISM 대역을 사용하는 LAA, LTE-U 기술을 제안함.

② IEEE 802.11 계열의 기술 대비 우수한 주파수 사용 효율을 실험으로 증명하며 LAA, LTE-U 서비스 도입 필요성 주장함.

③ 이동통신 기술의 ISM 대역 서비스 적용 시 WiFi 기술은 증가된 간섭으로 인해 서비스 품질 하락이 우려됨.

6. 결론

- 근거리 무선 접속 기술인 WiFi 기술은 서비스 사용비용이 낮고, 기술에 대한 사용자들의 친밀도가 높은 기술임.
- WiFi 서비스는 ISM 대역을 사용하고 있어 낮은 비용으로 서비스 구현이 가능하지만, 이동통신 서비스에 비해 주파수 사용 효율이 낮음.
- LAA, LTE-U 등 ISM 대역을 사용하려는 이동통신 기술이 제안 되고 있어, WiFi 서비스 품질에 위기가 올 수 있음.
- 하지만, WiFi 서비스는 이동 통신 트래픽을 분산 시키는 효과가 있을 뿐만, 아니라 데이터 접근 약자에게 데이터 접근 기회를 주며, 특히 IoT 서비스 구현을 위한 유력한 후보 기술로 평가 되고 있음.
- 이동통신사의 무료 WiFi 개방 등과 같이 WiFi 서비스와 이동 통신 서비스가 공존 할 수 있도록 국가, 통신 사업자, 대학, 기업 간의 정책, 기술적 협의가 필요함.

Point

키 워 드	WiFi, 802.11, ISM, LAA, LTE-U
기출코드	통신2018상3, 컴응2015상4
통합사고	WiFi 기술은 802.11 시리즈별 주요 spec을 숙지하여야 합니다. 최근(17년) WiFi 기술은 통신비 인하 정책에 대한 대안 기술로 관심이 집중 되고 있고, 이동 통신 진영에서 WiFi 가 사용중인 ISM 대역을 사용하는 기술을 제시하고 있어 논쟁이 되고 있습니다. 예비 기술사로서 무선 통신 자원을 정책적, 기술적으로 사용해야 할지 고찰이 필요합니다.
함께보기	“IEEE 802.11 a/b/g/n/ac”, 손에 잡히는 ICT, 452p “5.25 LTE-U와 LTE LAA”

참고문헌

[1] 김명진 외, “차세대 무선랜 표준화 동향 및 기술 확보를 위한 물리 계층 연구 방향”, 한국통신학회 하계종합학술발표회, 2015

[2] 정병훈 외, “WLAN 기술의 발전 방향 및 IEEE 802.11ax 표준화 동향”, 한국통신학회지, 2015

6.3 WiFi CSMA/CA 기법 설명

1. WiFi 의 매체 접속 방식인 CSMA/CA 개요

- ○ WiFi 기술은 IEEE 802.11 워킹 그룹에서 개발된 근거리 무선 통신 기술로 비면허 대역인 ISM 대역을 사용함.
- ○ ISM 대역은 WiFi 기기 이외에도 다양한 통신 기기가 사용하고 있어 간섭 신호 처리 기술이 필요함.
- ○ CSMA(Carrier Sensing Medium Access) / CA(Collision Avoid) 기술은 WiFi MAC에서 사용되는 매체 접속 기술임.

2. 매체 접근 기술의 이해

가. 제한된 통신 자원을 다수의 사용자가 공유하기 위한 통신 기술을 매체 접근 기술이라고 함.

나. 매체 접근 기술의 분류

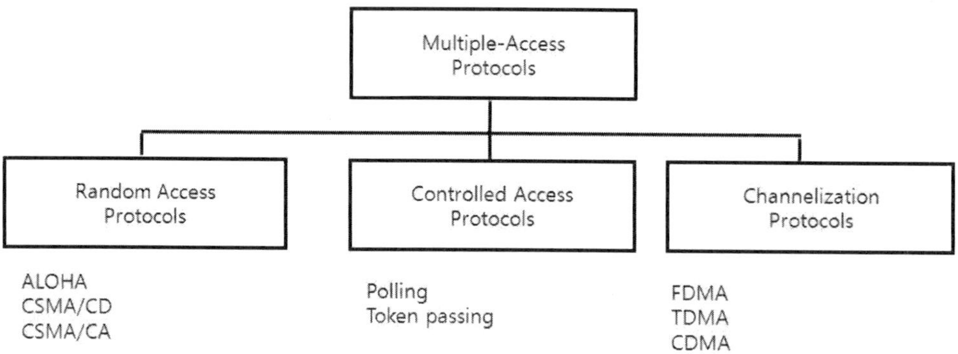

① Random access 기술은 사용자간의 출동 발생을 피할 수 없는 ISM 밴드에서 주로 사용됨.

② Controlled access 기술은 사용자간의 충돌을 방지 할 수 있으나, traffic이 적은 경우 채널 미사용 케이스가 있어 Random access 대비

			전체 네트워크의 traffic 성능이 감소될 수 있음.
		③	Channelization protocols은 주파수 혹은 시간축으로 통신 자원을 사용자
			에게 배분하여 충돌을 방지하거나, 신호간 직교(orthogonal)의 특성이
			있는 코드를 이용하여 사용자간 신호의 간섭을 방지함.
3.			**CSMA/CA 기술의 이해**

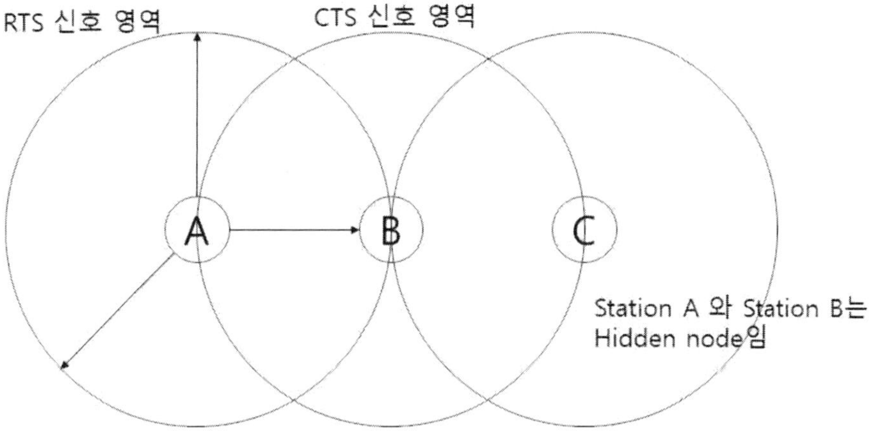

		①	A station에서 B station으로 frame 전송시 A station은 RTS(Request
			To Send) 메시지를 보냄.
		②	RTS 메시지를 수신한 B station은 CTS(Clear To Send) 메시지를
			전송하고, 그 외 station은 frame 전송을 중지함.
		③	CTS 메시지를 수신한 A station은 data frame 전송을 시작 하고,
			네트워크의 다른 station은 frame 전송 중지 상태를 유지함.
4.			**무선 환경에서 CSMA/CA 사용 이유**
		①	장애물 등의 간섭으로 인해 무선 신호가 전달되지 않아 충돌 탐지가 되지
			않는 hidden node 존재함.
		②	무선 station 거리가 증가 하게 되면, 무선 신호의 감쇄가 발생하여
			Frame 충돌(collision) 탐지가 안 될 수 있음.

③ RTS, CTS 패킷의 길이가 짧아 충돌 발생 시에도 전체 너트워크의 성능에는 영향이 작음.

5. **CSMA CD/CA 비교**

구분	CSMA/CD	CSMA/CA
기능	충돌 탐지	충돌 회피
특징	frame 전송 후 충돌 발생 시 랜덤 지연 후 재전송	data frame 전송 전 RTS /CTS frame을 이용 충돌을 회피
전송 매체	유선	무선
활용 표준	IEEE[180] 802.3	IEEE 802[181].11

※ CSMA 방식만으로는 Frame 전송 시 지연이 존재하는 채널 환경에서 발생하는 충돌의 확률을 줄일 수 있을 뿐 제거 할 순 없음.

6. **ISM 밴드의 매체 접속 기술 개선 필요성**

① ISM밴드의 통신 기술은 ISM 주파수 자원의 특성상 사용자간 packet의 충돌이 발생할 가능성이 높음.

② CSMA CA, Frequency hopping 등의 방식을 이용하여 충돌에 의한 네트워크 성능을 최소화 하여 사용하고 있음.

③ 기지국에서 사용자의 접근을 제어하는 이동 통신기술 대비 낮은 주파수 사용 효율이 낮은 ISM 밴드 통신기술의 경쟁력 확보를 위하여, 매체 접속 기술의 성능 향상이 필요함.

180) IEEE(Institute of Electrical and Electronics Engineers): 미국 전기전자기술자협회
181) IEEE 802: 80년 2월 packet 통신 관련 첫 번째 통신 규격이 정해진 것을 기념하는 의미이다.

Point

키 워 드	CSMA/CA, CSMA/CD, IEEE 802.11, IEEE 802.3
기출코드	통신2005상2
통합사고	WiFi 기술이 사용되는 ISM 밴드는 무선 통신기기간 강한 간섭이 존재 합니다. CSMA/CA 방식은 간섭을 피하기 위한 기본적인 매체 접근 방식으로 간단히 구현 할 수 있어 많이 사용되고 있습니다. 하지만 노드의 수가 증가되게 될수록 CSMA/CA 성능은 크게 저하되게 되게 됩니다. 반면, 허가된 기기만 매체의 접근을 허락하는 이동 통신 기술은 WiFi 대비 우수한 채널 사용 효율을 보입니다.
함께보기	“IEEE 802.11 a/b/g/n/ac”, 손에 잡히는 ICT, 452p “6.2 WiFi”

참고문헌

[1] Behrouz. A. Forouzan, “Data Communication and Networking”, McGraw Hill, 2006

[2] 박영철, 장기천, “손에 잡히는 ICT”, GS인터비전, 2012

6.4 BLE가 기존 Bluetooth 대비 낮은 파워를 소모 할 수 있는 이유

1. 저전력에 최적화된 BLE

- ○ Bluetooth는 ISM 대역의 근거리 무서 데이터 전송 기술로 무선기기간의 직접 연동이 가능하여, 스마트폰, 웨어러블 기기 등에 사용됨.
- ○ IoT 서비스 구현을 위해선, 낮은 전송 파워로 멀리 있는 기기들을 연결 시킬 수 있는 기술이 필요함.
- ○ BLE은 Bluetooth 4.0과 함께 발표된 저전력 Bluetooth 기술로 저전력, 저비용으로 서비스 구현이 가능함.

2. BLE 프로토콜 Stack up

가. BLE의 저전력 기술을 구현하기 위해 기존 Bluetooth 기술에서 불필요한 기능을 삭제함.

나. 프로토콜 stack up

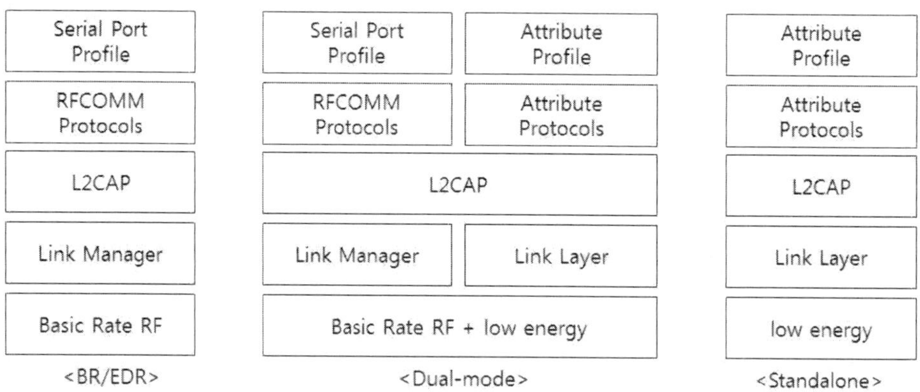

① Dual mode 디바이스는 BR/EDR[182] 과 BLE 동작이 모두 지원이 가능한 반면 Standalone 디바이스는 BLE 동작만 지원함.

② BLE의 Attribute profile은 기존 Serial Port profile을 간소화하여, 실제 RF 전송의 필요한 시간을 줄여 총 전송 파워를 줄임.

		③	BLE의 low energy PHY layer은 전송시 peak 파워를 줄이기 위하여 GFSK 변조 방식을 사용함.
3.			**Classic Bluetooth 와 BLE 비교**

구분	Bluetooth	BLE
주파수	2.4 GHz	2.4 GHz
전송거리	최대 100m	최대 50m
Data rate	최대 3 Mbps	최대 1 Mbps
변조방식	GFSK, 183)DPSK(EDR)	GFSK
음성 서비스	SCO, eSCO 지원	지원 안함
topology	piconet	star

		※	BLE은 간헐적 데이터, 저전력 전송에 최적화된 기술로 classic Bluetooth 기술의 불필요한 부분을 제거함.
4.			**BLE 저전력 구현 기술**
	가.		대기시간(standby time) 단축
		①	연결 절차를 위한 advertising channel을 3개만 운용함으로서 대기 모드로 유지하는 시간 단축
		②	기기가 소모하는 전류는 대기모드 전류 보다, 바닥 전류(sleep 전류)에 의해 결정되게 됨.
	나.		빠른 연결 과정
		①	advertising 하고 있는 기기는 자동으로 scanning을 한 기기와 연결 되어 연결 시간을 단축 할 수 있음.

182) EDR(Enhanced Data Rate): 전송 데이터 속도를 향상한 전송 모드를 말한다.
183) DPSK(Differential Phase Shift Keying): 차동 위상편이 변조 방식을 말한다.

		②	BLE에서 연결과정은 3ms 이내에 완료되게 되며, Classic Bluetooth
			연결에 필요한 100ms 대비 매우 짧은 시간임.
	다.		낮은 peak power
		①	GFSK[184] 변조 방식을 사용하여 데이터를 전송함으로서, 낮은 peak
			파워로 데이터 전송 가능함.
		②	전송 packet의 길이를 제한함으로서, 전송기와 수신기의 복잡도를 낮춰서
			전송파워 줄일 수 있음
5.			**BLE를 이용한 서비스 종류**
	가.		Beacon 서비스
		①	Beacon은 advertising 역할만을 수행하는 peripheral 장치로, 애플은
			이를 이용하여 iBeacon을 상용화 함.
		②	Beacon은 advertising packet을 지속적으로 전송하며, 스마트폰 과
			같은 central 들은 이를 전송 받아 해당 서비스를 수행함.
	나.		웨어러블 기기 연동 서비스
		①	웨어러블 기기 활성화의 가장 큰 제약 사양 중 하나는 작은 배터리 용량
			으로 인한 사용 시간 부족임.
		②	BLE 저전력 기술은 부족한 사용 시간 극복하는데 효과적이어서, 갤럭시
			기어, 애플 기어 등 많은 웨어러블 기기에서 사용됨.
6.			**결론**
	❍		Bluetooth 진영에선 IoT 서비스에 대응하기 위해 Classic Bluetooth
			기술을 간소화 하여 저전력 기술인 BLE을 제안함.
	❍		BLE 기술은 저전력의 장점뿐만 아니라 구현을 위한 비용이 낮아

184) GFSK(Gaussian Frequency Shift Keying): 가우시안 필터를 사용한 주파수 편이 변조 방식이다.

현재 다양한 스마트폰, 워치, 헬스 케어 장치 등 에 사용되고 있음.

○ BLE 기술을 장착한 통신기기 들은 기존 Classic Bluetooth 기기 대비 우수한 사용 시간 성능을 보이고 있음.

○ BLE 생태계 구축을 위해선, BLE 기술을 이용한 차별화된 서비스 발굴을 하여 소비자로 하여금 BLE 기기를 구매하도록 유도 할 수 있어야함.

Point

키 워 드	BLE, Bluetooth 4.0
기출코드	통신2017하1, 컴응2017하2, 컴응2015상1
통합사고	Bluetooth는 꾸준히 문제가 출제되는 주제입니다. 이러한 문제에선 단순 스펙만을 기술해서는 다른 답안지와 차별화가 어렵습니다. 결론부에는 기술사로 현재 뿐만 아니라 향후 사용자의 필요를 예측하여 통신 기술의 진화 방향을 제시할 수 있어야 합니다.
함께보기	“블루투스, 지그비, UWB의 비교”, 손에 잡히는 ICT, 456p “6.5 Bluetooth 5”

참고문헌

[1] BLE, www.broadcom.com, 2017
[2] 박영철, 장기천, “손에 잡히는 ICT”, GS인터비전, 2012

6.5 Bluetooth 5

1. IoT 대비한 Bluetooth 5

○ Bluetooth는 ISM 대역의 근거리 무서 데이터 전송 기술로 Personal Area Networks(PANs)을 구성함.

○ Bluetooth는 기기간 연동 구현이 용이하여 스마트폰, 웨어러블 기기 등에 사용되고 있으나 낮은 데이터 전송 속도 한계 있음.

○ Bluetooth 5는 4.0 + LE 대비 2배 전송속도, 4배 전송거리 개선하여 IoT 서비스를 대비함.

2. Bluetooth 진화

가. Bluetooth는 IoT 서비스를 구현하기 위해 저전력, 고속 전송, 장거리 전송 향상 등 기술 개발을 진행하고 있음.

나. Bluetooth 기본 망 구성

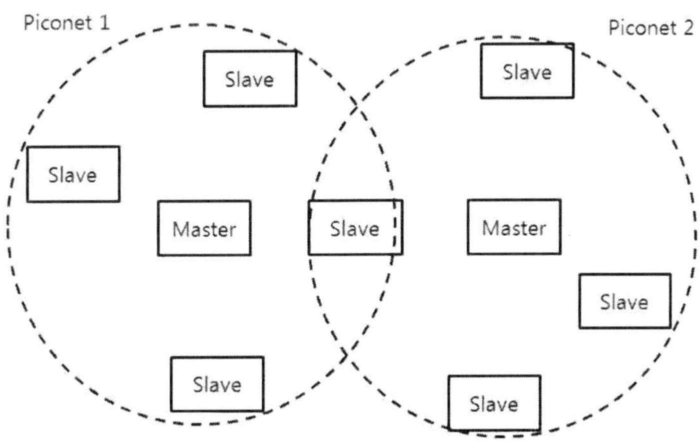

① Piconet은 하나의 master에 최대 7개의 active slave 연결이 가능하고, parked slave 연결 개수는 무한대임.

② Scatternet은 두 개 이상의 piconet 이 연결된 네트웍으로 하나의 piconet당 하나의 master가 존재함.

③ 기기간 연결을 위해선 각 Bluetooth 기기들은 MAC[185] 주소를 가져야 하고, 사용하고자 하는 device를 구분하기 위해 PIN[186]번호가 필요함.

3. Bluetooth 5와 3.0 + HS, 4.0 + LE 비교

구분	Bluetooth 3.0 + HS	Bluetooth 4.0 + LE	Bluetooth 5
주파수	2.4 GHz	2.4 GHz	2.4 GHz
전송속도	24 Mbps	1 Mbps	2 Mbps
전송거리	10 m	60 m	240 m

※ Bluetooth 5는 Bluetooth 4.0 + LE 대비 브로드캐스팅 용량도 8배 증가됨.

4. Bluetooth 5를 이용한 IoT 서비스

가. 위치 인식 서비스

① Bluetooth 4.0 + LE 와 동등 수준의 Low power를 소모하는 동시에 약 4배 전송거리를 확보하였음.

② 또한 브로드캐스팅 용량도 8배 증가되어 beacon과 같은 위치 인식기반 서비스 구현에 용이함.

나. 홈 네트워크의 IoT 서브

① 향상된 전송 속도, 전송 거리 성능을 이용하여 홈 네트워크 구축시 IoT 허브의 기능을 수행할 수 있음.

② 실제 무선 환경에서 발생하는 가구, 건물 벽 등에 의한 전송 파워 감쇄 및 간섭 신호 환경에서 실제 성능에 대한 검증 필요함.

185) MAC(Medium Access Control): 매체 접근 제어로, OSI 2계층을 말한다.
186) PIN(Personal Identification Number): 블루투스 장비 연결 시 필요한 장비 인식 번호를 말한다.

Point

키 워 드	Bluetooth 5, IEEE 802.15.1, SIG, BLE
기출코드	통신2015상4, 통신2009하1, 통신2008하2
통합사고	Bluetooth는 꾸준히 기출 되는 토픽으로 ISM 대역을 사용하는 다른 기술들과 비교하여 장, 단점을 비교하며 알아 두는 것이 중요합니다. 또한, 최신 발표되는 spec에 대해서도 기존 spec 대비 변경되는 부분에 대한 정리가 필요합니다.
함께보기	"블루투스, 지그비, UWB의 비교", 손에 잡히는 ICT, 456p "6.4 BLE(Bluetooth Low Energy)"

참고문헌

[1] Bluetooh 5, www.bluetooth.com, 2017

[2] Bluetooth, http://en.wikipedia.org/wiki/Bluetooth, 2017

6.6 Zing

1.			**초고속 근접 데이터 전송 기술 Zing**
	○		NFC 기술은 비접촉으로 Tag/Reader 방식으로 쉽게 서비스를 구현
			할수 있어, 보안/결제 시스템 구현에 사용됨.
	○		하지만 NFC 기술의 전송 속도는 약 424 kbps로, NFC를 이용한 대용량
			데이터 전송 서비스 구현에는 한계가 있음.
	○		Zing은 ETRI에서 개발한 근접(10cm) 초고속 데이터 전송 기술로, 60GHz
			대역을 사용하여 약 6.4 Gbps 전송 속도 구현함.
2.			**Zing 기술 설명**
	가.		NFC 기술의 간편한 인증/연결 기법을 계승하면서, 전송 속도를 약 10배
			이상 개선하여 대용량 전송 서비스 구현에 대비함.
	나.		Zing 시스템 구성도

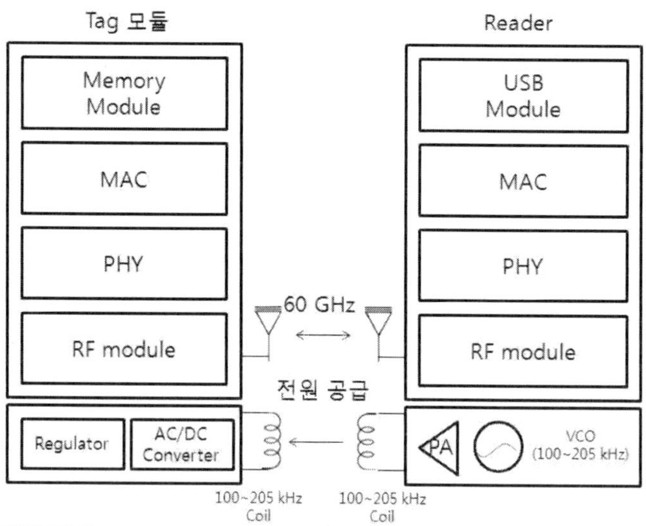

		①	Zing 기기는 크게 데이터 전송을 위한 RF 파트와 전원 공급을 위한
			에너지 전송부로 구성됨.
		②	데이터 전송은 밀리미터 웨이브인 60 GHz 대역을 사용하여, 초고속으로

(3Gbps 이상) 데이터 전송이 가능 함.

③ 100~205 kHz 대역을 사용하여 Reader에서 Tag로 에너지가 전송 가능 하여 Tag는 무전원 으로 시스템 구현 가능함.

3. 근접 데이터 전송 기술 비교

	Zing	NFC[187]	TransferJet
주파수	60 GHz	13.56 MHz	4.48 GHz
전송거리	10 cm 이내	10 cm 이내	수 cm 이내
전송속도	Tag: 3 Gbps Reader: 5 Gbps	424 kbps	560 Mbps
변조방식	OOK[188] / QPSK	ASK	DSSS / BPSK
소모전류	Tag: 30 mW Reader: 300 mW	50 mW	265 mW
전원	무전원	무전원	전원

※ TransferJet은 일본 기업 컨소시엄에서 제시한 기술로, 다음 버전으로 60GHz 대역을 사용, 최대 10Gbps 전송 속도 개선 준비 중임.

4. Zing 확산을 위한 전략

① 초근접 기술 표준인 IEEE 802.15.3e 요구 사항 만족 및 경쟁기술 대비 하기 위하여 기술적 우위 확보가 필요함.

② 다양한 칩, 단말 제조 회사 참여를 유도하여 서비스 구현 비용 감소 및 서비스 다양화 필요.

③ 사물통신 서비스의 확산으로, 근접 통신에서 요구되는 데이터 전송 용량은 계속 증가할 것임. 사물통신 기술 주도권 확보를 위해선 Zing을 이용한 킬러 서비스 확보 필요함.

187) NFC(Near Field Communication): 13.56MHz의 대역에서 근거리 보안 통신을 위한 기술이다.

Point

키 워 드	Zing, NFC, IEEE 802.15.3e
기출코드	통신2015하1
통합사고	사용자들의 요구를 반영하여 다양한 신기술이 제시 되고 있습니다. 신기술이 제시가 된 바탕에 어떤 사용자들의 요구가 있었는지를 파악하는 것과 해당 신기술을 확산을 위해 준비되어야 하는 것은 무엇인지 파악하는 것이 중요합니다.
함께보기	"NFC", 손에 잡히는 ICT, 376p "6.7 NFC, MST"

참고문헌

[1] 이문식 외, "초근접 직접통신 기술의 동향과 초고속 NFC 기술", 한국통신학회지, 2013
[2] 한기철 외, "5G 이동통신에서 근접통신의 역할에 관한 연구", 한국 통신학회 동계종합학술발표, 2016
[3] 신경철 외, "IEEE 802.15.3e 초고속 근접통신 표준기술 동향", 한국 통신 학회 학술대회 논문집, 2016

188) OOK(On-off keying): 반송파 유무에 의해 디지털 데이터를 표시하는 변조 방식의 한 종류이다.

6.7 NFC 기본 특징을 설명하고 MST와 비교하라

1. 결제 서비스가 가능한 NFC

- ❍ 카드 결제는 기존 현금 서비스를 대신 하여 사용자에게 한 단계 높은 결제 서비스를 제공 하였으나 분실 시 보안에 취약함.
- ❍ NFC는 Secure Element를 내장하고 있어 자체 보안 기능이 우수하여 현금 및 카드를 대신한 결제 서비스 구현에 용이함.
- ❍ NFC는 확산을 위해서는 NFC 결제 시스템이 포함된 POS 기기의 활성화 뿐만 아니라 MST와 같은 경쟁 기술 대비 경쟁력 확보 필요.

2. NFC 시스템 구성

가. NFC 시스템은 RFID PHY 기술에 보안, 인증 모듈인 SE를 추가하여 보안 기능을 강화함.

나. NFC 단말 및 시스템 구성

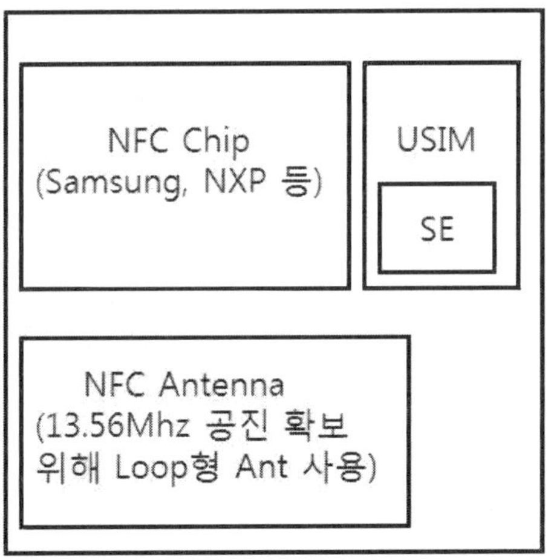

< USIM 에 SE 장착된 단말>

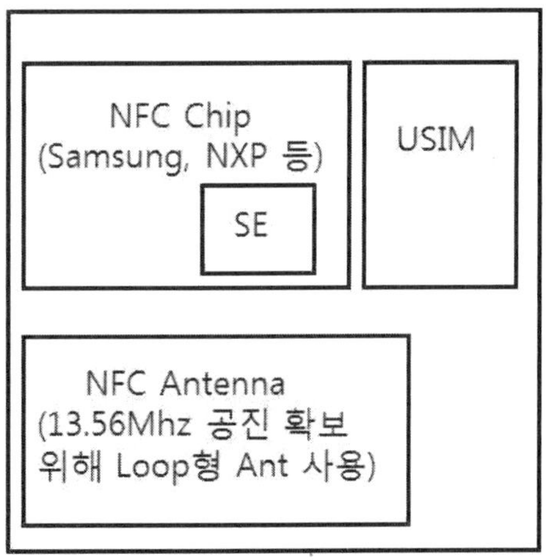

< NFC chip 에 SE 장착된 단말>

① Secure element(SE)는 통신 사업자에 요청에 따라, NFC chip 내에 장착되기도 하고, USIM에 장착되기도 함.

		②	NFC antenna는 13.56MHz 공진을 확보 하기 위해 일반적으로 Loop type의 안테나를 사용함.
	다.		NFC 동작 모드
		①	Card emulation 모드: NFC 단말기가 기존 RFID 테그와 같이 동작하는 것으로, 신용 카드 및 교통 카드 등의 서비스에 활용됨.
		②	Reader/Writer 모드: 리더 모드는 NFC 단말기가 리더기로 동작하는 모드이고, writer 모드는 일부 개인 정보를 기록하는 역할도 수행함.
		③	Peer to peer 모드: 두 NFC 단말기간의 데이터 통신을 지원 하는 모드로, 개인 사진, 동영상 등의 파일을 교환 할 수 있음.
3.			**NFC 와 MST 단말기 구조 비교**

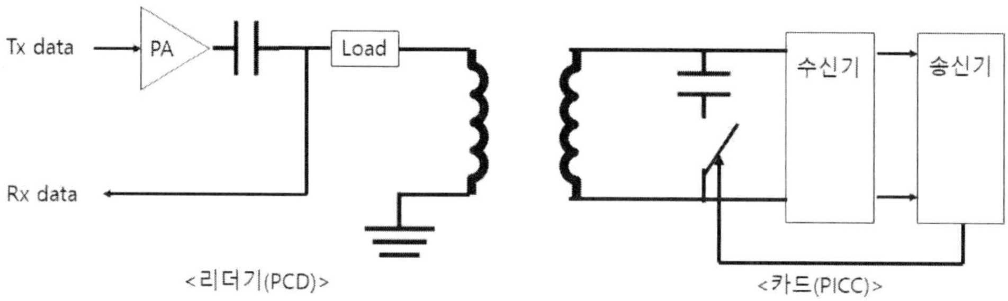

<NFC 카드 리더기 및 카드 구조>

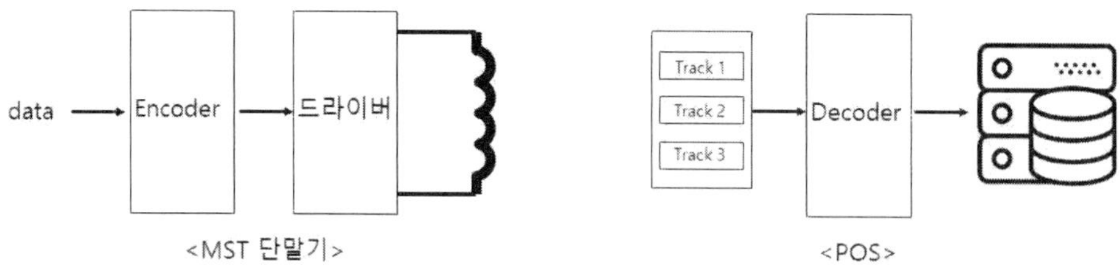

<MST 단말기 및 POS>

	가.		NFC 단말기 구조
		①	NFC는 신호 전송 타입에 따라 A/B/F Type이 있으며, 리더기에서 카드로 데이터 전송시에는 ASK 변조 기법을 이용함.

		②	카드에서 리더기로 데이터 전송 시에는 카드의 로드(Load) 특성을 변화
			시켜, 리더기 안테나의 임피던스 특성의 변화를 통하여 데이터를 전송하는
			Load Modulation 기법을 사용함.
	나.		MST 단말기 구조
		①	드라이버를 이용하여 전송 주기내 자장의 변화수를 제어하여 데이터를
			전송하는 방식을 사용함.
		②	POS 장비 헤더를 통해 데이터를 읽고, 이를 네트워크 서버에 공유.
4.			**NFC 와 MST 결제 시스템 비교**

구분	NFC	MST
무선전송방법	13.56 MHz	자기장 사용
서비스 거리	10 cm 이내	5 cm 이내
인증	VISA 등 카드사 인증	단말 제조사 자체 인증
POS	신규 POS 구축 필요	구형 POS 호환 가능
서비스 종류	삼성, 애플, 구글 페이	삼성, LG 페이

		※	MST는 Loopay사에서 개발한 자기장을 이용한 보안 전송 방식으로
			삼성에서 Loopay사를 인수 후 Galaxy S6 이후 모델부터 적용.
5.			**NFC 결제 서비스 활성화 방안**
	❍		NFC 기능 지원 단말의 확산과 더불어 NFC를 지원하는 POS[189] 장비
			인프라 구축이 필요함. 이를 위해 저가의 NFC POS 개발 필요함.
	❍		지문, 홍채 등을 이용한 인증 방법을 개발 하여 결제 서비스를 간소화
			하면서, 보안 기능을 강화하는 기술의 개발이 필요함.

189) POS(Point of Sale): 단품별 판매정보를 수집, 보관하는 장비이다.

Point

키 워 드	NFC, MST, POS, 결제 서비스
기출코드	통신2018상1, 통신2015하1, 통신2011상1
통합사고	NFC는 꾸준히 기출되는 토픽으로 핀테크에 대한 관심이 증가 되고 있어 향후에도 출제가 될 가능성이 높습니다. 하지만 NFC는 서비스 활성화에는 한계가 되고 있어 서비스 활성화에 문제가 되는 부분은 무엇이며, 이를 개선하는 방안에 대한 고민이 필요합니다.
함께보기	"NFC", 손에 잡히는 ICT, 376p "6.6 Zing"

참고문헌

[1] NFC, http://en.wikipedia.org/wiki/Near_field_communication, 2017
[2] 박영철, 장기천, "손에 잡히는 ICT", GS인터비전, 2012

6.8 Sigfox

1.			**개요**
	○		IoT 서비스 시장의 등장과 함께 다양한 LPWAN(Low Power Wide Area Network) 기술이 제안 되고 있음.
	○		Sigfox 기술은 UNB(Ultra Narrow Band) 변조 기법을 사용하여 저전력, 장거리 통신 성능이 우수함.
	○		프랑스를 포함한 유럽 주요 국가에는 이미 Sigfox 네트워크가 설치되어 있고, 일본, 독일 등 다수의 국가에서도 설치될 예정임.
2.			**Sigfox 특징 이해**
	가.		Sigfox network 구성
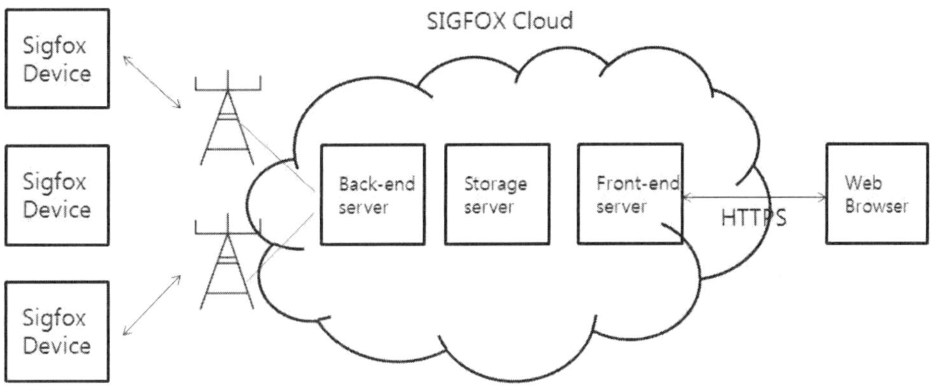			
		①	Base station은 각 디바이스들로부터 message를 받아서 Sigfox 서버로 message를 전달하는 역할을 함.
		②	이때 message는 유선 인터넷망 혹은 이동통신 망을 사용하는 백홀을 통해 서버와 연결되고, 보안 강화를 위해 VPN을 사용함.
		③	message에는 서비스를 만들기 위한 metadata와 각 사용자의 축적된 user message가 있음.

④ user message는 web 브라우저와 API를 이용하여 여러 IT 서비스와 연동이 가능함.

나. UNB 변조 기법

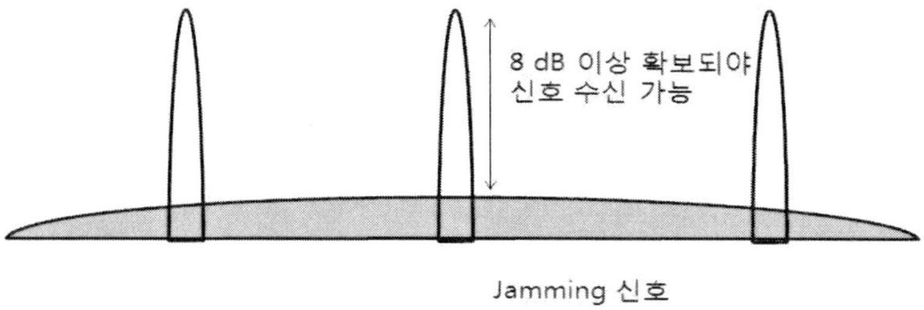

① UNB은 100Hz 매우 좁은 대역폭에 대역에 데이터를 전송하는 방식으로 데이터 전송 속도가 느림.

② 하지만 낮은 noise floor로 인해 저전력, 장거리 전송의 유리한 장점이 있을 뿐 아니라, 많은 디바이스가 동시에 접속이 가능함.

3. **Sigfox 장점**

가. Long range 전송

① UNB 변조 기법은 noise floor가 낮아 타겟으로 하는 SNR[190]을 만족하기 위한 전송 파워가 낮고, 또한 동일한 전송 파워로 더 멀리 데이터를 보낼 수 있음.

② Sigfox는 100bps 미만의 data rate로 약 10km 이상 멀리 데이터 전송이 가능함.

나. 높은 에너지 효율

① 대부분의 message는 uplink로 발생하며, Sigfox 디바이스들은 메세지를 보내는 경우에만 wake up 상태를 유지.

② 또한 다른 기술과 달리 페어링 절차가 필요 없어, 페어링을 위한 wake

up 구간이 없어 sleep 상태를 길게 유지 할 수 있어 에너지 소모를 줄일 수 있음.

다. 간섭 강인성

① jamming 신호가 존재하는 채널 환경에서도 UNB 대역에 영향을 주는 jamming 신호의 크기는 미미함.

② Sigfox 메시지가 성공적으로 수신하기 위해선 noise floor 대비 8dB 이상 신호 크기만 확보 되면 됨.

4. LPWAN 기술 비교

구분	LoRa	SIGFOX	Ingenu	LTE-M
서비스 거리	도심: 10~15km 교외:3-5km	도심: 30~50km 교외:3-10km	약 15km	약 15km
주파수	지역마다 다름	868/902 MHz	2400 MHz	700~900 MHz
ISM 대역	O	O	O	X
양방향 통신	O	O	X	O
Data rate	약 104Kbps	약 106Kbps	약 104Kbps	약 1Mbps

※ Sigfox는 UNB기법을 사용하여 간섭이 많이 발생하는 ISM 대역에서도 간섭에 강인한 장점이 있음.

5. LPWAN 기술 발전 동향

○ KT, SKT는 LTE-M, Sigfox, LoRa 등 을 이용하여 IoT 서비스 생태계 구축을 위한 경쟁 중임.

○ LPWAN은 저전력 기술을 적용하여 배터리 수명을 늘리면서, 장거리 통신 서비스 구현을 위해 발전하고 있음.

190) SNR(Signal to Noise Ratio): 신호대 잡음비로 신호의 품질을 나타낸다.

Point

키 워 드	Sigfox, LPWAN, IoT
기출코드	통신2018상3, 통신2017하3
통합사고	IoT 기술 분야는 새로운 기술이 많이 제안되는 분야입니다. 새로 제안된 기술들은 어떤 배경, 필요에 의해 제안 되었는지에 대해 알고 계셔야 하고 기존 기술과 비교 시 기술적 장점이 무엇인지도 분명히 알고 계셔야 합니다.
함께보기	“6.10 LoRa” “11.9 IoT 표준화”

참고문헌

[1] “Sigfox Technical Overview”, http://www.sigfox.com, 2017

[2] “LoRa and Sigfox Ultimate Low-Power M2M Networking”, Alcom electronics, 2015

[3] 박태준 외, “LPWA 기반 IoT 전용 네트워크 기술동향”, 한국전자통신연구원, 2017

6.9 Z-WAVE

1.			**Home network 구현 위한 Z-WAVE**
	❍		Home network 서비스는 IoT 기술 발달로 활성화가 기대되는 서비스
			영역으로 보안, 에너지 효율화, 생활 편이 증가 등 기대됨.
	❍		Zigbee 기술은 기존 근거리 통신 기술의 부족한 호환성을 개선한 기술로,
			호환성뿐만 아니라 저전력, 저비용 등의 장점이 있음.
	❍		Home network 기술은 아직 기술 간의 경쟁이 계속 되고 있는 영역으로
			Z-WAVE가 경쟁력 확보를 위해선 견고한 생태계 구축이 필요함.
2.			**Z-WAVE 기술 설명**
	가.		Z-WAVE 네트워크는 controller, slave node로 구성되며, 어플리케이션,
			라우팅, 전달, 맥, 물리 층으로 구성 됨.
	나.		Z-WAVE network 구성도

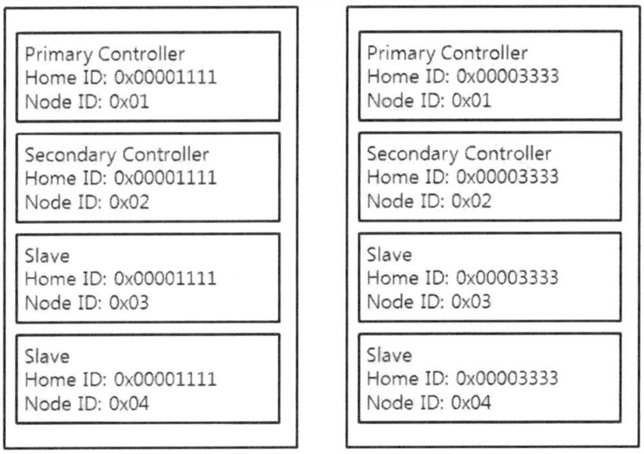

		①	Controller는 네트워크 노드들에 제어를 담당하며, portable, install,
			static controller가 있음.
		②	Slave의 종류에는 controller의 명령을 처리하는 단순 node 뿐 아니라,
			메시지 전달 기능을 포함한 routing slave node도 있음.

423

③ Z-WAVE는 home, node ID를 통해 network 및 각 node들을 구분하여, 같은 network의 node들은 같은 home ID를 가짐.

3. Home network 기술 비교

구분	Z-WAVE	Zigbee	BLE
주파수	900 MHz	2.4 GHz	2.4 GHz
전송거리	30 ~ 100 m	10 ~ 100 m	30 m
전송속도	40 ~ 100 kbps	250 kbps	1 Mbps
변조방식	GFSK	BPSK, OQPSK	GFSK
토폴로지	mesh	mesh	scatternet[191)]
칩 제조사	Sigma Design	Ti, Freescale 등 다수	Qualcomm, Broadcom 등 다수

※ Z-WAVE는 Zigbee의 부족한 호환성을 극복하기 위해 제안되었으나 칩 제조사 숫자가 작아 또 다른 호환성 이슈가 있음.

4. Home network 활성화 위한 전략

① Home network 기술은 스마트 에너지 제어, 보완 관리 강화, 생활 편의증가 등 다양한 Home 서비스를 구축할 것으로 기대됨.

② 기존 기술의 부족환 호환성 극복을 목표로 Z-WAVE 기술이 제안 되었으나, Z-WAVE 활성화를 위해선 보단 견고한 Z-WAVE 생태계 구축이 필요함.

③ 특히 국제 표준 기술 확립을 통해 보다 다양한 칩 제조사가 Z-WAVE 칩을 공급 할 수 있어야함.

---

191) scatternet: 복수의 피코넷이 상호 연결된 망을 말한다.

Point

키 워 드	Z-WAVE, Zigbee, Home network
기출코드	통신2015상1
통합사고	Home network 구축은 IoT 기술 발달 시 가장 기대되는 서비스 분야 입니다. Z-WAVE 기술은 기술 자체의 특징뿐만 아니라 Home network 구축이라는 큰 주제 안에서, 다른 home network 구축 기술과 비교해서 그 특징을 서술해 낼 수 있어야 합니다.
함께보기	“블루투스, 지그비, UWB”, 손에 잡히는 ICT, 456p “6.4 BLE”

참고문헌

[1] Christian Paetz, “Z-Wave Basics Book”, CreateSpace Independent Publishing Platform, 2013

[2] “Introduction to Z-Wave”, Honeywell, 2013

6.10 LoRa(Long Range)

1.			**장거리 IoT 서비스 구축에 유리한 LoRa**
	○		IoT 서비스를 구축하기 위해서는 다양한 사물간의 끊김 없는 연결이
			필요 하며, 이를 위해서는 저전력, 장거리 전송 기술이 필요함.
	○		기존에 사용되던 근거리 무선 통신 기술은 IoT 서비스 구현에 적용 시
			높은 전력 소모 및 짧은 전송 거리 등 성능 문제가 있음.
	○		LoRa는 이동통신 기술에서 복잡도를 개선하여 IoT 서비스 구축에 적합
			하도록 제안된 장거리, 저전력 통신 기술임.
2.			**LoRa 주요 기술의 이해**
	가.		LoRa는 CSS(Chirp Spread Spectrum) 변조 방식을 사용하며, star
			network topology 형태로 무선망을 구성함.
	나.		CSS 변조 방식

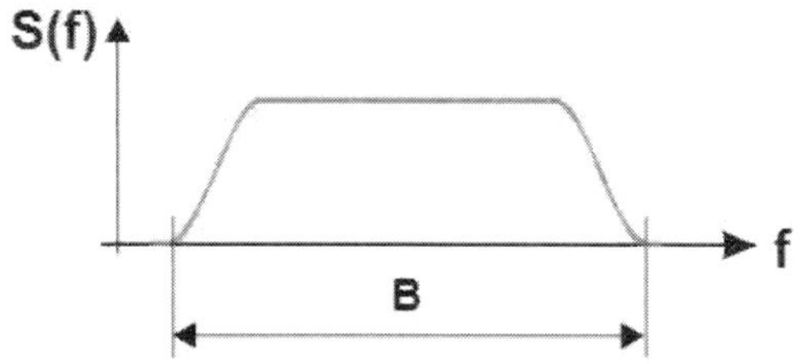

주파수 도메인
(roll-off factor of 0.25)

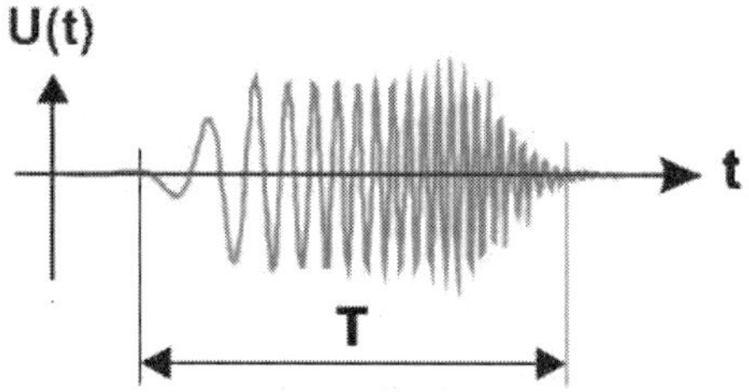

시간 도메인
(roll-off factor 0.25)

		①	CSS 변조 신호는 $U(t) = \cos(\pi\beta t2/\tau)$, $0 \leqq t \leqq T$ 로 표현 할 수 있으며
			별도의 pseudo code 없이 원신호를 확산시킴.
		②	주파수가 up/down chirp에 따라 선형적으로 증가하며, 전송 신호가
			일정한 envelope, PSD[192] 특성을 가짐.

192) PSD(Power Spectrum Density): 주파수에 대한 스펙트럼의 변화율을 나타낸다.

3.			**LoRa network 구성 특성**
	가.		Start topology 형태로 network을 구성하며, ALOHA 프로토콜 기반으로
			동작함.
	나.		LoRa network 구성도

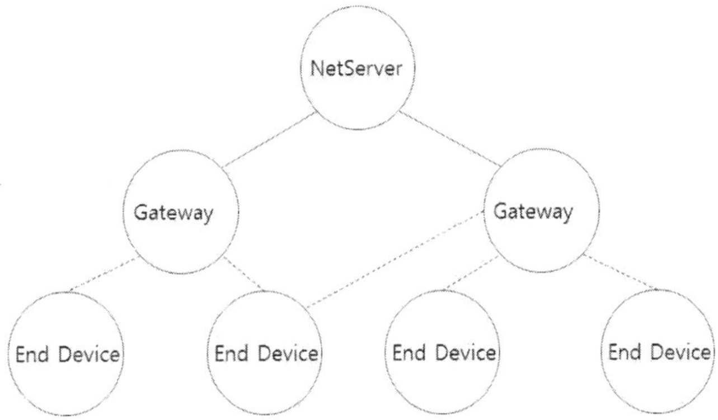

		①	End point에 수집된 데이터들은 Gateway를 거쳐 IP network로 연결된
			NetServer에서 취합됨.
		②	복잡도를 최소화하기 위해 IEEE 802.15.4 MAC을 기반으로 network가
			설계되었음.
4.			**LoRa Class별 차이**
		①	Class A: 가장 낮은 파워를 사용하며, Bi-directional 통신이 가능.
			주로 모니터링 어플리케이션에 사용됨.
		②	Class B: NetServer와 동기를 맞추어 downlink window 조정이 가능함.
			원거리 control 어플리케이션에 사용됨.
		③	Class C: 항상 downlink window를 열어두며, 가장 높은 파워를 사용
			하여 battery life가 짧음. 전송 power 제한이 없으며 대용량 downlink
			채널 사용 시 적합함.

5. **성능 비교**

구분	LoRa	SIGFOX	Ingenu	LTE-M
서비스 거리	도심: 10~15km 교외:3-5km	도심: 30~50km 교외:3-10km	약 15km	약 15km
주파수	지역마다 다름	868/902 MHz	2400 MHz	700~900 MHz
ISM 대역	O	O	O	X
양방향 통신	O	O	X	O
Data rate	약 104Kbps	약 106Kbps	약 104Kbps	약 1Mbps

※ LoRa는 CSS 변조 기법의 높은 상관도를 통해 수신기의 주파수, 시간 동기화가 필요 없어 수신기의 구조가 간단함.

6. **결론**

- BT, WiFi 등과 같이 기존 근거리 무선 통신 기술은 IoT 서비스 구현 시 배터리 사용 시간 또는 전송 거리 부족의 문제가 있음.
- IoT 서비스 구축을 위한 기술적 한계를 극복하기 위해 LoRa를 포함하여 장거리 저전력 무선 통신 기술이 제안되고 있음.
- SKT는 2017년 6월 기준 전국 약 13000개의 LoRa 기지국을 구축하였으며, 이를 이용한 어플리케이션 개발 및 국제 로밍도 추진하고 있음.
- IoT 서비스 구축을 위한 단일화된 통신 표준이 아직 없어 학회, 기업 그리고 정부의 전략적 제휴을 통해 IoT 통신 서비스 기술 국가 경쟁력 선점 필요함.

Point

키 워 드	LoRa, IoT, LTE-M
기출코드	통신2017하3
통합사고	IoT는 정보통신기술사 시험 준비 시 깊게 고민해 봐야 하는 주제입니다. IoT는 아직 단일화된 표준이 없어 후보 기술들의 주요 특징을 숙지하며, IoT 서비스를 활성화 할 수 있는 방안에 대해 고민해 보아야 합니다.
함께보기	“6.11 LTE-M” “11.9 IoT 표준화”

참고문헌

[1] M. Centenaro 외, “Long-Range Communications in Unlicensed Bands: the Rising Stars in the IoT and Smart City Scenarios”, IEEE Wireless Communications, 2016

[2] 박영철, 장기천, “손에 잡히는 ICT”, GS인터비전, 2012

[3] Zbigniew Ianelli, "Introduction to Chirp Spread Spectrum (CSS) Technology, Nanotron Technologies, 2003

6.11 LTE-M(Machine type communication), NB-IoT

1.			**면허대역의 IoT 기술 LTE-M, NB-IoT**
	○		IoT 서비스 구현을 위해 Bluetooth, WiFi 등 다양한 근거리 통신 기술이
			제안되었으나 통신 거리, 안정성 등에 문제가 있음.
	○		LTE-M, NB-IoT는 면허대역인 이동통신 주파수를 사용하면서 저전력,
			장거리 통신이 가능하도록 제안된 기술임.
	○		LTE-M은 북미에서 제안된 기술로 유럽에서 제안된 NB-IoT 대비 상대적
			으로 넓은 대역폭 사용 및 높은 전송속도를 지원하는 차이 있음.
2.			**LTE-M, NB-IoT 기술 이해**
	가.		Machine type communication(MTC) 기술은 이동통신망의 부하를
			최소화 하고 단말 기기의 수명을 연장하는 것이 핵심임.
	나.		면허대역 IoT 서비스 특징

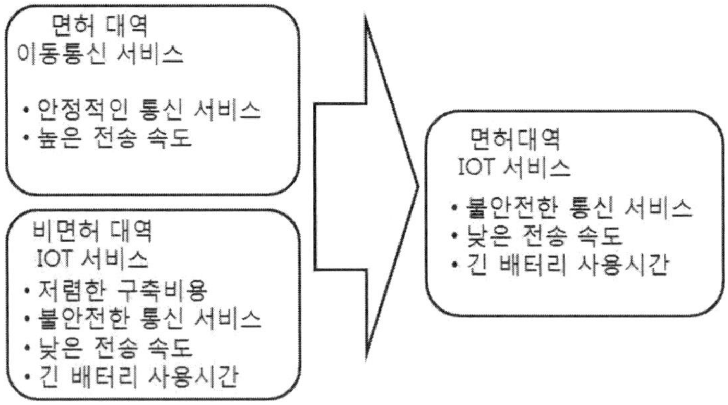

		①	IoT 서비스를 구현하기 위한 비면허 대역의 통신 기술들은 간단한 구조,
			저렴한 구축비용과 긴 배터리 사용시간의 장점이 있음.
		②	사람을 대상으로 한 기존 이동통신 기술은 안정적인 통신 품질로 고속
			통신이 가능한 장점이 있으나 단말의 비용이 비싸고, 배터리 사용 시간이

짧은 단점이 있음.

③ LTE-M, NB-IoT 기술은 이동통신망을 사용하는 통신 기술이지만, 통신 프로토콜 및 단말기 구조를 간단히 하여 IoT 통신에 적합하도록 개발된 통신 기술임.

3. IoT 기술 비교

구분	LoRa	Sigfox	LTE-M	NB-IoT
서비스 거리	도심: 10~15km 교외: 3~5km	도심: 30~50km 교외: 3~10km	15km	11km
주파수	지역마다 다름	868/902 MHz	700~900 MHz	700~900 MHz
ISM 대역	O	O	X	X
배터리수명	10년 이상	10년 이상	10년 이상	10년 이상
Data rate	약 104Kbps	약 106Kbps	약 1Mbps	약 150kbps

※ LTE-M은 북미에서 제안된 MTC 기술로 NB-IoT와 달리 보이스 통신 서비스를 지원함.

4. 이동통신망을 이용한 IoT 서비스

○ 이동통신망은 ISM 대역 대비 안정적으로 서비스를 구현 할 수 있을 뿐만 아니라 기존 통신망을 사용 할 수 있다는 장점이 있음.

○ KT는 2016년 LTE-M 전국망 상용화 서비스를 시작 하며, LoRa를 사용 하고 있는 SKT와 IoT 서비스 경쟁 중임.

○ 5세대 이동통신 기술에선 MTC 방식을 다수의 기기의 연결성에 중점을 둔 Massive MTC와 안정성에 중점을 둔 Critical MTC로 구분 하여 준비 하고 있음.

Point

키 워 드	LTE-M, NB-IoT, Sigfox, LoRa
기출코드	통신2018상3, 통신2017하3, 통신2015하4, 통신2015상3
통합사고	IoT 구현을 위한 새로운 통신 기술들이 제안 되고 있습니다. 이는 IoT 통신 기술의 대한 표준화가 미흡하기 때문입니다. IoT 통신 기술들을 특징별로 분류하여 각 기술의 특징을 기억해 두는 것이 필요합니다. SKT, KT, LGU+ 등 국내 통신 사업자들은 어떤 기술을 가지고 IoT 서비스를 준비하고 있는지 동향을 파악하는 것도 IoT 기술 트랜드를 따라가는데 도움이 될 것입니다.
함께보기	"6.8 Sigfox" "6.10 LoRa"

참고문헌

[1] 김주현, "사물인터넷(IoT) 접속기술 동향 및 시사점", 정보통신방송정책, 2016
[2] "LTE evolution for IoT connectivity", NOKIA, 2017
[3] 도미선, "KT LTE 전국망 상용화와 IoT 전략", www.netmanias.com, 2017

6.12 A-GPS 측위기법

1.			**개요**
	❍		GPS 기술은 군사 목적으로 도입되었으나, 민간에게 기술이 개발된 이후
			네비게이션, LBS[193] 서비스 등 다양한 서비스에 활용되고 있음.
	❍		위성으로 송신된 신호는 단말 수신시까지 여러 감쇄요인에 의해 신호의
			품질이 훼손 되어 위치 계산이 어려울 수 있음.
	❍		A-GPS 기술은 상대적으로 정확한 위치 계산이 가능한 A-GPS 서버의
			위성 정보를 이용한, GPS 위치 계산 개선 기술임.
2.			**A-GPS 시스템 이해**
	가.		A-GPS는 단말의 위치를 측정 시 인공위성에의 정보뿐만 아니라, 네트워크
			의 정보를 함께 사용하여 측정 위치의 정확도 높임.
	나.		A-GPS의 측위 방법
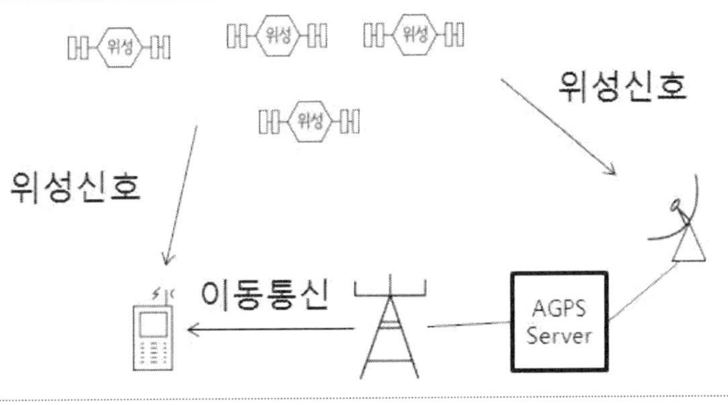			
		①	독립된 4개 이상의 위성에서 송신된 신호가 단말에 도달하는 시간을 이용
			하면 단말의 위치를 계산할 수 있음.
		②	이상적인 경우 3개의 위성으로 측위가 가능하지만, 위성과 단말의 클락
			(clock) 시간오차를 보정하기 위해 최소 4개 위성 정보 필요함.

193) LBS(Location Based Service): 사용자의 위치에 기반 하여 특정 서비스를 제공하는 방법을 말한다.

		③	GPS 수신 신호는 대기권 혹은 다중경로에 의한 신호 감쇄 등에 영향으로
			신호 품질이 저하 될 수 있어서, 안정적인 GPS 수신 및 초기 위치 확인
			까지 소요되는 시간이 지연 될 수 있음.
		④	A-GPS는 위성의 궤도 정보를 저장하고 있는 이동통신망의 서버로 부터
			위성의 궤도 정보를 지원 받아 측위 성능을 개선 할 수 있음.
3.			**종류**
	가.		표준 단체에 따른 구분
		①	Control plane A-GPS: 3GPP에 의해 제안된 방식으로, control plane은
			이동통신의 control channel을 이용하여 정보를 교환함.
		②	SUPL(Secure User Plane for Location) A-GPS: OMA에 의해 제안된
			방식으로, TCP/IP 채널을 이용하여 정보를 교환함.
	나.		데이터 운용모드에 따른 구분
		①	MSA(Mobile Station-Assisted): 단말이 위성 정보를 A-GPS 서버로
			보내면, 서버에서 위치 계산 후 단말에 위치 정보 공유.
		②	MSB(Mobile Station-Based): 단말은 A-GPS 서버에서 위성정보를 받은
			후 단말이 획득한 위성 정보를 더해 위치를 계산함.
4.			**결론**
	○		GPS는 LBS 구현을 위한 요소 기술이나, 위성 신호의 여러 감쇄 요인으로
			인해 측위 오차가 발생할 수 있음.
	○		A-GPS는 별도의 서버를 이용하여 GPS 단말의 측위 오차를 개선 할 수
			있으며, 네트워크 기능과 GPS 기능이 모두 지원되는 대부분의 이동 통신
			단말에서 통신 단말에선 기본 기능으로 지원함.

Point

키 워 드	GPS, A-GPS, LBS
기출코드	통신2017상2, 통신2016하3, 통신2015상2
통합사고	GPS 기술은 활용도가 높고 현재 대체할 수 있는 기술이 없어 기출 빈도가 높지만 향후에도 문제가 출제 될 수 있는 분야입니다. GPS 측위 원리, 오차 발생원인 과 대책 그리고 GPS를 활용한 주요 LBS 서비스에 대해 파악하고 있어야 합니다.
함께보기	“A-GPS", 손에 잡히는 ICT, 352p

참고문헌

[1] “Assisted GPS Application Note”, Telit, 2013

[2] Assisted GPS, https://en.wikipedia.org/wiki/Assisted_GPS, 2017

6.13 WAVE, LTE를 이용한 V2X 구현 비교

1. V2X 구현 통신 기술 비교 개요

- ○ V2X는 차량 간 혹은 차량과 주변 시설물과 통신 네트워크를 이용하여 사용자의 편의를 증가하고 안전을 보장하는 기술임.
- ○ V2X 서비스를 구축하기 위한 통신 기술에는 IEEE 802.11 기반의 WAVE 와 이동통신 기반의 LTE-V2X기 있음.
- ○ WAVE 와 LTE-V2X는 기술적인 장단점이 있어 두 기술의 장점을 결합한 하이브리드 형태의 네트워크 구성이 검토되고 있음.

2. V2X 개념 이해

가. 차량과 차량 혹은 주변 인프라와의 연결을 통해 차량 사고 방지, 자율주행 등의 서비스 구현 가능함.

나. V2X 개념도

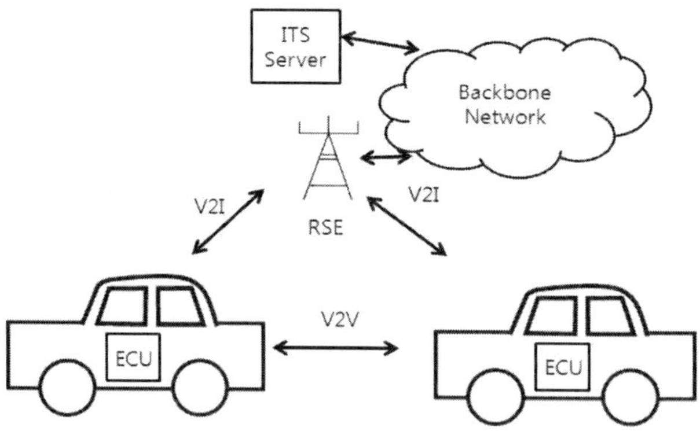

① V2X network는 차량에 설치되는 OBU(On Board Unit)과 노변에 설치되는 RSE(Road Side Element)로 구성됨.

② 차량과 차량(V2V) 혹은 차량과 인프라(V2I) 로 관측된 정보는 ITS 서버에 축적되어 응용 서비스 구현에 사용됨.

3.			**V2X 주요 서비스**
	가.		운전자 안전 지원 서비스
		①	교통사고 지역 정보, 위험 지역 정보 공유 등을 기반으로 교통 경로 우회
			등을 이용한 운전자 안전 증가.
		②	특히 운전자 시야가 확보 되지 않은 지역에서 발생하는 사고 및 우천, 안개
			등 악 기후 상황에서 활용 가치 큼.
	나.		인포테인먼트 서비스
		①	차량 이동 중에도 정지 상태와 동등 상태의 데이터 전송 속도를 확보
			하여 데이터 기반 서비스를 지원할 수 있음.
		②	차량 탑승자는 공간적인 제약을 극복 할 수 있어, 업무, 문화 서비스의
			연속성을 보장 받을 수 있음.
	다.		기타
		①	완전한 형태의 자율 주행인 4단계를 구현하기 위해선 단일 차량에서
			취득한 정보만으로는 한계가 있어, V2X를 이용하여 주변 차량 및 시설
			물간 통신을 통해 정확하고 많은 정보의 취득이 필요함.
		②	현재 제한적인 정보만으로 운용되는 네비게이션 서비스도 V2X 네트워크
			구축 이후에는, 정밀하게 도로 교통 상황을 측정 및 예측이 가능 하여
			보다 정확한 서비스 가능해짐.
4.			**WAVE, LTE-V2X 기술 비교**
	가.		초기 V2X 기술을 IEEE 802.11 기반의 WAVE 기술을 이용한 구축 방안이
			주로 검토 되었으나, LTE 진영에서는 기술적 완성도와 기존 인프라의
			활용이 가능한 장점을 내세워 V2X 구축안을 제안함.

나. 비교표

구분	WAVE	LTE-V2X
표준	IEEE 802.11p PHY & MAC IEEE 1609.1~4 상위 계층	3GPP
대역폭	10 MHz	up to 100 MHz
주파수	5.86 ~ 5.92 GHz	450 ~ 4.99 GHz
Data Rate	3~27 Mbps	up to 1Gbps
V2I 지원	지원	지원
V2V 지원	지원	지원 (LTE-D2D 이용)

※ IEEE 802.11a를 기반으로 대역폭을 20MHz에서 10MHz로 줄이는 등 최소한의 변경으로 802.11p 표준 지정

다. WAVE 주요 기술

① 전용 주파수 사용

일반적인 IEEE 802.11 계열의 기술들이 ISM 대역을 사용하는 반면 IEEE 802.11p의 경우 V2X 전용 주파수 (5.9GHz) 사용.

② 멀티채널 구조 사용

IEEE 802.11 기반 기술들이 사용하는 경쟁 구조의 싱글 채널 동작 환경에서 안전과 관련된 메시지가 누락되는 것을 방지하기 위해서 멀티채널 구조를 사용함

라. LTE-V2X 주요 기술

① LTE-D2D[194] 연구를 확장하여 V2V[195] 통신 시나리오에 적용하였음.

기존 이동 통신 사용자에게 피해를 최소화 하면서 이동 통신 주파수를

194) LTE-D2D(Device to Device): 이동통신 주파수를 이용하여 기지국을 거치지 않고 기기간 직접 수행되는 통신 방식을 말한다.

195) V2V(Vehicle to Vehicle): 차량간 통신 서비스를 위한 기술을 말한다.

			사용할 수 있는 주파수 사용 기술이 필요함.
		②	무인 주행을 포함한 차량 제어 시스템 구축을 위해선 통신간의 발생 가능
			한 지연(latency)를 최소화 하는 기술 필요함.
5.			**V2X 개발 동향**
	가.		WAVE와 LTE-V2X 결합한 하이브리드 네트워크
		①	근거리 통신에 최적화 되어 있는 WAVE 기술과 네트워크 인프라가 구축
			되어 있는 이동통신 기술과의 융합을 통하여 V2X 서비스 구현하는 하이브
			리드 형태의 네트워크 구성도 검토 되고 있음.
		②	특히 WAVE는 근거리에서 안전 서비스 등의 사용 시나리오를 구현하기
			위한 기술로 검토되고, 이동 통신기술ㄹ은 중장거리에서 고용량, 고속의
			데이터 전송이 필요한 시나리오에 검토 되고 있음.
	나.		5세대 이동통신 V2X
		①	5세대 이동통신은 4세대 이동통신인 LTE 보다 지연성능을 5배 개선하는
			것을 목표로 하고 있음.
		②	저지연 통신 기술이 완성 되게 되면, 5세대 이동통신 기술을 통한 V2X
			서비스 구현이 더욱 용이해 질것으로 예상된 것임.

Point

키 워 드	V2X, WAVE, LTE-V2X, IEEE 802.11p
기출코드	통신2018상4, 통신2014상1, 통신2013상4
통합사고	차량 통신과 관련된 문제는 꾸준히 출제가 되고 있습니다. 이동통신망을 이용한 차량 통신 기술과 단거리 전용 통신 기술인 WAVE 기술과의 기술적인 특징 비교와 V2X 활성화를 위해 기술적으로 어떤 준비를 해야 할지에 대한 고찰이 필요합니다.
함께보기	"WAVE", 손에 잡히는 ICT, 492p

참고문헌

[1] 임기택 외, "차량용 통신 시스템 기술 동향 및 시사점", KEIT PD Issue report, 2016
[2] Yi Shi, "LTE-V: A Cellular-Assisted V2X Communication Technology", HUAWEI, 2015
[3] Giuseppe Araniti 외, "LTE for Vehicular Networking: A Survey", IEEE Communication Magazine, 2013

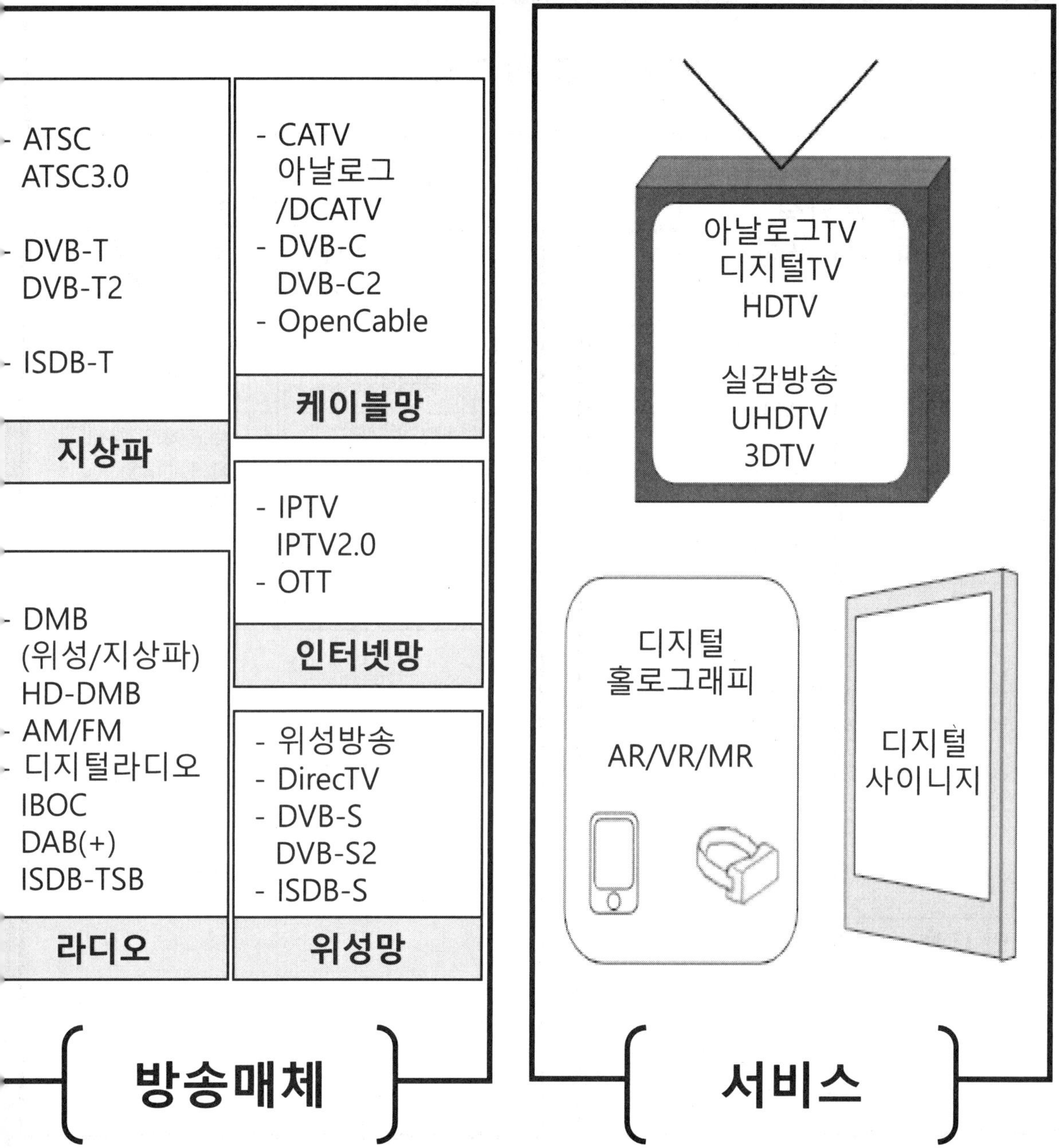
- ATSC
ATSC3.0
- DVB-T
DVB-T2
- ISDB-T
지상파
- CATV
아날로그
/DCATV
- DVB-C
DVB-C2
- OpenCable
케이블망
- IPTV
IPTV2.0
- OTT
인터넷망
- DMB
(위성/지상파)
HD-DMB
- AM/FM
- 디지털라디오
IBOC
DAB(+)
ISDB-TSB
라디오
- 위성방송
- DirecTV
- DVB-S
DVB-S2
- ISDB-S
위성망
방송매체
아날로그TV
디지털TV
HDTV
실감방송
UHDTV
3DTV
디지털
홀로그래피
AR/VR/MR
디지털
사이니지
서비스

전파·위성망

인공위성 시스템

인공위성 시스템 구성

위성체

- 위성체
  탑재체
  본체

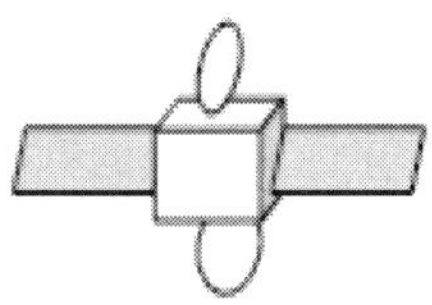

발사체

- 발사체

지구국

- 지구국
  지구국 안테나

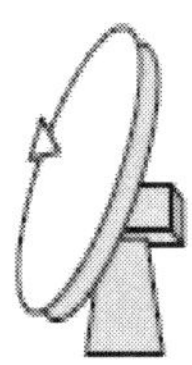

인공위성 제공 서비스

통신

- 위성링크
  다원접속
  회선할당

방송

- 위성방송수신
  DTH, DBS,
  DSC, MDU

항행

- GPS
- GLONASS
- Galileo
- BeiDou

기타

- 군사위성
- 기상위성
- 과학위성

영상통신망

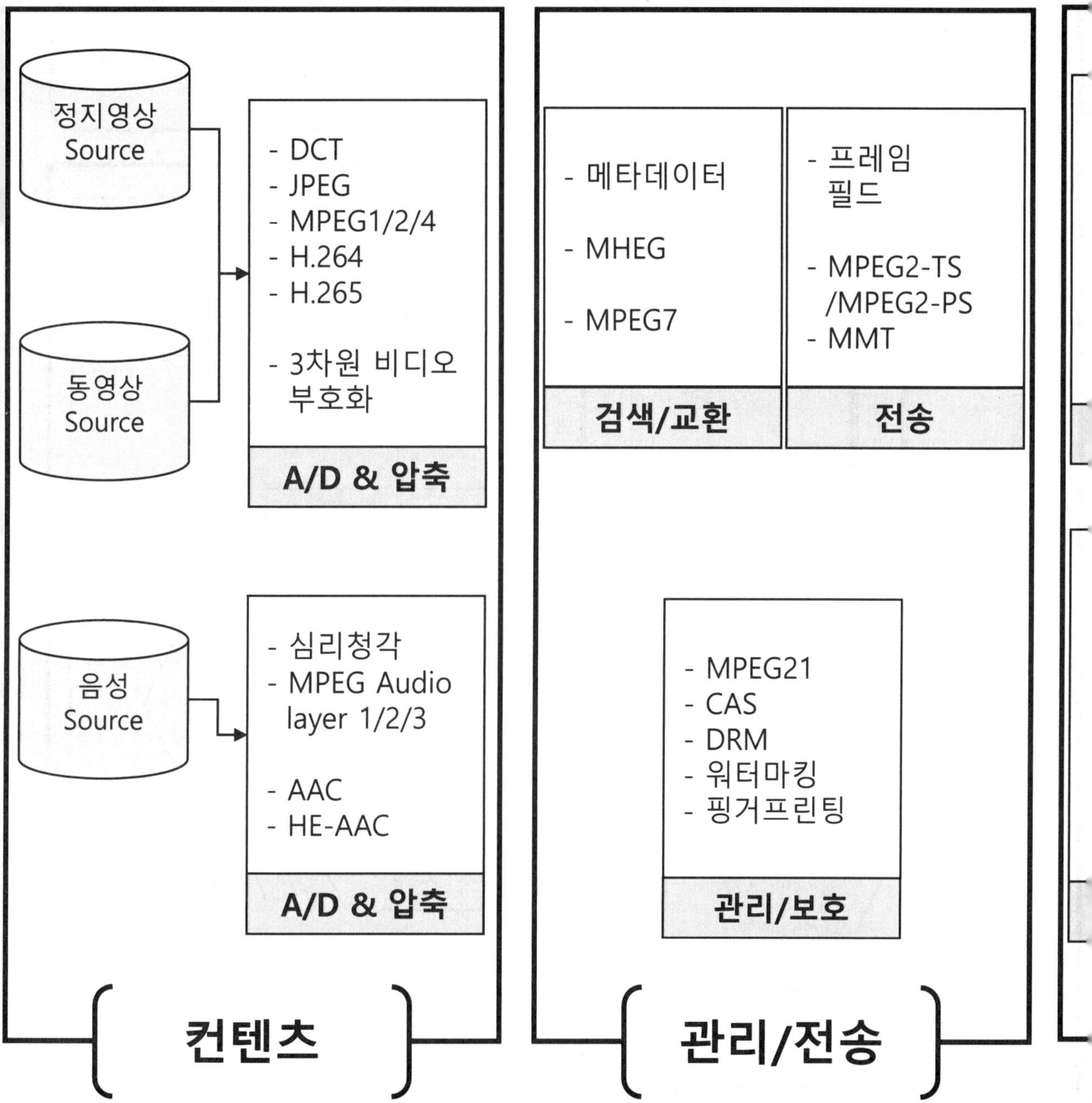

정지영상 Source
동영상 Source
- DCT
- JPEG
- MPEG1/2/4
- H.264
- H.265
- 3차원 비디오 부호화
A/D & 압축
음성 Source
- 심리청각
- MPEG Audio layer 1/2/3
- AAC
- HE-AAC
A/D & 압축
컨텐츠
- 메타데이터
- MHEG
- MPEG7
검색/교환
- 프레임 필드
- MPEG2-TS /MPEG2-PS
- MMT
전송
- MPEG21
- CAS
- DRM
- 워터마킹
- 핑거프린팅
관리/보호
관리/전송

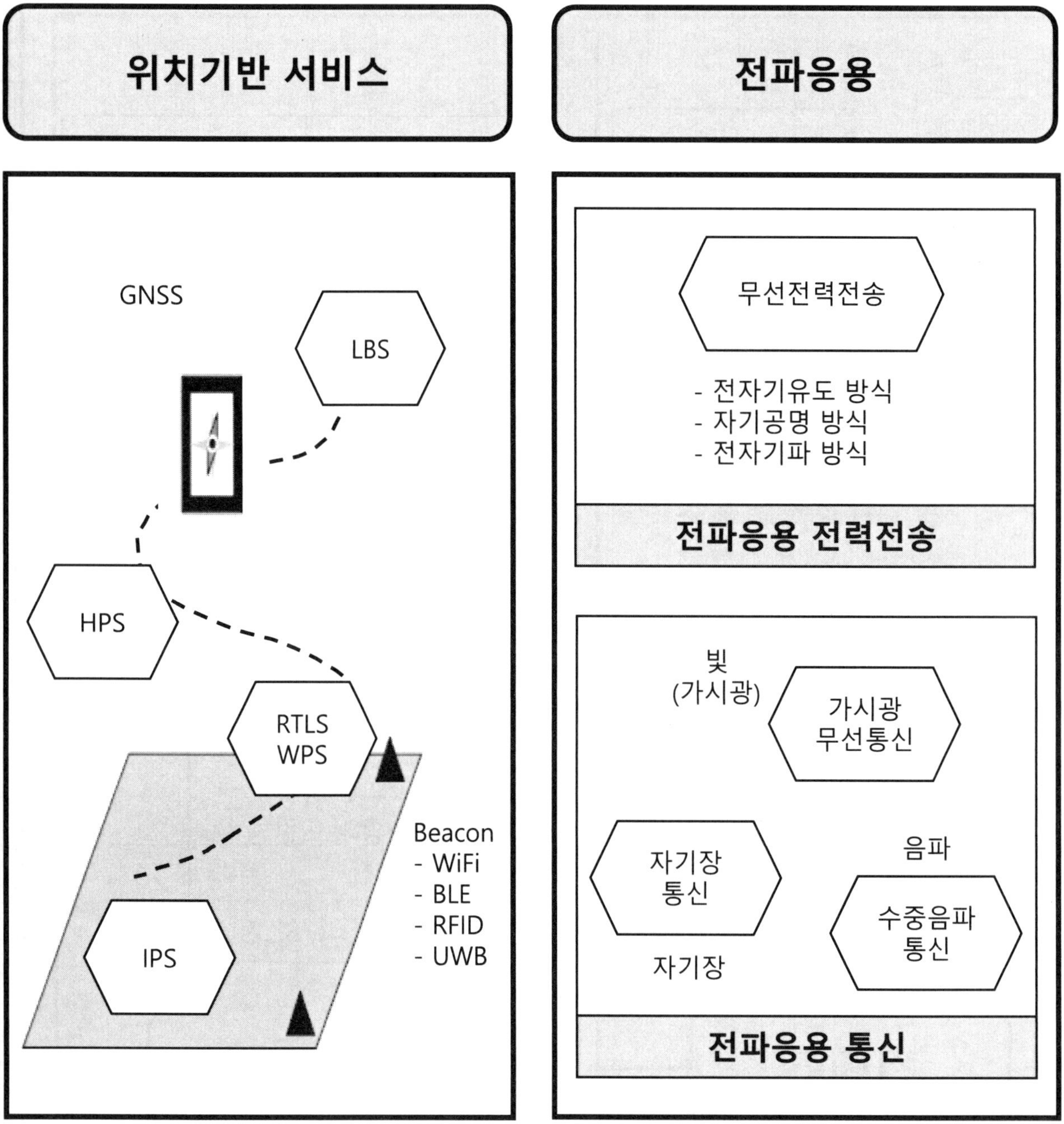
위치기반 서비스
GNSS
LBS
HPS
RTLS
WPS
IPS
Beacon
- WiFi
- BLE
- RFID
- UWB
전파응용
무선전력전송
- 전자기유도 방식
- 자기공명 방식
- 전자기파 방식
전파응용 전력전송
빛
(가시광)
가시광
무선통신
자기장
통신
자기장
음파
수중음파
통신
전파응용 통신

prologue

CHAP.4 방송 위성망

생생한 방송을 위하여, 그리고 우주에서 바다 속까지

초고화질의 생생한 실감 미디어 방송을 위하여: 영상통신망

의사소통, 특히 멀리 떨어져 있는 곳에 새로운 소식을 전달하고자 하는 인간의 기본적인 욕구와 정보통신 기술이 접목되면서 라디오, 텔레비전 등의 방송통신 기술, 즉 영상통신망이 등장하게 됩니다. 영상통신망의 궁극적인 목적은 거리나 시간에 관계없이 생생하게 소식을 주고받는 것으로, 고품질의 생생한 컨텐츠와 양방향의 다양한 부가서비스를 제공하는 방향으로 발전하고 있습니다. 과거 뉴스와 같은 소식을 전달하기 위해서는 파발, 편지나 신문 같은 매체를 이용해야 했으나, 영상통신망의 등장으로 전신, 라디오(1906년~), 그리고 텔레비전(1929년~)을 이용하여 빠르고 간편하게 많은 사람들에게 소식을 전달할 수 있게 되었으며, 더욱 고품질 컨텐츠를 전송하기 위해 방송망 및 통신망의 융합을 기반(방통융합)으로 발전하면서 현재는 CD급 음질의 라디오, UHD급 텔레비전 방송이 서비스되고 있습니다.

이러한 영상통신망은 크게 4가지 파트로 구분할 수 있습니다.

먼저 ①컨텐츠 파트에서는 음성 및 정지영상, 동영상 등의 멀티미디어를 전송에 용이하도록 가공하는 단계로, 아날로그, 디지털, 그리고 고품질 멀티미디어(대용량)를 효율적으로 서비스할 수 있도록 하는 압축 기법이 대표적입니다. 영상통신망에서 주로 적용되는 압축 기법으로는 정지영상의 JPEG, 동영상의 MPEG·H.264·H.265, 음성의 MPEG Audio·AAC 등이 있으며, 최근 UHD급 방송을 위하여 H.265 HEVC와 MPEG-H 3D Audio가 영상과 음성의 압축에 적용되고 있습니다.

이렇게 가공된 컨텐츠를 관리하고 전송을 지원하는 단계가 ②관리/전송 시스템 파트입니다. 효과적인 프로그램 컨텐츠의 전송을 위해서 MPEG-TS/MPEG-PS가 이용되었으나 UHD 같은 고품질 대용량을 위하여 전송 효율이 높고 오버헤드가 적으며 전송 환경에 따른 품질을 조절할 수 있는 MMT와 ROUTE가 사용되고 있습니다. 그리고 메타데이터와 MPEG-7, MHEG 등은 멀티미디어 컨텐츠의 검색과 교환을 용이하게 하는 기술이며, 멀티미디어 컨텐츠의 관리·보호(저작권)를 위한 기술로 MPEG-21, CAS(수신제한 시스템), DRM(디지털 권리 관리), 워터마킹, 핑거프린팅이 있습니다.

그리고 방송매체에 적합하게 물리적 신호를 생성하는 ③방송매체 파트(물리계층)가 있습니다. 영상통신망의 전송 매체로는 유선 및 무선의 지상파(TV, 라디오) 방송망, 위성방송망, 케이블방송망, 인터넷망이 있습니다. 각각의 매체를 이용한 방송서비스를 위해 다양한 표준과 방식들이 존재하는데, 대표적으로 지상파 TV의 ATSC3.0·DVB-T2와 위성망의 DVB-S2, 케이블망의 DVB-C2, 인터넷망의 IPTV·OTT가 있으며, 라디오의 경우에는 AM·FM(아날로그 방식)과 DRM·DAB·DMB(디지털 방식) 등이 있습니다.

마지막인 방송망을 통해 전송된 컨텐츠를 ④수신·시청하는 단말(방송서비스) 파트는 아날로그 TV, 디지털 TV(HD)에 이어 UHDTV·3DTV·디지털 홀로그래피와 같은 실감방송과 가상 세계와 현실 세계를 결합한 AR·VR·MR 등의 실감형 미디어로 방송서비스가 발전함에 따라 수신 단말(수상기) 역시 적합한 형태로 발전하고 있습니다.

전통적으로 영상통신망은 방송망을 이용하여 일반 대중에게 대량을 정보를 제공하면서, 정보 전달 기능과 함께 사회적으로 큰 영향력(사회적 조정 및 사회화 기능 등)을 가지고 있습니다. 따라서 고품질 실감방송의 기술 발전과 더불어, 사회 취약계층이 소외되지 않도록 하는 방송 접근권의 보장이 필요합니다. 또한 국가적 재난 상황에서도 정보 제공 역할을 수행하기 위해 재난방송(FM, DMB)의 음영 지역(지하철, 터널 등)이 없도록 하는 등 영상통신망의 기술 발전과 함께 서비스의 보편적 공영성도 역시 고려하여야 합니다.

우주에서부터 땅속, 물속에까지, 전자기파·빛·음파의 활용: 전파·위성망

비록 보이지도 들리지도 않지만, 걸으면서 또는 이동하는 차 안에서 가족과 전화를 하고 인터넷을 이용해 지구촌 곳곳에서 일어나는 소식을 알 수 있도록 해주는 전파(전자기파)는, 맥스웰에 의해 수학적으로 그 존재가 증명된 이래, 헤르츠, 마르코니와 같은 여러 과학자들에 의해 무선통신을 비롯한 다양한 분야에 적용되고 있습니다. 유선의 선로 없이 전송하고자 하는 정보를 전파에 실어 송수신을 하는 무선통신은, 고정통신 및 이동통신 서비스의 대표적인 전파 활용 기술입니다. 하지만 이 외에도 지구 전 지역에 걸친 서비스를 제공하기 위한 인공위성과, 전파를 활용하기 어려운 환경에서의 무선통신을 위해 자기장, 음파, 빛을 활용하는 전파응용 기술도 있습니다.

1957년, 러시아가 스푸트니크호를 세계 최초로 지구 궤도에 성공적으로 진입시킨 이래, 미국, 중국, 유럽의 선진국을 비롯한 여러 나라에서 다양한 목적으로 인공위성을 보유, 운영(2016년 4월 현재 러시아 1457기, 미국 1252기, 중국 210기, 대한민국 11기 등)하고 있습니다. 로켓과 같은 발사체를 이용하여 지구 대기권 밖으로 인위적으로 쏘아올린 후 지구 주위를 회전하도록 만든 물체인 인공위성은, 지리적 제약 없이 넓은 지역 또는 원거리에 서비스할 수 있어 통신, 방송, 관측, 항행 그리고 군사적인 임무 등을 수행합니다. 이러한 인공위성의 종류는 정지궤도(적도 상공 약 36,000km)·고궤도·중궤도·저궤도 등 궤도별로 구분하거나, 용도별로 통신위성·방송위성·군사위성·기상위성·과학위성·항행위성 등으로 구분할 수 있습니다.

우리나라는 1992년 우리별 1호를 시작으로, 무궁화위성(통신 및 방송위성), 아리랑위성(과학, 관측 등 다목적 실용위성), 천리안위성(기상위성) 등의 위성을 보유하고 있으며, 2013년에는 인공위성을 지구 궤도에 진입시킬 수 있는 발사체인 나로호(KSLV)를 성공적으로 발사하였습니다. 세계적으로는 국제전화 서비스를 위한 고정 위성통신 INTELSAT과 해상에서의 통신을 위한 이동 위성통신 INMARSAT이 대표적이며, 이리듐·글로벌스타·투라야 등의 개인 휴대용의 이동위성통신(GMPCS), 위성 인터넷, VSAT, SNG와 광역에 고화질의 방송 서비스를 제공할 수 있는 위성방송 등 통신 및 방송 서비스 용도로 인공위성이 많이 활용되고 있습니다.

하지만 최근에는 사람·사물의 위치 파악, 내비게이션, 위치기반 서비스(LBS)가 활성화되면서, 위치를 결정하기 위한 위치 측위에 인공위성을 이용한 전세계 위성항법시스템(GNSS)이 활용되고 있습니다. GNSS는 미국의 GPS가 대표적이나, 위치

정보의 군사적, 상업적 중요성이 높아짐에 따라 러시아(GLONASS), 유럽(Galileo), 중국(BeiDou)에서는 자체적인 GNSS를 구축하고 있습니다. 이와 함께 GPS의 정밀도 향상 방안(DGPS, RTK, SBAS 등), 고의적 교란에 대한 대응 방안과, GPS 및 GNSS의 음영 지역인 실내에서의 위치기반 서비스 제공을 위한 방안들이 활발히 연구되고 있습니다.

전파응용 기술은 무선통신에서 전파를 활용하는 방식과는 달리 전파를 이용하여 전력을 전달하거나, 전파가 아닌 자기장, 음파(초음파) 및 빛에 정보를 실어 전송하는 기술들입니다. 무선 주전자나 교통카드 등 제한된 영역에서 이용되던 ①무선전력전송 기술은 2007년 미국 MIT에서 자기공명방식의 전력전송이 소개된 이후, 다양한 방식의 무선전력전송이 연구, 개발되고 있습니다. 특히 전자기 유도 방식, 자기공명 방식, 그리고 전자기파 방식의 무선전력전송 기술은 휴대용 기기의 편리한 충전은 물론, 자동차, 로봇, 드론, 고속열차 등 다양한 기기의 전력 공급 인프라가 되고 있습니다. ②자기장통신은 흙·물·금속 등 열악한 전파 환경에서 투과성이 높은 자기장을 이용하여 정보를 주고받는 기술로, 특히 지중 시설물의 관리나 지중 센서 네트워크의 구축에 활용됩니다. 전파의 급격한 감쇠로 인해 전파를 이용하기 어려운 물속에서 수중 센서 네트워크, 수중 사물 인터넷을 구축하는 기술인 ③수중음파통신은 음파나 초음파를 이용하는 기술입니다. 마지막으로 차세대 조명 인프라로 널리 보급되고 있는 LED를 제어하여, 빛에 정보를 실어 통신 서비스를 제공하는 ④가시광무선통신(VLC)은 저비용으로 고속 무선 네트워크를 구축할 수 있어 라이파이(Li-Fi)라고도 불리며 활발히 개발·표준화가 진행되고 있습니다. 이러한 전파응용 기술들은 연구, 개발과 함께 실용성, 신뢰성, 품질 확보를 바탕으로 실제 적용될 수 있도록 기술의 표준화에 대한 관심이 필요합니다.

7.1 영상압축 기법

1. 효율적인 영상의 저장, 전송을 위한 영상압축 기법 개요

- ○ 아날로그 영상을 디지털로 변환할 때 대량의 데이터가 발생하며, 이를 효율적으로 저장, 전송하기 위하여 영상압축 기법을 이용함.
- ○ 영상압축 기법의 원리는 영상의 중복 데이터를 제거함으로써 정보량을 감소시키는 것이며, 인간의 지각, 시간, 공간, 통계적 중복성을 제거하는 기법이 이용됨.
- ○ 고화질, 고해상도 멀티미디어의 저장 및 전송 요구가 증대됨에 따라, 영상압축 기법 역시 더욱 고도화되어 동영상 압축 기술에 적용되고 있음.

2. 영상압축의 필요성과 무손실/손실 압축

- ○ 아날로그 형태로 존재하는 음성, 영상 등 멀티미디어를 유연하게 처리하고 저장, 전송하기 위해 디지털 변환이 필요함.
- ○ 아날로그 영상을 디지털로 변환하는 과정에서 대량의 데이터[196)]가 발생하므로 효율적인 저장, 전송을 위하여 압축 기법을 이용하게 됨.
- ○ 압축은 원 데이터에서 인간지각/시간/공간/통계적으로 중복되거나 불필요한 데이터를 제거하여 정보량을 줄이는 방법이 이용되며, 압축 후 정보가 그대로 보존되는 무손실 압축과, 정보가 그대로 보존되진 않으나 충분히 유용하게 이용이 가능한 손실 압축이 있음.

구분	무손실 압축	손실 압축
정보 복원	원래 정보 그대로 복원 가능	원래 정보 그대로 복원 불가
압축률	낮음	높음
이용	의료용 등 특수 목적	방송, 저장/전송 등 대부분 경우
음성(WAV)	FLAC, ALAC	MP3, WMA, AAC, OGG, DTS
영상(BMP)	GIF, PNG, PCX, TIFF, JPG	TIFF, JPG
동영상	CorePNG, FFV1, MSU, H.264 Lossless	MPEG-1/2/4, H.264, H.265

3. 영상압축 기법 및 단계

가. 손실 압축인 영상압축 기법

① 영상압축에는 손실 압축 기법이 주로 이용되며, 영상에서 인간이 인지하기 힘든 부분과 영상에 존재하는 중복 데이터를 제거함으로써 압축을 수행함.

② 일반적으로 인간의 시각이 색상보다 밝기에 민감한 특성과, 영상의 공간적 및 시간적인 상관성(유사성)이 큰 특징을 이용하고, 부호화 후의 통계적인 중복을 제거하는 등의 기법을 이용하여 정보량을 줄이게 됨.

③ 즉, 인간의 시각 특성을 이용한 크로마 서브 샘플링, 공간 영역에서의 DCT, 시간 영역에서의 프레임간 예측 부호화[197], 그리고 정보 이론에 의한 통계적 중복성을 제거하는 부호화(엔트로피 부호화) 기법이 영상압축에 활용되며, 정지영상의 JPEG, 동영상의 MPEG 등에 적용되고 있음.

나. 영상압축의 단계(JPEG의 압축 과정)

① 정지영상의 대표적 압축 방식인 JPEG의 압축 과정은 다음과 같이, 입력 영상에 대해 먼저 크로마 서브 샘플링, 8×8 블록화를 한 후 DCT, 양자화, 부호화를 수행하여 압축을 하게 됨.

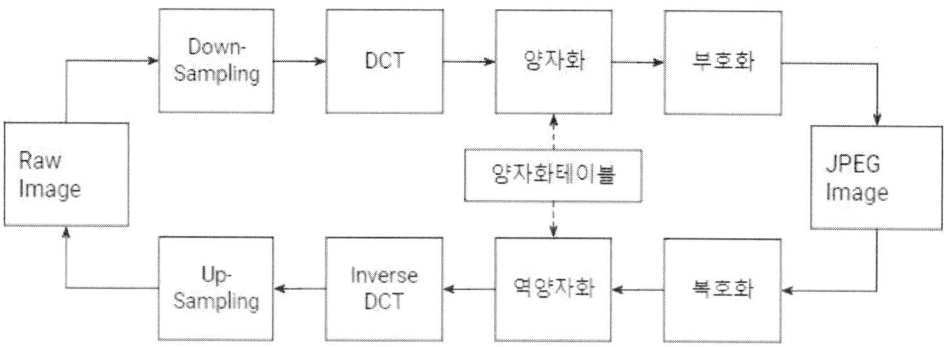

196) 640×480, 256색 VGA 영상은, 307,200bytes(=(640480)×8bit/pixel×1byte/8bit)의 용량이 필요하다.
197) 예측 부호화: 동영상의 경우 시간적인 중복성 제거를 위하여 연속되는 화면(프레임) 사이의 상관성을 최소화하는 프레임 간 예측 부호화가 이용되며, 움직임 예측 → 움직임 보상 및 예측오차 → 예측오차의 양자화 → 부호화의 단계를 거친다.

		②	크로마 서브 샘플링(Chroma subsampling, 또는 Downsampling)
			- 인간의 눈이 색상보다는 밝기에 더 민감한 시각적인 특성을 이용하여, 영상을 밝기(휘도)와 색상(색차) 정보로 분리한 후 밝기 부분의 정보를 더 많이 저장하는 방식.
			- 영상의 휘도-색차 색공간[198] 표현인 YCbCr에서, 원래 영상 정보인 4:4:4 대신 4:2:2, 4:2:0 등으로 색차 정보를 1/2 이상 줄임으로써 압축 효율을 높임.
		③	DCT(Discrete Cosine Transform, 이산 코사인 변환)
			- 공간 영역의 데이터를 주파수 영역으로 변환하는 기법인 DCT는, 특히 영상에 적용하였을 때 높은 압축 효율을 얻을 수 있어 영상의 압축 및 처리 등에 널리 활용되고 있음(공간 중복성 제거).
			- 영상을 DCT 변환을 하는 경우, 주파수 영역에서 주파수가 낮은 쪽으로 신호 성분이 모이는 에너지 집중 현상이 발생하고, 상대적으로 사람 눈이 둔감한 높은 주파수의 신호 성분은 적으므로 높은 주파수 영역의 정보를 생략함으로써 압축을 수행함.
		④	양자화(Quantization)
			- DCT 변환된 계수에 미리 설정한 양자화 테이블을 이용하여 근사값으로 양자화하거나 0으로 처리함.
		⑤	부호화(RLC 또는 VLC)
			- 양자화 결과값을 런길이 부호화 또는 통계적 특성을 이용한 엔트로피 부호화(가변장 부호화)를 수행하여 부호화 데이터량을 줄임.
			- 특히 엔트로피 부호화에는 허프만 부호화, 산술 부호화 등이 이용.

198) 색공간: 색을 표시하기 위하여 3차원의 공간 개념을 이용한 색공간 표현은, RGB, CMYK와 YIQ(NTSC에서 이용), YCbCr(JPEG, MPEG에서 이용) 등이 있으며, 영상시스템에서 활용되는 YCbCr의 Y는 휘도, CbCr은 색차 성분을 표현한다.

4.			**영상압축 기법의 발전**
	❍		1992년 국제 표준이 된 정지영상의 압축 기법인 JPEG은, 높은 압축률과
			다양한 플랫폼/기기의 지원으로 현재 널리 이용되고 있음.
	❍		DCT 방식의 JPEG에서 발전한 DWT 기반의 JPEG 2000, 그리고 다양한
			이용 환경을 고려해 기능이 고도화된 JPEG XR 등의 표준이 있으나,
			이용 가능한 플랫폼이 부족한 한계가 있음.
	❍		특히 정지영상이 많이 활용되는 인터넷 환경에서는 JPEG와 함께 무손실
			압축 기법[199)]의 GIF, PNG 및 벡터 포맷의 SVG가 이용됨.

199) 무손실 압축 기법: 무손실의 압축 이미지 파일은 GIF, TIFF, PNG가 대표적이며, GIF와 TIFF는 LZW 알고리듬, PNG는 DEFLATE 알고리듬의 무손실 데이터 압축 알고리듬을 이용하고 있다.

Point

키 워 드	정지영상 압축, JPEG, 크로마 서브샘플링, DCT
기출코드	통신2010상3
통합사고	방송에서의 디지털 기술을 적용함에 있어 영상압축 기법이 널리 이용되고 있습니다. 이러한 영상압축 기법의 필요성을 이해하고, 대표적인 정지영상의 압축 기법인 JPEG의 단계를 기본적으로 알고 있어야 합니다.
함께보기	"MPEG1/2/4, H.264", 손에 잡히는 ICT, 402p "H.264", 손에 잡히는 ICT, 404p

참고문헌

[1] 김도훈, "비디오 코덱과 동영상 포맷", 커뮤니케이션북스, 2014
[2] 이기창, "디지털 신호 압축기술", 알오테크, 2009

7.2 동영상 압축, MPEG-1/2/4, H.264, H.265

1. 동영상의 효율적인 저장, 전송을 위한 동영상 압축 개요

- ○ HD 및 UHD의 고화질 동영상의 효율적인 저장, 전송을 위하여 동영상의 데이터양을 줄이기 위한 동영상 압축 기술이 활용되고 있음.
- ○ 동영상 압축 기술의 표준은 ISO/IEC MPEG과 ITU-T에 의해 MPEG-1, MPEG-2, MPEG-4와 H.264, H.265로 발전됨.
- ○ HD의 4배/16배 수준의 고화질 UHDTV 서비스에는, 차세대 동영상 압축 표준인 H.265 HEVC(High Efficiency Video Coding)가 적용됨.

2. 동영상 압축의 필요성과 발전 동향

가. 동영상 압축의 필요성

① 고화질, 고해상도의 동영상을 저장, 전송 및 방송하기 위하여 전송 가능한 대역폭 수준으로 데이터양을 줄이는 압축이 필요함.

② SD, HD, UHD와 같이 점점 고품질의 컨텐츠 방송이 요구됨에 따라 동영상 압축은 더욱 고성능화되고 높은 압축률의 기술이 적용됨.

③ 1080i의 HD급 동영상의 디지털 변환 시 1.485Gbps의 데이터가 발생하나 MPEG-2 영상 압축으로 약 20Mbps로 줄여 방송에 활용함.

나. 동영상 압축의 발전 동향

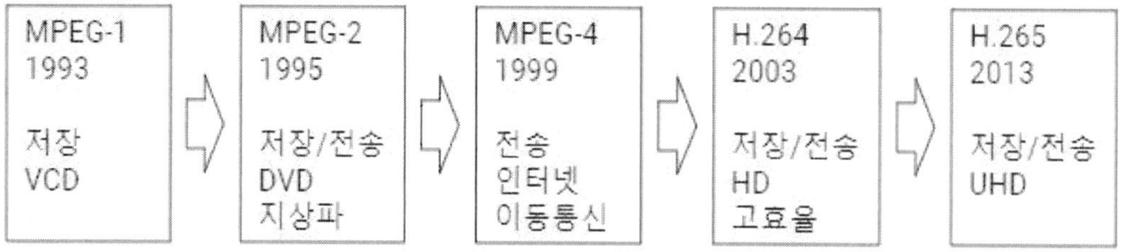

		※	컨텐츠의 품질, 서비스 이용 및 압축/재생기기 성능의 발전으로 동영상
			압축 기술도 꾸준히 발전함.
3.			**동영상 압축 기술(MPEG-1, MPEG-2, MPEG-4, H.264, H.265)**
	가.		MPEG-1(ISO/IEC 11172)
		①	ISO/IEC 산하의 동화상 전문가 그룹인 MPEG에서 최초로 발표한 비디오/
			오디오를 디지털 매체에 저장하기 위한 표준인 MPEG-1은, NTSC, PAL,
			VHS 등 동영상을 VCD에 저장할 수 있는 압축 기술임.
		②	MPEG-1[200]은 일반적으로 해상도 352×288, 4:2:0, 30fps의 비디오와
			스테레오 오디오를, 1.5Mbps 수준의 전송률로 압축이 가능함.
		③	MP3 오디오 압축 포맷이 MPEG-1 Part 3의 Layer Ⅲ를 지칭함.
	나.		MPEG-2(ISO/IEC 13818)
		①	MPEG-2는 고화질의 디지털 방송 및 DVD 저장을 위한 표준으로, ATSC,
			DVB, ISDB의 멀티미디어 압축 표준으로 채택되면서, DVD 및 지상파방송,
			위성방송, 케이블방송 등에 널리 활용되고 있음.
		②	MPEG-2는 1080i(30fps)/720p(60fps), 4:2:0의 고화질 비디오와, 5.1채널의
			오디오(고급 형식인 MPEG-2 Part 7 AAC 등)를 압축하여 데이터 손실
			우려가 있는 환경에서도 전송(MPEG-2 TS)할 수 있음.

동영상	최대전송률	용도
352×288, 4:2:0, 15fps	0.384 Mbps	이동단말용(CIF)
352×288, 4:2:0, 30fps	4 Mbps	고정단말용(STB, VCD)
720×480, 4:2:0, 30fps	15 Mbps	DVD(약 10Mbps)
1920×1080, 4:2:0, 30fps 1280×720, 4:2:0, 60fps	80 Mbps	ATSC(약 18Mbps), DVB(약 32Mbps)

200) MPEG 표준에는 Part라 불리는 sub-Division이 있으며, 보통 Part 1은 시스템(파일 포맷), Part 2는 비디오, Part 3는 오디오로 구성되며, 그 외에 적합성 평가, 참조 소프트웨어 등이 정의되어 있다.

다.		MPEG-4(ISO/IEC 14496)
	①	영상/음성의 객체 기반 압축을 통해, 낮은 전송률의 네트워크에서 효율적인 전송을 할 수 있도록 개발된 압축 표준이 MPEG-4임.
	②	MPEG-2의 절반의 대역폭으로도 유사한 화질을 갖는 MPEG-4는 인터넷, 이동통신 등 환경에서의 전송에 활용되며, 세부적으로는 기본 영상 압축인 MPEG-4 Part 2와, 고급 영상 압축 기술인 MPEG-4 Part 10(AVC 또는 H.264)이 있음.
	③	MPEG-4는 객체 기반의 멀티미디어 압축 및 표현을 통해, 장면의 영상/음성 객체들을 독립적으로 취급 및 구성이 가능하며 대화형의 서비스를 제공할 수 있음.
	④	MPEG-4 오디오는 AAC(변형 BSAC), 고효율의 HE-AAC 등이 있음.
라.		H.264(MPEG-4 Part 10 Advanced Video Coding(AVC))
	①	ITU-T와 MPEG에서 공동으로 개발하고 표준화한 압축 기술인 H.264는 기존 MPEG-4(Part 2)보다 더 높은 압축 효율을 가진 발전된 압축 기술로, Blue-ray 및 인터넷스트리밍, DMB/위성/케이블/IPTV방송에 활용.
	②	H.264는 모바일의 저전력 및 저해상도의 환경, 높은 압축이 필요한 환경, 오류 내성이 필요한 스트리밍 환경 등 이용 환경에 맞게 다양한 프로파일을 선택하여 이용할 수 있음.
	③	H.264는 MPEG-2나 MPEG-4에 비해 매우 높은 압축률을 제공하여, 1080i/720p 영상의 경우 최대 20Mbps(MPEG-2는 80Mbps)로 압축 가능.
	④	H.264에는 4k UHD[201)] 및 SVC[202)], MVC[203)] 등 기능들이 추가되어 있음.
마.		H.265(HEVC, ISO/IEC 23008 Part 2)
	①	고효율 부호화 및 미디어 전송 표준 MPEG-H에서의 영상 압축 기술인 HEVC(High Efficiency Video Coding, MPEG-H Part 2)는, H.264의 50% 용량으로 압축이 가능한 고효율의 차세대 동영상 압축 기술임.

② H.265는 1080i 영상의 경우 최대 12Mbps, 4k UHD는 25Mbps[204] 및 8k UHD는 60Mbps[205]으로 압축이 가능하며, 특히 8k UHD의 지원, 컬러당 10/12bit, 4:2:2/4:4:4 서브샘플링 및 최대 300fps 지원으로, 4k/8k의 고화질 UHD의 압축 및 UHDTV 방송에 적용되고 있음.

H.264 적용 기술	H.265 적용 기술
매크로 블록(16×16)	CTU(Coding Tree Unit, 64×64~8×8)
4×4, 8×8 변환(부호화)	32×32 ~ 4×4 크기의 변환(DCT/DST)
9개 모드의 인트라 예측	35개 모드의 인트라 예측(화면 내 예측)
움직임 벡터 예측(공간)	개선된 움직임 벡터 예측(AMVP, 공간+시간)
CABAC, CAVLC 코딩	CABAC 엔트로피 코딩만 이용 (병렬 부호화/복호화 지원)
디블록킹 필터	디블록킹 필터+SAO[206]

바. 그 외의 주요 MPEG 표준들

표준	설명
MPEG-7	멀티미디어 컨텐츠 기술 표준
MPEG-21	멀티미디어 프레임워크를 위한 표준
MPEG-A	멀티미디어 응용 프로그램 포맷을 위한 표준
MPEG-C	MPEG 비디오 기술 표준(RVC 규격 포함)
MPEG-D	MPEG 오디오 기술 표준
MPEG-H	고효율 부호화 및 미디어 전송 표준
MPEG-DASH	HTTP를 통한 동적 적응형 스트리밍 표준
MPEG-MAR	혼합 및 증강현실 관련 표준

201) 4k UHD인 3840×2160의 영상은 H.264에 의해 최대 240Mbps로 압축이 가능하다.
202) H.264 SVC(Scable Video Coding): 다양한 시간/공간/품질의 영상을 하나의 스트림으로 제공한다.
203) H.264 MVC(Multiview Video Coding): 다시점 비디오 부호화 기술로, 다중 카메라 및 3D를 이용할 수 있는 프로파일이다.
204) 4k UHD인 3840×2160은 최대 25Mbps(32fps), 40Mbps(64fps), 60Mbps(128fps)로 압축된다.
205) 8k UHD인 7680×4320은 최대 60Mbps(32fps), 120Mbps(64fps), 240Mbps(128fps)로 압축된다.
206) SAO(Sample Adaptive Offset, 샘플 적응형 오프셋 필터): 픽셀 단위의 오프셋을 추가해 블록 기반 인코딩 시 발생하는 블록들 사이의 날카로운 모서리를 매끄럽게 한다.

※ MPEG-H(ISO/IEC 23008)는 Part 1 MMT, Part 2 HEVC, 그리고 Part 3 3D Audio를 비롯하여 이들의 참조 SW와 적합성 평가 및 HDR/WCG 등으로 구성되어, UHDTV의 요소 기술로 적용되고 있음.

4. 동영상 압축 기술들의 비교

구분	MPEG-1	MPEG-2	MPEG-4	H.264	H.265
표준화	MPEG	MPEG	MPEG	ITU-T	ITU-T
연도	1993	1995	1999	2003	2013
블록크기	16×16	16×16	16×16	16×16	64×64~8×8
변환	DCT 8×8	DCT 8×8	DCT 8×8	DCT 4×4, 8×8	DCT/DST 32×32~4×4
부호화	VLC	VLC	VLC	CABAC CAVLC	CABAC
컨텐츠 (해상도)	NTSC, PAL	SD, HD	CIF, SD, HD	HD, 4k UHD	4k UHD, 8k UHD
주요 이용	VCD	DVD, DTV	이동통신, 인터넷방송	IPTV, DMB 등	UHDTV
전송률	약 176%	100%	약 75%	약 50%	약 25%
전송률 예시	352×288 1.5Mbps	1920×1080i 18Mbps 4kUHD 72Mbps 8kUHD 288Mbps	352×288 640kbps 720×480 1.8Mbps	1920×1080i 9Mbps 4kUHD 36Mbps 8kUHD 144Mbps	1920×1080i 4Mbps 4kUHD 18Mbps 8kUHD 72Mbps

Point

키 워 드	동영상 압축, MPEG-1, MPEG-2, MPEG-4, H.264 AVC, H.265 HEVC
기출코드	통신2015하1, 통신2010상3, 통신2005상1, 컴응2012하4
통합사고	동영상을 효율적으로 저장하거나 전송하기 위한 동영상 압축 기술은 통신 및 방송에서 널리 이용되고 있습니다. 이러한 동영상 압축 기술의 필요성과 개념을 알고, 고품질의 방송 요구에 대응하기 위해 최근 적용되고 있는 고효율의 압축 기술로의 발전 동향을 지속적으로 정리하여야 합니다.
함께보기	"MPEG1/2/4, H.264", 손에 잡히는 ICT, 402p "H.264", 손에 잡히는 ICT, 404p

참고문헌

[1] 김도훈, "비디오 코덱과 동영상 포맷", 커뮤니케이션북스, 2014
[2] Iain E.G Richardson, "H.264 and MPEG-4", 홍릉과학출판사, 2004

7.3 지상파방송, ATSC3.0

1.			**무료의 고품질 방송 서비스인 지상파방송 개요**
	○		지상의 안테나를 이용하여 방송 신호를 송출하는 지상파방송은, 아날로그 흑백/컬러 방송에서 HD급의 디지털방송을 거쳐 초고해상도의 UHDTV 방송으로 서비스가 진화되고 있음.
	○		지상파방송 서비스를 위한 대표적 기술로, 디지털 HD 방송을 위한 ATSC/DVB-T와, UHD 방송을 위한 ATSC3.0/DVB-T2가 있음.
	○		우리나라의 지상파 UHDTV 방송은 ATSC3.0을 기술 표준으로 채택하여, 2017년 5월 본방송을 시작함.
2.			**지상파방송과 방송 기술**
	가.		지상파방송 및 지상파방송의 특징
		①	지상파방송은 방송프로그램이 실린 VHF/UHF 대역 전파를 지상 무선국을 통해 송출하고, 수신 안테나와 수상기(TV)를 이용하여 간편하게 시청할 수 있는 무료방송 서비스임.
		②	지상파방송은 여러 방송 형태 중 다수 시청자들이 동시에 고품질의 다양한 실시간 방송을 무료로 쉽게 이용이 가능한 형태임.

구분	설명
무료의 보편적 방송	수신 안테나와 TV수상기만으로 원하는 곳에서 시청이 가능한 보편적 서비스
고품질 방송	디지털 기술의 도입으로 HD급의 고품질 방송 및 자막/해설 등의 부가 서비스 제공
다양/다채널 방송	향상된 압축 기술을 이용한 MMS를 통해, 시청자의 편익 증진

	나.		지상파방송의 방송 기술
		①	지상파방송은 아날로그 흑백 방송을 시작으로, 아날로그 컬러 방송, 디지털
			HD 방송을 거쳐, 초고해상도의 디지털 UHD 방송으로 발전.
		②	아날로그 컬러 방송을 위해 NTSC/PAL/SECAM 등 기술이 이용되었으며,
			디지털방송에서는 ATSC/DVB-T/ISDB-T, 그리고 디지털 UHD 방송을
			위한 ATSC3.0/DVB-T2의 기술이 이용됨.

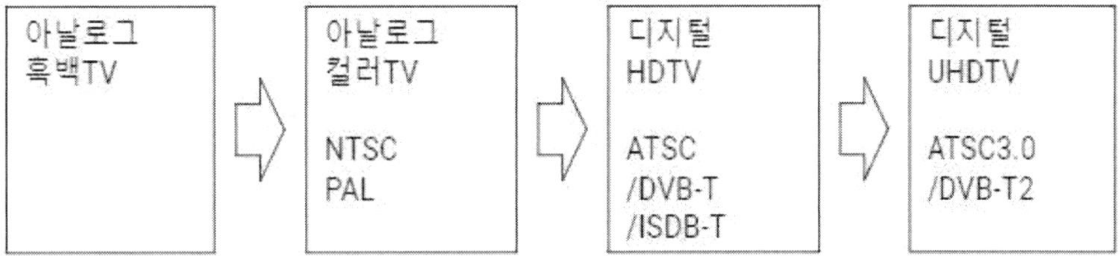

		③	우리나라의 지상파방송에서 디지털 HD 방송에는 ATSC[207]를, 디지털 UHD
			방송에는 ATSC3.0[208]을 표준으로 채택함.
3.			**지상파 디지털방송**
	가.		지상파 디지털방송
		①	기존의 아날로그로 제작, 송출되던 지상파방송에 디지털 기술을 적용하여,
			HD급의 고품질 방송을 시청할 수 있는 것이 지상파 디지털방송임.
		②	지상파 디지털방송은 고화질, 고음질의 고품질 방송은 물론 다채널 방송과
			다양한 부가서비스(자막/해설/데이터방송 등)가 가능하며, 우리나라에서는
			이를 위해 ATSC를 표준으로 채택함.

207) 우리나라는 지상파 디지털방송(DTV) 표준으로 1997년 ATSC를 채택, 2001년 수도권을 시작으로 2004년 광역시, 2006년 전국 확대 방송 후, 2012년 12월 31일 4시에 아날로그 방송을 종료하였다.

208) 우리나라의 지상파 UHD 방송은 2016년 ATSC3.0를 표준으로 채택하고, 2017년 5월 31일 수도권에 본방송을 시작하였으며, 2021년 전국 방송을 목표로 하고 있다.

구분	ATSC (북미)	DVB-T (유럽)	ISDB-T (일본)
영상 부호화	MPEG-2	MPEG-2	MPEG-2
음성 부호화	Dolby AC-3	MPEG-2	MPEG-2 AAC
다중화	MPEG-2 TS	MPEG-2 TS	MPEG-2 TS
변조	8VSB	QPSK~16/64QAM OFDM(2k,8k)	DQPSK~16/64QAM OFDM(2k,4k,8k)
오류정정	RS(207, 187) Trellis(2/3)	RS(204, 188) Convolutional	RS(204. 188) Convolutional
전송속도	19.39 Mbps	~31.67 Mbps	~23.2 Mbps
채널 대역폭	6 MHz	6/7/8 MHz	6 MHz

나. 지상파 UHD 방송

① 지상파방송의 성공적인 디지털 전환 이후, 시청자에게 더욱 실감나는 방송 서비스를 제공하기 위한 방안으로 UHD 방송이 추진됨.

② 기존 HD급의 지상파방송보다 더욱 높은 초고화질(4k UHD는 4배의 해상도, 8k UHD는 16배 해상도)의 고품질 방송을 위한 지상파 UHD 방송 기술로 ATSC3.0과 DVB-T2가 있음.

구분	ATSC3.0 (북미)	DVB-T2 (유럽)
영상 부호화	H.265 HEVC	H.265 HEVC
음성 부호화	Dolby AC-4 MPEG-H 3D Audio	HE-AAC
다중화	IP/MMT	TS/GS(IP기반)
변조	QPSK,16/64/256/1k/4kQAM OFDM(~32k)	QPSK,16/64/256QAM OFDM(~32k)
오류정정	BCH/CRC + LDPC	BCH + LDPC
전송	LDM + MIMO + Ch Bonding	MISO
전송속도	~57 Mbps	~50.3 Mbps
채널 대역폭	6/7/8 MHz	1.7/5/6/7/8/10 MHz

③ 우리나라는 지상파 UHD 방송 표준으로 ATSC3.0을 채택하고, 700MHz 대역[209]을 이용하여 2017년 5월 31일 수도권부터 송출을 시작함.

다. ATSC3.0

① 미국 디지털방송 표준 위원회인 ATSC는, 초고해상도의 실감 방송을 위해 차세대 지상파 방송표준인 ATSC3.0을 개발함.

② 기존 지상파 디지털방송 표준인 ATSC1.0(8VSB)에 비해 30% 이상으로 전송효율을 향상시킨 ATSC3.0은, DVB-T2(유럽 디지털방송 표준, 2009년 완성)보다 신기술로 높은 전송효율, 개선된 실내/이동 수신, IP 친화적인 장점이 있어 우리나라에서 UHD 방송 표준으로 채택함.

구분	ATSC1.0	ATSC3.0
이용	현 지상파 DTV 방송 고정HD	차세대 지상파 UHD 방송 고정UHD 및 이동 HD, 재난방송
영상 부호화	MPEG-2	H.265 HEVC, SHVC
음성 부호화	Dolby AC-3	Dolby AC-4 MPEG-H 3D Audio
다중화	MPEG-2 TS	IP/MMT
변조	8VSB	QPSK,16/64/256/1k/4kQAM OFDM(~32k)
오류정정	RS + Trellis	BCH/CRC + LDPC
전송다중화	-	TDM, FDM, LDM
전송속도	19.39 Mbps	~57 Mbps
채널 대역폭	6 MHz	6/7/8 MHz

③ ATSC3.0은 방송망(Broadcast)과 인터넷망(Broadband)으로 초고해상도의 고품질 방송을 위하여, 혁신적인 기술이 많이 적용됨.

209) UHD 방송을 위해 700MHz 대역의 30MHz를 5개의 지상파방송사에게 6 MHz씩 할당(각각 52번(698~704) KBS1, 53번(704~710) SBS, 54번(753~759) EBS, 55번(759~765) MBC, 56번(7665~771) KBS2)되어 있다.

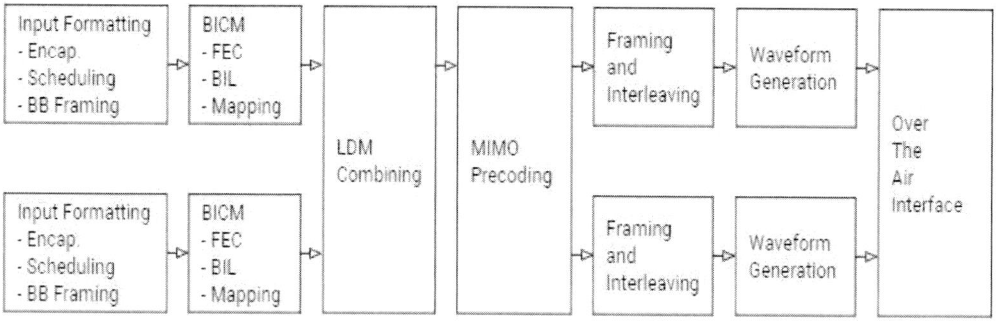

구분	적용 기술	
컨텐츠	영상 : 초고해상도(4k/8k UHD), HDR[210], WCG[211], HFR[212] 음성 : 10.2/22.2 채널 입체음향	
부호화	영상 : H.265 HEVC 음성 : Dolby AC-4/MPEG-H 3D Audio	
다중화 /전송	IP기반의 실시간 스트리밍 전송 프로토콜이 이용되며, 방송망으로는 MMT/ROUTE, 인터넷망으로 HTTP이 있음. (제공 서비스에 따라 MMTP/UDP/IP, ROUTE/UDP/IP, HTTP/TCP/IP를 사용하여 방송망 또는 인터넷망으로 전송)	
링크계층	방송망을 위한 ALP(ATSC Link layer Protocol, IP 또는 MPEG-2 TS의 캡슐화)와 인터넷망을 위한 DataLink	
물리계층	Input Formatting	캡슐화(IP패킷 및 TS패킷) 스케쥴링(QoS 등 자원할당) BB Framing(Baseband 패킷 구성)
	BICM	FEC(에러정정 수행, inner code인 LDPC와 outer code인 BCH/CRC로 구성) BIL(Bit Interleaver, Burst Error 방지) Mapping(성상 매핑, 균등성상인 QPSK과 2차원 비균일성상(NUC)[213] 16/64/256QAM, 1차원 비균일성상(NUC) 1024/4096QAM)
	LDM	여러 방송을 한 RF 채널로 전송하기 위해, 방송 신호의 전력으로 나누어 전송하는 기술. 높은 전력의 핵심계층과 낮은 전력의 향상계층을 결합하여 전송하여 전송효율 높임.

210) HDR(High Dynamic Range): 화면 내의 가장 어두운 영역과 가장 밝은 영역의 명암 범위를 확대해 실제와 가까운 명암을 표현하는 기술로, HDR10(10bit 지원)과 돌비비전(12bit 지원) 방식이 있다.

211) WCG(Wide Color Gamut): 화면에서 표현할 수 있는 색의 범위인 색재현율을 높여, 사실에 가까운 많은 색상을 표현하는 기술이다.

212) HFR(High Frame Rate): 화면의 재생 시 일반적인 초당 프레임 수(HD 30fps, UHD 60fps)의 2배(UHD의 경우 120fps를 목표로 함) 또는 그 이상으로 재생하는 기술이다.

구분	적용 기술	
물리계층	MIMO	공간 다중화를 통해 지상파의 추가적인 주파수 할당 없이 전송용량을 높임.(수직/수평의 이중편파 2×2 MIMO가 고려됨)
	Framing and Interleaving	시간 인터리빙, 전송 프레임 생성 및 주파수 인터리빙
	Waveform Generation	Pilot 삽입, MISO, IFFT, PAPR, GI 삽입, Preamble(Bootstrap)을 통해 송신 파형 생성

4. 지상파방송의 역할과 과제

① 지역·소득의 차별 없이 보편적·공공 서비스를 제공하고 있는 지상파방송은 추가 비용 없이 무료로 방송프로그램의 시청이 가능함.

② 지상파방송의 디지털 전환 이후, UHD와 같은 고품질 방송 서비스와 보편 서비스의 확대를 위한 MMS[214] 등 시청자의 편익을 증진하기 위한 노력을 기울이고 있음.

③ 이와 함께 지상파방송의 수신환경 개선을 통한 시청자 매체 선택권 확보 및 다양한 서비스 이용이 가능하도록 공시청 설비[215] 설치 및 품질 관리를 위한 설비의 개보수가 필요함.

※ SD, HD와 UHD의 비교

해상도 구분	SD	HD	UHD	
			4k	8k
화면비율	4:3 수준	16:9	16:9	
해상도	720×480	1920×1080	3840×2160	7680×4320
샘플링	4:1:1	4:2:0	4:2:0/4:2:2/4:4:4	

213) NUC(Non-Uniform Constellation, 비균일성상): 변조에 의한 성상을 의도적으로 왜곡하여 성상의 위치 분포를 최적으로 변화시켜, 기존의 균일성상의 전송용량 한계를 극복한 전송용량을 증대시킨다.

214) MMS(Multi-Mode Service, 지상파 다채널방송 서비스): 지상파 디지털방송에서 향상된 영상 압축 기술을 이용, 기존 채널에 2개 이상의 방송(EBS의 경우 1080i, 720p의 2HD를 제공)을 서비스한다.

215) 공시청 설비(MATV, Master Antenna TV): 공동주택(아파트, 연립주택 등)의 옥상에 설치된 공용 안테나를 통해 수신 신호를 각 가정으로 보내주는 의무 설비이다.

해상도 구분	SD	HD	UHD	
			4k	8k
컬러당비트수	8/10bits	8/10bits	10/12bits	10/12/14bits
프레임율	30Hz	30/60Hz	30/60/120Hz	
인터페이스	SD-SDI 270 Mbps	HD-SDI 1.485 Gbps	6G-SDI/12G-SDI/24G-SDI	
화면 화각	-	30˚	55˚	100˚
입체음향	5.1 ch	5.1 ch	10.2 ch	22.2 ch[216]

216) UHD의 22.2채널의 입체음향: Upper Layer 9채널, Middle Layer 10채널, Lower Layer 3채널 및 LFE(Low Freq. Effect) 2채널로 구성된다(참고로 10.2채널의 경우 천정 1채널, 수평면 7채널, 수직면 2채널, 저주파 2채널로 구성되며, 이를 위해 최대 128채널의 64개 스피커 지원 가능한 MPEG-H 3D Audio를 이용함).

Point

키 워 드	지상파방송, ATSC, DVB-T, ATSC3.0, DVB-T2, 지상파 MMS
기출코드	통신2017하1, 통신2017하4, 통신2016하4, 통신2015상4
통합사고	보편적 방송 서비스인 지상파방송의 개념과 특징을 알고, 지상파 방송의 디지털 전환과 지상파 UHD 방송으로의 발전 동향을 알고 있어야 합니다. 또한 각 발전 단계에서 적용되는 ATSC, ATSC3.0 등의 표준과 각 표준에 적용되는 기술들에 대한 정리가 필요합니다.
함께보기	"ATSC 주파수 스펙트럼", 손에 잡히는 ICT, 416p "HDTV/UHDTV", 손에 잡히는 ICT, 418p

참고문헌

[1] ATSC Standard: Physical Layer Protocol (A/322), 2017

[2] 박지형, "디지털 텔레비전 전송기술", 커뮤니케이션북스, 2002

7.4 케이블TV, DCATV

1.			**지상파방송의 난시청 해소를 위한 케이블TV 개요**
	ㅇ		케이블TV(CATV)는 지상파방송의 난시청 해소 및 가입자에게 채널 선택의 다양성 제공을 할 수 있는 종합유선방송 서비스임.
	ㅇ		케이블TV 방송은 동축망 및 HFC망(광동축 혼합망)을 통해 가입자에게 전송되며, 추가적으로 양방향의 초고속 인터넷 서비스도 제공됨.
	ㅇ		케이블TV는 최근 빠르게 시장을 점유하고 있는 IPTV에 대응하기 위해, 아날로그에서의 디지털 전환(DCATV), 8VSB/Clear QAM 및 CCS(케이블 융합 솔루션)로 발전하고 있음.
2.			**유료방송 플랫폼과 케이블TV**
	가.		유료방송 플랫폼
		①	가입자가 계약을 통해 요금을 지불하고 방송 서비스를 시청하는 유료방송 플랫폼으로는 케이블TV, 위성방송, IPTV 등이 있음.
		②	지상파방송의 난시청을 해소하기 위해 시작된 유료방송인 케이블 TV는, 자체적으로 제작한 컨텐츠까지 더해져 풍부하고 다양한 방송 서비스를 제공하고 있음.
	나.		케이블TV 서비스 사업자
		①	케이블TV는 지역의 거점에서 가입자들에게 HFC망을 통해 방송 서비스를 제공하는 종합유선방송 사업자(SO, System Operator)와, 자체 컨텐츠를 제작하는 방송채널 사용 사업자(PP, Program Provider)가 있음.
		②	케이블TV 서비스는 90개 SO가 전국을 78개 권역별로 나누어 제공하고 있으며, 여러 개의 SO를 소유한 복수 종합유선방송 사업자(MSO, Multi System Operator)가 80여개를 소유하고 있음.

3. 케이블TV의 개념과 구성

가. 케이블TV의 개념

① 케이블TV는 동축망/HFC망을 이용하여 난시청이나 기상조건에 상관없이 가입자에게 지상파방송 및 고품질의 다양한 전문 컨텐츠를 직접 제공하는 유료방송 서비스임.

② 케이블TV의 특징

구분	설명
지상파 재송신	지상파 난시청 지역에 지상파 재송신으로 서비스 지원
고품질 방송	광대역 HFC망을 통해 고화질, 고음질 서비스
다채널 전문방송	다양한 전문 컨텐츠의 직접 제작, 편성하여 방송 서비스
지역밀착 방송	지역 기반의 뉴스, 생활정보를 제공
양방향 서비스	초고속 인터넷, VOD, 화상전화 등 다양 부가 서비스

나. 케이블TV의 구성

① 케이블TV는 광케이블(SO~ONU)과 동축케이블(ONU~가입자단말)이 혼합된 HFC망[217]을 통해 방송서비스가 제공됨.

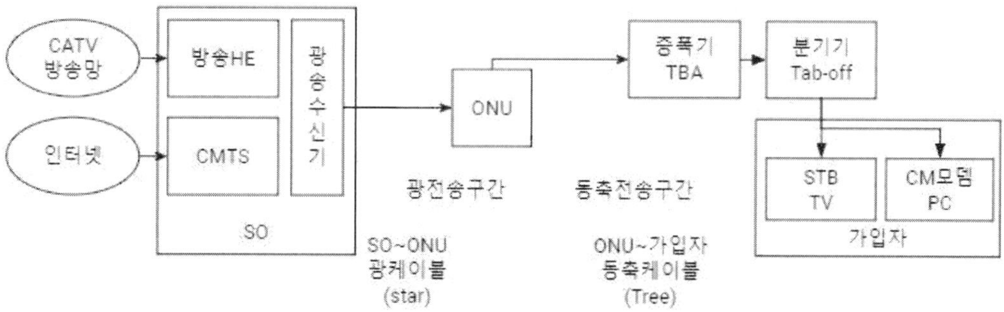

217) HFC(Hybrid Fiber Coaxial): 종합유선방송 사업자가 구축, 운영하는 동축 전송망의 주요 구간에 광섬유 케이블을 적용한 망으로, 서비스 지역을 여러 단위 셀로 나누고 사업자에서 단위 셀까지는 광케이블을, 단위 셀에서 가입자 까지는 동축케이블을 사용한다.

구간	SO~ONU	ONU~가입자단말
망구성	성형(Star)	트리/브랜치 혼합형(Tree/Branch)
선로	광케이블	동축케이블
장비	H/E(방송), CMTS(데이터), 및 광송수신기, ONU	증폭기(TA/TBA), 분기기(Tap-off), STB&TV(방송), CM&PC(데이터)
파장/주파수	상향 : 1310 nm 하향 : 1490 nm	상향: 5~42/65 MHz 하향: 54~864/1002 MHz

4. **케이블TV의 발전**

가. 케이블TV의 동향

① 유료방송 플랫폼인 케이블TV, 위성방송, IPTV 중 1995년 방송을 시작하여 높은 시장 점유율을 가지고 있던 케이블TV는, 위성방송 및 IPTV, OTT 등에 의해 시장 점유율 및 매출이 감소되고 있음.

구분	케이블TV	위성방송	IPTV
방송 매체	HFC망(유선-RF)	위성망(무선-RF)	QoS IP망(유선-IP)
서비스 지역	지역	전국	전국
주요 사업자	SO(90개사) (5개 MSO 80개, 개별 10개)	위성방송사 (1개사)	통신사 (3개사)
서비스 개시	1995년	2002년	2008년
가입자 (2016년 기준)	1384만명 (ACATV 365만) (DCATV 1019만)	313만명	1219만명
자체 컨텐츠	보유	미보유	미보유

② 케이블TV는 자체적인 경쟁력 확보를 위하여, 디지털 전환(DCATV), 8VSB/Clear QAM 및 CCS 서비스를 도입하고 있음.

나 케이블TV의 디지털 전환(DCATV)

① 케이블TV의 디지털 방송 전송 방식은 북미의 OpenCable 방식과 유럽의 DVB-C/DVB-C2, 일본의 ISDB-C[218] 방식이 있음.

구분	OpenCable	DVB-C	DVB-C2
영상 부호화	MPEG-2	MPEG-2	H.264 AVC
음성 부호화	Dolby AC-3	MPEG-2 Audio	MPEG-4
다중화	MPEG-2 TS	MPEG-2 TS	MPEG-2 TS, GS
변조	64/256QAM	16~256QAM	16~4096QAM
오류정정	RS	RS	BCH+LDPC
채널 대역폭	6 MHz	8 MHz	8 MHz

② 케이블TV에서의 디지털 전환은 제도적 기반의 미흡, 사업자의 투자 여력 부족, 가입자의 선택권 보장 등의 문제를 고려해야 함[219].

다. 케이블TV의 8VSB/Clear QAM

① 현재 케이블TV에서 송출되는 QAM 신호의 방송을 시청하기 위해, TV와 별도로 STB(Set-Top Box)가 필요함.

② 하지만 고가의 STB가 없이도 케이블TV 방송을 시청할 수 있는 기술로, 8VSB방식(지상파 DTV의 전송 방식 그대로 전송)과, Clear QAM(QAM 기능이 내장된 DTV를 이용하여 시청)이 있음.

③ 8VSB/Clear QAM의 기술은 VOD와 같은 양방향 서비스는 불가능하지만, 추가 비용이나 STB 없이도 HD급의 고화질 방송 서비스를 제공할 수 있어 저소득층/아날로그 케이블TV 가입자에게 시청권을 보장할 수 있음.

라. 케이블 융합 솔루션(CCS, Cable Convergence Solution)

① 케이블TV는 가입자에까지 설치된 HFC망을 이용하여 RF의 방송 신호를

218) 일본의 ISDB-C: 유럽의 DVB-C와 유사하나, 채널 대역폭이 8 MHz가 아닌 6 MHz로 다르다.
219) 케이블TV의 2017년 4월부터의 순차적인 아날로그 방송 중단을 위하여, 정부의 아날로그 방송 종료 승인제 도입, 아날로그 시청 가구에 컨버터 무상 제공 등의 정책이 준비되고 있다.

전송하고 있으나, CCS는 케이블TV 방송 신호를 IP 신호로 변환하여
케이블TV 방송 선로 구축 없이도 케이블TV 서비스 제공이 가능.

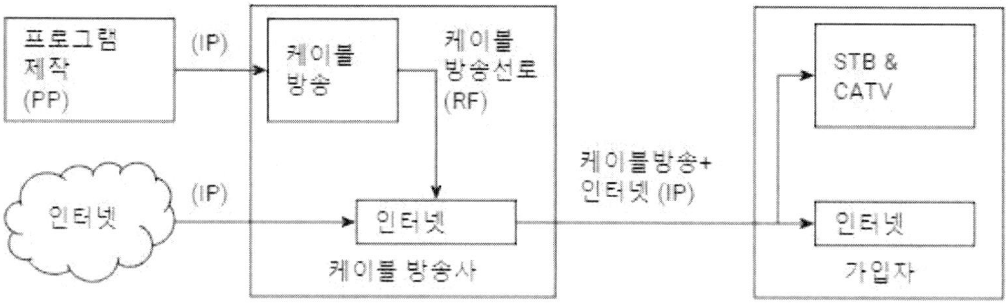

② CCS를 통해 케이블TV의 방·통융합 및 All-IP화를 가속화할 수 있고, 케이블망의 구축 및 이용(RF 주파수 부족) 한계를 극복할 수 있어, 가입자에게 고품질의 양방향 초고속 서비스 제공이 가능함.

Point

키 워 드	케이블TV, DCATV, 8VSB, Clear QAM, CCS
기출코드	통신2012상3, 통신2006하4
통합사고	케이블TV는 지상파방송의 난시청 해소를 위해 등장한 지역 거점 기반의 유선방송입니다. 이러한 케이블TV의 개념과 특징을 알고, 케이블TV의 디지털 전환 기술들을 정리해야 합니다. 또한 유료방송인 케이블TV의 경쟁력 확보를 위한 노력(적용 기술)을 고려해야 합니다.
함께보기	“HFC”, 손에 잡히는 ICT, 208p “디지털 CATV”, 손에 잡히는 ICT, 432p

참고문헌

[1] 손병태, “케이블TV공학”, 건기원, 2010
[2] 조병학, “최신 디지털 CATV 공학”, 신화전산기획, 2015

7.5 IPTV와 OTT(Over The Top)

1.			**인터넷망을 이용한 방송 서비스인 IPTV와 OTT 개요**
	○		인터넷망을 이용하여 시청자에게 디지털 방송 서비스를 제공하는 방송·통신
			융합 기술로 IPTV와 OTT가 있음.
	○		IPTV는 통신 사업자가 프리미엄 인터넷망을 이용하여, 음성, 데이터, VOD
			뿐만이 아니라 고화질의 실시간 방송을 제공하는 서비스.
	○		OTT는 컨텐츠 사업자가 일반 인터넷망을 이용하여, 자체 제작하거나
			보유한 컨텐츠를 제공하고 이를 언제 어디서나 시청할 수 있는 서비스.
	○		IPTV와 OTT는 방송·통신 융합을 통해 시청자의 니즈에 적합한 고품질의
			다양한 컨텐츠를 제공하고 있으며, 이동통신과의 결합으로 Mobile IPTV,
			N-Screen/멀티스크린서비스 등으로 확대되고 있음.
2.			**유료방송 플랫폼과 인터넷망을 이용한 방송 서비스**
	가.		유료방송 및 무료방송 플랫폼
		①	다수의 시청자에게 멀티미디어 컨텐츠를 제공하는 방송 플랫폼에는 지상파,
			케이블TV, 위성방송, IPTV 등이 있으며, 이를 이용요금의 유무에 따라
			무료방송과 유료방송으로 구분할 수 있음.
		②	지상파 방송처럼 가입비나 이용료 없이 시청할 수 있는 무료방송과 다르게,
			케이블TV, 위성방송, IPTV는 요금 지불 후에 시청이 가능한 유료방송임.
	나.		인터넷망을 이용한 방송 서비스
		①	인터넷망과 연결된 TV 및 다양한 스마트 단말을 통해 방송 컨텐츠를
			이용할 수 있는 유료방송 플랫폼으로 IPTV와 OTT가 있음.
		②	IPTV는 통신 사업자, OTT는 컨텐츠 사업자에 의해, 고품질의 다양한
			컨텐츠 및 서비스 가격 경쟁력을 갖추고 있어 급속한 성장을 이루고 있음.

3.			**IPTV와 OTT**
	가.		IPTV(Internet Protocol TV)
		①	IPTV는 가정마다 보급된 초고속 인터넷망을 이용하여 양방향의 고화질,
			실시간 방송을 제공하는 통신과 방송의 융합 서비스.
		②	통신 사업자는 IPTV의 고화질 컨텐츠를 다수의 시청자들에게 실시간으로
			제공하기 위하여, QoS 및 보안이 적용된 신뢰성 있는 광대역의 프리미엄
			인터넷망을 구축, IPTV 서비스를 제공함.
		③	IPTV의 구성

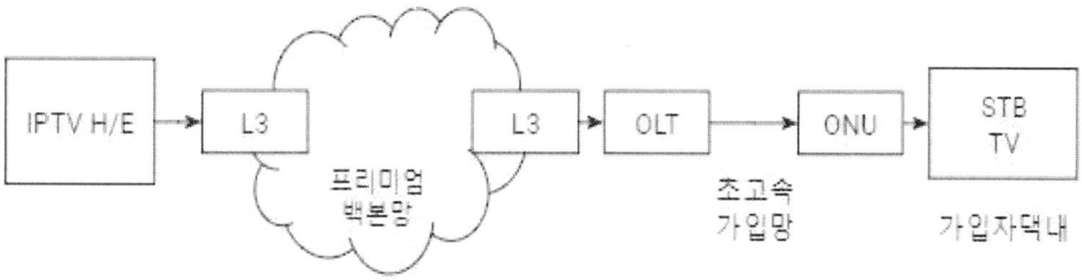

			- 컨텐츠: 컨텐츠의 압축(MPEG-2/4/H.264) 및 보호(CAS/DRM).
			- 네트워크: QoS의 프리미엄 인터넷망으로 멀티캐스팅 전송
			(백본망의 PIM-SM[220] 프로토콜, 가입망의 IGMP/MLD[221] 프로토콜).
			- 단말: STB&TV를 통한 HD 및 UHD 시청.
		④	IPTV는 유선 네트워크 기반의 양방향 VOD 및 실시간 방송 서비스에서,
			이동통신망과 결합한 이동형(단말/사용자/서비스 이동, Mobile IPTV)
			서비스와 실감영상 수준의 초고화질 UHD 서비스 제공으로 발전함(또한
			스마트TV 기반의 앱(App)을 이용하여 STB 없이도 IPTV의 시청이 가능한
			STB-free IPTV도 활발히 확대되고 있음).

220) PIM-SM(Protocol Independent Multicast-Sparse Mode): 멀티캐스팅을 위한 라우팅 프로토콜로, 그룹 공유 트리를 이용하여 대규모 네트워크에서의 효율적인 멀티캐스팅을 수행한다.

221) IGMP(Internet Group Management Protocol)/MLD(Multicast Listener Discovery): 멀티캐스팅 및 멀티캐스팅 그룹을 관리하는 프로토콜로, IPv4에서는 IGMP을, IPv6에서는 MLD가 이용된다.

나. OTT(Over The Top)

① OTT는 컨텐츠를 제작, 보유하고 있는 컨텐츠 사업자가 인터넷망을 통해 멀티미디어 컨텐츠를 제공하는 방송 서비스.

② OTT는 컨텐츠 사업자, 플랫폼 사업자, 시청자의 니즈를 만족시키며 빠르게 시장 확대가 이루어지고 있음.

사업자	OTT 효과
컨텐츠 사업자	컨텐츠 유통 채널의 다양화, 수익성 강화
플랫폼 사업자	시간/공간/법적 제약 없이 서비스, 낮은 투자로 수익 가능
시청자	언제 어디서나 저렴하고 편리하게 컨텐츠 시청

③ OTT의 구성

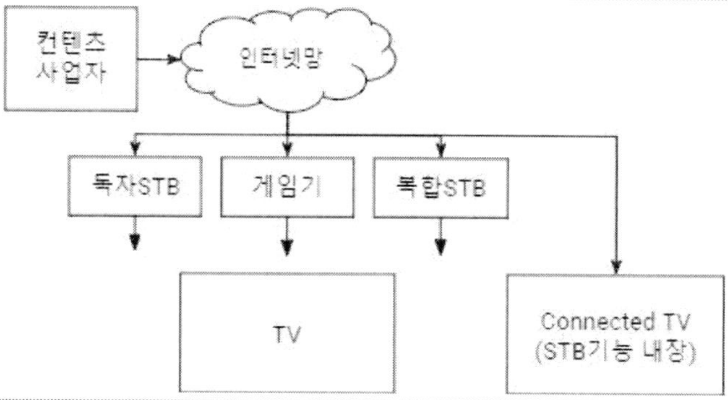

- 컨텐츠: 고효율 컨텐츠 압축(H.264/H.265), HTTP 기반 전송[222].
- 네트워크: non-QoS의 일반 유/무선 인터넷망으로 전송.
- 단말: STB/게임기&TV, 스마트 TV 및 스마트폰, 태블릿 PC 등과 같은 다양한 기기를 통해 언제 어디서나 저렴하게 시청.

④ OTT는 오픈 인터넷망을 통해 개인 맞춤형의 미디어 컨텐츠를 제공할 수 있으며, 낮은 법적 규제와 적은 투자만으로도 서비스를 할 수 있어, 기존의 통신 및 방송 사업자와 함께 컨텐츠/플랫폼 사업자 등 다양한 사업자들의 OTT 사업화가 활발히 진행되고 있음.

222) HTTP 기반 전송: non-QoS 환경에서 웹서버를 이용한 비디오 전송 기술로, HTTP Progressive Download 방식과 HTTP Adaptive Streaming 방식이 있다.

다. IPTV와 OTT의 비교

구분	IPTV	OTT
주요 사업자	통신 사업자	컨텐츠 사업자 외
스트리밍	Transport Stream (UDP 기반)	HTTP (TCP 기반)
전송	Multicast	Unicast
네트워크	프리미엄 IP망 폐쇄/전용 인터넷망	Best Effort IP망 일반 인터넷망(CDN 활용)
네트워크 QoS	QoS 보장	QoS 보장 안됨
컨텐츠	프리미엄 VOD, 실시간	저렴 VOD
특징	고품질, 관리 서비스	저비용, 유연 서비스

Point

키 워 드	IPTV, OTT, Mobile IPTV
기출코드	통신2016하1, 통신2011하4, 통신2009상1, 컴응2015상3
통합사고	인터넷망을 이용한 방송 통신 융합 기술로 IPTV와 OTT가 있습니다. 인터넷망 기반의 유료방송인 IPTV와 OTT의 정의와 특징, 그리고 각 기술들의 등장 배경과 동향의 정리가 필요합니다. 그리고 IPTV와 OTT를 비교할 수 있어야 합니다.
함께보기	“IPTV2.0 개념과 IPTV 활성화 방안“, 손에 잡히는 ICT, 158p “Mobile IPTV”, 손에 잡히는 ICT, 380p “IPTV 1.0/2.0”, 손에 잡히는 ICT, 430p “Mobile N스크린“, 손에 잡히는 ICT, 436p ”N스크린“, 손에 잡히는 ICT, 552p

참고문헌

[1] 남상엽, “IPTV 구성 및 응용”, 상학당, 2009

[2] 김가영 외, “스마트미디어 이용 동향”, 전자통신동향분석, 2014

7.6 위성방송

1. 위성을 이용한 방송 서비스인 위성방송 개요

- 위성방송은 지구 대기권 밖에 있는 위성을 이용하여 장거리의 넓은 지역에 균일한 방송 서비스를 제공하는 기술임.
- 정지궤도의 위성을 이용하여 산간이나 도서와 같은 지상파 시청이 어려운 난시청 지역의 방송 서비스를 제공할 수 있는 위성방송은, 광대역성을 활용한 HD급의 고품질 다채널 방송 서비스도 가능함.
- 위성방송은 수신방식에 따라 기존의 DTH, SMATV 방식과 인터넷망과의 결합 방식인 DCS 방식이 있음.

2. 위성방송의 개념과 구성

가. 위성방송의 개념

① 위성방송은 적도 상공의 약 35,786 km에 위치한 정지궤도위성에 설치된 중계기를 이용하여 지구에서 송신한 전파를 별도의 주파수로 변환한 후 지구로 재전송된 신호를 수신하여 방송 시청을 할 수 있음.

② 위성방송의 특징

구분	설명
광역성	광범위한 지역 서비스로 산간, 도서의 난시청 해소
동시성	다수 가입자에게 동시에 균일 품질의 서비스
광대역	Ku/Ka 대역을 활용한 고기능, 다채널 서비스
고품질	고화질, 고음질의 서비스 제공
경제성	신속하고 유연한 위성 회선 설정, 저렴한 방송망 구축

③ 우리나라의 위성방송은 우리나라 전역을 커버하고 있는 방송·통신용의 정지위성인 무궁화 위성[223]을 이용하여 산간, 도서 등의 지상파 난시청 해소 및 HD/UHD의 고품질 다채널의 유료 디지털 방송 서비스를 제공함.

나. 위성방송의 구성

① 인공위성을 이용하여 가입자에게 방송 서비스를 제공하기 위한 위성방송의 인프라는 위성방송 송신국, 위성중계기(인공위성), 수신기(수신안테나 및 수상기)로 구성됨.

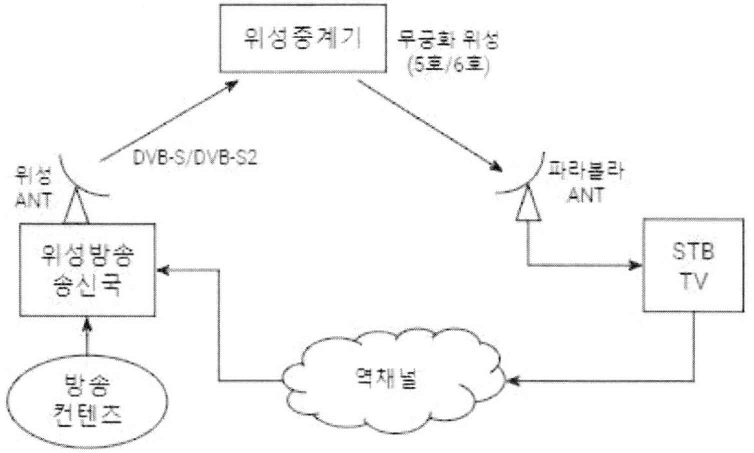

구분	설명
송신국	제작, 압축된 방송 컨텐츠를 다중화/변조한 후 위성으로 송신 - 다중화: MPEG-2 TS - 변조: QPSK/8PSK, 16/32APSK
위성 중계기	지구 대기권 밖의 위성을 이용하여, 송신국으로부터 받은 전파를 주파수 변환한 후 지상으로 재전송 - 위성: 무궁화 위성(5호/6호)[224] - 전파: 12 GHz Ku 대역[225], LHCP(좌선회 원형편파)
수신기	위성 신호를 수신, 역다중화하여 방송 컨텐츠 재생 - 구성: ANT(파라볼라), 셋톱박스

223) 위성방송에 이용되는 무궁화 위성은, 2호의 시험방송을 거쳐, 현재 5호와 6호로 서비스 중에 있다.
224) 무궁화위성 7호는 2017년 5월 발사되어, UHD 위성방송을 대비하며 한반도 외에도 동남아 지역까지 서비스를 제공하는 것을 목표로 하고 있다.

		②	위성방송을 위한 송신 시스템으로는 DVB-S/DirecTV/ISDB-S/DVB-S2가
			있으며, 위성에서 제공되는 방송 신호를 수신·시청하는 방식으로는 DTH,
			SMATV, DCS 등이 있음.
3.			**위성방송의 송신 및 수신 방식**
	가.		위성방송의 송신 방식과 DVB-S2
		①	위성방송의 송신은 미국(DirecTV), 유럽(DVB), 일본(ISDB) 등에 의해
			표준화된 다양한 디지털의 전송 방식이 있음.
		②	HD/UHD의 고화질 컨텐츠와 광대역 데이터 서비스를 위해, 최근에는
			DVB-S의 전송효율을 약 30% 증대시킨 DVB-S2가 많이 채택됨.
		③	DVB-S2는 VCM과 ACM을 적용하고, BCH+LDPC의 향상된 오류정정 기법,
			전력·대역폭 효율이 높은 16APSK의 변조방식을 이용하여 고효율, 고신뢰
			전송이 가능함(DVB-S2X는 UHD를 위해 HEVC, 256APSK가 적용됨).

구분	DVB-S	DirecTV	ISDB-S	DVB-S2
영상 부호화	MPEG-2	MPEG-2	MPEG-2	H.264 AVC
음성 부호화	MPEG-2	MPEG-1	MPEG-2	MPEG-4
다중화	MPEG-2 TS	독자방식	MPEG-2 TS	MPEG-2 TS, GS[226]
변조	QPSK, 8PSK	QPSK	QPSK, 8PSK	QPSK, 8PSK, 16/32APSK
오류정정	RS	RS	RS	BCH+LDPC

225) 무궁화위성에는 Ku 대역의 통신용(FSS, 36MHz/54MHz BW 24기)과 방송용(BSS, 27MHz BW 6기) 트랜스폰더들이 탑재되어 위성통신/위성방송 서비스에 이용되고 있다(Ka 대역용이 추가되기도 함).

226) GS(Generic Stream): GSE(Generic Stream Encapsulation)라고도 하며, IP 기반 데이터의 효율적 전송을 위해 DVB에서 정의한 Data Link 계층의 프로토콜이다.

나. 위성방송의 수신 방식과 DCS

① 위성방송의 수신 방식은 DTH, SMATV와, 인터넷망과 결합하여 위성방송의 음영을 해소할 수 있는 DCS 방식이 있음.

② DTH(Direct To Home)[227]는 소형의 개별 파라볼라 안테나(45cm)를 이용, 위성 신호를 직접 수신하는 방식이나, SMATV(Satellite Master Antenna TV)는 공동주택의 방송공동수신 설비를 이용하여 각 세대로 위성 신호를 전송하는 방식임.

③ DCS(Dish Convergence Solution)은 통신국사에서 위성 신호를 수신한 후 인터넷망을 이용하여 IP신호로 전송하는 방식으로, 위성방송의 난시청 해소, 간편한 가입(안테나 설치 불필요) 및 양방향 및 VOD 서비스가 가능함.

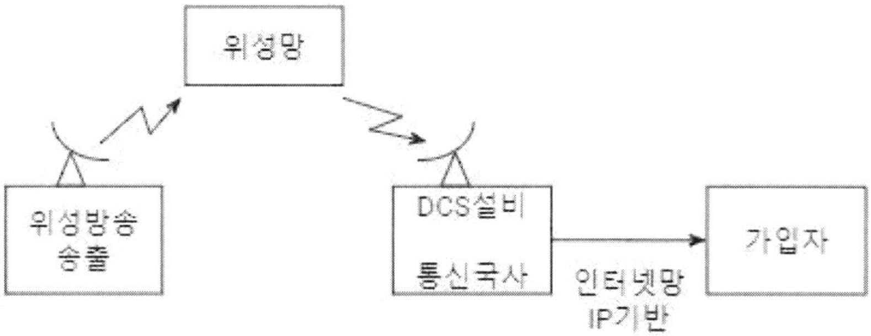

227) DTH(Direct To Home): 가정에서 위성 신호를 직접 수신하는 방식으로 DBS(Direct Broadcast Satellite/Service, BSS) 또는 DTH(또는 FSS)라고도 한다.

Point

키 워 드	위성방송, DVB-S, DVB-S2, DTH, SMATV, DCS
기출코드	통신2018상1, 통신2016상1, 통신2012상3, 통신2003상2
통합사고	위성을 이용해 광역, 광대역의 방송 서비스를 제공하는 위성방송의 개념 및 특징을 알고, 위성방송에 적용되는 국제적 표준들인 송신 방식들과 위성방송을 수신하는 방식을 구분할 수 있어야 합니다.
함께보기	“파라볼릭 안테나”, 손에 잡히는 ICT, 288p “8.1 위성체와 위성의 종류” “16.8 공동주택 방송공동설비”

참고문헌

[1] 손병태, “방송위성공학”, 세진사, 1994
[2] 이기창, “현대 방송통신 전파공학”, 알오테크, 2014

7.7 지상파 DMB

1. 이동형 디지털 멀티미디어 방송인 지상파 DMB 개요

- 지상파 DMB는 소형의 휴대용 단말에 고품질 오디오 및 영상을 지상파의 방송망으로 전송하는 이동형의 모바일 방송 기술의 일종임.
- 고정형 TV로 고화질 영상 방송을 서비스하는 지상파 DTV와 달리 지상파 DMB는 이동형 모바일 단말로 언제 어디서나 음성, 영상, 데이터 방송을 시청할 수 있는 디지털 이동 멀티미디어 서비스임.
- 지상파 DMB는 유럽의 DAB 기술(Eureka-147)을 개량한 기술을 이용하여 2005년 방송을 시작하였으며, 2016년 8월부터 기존보다 약 12배 더 선명한 고화질의 HD DMB 서비스를 개시하고 있음.

2. 모바일 방송과 지상파 DMB

- 모바일 방송은 방송망 및 무선/이동 통신망을 이용하여 휴대용 단말로 멀티미디어를 시청할 수 있는 서비스로, 이동형 디지털 멀티미디어 방송(DMB), DVB-H, MediaFLO, OneSeg, Mobile IPTV 등이 있음.
- 우리나라에서 개발 및 상용화한 이동형 디지털 멀티미디어 방송은 지상파 DMB(T-DMB, 2005년 서비스 실시)와 위성 DMB(S-DMB, 2005년 서비스 실시, 2012년 서비스 종료)가 있음.

지상파 DMB	표준선정 Eureka-147	서비스개시 2005년 12월	국제표준선정 2007년 12월	HD DMB 2016년 8월
위성 DMB	표준선정 일본컨소시엄	서비스개시 2005년 5월	서비스중단 2012년 8월	

- 모바일 방송의 경우, 컨텐츠 확보 및 단말의 보급 한계 등으로 인하여 수익성이 악화되어 서비스가 중단되는 경우가 많으나, 지상파 DMB는

재난방송, 고화질의 HD DMB 서비스를 통해 경쟁력을 확보하고 있음.

3. 지상파 DMB

가. 지상파 DMB

① 이동 중 수신을 목적으로 한 멀티미디어 방송 기술인 지상파 DMB는, 지상파[228]를 통해 언제 어디서나 7인치 이하의 소형 단말(휴대전화형, 차량형 등)을 이용하여 무료로 시청이 가능함.

② 지상파 DMB는 CD급의 음성 방송 외에, QVGA(320×240)의 영상 및 뉴스/날씨/TPEG 등의 데이터 방송을 서비스하기 위하여, 유럽의 DAB 표준인 Eureka-147을 기반으로 개발된 방송 기술임.

나. 지상파 DMB 기술

① 지상파 DMB 구성

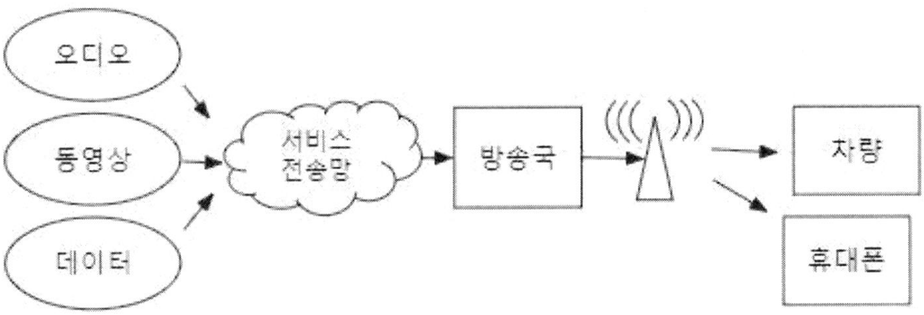

② 지상파 DMB 적용기술

구분	지상파 DMB
영상	MPEG-4 Part 10 AVC(H.264)
음성	MPEG-4 BSAC(AAC 개선)
다중화	MPEG-2 TS

228) 지상파 DMB 서비스를 위해 지역별로 7~13 채널(174MHz~216MHz)의 VHF 공중파를 이용하고 있으며(수도권의 경우 8번과 12번 채널을 이용함), 지역별로 다른 채널을 활용하고 있다.

구분	지상파 DMB
변조	DQPSK
전송방식	OFDM
점유 대역폭	1.536 MHz
주파수 대역	VHF(7~13번 채널) 1개 채널(6 MHz)을 3개 블록 나눔(각 블록 1.2 Mbps)

다. 지상파 DMB의 HD DMB

① 발전된 멀티미디어 압축 기술(HEVC)을 지상파 DMB에 적용하여, 기존의 낮은 저해상도의 QVGA(320×240)를 개선, HD급의 고화질과 높은 가독성의 방송 서비스를 제공하는 기술이 HD DMB임.

② 지상파 DMB의 기존 방식과 HD DMB 비교

구분	기존 지상파 DMB	HD DMB
영상 해상도	QVGA (320×240)	HD (1280×720)
해상도 수준	-	약 12배
영상 압축	H.264 (AVC)	H.265 (HEVC)
서비스 개시	2005년 12월	2016년 8월

4. 지상파 DMB의 현황과 향후 동향

○ 2005년 12월, 개인 이동형 단말을 이용한 무료 멀티미디어 방송인 지상파 DMB가 서비스를 개시한 이후 지속적으로 성장하고 있으나, DMB 방송 사업자는 광고/채널임대/홈쇼핑 외의 수익모델의 부재와 이후 등장한 스마트폰과 Mobile IPTV 서비스 등으로 적자가 누적되고 있음.

○ 이러한 지상파 DMB는 기존의 방송 이외에 실시간 교통 정보를 제공하는 TPEG, 스마트폰 앱을 이용한 스마트 DMB, 고화질의 HD DMB 등을 통해 경쟁력 확보에 힘쓰고 있음.

	❍		또한, DMB는 2014년 재난방송[229]으로서의 법적 의무화가 의결되어 최근
			지하 공간, 터널 등에 DMB 중계설비 설치가 확대되고 있음.
	❍		지상파 DMB는 우리나라에서 개발하고 상용화한 기술로, 몽골, 베트남 등에
			수출하는 등 세계적 경쟁력이 있는 모바일 방송 기술이므로 지속적인
			관심이 필요함.

229) DMB는 2014년 방송통신발전 기본법의 개정으로, FM과 함께 재해/재난 발생 시 국민에게 원활한 정보 전달을 위한 재난방송으로 제정되었으며, 이후 지하철, 터널, 지하 공간에서 원활한 방송 수신을 위한 재난방송 중계설비의 설치가 활발히 이루어지고 있다.

Point

키 워 드	디지털 멀티미디어 방송, DMB, 지상파 DMB, HD-DMB
기출코드	통신2009상4, 통신2006하3, 통신2005상4, 통신2005하3
통합사고	DMB는 우리나라에서 개발하고 상용화한 이동형의 모바일 방송 서비스로 지상파 DMB와 위성 DMB가 있습니다. 서비스가 종료된 위성 DMB보다 서비스가 지속되고 있는 지상파 DMB의 기술 표준과 활성화를 위한 노력의 정리가 필요합니다.
함께보기	"위성DMB, 지상파DMB", 손에 잡히는 ICT, 428p "TPEG", 손에 잡히는 ICT, 434p

참고문헌

[1] KBS 홈페이지, http://www.kbs.co.kr/dmb/, 2017
[2] MBC 홈페이지, http://dmb.imbc.com/, 2017

7.8 디지털 라디오 방송

1. 고음질의 디지털 라디오 방송 개요

- ❍ 디지털 기술의 발전으로 기존 아날로그 AM/FM 라디오 방송의 전 과정에 디지털 기술을 적용한 것이 디지털 라디오 방송임.
- ❍ 디지털 라디오 방송은, CD급의 고음질 오디오 방송을 제공하면서, 다양한 부가 데이터 방송은 물론 멀티미디어 방송도 가능함.
- ❍ 디지털 라디오 방송 기술로는, 기존 아날로그 AM/FM 방송 대역과 동일한 대역을 이용하는 In Band 방식과, 기존과는 다른 새로운 대역을 이용하는 Out of Band 방식이 있음.

2. 라디오 방송의 현황과 디지털 전환

- ❍ 아날로그 라디오 방송: 음성·음향의 정보를 아날로그 변조 기술을 이용하여 무선으로 전달하는 기술로, 중파/단파/초단파의 전파를 사용하고 있음.
- ❍ 변조 방식에 따른 아날로그 라디오 방송 구분: AM 방송과 FM 방송.
  - AM 방송: 주파수 526.5~1,606.5 kHz, 채널당 10 kHz 대역폭.
  - FM 방송: 주파수 88~108 MHz, 채널당 200 kHz 대역폭.
- ❍ 아날로그 라디오 방송의 한계와 디지털 전환 시의 장점

현재 라디오 방송	▶	디지털 라디오 방송
아날로그 기술(AM/FM)		디지털 기술
잡음 및 음질 열화		CD급 고음질, 음질 열화 없음
다중경로 취약, 음영지역		다중경로 극복, SFN 구성
멀티미디어 방송 난해		멀티미디어 방송 가능
주파수 효율 낮음		주파수 효율 높음

3. 디지털 라디오 방송 기술

가. 디지털 라디오 방송

① 아날로그 라디오 방송에 디지털 기술을 적용하여, 프로그램의 제작부터 전송(방송)에까지 디지털화한 것이 디지털 라디오 방송임.

② 디지털 라디오 방송은, 고품질 오디오 방송은 물론, 주파수의 이용 효율이 높아 적은 대역폭으로도 멀티미디어 서비스가 가능하며, 무선 방송망 외에 유무선의 다양한 통신망으로 서비스도 가능함.

③ 디지털 라디오 방송 기술 방식으로는 다양한 표준이 있으며, 특히 기존의 AM/FM 방송 대역을 활용하는 In Band 방식과, 새로운 방송 대역을 이용하는 Out of Band 방식이 있음.

나. 디지털 라디오 방송의 전송방식

① In Band 방식: IBOC[230](HD-Radio), DRM/DRM+[231]

기존 아날로그 AM/FM 방송 대역인 중파, 초단파의 대역을 활용하여, 추가적인 대역을 확보할 필요 없이 디지털 라디오 방송을 전송할 수 있는 기술임.

방식	IBOC(HD-Radio)	DRM/DRM+
대역 할당 방식	In Band	In Band
국가	미국	유럽
주파수 대역	AM/FM	장/중/단/초단파
점유 대역폭	10/140 kHz	10/20/100 kHz
전송방식	OFDM	OFDM
변조방식	QPSK/QAM(16/64)	QAM(16/64)
오디오 코딩	PAC	USAC
전송률	~96 kbps	~50 kbps/190 kbps

	②	Out of Band 방식: DAB/DAB+[232], ISDB-TSB[233]
		기존 아날로그 AM/FM 방송 대역이 아닌, 새로운 주파수 대역을 할당하여
		디지털 라디오 방송을 전송하는 기술로, 초단파나 극초단파 대역을
		이용하고 있음.

구분	DAB/DAB+	ISDB-TSB
대역 할당 방식	Out of Band	Out of Band
국가	유럽	일본
주파수 대역	초단파(VHF)	초단파(VHF)
점유 대역폭	1.536 MHz	432 kHz
전송방식	OFDM	OFDM
변조방식	DQPSK	QPSK/QAM
오디오 코딩	AAC/HE-AACv2	AAC
전송률	192 kbps/~1.7 Mbps	128 kbps

	③	Hybrid 라디오: RadioDNS
		디지털 라디오 프로그램을 라디오 방송망과 IP망을 연동하여 전송하는
		기술로, 음성 등 실시간 정보는 디지털 라디오 방송망(DAB/DRM 등)을,
		부가 정보 및 양방향 정보는 IP망을 이용하여 서비스함.

230) IBOC(In Band On Channel): 미국에서 개발한 디지털 라디오 방송 기술로 HD-Radio라고도 하며, 기존 아날로그 방송의 측면 주파수 대역을 이용한 디지털 서비스도 가능하다(2003년 송출 시작).

231) DRM(Digital Radio Mondiale): 30 MHz 이하의 장파, 중파, 단파 대역에서의 디지털 라디오 방송을 위해 개발. FM 및 VHF 대역까지 확장하기 위해 DRM+가 추가로 개발되었다.

232) DAB(Digital Audio Broadcasting): 유럽에서 Eureka-147 프로젝트로 개발한 디지털 라디오 방송 표준이다.

233) ISDB-T_{SB}(Integrated Services Digital Broadcasting Terrestrial Sound Broadcasting): 지상파 음성 방송을 위한 기술로, ISDB-T와 기본적인 기술은 동일하다.

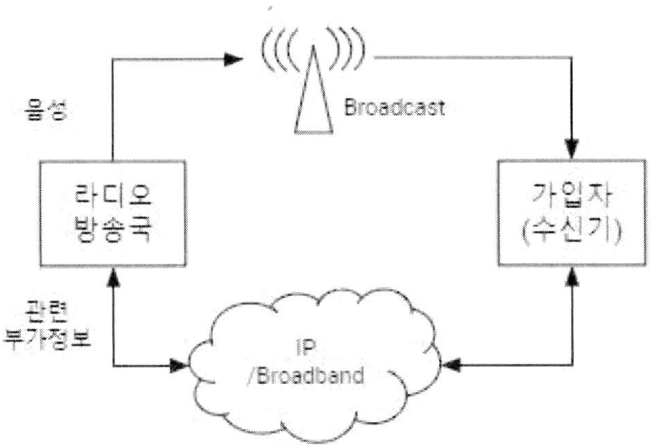

4.			**라디오 방송에서의 디지털 전환**
	❍		현재 아날로그 방식으로 제공되는 라디오 방송은, 최근 고품질 및 다양한
			부가 서비스가 가능한 디지털 라디오 방송으로의 전환 요구가 사회적·
			기술적으로 증가되고 있음.
	❍		현재 라디오 방송의 디지털 전환의 문제점은 다음과 같음.
			- 다양한 전송 방식에서의 표준 제정 문제.
			- 디지털 라디오에 대한 낮은 수요 및 시장의 미성숙.
			- 방송사업자의 디지털 전환 비용 및 시장성 문제.
			- 지상파 DTV, 지상파 DMB에 비해 낮은 관심도.
			- 신규 단말의 보급 문제(기존 라디오 및 차량 설치 라디오 등).
	❍		라디오에서의 디지털 방송 전환은 기존 아날로그 라디오 방송의 역할을
			충분히 고려하여(재난방송으로서의 FM 등), 아날로그에서 디지털로의
			자연스럽고 연속적인 전환이 이루어져야 하며, 두 방식이 혼재할 때의
			간섭 상황을 고려할 필요가 있음.

Point

키 워 드	디지털 라디오 방송, IBOC, DRM, DAB, EUREKA-147, 하이브리드 라디오
기출코드	통신2015하2, 통신2012상3, 통신2008상3, 통신2003상2
통합사고	라디오 방송에서의 디지털 기술의 도입이 필요한 이유와 디지털 기술을 적용하였을 때의 장점을 알고, 다양하게 소개되고 있는 디지털 라디오 방송의 표준들을 비교할 수 있어야 합니다. 그리고 디지털 라디오 방송의 전환 시에 대한 고려사항도 준비하여야 합니다.
함께보기	“위성DMB, 지상파DMB”, 손에 잡히는 ICT, 428p

참고문헌

[1] 송해룡, “디지털 라디오 방송론”, 커뮤니케이션북스, 1999
[2] 구제길, 하상욱, “DMB 시스템 기술”, 진한엠앤비, 2014

7.9 디지털 컨텐츠 보호 기술

1.			**저작권 보호를 위한 디지털 컨텐츠 보호 기술 개요**
	○		영상, 음성 등의 멀티미디어의 디지털화로 인하여 디지털 형태로 된 디지털 컨텐츠의 유통 및 소비가 활발히 이루어지고 있음.
	○		복제, 배포 및 고품질의 반영구적 이용이 가능한 디지털 컨텐츠는, 유통 시 불법 복제 및 유통으로 인한 저작권 침해가 발생할 수 있으므로, 저작권의 보호를 위한 디지털 컨텐츠 보호 기술이 중요해지고 있음.
	○		디지털 컨텐츠 보호 기술로는, CAS, DRM, 워터마킹, 핑거프린팅 등이 대표적이며, 이러한 디지털 컨텐츠 보호 기술은 지상파 방송 및 유료방송, 그리고 다양한 디지털 컨텐츠의 유통 관리에 적용되고 있음.
2.			**디지털 컨텐츠의 특징과 보호의 필요성**
	가.		디지털 컨텐츠와 디지털 컨텐츠의 특징
		①	디지털 컨텐츠는 디지털 형태로 된 컨텐츠를 말하며, 부호, 문자, 음성, 음향, 이미지, 영상 등 전자적 형태로 제작 또는 처리된 것임.
		②	디지털 컨텐츠는 품질 열화 없이 무한하게 사용할 수 있고, 원본과 동일한 품질로 쉽게 복제가 가능하며, 다양한 매체를 통해 고품질 컨텐츠를 빠르고 쉽게 배포할 수 있는 특징이 있음.
	나.		디지털 컨텐츠 보호의 필요성
		①	디지털 컨텐츠의 복제/편집의 용이성과 복제 시 원본과의 동일성으로 인해 저작권자의 권리를 침해할 수 있는 불법적인 복제의 통제가 곤란함.
		②	특히 통신·방송 융합 환경에서 전 세계적으로 디지털 컨텐츠 유통이 크게

			증가하면서, 불법 복제 및 유통을 방지하기 위한 CAS, DRM, 워터마킹,
			핑거프린팅 등 디지털 컨텐츠 보호 기술이 필요하게 됨.
3.			**디지털 컨텐츠 보호 기술**
	가.		CAS(수신제한, Conditional Access System)
		①	CAS는 케이블TV에서의 불법 사용자의 접근을 방지하기 위해 사용되던
			수신제한 기술임.
		②	CAS는 콘텐츠를 보호하기 위한 스크램블(암호화)/디스크램블, 허가된
			가입자에게 인증키(제어단어)를 부여하는 자격제어, 그리고 자격 권한을
			부여/갱신/관리하는 자격관리로 구성됨.

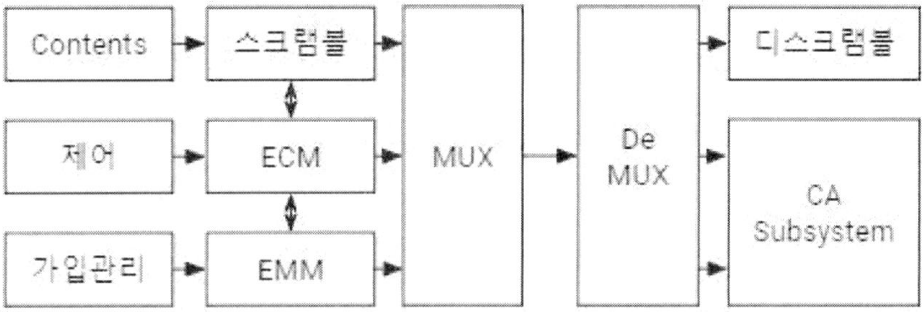

		③	CAS는 유료방송 시스템의 접근 제어로 널리 이용되고 있으나, 헤드엔드와
			STB 사이의 보호 기술이므로 적법한 가입자의 불법 복제를 제한할 수 없어
			이를 보완하기 위해 복제방지 기술, DRM 등이 추가로 적용되고 있으며,
			유연한 관리가 용이한 SW 방식의 D-CAS(Downloadable CAS)도 있음.
	나.		DRM(디지털 저작권 관리, Digital Rights Management)
		①	DRM은 디지털 컨텐츠의 불법 복제 방지 및 저작권 보호를 위한 기술로
			e-book, 음원 시장에서부터 온라인 환경에서의 동영상, 기업문서에까지
			다양한 유료 컨텐츠 및 보안 컨텐츠의 관리에 이용되고 있음.

		②	DRM은 유통되는 컨텐츠의 무단 접근을 제한하기 위한 암호화 기술, 암호화 키를 관리하며 허가자에게 키를 배포하는 키관리 기술, 컨텐츠의 검색 및 관리를 수행하는 메타데이터 기술, 그리고 암호화된 컨텐츠와 메타데이터를 유통하기 위한 패키징 기술이 있음.

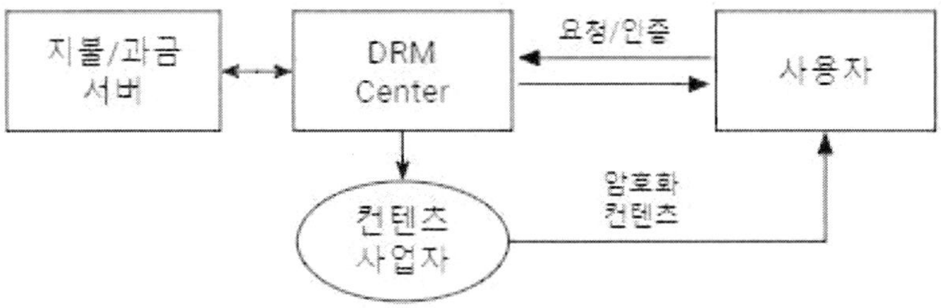

		③	DRM은 디지털 컨텐츠의 암호화를 통한 저작권 보호 개념에서, 지불 수준에 따른 컨텐츠 이용을 제한하거나 불법적인 이용으로부터 보호하며, 컨텐츠의 기밀성과 함께 접근/이용 기록을 포함하는 개념으로 확장되고 있음.
		④	DRM은 디지털 컨텐츠의 전반에 대한 멀티미디어 프레임워크 표준인 MPEG-21(ISO/IEC 21000)[234] 및 OMA, DMP 등에서 기술들 간의 서비스 환경 및 상호 호환성에 대한 표준화가 진행되고 있음.
	다.		워터마킹(Watermarking)
		①	워터마킹은 컨텐츠 속에 사람이 인지할 수 없게 저작권 정보를 삽입하여 사후에 저작권자/판매자를 증명하기 위한 기술임.
		②	워터마킹은 인지성, 강인성(Robust), 정보량, 삽입영역(주파수/공간) 등으로 구분할 수 있으며, 컨텐츠의 불법 이용을 제한할 수는 없으나 필요 시 워터마크의 식별을 통해 저작권을 보호할 수 있음.

234) MPEG-21(ISO/IEC 21000): 디지털 컨텐츠의 전자상거래를 목표로 일관적이고 통일된 환경을 위한 멀티미디어 프레임워크 표준이며, 디지털 품목에 대한 식별(Part 3)과 함께, 이의 저작권 관리 및 보호(Part 4, IPMP), 저작권 표현 언어(Part 5), 저작권 데이터 사전(Part 6) 등이 구성되어 있다.

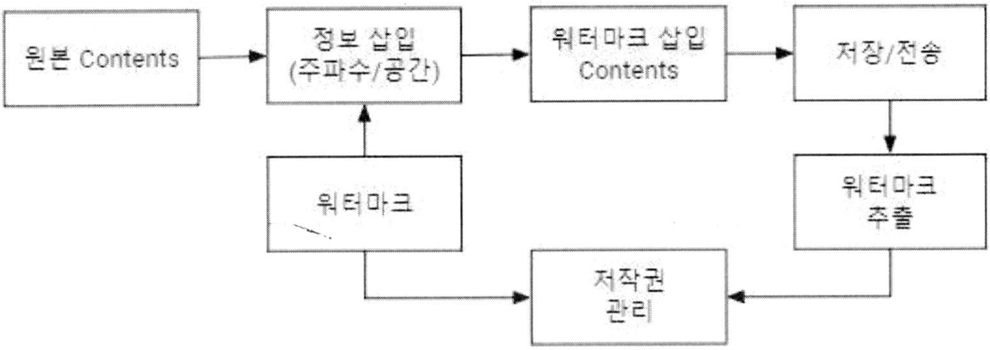

		③	워터마킹은 저작권 보호 외에 장치 제어(기록 장치 제어를 통한 복제 방지),
			위·변조 방지, 데이터 은닉(Steganography) 등에도 이용되고 있음.
	라.		핑거프린팅(Fingerprinting)
		①	핑거프린팅은 워터마킹과 유사한 기술로, 컨텐츠 내에 사람이 인지할 수
			없도록 부가정보를 삽입하고 추출하는 기술임.
		②	하지만 워터마킹과 달리 핑거프린팅은, 저작권자의 정보와 함께 컨텐츠의
			구매자/이용자 정보를 함께 삽입하여 불법 배포에 대해 역추적(부정자
			추적)을 할 수 있는 기술임.
		③	핑거프린팅 역시 인지성, 강인성, 정보량 및 삽입영역의 특성과 함께
			공모 공격에 대비한 대칭성/비대칭성 및 익명성, 조건부 추적성 등의
			특성이 부가적으로 필요함.
	마.		복제방지(Copy Protection)
		①	복제방지 기술[235)]은 CAS, DRM과 같은 디지털 컨텐츠 보호 기술에
			부가적으로 적용되어, 정상적인 컨텐츠 이용자의 불법적 복제 및 이동 등의
			이용을 제한하기 위한 기술임.

235) 무료의 보편적 서비스를 지향하는 지상파 DTV는 CAS/DRM이 사용되지 않으나, 컨텐츠의 불법 복제 방지를 위해 프로그램보호신호 기술(BF(미), B-CAS(일), DVB-CPCM(유럽), PPI(한국))이 소개되었다.

② 복제방지[236]는 디지털 기기 간 또는 디스플레이 간의 신호를 통한 디지털 컨텐츠의 복사를 제어하는 기술로, 권한 내의 사적 이용 및 복사, 공유, 배포 등을 제한하는 기술임.

4. 디지털 컨텐츠 보호 기술들의 비교

구분	CAS	DRM
저작권보호	사전 보호	사전 보호
적용기술	스크램블링/인증키	암호화/암호키관리
적용구간	송신-수신(기기)	제작-송신-수신-컨텐츠이용
이용	접근제어 유료방송 시스템	컨텐츠 보호 온라인 컨텐츠 및 기업문서 보호

구분	워터마킹	핑거프린팅
저작권보호	사후 보호	사후 보호
적용기술	가시/비가시 정보 삽입	가시/비가시 정보 삽입
삽입정보	1개 정보(저작권 정보)	여러 개 정보(이용자 정보들)
이용	저작권 보호 사후 저작권 정보 검출로 저작권 권리 증명	저작권 보호 사후 저작권/이용자 정보 검출로 불법 유통 추적

236) 복제방지의 대표적인 기술들로는 DTCP(IEEE1394), HDCP(DVI/HDMI), CRPM(DVD, 메모리카드 등 이동저장장치) 등이 있다.

Point

키 워 드	디지털 컨텐츠 보호, CAS, DRM, 워터마킹, 핑거프린팅
기출코드	통신2013하1, 통신2006상3, 통신2003하4, 관리2010상3
통합사고	손쉬운 배포, 유통 및 저장 등의 특징을 가진 디지털 컨텐츠는 불법 복제와 불법 유통에 취약합니다. 이러한 디지털 컨텐츠에 대한 저작권을 보호하기 위한 대표적인 기술들의 개념과 특징을 정리하고, 각각을 비교할 수 있어야 합니다.
함께보기	“디지털 워터마킹과 DRM의 차이점”, 손에 잡히는 ICT, 438p “12.4 콘텐츠 보안기술”

참고문헌

[1] 한국전자통신연구원 부설연구소, “일주일에 끝내는 사이버보안”, 글과생각, 2013

[2] 한국콘텐츠진흥원, “문화기술(CT) 심층리포트”, 2010

7.10 디지털 사이니지

1.			**제4의 스크린 미디어인 디지털 사이니지 개요**
	○		디지털 사이니지는 네트워크를 통해 광고, 정보 등의 다양한 컨텐츠를
			공공장소나 상업공간에 설치된 디지털 디스플레이에 제공하는 서비스임.
	○		디지털 사이니지는 광고나 간단한 정보 제공에서 네트워크 및 ICT 기술의
			융합을 통해 사용자와 상호 작용하는 인터랙션 기반의 광고, 게임은 물론
			공공/안전, 재난경보 등 다양하게 발전하고 있음.
	○		디지털 사이니지는 스마트광고 산업 중에서 TV, PC, 스마트폰에 이은
			제4의 스크린 미디어(텔레스크린)로 주목받고 있는 고부가가치 산업으로,
			기술표준화와 수익모델의 확보 및 선점이 필요함.
2.			**사이니지와 디지털 사이니지로의 발전**
	가.		사이니지와 디지털 사이니지
		①	사이니지(Signage)는 거리/버스정류장/지하철 또는 백화점/병원 등 공간에
			설치되어 누군가에게 정보를 전달하는 시각적인 구조물임.
		②	옥내·외 대형스크린 및 간판, 표지판, 교통신호등 등과 같은 전통적 형태의
			사이니지는 ICT 기술이 접목되어 디지털 사이니지로 발전함.
	나.		디지털 사이니지로의 발전

구분	전통적 광고판(옥외광고)	디지털 사이니지
콘텐츠	텍스트, 이미지	텍스트, 이미지, 영상, 음향 등
콘텐츠 표현	아날로그형, 고정 광고판, 종이, 필름, 현수막	디지털, 가변 디지털 디스플레이/디지털 스크린

구분	전통적 광고판(옥외광고)	디지털 사이니지
콘텐츠 소스	광고 대형 기업 위주	광고 및 정보/다양 메시지 생활밀착, 지역기반 등 다양
업데이트	수동 / 많은 비용 느린 업데이트	자동, 네트워크 기반 중앙 관리 / 낮은 비용 네트워크를 이용한 빠른 업데이트
상호작용	불가	가능(터치, 제스처, 스마트폰 등)

3. 디지털 사이니지

가. 디지털 사이니지

① 디지털 사이니지는 광고, 뉴스 등의 다양한 컨텐츠를 유무선 네트워크로 전송하여 옥내·외의 크고 작은 디지털 디스플레이(스크린)에 보여주는 기술.

② 디지털 사이니지는 전통적인 광고(사이니지)에, 디스플레이 장치, 네트워크 및 콘텐츠, 사용자 인터랙션 제어 등의 ICT 기술이 융합된 디지털 미디어임.

③ 디지털 사이니지는 광고, 공공정보 등의 메시지를 불특정 다수에게 노출하는 디지털 정보[237]에서, 특정 시간/위치/사용자를 표적으로 하는 DOOH[238], 사용자와의 양방향 인터랙션 서비스로 발전하고 있음.

나. 디지털 사이니지의 구성

① 디지털 사이니지는 디지털 디스플레이, 네트워크 및 컨텐츠로 구성됨.

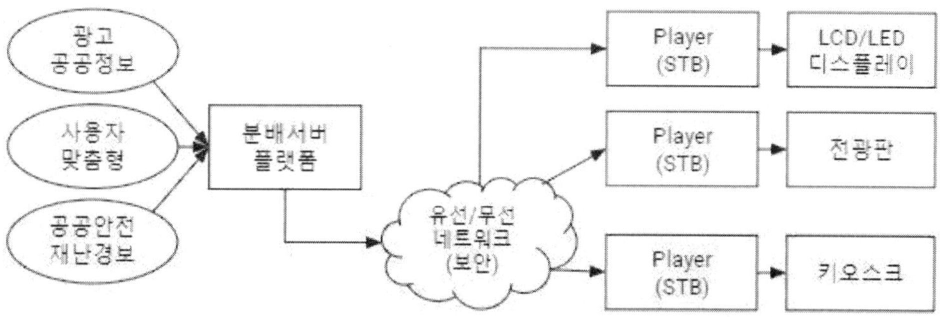

		②	디지털 디스플레이
			- 디지털 사이니지를 위한 디지털 디스플레이로, LCD/LED 디스플레이를 비롯하여, 미디어 파사드, 키오스크, 스마트 미러 및 프로젝터 등과 함께 멀티스크린, 비정형스크린 등이 있음.
			- 필요에 따라 대형의 디스플레이(비디오월)가 이용될 수 있으며, 옥외에 장시간 노출되어 있으므로 내구성 및 신뢰성 확보가 필요.
		③	네트워크
			- 디지털 사이니지를 위한 유무선 네트워크는 고품질의 미디어 컨텐츠의 전송이 보장될 수 있도록 충분한 대역폭과 CDN 기술, 그리고 권한 있는 관리자만이 접근/제어할 수 있도록 하는 보안 기술이 필요.
		④	컨텐츠/서비스
			- 디지털 사이니지는 단방향의 광고 및 단순 정보 제공 뿐 만이 아니라, 사용자와 상호작용을 통한 양방향 인터랙티브 컨텐츠를 제공할 수 있음.
			- 특히 사용자 정보(성별, 연령, 위치 등)를 수집하고 이를 인공지능(AI)과 결합하여 사용자 맞춤형의 컨텐츠를 제공함.
			- 단방향 컨텐츠: 광고, 공공정보, 지역정보, 예술, 엔터테인먼트 등.
			- 양방향 컨텐츠: 시간, 위치 적합 컨텐츠, 사용자 맞춤형, 교육(전자칠판), 정보공유, 화상회의 등.
			- 긴급 컨텐츠: 공공/안전/공익, 재난/재해 경보 등.

237) DID(Digital Information Display): 디지털 정보 디스플레이라고 하며, 불특정 다수에게 동일한 광고나 정보를 전달한다.

238) DOOH(Digital Out Of Home): 야외용 디지털 디스플레이라고도 하며, 특정 시간/위치/사용자에게 메시지를 제공하는 옥외 디지털 사이니지를 말한다(유럽).

		⑤	사용자 인터랙션
			- 디지털 사이니지에서는 센서와 근거리의 양방향 통신 기술을 이용하여 사용자와의 인터랙션을 지원함.
			- 터치, 제스처, 영상인식/처리 및 적외선센서, 블루투스, NFC 등의 기술로 사용자와의 상호작용 및 개인화된 맞춤형 양방향 서비스를 제공함.
	다.		디지털 사이니지의 활용
		①	디지털 사이니지는 종이나 필름 형태의 기존의 사이니지와 달리, 디지털 디스플레이를 이용하여 빠르고 편리하게 설치하고 및 업데이트할 수 있는 친환경 미디어임.
		②	디지털 사이니지는 또한 시간/공간 제약 없는 컨텐츠 제공으로 전자칠판/체험/시연/3D가상피팅(증강현실)의 형태로 교육, 미술관, 박물관, 관광지, 호텔, 백화점, 병원 등에서 활용됨.
		③	또한 사용자와의 양방향 인터랙션으로, 시각적인 자극이 포함된 메시지를 효과적으로 전달할 수 있어, 공공장소, 상업 공간 및 기업/대학 등에서 활용범위를 넓히고 있음(특히 시간/공간 및 사용자 정보를 활용한 양방향 인터랙션의 디지털 사이니지 서비스를 텔레스크린(Tele-Screen)이라고 함).
4.			**디지털 사이니지의 활성화**
	○		디지털 사이니지는 빠르고 편리하면서도 적절한 정보 전달 서비스 및 사용자와의 양방향 인터랙션을 통한 개인 맞춤형 서비스가 가능해, TV, PC, 스마트폰에 이은 주목받고 있는 스마트광고 미디어임.
	○		디지털 사이니지의 구축 기술 및 컨텐츠의 상호호환에 대한 기술 표준과 수익 모델의 확보를 통해 디지털 사이니지의 활성화가 필요함.

Point

키 워 드	디지털 사이니지, 텔레스크린
기출코드	
통합사고	TV, PC, 스마트폰에 이어 고부가가치의 스마트광고 산업으로 디지털 사이니지가 주목받고 있습니다. 이러한 디지털 사이니지에 대한 개념 및 특징, 그리고 활용 방안을 설명할 수 있어야 합니다. 또한 디지털 사이니지를 구축할 때의 고려사항과 활성화 방안의 정리도 필요합니다.
함께보기	"CDN", 손에 잡히는 ICT, 200p

참고문헌

[1] 한국정보통신기술협회, K-ICT 표준화전략맵, 2016

[2] 정효택 외, "고해상도를 지원하는 디지털 사이니지 기술 및 산업동향", 전자통신동향분석, 2014

8.1 위성체와 위성의 종류

1. 인공위성 시스템에서의 위성 개요

- 대기권 밖에서 지구 주위를 일정한 주기로 돌고 있는 인공위성을 이용하여 국경, 사막, 바다 등의 지역 제한 없이 통신, 방송 등의 다양한 임무를 수행하는 것이 인공위성 시스템임.
- 인공위성 시스템은 위성, 발사체, 지상국이 있으며, 위성(위성체)은 탑재체와 본체(버스, 7개의 서브시스템)로 구성됨.
- 위성은 궤도에 따라 정지궤도/고궤도/중궤도/저궤도 위성 등으로, 용도에 따라 통신/방송/군사/기상/관측/과학탐사/항법항행 위성 등으로 구분할 수 있음.

2. 인공위성과 인공위성 시스템

- 인공위성은 지구 대기권 밖으로 인위적으로 쏘아올린 물체로, 지구 주위를 일정한 주기마다 돌면서 특정한 임무를 수행하는 것임.
- 인공위성 시스템은 지구 밖에서 임무를 수행하는 인공위성과, 위성을 탑재하여 설정 궤도까지 올려놓는 발사체, 그리고 위성을 추적하면서 상태 확인/명령을 지시하고 데이터 수신하는 지상국이 있어, 인공위성을 운용함.

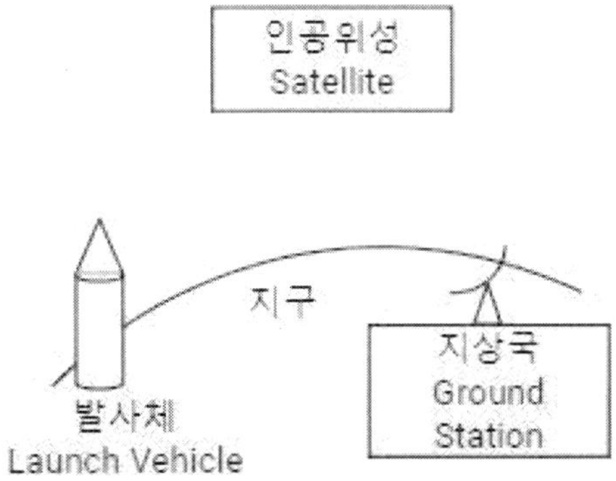

	○		우리나라의 발사체로는 100kg급 인공위성을 저궤도에 진입시킨 2단형
			발사체인 나로호(KSLV[239]), 한국형발사체)가 있음.
3.			**위성체와 위성의 종류**
	가.		위성체
		①	대기권 밖에서 지구 주위를 돌며 임무를 수행하는 인공위성은,
			탑재체(Payload)와 본체(Bus)로 구성되어 있음.
		②	위성체의 탑재체(Payload)는 임무 수행을 위해 탑재되는 장비들로,
			관측위성[240]에는 전자광학 카메라 및 위성 영상 레이더(SAR), 센서가,
			통신/방송 위성에는 수신 및 송신 안테나, 트랜스폰더가 있음(이때 송/수신
			주파수를 다르게 해 혼신을 줄이며, 위성의 송신 주파수를 낮게 함).
		③	위성체의 본체(Bus)는 위성이 임무를 수행할 수 있도록 지원하는 기본적인
			기능으로 7개의 서브시스템으로 구성됨.

구분	설명
구조계	구조 프레임(뼈대) 탑재체 및 서브시스템들을 장착하고, 센서 및 전자장비들을 부착
자세제어계	감지기(자이로, 지자기 센서), 작동기 등 위성 자세를 안정화하고 안테나, 태양전지판 방향 및 추진기를 제어 회전(spin) 안정 방식, 3축 안정 방식이 있음
열제어계	방열판, 단열재, 쿨러 및 히터 등 태양 노출면의 고온과 그늘면의 저온에 대해 장비들이 정상 동작할 수 있도록 온도를 제어
전력계	태양전지판, 배터리, 전력공급장치 등 태양전지판으로 전력을 생성하고, 이를 저장하거나 탑재체 및 각 서브시스템들에 전력을 공급

239) KSLV(Korea Space Launch Vehicle): 나로호(NARO) 로켓은 2013년 1월 30일 발사 성공하였다.

240) 다목적 실용위성인 아리랑위성(약 500km 궤도)에는 1m급(2호)/70cm급(3호)/55cm급(3A호) 해상도의 광학 카메라 또는 영상레이더(1m(5호)/0.5m(6호, 2020년 예정) 해상도)가 탑재되며, 기상위성인 천리안위성(정지궤도)에는 1km(가시광선)/4km(적외선) 해상도의 기상 관측용 카메라가 탑재되었다.

구분	설명
추진계	추력기 자세제어 및 궤도보정, 궤도천이를 위한 추력을 제공
통신계	송수신기 및 안테나 등 원격명령 수신 및 위성상태 송신(S Band) 관측 자료 송신(X Band)
명령 및 데이터처리	탑재컴퓨터, SW, 실시간OS 등 위성 동작 제어, 위성상태 감시, 원격명령/자료 처리

나. 위성의 종류

① 위성을 구분하는 방법으로 중량, 궤도, 용도 등의 다양한 방법이 있으나, 보통 궤도와 용도에 따라 위성의 종류를 구분함.

② 위성의 궤도는 우주에서 위성이 움직이는 궤적을 말하며, 궤도의 종류로는 높이(고도)/경사/편심(원, 타원) 등의 분류 중 고도별로 정지궤도 위성, 고궤도 위성, 중궤도 위성, 저궤도 위성으로 구분함.

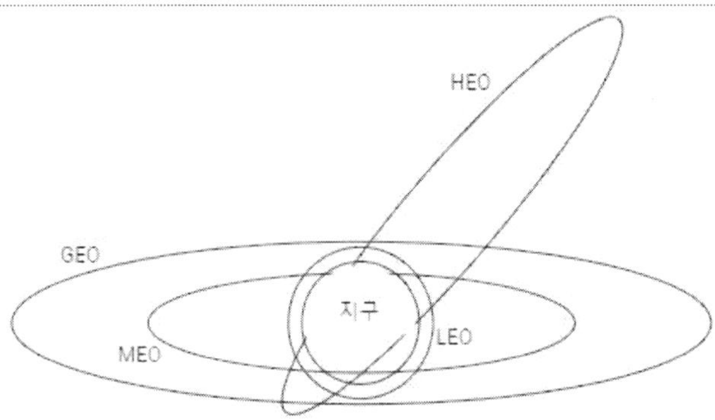

위성 궤도(고도별)	고도	설명
정지궤도(GEO)	약 36,000 km (적도상 위치)	통신/방송 및 기상 서비스 공전주기: 약 24시간 운영 위성 수: 3기 무궁화위성, 천리안위성, Intelsat, INMARSAT
고궤도(HEO)	500 km ~ 40,000 km (타원형)	통신/방송 서비스(위성DAB 등) 공전주기: 약 12~24시간 운영 위성 수: 2 ~ 3기

위성 궤도(고도별)	고도	설명
중궤도(MEO)	2,000 ~ 20,000 km	통신, 우주환경 관측, 항행 서비스 공전주기: 약 6시간 운용 위성 수: 약 15기 오딧세이, GPS
저궤도(LEO)	~ 2,000 km	지구관측, 정찰, 통신 서비스 공전주기: 약 100분 운용 위성 수: 20 ~ 30기 이리듐, 글로벌스타, 아리랑위성, 랜드샛(태양동기궤도)

③ 위성의 수행 임무에 따른 용도는 통신위성, 방송위성, 군사위성, 기상위성, 과학위성, 항행위성 등이 있음.

위성 임무(용도별)	설명
통신위성	지상국에서 쏘아올린 통신 신호를 다른 지상국으로 중계하여 위성 전화, 위성 인터넷 등을 서비스 예) Intelsat, INMARSAT, 이리듐, 글로벌스타 등
방송위성	TV 신호를 위성을 통해 중계하여 지구 반대편에서 시청할 수 있도록 함 예) 무궁화위성
군사위성	대기권 밖에서 주요 시설, 무기 배치, 부대 이동 등을 정찰하고 정보를 수집 예) 라크로스, KH, IGS
기상위성	지구 표면, 대기, 해양의 기상 현상을 관측하여 기상예보, 태풍추적 등 날씨를 예측 예) 천리안위성
과학위성	우주, 행성 또는 지구 표면, 해양 등을 관측하고 사진 및 데이터를 지구로 전송, 또는 우주에서의 과학 실험을 수행 예) 우주망원경(허블, 찬드라, 스피처), 아리랑위성, 랜드샛
항행위성	지구상에서 위치측위를 할 수 있도록 위치 정보를 제공하여 비행기, 선박, 자동차 등의 항행 항법을 도움 예) GPS, GLONASS, Galileo 등

Point

키 워 드	인공위성, 인공위성 시스템, 위성체, 위성의 종류
기출코드	통신2013상2, 통신2006상2, 통신2004하4
통합사고	통신, 방송, 관측, 군사 및 항법항행 등 다양한 분야에 이용되고 있는 인공위성 시스템과 인공위성 및 위성체의 구성을 알고, 고도별, 용도별로 위성의 종류를 구분할 수 있어야 합니다.
함께보기	“A-GNSS”, 손에 잡히는 ICT, 486p “8.2 위성통신” “8.4 GNSS”

참고문헌

[1] 김병욱, “이동통신론”, 킴스정보전략연구소, 2004

[2] 한국항공우주연구원 홈페이지, https://www.kari.re.kr/, 2017

8.2 위성통신

1. **위성을 중계로 하는 위성통신 개요**

- ○ 위성통신은 지구 대기권 밖의 인공위성을 통신용으로 활용하여 지상의 장거리 통신 서비스를 제공하는 시스템임.
- ○ 다원접속과 회선할당을 적절히 조합하여 간단하게 위성 링크를 구성하여 위성통신 서비스를 제공함.
- ○ 현재 많이 이용되는 위성통신 방식으로는 Intelsat, INMARSAT, 그리고 GMPCS(이리듐, 글로벌스타) 등이 있음.

2. **위성통신과 위성통신의 구성**

가. 위성통신

① 위성통신은 지구의 대기권 밖에서 지구 주위를 돌고 있는 인공위성을 중계로 하여 지상의 지구국과 지구국이 서로 통신할 수 있도록 함.

② 위성을 통신용으로 활용하기 위해, 위성에 수신 및 송신 안테나와 트랜스폰더를 실어, 지상에서 보내온 미약한 신호를 수신(업링크)해서 주파수변환 한 후 고출력 증폭하여 다시 지상으로 송신함(다운링크).

③ 위성통신은 광역, 광대역 및 장거리의 통신 서비스 제공이 가능하나 전송지연 및 강우감쇠 등에 의해 성능이 저하될 수 있음.

나. 위성통신의 구성

① 위성통신을 위해서는 우주 공간의 인공위성과 지상의 지구국이 활용됨.

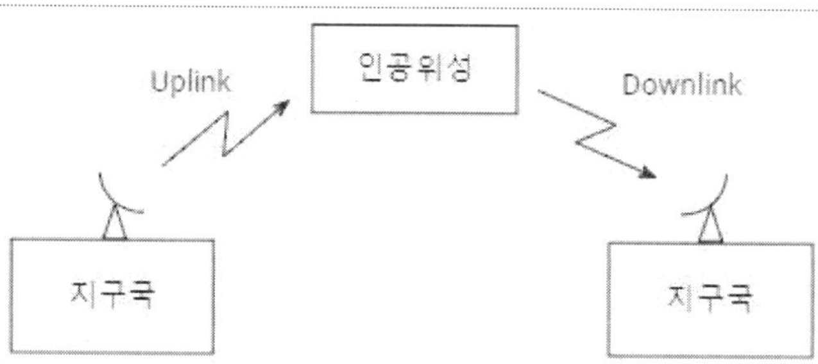

3.			**위성통신의 운영**
	가.		위성통신의 링크 구성
		①	위성통신 시 위성 링크는 송신 지구국과 수신 지구국의 통신을 위한 무선의
			연결 경로를 말하며, 송신 지구국에서 위성까지는 업링크(Up link)이며,
			위성에서 수신 지구국까지는 다운링크(Down link)임.
		②	일반적으로 업링크 신호 주파수는 높은 주파수를, 다운링크 신호 주파수는
			낮은 주파수를 이용하는데, 이는 위성에서의 혼신을 줄이며 높은 주파수가
			전파손실이 더 크기 때문임(더 큰 송신 전력이 필요함).
		③	이러한 위성 링크를 여러 지구국이 활용하기 위하여, 다원접속 방식 및
			회선할당 방식을 이용하여 효율적으로 위성자원을 통신 서비스에 활용함.
	나.		위성통신의 다원접속 방식
		①	FDMA(주파수 분할 다원접속)
			- 위성이 통신에 이용할 수 있는 주파수를 작은 대역들(부채널)로 나누어
			각 지구국이 이용하는 방식.
			- 시스템 구성이 간단하고 회선 설정이 용이하나, 채널 간 간섭을 방지하기
			위한 보호대역으로 대역효율은 낮음.
		②	TDMA(시간 분할 다원접속)
			- 위성이 이용할 수 있는 시간대를 분할하여 지구국들은 각각 서로 다른
			시간에 이용하는 방식.
			- 지구국들은 할당된 시간구간 내에 위성과 연결되므로 간섭이 적고,
			처리용량 높아 효율적인 이용할 수 있으나, 위성 및 지구국들의 망동기가
			필요하여 시스템 구성이 복잡해짐.

③ CDMA(코드 분할 다원접속)

- 위성을 동일한 시간과 주파수 대역에 여러 지구국들이 공유하며, 각각의 지구국을 구분하기 위해 직교성을 갖는 코드를 할당함.
- 넓은 대역폭이 필요하며 시스템이 매우 복잡한 단점이 있으나, 잡음, 간섭, 페이딩 등에 강해 고품질로 대용량 서비스가 가능하며 보안성 역시 매우 우수함.

④ SDMA(공간 분할 다원접속)

- 위성이 커버하는 지역(공간)을 고지향성의 안테나를 이용, 분할하여 지구국들이 이용하는 방식.
- 위성 전파의 빔 폭을 좁게 하는 스팟빔(Spot Beam) 안테나를 이용하여 전력을 집중시켜 지구국의 수신 안테나 크기를 줄임.

⑤ 다원접속 방식들의 비교

구분	FDMA	TDMA	CDMA	SDMA
분할 방식	주파수	시간	직교코드	공간(셀/섹터)
간섭 영향	높음	낮음	매우 낮음	매우 낮음
시간 동기	불필요	필요	필요	불필요
시스템 구성	단순, 저렴	복잡/유연	매우복잡/유연	매우단순
특징	Guard Band 필요 낮은 대역효율	높은 대역효율 Guard Time 필요 동기 어려움	잡음, 간섭, 페이딩 강함 광대역 필요 시스템 복잡	지역용량 증대 안테나 고정 설치 필요

다. 위성통신의 회선할당 방식

① PAMA(사전할당 다원접속)

- 위성에서 이용가능한 주파수, 시간 등의 자원을 사전에 미리 한 쌍의 지구국에 영구/반영구적으로 고정 할당하는 방식.

- PAMA는 구성이 간단하고, 항상 일정한 트래픽이 요구되는 경우에 유용하나, 지구국의 송신 유무와 상관없이 항상 자원이 할당되므로 다른 지구국이 사용할 수 없어 확장성 및 유연성은 없음.

② DAMA(요구할당 다원접속)

- 위성 송수신 자원을 중앙 제어 또는 분산 제어를 통해, 전송이 필요하여 자원을 요청하는 지구국에 일시적으로 할당하는 방식.
- DAMA는 시스템의 구성이 복잡하나, 유연한 운영을 통해 경제적이며 효율적으로 위성 자원을 활용할 수 있음.

③ RAMA(임의할당 다원접속)

- 지구국에서 전송정보가 발생한 경우, 임의의 위성 자원에 대한 점유를 시도하고 짧은 시간에 전송하는 방식.
- RAMA는 지연 없이 전송이 가능해 패킷전송에 유리하나, 다른 지구국의 송신 신호와의 충돌이 발생[241)]할 수 있음.

④ 회선할당 방식들의 비교

구분	PAMA	DAMA	RAMA
할당 방식	사전 할당	요구 할당	임의 접근
자원 점유	지속	전송 시	전송 시
시스템 구성	단순	복잡	단순
지연 발생	지연 없음	지연 가능	지연 없음
운용 효율성	비효율적	효율적	효율적
충돌 가능성	없음	없음	충돌 가능

※ 위성통신의 이용 주파수 대역

주파수 대역	명칭(대역)	이용
1~2 GHz	L	이동통신, GMPCS, INMARSAT
2~4 GHz	S	위성관제용
4~8 GHz	C	상업용 위성통신/방송 INMARSAT, Intelsat
8~12 GHz	X	군사용
12~18 GHz	Ku	위성통신/방송, VSAT, SNG
18~27 GHz	K	대기 수증기 흡수로 잘 사용하지 않음
27~40 GHz	Ka	위성통신/방송

241) RAMA는 패킷의 충돌 발생 시 일정 시간 후 재전송하는 ALOHA 방식(비동기)과, 시간대별로 채널을 나누어 각 시간대에서만 전송을 수행하여 충돌 위험을 줄이는 Slotted ALOHA 방식(동기)이 있다.

Point

키 워 드	위성통신, 다원접속 방식(FDMA/TDMA/CDMA/SDMA), 회선할당 방식(PAMA/DAMA/RAMA)
기출코드	통신2017상1, 통신2014상3
통합사고	위성을 통신 서비스에 이용하는 위성통신에서, 통신 링크를 구성할 때 활용되는 다원접속 방식과 회선할당 방식을 정리하고 비교할 수 있어야 합니다.
함께보기	“다원접속방식”, 손에 잡히는 ICT, 124p “2.17 위성통신용 지구국 안테나” “8.1 위성체와 위성의 종류”

참고문헌

[1] 김광영, “위성통신 시스템공학”, 진한엠앤비, 2012
[2] 홍완표, “실용위성통신공학”, 홍릉과학출판사, 2016

8.3 위치기반 서비스, LBS

1.			**위치정보 기반의 부가 서비스 기술인 위치기반 서비스 개요**
	○		위치기반 서비스(LBS, Location Based Service)는 사람이나 사물 등의 위치정보를 활용하여 다양한 서비스를 제공하는 기술임.
	○		위치기반 서비스(LBS)는 위치 측위 기술, 위치기반 플랫폼과 위치기반 응용 서비스로 구성되며, 네트워크를 통해 장소 위치를 전달하거나 위치 정보를 활용한 위치 관련 응용 서비스를 제공하게 됨.
	○		내비게이션(항법), 주변정보(날씨, 교통 등), 위치기반 광고 등의 다양한 서비스를 제공할 수 있으며, 스마트폰과 O2O, IoT의 확대와 함께 위치기반 서비스도 더욱 다양화, 고부가가치화 되고 있음.
2.			**위치기반 서비스와 위치기반 서비스의 구성**
	가.		위치기반 서비스
		①	사람, 사물의 위치정보를 획득하고 이를 다른 정보들과 결합하여 풍부한 응용 서비스를 제공하는 기술이 위치기반 서비스임.
		②	위치기반 서비스는 특히 GPS 기능을 탑재한 스마트폰의 보급, 고도화된 무선·이동 통신환경, 그리고 다양하고 풍부한 응용 서비스의 활발한 제공 등으로 빠르게 성장하고 있음.
	나.		위치기반 서비스의 구성

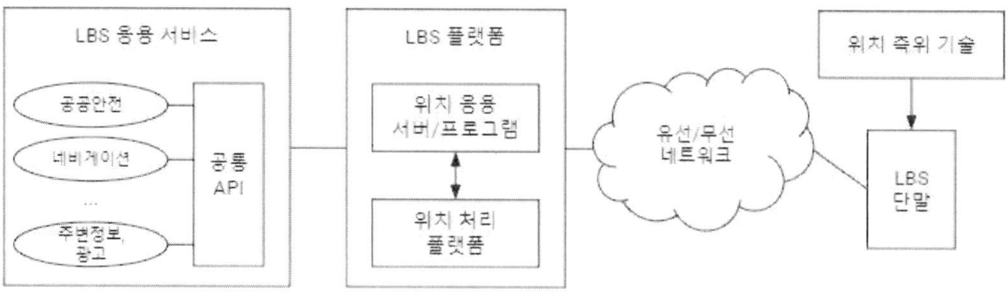

① 위치기반 서비스는 일반적으로 위치 측위 기술, 위치기반 플랫폼, 위치기반 응용 서비스로 구성되어 있음.

구성	설명
위치 측위 기술 (LDT)	단말의 위치를 파악하기 위한 기술 위성 기반(GPS), 네트워크 기반(기지국), Wi-Fi 및 혼합 측위 방식
위치기반 플랫폼 (LBS Platform)	수집된 위치정보를 가공, 처리하고 응용 서비스를 제공 위치 처리 플랫폼, 위치 응용 서버/프로그램
위치기반 응용 서비스 (LBS Application Service)	가공, 처리된 위치정보를 추가적인 정보와 접목하여 다양한 부가 서비스 창출 공공안전, 항법, 위치추적, 주변정보, 광고 등 응용 서비스

② 위치 측위 기술(LDT, Location Determination Technology)은 위성 기반, 네트워크 기반 및 Wi-Fi[242] 또는 혼합[243] 방식을 이용하여 단말 위치를 파악하는 기술로, 특히 GPS와 Wi-Fi를 많이 활용함(이때 위치 측위의 음영 해소와 위치 측위의 정확도(정밀도)를 고려하여야 함).

③ 위치기반 플랫폼은 단말로부터 수집된 위치정보를 가공, 처리하여 높은 정확성을 보장하면서 위치를 추적하고 관리하며, 다른 서비스/시스템과의 연계를 통해, 적합한 응용 서비스를 제공하는 역할을 함(위치기반 서비스를 위한 중앙 제어 및 인터페이스(게이트웨이), 위치 응용 서버, 위치 DB, GIS 서버 등으로 구성됨).

④ 위치기반 응용 서비스는 위치정보를 활용하여 창출되는 부가 서비스를 말하며, 공공안전(응급구조), 항법(내비게이션), 위치추적(사람, 차량, 물류), 주변정보(날씨, 교통), 위치기반 광고, 엔터테인먼트(위치 공유, 위치기반 오락 서비스) 등이 있음.

242) Wi-Fi 방식은 단말이 접속한 Wi-Fi의 AP를 이용하여 위치정보를 획득할 수 있으며, WPS(Wi-Fi Positioning System)이라고도 한다.

243) GPS의 위성 방식, 기지국(Cell ID, ToA, TDoA, AoA)의 네트워크 방식, Wi-Fi, 실내 측위 기술 등을 혼합하여 단말의 위치를 파악하는 방식으로, HPS(Hybrid Positioning System)이라고도 한다.

3. 위치기반 서비스의 동향 및 고려사항

- ○ 위치기반 서비스는 GPS 기능이 내장된 스마트폰의 확산, 그리고 실내의 Wi-Fi, 블루투스(Beacon), RFID, UWB, Zigbee 등의 구축 및 연동으로 실내·외의 복합 측위를 구현하고 있음.
- ○ 또한 위치 정보는 O2O(Online to Offline), IoT, AR/VR, 빅데이터 등의 기술들과 융합되어 고부가가치 서비스를 제공하는 방향으로 발전하고 있음.
- ○ 위치기반 서비스의 활성화를 위해서는 실내·외에서의 끊김 없는 고정밀의 실시간 측위 인프라 구축, 고성능의 단말(스마트폰) 보급, 서비스 원천 기술 및 위치 활용 서비스의 개방 환경, 그리고 프라이버시인 위치정보에 대한 법적·제도적 규제[244]를 고려하여야 함.

244) 우리나라의 경우, 위치정보의 보호 및 이용 등에 관한 법률에 의해 위치정보사업의 허가와 개인위치정보의 주체권리, 보호 등 위치정보를 보호하고 있다.

Point

키 워 드	위치기반 서비스, LBS
기출코드	통신2018상4, 통신2013하3, 통신2011상1, 컴응2013하1
통합사고	위치정보를 활용하여 다양한 부가 서비스를 제공하는 위치기반 서비스의 개념과 구성을 알고, 위치기반 서비스의 활성화를 위해 고려해야 할 사항들의 정리가 필요합니다.
함께보기	“LBS의 개념, 측위방식, 서비스종류”, 손에 잡히는 ICT, 478p “LAS”, 손에 잡히는 ICT, 480p “RTLS와 LBS”, 손에 잡히는 ICT, 482p

참고문헌

[1] 온라인 개인정보보호 포털 홈페이지, https://www.i-privacy.kr/, 2017

[2] 박종천, “변화하는 위치기반서비스”, 내하출판사, 2015

8.4 GNSS(Global Navigation Satellite System)

1.			**측위 및 항법 서비스를 위한 위성시스템인 GNSS 개요**
	○		GNSS(전세계 위성항법시스템)은 인공위성을 이용하여 지구상 어디에서나
			언제든 위치를 결정할 수 있게 해주는 시스템임.
	○		대표적인 GNSS로는 지구 전역을 대상으로 서비스하고 있는 GPS(미),
			GLONASS(러), Galileo(EU), 베이더우(중)가 있으며, 그밖에 지역 서비스를
			위한 QZSS(일), IRNSS(인도) 등이 있음.
	○		특히 GPS는 군사 및 민간용으로 널리 이용되면서 그 중요도가 높아지고
			있어, 정밀도 향상 및 GPS의 교란 대응 방안이 필요함.
2.			**측위/항법시스템과 GNSS**
	가.		측위/항법시스템
		①	사람 및 사물의 위치나 속도를 정확하게 판별하고, 이를 이용하여 현재의
			위치로부터 목적지까지의 경로를 결정하는 것이 측위/항법시스템임.
		②	이러한 위치 판별 및 측위/항법을 위해 과거에는 지형지물이나, 천문학적
			지식[245], 등대·등부표 등을 이용하였으나, 레이더, 지상파(LORAN), 위성 등
			전파를 이용하는 방식으로 발전함.
		③	전파의 도달 시간, 도달 시간차 등을 이용하여 현재의 위치를 결정하는
			전파 방식의 항법시스템 중에서 특히 위성을 기반으로 지구 전역에서의
			측위/항법시스템을 GNSS라 함.
	나.		GNSS(위성항법시스템)
		①	지구 대기권 밖의 인공위성을 이용하여 항법 서비스를 제공하는 GNSS은,
			우주 궤도를 돌고 있는 위성에서 발신하는 정보로부터 전 세계 어디서나
			위치, 고도, 시간 등을 획득할 수 있는 시스템임.

② 군사 목적으로 최초 구축된 GNSS는, 위치 측위, 측량, 지도 제작, 항공/육상/해상의 항법 및 위치기반 서비스에 널리 이용되고 있음.

다. GNSS의 구성 및 측위

① GNSS는 시간 및 위치 신호[246]를 송출하는 인공위성들의 우주 부분과, 위성들을 관리하고 제어하는 지상/관제 부분, 그리고 위성 신호를 수신하여 위치 결정 및 위치를 활용하는 사용자 부분으로 구성됨.

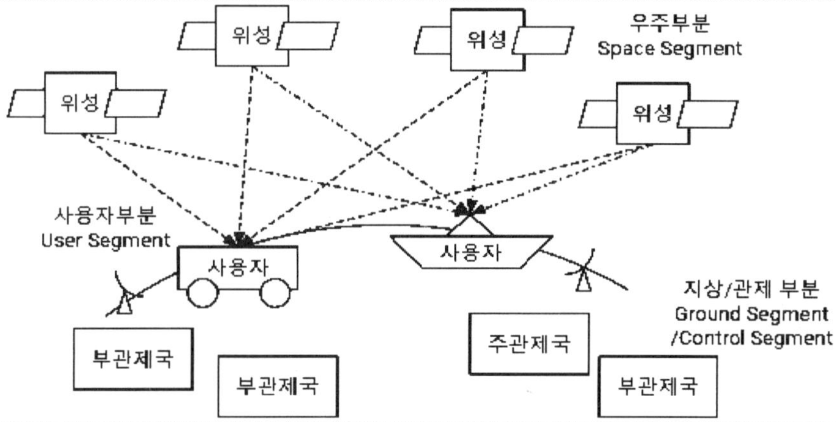

② GNSS의 측위는 지상에서 관측한 4기 이상의 위성 정보[247]를 활용하여, 기하학적 삼각측량을 통해 위치를 결정하며, 사용자 부분에서 수행됨.

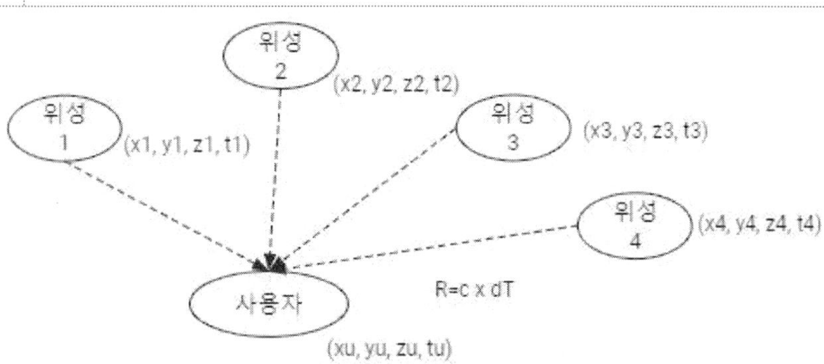

245) 과거에 천체 및 천체의 고도를 측정하여 현재의 위도 및 위치를 알아내는 육분의를 이용하였다.
246) GNSS의 인공위성은 약 20,000km의 궤도에 위치하면서 탑재된 원자시계(세슘 및 루비듐)의 시각정보와 위치정보 등의 항법 메시지를 L대역의 반송파에 실어 지상으로 송출한다.
247) 삼각측량을 통해 사용자의 시각 및 위치 정보(x, y, z, t)를 얻기 위하여 최소 4기의 위성 정보가 필요하며 통상적으로는 6기 이상의 위성 관측이 요구된다.

③ GNSS의 위치결정(측위) 시 여러 요인으로 인해 원래의 위치와 차이(오차)가 발생함(GPS의 경우, 고의적인 오차인 SA를 제거한 후에도 구조적 오차와 기하학적 오차로 인해 약 28m의 오차가 발생함).

오차원인		오차크기	설명
구조적 오차	위성 시간 오차	~1.5m	위성에 탑재된 시계의 오차에 의함
	위성 위치 오차	~1m	위성 궤도/위치의 부정확성에 의함
	전리층 오차	~7m	위성 신호의 전리층 투과 시 지연, 간섭으로 인해 발생
	대류권 오차	~3m	위성 신호의 대류권 투과 시 지연, 굴절에 의해 발생
	다중경로 오차	~1m	주위 지형지물에 의해 반사된 위성 신호들에 의해 발생
	수신기 잡음	~10m	수신기 자체의 잡음이 매우 약한 위성 신호와의 간섭, 또한 수신기 처리용 SW 등에 의해 발생
기하학적 오차		~15m	측위 시 이용되는 위성의 배치 상황에 따른 오차 (근접한 위성들일수록 불확실성 크기(오차)가 커짐)

3. GNSS의 종류

가. GPS(미국)

① GPS는 미국(국방성)이 구축하여 운영 중인 위성항법시스템으로, 최초에는 군사적인 목적으로 구축·사용되던 시스템을 민간부분으로 확대하여 현재 여러 분야에서 활발하게 활용되고 있음.

② 약 20,180km 고도에 위치한 32기의 위성(6개 궤도면)을 이용하는 GPS는, 표준측위서비스(SPS)와 정밀측위서비스(PPS)를 제공[248]함.

248) GPS의 항법 메시지는 50bps이며, 이를 민간용의 표준측위서비스를 위해 L1 반송파(1575.42MHz)의 C/A코드(1.023MHz), 군사용의 정밀측위서비스를 위해 L1 및 L2 반송파(1227.6MHz)의 P코드(10.23MHz)/Y코드(P코드 암호화)를 이용해 전송(BPSK 변조)하고 있으며, 이후 정확도 및 이용성 향상을 위하여 민간용 L5 반송파(1176,45MHz)와 군용 M코드(5.115MHz)가 추가되었다.

	③	GPS는 가장 널리 이용되는 만큼, 측위 정확도를 향상(보강)시키기 위한
		여러 방안이 고안되고 있으며(DGPS, RTK 및 SBAS 등), GPS 교란 공격과
		이에 대응하기 위한 방안이 활발히 연구되고 있음.
나.		GLONASS(러시아)
	①	GLONASS는 러시아가 미국의 GPS에 대응하기 위해 자체적으로 구축한
		위성항법시스템으로, 민간에게도 정밀측위서비스를 제공하고 있음.
	②	GLONASS는 약 19,100km 고도의 24기 위성(3개 궤도면)을 이용하며,
		L Band 반송파에서 FDMA로 위성 신호를 송출[249]함.
다.		Galileo(유럽, EU)
	①	Galileo는 유럽연합과 유럽 우주국이 공동으로 추진하고 있는 민간용의
		위성항법시스템으로, 유럽 외에도 한국, 이스라엘, 인도 등의 여러 나라가
		참여하고 있음.
	②	약 23,200km 고도의 30기 위성(3개 궤도면)을 이용하는 Galileo는, 역시
		L Band 반송파를 이용하여 CDMA로 위성 신호를 송출[250]함.
라.		베이더우(중국, BeiDou)
	①	중국에서 추진하고 있는 위성항법시스템인 베이더우는 3단계로 추진되고
		있으며, 2012년 2단계의 중국 및 아시아태평양 지역의 서비스를 거쳐
		2020년 전 세계 서비스를 목표로 함.
	②	베이더우는 3가지 궤도의 35기 위성(GEO 5기, IGSO 3기, MEO 27기)을

249) GLONASS는 L Band의 G1(1602MHz)과 G2(1248MHz) 반송파를 이용하고 있으며, 성능 향상을 위한 GLONASS 현대화에서 G3(1202MHz) 반송파와 CDMA 방식이 추가로 적용되었다.

250) Galileo는 L Band의 E1(1575.42MHz), E5(1191.795MHz), E6(1278.75MHz) 반송파를 이용하며, 위성의 Uplink를 위해 C Band가 이용(위성의 TT&C용으로 S Band 이용)된다.

이용, L Band 반송파에서 CDMA로 위성 신호를 송출[251]함.

마. GNSS들의 비교

시스템	GPS	GLONASS	Galileo	BeiDou
운용국	미국	러시아	유럽연합(EU)	중국
위성	32기 약 20,180km 6궤도면	24기 약 19,100km 3궤도면	30기 약 23,200km 3궤도면	27기 (+5+3기) 약 21,500km (+GEO+IGSO)
위성신호	50bps BPSK CDMA	50bps BPSK FDMA	250bps BPSK CDMA	500bps QPSK CDMA
주파수	L Band	L Band	L Band	L Band
수신신호	~ −157dBW	~ −161dBW	~ −155dBW	~ −163dBW

바. 지역 위성항법시스템은 위성을 이용하지만 전 세계가 아닌 특정 지역을 대상으로 서비스하며, QZSS(일본)[252], IRNSS(인도)[253]가 있음.

4. GNSS의 활용 및 동향

가. GNSS의 활용

분야	활용
정보통신	기지국 및 통신시스템의 기준시각 동기 가입자 위치 추적 및 긴급구조
우주	위성 궤도 추적, 위성 자세 결정
항공	항공기 운항(항로 안내), 정밀 착륙
해상	선박 항행(항로 및 수로 안내), 정밀 접안
물류	물류 관리, 컨테이너 추적, 우편물 및 택배 관리
군사	미사일 유도, 정밀 폭격, 정찰 및 위치 파악
육상	차량 운행 관리, 구급 및 순찰차량 관제, 철도운행관리

251) 베이더우는 L Band의 B1(1561.098MHz), B2(1207.14MHz), B3(1268.52MHz) 반송파를 이용하며, 다른 GNSS(50~250bps)보다 많은 데이터 전송(~500bps)을 위해 QPSK를 이용한다.

252) 일본의 QZSS(준텐초)는 3기의 위성을 이용(L1, L2, L5 반송파), GPS를 보완하여 1m 수준의 정밀 서비스를 일본 및 주변 지역에만 제공한다.

분야	활용
과학	기상, 해류, 지각운동 연구 및 관찰
자원	농업자원 및 어업자원 관리, 자원 탐사 및 위치 확인
측량 측지	정밀 기준점 관리, GIS 구축
문화, 복지	문화재 관리, 미아 및 노약자 위치 추적
레저, 스포츠	등산, 캠핑, 요트, 골프
시설물 관리	사회기간시설물 설치, 관리, 유지보수

나. GNSS의 동향

① GNSS는 처음에는 군사적 목적을 위해 구축되었으나, 항공, 육상, 해상 등 민간 분야는 물론 국가 주요 인프라에 기반 기술로 적용되어, 현재는 일상생활에서 없어서는 안 될 필수적인 시스템임.

② 특히 가장 널리 이용되고 있는 GPS의 경우, 정밀도를 향상하기 위하여 DGPS, RTK 기법이 이용되고 있으며, 위성기반의 SBAS가 구축 중임.

- DGPS: 국립해양측위정보원, 오차보정정보, 중파/VHF/DMB 등.
- RTK: 국토지리정보원, 원천위치정보, 인터넷 등.
- SBAS: 위성기반 오차보정시스템, WAAS(미국), EGNOS(유럽) 등.

③ GPS의 매우 낮은 수신 신호 전력으로 인해 고의적인 교란(재밍)에 취약한 단점이 있어, Multi GNSS의 활용, 다중 빔형성 등 항재밍 수신기 적용, 의사 위성항법시스템 구축, 장거리 무선항법시스템 구축(eLORAN) 등의 대응 방안의 대비 또한 필요함.

253) IRNSS은 인도 및 주변 지역(약 1,500km)의 항법 서비스 제공을 위하여 7기의 위성을 이용(L5 및 S Band), 10m의 정확도 서비스를 제공한다.

Point

키 워 드	전세계 위성항법시스템(GNSS), GPS, GLONASS, Galileo, BeiDou
기출코드	통신2017상2, 통신2016하3, 통신2015상2, 통신2011상1
통합사고	위성을 이용하여 세계 어디서나 사용자의 위치를 결정하여 항법 서비스를 이용할 수 있게 해주는 위성항법시스템인 GNSS의 개념 및 종류를 알고, GNSS의 활용 및 동향을 정리해야 합니다.
함께보기	“A-GNSS”, 손에 잡히는 ICT, 486p “8.1 위성체와 위성의 종류”

참고문헌

[1] 국토정보플랫폼 홈페이지, http://map.ngii.go.kr/, 2017
[2] 국립해양측위정보원 홈페이지, http://www.ndgps.go.kr/, 2017

8.5 실내 위치기반 서비스

1.			**실내 공간의 위치정보를 활용한 실내 위치기반 서비스 개요**
	○		실내 위치기반 서비스는 현대인이 일상의 대부분을 보내고 있는 실내에서의 위치정보를 활용한 다양한 서비스를 제공하는 기술임.
	○		실내 위치기반 서비스를 위해서는, 일반적인 위치기반 서비스와 함께 특히 GPS 신호가 미약한 실내에서의 고정밀의 측위 기술, 그리고 실내 공간정보 구축 기술이 필요함.
	○		업무 공간, 백화점, 쇼핑몰, 박물관에서부터 건물 내 긴급구조와 같은 다양한 형태의 실내 위치기반 서비스가 개발, 제공되고 있음.
2.			**실내 위치기반 서비스와 실내 위치기반 서비스의 구성**
	가.		실내 위치기반 서비스
		①	업무, 문화, 쇼핑 등 현대인의 일상 활동의 대부분이 이루어지고 있는 실내 공간에서의 위치정보를 활용한 서비스의 필요성이 대두됨.
		②	실내 위치기반 서비스는 이러한 요구에 대응하여, 실내에서의 위치 측위를 통해 실내 위치와 관련된 서비스를 제공하는 기술로, 실외의 넓은 지역을 위한 위치기반 서비스와 구분할 수 있음.
	나.		실내 위치기반 서비스의 구성

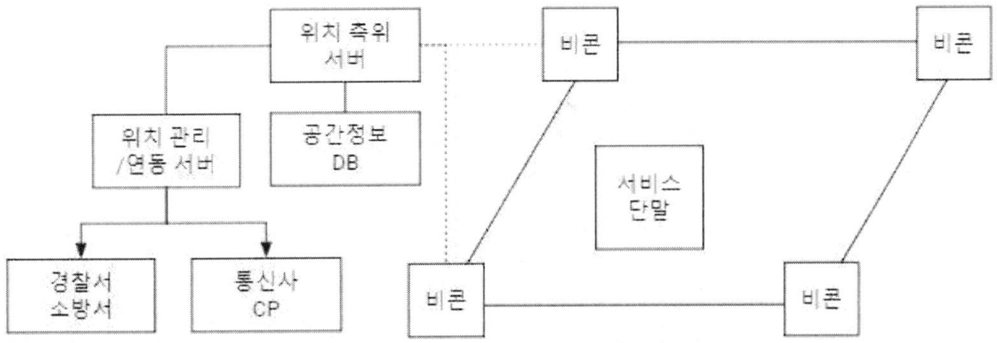

① 실내 위치기반 서비스를 위해서는 일반적인 위치기반 서비스의 위치 측위에 이용되는 위성(GPS)[254] 또는 기지국 기반 방식이 아닌 고정밀의 실내 측위 기술이 필요함.

② 실내에서의 위치 측위 기술[255]로는 Wi-Fi, Bluetooth, UWB, 음향(초음파 또는 저주파), 빛(적외선 또는 가시광선(VLC))의 인프라 기술과 단말 내장형의 지자기센서, 관성센서 방식 등이 있으며, 현재는 널리 보급되어 있는 스마트폰의 Wi-Fi(WPS)나 Bluetooth(BLE)를 이용한 서비스들이 활발히 상용화됨.

구분	Wi-Fi	BLE	UWB	RFID/NFC	VLC
정확도	〈 10m	〈 1m	〈 30cm	〈 10cm	〈 50cm
범위	~ 30m	~ 30m	~ 100m	~ 1m	~ 10m
기기/인프라	AP	비콘	기기	리더기	기기/조명
보안성	보통	우수	우수	우수	우수
구축 비용	고가	저렴	고가	저렴	고가
관리	용이	용이	난해	난해	용이

③ 사무실, 카페 및 지하철 등에서 무선 데이터 서비스를 위해 설치된 Wi-Fi AP를 활용하여 위치 측위 및 추적이 가능하며, Wi-Fi에 비해 저렴하게 인프라 구축이 가능한 저전력의 Bluetooth 기술인 BLE의 비콘 방식을 활용하여 실내 위치 측위 및 추적을 할 수 있음.

④ 위치 측위를 통해 획득한 실내의 위치정보는, 이미 구축되어 있는 실내의 공간정보(설계도면, 영상/3D 모델링, BIM 기반 실내지도)와 결합하여 실내 위치/실내정보 안내 및 가이드, 경로 안내 및 실내 내비게이션, 광고/결제, 긴급구조 등의 실내 위치기반 서비스가 제공될 수 있음.

254) GPS의 경우, 건물 벽(콘크리트 등)과 같은 장애물로 인하여 20~30dB 정도 더 약하게 수신되어 신호 검출이 어렵고, 5~20m 정도의 위치 오차로 인해, 실내에서의 측위에 이용하기에는 어려움이 있다.

3.			실내 위치기반 서비스의 고려사항
	❍		실내 위치기반 서비스 역시 위치기반 서비스와 같이 위치정보의 수집 및 활용에 대한 제도적 규제를 고려하여야 하며, 실외 환경과는 다른 실내 환경의 특성을 고려한 기술 적용이 필요함.
	❍		실내 위치기반 서비스를 위해 고정밀의 위치 측위 기술 및 이를 위한 인프라 구축이 필요하며, 동작 거리, 정확도와 함께 인프라 구축 비용, 전력 소모, 운용/관리 용이성 등의 고려가 필요함.
	❍		실내의 위치 측위 기술의 표준으로, Wi-Fi를 활용한 고정밀의 차세대 포지셔닝 기술인 IEEE 802.11az가 있으며, BLE는 Bluetooth SIG, 그리고 ISO/IEC 24730[256]에서는 RTLS와 관련된 표준을 다루고 있음.

255) 한정된 공간(실내 또는 실외)에서의 실시간의 위치추적 시스템으로 RTLS(Real-Time Locating System)가 있으며, 특히 실내의 위치추적은 IPS(Indoor Positioning Service)라고도 한다.

256) ISO/IEC 24730의 Part 1은 API를, Part 2는 DSSS 2.4GHz, Part 5는 CSS(Chirp Spread Spectrum) 2.4GHz, Part 6는 UWB 무선 인터페이스를 다루고 있다.

Point

키 워 드	실내 위치기반 서비스, RTLS, IPS
기출코드	통신2018상3, 통신2014하3, 관리2014하4, 관리2010하1
통합사고	건물, 지하와 같이 현대인이 주로 활동하는 실내에서의 위치를 활용한 서비스가 주목받고 있습니다. 이러한 서비스를 제공하기 위한 실내 위치기반 서비스의 개념과 구성을 알고, 특히 실내 위치기반 서비스를 위해 고려해야 할 사항을 정리해야 합니다.
함께보기	"RTLS와 LBS", 손에 잡히는 ICT, 482p "WPS", 손에 잡히는 ICT, 484p

참고문헌

[1] 유재준 외, "실내 위치기반서비스 이슈 및 표준화", 한국통신학회지, 2014

[2] 조영수 외, "실내외 연속측위 기술 동향", 전자통신동향분석, 2007

8.6 무선전력전송

1.			**무선으로 기기에 전력을 전송할 수 있는 무선전력전송 개요**
	❍		무선전력전송(WPT[257])은 전력을 무선으로 전달하여, 전력선 없이 간편하게 다양한 전기, 전자 기기를 충전할 수 있는 기술임.
	❍		무선전력전송의 방식으로는 전자기유도 방식, 자기공명 방식, 그리고 전자기파 방식이 있으며, 각 방식에 대한 표준화 및 상용화가 최근 활발히 이루어지고 있음.
	❍		개인의 휴대용 스마트 기기에서부터 전기자동차, 로봇, 드론에 이르기까지 무선전력전송을 이용한 기기의 무선충전은 앞으로 디지털 시대의 기반 전력 인프라가 될 것임.
2.			**무선전력전송(WPT)의 방식**
	가.		전자기유도 방식(비접촉식 전송 기술)
		①	전자기유도 방식은 송신 코일의 근거리에 형성되는 자기장이 수신 코일에 유도되는 원리를 이용한 방식임.
		②	구현이 간단하고 투과력이 우수하여 지중/수중에서의 전송도 가능하나, 짧은 거리의 전송만 가능하며, 코일배치에 따른 자유도가 낮음.

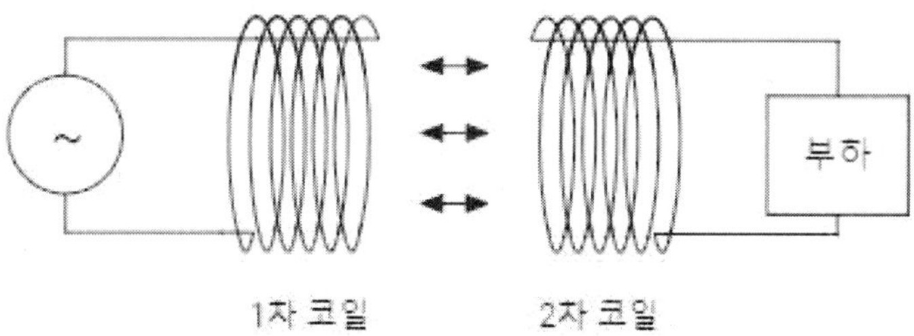

257) WPT(Wireless Power Transfer/Transmission): 무선으로 전력을 전달하는 기술이다.

		③	WPC에 의해 표준화(Qi방식)가 진행되는 전자기유도 방식은, 110~205kHz, 5W/15W의 소전력을 40mm의 근거리로 전달하여 휴대용 소형기기 및 일부 전기자동차의 무선 충전에 이용되고 있음.
	나.		자기공명 방식(근거리 전송 기술)
		①	자기공명 방식은 자기 공진을 이용하는 방식으로, 송신 공진기와 수신 공진기 사이의 공진 결합을 통해 전력을 전송하는 방식임.
		②	공진체의 부피로 인하여 소형화의 한계는 있으나, 전송 거리의 확장, 다중 기기의 동시 충전, 전력전송의 자유도 개선[258]의 장점이 있음.

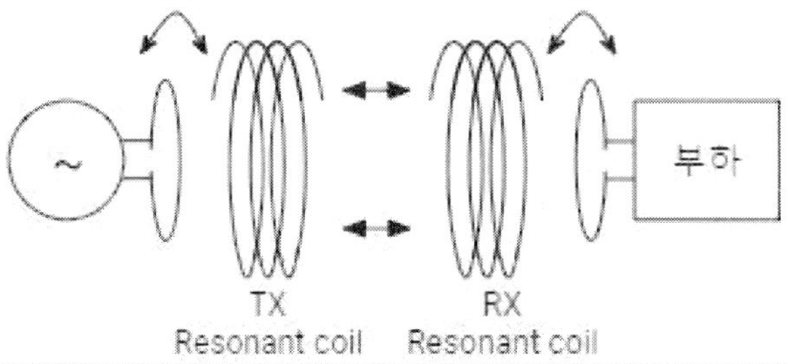

		③	자기공명 방식의 표준으로 AFA에 의한 표준(리젠스/AFR)이 있으며 6.78MHz, 5W/50W 전력을 1m 정도 거리로 전달이 가능하여 소형기기의 충전 및 전기자동차/전동차의 무선 충전에 이용됨.
	다.		전자기파 방식(원거리 전송 기술)
		①	고주파의 방사형 전파를 이용하여 원거리로 전력 전송이 가능한 전자기파 방식은, 특히 장거리로 대전력을 전송하는데 이용됨.
		②	고출력을 위한 마그네트론, 대형의 안테나와 렉테나[259] 등이 필요하며 대기 흡수에 의한 효율 저하와 전파 환경, 인체 유해성 논란이 있음.

258) 전자기유도 방식의 경우 송신(1차) 코일과 수신(2차) 코일의 배치(정렬) 및 방향에 따라 효율이 달라지나, 자기공명 방식은 이러한 배치에 따른 영향이 낮다(즉 자유도가 높음).

259) 렉테나(Rectenna): 정류기(정류회로)와 안테나를 조합한 구조로, 마이크로파를 직접 직류 전류로 변환한다.

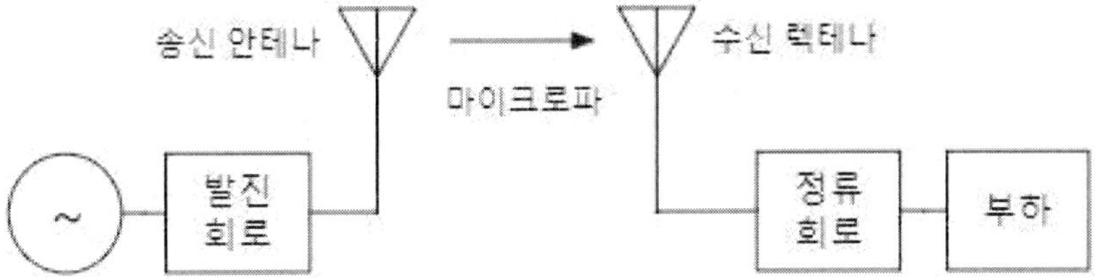

③ 전자기파 방식은 수백km 전송을 위한 우주태양광 발전 등에 연구됨.

3. 무선전력전송 방식의 비교

방식	전자기 유도	자기공명	전자기파
동작	코일 간 전자기 유도	코일 간 자기공진	안테나 방사
주파수	125kHz/13.56MHz	10MHz 이내 (6.78MHz)	수GHz (2.45GHz/5.8GHz)
전송전력	수W	수십W	고출력
전송거리	수mm	수m	수km ~ 수십km
효율	고효율 90%	40~90%	10~50%
이용	휴대용 기기, 가전 기기	휴대용 기기, 전기자동차	우주태양광 발전
인체유해	없음	없음	유해 가능
표준화	WPC(Qi), AFA	AFA(리젠스/AFR)	-
고려	짧은 전송거리 송수신 코일 정렬	멀티충전 가능 소형화 한계	전자파 환경 문제 낮은 전송효율

4. 무선전력전송의 적용 동향

- 무선전력전송은 전선을 사용하지 않는 무선의 전력 전송 및 충전 기술로 와이파워(Wi-Power)라고 불리기도 함.
- 언제 어디서나 끊김 없는 모바일 기기의 사용 요구의 대응에서부터, 가전, 전기자동차, 로봇, 드론, 의료기기 등의 편리하고 연속적인 충전까지 무선전력전송은 IoT 시대의 전력 공급 인프라가 되고 있음.
- 무선전력전송은 소전력의 휴대용 기기 충전에 주로 적용되고 있으나, 전기자동차(20/60/85kHz, 100kW), 고속열차(60kHz, 1MW)를 위한 대전력 및 가전이나 로봇 등의 무선 충전을 위한 중전력 등 다양한 활용을 위한 연구가 활발히 이루어지고 있음.

Point

키 워 드	무선전력전송(WPT), 와이파워, 전자기유도, 자기공명
기출코드	통신2016하3, 통신2012상3, 컴응2015하3
통합사고	케이블 없이 전력을 전송할 수 있는 무선전력전송의 개념을 알고, 무선전력전송의 방식들을 비교할 수 있어야 합니다. 그리고 무선전력전송 방식들의 표준화와 적용 분야에 대한 동향을 정리할 필요가 있습니다.
함께보기	"정류 안테나", 손에 잡히는 ICT, 284p

참고문헌

[1] 김성민, 무선전력전송 기술동향과 발전방향, ETRI, 2014
[2] 한국정보통신기술협회, K-ICT 표준화전략맵, 2016

8.7 자기장통신

1. **극한 환경에서의 무선통신이 가능한 자기장통신 개요**
   - ○ 자기장통신(MFAN[260])은 자기장 영역을 이용한 무선통신 시스템으로, 땅속, 물속, 콘크리트 등의 열악한 환경에서의 통신이 가능한 기술임.
   - ○ 자기장통신은 투과성이 높고, 전파손실이 적어 지중, 수중 등의 극한의 환경에서 센서 네트워크를 구축하기 위해 활용될 수 있음.
   - ○ 자기장통신의 표준은 ISO/IEC 15149에서 자기장통신의 MAC/PHY 기술과, 자기장통신 기반의 무선전력전송이 제정되어 있음.

2. **안테나의 자기장 영역과 자기장통신**
   - 가. 안테나의 자기장 영역
     - ① 전자기파의 송신 또는 수신을 위한 변환장치인 안테나는, 안테나로부터의 거리에 따라 근거리장과 원거리장 영역으로 구분함.
     - ② 원거리장 영역(복사전자계)의 방사되어 전파(진행)하는 전자기파를 이용하는 일반적인 무선통신과 달리 자기장통신은 근거리장 영역 중 유도전자계의 자기장 영역($\lambda/2\pi$, 약 0.16λ)을 통신에 활용함.
   - 나. 자기장통신
     - ① 자기장통신은 안테나에서의 자기장 영역을 이용한 무선통신 시스템으로, 일반적인 무선 통신에서 활용되는 고주파(800MHz ~ 2.4/5GHz)가 아닌 저주파 대역(수백Hz ~ 128kHz/131kHz)을 이용함.

260) MFAN(Magnetic Field Area Network): Near-Field Magnetic Induction communication이다.

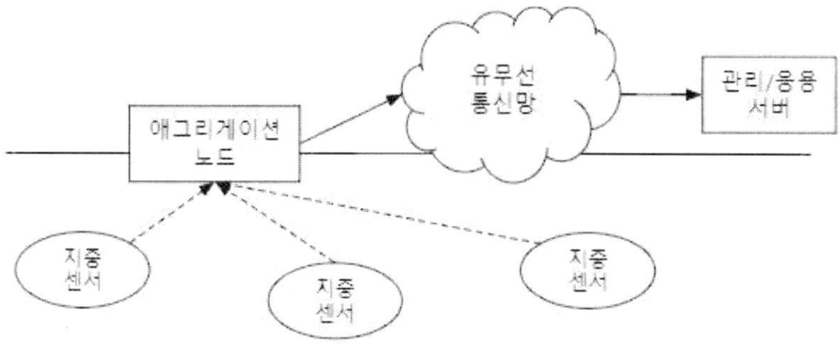

		②	투과성이 높은 자기장 영역을 이용하여, 흙, 물, 금속, 콘크리트 등의
			환경에서도 낮은 전파손실로 양방향 무선통신이 가능함.
		③	기존 센서 네트워크인 RFID/USN보다 저전력으로 장거리, 난환경에 적용이
			가능하여 극한 환경에서의 센서 네트워크 구축에 활용됨.
	다.		자기장통신 기술의 동향
		①	ISO/IEC 15149는 땅 속, 물 속, 콘크리트 속 등 열악한 환경에서의 양질의
			양방향 무선통신을 제공하기 위한 자기장 무선 통신 표준임.
			- 128kHz, BPSK, 맨체스터 코딩을 이용, 1kbps~8kbps, 수m 전송.
		②	이와 유사한 기술로 RFID, NFC가 있으며, 특히 저주파(131kHz)를 이용한
			능동형 통신 기술로 RuBee[261](IEEE 1902.1)가 있음.
3.			**자기장통신의 활용 분야**
	○		자기장통신은 특히 지중, 수중 등의 극한 환경에서 센서에서 수집된 정보를
			외부로 전송하는데 이용할 수 있어, 지중, 수중의 센서 네트워크(계측),
			시설물 관리 시스템(모니터링, 관리) 등에 활용됨.

261) RuBee는 450kHz 이하 저주파를 이용한 양방향 능동형 통신 기술로, 저속(300~9.6kbps)이지만 저전력(10mW), 장거리(~15m) 통신이 가능하며, 수중, 땅속 통신도 가능해 RFID를 보완할 수 있다.

○ 자기장통신의 주요 활용분야

활용분야	설명
지중시설물 관리	상/하수도관, 전력관, 통신관, 가스관, 송유관 등 지중 시설물의 누수/파손 모니터링 및 관리 (지중시설물 관리 통합시스템)
지중계측 관리	지중 매립 센서를 이용하여, 지반침하, 지반 움직임 등 지반 상태나 지진을 모니터링 (무선 지중 센서 네트워크)
건물, 교각, 교량 관리	교각(물속), 교량(철판), 건물의 균열/진동 감시
환경오염 관리	공기, 토양/지중, 수중의 환경오염 감시, 예방 및 유해 환경 지역의 감시, 관리

Point

키 워 드	자기장통신(MFAN)
기출코드	
통합사고	일반적인 전자기파를 이용한 무선통신이 어려운 환경에서의 원활한 통신을 위해 자기장을 이용하는 통신 기술인 자기장통신의 개념을 알고, 자기장통신의 활용 방안 및 표준화 동향의 정리가 필요합니다.
함께보기	“반파장 다이폴 안테나”, 손에 잡히는 ICT, 278p “14.1 사물인터넷”

참고문헌

[1] 김충남, “차세대 이동통신 실무기술”, 진한엠앤비, 2000
[2] 중소기업청, 중소기업기술로드맵 2015-2017, 2014

8.8 수중음파통신

1.			**물속에서의 데이터 통신을 위한 수중음파통신 개요**
	○		수중음파통신은 전파를 이용할 수 없는 물속에서 음파 및 초음파를 이용한
			통신시스템으로, 수중의 근거리에서부터 장거리의 데이터 통신을 가능하게
			하는 기술임.
	○		수중음파통신은 선박 및 잠수함 간의 장거리 통신, 재난재해 구조 통신과
			함께 수중에서의 센서 네트워크 구축에 활용될 수 있음.
	○		수중음파통신 표준은 ISO/IEC 30140에서 UWASN(Under-Water
			Acoustic Sensor Network)과 관련된 기술이 제정되고 있음.
2.			**수중음파통신과 수중음파통신 구성 및 동향**
	가.		수중음파통신
		①	물속에서는 전송매질(물)의 특성으로 급격한 감쇠가 발생하는 고주파 RF는
			통신으로 거의 이용할 수 없어, 음파나 초음파를 이용하게 됨.
		②	수중음파통신은 수중에 적합한 통신 수단인 음파/초음파(~100kHz)를
			이용하여 물속에서 양방향으로 데이터 통신을 수행하는 기술임.
	나.		수중음파통신 구성
		①	수중음파통신은 음파/초음파를 이용해 선박, 잠수함, 관측 센서 등 다양한
			수중 장비/노드들을 양방향 통신 네트워크로 구성할 수 있음.

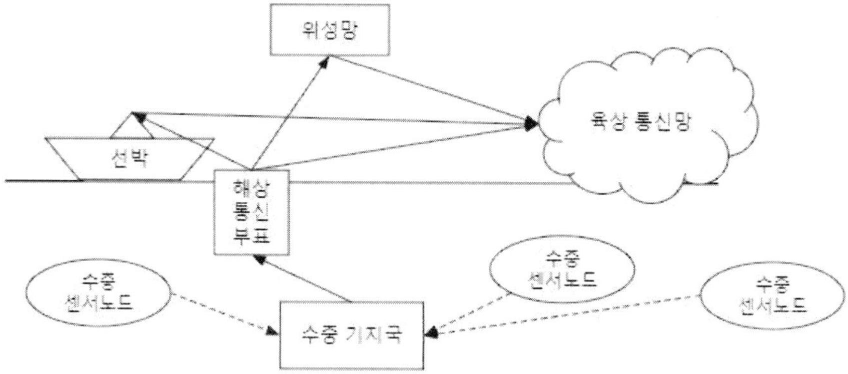

② 음파/초음파를 이용하는 수중음파통신은 낮은 전달속도[262]와 좁은 대역폭, 높은 오류 발생 환경(배경잡음, 산란, 다중경로, 도플러, 음파 음영구역 등)에서 신뢰성 있는 원활한 통신을 제공함.

③ 수중음파통신은 독립망 또는 통합 구성의 수중 네트워크를 구축할 수 있으며, 거리에 따라[263] 단거리(1~10km, 10kbps), 중거리(10~100km, 1kbps), 장거리(~3000km, 10~100bps)로 구분할 수 있음.

구분	설명
음파/초음파	100kHz 이하(예 25kHz 대역의 5kHz 대역폭)
변조	FSK(저속), BPSK~8PSK/8~64QAM(고속)
전송 방식	CDMA, OFDM
전송 속도	저속 100bps, 고속 10~100kbps

다. 수중음파통신 기술의 동향

① ISO/IEC 30140은 수중의 센서 네트워크 구축을 위한 수중음파통신 시스템에 대한 표준화가 진행되고 있음.

262) 수중에서의 음파는 약 1500m/s로 공기 중의 340m/s보다는 빠르나, 전자기파($3x10^8$m/s)보다는 전달속도가 낮다.

263) 수중음파통신은 전송거리와 주파수(대역폭, 전송속도)와 반비례 관계에 있어 먼 거리 전송을 위해서는 낮은 주파수를 이용해야 하며, 이로 인해 전송속도는 낮아진다.

② 우리나라에서는 실시간의 수중 센서 네트워크 또는 수중 사물 인터넷(IoUT, Internet of Underwater Things)을 위한 수중 기지국 및 부표(부이) 기반 분산형 수중통신망을 개발하고 있음(수중 센서들의 데이터는 수중 기지국을 거쳐 해상의 부표나 선박에 전달되고 다시 LTE망이나 위성통신망을 통해 육상 네트워크로 전송됨).

3. 수중음파통신의 활용 분야

○ 수중음파통신은 전파를 이용할 수 없는 수중 환경에서 선로 없이 선박이나 시설물, 센서 등을 네트워크로 연결할 수 있어, 실시간의 해양정보 수집 및 선박/잠수정들의 통신 등에 활용됨.

○ 자기장통신의 주요 활용분야

활용분야	설명
수중 통신	잠수정(유인, 무인(UUV/AUV)), 선박, 수중로봇 사이의 수중 통신(해양 교통 및 해양 레저 활용)
국방 안보	잠수정의 이동 감시, 연근해의 방어 통신망
해양 안전	쓰나미/해저지진의 조기 감지 및 경보, 해양사고/재해재난 발생 시 구조용 임시 통신망
수산 자원	방사능/패류독소/적조 등의 실시간 감시, 어업 양식, 기후변화 따른 어종 변화 예측 및 관리
수중 자원	수중 자원 탐사 및 채굴용 통신
해양 환경	수온/조류/염도 등 수중 환경의 센싱 및 모니터링 (수중환경 관측국)
해양 시설물	해양 플랜트의 통신, 수중 파이프라인의 누출 감시 및 수중 시설물/장치의 모니터링

Point

키 워 드	수중음파통신, UWASN, 수중사물인터넷(IoUT)
기출코드	
통합사고	전파를 이용할 수 없는 물속에서 음파 및 초음파을 이용하여 통신을 실현하는 수중음파통신의 개념을 알고, 수중음파통신의 활용 방안을 정리해야 합니다.
바로가기	"14.1 사물인터넷"

참고문헌

[1] 국토교통부 홈페이지,
http://www.molit.go.kr/USR/WPGE0201/m_23881/DTL.jsp, 2017
[2] 한국정보통신기술협회, K-ICT 표준화전략맵, 2016

8.9 가시광무선통신

1.			**조명과 통신의 융합기술인 가시광무선통신 개요**
	❍		가시광무선통신(VLC[264])은 빛을 내는 기기인 LED 조명을 이용한 무선통신
			시스템으로, 인간의 눈에 보이는 가시광을 통신에 활용하는 기술임.
	❍		가시광무선통신은 전자파가 아닌 가시광을 이용하므로 인체나 전자기기의
			영향이 적고, 조명이 있는 곳에는 어디서든 저렴하게 고속의 통신 서비스가
			가능함.
	❍		가시광무선통신의 표준은 IEEE 802.15.7에서 제정되어 있으며, 교통안전,
			해상통신, 실내측위 등 다양한 분야에 응용되고 있음.
2.			**LED 조명을 이용한 가시광무선통신**
	가.		LED 조명
		①	LED 조명은 전통적인 조명인 백열전구, 형광등에 비해 수은을 이용하지
			않아 친환경적이며, 낮은 전력소모와 긴 수명의 장점을 갖고 있음.
		②	세계적인 녹색성장의 추진과 함께 LED 조명은 전통조명을 대체하는 차세대
			광원/조명 인프라로 널리 보급되고 있음.
		③	LED 조명의 유연한 밝기, 색온도 조절 기능과 함께, 특히 빠르게 빛의
			점등 제어(스위칭)가 가능하여 이를 통신에 활용함.
	나.		가시광무선통신
		①	가시광무선통신은 실생활에서 조명으로 이용되는 LED를 통신에 활용하여,
			가시광 파장(380~780nm)의 빛에 데이터를 실어 전송(변조)하는 기술.

264) VLC: Visible Light Communication로 가시광의 빛을 이용한 무선통신 기술이다.

② 인간의 눈은 초당 100회 이상(약 200회) 깜박이는 빛을 인지하지 못하므로, 가시광무선통신은 조명과 통신을 동시에 실현한 융합 기술.

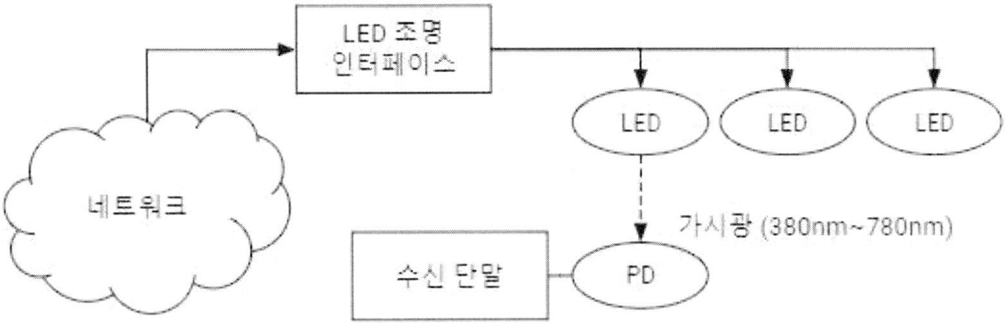

③ 가시광무선통신은 PHY/MAC, LED 조명 인터페이스, 응용 서비스, 그리고 네트워크 인프라 등으로 구성됨.

주요 기술	설명
PHY 변조	OOK(On-Off Keying), VPPM(Variable Pulse Position Modulation), CSK(Color Shift Keying) 송신 모듈레이션/수신 디모듈레이션
PHY 라인코딩	4B6B, 8B10B
MAC	P2P, Star, Broadcast형 망구성 non-beacon/beacon-enabled mode CSMA/CA 적용/미적용
LED 조명 인터페이스	LED 드라이버와 통신 드라이버 정합
응용 서비스	장거리/중거리/단거리용의 응용 서비스와 응용 서비스를 적용하기 위한 프로토콜
네트워크 인프라	LED를 통한 네트워크 연결 지원 인프라

④ 가시광무선통신은 보통 송신(발광)으로는 LED를, 수신(수광)으로 PD(Photo Diode)를 이용하나, 최근에는 광학 카메라(OOC, Optical Camera Comm.) 또는 이미지센서(ISC, Image Sensor Comm.)를 수신부로 이용하는 기술도

			개발, 표준화되고 있음.
	다.		가시광무선통신 기술의 동향
		①	전자파가 아닌 빛을 이용하는 가시광무선통신은, 인체 유해성 없고 간섭이
			없으며 전자파 규제의 제한 없이 어디서나 활용이 가능함.
		②	특히 가시광무선통신은 병원/비행기/우주선 등의 제한 지역에서 통신이나,
			자동차/선박의 통신, 전광판/간판/가로등을 활용한 통신을 비롯해 실내측위
			및 추적 등에 가시광무선통신이 활용됨.
		③	IEEE 802.15.7[265]은 가시광무선통신의 MAC/PHY 기술의 국제 표준을
			제정하고 있으며, 그 외에 일본의 가시광무선통신의 표준화와 기술 개발을
			위한 컨소시엄인 VLCC[266]가 있음.
			- IEEE 802.15.7 PHY-I: 11.67~266.6kbps, OOK/VPPM.
			- IEEE 802.15.7 PHY II: 1.25~96Mbps, OOK/VPPM.
			- IEEE 802.15.7 PHY III: 12~96Mbps, CSK.
3.			**가시광무선통신의 활용 분야**
	○		가시광무선통신은 이미 다양한 곳에 설치된 조명 인프라를 활용해, 제한된
			범위에서 여러 사람에게 저비용으로 통신 서비스(특히 Wi-Fi와 유사하게
			양방향의 고속 무선 네트워크를 라이파이(Li-Fi)라 함), 초연결 서비스,
			초정밀 측위(~1cm) 서비스 등의 제공에 활용됨.

265) 가시광 파장을 이용한 IEEE 802.15.7은, 카메라/이미지센서 이용과 가시광 및 적외선, 자외선 파장을 포함하는 IEEE 802.15.7r1 OWC(Optical Wireless Communications)로 발전하고 있다.

266) 일본의 VLCC(Visible Light Communications Consortium)에서는 전광판, 자동차(ITS) 등 실생활에 가시광무선통신의 응용 방안을 개발, 시연, 홍보하고 있다.

○ 가시광무선통신의 주요 활용분야

활용분야	설명
자동차 안전	자동차-자동차 간, 자동차-신호등/가로등 간 통신 (자동차 조명안전, 자동차 운행추적)
선박 안전	선박-선박 간, 선박-시설물/등대 간 통신 (선박 안전항행, 선박 간 충돌방지)
국부 미디어전송	LED 조명 식별번호(LED-ID)를 이용, 조명/전광판 등을 통해 관련 컨텐츠/미디어를 전달 (LED 조명 식별번호, LED 조명 컨텐츠 및 미디어 전달 인프라 기술)
위치기반 추적	LED 조명위치 정의 및 LED 조명위치 Navigation
IoT 기기들의 초연결	가정, 사무실, 공공장소 등의 생활공간에서의 IoT 기기들 간의 연결/통신

※ 가시광무선통신과 RF무선통신의 비교

구분	가시광무선통신	RF무선통신
주파수대역	385THz~789THz (파장 380~780nm)	3kHz~300GHz (파장 1mm~100km)
전송속도	~10Gbps/100배	~100Mbps
EMI/전자파 간섭	없음	높음
LoS	필요	불필요
전력소모	낮음	보통
거리/범위	단거리/좁음	원거리/넓음
보안	우수	약함

※ VPPM(Variable Pulse Position Mod.): 펄스의 위치에 따라 데이터를 신는 PPM(Pulse Position Mod.)과, 데이터에 따라 펄스의 폭을 변화시키는 PWM(Pulse Width Mod.)를 융합한 기술로, LED의 밝기를 유지하면서 플리커 발생을 억제할 수 있어 VLC에 활용됨.

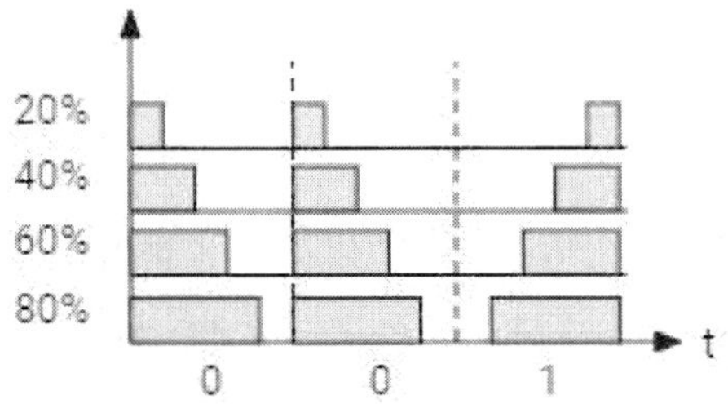

※ CSK(Color Shift Keying): 여러 개의 LED를 활용하여 각 파장의 밝기 비율을 조절함으로써 데이터를 전송하는 기술로, 예를 들면 RGB 성상 중 데이터(심볼)에 따른 색상을 할당(4/8/16색)하여 표현함. 순간적으로 색깔은 달라지지만, 빠른 색상 변화를 사람은 인지하지 못하기 때문에 VLC의 전송속도를 증가시키는데 활용됨.

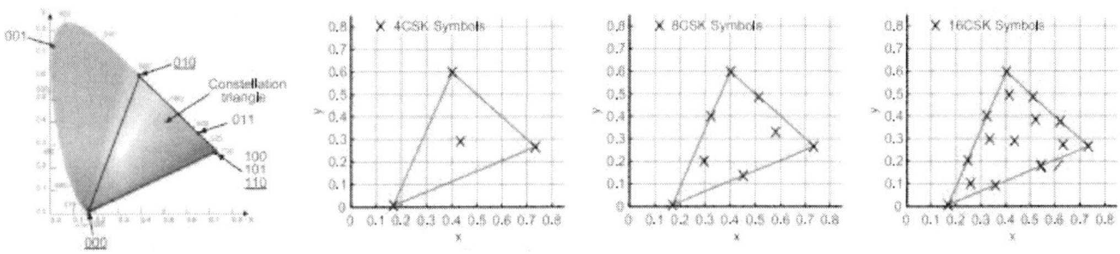

Point

키 워 드	가시광무선통신(VLC), 라이파이(Li-Fi)
기출코드	통신2014상1, 통신2009하3
통합사고	LED 조명 인프라를 바탕으로 눈에 보이는 가시광 파장을 이용한 통신 기술인 가시광무선통신의 개념과 활용 방안을 알고, 가시광무선통신의 요소 기술들과 표준화 동향을 파악해야 합니다.
함께보기	“가시광 통신”, 손에 잡히는 ICT, 244p

참고문헌

[1] 한국정보통신기술협회, K-ICT 표준화전략맵, 2016

[2] 중소기업청, 중소기업기술로드맵 2015-2017, 2014

prologue

CHAP.5 더 빠르고 안전한 이동수단

인간은 사회적인 존재로서 다른 동물들이 구현할 수 없는 언어 및 문자를 통하여 대화하고 기록하여 다양한 정보를 공유하고 후대에 기록을 남길 수 있었으며 여기서 인류는 “정보의 전달” 이라는 소중한 자산을 만들어 냈습니다.

이러한 정보의 전달은 초기 동케이블에서 기술의 진보를 통해 1960년대와 70년대를 거치며 광섬유와 레이저 관련 기술의 발달로 광통신이 본격적으로 실용화 되었고 최근에는 각 가정의 단자 까지 광케이블이 포설되어 광대역 장거리 통신의 표준 물리매체로 자리 잡고 있습니다.

광섬유를 이용한 광통신의 가장 큰 장점은 UTP 와 동축케이블에 비해 비교가 되지 않을 만큼의 장거리 전송과 대용량 전송이 가능하여 해저케이블을 활용할 경우 바다를 가로질러 다른 대륙과도 통신이 가능한 매체이지만 유지, 보수에 많은 어려움이 있고 관련 장비의 운용에 있어 고도의 기술과 전문지식을 필요로 하며 특히 절단 등의 장애가 발생 시 대형 통신장애를 유발 시킬 수 있습니다.

광케이블을 활용한 통신망에서 초기의 SONET/SDH, MSPP, OXC 등의 전송기술은 ATM 서비스 시장의 감소와 Packet 통신의 증가로 인하여 Ethernet frame을 효율적으로 전송할 수 있는 Carrier-Ethernet 과 ROADM 기술로 진화하여 공공기관을 중심으로 주요 백본망으로 자리 잡고 있습니다.

하지만 최근 외부 전자계와의 완전한 차단으로 해킹에 대해 안전한 물리매체로 여겨졌던 광통신에 대한 해킹 가능성이 제기되며, 대응책 마련이 시급해 지고 있습니다.

이러한 초고속 유선 전송망과 무선통신을 기반으로 한 재난 통신은 자연재난과 인공재해 및 인위적인 재난 상황에서 국민의 생명과 재산을 보호하기 위한 통신 시스템을 의미합니다.

우리나라는 평시 및 재난상황 발생 시 국민의 위기상황에 대해 일사분란 한 현장 협력체계 구축을 위한 재난무선 통신망의 후보로 TETRA, iDen, Wibro 방식이 수 년 동안의 기술경합을 통하여 2016년 LTE를 국가재난 통신망의 표준으로 확정하였습니다.

이 과정에서 Analog TV 의 종료로 유휴대역으로 남게 된 700㎒ 의 재분배 과정에서 방송진영에서의 UHD TV 서비스 대역의 요구, 이동통신사의 5G

이동통신 서비스 대역의 요구, 재난망 구축을 위한 대역의 요구에 따른 주체별 이해관계가 엇갈려 긴 논의 끝에 재난망은 718~728㎒, 773~783㎒ 상,하향 각 10㎒ 씩 총 20㎒ 의 대역폭을 할당받게 되었습니다.

PS-LTE 는 주요 요구기능 5개, 세부 기술사항 63개로 구성이 되어 운용 및 효율성, 보안성, 상호 운용성, 재난 대응성 생존성 및 신뢰성 확보를 그 목표로 하고 있습니다. 더불어 uni-cast 기반의 이동통신기술인 LTE 의 한계를 극복하여 단말 간 직접통신, 그룹통신, 단독기지국 모드, 공공망 통합의 구현을 통해 단일한 지휘체계의 확보 및 빠른 재난상황의 복구를 지원합니다.

LTE-R은 VHF 와 TRS 기반 음성중심의 철도무선통신망의 한계를 넘어 음성, data, 영상통화 서비스 제공을 통하여 철도에서의 안전성을 높일 수 있는 철도무선통신 기술로 KRTC(Korea Radio-based Train Control System)의 적용을 통하여 기존의 지상 신호방식의 열차제어시스템보다 좀 더 효율적이고 안전하게 열차의 신호제어를 구현할 수 있습니다.

해상에서는 단일 통신망 및 지휘체계를 통한 해양사고의 감소 및 빠른 재난대응을 구현할 수 있는 e-Navigation을 기반으로 차세대 선박운항 시스템의 구축을 목표로 하고 있습니다.

PS-LTE 는 공공망인 LTE-R 과 e-Navigation 의 통합을 목표로 설계되었으며 이 과정에서의 주파수 공유에 따른 주파수 간섭문제의 해결과 독자적인 국제표준의 마련이 요구 되고 있습니다.

더불어 우리나라는 2016년 경주지진, 2017년 포항지진을 통해 더 이상 지진으로부터 안전한 지역이 아님이 확인되었고 수도권에서 강진이 발생할 경우 막대한 인명 및 재산 피해가 발생할 수 있기에 효과적인 재난통신망의 구축 및 활용이 더욱 요구되고 있으며 과정에서 정보통신기술사의 적극적인 참여가 요구되는 시점입니다.

9.1 광케이블 mode의 종류 및 특징

1. 광대역, 장거리 전송에 적합한 광케이블의 mode별 특성

- ○ 광케이블은 석영으로 제조되며 core와 clad 의 굴절률 차이에 의한 전반사 원리를 이용하여 정보를 전송 함.
- ○ 광케이블은 전파 mode에 따라 single mode, multi mode가 있고 굴절률 분포에 따라 계단형과 언덕형으로 구분 됨.

2. 개념의 이해

가. 광케이블로 전송할 수 있는 mode의 수인 정규화 주파수[267] 2.405 를 기준으로 하여 single mode 와 multi mode로 구분하고 있음.

나. 개념도

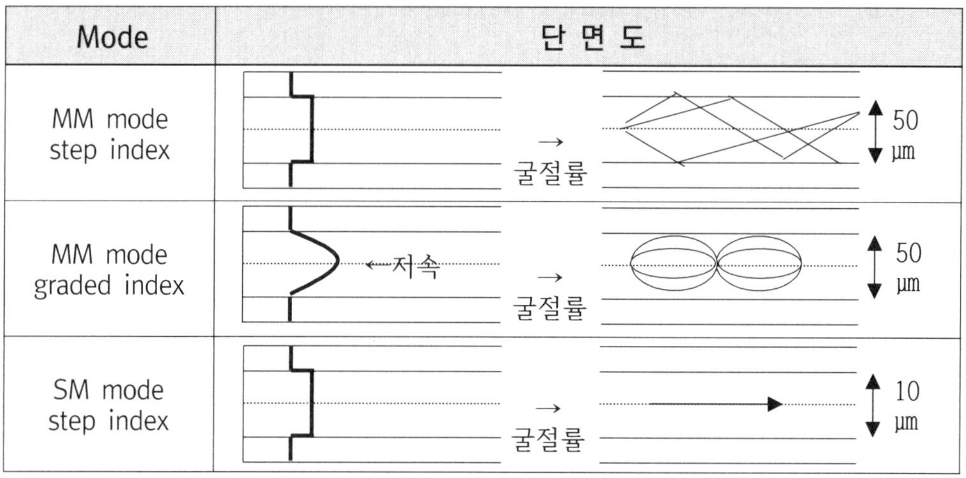

〈광섬유 mode 별 굴절률〉

① MM SI: 여러 모드 존재, 굴절률이 급격히 변화, 단거리용

② MM GI: 여러 모드 존재, 굴절률 완만, 모드분산 줄임. 단거리용

③ SM SI: 하나의 모드 존재, 굴절률 급격히 변화, 장거리, 대용량

다. 광케이블 종류에 따른 Mode의 비교

구 분	Single Mode	Multi Mode	
Mode	단일	언덕형	계단형
core 직경	8~10㎛	50~100㎛	50~100㎛
대역폭	3GHz 이상	300MHz~3GHz	200MHz 이하
전송거리	40km	4km	수km
활 용	WAN(해저)	WAN(단거리)	LAN, MAN

※ 장거리용으로 Single Mode, 단거리에는 Multi Mode가 적합 함.

3. 광케이블의 종류에 따른 활용 분야

① 단일모드: 백본망, WAN(장거리), 해저 케이블

② 다중모드 언덕형: WAN(단거리), MAN

③ 다중모드 계단형: LAN, MAN, 구내통신

④ DSF[268]: 백본망, WDM 정해진 구간

4. 광케이블 주요특성

○ 광케이블은 기존 동케이블과 UTP 의 가장 큰 문제점인 data의 전송 거리를 향상시켰고 전자계 영향 없이 대용량 전송이 가능한 매체임.

○ 하지만 접속 및 포설에 고도의 기술이 요구되며 충격에 매우 약하므로 기본설계 시부터 COD 등 별도의 배관 배선의 적용이 요구 됨.

267) 정규화 주파수: 광섬유 내에서 전파할 수 있는 mode의 수를 말한다.

268) DSF(Dispersion Shifted Fiber): "0" 분산 파장의 분산축을 1,550㎚ 대역에서 분산이 최소가 되도록 이동하여 설계한 케이블을 말한다.

Point

키 워 드	단일모드, 다중모드, 언덕형, 계단형, 굴절률
기출코드	
통합사고	광선로는 사용 거리 및 용도에 따라 단일모드와 다중모드를 구분하여 사용하고 있습니다. 여기서 굴절률의 변화에 따른 광선로의 모드별 특징과 사용 용도를 정확히 파악하여야 합니다.
함께보기	"광섬유 도파원리", 손에 잡히는 ICT, 90p "SM 광섬유 특성", 손에 잡히는 ICT, 100p

참고문헌

[1] 김창민, "도파 및 집적광학", Ohm 사, 1999.02
[2] 손경락, "기초입문 광통신공학", 홍릉과학출판사, 2014

9.2 광케이블 도파원리 및 snell의 법칙

1. 빛의 전반사 원리를 이용한 광섬유 도파원리의 개요

- ○ 광섬유는 core 와 clad의 굴절률 차에 의해 두 매질 경계면에서 입사된 에너지가 전부 반사되는 전반사 원리로 도파 됨.
- ○ 굴절률이 다른 2개의 매질의 경계면에서의 입사광과 굴절광의 방향 사이에는 snell의 법칙이 성립되어 광원이 전파 됨.

2. 개념의 이해

가. 광섬유는 core와 clad간 경계지점에서의 굴절률 차이에 의한 전반사[269] 원리를 이용해 반사를 거듭하며 광섬유를 통과 함.

나. 개념도

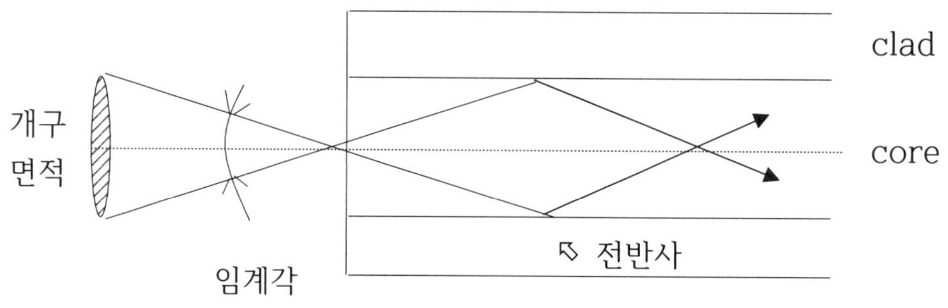

<광섬유의 도파원리>

① 광섬유는 core, clad, coating 으로 구성되며 core가 clad를 덮는 2중 구조로 core의 굴절률이 1% 정도 높음.

② core와 clad의 굴절률 차이로 인한 전반사의 원리를 이용하여 반사를 거듭하며 광신호가 전송 됨.

---

269) 전반사: 빛이 굴절률이 다른 두 매질의 경계면에서 굴절 없이 전부 반사되는 현상을 말한다.

		③	광의 입사각이 임계각[270] 보다 더 큰 각도로 입사되면 광은 굴절
			없이 입사된 모든 빛이 반사되어 전반사가 발생함.
3.			**snell의 법칙**
	가.		빛의 굴절률이 다른 2개의 등방, 비전도 매질의 경계면에서 빛이
			굴절 시 입사광과 굴절광의 방향 사이에서 성립되는 법칙임.
	나.		빛의 반사 및 굴절
		①	빛은 균일한 매질에서 직진 함
		②	반사면에서 입사각과 반사각은 동일 함.
		③	밀도가 다른 두 경계면에서 굴절 함.
	다.		굴절률
		①	$n=\frac{\sin\theta_1}{\sin\theta_2}=\frac{v_1}{v_2}=\frac{n_2}{n_1}$
		②	공기 중 빛의 속도를 매질 속에서 빛의 속도로 나눈 값임.

270) 임계각: 굴절률이 다른 두 매질 사이에서 전반사가 일어나기 시작하는 입사각을 말한다.

Point

키 워 드	도파원리, 굴절률, Snell의 법칙, 전반사
기출코드	
통합사고	전반사의 원리가 적용되는 광의 도파원리는 광통신의 가장 기초가 되는 이론입니다. 광의 도파원리를 이해하면서 snell의 법칙과 굴절률의 상호관계의 이해가 요구됩니다.
함께보기	“광섬유의 도파원리”, 손에 잡히는 ICT, 90p

참고문헌

[1] 손경락, “기초입문 광통신공학”, 홍릉과학출판사, 2014
[2] 김창주, “광통신시스템 공학”, 진한엠앤비, 2004

9.3 광의 파라메타

1. 광섬유의 특성을 규정짓는 광 파라메타의 개요

- ○ 광섬유의 파라메타는 굴절률과 관계된 광학적 파라메타와 광섬유의 구조를 나타내는 구조적 파라메타가 있음.
- ○ 광학적 파라메타에는 개구수, 수광각, 굴절률 분포, 정규화주파수 가 있고 구조적 파라메타에는 편심률, 비원률, 코어경 등이 있음.

2. 광 파라메타의 개념 이해

가. 광의 파라메타는 광섬유의 특성을 규정짓는 요소로 고속, 대용량의 정보 전송을 위한 성능정보를 제공하는 요소 임.

나. 개념도

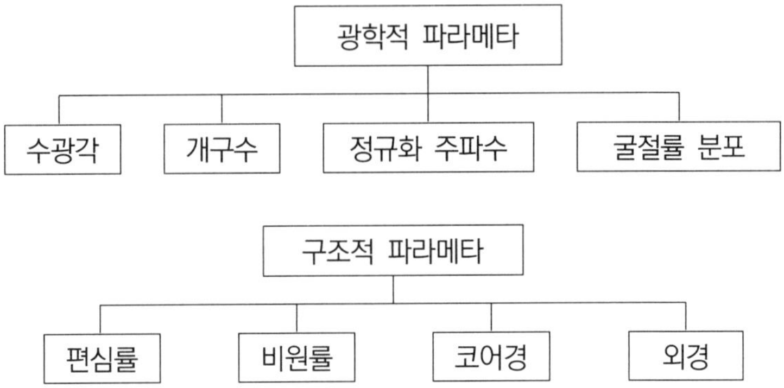

〈광 파라메타의 구분〉

3. 광학적 파라메타

파라메타	내 용	수 식
비굴절률차	코어와 클래드의 상대적 굴절률 차이	$\Delta = \frac{n_1 - n_2}{n_1}$ (클수록 광 입사가 용이)
수광각	전반사가 가능 최대 입사각	수광각= $2\Theta_a$

파라메타	내 용	수 식
개구수	입사광에 대해 받아드릴 수 있는 최대의 수광각	NA= $n_1 \sin\Theta_c$ (싱글:0.1, 멀티:0.2~0.3)
굴절률 분 포	코어 내에서 축으로 부터의 거리에 따른 굴절률 변화	$n(r) = 1-2\Delta[\frac{r}{a}]^{\alpha\frac{1}{2}}$
정규화 주파수	광섬유 내에서 전파할 수 있는 mode[271]의 수	V=$\frac{2\pi a}{\lambda}\cdot$NA (2.405: 멀티,싱글 구분)

※ 개구수, 수광각, 코어경은 전송 속도와 관계가 있음.

4. **구조적 파라메타**

파라메타	주요 내용
편심률	코어 중심과 클래드 중심의 편차
비원률	코어, 클래드의 원형 유지도
코어경	코어의 지름 (내부 지름)
외경	fiber의 지름 (외부 지름)

※ 편심율, 비원율은 접속손실 파악에 중요한 요소임.

5. **광파라메타를 이용한 광통신의 설계**

- 코어내 수광각과 개구수가 커야 다중 모드의 전송이 가능 함.
- 정규화 주파수 V〈2.405 이면 단일모드, V〉2.405 이면 다중모드임.
- 비굴절률차가 클수록 광이 코어내로 들어가기 용이 함.

271) mode: 광케이블은 single mode 와 multi mode 가 존재한다.

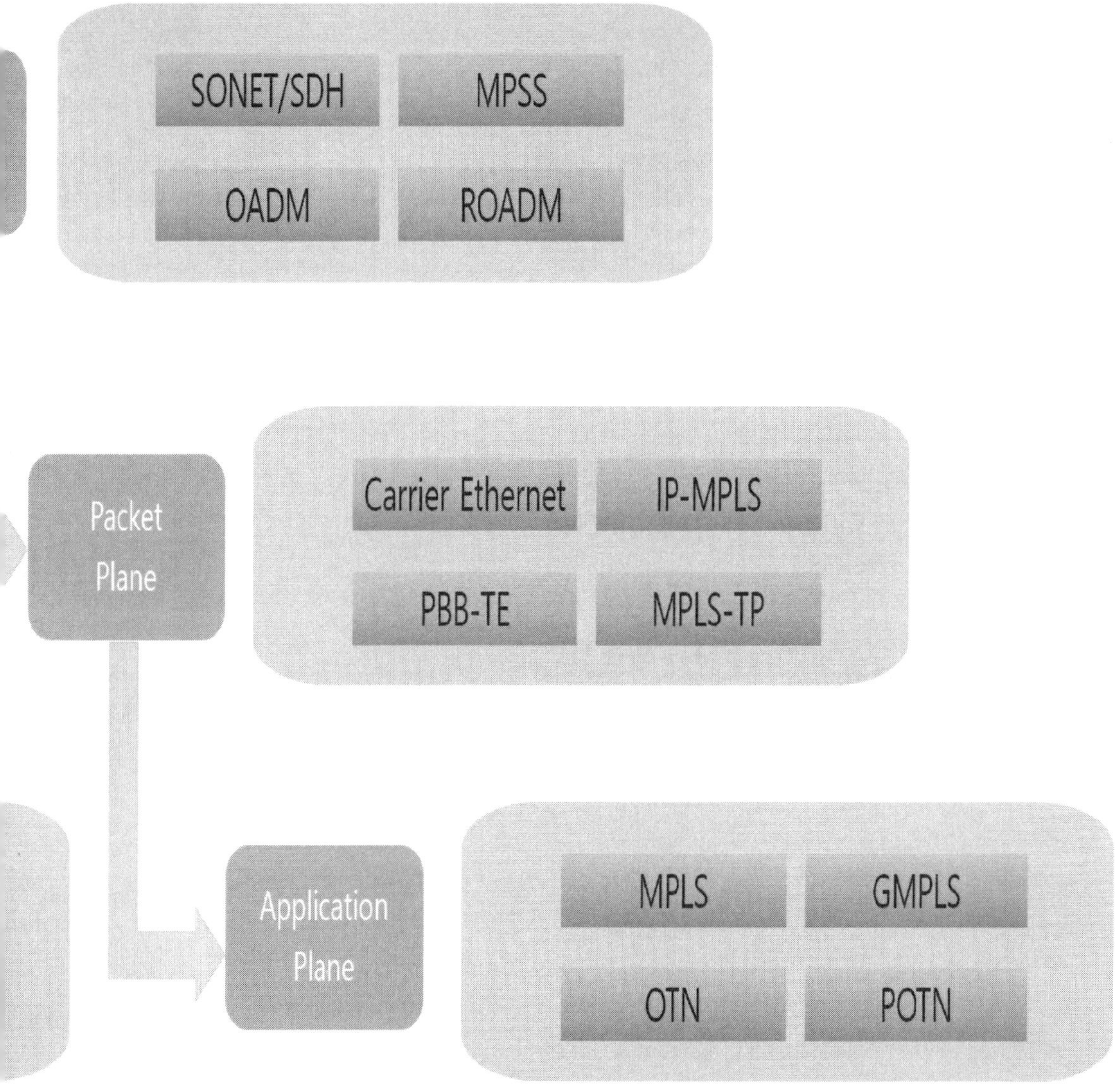
SONET/SDH
MPSS
OADM
ROADM
Packet Plane
Carrier Ethernet
IP-MPLS
PBB-TE
MPLS-TP
Application Plane
MPLS
GMPLS
OTN
POTN

철도/재난통신망

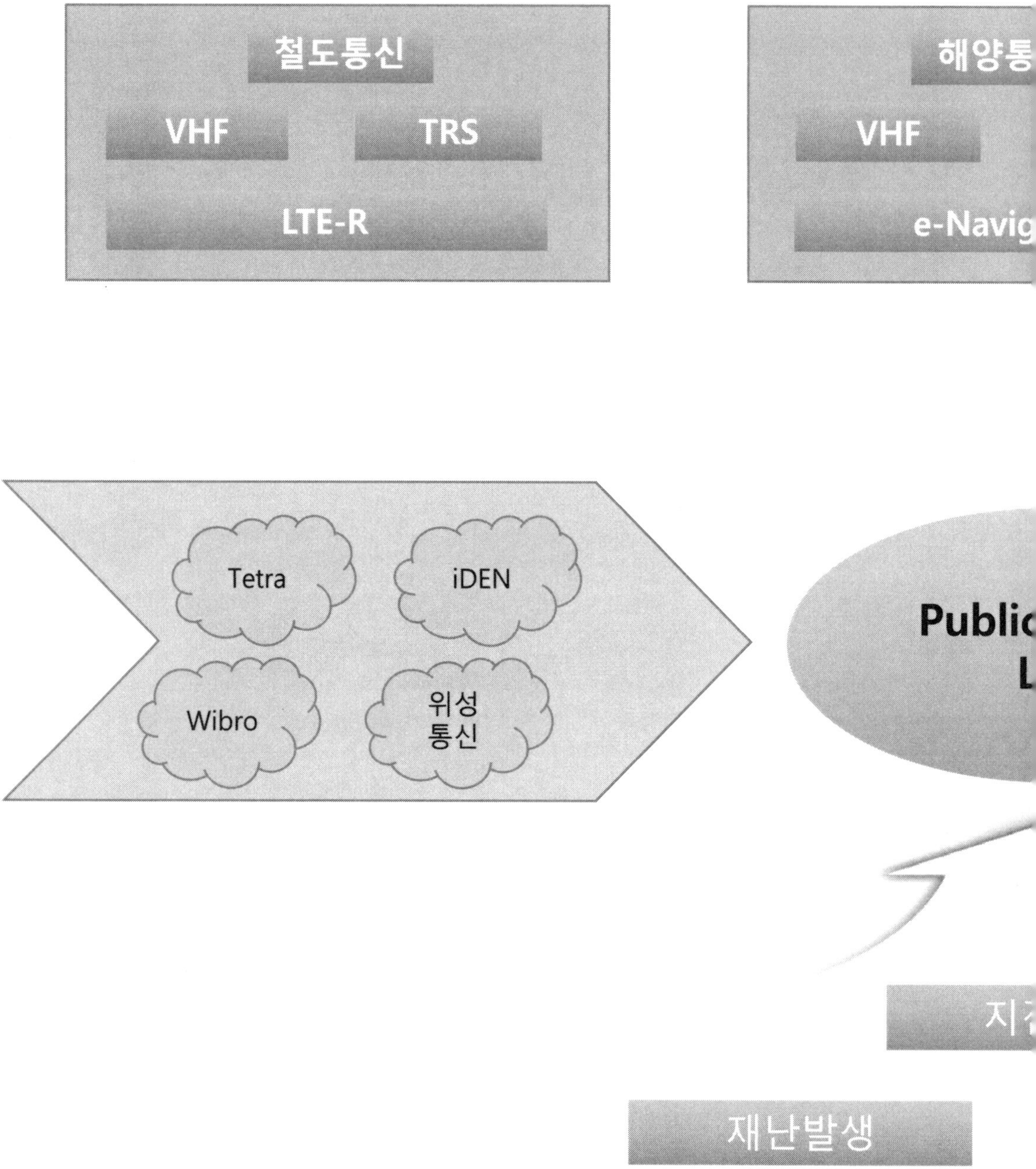

광 통신망

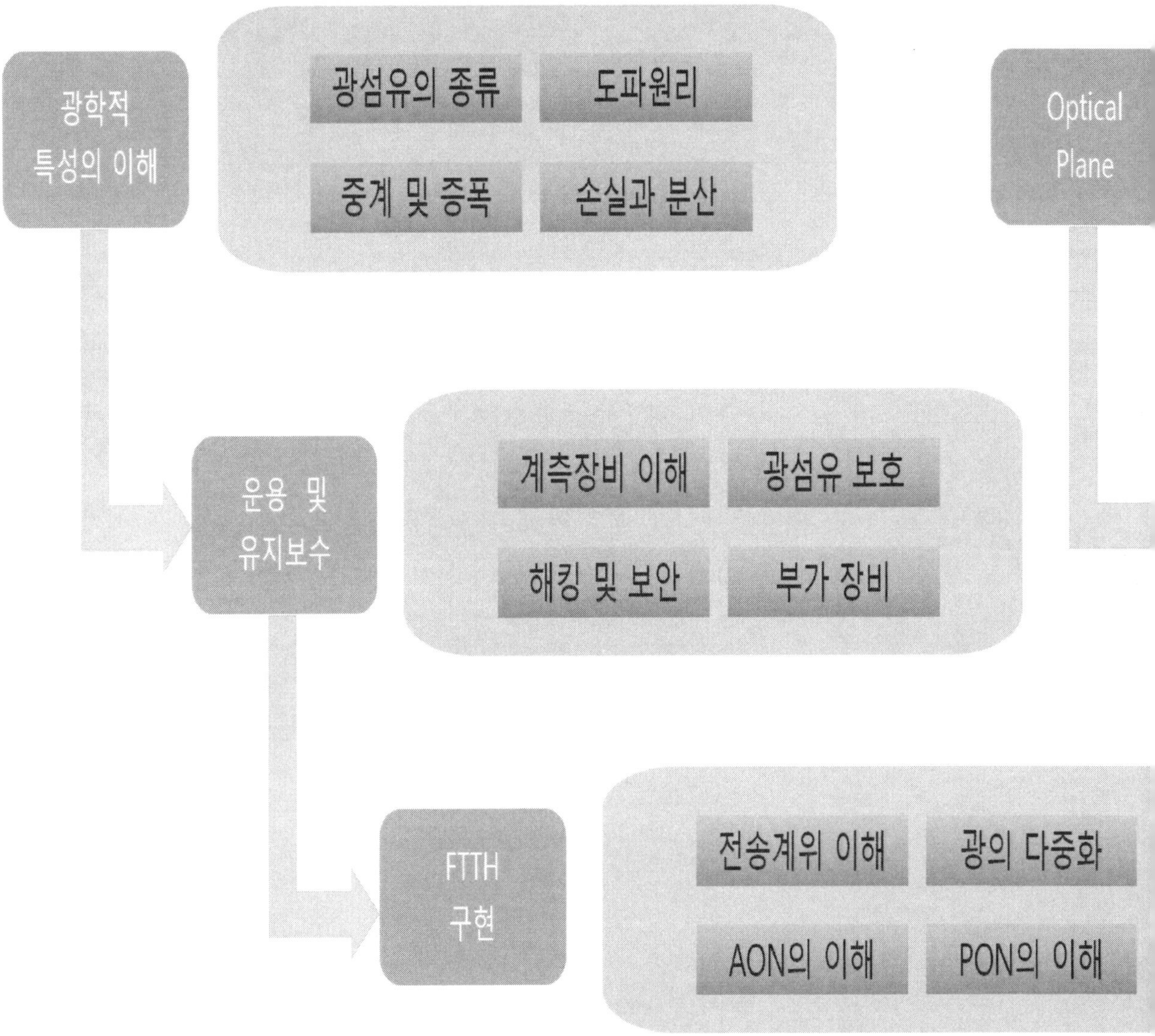

광학적 특성의 이해
광섬유의 종류
도파원리
중계 및 증폭
손실과 분산
Optical Plane
운용 및 유지보수
계측장비 이해
광섬유 보호
해킹 및 보안
부가 장비
FTTH 구현
전송계위 이해
광의 다중화
AON의 이해
PON의 이해

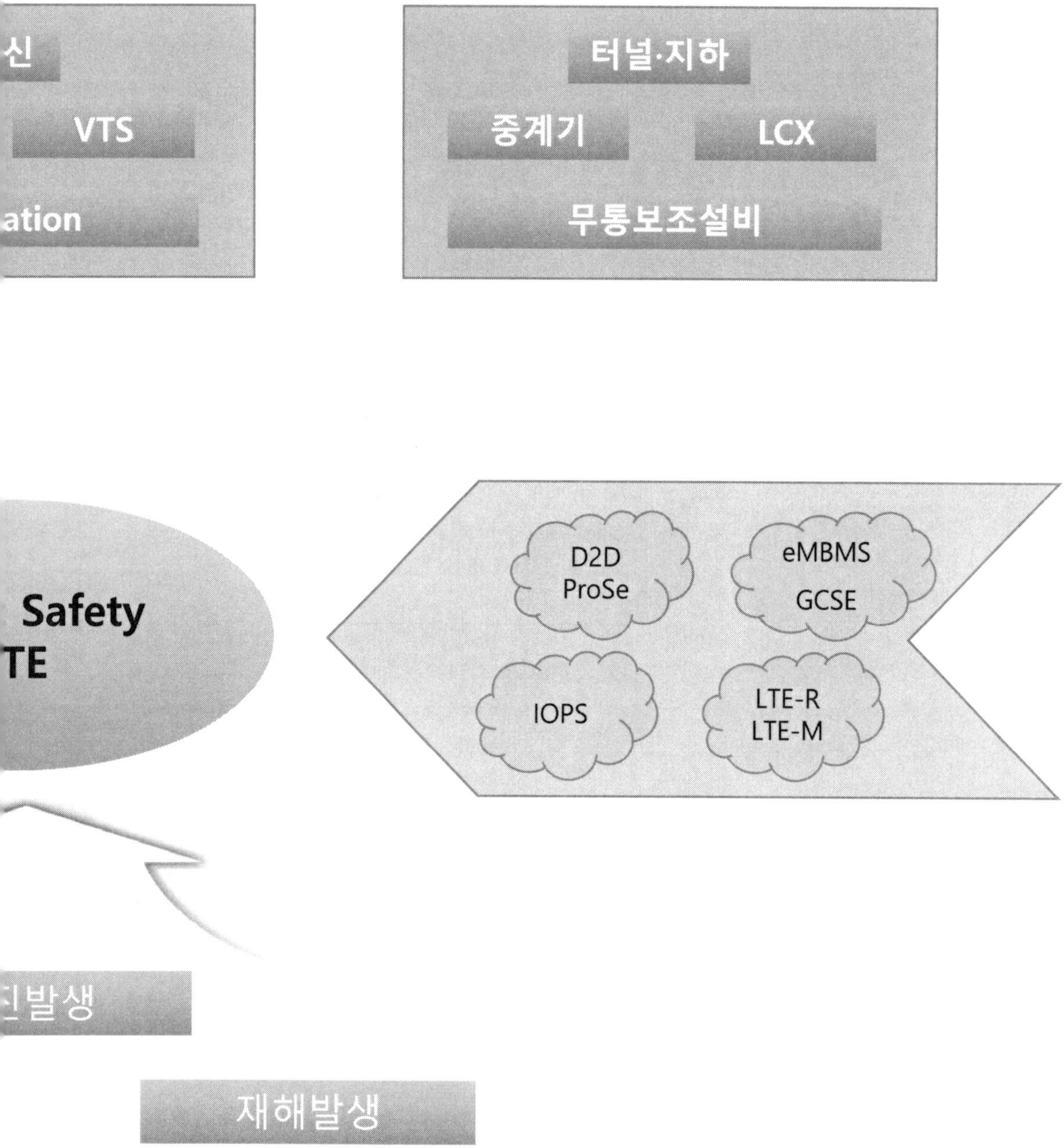

신
VTS
ation
터널·지하
중계기
LCX
무통보조설비
Safety
TE
D2D
ProSe
eMBMS
GCSE
IOPS
LTE-R
LTE-M
발생
재해발생

Point

키 워 드	비굴절률차, 수광각, 개구수, 정규화 주파수, 굴절률 분포 편심율, 비원율
기출코드	통신2014하1
통합사고	광의 파라메타는 광학적 파라메타와 구조적 파라메타로 구분되며, 광케이블의 물리적 특성을 규정짓는 중요한 요소로서 각 파라메타의 정확한 개념과 수식을 이해가 요구됩니다.
함께보기	“광섬유의 도파원리”, 손에 잡히는 ICT, 90p “광 파라메터”, 손에 잡히는 ICT, 110p

참고문헌

[1] 김창민, “도파 및 집적광학”, Ohm 사, 1999
[2] 김창주, “광통신시스템 공학”, 진한엠앤비, 2004

9.4 Coherent 광변조

1.			**10G 서비스 지원을 이한 Coherent 광전송의 개요**
	❍		Coherent란 파동의 공간적 퍼짐이 물리적으로 균일하며 위상이 규칙성을
			갖고, 주파수, 출력이 시간에 따라 변하지 않는 것을 의미함.
	❍		Coherent 광변조는 주파수, 시간적으로 정교환 광원으로 만든 Carrier를
			이용하여 광파의 주파수나 위상에 정보를 실어서 전송하는 방식임.
2.			**개념의 이해**
	가.		광 세기변조 방식(IM-DD)의 단점인 고속 전송의 한계를 극복하기 위해
			위상과 주파수 등을 변조하여 신호를 전송하는 광통신 기술임.
	나.		개념도

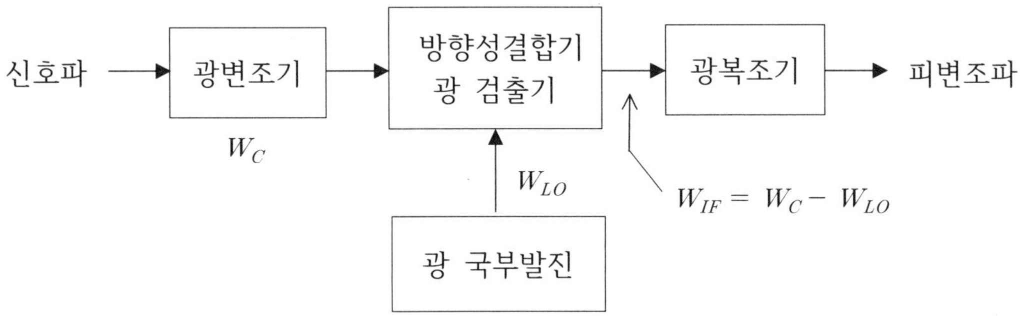

<Coherent 광변조의 개념도>

		①	입력신호를 ASK[272], FSK[273], PSK 방식을 이용하여 협대역의 신호파에
			변조시키는 방식으로 광신호의 위상을 추적하여 신호를 검출 함.
		②	변조신호는 광 검출기에서 W_C 와 W_{LO} 의 차에 해당하는 헤테로다인
			연산을 통해 중간 주파수 W_{LO}를 발생시켜 신호를 검출 함.

272) ASK: 신호파 정보에 따라 반송파의 진폭이 변화하는 변조방식을 말한다.
273) FSK: 신호파 정보에 따라 반송파의 주파수가 변화하는 변조방식을 말한다.

③ 다양한 변조방식을 적용하여 다중화면 다채널의 구현이 용이하며 기존 변조방식에 비해 10~20dB 감도가 향상 됨.

다. 방식의 비교

구분	Coherent	Non-Coherent
스펙트럼	단일 스펙트럼	다양한 스펙트럼
위상	일치	비 일치
발열	없음	있음
10G 서비스	지원	어려움

※ Coherent는 복수의 광이 전파 시 파의 간격이 등 간격임을 의미함.

3. 주요 특성 및 활용분야

- ❍ 광대역 주파수 대역의 활용할 수 있는 장점이 있으나 고파장 필터 및 광가입자 기술의 확보가 요구되며 경제성 확보가 필요함.
- ❍ Coherent 광변조는 장거리 시외구간의 전송, 해저 광케이블, 광대역 분배 광가입자망에 적용 시 높은 효율을 얻을 수 있음.

Point

키 워 드	Coherent, 헤테로다인, 해저 케이블
기출코드	통신2018상1
통합사고	광전송 기술은 DWDM, ROADM, EDFA, DSF 등의 활용을 통하여 효율을 극대화 하고 전송거리 및 효율을 극대화 합니다. Coherent 광변조는 기존 광원의 세기를 통한 변조에서 진화하여 Coherent 한 광파를 방송파로 이용하여 전송하는 방식으로 광소자의 제조가 어려운 단점이 있습니다.
함께보기	“광섬유의 도파원리”, 손에 잡히는 ICT, 90p

참고문헌

[1] 김동룡, “광섬유와 광통신”, 상학당, 2012
[2] 정진호, “실험과 함께 배우는 광통신 공학“, 동일출판사, 2014

9.5 DSF, NZ-DSF 케이블

1.			**1,550㎚ 대역의 효율적 활용을 위한 DSF 케이블의 개요**
	○		DSF 케이블은 "0"분산 파장의 분산축을 1,550㎚ 대역에서 분산의
			물리적 가치가 최소가 되도록 이동하여 설계한 케이블임.
	○		NZ-DSF 케이블은 "0"분산 파장을 1,550㎚에서 조금 벗어나게 적용하여
			1,550㎚ 대역에서의 비선형을 억제한 케이블 임.
2.			**개념의 이해**
	가.		DSF, NZ-DSF 케이블은 "0" 분산의 파장대역을 인위적으로 조절하여
			기존 SMF의 분산에 의한 전송대역 제한의 문제점을 극복함.
	나.		개념도

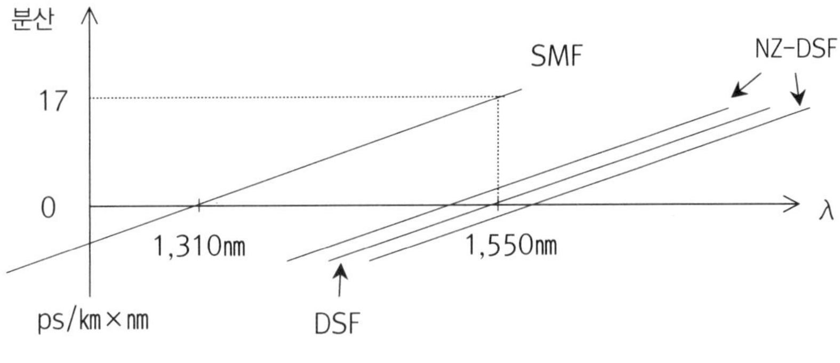

〈광케이블의 분산특성〉

		①	SMF 는 1,310㎚에서 17ps/km×nm274) 의 분산이 발생하여 1,550㎚
			에서 "0"분산을 갖는 DSF를 적용 고속 광대역 통신을 구현 함.
		②	DSF는 분산을 최소화 하여 10㎓ 이상의 광대역 전송이 가능하나
			고가이고 파장 증가 시 비선형성이 증대해 색분산이 발생함.
		③	NZ-DSF는 1,550㎚ 에서의 비선형을 억제하며 WDM에서 채널 간
			간섭에 의한 비선형을 극복하여 초고속, 장거리 전송에 적용 됨.

3. **방식의 비교**

구 분	DSF	NZ-DSF
파장대역	1,550㎚	1,550㎚
색분산	영향 있음	영향 작음
비선형275)	크게 발생	작음
WDM	제한적	적용용이

※ NZ-DSF는 DSF의 색분산과 WDM 방식에서의 채널간의 간섭에 의한 비선형 현상을 개선 함.

4. **DCF(Dispersion Compensating Fiber)**

① 분산보상 광섬유로 색분산을 상쇄 시키나 가격이 고가임.

② "-" 분산특성으로 전송로 중간에 배치, 왜곡 없이 100Gbps 전송함.

5. **DFF(Dispersion Flattened Fiber)**

① single mode 분산을 "0" 으로 구현

② 1,310~1,550㎚ 의 넓은 대역에서 낮은 분산을 구현

274) ps/㎞×㎚ : 분산의 단위, 1㎚ 파장차이의 두 광신호가 1㎞ 전파했을 때 생기는 시간 차이를 말한다.
275) 비선형(효과): 입사광의 세기가 임계광 이상일 경우 굴절률 등 광학적 특성이 변하는 현상을 말한다.

Point

키 워 드	DSF, NZ-DSF, DCF, DFF, 영분산
기출코드	통신2015하1
통합사고	일반적인 SMF는 분산의 영향을 받으며 DCF는 분산의 영향을 극복하나 가격이 고가입니다. DSF는 이러한 단점을 극복하였고 NZ-DSF는 WDM에서 DSF가 갖는 간섭을 최소호한 케이블입니다.
함께보기	“분산천이 광섬유”, 손에 잡히는 ICT, 98p

참고문헌

[1] 김동룡, “광섬유와 광통신”, 상학당, 2012
[2] 정진호, “실험과 함께 배우는 광통신공학”, 동일출판사, 2015

9.6 광케이블의 손실 과 분산

1. 광의 세력이 약해지는 손실과 전송대역을 제한하는 분산의 개요

- 광통신에서의 손실은 광케이블을 통과하는 빛의 세기가 거리에 비례하여 그 크기가 감소하는 현상으로 광의 전송거리를 제한 함.
- 광통신에서의 분산은 광신호가 전파되는 도중 광 펄스의 파형이 퍼져 이웃하는 광 펄스 와 겹침으로 전송대역이 제한되는 현상임.
- 이러한 광의 고유한 특성인 손실과 분산은 광통신의 장거리 전송 및 전송대역을 제한하는 요소로서 작용하므로 충분한 대책이 요구 됨.

2. 광 손실 개념의 이해

가. 광섬유의 구조 손실은 광케이블의 구조적 특성에 의해 발생하며 종류에는 불균등 손실, 코어손실, 마이크로 밴딩이 있음.

나. 광섬유의 재료 손실은 광케이블의 재료에 의해 발생하는 손실로서 산란 손실, 흡수신실, 회선손실이 있음.

다. 개념도

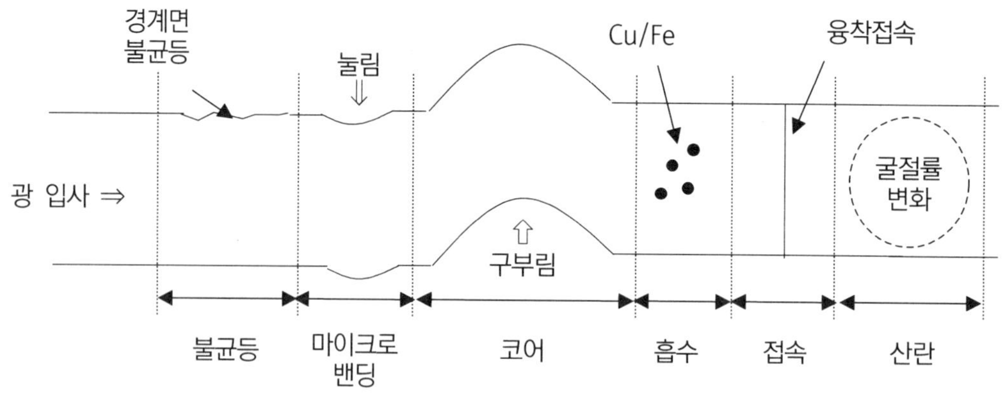

〈광선로 손실의 개념도〉

3. 광 손실의 종류 및 대책

가. 광의 손실은 광원의 전송거리를 제한하는 요소로서 시스템의 설계 단계부터 구조손실과 재료손실에 대한 대책이 고려되어야 함.

나. 손실의 종류

손실	종류	손실의 원인
구조손실	불균등 손실	core와 clad의 경계면 불균형으로 발생
	코어 손실	광케이블을 구부림으로서 발생
	마이크로 밴딩	광케이블에 불균일한 압력으로 발생
재료손실	산란 손실	광전송로의 미소한 굴절률의 변화
	흡수 손실	금속 및 수분 등에 의한 흡수
	회선 손실	광케이블의 접속

※ 재료손실의 최소화를 위해 고품질의 광케이블 사용이 요구 되며 융착접속 시 편심률과 비원율을 고려하여 손실을 최소화 하여야함.

다. 광손실의 대책

대책	주요 내용
저손실 대역의 사용	850㎚, 1,310㎚, 1,550㎚
융착접속[276]시 손실 최소화	규정치 이상 손실 발생 시 재접속
불순물 적은 케이블의 사용	흡수손실의 최소화
물리적 보호조치 준수	COD관, 전용 트라우 및 다라 적용
최대 곡률 허용치[277]의 준수	외경 20배, 운용 시 10배
회선손실 최소화	광선로의 접속 및 분기 최소화

276) 융착접속: 광케이블을 단면을 가열하여 접속하는 방식을 말한다.
277) 최대 곡률 허용치: 케이블 특성의 변화 없이 구부릴 수 있는 허용반경을 말한다.

※ 광선로는 매립 후 광케이블 매설 표지판을 설치하여 물리적 파손 및 구조손실을 사전에 예방하여야 함.

4. 광 분산 개념의 이해

가. 분산은 Multi-mode에서 mode간 속도 차에 의한 모드간 분산과 Single-mode에서 파장과 관계된 모드내 분산이 있음.

나. 모드내 분산은 파장과 관계된 색 분산으로 구조분산과 재료분산으로 구분되며 실제 통신에 심각한 문제를 발생시킴.

다. 분산의 개념도

분산의 종류	개념적 특성
모드 간 분산	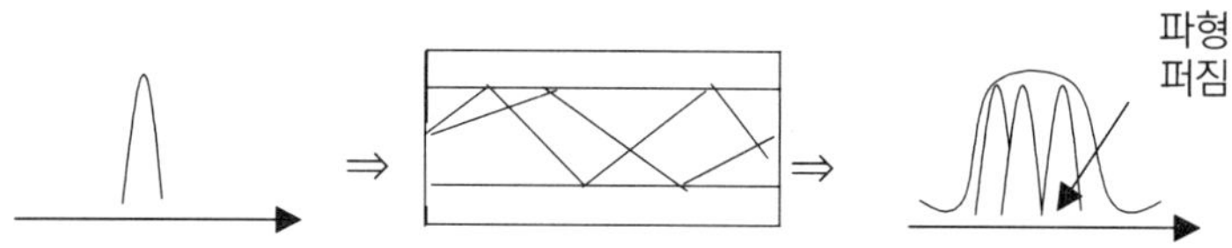
모드 내 분산	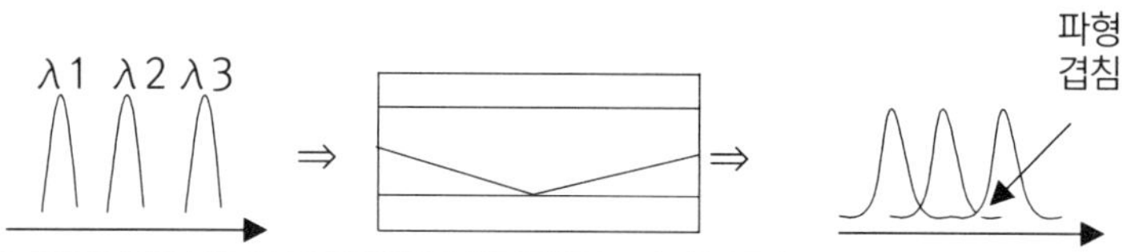

〈분산의 개념적 특성〉

① 모드간 분산은 다중모드 전송 시 각 모드의 전파속도 및 경로차에 의해 발생하는 분산으로 언덕형 index의 사용으로 극복이 가능함.

② 모드내 분산은 광섬유의 구조 변화에 의한 속도차이에 따른 구조분산과 굴절률이 파장에 따라 변화하는 재료분산이 있음.

5. 분산 특성의 비교 및 대책

가. 광의 분산은 광원의 전송대역을 제한하는 요소로서 효과적인 분산의 극복을 위해 DSF 케이블, 언덕형 굴절률 케이블을 사용함.

나. 분산 특성의 비교

구분	모드 내 분산	모드 간 분산
mode	단일, 다중 mode	다중 mode
원 인	재료, 구조에 의한 분산	mode 간 속도 차
종 류	구조분산, 재료분산	모드간 분산
대 책	DSF 케이블	언덕형 굴절률

※ 분산의 단위는 ps/km×nm 로 1nm 파장 차이의 두 광신호가 1km를 전파 했을 때 생기는 시간의 차이를 의미함.

다. 광분산의 대책

대책	주요 내용
"0" 분산 대역의 사용	재료분산, 구조분산 특성 상쇄
DSF 케이블 적용	1,550nm 대역에서 "0"분산 구현
DCF 케이블 적용	"–" 분산 특성의 적용(고가)
언덕형 굴절률	모드간 분산의 감소
저차 mode 적용	고차 mode 시 분산치 증대

※ SMF 는 1,310nm에서 17ps/km×nm 의 분산이 발생하여 DSF, NZ-DSF를 적용하여 분산을 극복 함.

6. 결론

- 광케이블은 기존 동선의 전송거리를 획기적으로 향상시킨 물리 매체로 전자기의 영향 없이 대용량 광대역 전송이 가능한 특성을 갖음.
- 하지만 광케이블은 사용 파장에 따라 감쇄와 분산의 물리적 특성으로 인하여 전송거리 및 전송대역이 제한되는 문제점을 안고 있음.
- 따라서 기본설계 단계부터 거리 및 용량에 맞는 광케이블을 선정 및 광선로 보호를 위한 별도의 배관[278] 및 배선을 고려하여야 함.

Point

키 워 드	구조손실, 재료손실, 모드내 분산, 모드간 분산
기출코드	통신2016상2
통합사고	분산은 시간적인 광의 퍼짐으로 분산의 양과 data 전송량은 반비례의 관계로 분산특성은 손실 특성과 함께 광의 전송에 많은 영향을 미칩니다. 따라서 광의 손실과 분산의 종류 및 대책은 명확히 이해하여야 하며 기본설계 단계부터 손실과 분산에 대한 충분한 대책을 수립하여야 합니다.
함께보기	"모드내 분산과 모드간 분산", 손에 잡히는 ICT, 108p

참고문헌

[1] 김동룡, "광섬유와 광통신", 성학당(도), 2012
[2] 정진호, "실험과 함께 배우는 광통신 공학", 동일출판사, 2014
[3] 구자혁, "핵심 정보통신기술 총서", 한울, 2014

278) 별도의 트라우, 라다, COD 배관을 적용하여야 한다.

9.7 광의 다중화

1.			**광 다중화 기술의 개요**
	○		광의 다중화는 한정된 물리적 통신자원을 효율적으로 사용하는 방식으로
			두 통신 지점 간 다수의 data를 하나의 광선로로 전송하는 방식 임.
	○		광 다중화의 방식에는 광 시분할(TDM), 광 코드분할(CDM), 광 파장
			분할 다중화(WDM), 광주파수분할 다중화(FDM) 등이 있음.
2.			**개념의 이해**
	가.		송신측에서는 여러 신호를 다중화[279] 하여 하나의 광선로를 통하여
			전송을 하고 수신측에는 역다중화[280]를 통하여 원 신호를 복원 함.
	나.		개념도

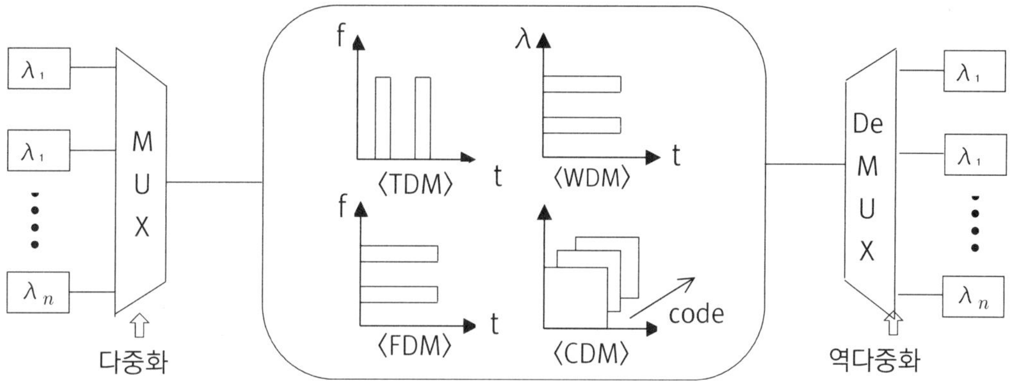

〈광다중화의 개념도〉

		①	Tx 측의 λ_1, λ_2, • • • λ_n 은 MUX를 통하여 주파수, 시간, 코드,
			직교반송파의 domain에서 Muxing 작업을 수행 함.
		②	Rx 측은 하나의 광선로 수신된 신호를 De-muxing을 통하여 각각의
			신호를 분리하여 원래의 λ_1, λ_2, • • • λ_n 신호를 복원함.

279) 다중화: 송신측에서 MUX를 이용하여 여러 신호가 공통의 ch을 이용하는 방식을 말한다.
280) 역다중화: 수신측에서 DE-MUX 를 이용하여 다중화 된 신호를 분리하는 방식을 말한다.

③ 관련 다중화 기술의 발전으로 초기 TDM, FDM 방식에서 운용 및 관리가 용이한 WDM 방식으로 진화하고 있음.

다. 방식별 주요 특성

방식	주요 특성
O-TDM	광/전 변환 없이 광신호 상태에서 시분할 다중화
	낮은 가격으로 구성이 용이하나 증폭기가 필요 함
O-FDM	㎓ 급 CH 간격으로 주파수분할 다중화 구현
	1,550㎚ 대역을 다중화 하며 WDM 으로 진화 함
O-CDM	직교 code를 이용하여 광신호의 CH을 구분
	일부 상용화 됨, 상용화에 한계
O-WDM	하나의 광섬유에 다수의 파장을 다중화/역다중화
	낮은 cost 로 대용량 트래픽의 전송

※ WDM 은 사용하는 ch의 개수에 따라 CWDM, DWDM, UDWDM 으로 구분 됨.

3. 광 다중화의 동향

○ 광의 다중화는 낮은 cost 및 대용량 전송이 가능한 WDM 방식의 적용을 통하여 한정된 광선로 자원의 효율성을 증대시킴.

○ DWDM, UDWDM 방식은 대용량 전송이 가능하나 발열로 인한 비선형성 증가로 파장의 개수가 적은 CWDM 이 일부 적용됨.

Point

키 워 드	TDM, FDM, CDM, WDM
기출코드	통신2018상1
통합사고	다중화 기술은 한정된 채널 자원을 시간, 주파수, 코드, 파장 등을 분할하여 효과적으로 사용하는 방식입니다. 광통신에서의 다중화는 주로 WDM 이 적용되고 있으며 효율을 더욱 높이기 위해 DWDM, UDWDM 등으로 진화되어 적용되고 있습니다.
함께보기	"다원접속 방식", 손에 잡히는 ICT, 124p

참고문헌

[1] 김동룡, "광섬유와 광통신", 상학당, 2012
[2] 구자혁, "핵심 정보통신기술 총서", 한울, 2014

9.8 광케이블의 3대 저손실창

1.			**손실이 적은 3대 저손실창**
	○		광통신은 전송거리(km)에 따른 감쇄량(dBm)을 의미하는 손실과 광의 파장이
			겹쳐 대역이 제한되는 분산의 양향을 받음.
	○		광통신에서 광원의 전송 거리에 따른 전송손실이 적어지는 3대 저손실
			대역은 850nm, 1,310nm, 1,550nm 대역의 파장대를 의미 함.
2.			**개념의 이해**
	가.		광의 3대 저손실 대역 중 850nm[281] 대역은 현재 거의 사용되지 않고
			1,550nm 대역의 경우 WDM[282] 등의 고속통신에 활용되고 있음.
	나.		개념도

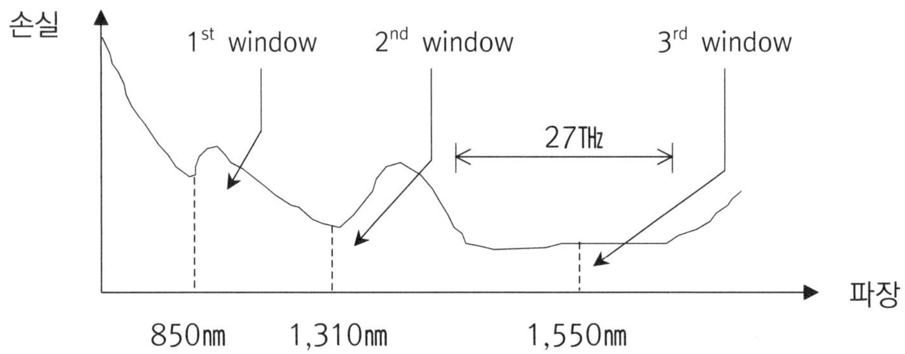

〈저손실 대역의 개념도〉

		①	1st window: 850nm 대역으로 초기 층간 switch 등의 접속 등 구내 배선
			에 적용이 되었음.
		②	2nd window: 1,310nm 대역으로 850nm 대역 보다 손실이 적으나 대역이
			좁아 광대역 통신에는 한계가 있음.

281) 850nm: 1,310nm, 1,550nm 대역에 비해 분산의 영향이 커서 사용이 제한된다.
282) WDM(Wavelength Division Multiplexing); 광 파장분할 다중화 방식을 말한다.

③ 3rd window: 1,550㎚ 대역으로 27㎔의 폭넓은 대역을 갖고 있어 근거리 고속 통신에 적용 됨.

다. 방식의 비교

구분	1st window	2nd window	3rd window
중심 파장	850㎚	1,310㎚	1,550㎚
손실 값	3.5㏈/㎞	0.4㏈/㎞	0.25㏈/㎞
특 성	높은 손실	협대역	광대역
활 용	구내배선	장거리 통신	근거리 고속통신

※ 1,550㎚ 대역은 전송대역이 제한되는 분산을 줄이기 위해 분산의 축을 이동시킨 DSF 광케이블을 이용하여 활용하고 있음.

3. **저손실 대역의 효율적인 활용**

○ WDM 다중화 방식은 DSF 케이블을 이용한 저손실 대역인 1,550㎚ 대역을 중심으로 분포되어 서비스되고 있음.

○ WDM을 더욱 고속화한 DWDM 과 UDWDM 방식은 C 와 L 밴드의 1,565~1,625㎚/ 1,625~1,675㎚ 대역의 파장을 사용함.

Point

키워드	손실, 광원의 감쇠, 850㎚, 1,310㎚, 1,550㎚
기출코드	통신2018상1
통합사고	광케이블은 기존의 동선과 비교할 수 없을 만큼 장거리 전송이 가능한 물리매체입니다. 이러한 광케이블은 850㎚, 1,310 ㎚, 1,550㎚의 3개의 저손실창을 갖고 있음. 850㎚ 대역은 초기 구내배선 등에 사용이 되었으나 현재는 거의 사용되지 않고 WDM에 활용이 되는 1,550㎚의 활용도가 높습니다.
함께보기	“광 파라메터”, 손에 잡히는 ICT, 110p

참고문헌

[1] 김동룡, “광섬유와 광통신”, 상학당, 2012
[2] 구자혁, “핵심 정보통신기술 총서”, 한울, 2014

9.9 COD(Corrugated Optical Duct) 광케이블 보호관

1.			**COD 배관의 개요**
	○		COD 배관은 일체형 광케이블 보호관으로 한 개의 관 안에 작은 다수의
			관을 삽입해 넣은 형태로 시공의 편리성을 제공하는 보호관임.
	○		HDPE(고밀도 폴리 에틸렌)의 재질과 파상형 구조로서 토압에 강하고
			다른 광케이블 보호관에 비해 시공성 및 안전성이 우수한 배관임.
2.			**개념의 이해**
	가.		COD 보호관은 기존 케이블 포설방식인 외관 작업 후 내관을 삽입
			하는 방식의 불편함을 최소화한 내,외관 일체형 광케이블 보호관 임.
	나.		개념도

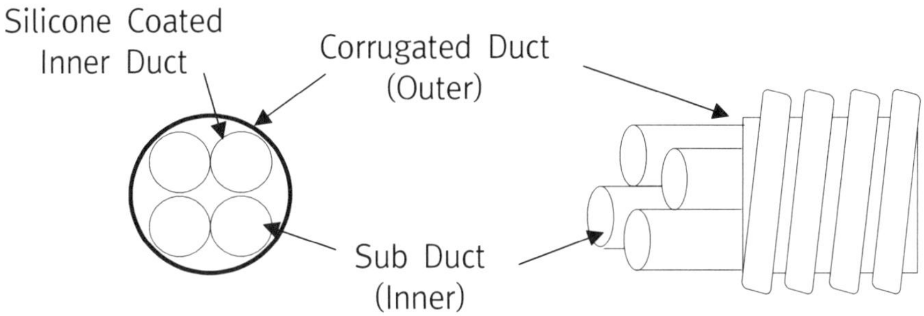

〈COD 배관 구성도〉

		①	외관: Corrugated 구조로서 외압 강도 및 굴곡성이 우수하고
			연선관 특유의 유연함으로 시공이 용이 함.
		②	내관: Sub Duct, 다공관 으로서 3공 이상으로 구성됨
			단독 배관으로 케이블의 얽힘 등 을 방지할 수 있음.
		③	실리콘 코팅: 내관의 표면에 실리콘 코팅을 하여 케이블 삽입 시
			마찰을 최소화 할 수 있음.

다. COD 관의 주요 특성

특성	주요 내용
안전성	HDPE 성분으로 충격에 강하고 동절기 파손 없음
	Corrugated 구조로 강도가 강함 토압변형 없음[283)]
유지보수성	전력선 및 신호 케이블과 완전 분리로 관리용이[284)]
	점검이 용이하며 빠른 장애조치 가능
지형 지물영향	연약지방 및 지하수 유동구간 적용용이
	산악 및 터널 구간 시공 적용용이

※ COD 배관은 Duct 등 기존 포설 방법의 비효율성을 극복 함.

3. 건축물에서의 COD 배관의

- ○ 대규모 건축물의 인입배관 공사의 경우 통신, 소방, 전력, 신호 등 다양한 배관배선이 혼재되어 시공되어 별도로 운용되고 있음.
- ○ COD 배관의 사용을 통하여 일반 주름관으로 배선 시 야기될 수 있는 다른 케이블과의 선 꼬임을 방지해 원활한 유지, 보수성을 제공 함.

283) 광케이블은 토압의 영향으로 마이크로밴딩이 발생할 수 있다.
284) 다른 분야의 케이블과 완전 분리가 되지 않을 경우 유지 보수에 많은 어려움이 있다.

Point

키 워 드	COD 배관, 트라프, 광케이블 포설, 주름관
기출코드	통신2015하2
통합사고	광케이블은 초고속, 장거리 전송이 가능한 물리매체이나 충격에 매우 약하고 단선 시 고도의 기술이 필요한 단점을 갖고 있으므로 설치 시 충분한 보호조치가 필요합니다. 하지만 실제 현장에서는 광케이블에 대한 보호조치가 매우 미흡하고 타 분야의 선로와 동일한 트라프에 함께 수용하는 경우도 있어 장애 시 빠른 복구가 어려운 상황이 발생하기도 합니다. 따라서 광케이블은 설계단계부터 별도의 배관배선으로 구성하여야 하며 지상부에는 광케이블 포설에 관한 표지를 부착해 물리적 파손을 최소화 하여야 합니다.
함께보기	“OPGW”, 손에 잡히는 ICT, 122p

참고문헌

[1] 대한주택공사, “전기 정보통신공사 표준상세도”, 2009
[2] 채해수, “정보통신설비설계 공사실무“, 상학당, 2015

9.10 OJC(Optical Jumper Code)

1.			**OJC의 개요**
	○		OJC는 광장비와 전송로 간, 광 분배함과 광케이블 간, 광분배함과
			광 장비 간 , 광장비와 단말간의 연결 등에 사용되는 커넥터 임.
	○		연결하는 각 장비의 Gibic[285] 모듈 Type 에 따라 형태가 결정되고
			UTP 보다 고가이고 호환되는 기기가 한정되는 제약이 있음.
2.			**개념의 이해**
	가.		모드는 SM, FM, 컨넥터 형태는 SC/FC/ST/Bi/LC/MU 의 간략
			화된 광케이블로 광커넥터, 광점퍼코드, 광케이블 컨넥터로 불림.
	나.		개념도

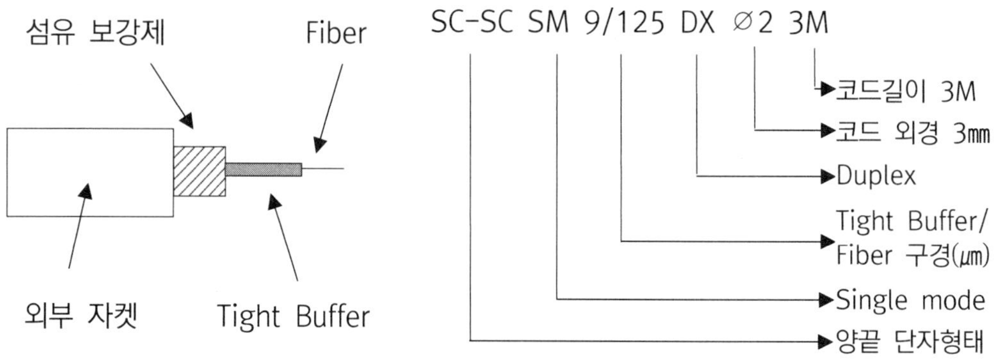

〈OJC의 구조 및 종류 확인 법〉

		①	외부 자켓과 Tight Buffer는 PVC 로 구성되며 섬유보강제는 캐블라,
			Fiber는 Single mode와 Multi mode로 구성 됨.
		②	Fiber Type의 Multi mode 는 주황색으로 단거리용으로 사용되며, Single
			mode는 노란색으로 근거리용으로 사용 됨.
		③	OJC는 취급이 용이하고 소형, 경량이며 작은 곡률반경을 갖고 다양한
			커넥터 부착이 가능한 특성을 갖고 있음.

다. 접촉면 형태에 따른 특성비교

Type	개념도	특성
Physical Contact	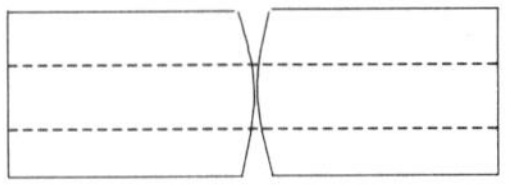	종단 접촉면은 평평하나 곡면으로 가공, 단면 수직
Air Gap	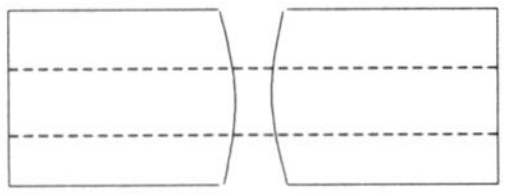	공기 간 접촉 방식
Angled Physical Contact	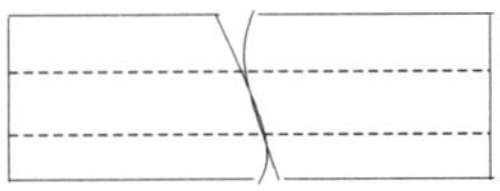	전송 효율을 높이기 위해 단면을 5~15° 기울여 가공

※ Angled Physical Contact 은 후방으로의 반사를 최소화 하여 장거리 전송 구간에 적용되는 방식임.

3. OJC 특성 및 사용 시 주의 점.

○ OJC는 외피가 보호되지 않으므로 충격 및 꺽임 등에 주의가 요구되고 name tag[286] 등을 부착하여 다른 Core 와 구분이 필요함.

○ 더불어 SM/MM, SC/FC 등 사용 용도에 따라 다양한 Type의 모델이 상품화 되어있으므로 사용 시 Type 의 확인이 반드시 필요 함.

285) Gibic(Gigabit Interface Converter): 전기적 신호를 광신호로 변환하는 Converter를 말한다.
286) name tag: 케이블의 명칭을 기록할 수 있는 케이블 타이를 말한다.

Point

키 워 드	점퍼코드, OJC, 광커넥터, SC/FC/ST
기출코드	
통합사고	광커넥터인 OJC 는 광케이블의 축소판으로 광분배기, 광장비, Gibic 등의 연결에 광범위하게 사용되는 커넥터입니다. 세경 특성으로 설치 및 유지보수가 매우 용이하나 강도가 매우 약하므로 취급에 많은 주의가 필요하며 특히 커넥터 type 이 매우다양 하므로 운용 시 Ada -pter의 보유가 필수입니다.
함께보기	“광섬유 도파원리”, 손에 잡히는 ICT, 90p

참고문헌

[1] 김동룡, “광섬유와 광통신”, 상학당, 2012
[2] 정진호, “실험과 함께 배우는 광통신 공학“, 동일출판사, 2014

9.11 광통신망 운용에 사용되는 계측기

1. 광통신의 운용 및 유지 보수에 사용되는 계측기의 개요

- 최근 FTTx 의 급속한 확산과 WDM 기술의 발전은 광대역 서비스를 제공하는 광케이블 기반의 백본과 Access 망의 고도화를 촉진함.
- 이러한 배경에서 광통신의 운용, 유지보수, 복구에 사용되는 대표적인 계측기로는 OTDR, 광 파워메타, 광 심선대조기 등이 있음.
- OTDR은 광케이블의 장애 점 파악에, 광 Power Meter는 광 level의 측정에, 광 심선대조기는 Traffic 유·무의 판단에 사용되는 계측기임.

2. 후반산란을 이용하는 OTDR 개념이 이해

가. OTDR(Optical Time Domain Reflector)은 빛의 후방산란을 이용해 250km 범위의 손실, 접속점, 단선부의 등의 거리를 측정할 수 있음.

나. 후방산란은 빛이 광섬유 내에서 받는 고유의 산란으로 거리에 따라 일정 비율로 손실을 갖게 되어 거리에 따른 손실률을 알 수 있음.

다. 개념도

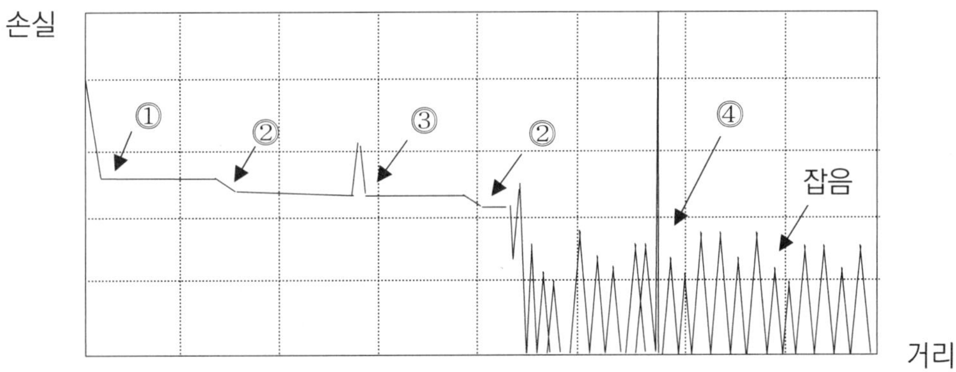

〈OTDR 파형분석 개념도〉

① 근단 프레넬: 종단되지 않은 광섬유의 끝단에서 반사

② 밴딩, 융착접속: 프레넬 반사[287] 없이 power의 손실 발생

		③	컨넥터 연결, 갈라짐, 균열 : power 손실 + 프레넬반사
		④	케이블 종단: 끊어짐 발생, 단선
	라.		측정 시 유의사항

항목	주요 내용
사용 전원의 확인	110V/220V 의 확인, 장비 소손 방지
사용 파장 확인	1,310㎚, 1,550㎚ 등 정확한 파장의 선택
OJC 확인	광 점퍼코드의 종류별 확보, SC/LC
청결 유지	광 점퍼코드 및 각종 접속점의 청결 유지 (알코올, 클리너)

3.			**Power Meter 개념이 이해**
	가.		광 Power Meter는 광선로, 광 전송장치 등 광 신호전력의 송,수신
			level을 측정하는 계측기로 10~-40dBm 의 측정범위를 갖고 있음.
	나.		광전력 level 의 눈금은 dBm[288], ㎽, dBμ, ㎼ 등으로 표시되며 측정의
			불확실도는 5% 내외(0.2dB) 이내를 양호로 판단 함.
	다.		개념도

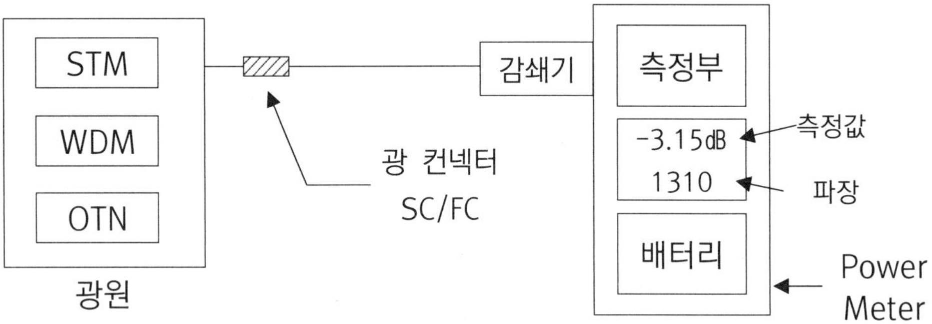

〈광 Power Meter의 측정〉

287) 프레넬 반사: 굴절률이 다른 두 매질의 경계면에서 발생하는 빛의 반사를 말한다.
288) dBm: 부하에 1[mW] 전력을 공급할 때를 기준으로 한 전력 이득 값을 말한다.

		①	광 소스원의 출력 port 에 광 컨넥터를 접속하여 감쇄기를 통한 후
			광 Power Meter 와 연결하여 수신 level을 측정 함.
		②	광 Power Meter 의 표시부는 측정값과 단위, 사용 파장으로 표시
			되며 단위와 사용 파장은 측정자가 선택할 수 있음.
	라.		측정 시 유의사항

항목	주요 내용
감쇄기 사용	미지 신호의 측정 시 감쇄기를 사용함
망막손상 주의	광 출력부를 눈으로 직접 응시하지 않음[289]
청결유지	측정지점의 정결유지 (알코올 세척)
port 확인	해당 장비의 출력 port를 정확히 확인 후 측정에 암함

4.			**광 심선대조기**
	가.		광심선대조기는 광케이블의 절단 없이 광신호의 흐름을 파악하여
			신호의 level, traffic 방향 및 power 의 크기를 측정하는 장비임.
	나.		광케이블의 설치나 재설치, 유지보수에 사용되며 소형으로 휴대가
			용이하고 일반적일반적으로 800㎜~1,700㎜ 의 측정이 가능 함.
	다.		개념도

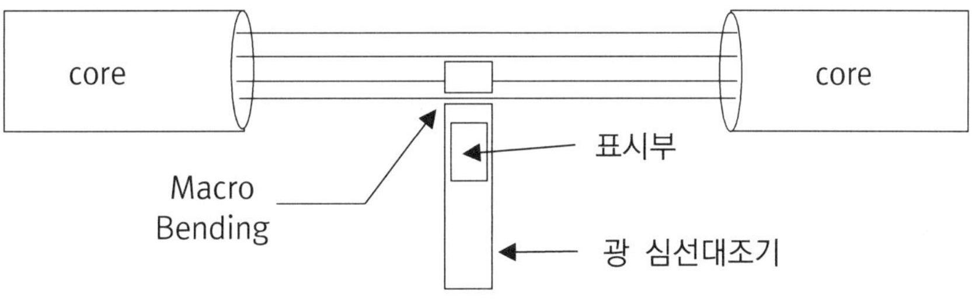

〈광 심선대조기 개념도〉

289) 눈으로 직접 응시할 경우 망막 손상의 우려가 있으므로 주의가 필요하다.

① 광케이블을 적절하게 구부려 케이블 밖으로 나오는 미세한 신호를 감지하며 측정 시 발생손실은 소량으로 서비스에 지장이 없음.

② 광케이블을 미세하게 구부리는 Micro-Bending은 광케이블 외부로 나오는 광을 쉽게 측정 할 수 있으나 정확성에는 한계가 있음.

라. 측정 시 유의사항

항목	주요 내용
손상 유의	광 심선에 무리한 힘을 가하지 않음
청결유지	측정 전 Micro-Bending 부 오염 확인
피복상태 확인	보호된 광케이블의 경우 정확한 측정에 한계
유색피복 확인	유색피복의 경우 정확한 측정에 한계

5. 결론

❍ OTDR, 광 Power Meter, 광 심선대조기 등은 일반적인 광장비의 운용 및 유지보수에서 가장 일반적으로 사용되는 계측장비 임.

❍ 각 장비는 인증된 기관에서의 주기적인 교정을 통하여 검증을 필하여야 하며 교정 주기는 한국계량측정협회의 기준에 근거함.

❍ 더불어 운용자는 각 계측장비의 정확한 용도, 사용방법, 주의사항을 충분히 숙지하여 정확한 측정 및 유지, 보수를 수행하여야 함.

Point

키 워 드	OTDR, Power Meter, 광 심선대조기
기출코드	통신2013하2, 통신2016하3,통신2017상1
통합사고	광통신장비와 광케이블은 장거리 고속전송이 가능한 장점을 갖고 있지만 유지보수 및 관리에 많은 어려움이 있습니다. 따라서 정기 점검과 응급복구에 사용되는 장비의 사용 방법과 주의사항을 숙지하여야 하며 특히 OTDR과 광 Power meter는 광장비 운용에 가장 활용도가 높은 장비로서 활용도가 높은 계측기로서 측정원리 및 사용 용도를 정확히 숙지하여야 합니다.
함께보기	“광섬유 도파원리”, 손에 잡히는 ICT, 90p

참고문헌

[1] 김동룡, “광섬유와 광통신”, 상학당(도), 2012

[2] 구자혁, “핵심 정보통신기술 총서”, 한울, 2014

[3] 정진호, “실험과 함께 배우는 광통신 공학”, 동일출판사, 2014

9.12 광증폭기

1. 광의 장거리 전송을 위한 광증폭기의 개요

- ❍ 광통신은 장거리 전송에 따른 감쇄와 왜곡에 의한 전송품질의 열화를 효율적으로 보상하기 위하여 광중계기와 광증폭기를 사용하고 있음.
- ❍ 광증폭기는 광신호를 광·전 변화 없이 유도방출[290] 원리로 직접 증폭하고 다수의 파장을 동시에 증폭할 수 있어 DWDM에 적합 함.

2. 개념의 이해

가. 광증폭기의 구현 방식에는 EDFA, FRA, EDWA, PDFFA[291] 방식이 있고 일반적으로 EDFA와 FRA를 이용한 증폭방식이 주로 적용되고 있음.

나. 개념도

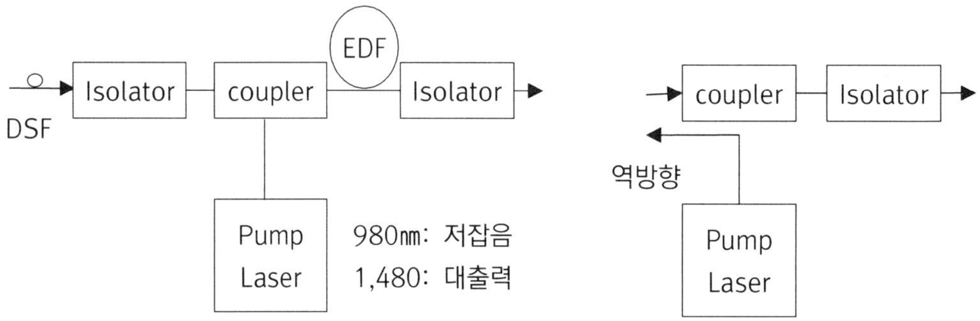

〈EDFA 와 FRA의 개념도〉

① EDFA(Erbium Dropped Fiber Amp)는 광 송신기와 수신기에서 1,550㎚ 대역의 증폭에 적용되며 출력이 크고 누화가 적음.

② FRA(Fiber RAMAN Amp)는 광섬유 자체에서 역방향으로 에너지를 증폭하는 방식으로 1,100~1,700㎚ 대역에서의 장거리 전송에 활용.

③ PDFFA 증폭기는 EDFA와 동일한 증폭 원리로서 지르코륨 프루오르화물 등의 첨가물을 적용하여 1,310㎚ 대역에 활용 됨.

다. 방식의 비교

구분	EDFA	FRA
증폭 방식	송,수신기 사이 증폭	광섬유 자체증폭
사용 파장	1,520~1,610㎚	1,100~1,700㎚
전송 거리	40~80㎞	100㎞ 이상
cost	보통	고가

※ EDFA의 적용을 통하여 WDM의 효율성이 획기적으로 증대하였음.

3. 현황

○ 초기의 광통신은 Re-shaping, Re-timing, Re-generating의 3R 재생중계를 구현하였으나 효율성이 낮고 경제성이 떨어짐.

○ 광증폭기는 이러한 단점을 극복하여 광신호의 전송거리를 획기적으로 증가시켰으며 전력제한 시스템에서 유용하게 적용되고 있음.

290) 유도방출: 두 에너지 간의 자발적이 아닌 외부장의 작용으로 발생되는 방출을 말한다.
291) PDFFA(Praseodymium-doped Fiber Amplifier): 지르코뮴 첨가물 적용, 1,310㎚ 대역을 증폭한다.

Point

키 워 드	광중계기, 광증폭기, EDFA, FRA, PDFA
기출코드	통신2016하1, 통신2017상1
통합사고	광통신에서는 광신호의 장거리 전송을 위해 광중계기와 광증폭기를 적용하고 있습니다. 광중계기는 광/전 변환의 과정을 거치므로 효율성이 낮고 관련 장비가 대형화 되는 문제점이 있으며 광증폭기의 경우 광신호 자체를 증폭하는 장비로서 대표적으로 EDFA와 FRA 가 사용되고 있습니다.
함께보기	"광증폭기와 광중계기", 손에 잡히는 ICT, 98p

참고문헌

[1] 구자혁 외, "핵심 정보통신기술 총서", 한울, 2014
[2] 손경락 의 "기초입문 광통신공학", 홍릉과학출판사, 2014

9.13 광케이블의 해킹

1.			**새로운 보안 위협인 광케이블 해킹의 개요**
	❍		광케이블의 해킹은 광섬유내의 코어를 전반사 하는 광신호가 빛의 전반사
			조건을 초과하여 clad를 벗어난 미세한 양의 빛을 검출하는 원리임.
	❍		한 번의 해킹으로 모든 data를 해킹할 수 있으며 흔적이 남지 않아 사후
			추적이 불가능 하므로 사전 예방 및 적극적인 보호대책이 요구됨.
2.			**개념의 이해**
	가.		광케이블의 해킹은 수 %의 미세한 광 신호를 tapping 하여 data를
			100% 수신하거나 통신서비스를 교란시키는 해킹공격 행위 임.
	나.		개념도

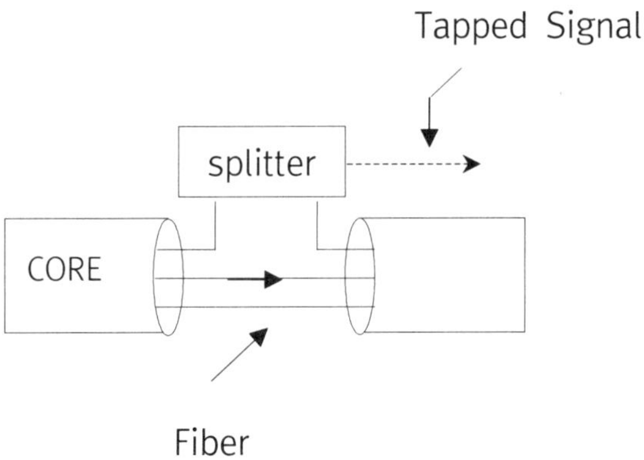

〈Optical Splitter 방식〉

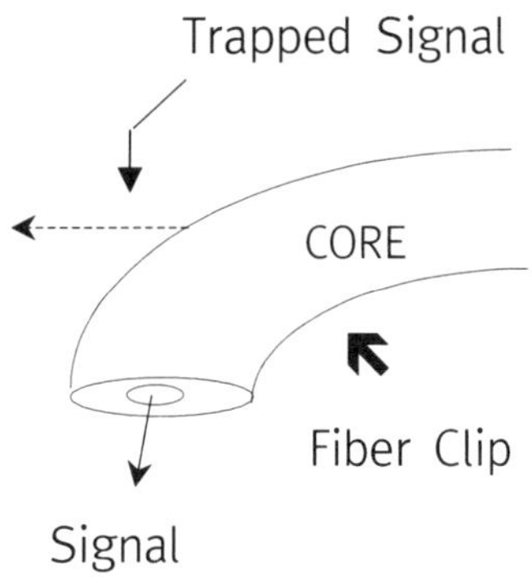

〈Fiber Clip 방식〉

		①	Splitter 방식은 특정 광케이블의 core를 1×2 Optical Spitter 에
			접속하여 광 신호를 해킹하는 방법으로 core 의 재접속이 필요함.
		②	Fiber Clip 방식은 마이크로밴딩 도구를 이용하여 광 코어에 물리
			적인 곡률변형을 가하여 광케이블 내부의 data를 해킹하는 개념임.

③ 마이크로밴딩 도구인 Fiber Clip을 이용한 해킹은 Evanescent Coupling 방식과 V-Groove Cut에 비해 해킹이 용이 함.

다. 광케이블 해킹의 대책

해킹 대책	주요 내용
물리적 방안	물리적 외함의 보호 (Physical Protection)
	잠금장치, 광케이블 보호 콘크리트, COD 배관
관리적 방안	감시 및 경보시스템의 구축 및 운용자에 의한 감시
	광케이블 해킹방지 관제시스템의 구축
기술적 방안	양자암호화[292] 통신방식에 의한 암호화 적용
	저손실, 고굴절률의 하이밴드 광케이블의 사용

※ 광케이블의 해킹은 신호세력의 일부를 추출하므로 OTDR 과 광학적 평균 전력의 측정을 통해 침해를 감지할 수 있음.

3. **현황**

○ 2016년도 국정감사에서 100만원 미만의 저가의 장비로 광케이블 시스템에 대한 해킹을 구현하여 사회적으로 큰 파장이 있었음.

○ CCTV, ITS, Smart Grid[293] 등의 공공서비스와 금융, 전자메일 등 모든 분야에 피해가 미칠 수 있으므로 적극적인 대책이 요구됨.

292) 양자암호화: 기존 수학기빈 암호화가 아닌 양자역학을 도입한 암호화 기술을 말한다.
293) Smart Grid: 전력망과 IT 기술을 결합하여 에너지 효율을 최적화한 지능형 전력망을 말한다.

Point

키 워 드	해킹, 양자암호화, Fiber clip, Optical Splitter
기출코드	
통합사고	최근 광케이블의 해킹에 대한 관심이 증대하고 있습니다. 광케이블의 해킹은 광의 core에서 나오는 미세한 광원으로 통신 내용을 감청하는 해킹으로 통신 당사자는 침해사실을 전혀 인지 할 수 없습니다. 따라서 광케이블의 해킹을 감지할 수 있는 관제시스템의 도입과 원천적으로 해킹이 불가능한 양자암호화 통신의 도입이 논의되고 있습니다.
함께보기	“광섬유의 도파원리”, 손에 잡히는 ICT, 90p “광 파라메터”, 손에 잡히는 ICT, 110p

참고문헌

[1] 올리버모쉬, “양자비트와 양자암호”, 북스힐(도), 2010
[2] 정승혁, “ICT 정보통신기술 핵심 100선”, WARNING, 2016

9.14 MSPP (Multi-Service Provising Platform)

1.			**다양한 신호의 처리가 가능한 MSPP의 개요 개요**
	○		MSPP는 하나의 장비에서 ATM, Ethernet, 전용선 등 다양한 신호 형태의
			data를 전송, 처리할 수 있는 광전송 장비임.
	○		MSPP는 GFP, VC, LCAS 등의 요소기술을 갖고 있으며 백본망 등에 적용
			되어 활용되고 있으며 Carrier Ethernet 으로 진화함.
2.			**개념의 이해**
	가.		MSPP는 TDM 기반의 SONET[294]/SDH[295] 에 Ethernet, DWDM,
			DXC 기능을 추가 다양한 형태의 data 처리하여 서비스를 제공 함.
	나.		개념도

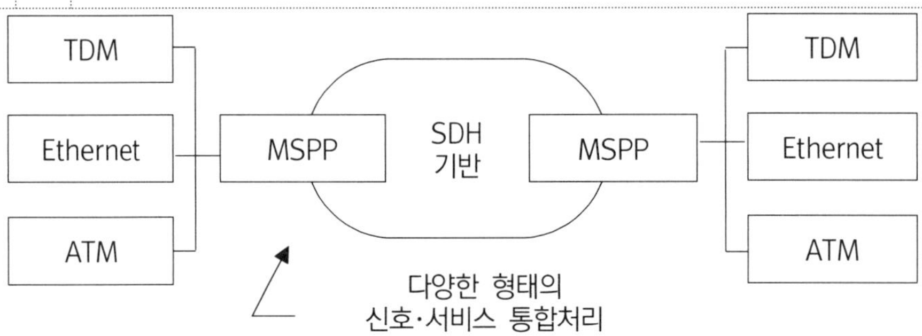

〈MSPP 개념도〉

		①	MPSS는 50㎳ 복구지원, ~10Gbps 속도의 지원, 단일 장치를 통한
			음성, data 및 멀티미디어 제공이 가능하여 유지보수가 용이 함.
		②	요소기술로는 GFP(Generic Framing Produce), VC(Virtual
			Concateration), LCAS(Link Capability Adjust Shame) 이 있음.
		③	전용회선, 음성, Ethernet을 단일장비에서 제공하고 보안성이 우수
			하므로 금융, 통신, 철도, ISP 사업자 등에서 운용되고 있음.

294) SONET(Synchronous Optical Network): 동기식 광전송 다중화계위를(유럽식) 말한다.
295) SDH(Synchronous Digital Hierarchy): 동기식 광전송 다중화계위를(북미식) 말한다.

다. 방식의 비교

구분	MSPP	SDH	Carrier-Ethernet
data	Multi-service	단일 data	All IP
속 도	~10Gbps	~Gbps	~Terabps
보 안	우 수	우 수	보 통
cost	높 음	보 통	보 통

※ MSPP는 기존의 STM을 대체하여 백본망에 사용 중인 장비 임.

3. 요소기술

기술	기술의 설명
GFP	패킷 byte 단위 신호를 SDH 형태로 매핑
VC	복수의 물리적 SDH 신호를 논리적으로 Grouping
LCAS	VC를 in-band 상에서 대역폭을 동적으로 할당

4. 활용 및 전망

- MSPP는 10년 이상의 노하우를 통하여 안전성을 인정받은 서비스로 공공기관, 지자체, 철도 등에 광범위 하게 적용되고 있음.
- STM 망을 대체하고 있으며 향후 All IP를 지원하는 MPLS 기반의 Carrier-Ethernet (IP-MPLS)으로 진화하고 있음.

Point

키 워 드	MSPP, Carrier Ethernet, STM, SONET/SDH
기출코드	통신2018상1, 통신2018상2, 통신2015상2, 통신2016상2
통합사고	동기식 다중화 전송기술을 STM-1을 기반으로 발전하여 MSPP로 진화하였으며 최근에는 Ethernet 을 기반의 Carrier Ethernet 으로 진화하고 있습니다.
함께보기	“SONET/SDH”, 손에 잡히는 ICT, 210p “MSPP”, 손에 잡히는 ICT, 212p

참고문헌

[1] 김칠순, “통신망과 전송공학”, 상학당(도), 2010
[2] 강경인, “정보통신망과 시스템”, 오성미디어, 2010

9.15 Carrier Ethernet

1. LAN 기술을 고도화한 Carrier Ethernet 의 개요

- Carrier[296] Ethernet은 Data traffic 급증과 고속화에 대응이 가능한 신뢰성과 안전성을 제공하는 LAN 기술 기반의 전송기술 임.
- 주요 서비스 유형에는 E-Line(Point to Point), E-Lan(Point to Multi point), E-Tree(Rooted-Multi Point)가 있음.
- IP-MPLS는 L3 Routing 기반의 국제표준이며 MPLS-TP 는 L2 Switching 기반기술로 국내 업체에서 원천기술을 갖고 있음.

2. 개념의 이해

가. Carrier Ethernet은 traffic의 폭증과 이에 따른 고속 전용회선 요구의 필요성에 효과적으로 대응이 가능한 차세대 전송 기술임.

나. 개념도

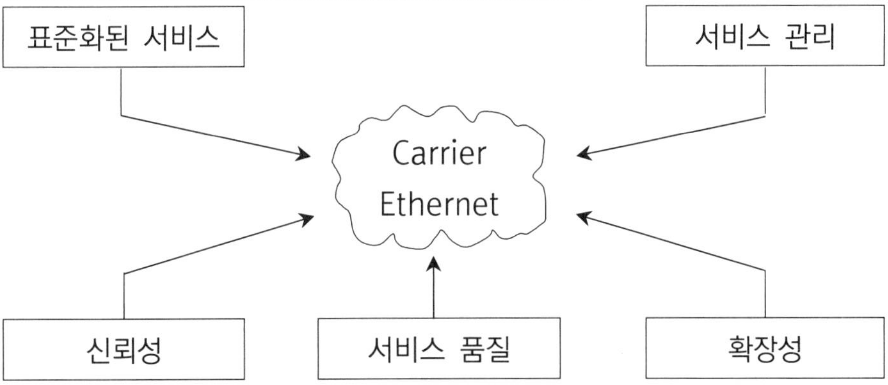

〈Carrier Ethernet의 주요 특성〉

① 표준화된 서비스: E-Line, E-Lan, E-Tree

② 확장성 : 세분화된 traffic 대역폭의 관리, 다양한 망의 수용

③ 신뢰성: 빠른 장애의 복구, 50㎳

④ 서비스 품질: End to End 품질의 보장

		⑤	서비스 관리: 표준화된 망의 관리, IP-MPLS, MPLS-TP
3.			**서비스의 유형**
	가.		개념도

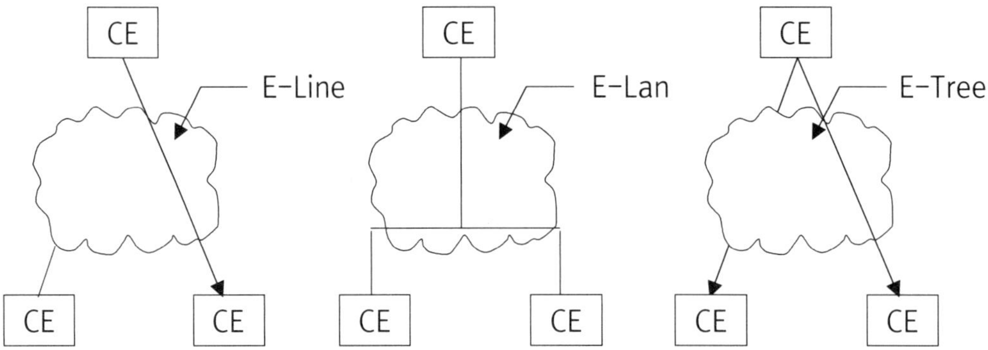

〈Point to Point〉 〈Point to Multi Point〉 〈Rooted Multi Point〉

	나.		기술의 설명

구분	기술의 특성
E-Line	가입자간의 점대점 간의 Ethernet 가상연결
	고품질의 저가형 Ethernet 서비스제공
	기존 고비용 전용회선 서비스의 대체
E-LAN	가입자간의 다중점대 다중점 Ethernet 가상연결
	기존 L_2 가상 사설망 서비스 (VPN[297]) 대체
	소규모 지점간의 투명한 LAN 서비스 제공
E-Tree	가입자간의 점대 다중점 Ethernet 가상연결
	Multicast, Broadcast 서비스 구현
	Packet 영상과 같은 IP Application 지원

296) Carrier: 전송망 사업자가 관리하는 Ethernet WAN을 말한다.

4.			**주요 서비스**
	가.		개념도

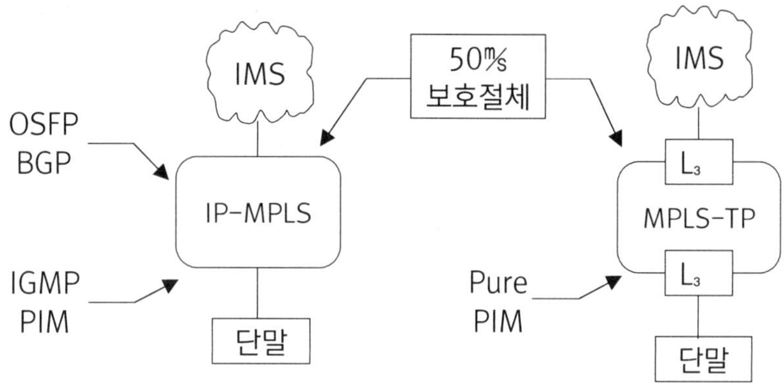

〈IP-MPLS, MPLS-TP 개념도〉

	나.		기술의 설명

구분	기술의 특성
MSPP	하나의 장비에서 ATM, Ethernet, 전용회선 수용
	보안성이 우수하여 금융, 통신, 철도 등에 활용
	Packet 기반 Carrier Ethernet 등장으로 시장 감소.
MPLS-TP	L_2는 switching 지원, 별도의 Router 필요
	MPLS[298] 기반의 연결지향형 Packet 전달망 기술
	국내업체가 원천기술을 확보
IP-MPLS	L_3 Routing 지원으로 별도의 Router 불필요
	1:N N-DCX 및 MUX 없이 기능의 구현이 가능함
	10년 이상 대규모 망에 적용되어 안전성이 입증

		※	MPLS-TP 는 국내업체가 PTN 장비의 기술을 확보하고 있음.

297) VPN(Virtual Private Network): 공중망을 터널링을 통해 사설망처럼 사용하기 위한 기술을 말한다.
298) MPLS(Multi-Protocol Level Switching): data에 level을 부착 layer2에서 처리하는 기술을 말한다.

다. 기술의 비교

구분	MSPP	IP-MPLS	MPLS-TP
구조	TDM 기반	MPLS 기반	MPLS 기반
보호절체	50ms 미만	50ms 미만	50ms 미만
1:N	미지원	지원	미지원
L_3 라우팅	미지원	지원	미지원
이더넷	제한적 지원	지원	지원

※ IP-MPLS는 L_3 기능의 자체 지원으로 별도의 Routing 장비 없이 서비스 지원이 가능 함.

5. 시장 동향 및 결론

- ○ 현재의 carrier Ethernet 시장은 외산장비 업체 중심의 IP-MPLS 망과 국내장비 업체 중심의 MPLS-TP 망으로 양분되어 있음.
- ○ 최근 일부 기간망 선정의 입찰과정에서 장비업체간의 시장 선점 문제가 소송으로 까지 확대되는 문제가 발생하였음.
- ○ 기간망의 선정은 특정 업체의 이익이 아닌 엔지니어링의 관점에서 고려되어야 하여 이 과정에서 정보통신 기술사의 참여가 요구 됨.

Point

키 워 드	MSPP, IP-MPLS, MPLS-TP, Carrier Ethernet
기출코드	통신2018상2, 통신2015상1, 통신2016상2
통합사고	주요 통신사업자 및 공공기관의 기간망은 STM 망에서 Ethernet 장비와의 효율적인 연동성을 제공하는 MSPP를 거쳐 Carrier-Ethernet 으로 진화하였습니다.
함께보기	"Metro Ethernet", 손에 잡히는 ICT, 120p "MSPP", 손에 잡히는 ICT, 212p

참고문헌

[1] 박인정, "유무선 멀티미디어 통신망", 진한도서, 2013
[2] 장부진, "알기 쉬운 정보통신기술", 시대고시기획, 2017

9.16 ROADM (Reconfigurable Optical Add Drop Multiplexer)

1.			**광신호의 Add/Drop을 위한 ROADM 의 개요**
	❍		OADMD은 광전송 시스템의 효율적 운용을 위해 다중화된 광 신호를
			광/전 변환 없이 파장의 일부를 Add/Drop[299] 하는 장비임.
	❍		OADM은 파장 고정형 Fixed-OADM과 파장 가변형인 R-OADM 으로
			구분되며 낮은 cost 와 간단한 구조로 OXC[300] 보다 활용이 높음.
2.			**개념의 이해**
	가.		ROADM은 광/전 변환 없이 각종 계위의 광신호의 파장 자체를
			광학적으로 분기, 결합하는 다중화 장비로 DWDM에 활용이 높음.
	나.		개념도

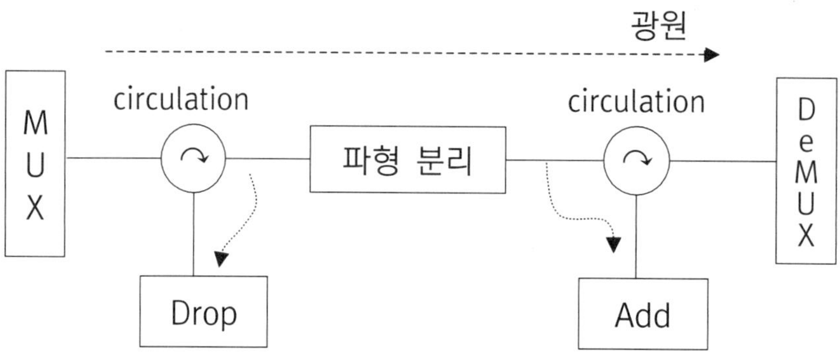

〈ROADM 개념도〉

		①	OADM은 MUX를 통해 다중화 된 신호를 circulator에서 Add/Drop
			하여 역다중화를 통해 신호를 전송하는 장비임.
		②	하나의 광섬유에 대하여 WDM에 사용되는 파장의 일부를 Add/Drop
			하는 기능을 수행하여 운용 장비의 효율성을 획기적으로 향상시킴.
		③	RPR 또는 Ring 구조에서 하나의 Optical 구간에는 OADM을 적용
			하며 OXC는 2개 이상의 교차점에 적용해 목적지를 변경 함.

	다.		ROADM 의 종류

구분	주요 기능
F-OADM	정해진 파장만 Add/Drop 지원가능
	Add/Dro하 는 파장과 파장의 수가 정해 짐
	신규 추가, 삭제 시 수작업 필요
R-OADM	동적으로 광파장 신호 분기/결합 가능
	원격지에서 재구성 기능, cost 절감
	1,2,3,4, 세대로 진화하며 기능이 향상 됨

		※	R-OADM은 WDM N/W의 유연성과 효율성을 크게 향상시킴.
3.			**차세대 ROADM 의 요구조건**
		①	Colorless: 제어평면, 파장과 무관 분기, 결합
		②	Directionless: 방향과 무관
		③	Contentionless: 파장의 출돌 없이 채널 연결
		④	Flex-Grid: 가변 대역폭의 지원

299) Add/Drop: 광선송로에서 일부. 신호를 분리하거나 결합시키는 기능을 말한다.
300) OXC(Optical Cross-connect): 상위 계층을 통하지 않고 광신호 상태로 신호를 전달하는 방식이다.

Point

키 워 드	OADM, ROADM, OXC, Add/Drop
기출코드	통신2014상2
통합사고	ROADM 기술은 WDM 에서의 유연성과 효율성을 크게 향상 시킨 기술입니다. RPR 또는 Ring 구조에서 하나의 구간에는 일반적으로 OADM을 적용하며 두 개 이상의 교차점에는 OXC를 적용하여 목적지를 변경하는 형태로 적용되고 있습니다.
함께보기	"OXC", 손에 잡히는 ICT, 184p "OADM", 손에 잡히는 ICT, 186p

참고문헌

[1] 구자혁, "핵심 정보통신기술 총서", 한울, 2014

[2] 장부진, "알기 쉬운 정보통신기술", 시대고시기획, 2017

9.17 OTN (Optical Transport Network)

1. 100Gbps 전송을 위한 OTN의 개요

- OTN은 ITU-T G.709에서 정의한 기술로 WDM을 기반으로 Optical 계층에서 신호의 다중화, 전송, 제어를 구현하기 위한 표준기술 임.
- 기존의 동기식 전송 기술인 SONET/SDH를 고속화하여 2.5Gbps를 기본계위로 하여 10G/40G/100Gbps의 고속전송을 구현 함.

2. 개념의 이해

가. OTN은 프로토콜과 무관하게 모든 형태의 client 신호를 수용하여 광 level로 처리하는 Digital wrapper Format 을 규정하고 있음.

나. 개념도

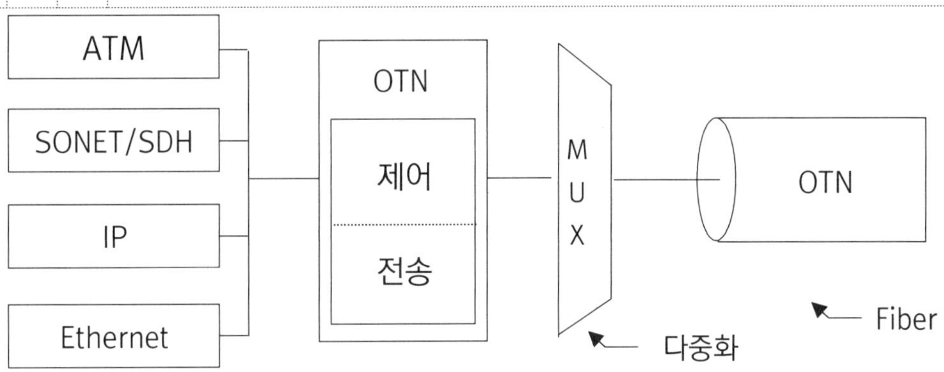

〈OTN 개념도〉

① OTN Frame(G.709)은 Header 와 다양한 신호를 수용을 위한 Payload, 그리고 에러의 정정을 위한 FEC[301]로 구성 됨.

② Control Plane과 Transport Plane으로 분리되어 운용되며 Control Plane은 광 채널의 연결과 제어를 목적으로 하고 있음.

③ Transport Plane은 ATM[302], SONET/SDH, STM, GFP, Ethernet 등의 다양한 신호의 수용 및 전달 기능을 수행 함.

다. 계위의 비교

SONET	SDH	OTN	전송속도
STS-1	-	-	51.84Mbps
STS-3	STM-1	-	155Mbps
STS-12	STM-4	-	622.08Mbps
STS-48	STM-16	OTU-1	2.5Gbps
STS-192	STM-64	OTU-2	10Gbos
-	STM-256	OTU-3	40Gbps
-	-	OTU-4	100Gbps

※ STS-48 = STM-16 = OTU-1, 2.5G 의 관계를 갖음.

3. 동향

- 하나의 ch로 100Gbps의 고속 신호를 전송하기 위해 OTU-4 와 Coherent 트랜시버 기술이 상용화 되어 현재 시장에 적용되고 있음.
- OTN은 IP-MPLS, R-OADM 으로 진화하는 광통신 시장에서 WDM 구현을 위한 최적의 solution으로 발전할 것이 예상 됨.

301) FEC(Forward Error Correction): 오류의 검출 및 정정기능을 수행한다.
302) ATM(Asynchronous Transfer Mode): 53byte 의 고정 cell로 분할하여 전송하는 망을 말한다.

Point

키 워 드	OTN, OTU, SONET/SDH, WDM
기출코드	통신2016하2
통합사고	OTN은 기존 TMD 기반의 SONET/SDH를 더욱 고속화하여 WDM 에 최적화된 서비스를 제공할 수 있으며 백본망과 Access 망의 고도화에 따라 향후 OTN 기반 장비의 시장 점유가 예상되고 있습니다.
함께보기	“SONET/SDH”, 손에 잡히는 ICT, 210p

참고문헌

[1] 구자혁, “핵심 정보통신기술 총서”, 한울, 2014

9.18 AON, PON 구축방안 비교

1. 초고속 통신망을 위한 광 가입자망 기술의 비교

- ○ 최근 UHD, SMART TV 등 대용량 서비스의 확대로 인해 가입자망 고도화를 위한 QoS[303]의 확보를 위해 FTTH 구축이 적극 추진됨..
- ○ 국사에서 가입자단까지의 광대역, 대용량 전송을 위해 광케이블을 이용한 주요 가망자망 기술로는 AON 방식과 PON 방식이 있음.
- ○ AON은 능동 스위치를 적용하며 PON은 수동 Splitter를 사용하여 서비스를 제공하는 기술로 초기 FTTH의 확산에 기여한 기술임.

2. AON 의 구축

가. AON(Adaptive Optical Network)은 가입자망 구간에 능동형 장비인 L_2/L_3 switch[304]를 사용하여 광가입자망을 구축하는 방식 임.

나. 개념도

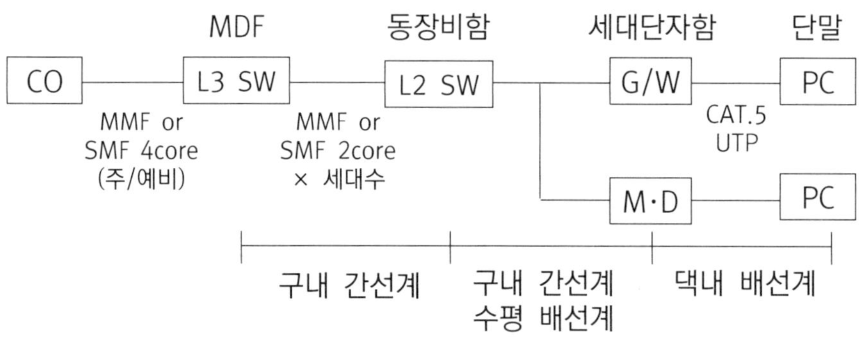

〈AON 구성도〉

① CO~MDF의 L_3 까지는 MMF 또는 SMF 4core로 구성 하며, MDF[305]~ 동 단자함 L_2 까지는 MMF 또는 SMF 2core로 구성함.

② 동 장비함에서 세대 단자함 까지는 MMF 또는 SMF 2core로, 세대 단자함~ outlet 단자 까지는 UTP cat5 이상으로 구성 함.

다. 주요특성

특성	주요 내용
Ethernet 기반	802.3 Ethernet frame 적용
경제성	별도의 프로토콜 개발 불필요
망관리 한계	PON에 비해 망관리 한계, 구축비용 고가
상시전원 공급	각 동 단자함 및 G/W, modem 에 전원이 공급
관리의 한계	장애발생 시 즉각적인 복구에 한계

※ AON 방식은 N/W 장비에 상시전원이 공급되어야 하는 문제가 있음.

3. PON의 구축

가. PON(Passive Optical Network)는 전원을 사용하지 않는 수동 광 분배기를 사용하여 1:N 으로 가입자망을 구축하는 기술임.

나. 구성도

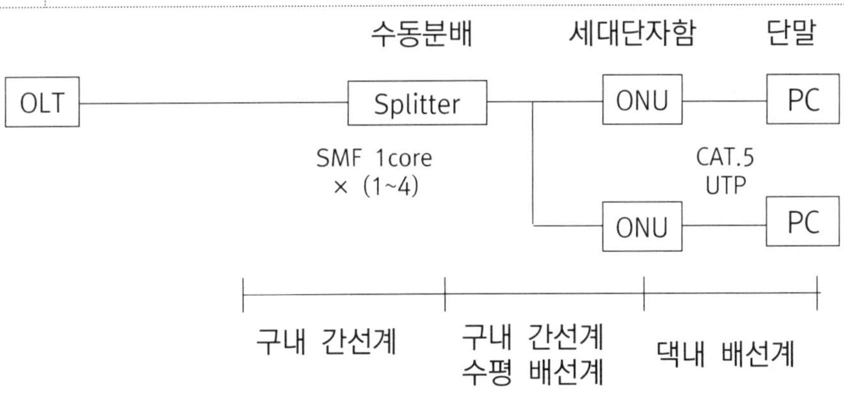

〈PON 구성도〉

① PON은 CO의 OLT 가 1:N Splitter를 통해 ONU 와 연결되는 구조로 OLT~ 수동 Splitter 까지는 SMF 1~4 core로 구성 함.

303) QoS(Quality of Service): 가입자 위주의 서비스 품질을 말한다. (ITUT-E.800 권고)
304) L3 swtich: layer3에 관여, IP 기반으로 Routing 및 Packet을 처리를 말한다.
305) MDF(Main Distribution Frame): 주배선반, 국선단자함, 내,외부 회선을 연결하는 장치를 말한다.

② ONU~단말은 CAT.5 이상의 UTP 로 구성 되며 초기화, 상향, 하향의 전송과정을 통해 대역폭을 할당하고 data를 전송 함.

다. 주요특성

특성	주요 내용
수동소자	상시전원 미수용 및 유지보수 용이
경제성	초기 splitter 고가였으나 cost 하락
상향채널	ONU는 TDMA 방식적용, ONU 간 충돌 방지
하향채널	OLT는 Broadband 방식으로 ONU 에 data 전송
다중화	TDM, WDM, TWDM(TDM+WDM) 으로 다중화

※ WDM-PON은 가입자별 독립된 파장 할당으로 TDM 대비 속도면에서 우수하나 Transceiver 가 고가라 가입자 망에는 부적합함.

4. 기술의 비교 및 구축동향

가. 기술의 비교

구 분	AON	PON
분기소자	L_2, L_3 switching	수동 Splitter
보안	우수	낮음
유지보수	어려움	양호
cost	보통	저가
활용	대단위 APT	주택가

※ AON 방식은 초기 대단지 APT를 중심으로 시공 됨.

나. 구축동향

구분	주요 현황
공동주택	MDF~세대 단자함 200M: AON 이 경제적
	AON+LAN 으로 광랜 방식이 많이 설치됨
	최근 Splitter 가 저렴해져 PON으로 구축 중

구분	주요 현황
단독주택	전원공급, 거리 문제로 PON이 유리
	해외는 전주를 이용한 PON 방식 FTTH 상용화
	현재 GE-PON 이 주로 적용되고 있음

※ PON 방식은 초기 고가의 Splitter의 cost 하락 및 관리의 용이성으로 점차 활용이 증대되고 있음.

5. 결론

- 초기 FTTx를 저가로 구현한 AON과 PON은 서비스 사용자에게 40/100G 이상의 광대역 서비스를 지원하는 기술로 진화하고 있음.
- FTTx 의 구축은 사용용도, 구축비용, 가입자 수, 유비보수 등을 충분히 고려하여 현장의 상황에 맞는 방식을 설정 하여야 함.
- 더불어 통신망 사업자는 유·무선 Convergence를 위한 통합망 형태의 구조를 포함한 차세대 광가입자 기술의 적용이 요구되는 시점 임.

Point

키 워 드	AON, PON, Splitter, ONU, OLT
기출코드	통신2015상1, 통신2016상2, 통신2016하1
통합사고	FTTH 의 구축은 가입자 단까지 물리적인 광선로를 구축 하여야 하므로 경제성을 충분히 고려하여야합니다. AON 과 PON 기술은 국사에서 가입자단 까지 개별적으로 광케이블을 구축하던 기존의 Home Run 방식의 문제점을 해결한 기술로 초고속 인터넷의 보급을 확산시킨 기술입니다. 최근에는 기가급을 넘어 테라급 서비스가 제공되는 PON 기술이 개발되고 있으며 향후 하나의 선로로 각 가입자마다 독자적인 파장을 할당하는 WDM의 확산이 예상됩니다.
함께보기	“광 가입자망 기술”, 손에 잡히는 ICT, 188p “PON의 종류와 동작원리”, 손에 잡히는 ICT, 190p “PON 과 AON”, 손에 잡히는 ICT, 194p

참고문헌

[1] 채해수, “정보통신설비 설계 공사실무”, 상학당, 2010
[2] 조한대 외, “스마트 ICT 시대의 광통신시스템공학”, 진한엠엔비, 2011
[3] 정진호 외, “실험과 함께 배우는 광통신 공학”, 동일출판사, 2014

9.19 PON 의 상향 접속방식

1.			**PON 상향채널 다중화의 개요**
	○		PON 방식은 전원 공급이 불필요한 수동 소자의 Splitter를 사용하여
			1:N의 분배형태로 댁내에 고속 광대역 서비스를 제공하는 기술임.
	○		PON 기술은 다수의 ONU[306]가 OLT와 접속하는 상향채널 다중화 방식에
			따라 TDM-PON, WDM-PON, TWDM-PON 등으로 구분할 수 있음.
2.			**개념의 이해**
	가.		PON 기술은 TDM-PON 방식, WDM-PON 방식과 두 방식이 결합된
			NG-PON2 으로 표준화된 TWDM-PON 으로 구분됨.
	나.		개념도

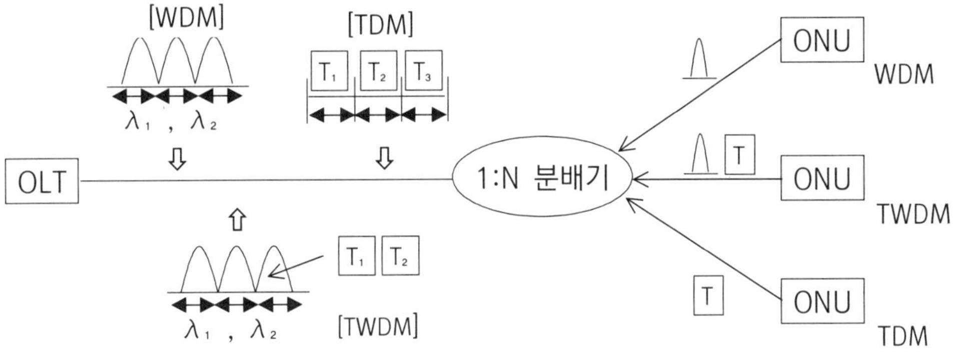

〈상향채널 다중화의 개념도〉

		①	U/L에 TDMA 방식을 적용한 TDM-PON 방식은 하나의 파장을 공유
			하는 방식으로 가입자 증가 시 QoS 제공에 한계가 있음.
		②	WDM-PON은 각 가입자에게 별도의 파장을 할당하여 가입자가 증가 하
			여도 속도의 저하 없이 Transparent 한 서비스가 제공됨.
		③	TWDM-PON은 물리계층 WDM 기술과 MAC 계층에 XG-PON이 결합한
			방식으로 파장가변 ONU 사용하여 광 파장 변경이 가능함.

다. 기술의 비교

구분	주요 특성
TDM-PON	D/L, U/L 각각 1개의 파장을 사용하는 방식.
	D/L: broadcasting, U/L: TDMA 방식으로 정보를 전달
	G-PON, XG-PON, 10G-EPON 으로 표준화
WDM-PON	각 가입자 별로 독립된 별도의 파장을 할당하는 방식
	가입자가 증가하여도 QoS (속도) 지원이 가능 함
	ITU-T G.689.3 으로 표준화
TWDM-PON	TDM-PON 과 WDM-PON 을 혼합한 Hybrid 방식
	다수의 파장을 TDM을 분할하여 사용자에게 할당
	NG-PON2 로 표준화

※ WDM-PON은 속도 측면에서 TDM-PON 방식에 비해 우수하지만 고가의 Transceiver 문제로 가입자망의 적용에는 한계가 있음.

3. 동향

○ 수동 Splitter를 적용한 PON 기술은 FTTH[307] 의 확산에 많은 기여를 했으며 최근 cost 하락으로 활용도가 증가하고 있음.

○ 초기의 PON은 TDM 기반으로 효율성이 떨어지나 TWDM-PON은 TDM, WDM 방식과 파장가변 기술을 적용해 효율성이 우수 함.

306) ONU(Optical Netwowork Unit): 가입자단 댁내에 설치되는 광통신망 종단장치을 말한다.
307) FTTH(Fiber to the hone): 댁내까지 광케이블을 연결해 광대역 서비스를 제공하는 기술을 말한다.

Point

키 워 드	TDM-PON, WDM-PON, TWDM-PON
기출코드	통신2016상2
통합사고	수동 Splitter를 이용하는 PON 기술은 TDM-PON에서 WDM-PON, TWDM-PON 으로 진화하고 있습니다. TWDM-PON 기술의 확산을 위해 고가인 Optic Transceiver의 국산화 및 기술의 개발이 요구되는 시점입니다.
함께보기	“광 가입자망 기술”, 손에 잡히는 ICT, 188p “PON의 종류와 동작원리”, 손에 잡히는 ICT, 190p

참고문헌

[1] 정진호 외, “실험과 함께 배우는 광통신 공학”, 동일출판사, 2014

[2] 구자혁, “핵심 정보통신기술 총서”, 한울, 2014

9.20 PON 기술의 종류 및 차세대 PON

1.			**광가입자망 개술의 개요**
	○		다양한 Entertainment 서비스의 증대 및 고품질 UHD 영상의 서비스
			지원을 위하여 가입자망의 고속화가 요구되고 있는 시점 임.
	○		차세대 PON 기술은 가상화, 지능화, Flexible을 구현을 통해 망의
			신뢰도를 높이는 SDN[308] 기반 Access 망 기술로 진화가 예상 됨.
2.			**개념의 이해**
	가.		PON 기술은 초기 G-PON, E-PON에서 NG-PON1 과 40G를 구현하는
			NG-PON2 표준화되었고 현재 NG-PON3 의 표준화가 진행 중 임.
	나.		개념도

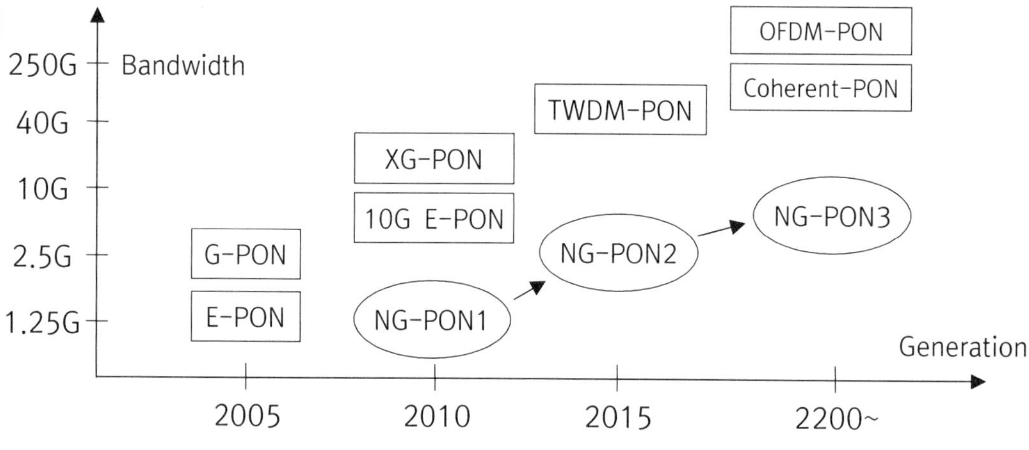

〈PON 기술의 발전 동향 개념도〉

		①	PON 기술은 ITU-T 와 IEEE를 통해 표준화 되고 있음.
		②	ITU-T는 G-PON, XG-PON 과 40 Gigabit Capable Passive
			Optical Networks인 NG-PON2를 표준화 함.

308) SDN(Software Defined Network): H/W 장비의 분리 운용으로 다양한 서비스를 제공하는 기술이다.

③ IEEE에는 E-PON, 10G E-PON과 하향 40G급 서비스를 지원하는 NG-EPON 의 표준을 정의 함.

다. 기술의 비교

구분	TDM		NG-PON1	
	E-PON	G-PON	10G E-PON	XG-PON
표준화	IEEE802.ah	ITU-T G.984	IEEE802.3av	ITU-T G.987
상향접속	TDMA	TDMA	TDMA	TDMA
속도	1.25G/1G	2.5G/10G	10G/10G	10G/2.5G
분기	32	128	64	128

3. 차세대 PON 기술

구분	주요 내용
NG-PON2	물리계층에 WDM 기술과 MAC 계층 XG-PON 결합
	전화국사와 가입자간을 점대 다점으로 연결
	댁내 파장가변 ONU 사용하여 광 파장 변경이 가능
NG-PON3 (OFDM[309]-PON)	이동통신의 OFDM 기술을 광전송 시스템에 적용
	파장, 주파수, 시간의 3차원 영역에서 트래픽 지원
	최대 30G 서비스의 제공
NG-PON3 (Coherent-PON)	물리계층에 WDM 기술과 Coherent 기술을 적용
	ONT와 ONU를 점대 다점으로 연결
	수신부의 감도를 증가로 장거리 가입자에 적합

※ 체세대 POND은 SDN 기반 Adaptive-PON으로 진화가 예상됨.

309) OFDM(Othogonal Frequency Division Multiplexing): 다수의 부반송파를 병렬 전송하는 방식이다.

Point

키 워 드	NG-PON2, NG-PON3, OFDM-PON, Coherent-PON
기출코드	통신2016상2
통합사고	최근 가입자망의 폭발적인 Traffic 증가로 인하여 40G급, 100G급 PON 기술이 적용되고 있습니다. 통신 사업자의 경우 DU~RU 구간에 WDM 기술의 적용을 위해 유,무선 통합망 구조의 차세대 광가입자 기술을 요구하고 있으며, OFDM-PON과 Coherent-PON을 통해NG-PON3의 표준화를 진행 중에 있습니다.
함께보기	“광 가입자망 기술”, 손에 잡히는 ICT, 188p “PON의 종류와 동작원리”, 손에 잡히는 ICT, 190p

참고문헌

[1] 정진호 외, “실험과 함께 배우는 광통신 공학”, 동일출판사, 2014
[2] 구자혁, “핵심 정보통신기술 총서”, 한울, 2014

9.21 국가 간 광대역 통신망 구축방안 비교

1. 초장거리 광대역 통신을 위한 통신망 구성방식의 개요

- ○ 최근 IT 기술의 발전과 Global 시대에 접어들며 원거리에 있는 지역과 외국과의 통신을 위한 Traffic 이 급속도로 증가하고 있음.
- ○ 장거리 통신망의 구축은 위성을 이용한 방식, 광통신을 이용한 방식, Microwave를 이용한 방법 등으로 구축이 가능 함.
- ○ 장거리 통신망의 구축은 통신의 품질, 안전성, 경제성, 보안성, 유지보수성 등이 충분히 고려되어 최적의 방안이 선택 되어야 함.

2. 위성을 이용한 방식

가. 위성통신은 우주국을 중계기로 이용한 기지국과 지구국간의 통신으로 1~10㎓[310] 대역의 주파수를 사용하여 장거리 통신기능을 수행 함.

나. 개념도

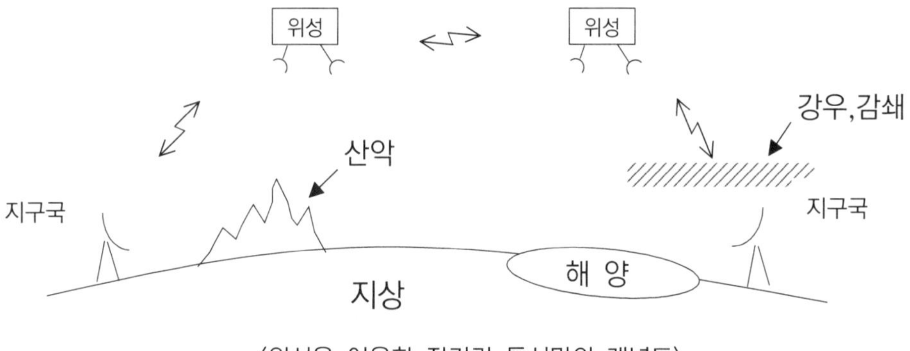

<위성을 이용한 장거리 통신망의 개념도>

① 지구국은 신호의 송,수신 과 변,복조를 수행하며 위성은 수신된 data를 transponder[311]를 통해 변환, 증폭 하여 광대역으로 송신함.

② 지상의 산악 및 지형지물의 제약 없이 신속하게 통신망을 구축할 수 있으며 이론상 세 개의 위성으로 지구 전역의 통신망구성이 가능함.

	다.		주요특성

특성	주요 내용
장 점	지리적 제한을 극복하여 신속한 망의 구성이 가능 함.
	다원접속 기술을 적용하여 회선의 효율적 이용이 가능함.
단 점	250ms의 지연이 발생하며 강우감쇄 전리층영향을 받음.
	지구국이 거대화 되며 보안이 취약함.

		※	위성통신은 회선의 설정 시간이 짧게 소요되고 기존 위성의 사용으로
			구축비용이 저렴하나 전파지연 및 다양한 fading의 영향을 받음.
3.			**광통신의 이용**
	가.		광통신은 기존 동선의 전송거리 제약을 극복하여 광대역 장거리
			전송이 가능한 물리매체로 국가 간 통신에 활용이 되고 있음.
	나.		개념도

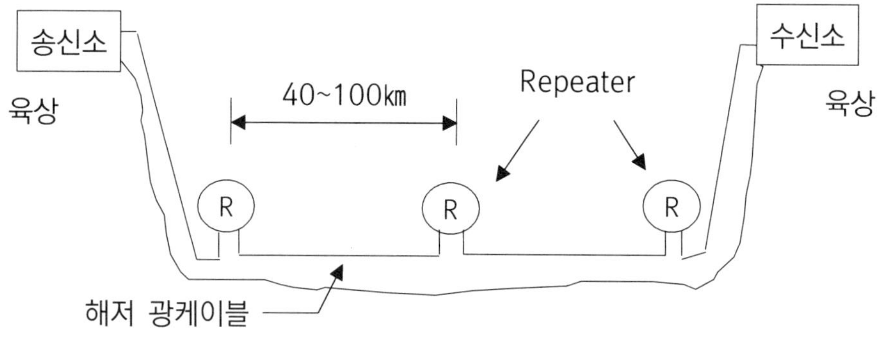

〈광통신을 이용한 장거리 통신망의 개념도〉

		①	선박을 이용해 해저에 포설되며 수압과 염분을 견디기 위해 금속
			수방벽, 마일러테이프, 폴리에틸렌 등으로 케이블을 보호 함.

310) 1~10㎓ 우주잡음과 강우감쇠, 대기가스 흡수가 적은 대역, 전파의창을 말한다.
311) transponder: 지상의 전파를 수신하여 증폭, 주파수 변조 후 지상으로 재전송하는 증폭장치이다.

		②	40~100㎞ 마다 중계기가 설치되어 신호를 증폭하며 케이블의 포설은
			초정밀 GPS 시스템을 활용하여 정확한 위치에 포설하여야 함.
	다.		주요특성

특성	주요 내용
장 점	외부 전자계의 영향 없이 안정된 통신망 구축이 가능함.
	다중화 기술의 발전으로 망 자원의 효율성이 높음.
단 점	장애 및 절단 시 복구에 많은 비용과 시간이 소요 됨
	장애 시 대체 통신망의 확보가 어려움,

		※	현재 미국~ 일본 간의 해저 광케이블은 WDM 방식을 적용하여
			9,000㎞의 장거리에 100Gbps의 속도를 지원하고 있음.
4.			**Microwave**
	가.		Microwave는 1㎓~30㎓ 사이의 전자파를 이용한 무선통신 방식으로
			낮은 전송잡음으로 요금의 발생 없이 고속통신을 구현할 수 있음.
	나.		개념도

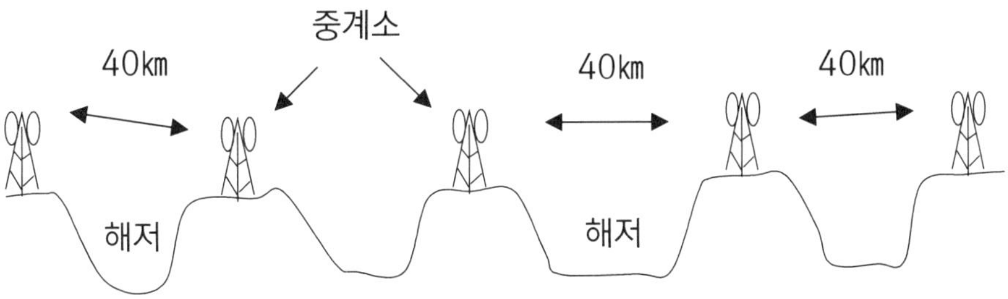

〈Microwave를 이용한 장거리 통신망의 개념도〉

		①	전파의 직진성이 강해 장애물이 없는 환경에서 40㎞ 이상 통신이
			가능하며 중계소를 설치하여 신호를 중계할 수 있음.
		②	Microwave의 중계방식에는 헤테로다인 중계방식[312], 무급전 중계
			방식, 검파 중계방식, 직접 중계방식 등이 있음.

312) 헤테로다인 중계방식: 수신신호를 중간주파수로 변환 후 M/W 로 송신하는 장거리 중계방식이다.

다. 주요특성

특성	주요 내용
장 점	광대역성을 갖으며 이득이 높고 S/N이 우수함.
	안정된 전파특성을 갖으며 사용료가 발생하지 않음.
단 점	중계소를 새로 구축하여야 하며 중계소 구축에 한계가 있음.
	강우감쇠 및 주야 상이한 fading의 영향이 있음.

※ 해상의 경우 밀물, 썰물의 차이로 주,야 Fading 특성이 상이하며 전송거리가 40km로 한정되고 전파 월경의 우려가 있음.

5. 방식의 비교

구분	위성	광통신	Microwave
거리	제약 없음	100km	40km
비용	높음	저렴	저렴
보안	취약	우수	취약
기상여건	영향	없음	영향

* 위성통신은 신속한 망의 구성이 가능하나 광대역 서비스에 제약이 있어 광케이블을 이용한 방식이 주로 적용되고 있음.

6. 결론

○ 국가 간 장거리 통신망의 구성이 가능한 기술로는 위성통신망, 광케이블망, Microwave를 이용하여 통신망을 구축하는 방법이 있음.

○ 위성을 이용한 방식은 회선이 사용료가 고가이고 통신망의 안전성이 떨어지며 Microwave 통신은 자가망 구축에 따른 한계가 있음.

○ 광케이블을 이용하는 방식은 구축비용, 기간, 안전성, 품질이 가장 우수하여 일반적으로 적용되는 국가 간 통신 방식 임.

Point

키 워 드	위성통신, Micro Wave, 장거리 통신
기출코드	통신2012하2, 통신2015하3
통합사고	최근 Global 시대를 맞이하여 국가 간 광대역 장거리 통신이 급격히 증가하고 있으며 이러한 국가간의 장거리 통신망은 해저 광케이블, Micro wave, 위성통신을 통하여 구현을 할 수 있습니다. 위성통신은 신속한 망의 구성이 가능하나 사용요금이 고가인 단점이 있고 Micro Wave 방식은 장거리 통신에 한계가 있어 최근의 추세는 국가간에 해저 광케이블을 포설하여 초고속, 광대역 통신망을 구성하고 있습니다.
함께보기	“광섬유 도파원리”, 손에 잡히는 ICT, 90p “8.2 위성통신”

참고문헌

[1] 이근량, “실용 광통신”, 두양사, 2006
[2] 김동룡, “광섬유와 광통신”, 상학당, 2012
[3] 이해선, “위성통신 이론 및 시스템”, 북두출판사, 2013

10.1 터널에 전파가 수신이 되지 않는 이유 및 재난방송 수신 관련 법령

1.			**터널 내 재난방송 수신의 개요**
	❍		터널내의 전파 환경은 표피효과, 호이겐스의 원리에 의하여 외부의
			전파가 직진할 수 없고 회절을 통해서도 전파가 어려운 환경 임.
	❍		방송통신발전기본법에 따라 터널 또는 지하 공간 등 방송수신 장애
			지역은 라디오 및 이동멀티미디어방송 중계설비를 설치하여야 함.
	❍		터널내의 재난방송 중계 방안으로는 누설동축케이블(LCX)[313]의 포설
			및 중계기를 사용하여 음영지역을 해소하는 방식이 적용되고 있음.
2.			**터널 내 전파 수신불가의 개념**
	가.		터널의 내부는 표피효과에 의해 수신 전력의 대부분이 터널의 표면
			으로 방사되어 전파가 수신이 되지 않아 음영지역이 발생 함.
	나.		개념도

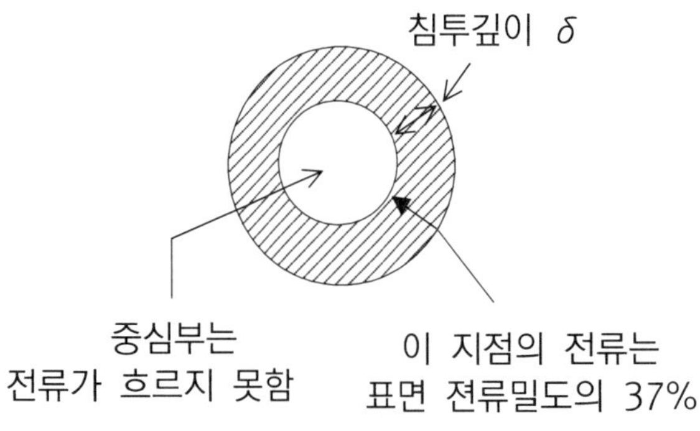

① $\delta = \sqrt{\dfrac{2}{\omega\sigma\mu}}\,[m]$ $(\omega = 2\pi f)$

②침투 깊이는 주파수, 도전률 투자율과 반비례 임.

(σ:도전률, μ:투자율)

〈표피효과의 개념도〉

		①	도체에 전류가 흐르면 도체의 중심부에는 전류밀도가 낮아지게 되어
			대부분의 전류가 표면으로 흐르는데 이를 표피효과라 함.
		②	표피효과는 전선 단면적 내의 중심일수록 자속 쇄교수가 커져 인덕
			턴스[314]가 증가해 중심 내부에 전류가 흐르지 못해 발생 함.

3. 터널내의 재중계 방안

가. 누설동축 케이블의 설치

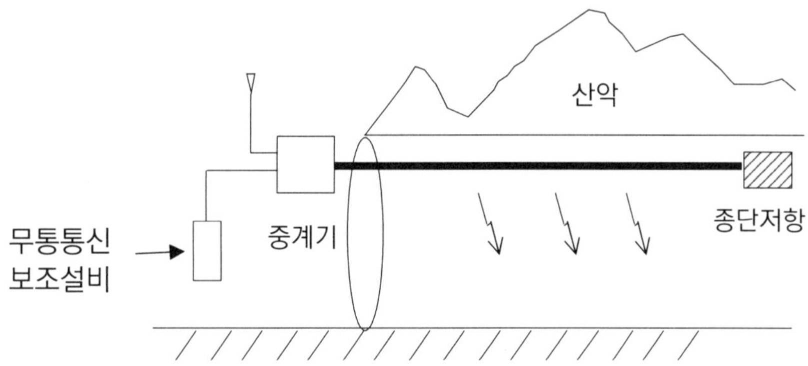

〈LCX 안테나를 이용한 구성〉

① 동축케이블의 외부에 일정한 slot을 통해 전파를 방사하는 구조로서 용도에 따라 LCX, RCX 로 구분되어 사용되고 있음.

② 지하구간 및 지하철, 터널 등에서 DMB[315], FM 방송 등에 사용되고 있으며 안정적인 성능을 구현하나 유지관리에 어려움이 있음.

나. 중계기의 사용

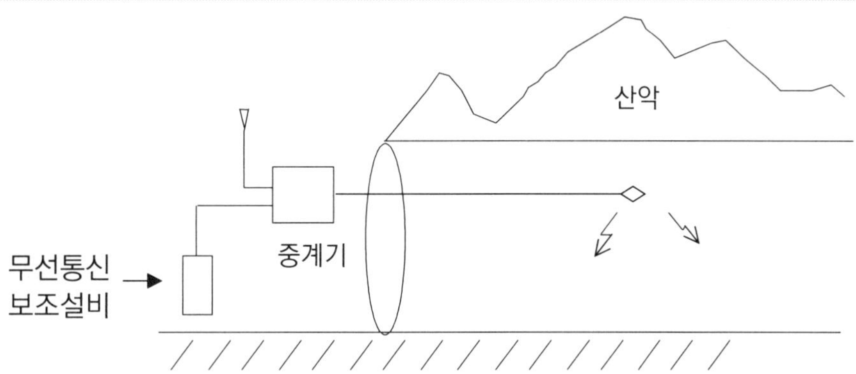

〈중계기를 이용한 구성〉

313) LCX(Leaky Coaxial Cable): 누설동축 케이블을 말한다.
314) 인덕턴스: 자속의 발생능력으로 고주파의 흐름을 방해 함. 단위는 [H] 이다.
315) DMB(Digital Multimedia Broadcast): 우리나라는 Eureka-147 기반의 T-DMB 방식을 적용한다.

① 미약한 신호를 증폭하여 음영지역으로 전파하는 장비로 외부 안테나의 수신 전파를 증폭하여 내부의 안테나로 재차 송신함.

② 터널 내에 설치할 경우 방진, 방수함체 등을 적용하여 터널내의 누수 및 분진 등에 대비 하여야 하며 상시전원이 공급 되어야 함.

4. **관련법령 및 관련설비**

가. 도로 터널의 방재시실은 소화설비, 경보설비, 피난대피설비, 비상전원설비로 구분되며 터널의 길이에 따라 그 설치 기준이 결정됨.

나. 터널 및 지하 공간 등 방송수신 장애지역은 재난방송 등 및 민방위 경보의 원활한 수신을 위하여 방송통신설비를 설치하여야 함.

다. 정보통신 관련설비

설 비	내 역
무선 통신 보조설비	외부에서(지상부) 지하구간과 서로 무선통신을 통하여 터널 내 구조활동 및 소화활동을 수행하기 위한 설비
비상방송설비	터널 내 재난. 재해 발생 시 우선적으로 터널 내부의 스피커를 통해 비상방송을 수행
CCTV	터널 측면 등에 설치되어 터널 입구 및 내부의 상황을 감지하는 기능을 수행
재방송설비	터널 내 전파 음영지역의 해소를 위하여 설치 AM/FM, DMB 등의 중계
비상전원설비	상시전원의 공급을 통한 관련 방재설비의 안정적 동작을 지원, UPS AVR, 축전지 등

※ 터널 내 정보통신 설비는 경보설비와 소화활동 설비, 비상전원 설비로 구분 됨.

라. 방송통신발전 기본법에 따른 재난방송 등 수신시설의 설치

라디오 방송의 수신에 필요한 중계설비	이동멀티미디어 방송의 수신에 필요한 중계설비
음성, 음향 등으로 이루어진 방송 프로그램을 송신하는 방송	이동 중 수신을 주목적으로 다채널을 이용하여 텔레비전방송, 라디오방송 및 데이터 방송을 복합적으로 송신하는 방송

		※	방송법 제2조제1에 의한 용어의 정리
5.			**결론**
	○		최근 우리나라에서 철도, 터널, 등 대규모 지하 시설물에서의
			재난방송 수신율이 매우 낮은 것으로 보고되어 문제가 되고 있음.
	○		따라서 국민의 안전과 생명의 보호를 위해 지하 및 터널구간에
			DMB 등 재난방송 수신 설비의 조속한 구축이 요구되고 있음.
	○		더불어 설계, 시공, 감리, 운용 부분에 있어서 기술기준 및 관련
			법규의 의 준수 및 정보통신기술사의 참여가 요구됨.

Point

키 워 드	표피효과, LCX, 무통보조설비, 중계기, 터널내의 전파전파
기출코드	통신2017상4
통합사고	전파는 물리적인 특성으로 터널 및 지하구간에는 도달하지 못하는 특성을 갖고 있습니다. 이는 최근 증가하고 있는 대규모 재해, 재난의 효과적인 대응에 많은 문제점을 나타내기에 정부는 관련 법규를 통해 터널 및 음영 지역에서의 재난통신 수신에 관한 규정을 강화하고 있기에 이와 관련된 법 규정에 대한 명확한 이해가 요구됩니다.
함께보기	“ICS 중계기”, 손에 잡히는 ICT, 350p “2.12 전파의 현상”

참고문헌

[1] 김진영, “재난통신 시스템”, X 인터비젼, 2008
[2] 채해수, “정보통신설비설계 공사실무”, 상학당, 2010

10.2 정보통신 설비의 지진관련 대책 및 대상설비

1. 정보통신 설비의 내진대책의 개요

- 최근 우리나라에서도 강진이 발생하고 인명과 재산 피해가 발생함에 따라 정보통신 설비의 내진대책이 요구되고 있는 시점 임.
- 정보통신설비는 지진의 발생에 대비하여 지진화산재해 대책법[316], 전기사업법, 전파연구원 고시[317] 등을 통해 내진대책을 수립하여야 함.

2. 개념의 이해

가. 지진의 발생으로 인한 통신기반의 지진붕괴와 2차 피해의 방지를 위해 전기통신 설비의 내진 대책은 필수적인 고려 요소 임

나. 개념도

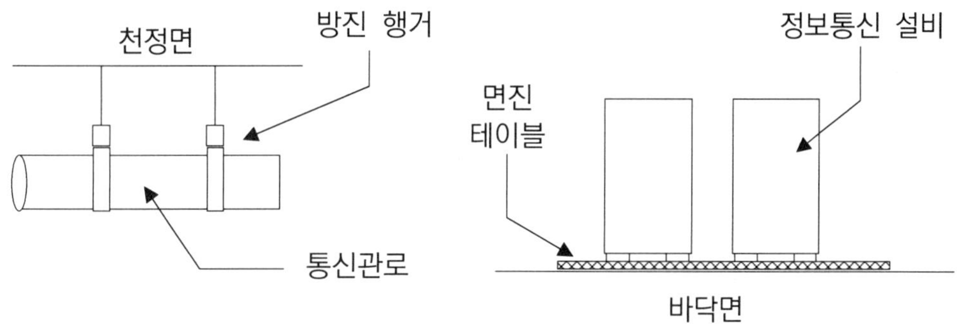

〈지진관련 방진설비의 개념도〉

① 천정면에 노출되어 포설되는 통신 관로는 트레이의 설치가 곤란한 경우 방진 행거를 사용하여 진동에 대비 하여야 함.

② 바닥면과 정비통신 설비 사이는 면진테이블을 사용하여 외부의 충격으로 인한 설비의 파손과 전도를 예방할 수 있음.

③ 지면 고정형의 경우 바닥면에 앙카볼트 등으로 고정 가대를 설치하여 엑세스플로어 위치에 랙을 고정하는 방식 임.

316) 지진화산재해 대책법: 지진 및 화산활동으로부터 국민의 생명과 재산을 보호하기 위해 재정되었다.

다. 지진대책 대상 전기통신 설비의 범위

관련 설비	설비 내역
통신국사	통신설비를 수용하기 위한 통신국사
통신장비	교환기, 중계장치, 다중화장치 등
전원설비	수변전 설비, 정류기, 예비전원
부대시설	통신설비 사업자가 시설하는 바닥시설
옥외설비	철탑설비, 선로 구조물

※ 우리나라는 국민안전처 중앙대책 본부, 기상청, 미래창조 과학부, 국립전파 연구소 등에서 지진관련 업무를 수행하고 있음.

3. **방송통신 설비의 내진설계 기준**

- 지진화산 재해대책법 및 전기통신기본법에 의거 국립전파연구 고시에 의거하여 사업용 방송통신 설비에 한함.
- 방송통신 설비의 안전성, 신뢰성에 따른 기술기준 준수 및 내진 시험 방법에 따른 인증을 요함.

317) 전파연구원 고시: 인증 및 지정, 유선기기, 무선기기, EMC 기준 및 시험방법 등을 정의한다.

Point

키워드	지진, 면진테이블, 내진대책
기출코드	통신2018상1, 통신2017상1
통합사고	최근 우리나라도 강진이 잦아지고 있어 ICT 설비에 대한 내진 설계대책이 요구되고 있습니다. 지진 등 대규모 재난이 발생 시 통신망의 확보는 신속한 피해의 복구와 피해의 확산 방지 및 사회혼란 최소화를 위해 가장 우선순위가 높은 부분입니다. 따라서 이와 관련되어 정부의 내진 관련 법률의 강화와 통신사업자의 투자 확대가 요구되는 시점입니다.
함께보기	"고층 건축물 내 정보통신설비의 종류 및 설비별 역할", 손에 잡히는 ICT, 536p

참고문헌

[1] 도덕현 외, "실무 내진공학", 건설정보사, 2004

10.3 e-Navigation

1.			**선박의 안전과 해양 보호를 위한 e-Navigation의 개요개요**
	❍		현재 우리나라는 레이더, CCTV, 방향탐지기 등을 이용해 선박의 안전
			운항을 지원하는 해상 교통관제시스템인 VTS[318])를 운용하고 있음.
	❍		e-Navigation은 차세대 선박운항 항법 제체로서 각종 운항 정보의 선박과
			선박 간, 선박과 육상 간의 실시간 상호 교류 기능을 지원함
2.			**개념의 이해**
	가.		선박 운항과 조선, ICT가 결합된 신개념의 자동화된 전자항법 체계로서
			국가재난망인 PS-LTE, LTE-R과의 연동을 목표로 하고 있음.
	나.		개념도

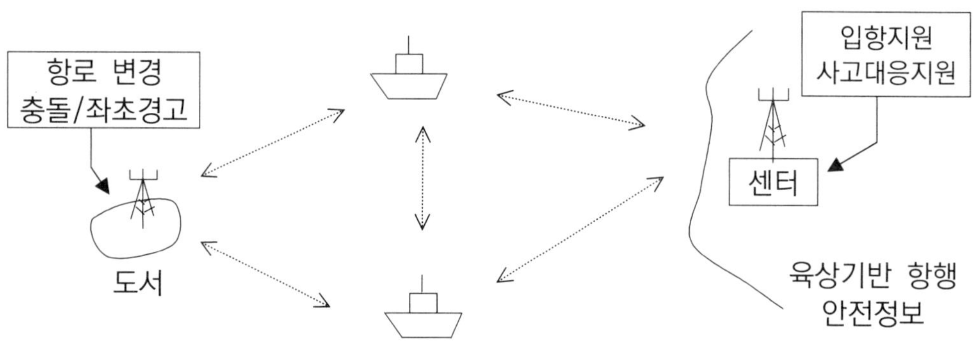

〈e-Navigation 개념도〉

		①	선박~선박, 선박~육상, 육상~육상 이용자 간의 해양 정보와 data의
			효율적인 전송과 실용적인 활용을 지원하는 선박 항법체계임.
		②	선박의 육상보고 간소화를 통해 항해사는 안전 운행에 전념할 수 있어
			해양환경 보호, 사고예방, 효율성 및 경제성이 향상 됨.
		③	국제 해사기구의 IMO의 SOLAS 조약에 따라 운용되는 GMDSS[319])
			의 문제점을 극복하기 위한 항법체계로 2019년 도입을 목표로 함.

다. 주요 과제

주요 과제	핵심 가치
핵심 기술의 확보	해상사고 저감기술, 지능형 선박 관제기술
	항로지원 및 운행 모니터링 서비스 구축
한국형 모델 구축	종합 운영센터 구축, 운항 모니터링, 자동 상황인식
	차세대 Digital 해상 무선통신 체계 구축
산업화 지원	관련사업 육성을 위한 법적 제도적 지원
	관련 장비 및 서비스의 인증체계 구축
기술 표준화 구현	국가 간 시범사업 공동추진 및 논의 주도
	정보의 교환을 위한 국제기구의 유치

※ e-Navigation 은 IMO[320] 주도로 2006년 전략이 수립되었고 우리나라는 해양수산부를 중심으로 사업이 추진되고 있음.

3. **전망**

- ○ 지난 세월호 사고에서 보듯이 기존 VTS 와 GMDSS 중심의 해양 관제 시스템과 통신망은 신속한 해양사고의 대체에 한계가 있음.
- ○ e-Navigation은 차세대 Digital 통신방식의 적용 및 PS-LTE 와 연동을 통해 안전운항 확보 및 빠른 해양사고 복구를 목표로 함.

---

318) VTS(Vessel Traffic Service Center): 해상교통관제센터로 우리나라는 현재 18개소가 운영 중이다.
319) GMDSS(Global Maritime Distress and Safely Systme): 위성을 이용한 해난구조 시스템이다.
320) IMO(International Maritime Organization) : 해양운송, 조선에 관한 문제를 다루는 국제기구이다.

Point

키 워 드	e-Navigation, VTS, PS-LTE, 선박
기출코드	통신2018상3, 통신2016상2
통합사고	세월호 사고이후 선박 및 해양에서의 통신에 대한 관심이 높아지고 있고 정부에서도 대규모 해양사고에 대비해 기존 해양 통신망의 문제점을 극복하기 위해 많은 노력을 하고 있습니다. e-Navigation 은 국가재난 통신망과의 연동을 목표로 하며 재난 상황 시 단일한 통신망의 확보를 목표로 하고 있습니다. 이 과정에서 관련 표준의 선점과 정부의 법률적 지원이 시급히 요구되는 시점입니다.
함께보기	“LTE”, 손에 잡히는 ICT, 360p “이동통신 주파수 확보전략”, 손에 잡히는 ICT, 386p

참고문헌

[1] 김수엽 외, “해양분야 e-Navigation활용방안”,한국해양수산개발원, 2015
[2] 한국산업인력공단, “선박운항(선박통신)”, 진한엠앤비, 2015

10.4 선박에서의 영상통신 방식의 비교

1.			**선박에서의 광대역 영상통신의 개요**
	○		영상이나 고해상도 사진 등의 멀티미디어 정보를 재난 상황에서 신속히
			활용할 경우 정확한 현장 상황의 판단 및 효율적인 복구가 가능해 짐.
	○		선박에서 영상통화의 구현 방식은 위성을 이용한 방식, Microwave
			를 이용한 방식, LTE-Maritime을 이용한 방식이 있음.
	○		선박에서의 영상통화 구현은 통신의 품질, 안전성, 경제성, 보안성,
			운용성 등이 충분히 고려되어 최적의 방안이 선택 되어야 함.
2.			**위성을 이용한 방식**
	가.		위성통신은 우주국을 중계기로 이용한 기지국과 지구국간의 통신으로
			1~10㎓ 대역의 주파수를 사용하여 장거리 통신기능을 수행 함.
	나.		개념도

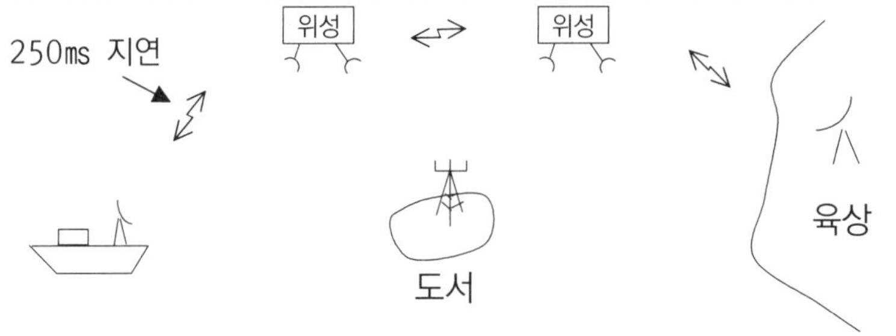

〈위성을 이용한 영상통신망의 개념도〉

		①	선박의 영상통신은 INMARSAT[321] 의 5세대 위성인 GXC[322]를 이용한
			방식으로 지구국과 선박의 V-SAT 안테나와 서버랙 장비로 구성됨.
		②	3개의 정지궤도 위성으로 KU-band를 활용하여 상향 5Mbps, 하향
			50Mbps 의 서비스를 제공하나 강우감쇄에 취약한 단점이 있음.

321) INMARSAT: 국제해사위성기구, 정지궤도 위성을 이용해 선박의 안전운항 및 재난방지를 도모한다.
322) GXC(Global Xpress): 20~30㎓ 대역의 주파수를 사용한 고속 이동통신 기술이다.

다. 주요특성

구분	주요 내용
연동성 확보	기존 Inmarsat 시스템과의 연동성이 우수
KU 밴드[323] 활용	광대역 서비스 제공용이 강우감쇄에 매우 취약함.
음영지역 발생	위성 커버리지 제약에 따른 음영지역의 발생 함

※ 위성통신은 높은 data 사용료가 확산의 걸림돌 임.

3. Microwave

가. Microwave는 1㎓~30㎓ 사이의 전자파를 이용한 무선통신으로 낮은 전송잡음으로 요금의 발생 없이 광대역 고속통신을 구현할 수 있음.

나. 개념도

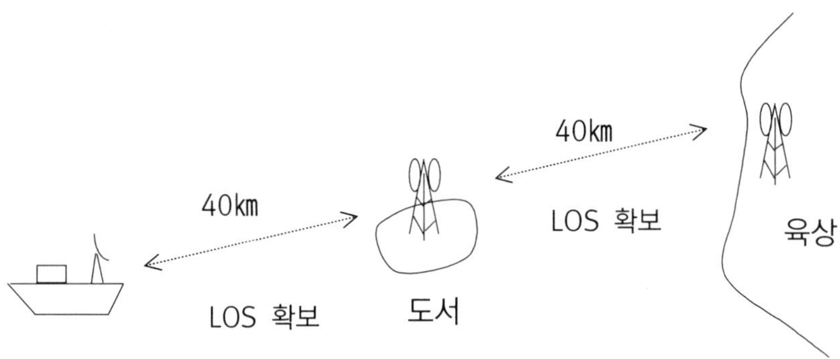

〈Microwave를 이용한 영상통신망의 개념도〉

① 전파의 직진성이 강해 장애물이 없는 LOS 환경에서 40㎞ 이상 장거리 전송이 가능하며 도서에 중계소를 설치하여 신호를 중계할 수 있음.

② 해무 및 조수 간만의 차 등으로 Fading이 발생할 수 있으므로 M/W 중계소는 고소지역에 설치하여 이에 따른 Fading에 대비 하여야 함.

323) KU 밴드: 12~18㎓ 대역으로 위성통신에 주로 이용되고 있다.

다. 주요특성

구분	주요 내용
광대역 특성	광대역성을 갖으며 이득이 높고 S/N 이 우수함
전송거리	중계소가 필요하며 중계거리가 40㎞로 제약됨
해무 영향	강우감쇠 및 주야 상이한 fading의 영향이 있음.

※ 밀물, 썰물의 차이로 주,야 Fading 특성이 상이하게 발생 함.

4. LTE-Maritime

가. LTE-M 은 해양수산부를 중심으로 추진 중에 있는 해상을 운행하는 선박과 실시간으로 정보를 교환할 수 있는 광대역 통신망을 의미함.

나. 개념도

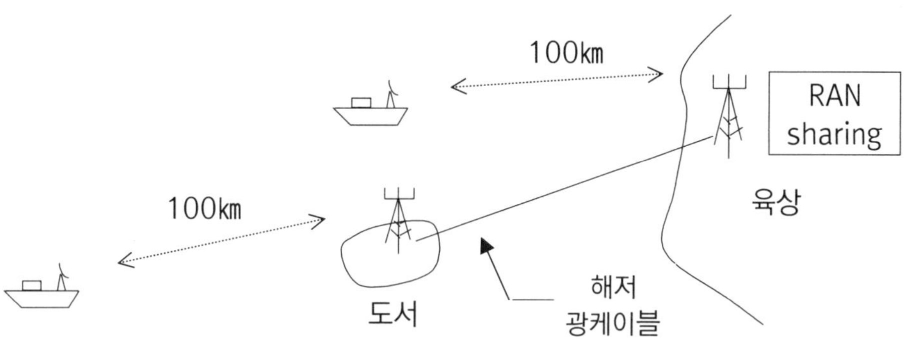

〈LTE-M을 이용한 영상통신망의 개념도〉

① LTE-M은 초고속 선박통신망으로 해상 전자항법 체계인 e-Nav 와의 연동을 통해 선박간의 다양한 멀티미디어 서비스를 지원함.

② 선박운행의 80% 이상이 연안에 집중되어 있는 우리나라의 상황에서 근거리 연안 통신에 매우 적합한 무선통신 방식임.

다. 주요특성

구분	주요 내용
연동성 확보	PS-LTE 와의 연동성 확보를 통한 신속한 재난대응
전송거리	연안 100~200km 까지 서비스 가능 (RAN Sharing)
광대역 특성	광대역 특성으로 멀티미디어 서비스에 최적임.

※ LTE-M은 초수평 안테나 Array를 활용하여 중계기 없이 200km 까지 장거리 고속 광대역 서비스가 지원 됨.

5. **방식의 비교**

구분	위성	Microwave	LTE-M
거리	제약 없음	40km	200km
비용	높음	저렴	저렴
보안	취약	취약	우수
활용	대양	연안	연안

6. **결론**

❍ 지난 세월호 사고에서 보듯 해난사고는 대규모 인명피해가 발생 하므로 신속한 초기 대응과 영상의 제공을 통한 피해 복구가 요구됨.

❍ 전파가 도달하지 않는 원거리는 위성을 이용하고 연안 지역 및 도서 지역은 M/W를 이용하여 효율적으로 영상통신을 구현할 수 있음.

❍ 향후 선박의 양상 통신은 PS-LTE 망의 구현과 e-Nav 와의 연동성 확보로 다양한 서비스가 제공되는 LTE-M 의 확산이 예상 됨.

Point

키 워 드	LTE-M, Microwave, e-Navigation
기출코드	통신2018상3, 통신2012하2, 통신2014하3, 통신2014상3
통합사고	해상에서의 영상통신은 광케이블등 물리적 유선 매체를 사용할 수 없으므로 광대역 통신을 구현하는데 많은 제약이 있습니다. 현재 해상에서의 영상통신은 위성을 이용한 방식이 주로 사용 되고 있으나 높은 사용요금의 발생으로 활성화에 많은 한계를 갖고 있습니다. 최근 해양수산부와 이동통신사를 중심으로 LTE를 해상통신에 적용한 LTE-M의 표준화가 진행 중에 있고 향후 coverage 확대를 통해 기존 서비스를 대체할 것으로 예상되고 있습니다.
함께보기	“페이딩의 종류와 대책”, 손에 잡히는 ICT, 296p “LTE”, 손에 잡히는 ICT, 360p “8.2 위성통신”

참고문헌

[1] 이해선 의, “위성통신 이론 및 시스템”, 복두출판사, 2013
[2] 한국산업인력공단, “선박운항(선박통신)”, 진한엠앤비, 2015

10.5 LTE-R

1.			**열차무선과 열차의 제어를 구현하는 LTE-R의 개요**
	○		LTE-R은 3GPP[324) Release8/9 의 LTE 기술을 철도망에 적용하여
			열차무선 통신 분야와 신호분야의 열차의 제어를 제공하는 기술임.
	○		LTE-R은 현재 주로 적용되고 있는 TRS 와 VHF의 음성 중심의
			서비스를 극복하여 음성, Data 및 영상 서비스를 제공하는 기술 임.
	○		회절특성이 우수한 700㎒ 대역,20㎐ 대역폭의 주파수를 이용하여
			국가재난 통신망 표준인 PS-LTE 망과 연동을 목표로 구축되고 있음.
2.			**개념의 이해**
	가.		LTE-R은 LTE를 기반으로 기존 VHF, TRS 위주의 열차무선 방식과
			레일 접점 위주의 열차제어 체계를 획기적으로 향상시키는 표준임.
	나.		개념도

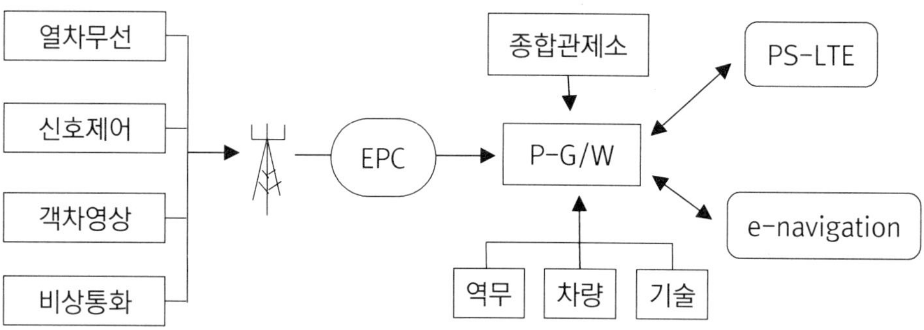

〈LTE-R 개념도〉

		①	정보통신, 열차무선, 신호제어, 전력제어, AFC[325) 제어 등 각종
			data의 실시간 양방향 수집, 전달, 관리를 통한 통합관제를 지원함.
		②	특히 P-G/W를 통해 PS-LTE 망과 연동되어 재난, 재해 발생 시
			신속한 상황보고를 통한 피해 최소화와 긴급복구가 가능함.

다. 방식의 비교

구 분	LTE-R	TRS	VHF
주파수	700㎒	800㎒	160~170㎒
보안성	우수	낮음	낮음
서비스	영상, data	음성 위주	음성 위주
현 황	부산지하철	고속철도	서울 메트로

※ LTE-R의 가장 큰 장점은 영상통신의 지원으로 열차장애 및 재난 시 빠른 현장 상황의 파악 및 복구가 가능함.

라. 도입 전후의 비교

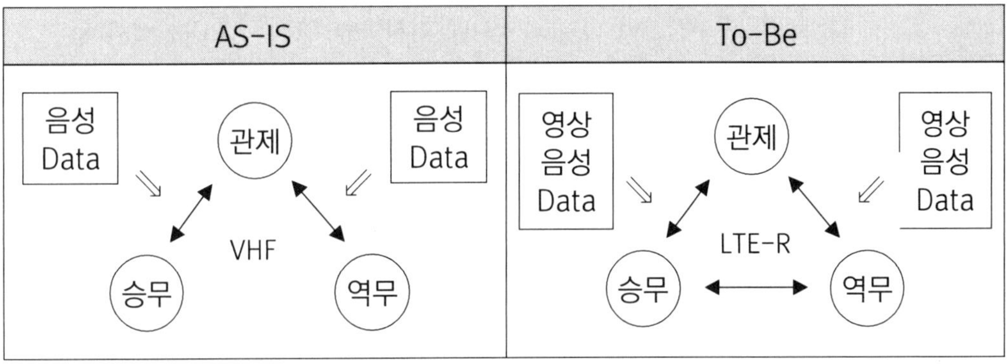

〈LTE-R 도입 전,후의 비교 개념도〉

① 현재의 시스템은 장애가 발생 시 관제센터를 중심으로 음성위주의 통신만 서비스되어 신속한 상황파악 및 사고 대처가 어려움.

② LTE-R을 적용 시 관제센터, 승무원, 역무원은 음성, 영상, Data 의 실시간 공유를 통해 신속한 상황파악 및 사고 대처가 가능해짐.

324) 3GPP: 3rd Generation Partnership Project): 유럽, 일본 주도의 비동기 이동통신 표준화 단체이다.
325) AFC(Automatic Fare Collection): 철도분야의 역무 자동화 시스템을 말한다.

3. LTE-R 망의 구성 및 주요 특성

가. 망의 구성

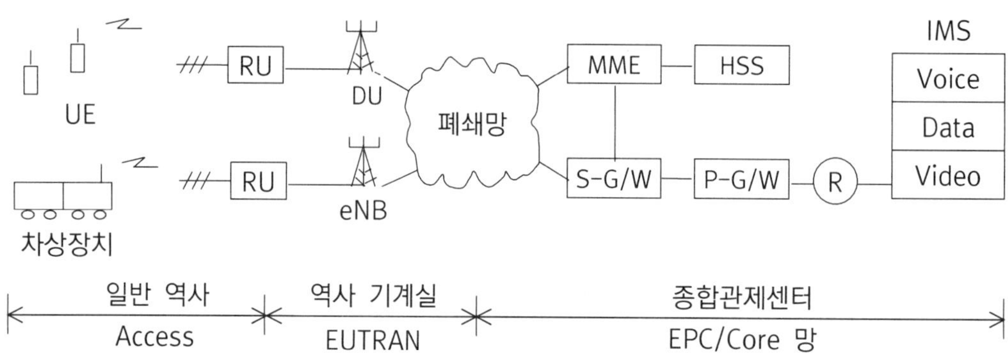

〈LTE-R 망의 구성도〉

① Circuit 망이 아닌 All IP로 구현된 Packet 망으로 EUTRAN, EPC, IMS로 망을 구성하여 터널과 역사에 기지국인 DU[326], RU가 설치 됨.

② 종합관제센터에 Core 망을 구성하며 L_3와 폐쇄망을 통해 각 역사의 L_2 장비와 e-NB를 통해 휴대단말과 열차에 서비스가 제공됨.

나. 기술적 특성

기술 특성	주요 기능
Hand over	99.9% 이상의 높은 Hand over 성공률
고속 이동성	350㎞/h 이상의 고속 이동성 보장
회절특성 우수	713㎒~723㎒/ 773㎒~783㎒ 주파수 사용
높은 보안성	Firewall, IDS 적용, 폐쇄망 이용
연동성 확보	G/W를 통한 PS-LTE, e-Navigation 과의 연동
운용 용이성	차상장치 간략화, 운용 및 유지보수 용이

※ 기존 차상장치 TRE(Train Radio Equipment)의 간략화를 통하여 승무원의 운용 및 점검자의 유지보수가 용이해 짐.

326) DU(Digital Unit): 이동통신 기지국의 digital 신호 처리부, RU(Radio Unit) 와 광케이블로 연결된다.

4. **선결과제**

선결 과제	주요 내용
기술안전성 확보	기술의 검증 및 시스템의 이중화
재난망 연동	PS-LTE 연동성 확보, 긴급복구 지원
기존망 연동	MSPP, Carrier Ethernet 망의 구축 및 운용
경제성 확보	정부 지원확대 및 법률적 지원
표준화 정립	기술의 자립화 추진, 표준의 선점

※ TTA와 UIC를 중심으로 KTCS[327] 표준이 정립 중에 있으며 향후 KTRCS를 통한 열차의 제어 및 관제를 목표로 하고 있음.

5. **현황 및 전망**

○ 현재 부산교통공사에서 LTE-R을 최초로 구축하였고 평창 동계올림픽에 대비해 원주~강릉 간 고속철도에 LTE-R을 구축하고 있음.

○ 정부는 국가재난망인 PS-LTE 와의 연동을 위해 전국의 철도망의 LTE-R 구축을 목표로 2018년 까지 TRS 주파수를 회수 할 예정임.

○ 더불어 효율적인 LTE-R 망의 수용을 위해 철도의 백본망은 IP 망의 수용이 용이한 IP-MPLS 로의 구축이 요구되는 시점임.

327) KTCS(Korea Train Control System): 무선통신을 활용한 무인운전, 열차제어 시스템을 말한다.

Point

키 워 드	LTE-R, CBTC, KTCS, PS-LTE
기출코드	통신2018상1, 통신2018상3, 통신2018상4, 통신2016상2
통합사고	현재 철도의 통신망은 코레일과 도시철도를 중심으로한 VHF와 TRS 기반으로 운용되고 있으며 국가재난망의 표준 확립과 주파수 배치의 완료로 LTE-R 구축이 속도를 내고 있습니다. LTE-R은 열차의 통신 영역을 넘어서 신호분야의 열차제어 분야도 포함하고 있으며 이 영역 또한 정보통신 기술사의 참여확대가 요구되는 분야입니다.
함께보기	“LTE”, 손에 잡히는 ICT, 360p “5.13 LTE 망의 구조와 진화”

참고문헌

[1] 이수원 외, “고속철도 무선통신”, 동일출판사, 2004
[2] 정남모, “TETRA 디지털 TRS 시스템”, 오성미디어, 2008
[3] 이상근, “EASY LTE”, 한빛 아카데미(주), 2015

10.6 LTE-R 구축 시 IP-MPLS 방식과 MPLS-TP 방식의 비교

1.			**Carrier Ethernet 을 이용한 LTE-R 구성의 개요**
	○		LTE-R은 상용망인 LTE 기술을 철도에 적용하여 700㎒ 대역을 이용
			하여 다양한 부가서비스 및 영상의 전송을 제공하는 기술임.
	○		Carrier Ethernet은 data traffic 급증과 고속화에 대응이 가능한
			신뢰성과 안전성을 제공하는 LAN 기술 기반의 전송기술 임.
	○		Carrier Ethernet은 신뢰성과 안전성을 최우선으로 하는 철도망의
			LTE-R 운용에 최적의 solution을 제공하는 망구조 임.
2.			**LTE-R 개념의 이해**
	가.		LTE-R은 현재 주로 적용되고 있는 TRS 와 VHF 방식의 data, 음성
			위주의 서비스를 극복하고 PS-LTE 와의 연동성을 제공 함.
	나.		개념도

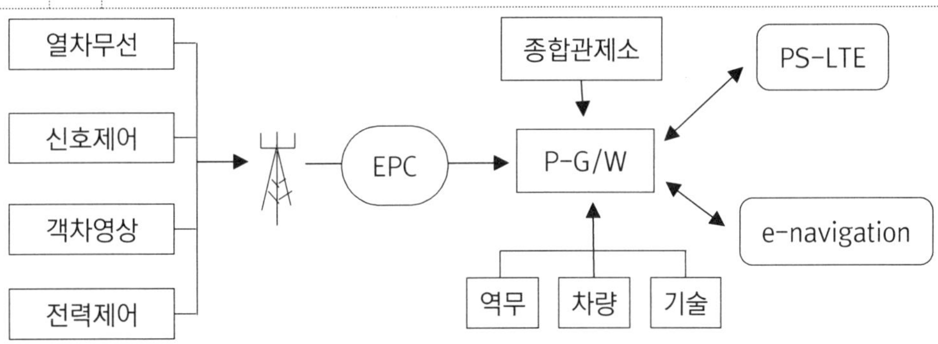

〈LTE-R 개념도〉

		①	정보통신, 열차무선, 신호제어, 전력제어, AFC 제어 등 각종
			data의 효율적인 실시간 양방향 수집, 전달, 관리가 가능함.
		②	특히 P-G/W를 통해 PS-LTE 망과 연동되어 재난, 재해 발생시
			신속한 상황보고를 통한 피해 최소화와 긴급복구가 가능함.

3.			**LTE-R 에 최적화된 Carrier Ethernet 망의 구성**
	가.		Carrier Ethernet은 표준화된 서비스, 확장성, 신뢰성, 서비스
			품질, 서비스 관리를 통해 LTE-R 운용에 최적의 환경을 제공함.
	나.		LTE-R 백홀 기능 요구사항

기능	요구 사항
이중화	Ring 절체 시 50㎳ 보장의 필수
재난망 연동	L_3 Routing을 통한 PS-LTE 연동
보안기능	L_2 , L_3 VPN, IP-sec 의 지원
eMBMS	Multicast Protocol 의 지원 (PIM[328], IGMP[329])

		※	철도망은 안전성과 보안성의 확보가 최우선 과제 임.
	다.		백홀 구성의 개념도

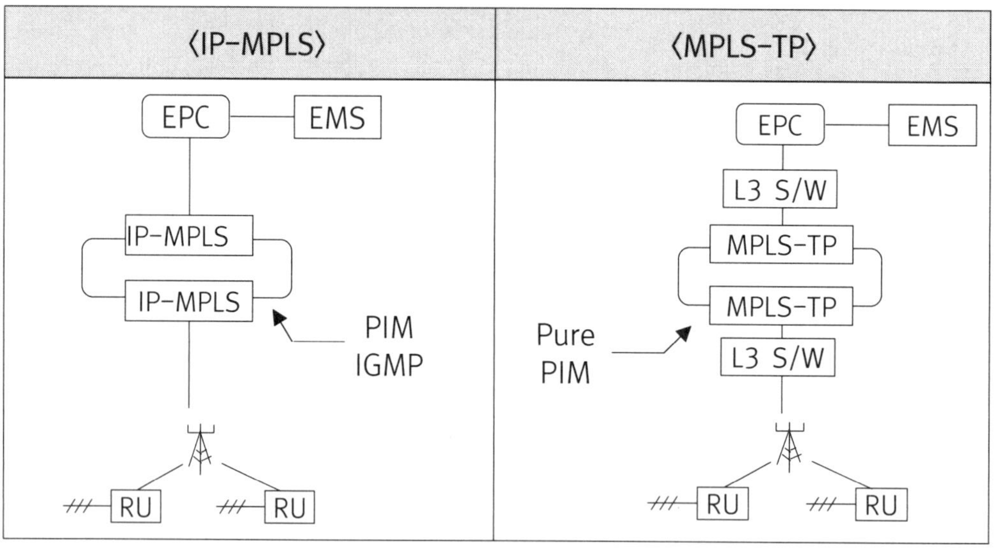

※ IP-MPLS는 L_3 Routing, MPLS-TP는 L_2는 switching 기반 기술임.

328) PIM(Protocol Independent Multicast): Multicast Routing Protocol을 말한다.
329) IGMP(Internet Group Multicast Protocol): Multicasting 맴버쉽 그룹관리 Protocol을 말한다.

4. 방식의 설명

가. 주요 특성의 설명

구분	주요 특성
IP-MPLS	OSPF[330], BGP[331] 등 L_3 Routing 의 지원.
	N-DCX 및 MUX 없이 1:N 기능을 구현.
	10년 이상 대규모 망에 적용되어 안전성이 입증 됨.
	외산업체가 중심이며 단대단의 QoS 지원에 한계가 있음.
MPLS-TP	L_2 switching 과 IGMP 의 제한적 지원
	1:N 미지원 으로 인한 별도의 장비필요 함.
	국내업체가 원천기술을 확보하고 있음.(PTN)
	LTE-R 구축 시 별도의 L_3 장비를 요함.

※ MPLS-T 로 망 구축시 각 역사의 정보통신 기계실에 Routing 장비가 설치되어야 하므로 경제성 및 유지 및 관리성이 떨어짐.

나. 방식의 비교

구 분	MSPP	IP-MPLS	MPLS-TP
구 조	TDM 기반	MPLS 기반	MPLS 기반
보호절체	50ms 미만	50ms 미만	50ms 미만
1:N	미지원	지원	미지원
L_3 라우팅	미지원	지원	미지원
이더넷	제한적 지원	지원	지원

330) OSPF(Open Shortest Path First): Backbone Area 단위 중심의 Routing Protocol을 말한다.
331) BGP(Boundary Gateway Protocol): 대규모 망에 적용되는 외부 Routing Protocol을 말한다.

※ 현재 국제적으로 80% 이상이 IP-MPLS 방식을 적용하고 있으며 우리나라를 중심으로 MPLS-TP 방식이 시장을 형성하고 있음.

5 **시장의 동향**

기관명	구축(예정) 방식
부산 교통공단	MPLS-TP 로 구축
공항철도(인천)	IP-MPLS 확정(2016.12)
서울교통공사(1~4)	IP-MPLS 로 구축 중(2017년)
서울교통공사(5~8)	IP-MPLS로 발주예정

※ 서울교통공사 (1~4 호선)의 경우 2017년 IP-MPLS 방식으로 기간망의 방식을 확정하여 현재 구축 중에 있음.

6. **결론**

❍ 현재의 Carrier Ethernet 시장은 외산장비 업체 중심의 IP-MPLS 방식과 국내장비 업체 중심의 MPLS-TP 방식으로 양분되어 있음.

❍ 철도관련 기관들은 유지보수의 용이성과 확장성을 고려 IP-MPLS 방식을 선호하고 있으나 국내업체들의 민원제기로 기간망 결정에 어려움이 있음.

❍ 공공시설인 철도망의 경우 경제논리를 떠나 망의 안전성과 유지보수의 용이성, 보안성, 부품수급 등을 최대한 고려한 방식의 선정이 요구 됨.

Point

키 워 드	IP-MPLS, MPLS-TP, LTE-R, Carrier Ethernet
기출코드	통신2018상2, 통신2018상3, 통신2017상3, 통신2016상2, 통신2016하4,
통합사고	최근 철도, 도시철도 분야의 공공기관을 중심으로 기존 STM 과 MSPP 망을 Carrier Ethernet 으로 교체하고 있으며 정부의 정책 사업으로 철도통신망을 LTE-R 로 교체하고 있습니다. 이 과정에서 IP-MPLS 와 MPLS-TP 방식결정 과정에서 많은 잡음이 발생하고 있는 현실에서 엔지니어링 마인드에 입각한 방식의 선정이 요구되는 시점입니다.
함께보기	"SONET/SDH", 손에 잡히는 ICT, 210p "MSPP", 손에 잡히는 ICT, 212p "LTE", 손에 잡히는 ICT, 360p

참고문헌

[1] 이상근, "EASY LTE", 한빛 아카데미(주), 2015
[2] 장부진, "알기 쉬운 정보통신기술", 시대고시기획, 2017

10.7 PS-LTE

1. 700㎒ 대역의 주파수를 사용하는 PS-LTE의 개요

- 재난통신(PPDR)[332]은 자연재난과 인공재해, 인위적 재난 상황에서 국민의 생명과 재산을 보호하기 위한 국가적 통신시스템을 의미함.
- 우리나라는 TETRA, iEDN, Wibro 등과의 경합을 통하여 광대역 서비스 기반의 LTE를 국가재난 안전통신망의 표준으로 최종 확정하였음.
- PS-LTE는 700㎒ 대역 주파수의 공유를 통하여 군, 경찰, 소방 등의 재난통신 망과 철도망 및 해양망 과의 통합 운용을 목표로 하고 있음.

2. PS-LTE 개념의 이해

가. 3GPP Release 8,9 표준을 기반으로 IMS 망과의 연동을 통하여 광대역 영상통신 서비스가 지원되며 다양한 이기종 망과의 연동성을 제공함.

나. 개념도

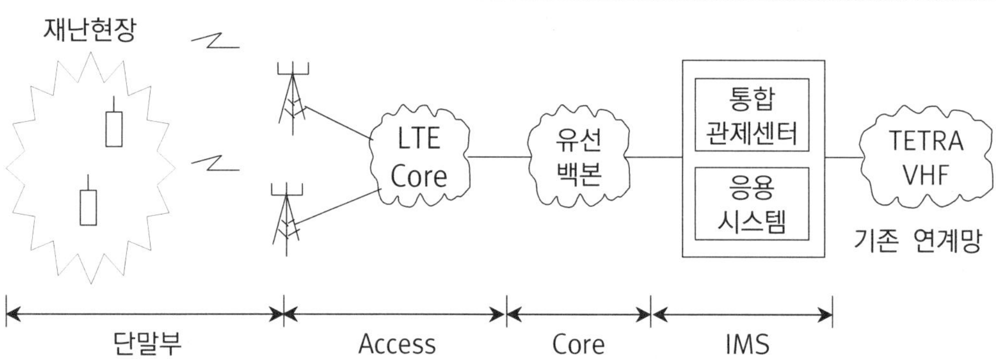

〈PS-LTE 망의 구성도〉

① PS-LTE 망은 IMS 기반의 통합관제 센터, LTE Core 망, Access 망, 현장의 단말부로 구성되며 기존 통신망과의 연동을 지원함.

② 상용망인 LTE 기반의 서비스로 다양한 부가 서비스가 제공되며 G/W를 통한 LTE-R, e-Navigation 과의 연동을 목표로 하고 있음.

다. 기술의 비교

구분	PS-LTE	TETRA	iDEN
표준화	3GPP	ETSI	모토로라
특성	광대역 이동통신	개방형 TRS	폐쇄형 TRS
개방성	높음	높음 TDMA	낮음 TDMA
주파수	700㎒ 대역	800㎒ 대역	800㎒ 대역

※ PS-LTE는 718~728㎒, 773~783㎒의 주파수가 할당 됨.

3. **주요특성**

구분	주요 내용
운용 및 효율성	통신망 운용에 필요한 용량 및 커버지이와 비용 효율성
	상황전파 메세지, 가입자 용량의 확보
보안성	통합관제, 지휘통제에 적합한 보안기능 제공
	단말기 사용허가 및 금지, 인증, 보안 기능 구현
상호 운용성	동일, 이기종 방식 시스템간의 연동성 제공
	개방성, 망 연동성 물리적 N/W
재난 대응성	빠른 접속시간, 개별통화, 그룹통화 지원
	그룹통화, 선택통화, 우선순위 통화, 비상통화
생존성 및 신뢰성	재난 상황에서의 망의 안정적 운용 및 복구
	단말 간 직접통신, 단독 기지국 운용, 호 폭주 대처

※ 단말기의 간소화로 운용효율 및 유지보수가 용이해짐.

4. **운용모드**

가. PS-LTE는 core와 eNB의 활용 방식에 따라 Roaming Model, Ran sharing Model, Site sharing Model 로 구분할 수 있음.

332) PPDR(Public protection and disaster relief); 공공안전과 재난 구조 전파통신이다.

나. 방식의 비교

구분	개념도	개념설명
Roaming Model	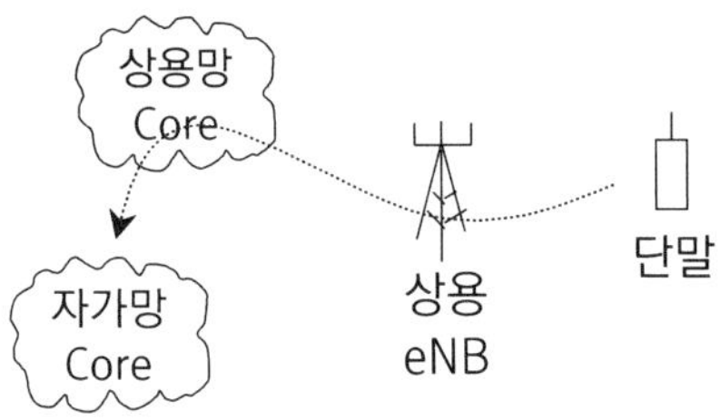	패킷은 상용망 기지국과 상용망 core 활용
		구축비용이 절감되나 보안 및 정책반영 한계
Ran sharing Model	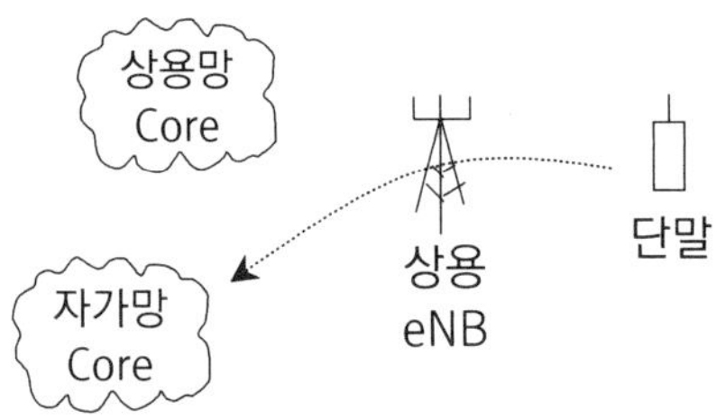	상용망의 기지국 활용 상용망 core 활용 않음
		자가망에서 가입자 인증, 관리 및 패킷 교환
Site sharing Model	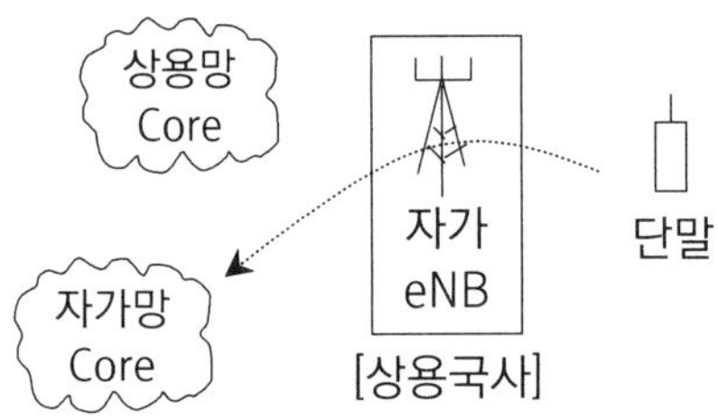	자가망 기지국, core 활용 상용망 core 활용 않음
		설치개소의 상용망 국사 공유로 OPEX 절감

※ 최근의 PS-LTE 구축은 RAN sharing Model 이 고려중임

5. PS-LTE 기술의 요구사항

가. PS-LTE는 그룹통신기술, 단말 간 직접통신 기술, 단독기지국 운용 기술, 공공망 통합기술의 기술을 지원하여야 함.

나. PS-LTE 구현 기술

주요 기술	기술의 설명
단말 간 직접통신	eNB를 거치지 않고 단말 간 직접 통화로 구현
	기지국 커버리지 내에서는 기지국 신호이용

주요 기술	기술의 설명
단말 간 직접통신	기지국 커버리지 밖에서는 device spreading 구현
그룹통신 (GCSE)333)	LTE는(unicast) 그룹통신 지원곤란
	GCSE를 통한 동일 컨텐츠의 별도 전송 구현
	3GPP Release12 eMBMS 를 통한 Multicast 구현
단독기지국 모드 (IOPS)334)	중계선, core 접속장애 시 단독 기지국으로 서비스
	소형화된 EPC, IMS, GCSE-AS, HSS 등 설치
	단절상태 복구 시 자동연결 기능구현
공공망 통합기술	철도망인 LTE-R, e-navigation(LTE-M) 연계
	재난, 재해 발생 시 PS-LTE에 우선권 부여
	700㎒ 공통 사용으로 인한 주파수 간섭제거기술 적용

6. **결론**

- ○ PS-LTE는 재난 상황 발생 시 지휘센터에서 관련 주파수를 회수하여 단일화 된 통합 지휘 체계와 정보의 실시간 공유가 가능한 통신방식임.
- ○ 이 과정에서 LTE-R 망과 LTE-M 과의 주파수 공유에 따른 채널 간 간섭 문제 해결과 독자적인 국제 표준의 마련이 요구되고 있음.
- ○ 더불어 상용망 활용 시 구축비용을 절감할 수 있으나 신속한 정책의 반영 및 보안성 확보에 한계가 있으므로 적절한 trade-off 가 요구됨.

333) GCSE(Group Communication System Enablers): 다수의 사람에게 그룹통신을 제공하는 기술이다.
334) IOPS(Isolated E-UTRAN Operation for Public Safety): Core와 연결 없이 기지국이 운용된다.

Point

키 워 드	PS-LTE, 재난망, TETRA, iDEN
기출코드	통신2018상3, 통신2018상4, 통신2017상2, 통신2016하4, 통신2015상3,
통합사고	우리나라는 국가재난망의 표준 정립을 위해 수년간 논의끝에 PS-LTE를 최종 표준으로 확정하였습니다. PS-LTE는 전국망인 LTE를 기반으로 재난 시 단일 지휘체계 확립과 정보의 공유, 영상의 제공을 통해 빠른 재난 상황의 복구를 목표로 하고 있습니다. 이 과정에서 LTE의 방식을 공공망에 적용하기 위한 세부 기술의 완성과 표준의 확립이 요구되는 시점입니다.
함께보기	“LTE”, 손에 잡히는 ICT, 360p “이동통신 주파수 확보전략”, 손에 잡히는 ICT, 386p “5.21 LTE의 eMBMS”

참고문헌

[1] 정남모, “TETRA 디지털 TRS 시스템”, 오성미디어, 2008
[2] 이상근, “Easy LTE”, 한빛 아카데미(주), 2015
[3] 권용석, “재난안전망을 위한 PS-LTE 기술”. 홍릉과학 출판사, 2016

10.8 PS-LTE 통합관제센터 및 재난현장 영상의 전송

1. 통합관제센터 및 LTE 영상전송의 개요

- ○ PS-LTE는 광대역 LTE 통신망에 공공안전에 관한 기능을 추가해 700㎒ 대역의 주파수를 공유하여 현장구난, 구조의 효율을 극대화 한 기술임.
- ○ 통합관제센터는 재난상황 발생 시 통합 관제를 통한 단일한 지휘체계의 확립을 통하여 신속한 상황의 전파와 재난복구를 목표로 하고 있음.
- ○ 최근 지자체 및 유관기관을 중심으로 LTE Modem이 장착된 Cam과 광대역 전송망을 통해 재난 현장의 영상을 전송하는 서비스를 구축함.

2. 통합관제센터 개념의 이해

가. 통합관제센터는 단일 지휘체계를 통하여 재난망의 활용을 극대화하고 현장영상의 공유를 통하여 국민의 생명과 재산을 보호할 수 있음.

나. 개념도

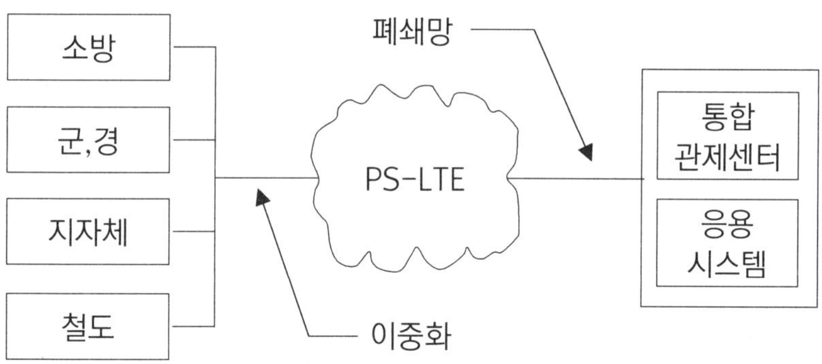

〈PS-LTE 통합관제선터 개념도〉

① 기존 소방, 군,경, 지자체, 철도, 전기 등의 각기 상이한 통신방식과 지휘체계를 PS-LTE를 통하여 통합 운용할 수 있음.

② 통합관제센터는 재난상황 시 700㎒ 대역[335] 주파수 회수, 비상(우선) 통화구현 등의 종합관제를 통하여 단일 지취체계를 구현 함.

다. 방식의 비교

구 분	통합관제	개별관제
효율성	우수(인력배치 유연)	낮음(인력배치 한계)
운용비용	낮음(건축비 절감)	높음(건축비 높음)
보안성	매우우수(정책적용 용이)	낮음(정책적용 한계)
확장성	높음(장비증설 용이)	낮음(장비제약 한계)

※ 최근 지방자치단체 등 공공기관을 중심으로 통합관제센터 운용이 활성화 되고 있는 추세 임.

라. 주요설비

설비내역	주요 기능
직통전화 설비	유관기관과의 직통전화회선 구성, 통한 연결시간 단축
	공중망 장애에 대비한 폐쇠망 구성 및 망의 이중화
영상설비	재난 현장의 실시간 영상의 공유 및 백업
	RGB Matrix, Video Matrix[336], Wall 장비, DVR 등
방송설비	통합관제센터 내 재난 상황의 빠른 전파 및 상황공유
	센터 내 방송 설비, 유,무선 마이크, 스피커 등
보안설비	IDS, Fire Wall, VPN, 망분리 기술적 보안
	출입통제설비, 휴대폰 보관함, 금속 탐지기

※ 통합관제센터는 국민의 생명과 재산의 보호를 목적으로 하므로 망의 이중화와 보안성 확보는 구축 시 최우선 고려사항 이여야 함.

335) 700㎒ 대역: 주파수 회절특성이 매우 우수한 황금주파수 대역, 재난망, 방송, 이동통신에 할당되었다.
336) Video Matrix: 다수의 입력 영상을 다수의 모니터에 출력하는 특정 영상을 특정 모니터에 출력할 수 있다.

3.			**영상전송 개념의 이해**
	가.		LTE를 이용한 Roaming 방식의 영상전송은 재난 시 신속한 현장의
			고해상도 영상의 제공을 통해 피해 최소화 및 신속한 복구를 지원함.
	나.		개념도

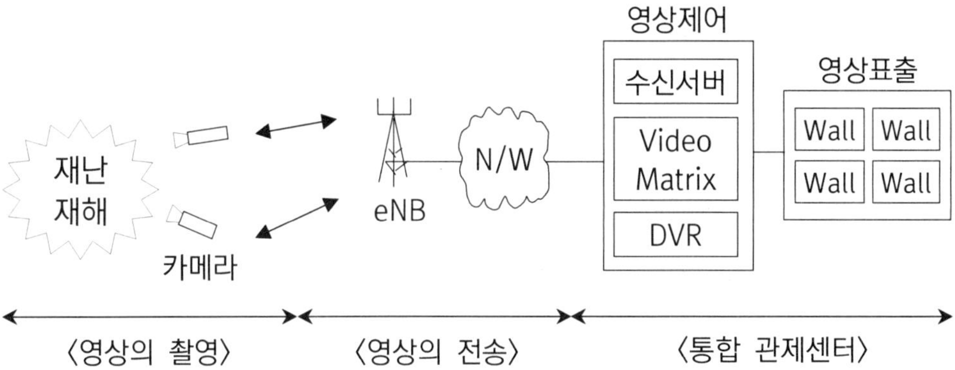

〈LTE 망을 이용한 재난 영상의 전송〉

		①	재난상황이 발생할 경우 담당자는 고 해상도의 카메라를 통하여
			재난 현장을 촬영하고 영상을 LTE-modem을 통해 e-NB[337]에 전송
		②	e-NB로 전송된 영상은 재난상황 시 정책의 반영을 통해 다른 사용자의
			호 접속보다 우선순위의 부여를 통하여 대역폭을 확보 함.
	다.		영상전송 방식의 비교

구 분	무선전송	IP 망	CWDM
해상도	제약	제약	고해상도
안전성	낮음	보통	높음
구축비용	저가	저가	고가
지연	발생	발생	없음

337) e-NB: 기지국, 자원의 스케쥴링, 변복조 기능을 수행한다.

※ 일반적인 고정형 CCTV 의 경우는 IP 망과 CWDM 망을 통하여 영상을 전송 함.

라. 운용 시 고려사항

고려사항	주요 내용
대역폭 확보	재난 발생 시 해당 기지국 신규호의 폭발적 증가
	이동통신사와의 협의를 통해 고정대역폭 할당
보안성 확보	이동통신사와 통합관제센터 간 VPN 의 구성
	통합관제센터 내 사적인 영상물 열람 및 백업 금지
경제성 확보	LTE modem 장착 카메라고가로 보급에 한계
	Cost 하락 및 관련 영상장비의 대중화 요구

※ 통합관제센터에 저장된 영상물은 관련자를 지정하고 열람 및 백업 시 관련 법규에 따라 철저히 관리 되어야 함.

4. **결론**

- ❍ 통합관제센터는 재난발생 시 Control Tower 기능을 수행 하므로 PS-LTE 를 통한 유관기관과의 통신망 확보가 우선 되어야 함.
- ❍ LTE 망을 이용한 영상전송은 대역폭 고갈에 대비해 호 접속 시 우선순위의 지정과 고정대역폭의 할당 등의 사전 협의가 요구 됨.
- ❍ 24시간 운용 및 영상감시, 기존 시스템과의 연동성 확보, 영상물 취급관련 법규의 준수를 통한 효율적인 관리가 요구되는 시점임.

Point

키 워 드	종합(통합)관제센터, PS-LTE, 국가재난안전통신망
기출코드	통신2018상3, 통신2016하4, 통신2015상3, 통신2015하4
통합사고	원격지에서의 영상전송은 기존 IP 망과 CWDM 망을 통해 전송이 가능하나 촌각을 다투는 재난 현장의 영상전송은 SNG와 이동통신망을 통한 전송이 최선의 방법입니다. SNG 의 경우 음영지역 없이 서비스가 가능하나 SNG차량 이동의 제약이 있기에 LTE 음영지역이 적은 우리나라의 경우는 LTE를 이용한 영상의 전송이 매우 유리한 방식입니다. 더불어 최근에는 각 지자체 및 유관기관별로 운영되는 재난 관련 부서를 통합운용으로 효율성을 증대시키며 신속한 상황대응 및 예산의 절감을 추구하고 있습니다.
함께보기	“LTE”, 손에 잡히는 ICT, 360p “이동통신 주파수 확보전략”, 손에 잡히는 ICT, 386p “5.21 LTE의 eMBMS”

참고문헌

[1] 이상근, “Easy LTE”, 한빛 아카데미(주), 2015
[2] 권용석, “재난안전망을 위한 PS-LTE 기술”. 홍릉과학 출판사, 2016

10.9 공공부문 교통체계인 철도교통의 주요 정보통신 설비

1. 공공부문 교통체계인 철도교통의 개요

- 국가통합교통체계효율화법은 철도교통, 도로교통, 항공교통, 해상교통 정책에 대한 개발, 운용 및 관리에 관한 사항을 규정하고 있음.
- 철도의 안전운행 및 고객안전을 위한 주요 정보통신설비는 열차무선 광대역 전송망, 방송설비, 지능형 CCTV[338], 전화설비 등이 있음.
- 공공부문 교통체계는 최근 급격히 발전하고 있는 ICT 기술과 접목되어 Smart하고 Safety한 시스템으로 발전하고 있음.

2. 철도교통 주요 정보통신설비 개념의 이해

가. 철도 건설법은 철도망 구축 계획의 수립, 철도 건설, 역세권 개발에 관한 사항을 규정하여 철도망 확충의 법적 근거를 제시하고 있음.

나. 개념도

국가교통체계효율화법
- 철도교통
- 도로교통
- 항공교통
- 해상교통

철도교통 주요설비
- 건축물, 건축설비
- 선로보수, 차량기지
- 통신, 전력, 신호
- 연계시설
- 연구, 교육시설

〈공공부문 교통체계 및 철도교통 주요설비 개념도〉

주요 설비	주요 기능
건축물, 건축설비	철도의 선로, 역 시설 및 철도운영
선로보수 및 차량정비기지	선로 및 차량의 정비 및 보수

주요 설비	주요 기능
통신, 전력, 신호	전력설비, 정보통신 설비, 신호 및 열차제어
연계시설	철도 노선 및 타 교통수단과의 연계운용
연구시설	철도의 기술개발 및 시험
교육시설	철도 경영연수 및 철도 전문인력 양성
기타 설비	철도의 건설, 유지보수 지원

※ 철도 운용기관의 기술직렬은 정보통신, 전력, 신호, AFC, 설비, 건축, 토목 등으로 분리되어 운용되고 있음.

3. 주요 정보통신설비

가. 철도통신 설비는 열차의 안전운행을 지원하며 승객 및 연동설비의 운영을 위한 통신서비스를 제공함을 목적으로 하고 있음.

나. 철도의 정보통신설비는 현장 운용자와 종합관제센터와 시스템의 연동을 통하여 효율성과 안전성을 확보하여 운용하고 있음.

다. 개념도

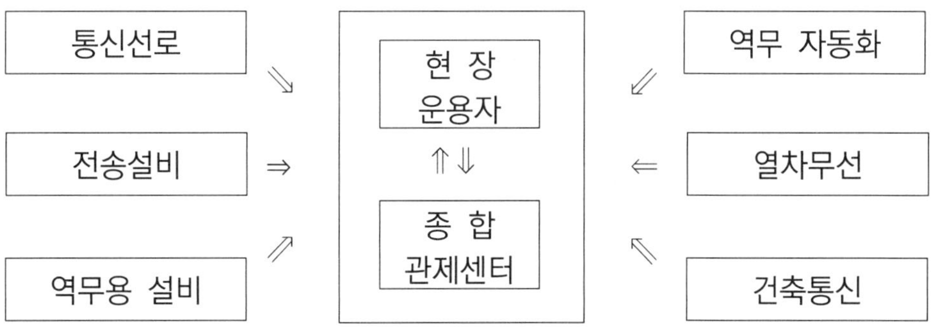

〈주요 정보통신설비의 개념도〉

338) 지능형 CCTV: 기존 CCTV에 객체인식, DVR, 방재 시스템과의 연동 등을 추가한 CCTV를 말한다.

주요 설비	운용 현황
통신선로	역사와 역사간 동케이블, 광케이블로 구성
	구내 배선의 경우 UTP, STP339) 케이블 적용
전송설비	STM 장비 및 MSPP 중심으로 운용
	최근 Carrier Ethernet 으로 개편 중
역무용 통신설비	교환설비, CCTV, 여객안내설비, 전기시계 등
	관제센터와 연동되어 운용 됨
역무자동화설비	승차권 자동발매기, 자동 발권기, 자동 개집표기 등
	승차권 구입, 검표, 회계 및 전산처리 업무
열차무선설비	FM 재방송설비, 열차무선, 열차무선 방호설비 등
	VHF 방식에서 LTE-R로 교체 중
건축통신설비	방송설비, 교통약자 편의시설 등
	일제방송, 열차 진입방송, 장애인 리프트 등
기타설비	전원설비 및 접지설비 등
	UPS, AVR 시스템 서지보호기340) 운용

※ 철도분야 정보통신설비의 경우 안전성이 입증된 장비 및 기술의 적용이 요구 되므로 최신 정보통신기술의 적용에는 한계가 있음.

4. 철도분야 정보통신 설비 구축 시 고려사항 및 발전방향

가. 고려사항

① 시스템 장애에 대비한 이중화 구성 및 보안성 확보

339) STP(Shielded Twisted Pair): 차폐를 통하여 외부 노이즈 및 data 간의 간섭을 줄인 케이블이다.
340) 서지보호기: 장비에 유입되는 서지를 제거하는 장비, 전원과 data 서지 보호기로 구분한다.

		②	해당 가입자 및 고객 증가에 대비한 확장성의 고려
		③	원활한 유지보수의 지원을 위한 운용인원의 확보
		④	지속적인 기술지원을 위한 예비품 확보 및 유지보수업체 확보
		⑤	전력, 신호분야의 data 수용을 위한 연동성 확보
	나.		발전방향

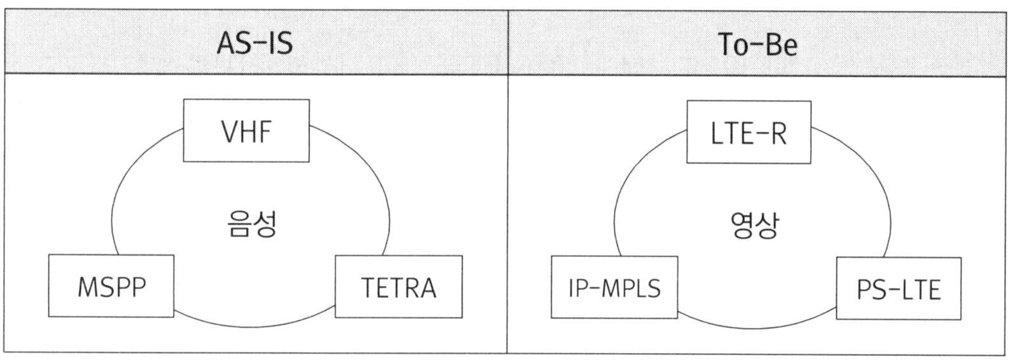

〈철도 정보통신의 발전방향 개념도〉

		①	현재의 철도 정보통신망은 MSPP, STM 가반의 망으로 VHF 중심의
			열차무선을 통해 음성 위주의 서비스가 지원되는 구조 임.
		②	차세대 철도 정보통신망은 IP-MPLS 망을 기반으로 LTE-R의 구현
			을 통한 열차무선과 열차제어 및 PS-LTE 와의 연동을 구현 함.
5.			**결론**
	❍		철도 교통, 도로 교통, 항공 교통, 해양 교통은 공공부문 교통체계로
			신뢰성과 안전성 제공을 최우선하여 국민 생활에 편의를 제공함.
	❍		철도정보통신 설비의 경우 IP-MPLS 망과 LTE-R 의 도입을 통하여
			시스템 운용에 획기적인 변화를 맞이하고 있음.
	❍		이 과정에서 인증된 시스템 및 장비의 도입과 더불어 시스템 설계
			단계부터 정보통신기술사의 많은 참여가 요구되는 시점 임.

Point

키 워 드	철도통신, 도시철도 정보통신 설비, 종합 관제센터
기출코드	통신2018상1, 통신2018상3, 통신2018상4, 통신2017상3
통합사고	철도와 도시철도 운용기관은 대구지하철 참사를 계기로 고객의 안전을 위해 막대한 예산과 장비를 투입하였습니다. 더불어 정보통신 분야는 다른 기술분야에 비해 기술의 진화가 매우 빠르므로 시스템 구축 시 기술호환성 등을 충분히 고려하여야 합니다.
함께보기	“MSPP”, 손에 잡히는 ICT, 212p

참고문헌

[1] 김범승, “철도 IT 커뮤니케이션 혁명” ,북랩, 2015
[2] 황보작, “철도안전법 해설” ,에듀컨텐츠휴피아, 2017

epilogue

노 조 원
박 영 철
최 원 태
유 가 람
박 종 화
조 응 영

합격수기

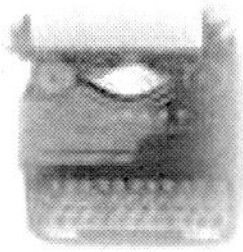

노조원

할 수 있는 것은 다하자.

들어가며

정보통신기술사 시험의 끝은 1차 합격 후 면접이 끝나고 합격을 확인하는 순간 그 동안의 고생은 눈 녹듯이 사라지고 가슴에서 벅차오르는 감격의 눈물을 흘려야 비로소 정보통신기술사가 되는 것입니다.

저의 합격 수기는 지난 3년의 과정을 정리하며 저의 공부 방법을 수험생에게 전하여 미약하나마 도움이 되었으면 하는 바람입니다. 사람마다 적합한 공부방법이 있으므로 공부를 결심한 예비기술사분들은 선배 기술사들의 합격 수기를 읽어보고 자신에게 적합한 롤 모델을 찾아 공부하신다면 많은 도움이 될 것으로 생각됩니다.

첫 번째 만남

제가 정보통신기술사에 처음 접한 것은 2010년 봄입니다. 우연한 기회에 기술사에 대해 막연하게 떠오르는 생각이 '나도 있으면 좋겠다.'라는 것이었습니다. 2010년 'K학원' 기본반에서 수업을 시작하였는데 '도대체 모르겠고 이건 내가 할 것이 아니구나!' 하는 생각으로 3개월 수강 후 포기했습니다.

두 번째 만남

저는 전파시스템 관련 SI업에 종사하고 있습니다. 자격증이라고는 운전면허만 있었는데, 기사 자격증도 없어서 정보통신 기술등급이 '초급기술자'를 벗어나지 못하였습니다.

2014년 3월 다니던 회사가 부도가 나면서 졸지에 실업자가 되었습니다. 취업을 준비하며 동시에 공부가 시작됩니다. 원래는 '무선설비기사'시험을 보려 했으나 어차피 하는공부 벼랑 끝에 선 비장한 각오로 기술사에 도전장을 내밀게 됩니다.

첫 시험

백수라서 남들보다 더 열심히 해야 한다는 생각에 혼자의 공부를 선택합니다. 우선 지인인 '이영풍 기술사님'이 혼자보라며 주신 서브노트를 교재 삼아 공부의 긴 여정이 시작 되었습니다.

공부하는 법도 모르고 방향도 모르고 시험 출제경향 등등등~ 아무것도 모르는 상태로 첫 시험을 보니 황당 그 자체~~~ 울며 4교시를 모두 치렀습니다.

당연히 결과는 38점. 이건 아니구나!~~ 백수생활도 벗어나지 못하고 공부를 했는데 그 당시에는 차마 아내를 볼 면목이 없었습니다.

두 번째 시험

2014년 8월에 다시 'K학원' 파이널 과정을 수강합니다. 나름 열심히 공부했다고 생각 되었습니다.

백수이기에 남들보다 더 열심히 해야 한다는 마음으로 9월에 오프라인 스터디인 '손에 잡히는 ICT'에 들어갔고 오전에는 스터디모임, 오후에는 학원공부를 병행하였습니다. 2014년 10월에 취업을 하여 공부하는 시간은 많이 줄었지만 학원과 스터디를 열심히 병행하였습니다.

2015년 2월 시험~~ 55.6점을 받았습니다. 저의 마눌님 왈 "어라~~ 쪼금만 하면 되겠네."

세 번째 ~ 네 번째 시험

학원과 스터디를 병행하는 것이 너무 힘들어서 K학원은 6개월만 다니고 스터디에 집중합니다.

공부의 반복~~~반복~~~반복~~~

결과는 53점, 57점~~~

턱걸이를 하는데 마지막 뒷 힘이 부족해서 넘지 못하는 것 같았습니다.

다섯 번째 시험 - 스터디를 바꾸다.-

계속 50점대를 벗어나지 못하여 어찌 공부를 해야 하나? 라는 생각이 머리에 가득 찼습니다.

주변 지인들의 권유로 '평촌스터디'모임에 합류합니다.

빡시게 공부하였습니다. 토요일 오전 9시부터 저녁6시까지~~ 또는 더더더

그동안 공부해온 것을 버리고 새로 한다는 생각으로 전념했습니다.

아낌없는 지도편달을 해주신 '이훈병기술사님' 진심으로 감사드립니다.

시험당일 무척 자신이 있었습니다.

제가 알고 있는 문제도 많았습니다.

1교시-11문제, 2교시-5문제, 3교시-4문제, 4교시-5문제

시험장을 나서면서 정말로 기분이 좋았습니다. 집에 도착하여 마눌님에게 이번엔 잘 될꺼라 말했는데 결과는 또 턱걸이 58점~~~~

마지막 시험

다시 공부의 시작 '다람쥐 쳇바퀴'처럼 처음부터 다시 시작~~

무엇이 부족한지 정말 혼란스러웠습니다.

'할 수 있는 것은 다하자'이렇게 마음먹고 공부하는 시간을 늘렸습니다.

평일 4시간 이상, 주말 12시간이상, 회사에서도 짬내서, 출장가면 모델에서, 심지어 섬에 들어가서도 공부했습니다. 미친 듯이 한 공부가 드디어 결과로 보상되었습니다.

결과 발표 날 아침 9시에 합격문자가 안 오길래 이번에도 안됐나 생각하였는데, 갑자기 휴대폰이 울어댑니다. 축하한다며 까톡, 까톡, 까톡, 까톡~~~ 그제 서야 합격을 실감 했습니다.

1교시 67점, 2교시 59점, 3교시 62점, 4교시 61점~~

마눌님에게 전화로 '자기야 나 합격했어'하니 "와~~~진짜~~~"하며 수화기 너머로 기쁨의 괴성이 들립니다.

면접시험

1차시험 합격 후 바로 2차 시험을 준비합니다. 평촌에서 같이 합격한 '임진순 기술사님', '송현종기술사님', '이훈병기술사님'과 같이 주말에 면접스터디를 진행하였습니다. 문답형으로 아침부터 저녁까지 많은 공부를 하며 논리적으로 말하는 법을 연습하였습니다. 시험당일 시험장 가는길에 처음으로 '청심환'을 먹어가며 떨리는 가슴을 진정시켰습니다. 다행이도 한 번에 합격을 하였습니다.

마치며

제가 생각하는 정보통신 기술사를 조기에 합격하는 방법입니다.

1. 동영상 시청은 5번 이상, 이해가 빨라져요.
2. 과년도 출제 문제를 확인, 나온 문제가 다시 나옵니다.
3. 학원 또는 스터디에 참석, 혼자서는 힘들어요.
4. 좋은 멘토 만나기, 스터디는 합격의 과정입니다.
5. 글쓰기 연습, 악필은 펜글씨 연습 5권은 써봐야죠.
6. 주 40시간 공부, 어디서든 공부에 집중해야 해요.
7. 건강 챙기기, 400분 시험은 힘들어요.
8. 끈기, 포기하는 순간 가족의 꿈이 함께 사라져요.

마지막으로 같이 공부했던 모든 분들과 바쁜 시간을 내어 시험 준비에 많은 도움을 주신 선배 기술사님께 감사드립니다. 오늘도 새벽까지 공부하시는 모든 분들도 꾸준히 노력하시면 반드시 좋은 결과 얻을 것이라 확신합니다.

합격의 모든 영광을 사랑하는 아내와 진서, 진호에게 바칩니다.

박영철

합격하지 못하는 단하나의 이유는 "노력부족" 입니다.

2013년 7월20일.

「손에 잡히는 ICT」가 세상에 나왔습니다. 최선을 다했지만 많이 부족했습니다.

2018년 3월30일.

「손에 잡히는 ICT2.0」이 8명의 집단지성의 노력으로 새롭게 출간되었습니다.

그간 14명의 정보통신기술사가 우리 스터디를 통해 합격의 영광을 안았습니다.

그리고 책이 출판될 쯤 두 명의 기술사가 더 추가되어 있을 것 같습니다.

"합격은 나에게 주어진 내 시간을 어떻게 잘 쓰느냐에 달려 있다."

이런 말을 선배 기술사들은 입버릇처럼 합니다.

남들이 공부할 때 공부하고, 일 할 때 일하면 절대 합격할 수 없다는 당연한 진리가 담겨 있습니다. 합격한 선배들은 여러분과 다르지 않는 일상의 형님, 동생입니다. 다른 점을 구지 찾는다면 공부에 열정적이고 자신을 엄격하게 통제하며 노력했다는 것 뿐. 극한의 노력 말고는 다른 것은 없습니다.

만일 여러분이 매일 저녁 100분의 여유 시간이 생긴다면 무얼 하실건가요? 누군 이 시간에 술 한 잔 기울이며 친구와 오랜 옛 이야기를 나누고, 젊은 연인들은 데이트를 하며 시간을 보내고 싶을 겁니다. 하지만 합격을 간절히 바라는 경쟁자는 그 100분의 시간동안 10문제의 시험을 보겠다고 계획을 세울 것 입니다. 또 다른 경쟁자는 자신의 부족함을 채워 줄 멘토를 만나 공부를 발전시킬 연구를 시작할 것입니다.

이 둘의 간극은 6개월이 지나면 정말 상상을 초월합니다. 겨우 저녁시간 100분이었을 뿐인데.

나에게 주어진 내 시간 100분을 목표를 위해 온전히 공부에 투자한 용기는 곧 습관으로 이어져 다음 회차 합격자 명단에 이름을 올릴 수 있습니다. 너무 당연해서 맥 빠질 수 있는 이야기 같지만, 인생을 바꾸기 위해 하는 공부라면 분명 남들보다 더 많이 노력해야 한다는 걸 처절하게 깨달아야 합니다. 내가 학교 때 공부를 좀 했고, 공부도 벌써 3년째 하고 있는데 왜 합격하지 못할까 한탄하는 이들은 분명 이 여유 시간에 인생을 즐기며, 인생에 치열한 적이 없었을 겁니다. 치열하지 않았음에도 본인에게는 합격이 와 줄 거라는 근거없는 희망과 내 학창 시절에 공부 좀 했다고 과신하며 내일로 미루는 습관이 여러분의 인생을 갉아 먹고 있던 겁니다. 지금 여러분들에게 정말 필요한건 수동적인 공부와 행운이 아닌 치열함이 묻어나는 공부에 미친 노력입니다.

선배 기술사들은 이런 말을 많이 합니다. "합격으로 능력을 인정받고 좋은 직장으로 이직하고 싶다면 공부하는 동안 좋은 아빠, 인정받는 직장인은 포기해야 한다"고요. 정말이고 현실입니다.

여기 함께 하신 기술사님들은 하루 4시간도 채 못 주무셨습니다. 맥도날드를 도서관 삼아 새벽 2시까지 2년을, 점심식사는 혼자 샌드위치와 동영상을 보며 3년을, 직장에선 이렇게 살지마라 핍박받으며 4년 동안 공부 안한 날이 3일도 안되는 치열한 날들을 보내신 선배들입니다.

이런 분들과 함께 한 4년. 14명의 정보통신기술사가 이 조그마한 커뮤니티 '손에 잡히는 ICT'에서 배출되었으며, 저는 평생을 함께할 집단지성을 형·동생으로 얻게 됩니다.

"한 평의 밭에서는 한 평만큼의 수확만 거둘 수 있다."는 사실의 무게를 깨닫고 부단히 노력하는 사람만이 합격할 수 있습니다.

여러분이 상상하는 그 이상의 노력을 쏟아 부어야 비로소 잠재력이 진가를 발휘합니다. 그 누구도 자신의 한계를 알 수 없습니다. 그 한계에 이를 때까지 노력하세요.

노력한 그 곳엔 분명 희망이 있습니다.

오늘 지금 여러분은 어디에서 무얼 하고 계신가요?

최원태

**"Hope is a good thing, maybe the best of things,
and no good thing ever dies.**

희망은 좋은 것이죠. 가장 소중한 거죠. 좋은 것은 절대 사라지지 않아요."

영화, The Shawshank Redemption

영화감상과 기타연주가 취미인 대기업 이동통신 시스템 SW개발 직 8년 차였다.

반복되는 업무와 연차가 올라가면서 늘어나는 일들에 지쳐 집에 와서는 온전히 나만을 위한 시간을 가져야 한다는 일종의 압박감(?)에 퇴근 후 잠은 조금 잘 지언 정 새벽 2시, 3시까지 영화를 보고, 기타를 치며 즐기고 아침이 되면 출근하고 이런 반복되는 삶을 살고 있을 즈음이었던 것 같다. 결혼과 출산과 함께 후다닥 지나버린 입사 후 8년, 공장 밖에서는 불필요한 부속품으로 변해버려 우물 안 개구리가 되어 버린 내 지식이 불안해지기 시작했고, 무언가 변화를 갈구하는 마음이 솟구치기 시작했다. 40대 중반 이후부터 좀 더 길게 일하고 싶은 욕구와 함께 일상의 쳇바퀴에 잠시 접어두었던 정보통신 기술사 준비를 시작하였다.

사실 약간의 여유시간 투자면 가능하리라 생각해 주1회, 6개월간 학원수강을 했고, 출근길에 인터넷으로 강의를 보고, 주말 등의 여유 시간은 도서관에 가서 공부를 했다. 그렇게 첫 시험을 보았는데 결과는 56점! 이동통신 분야에서만 과반수 이상의 문제가 나와서 그런지 첫 시험 치곤 점수를 높게 받았다. 이것이 나의 큰 패착이 되었다. '기술사 시험도 별거 아니네 하며 조금만 더하면 되겠는데' 라는 착각 속에서 혼자 서브노트를 만들고 업데이트하고 이를 반복하는 과정 속에 오히려 시험 점수는 계속 떨어져서 3년이 지나서는 최종 48점을 받게 되었다.

더 이상은 안되겠다 싶어, 주변의 기술사를 만나 조언을 구하였다. 스터디 그룹에 들어가서 함께 준비해야 한다 것이 결론이었다. 기술사 시험준비에 있어서는 천재가 아닌 이상 서로 도움을 구하고 의지하면서 경쟁력도 키우는 스터디 그룹이야말로 선택이 아닌 필수였다는 사실을 간과한 것이었다.

이리 저리 알아보다 결국 인터넷 카페의 한 스터디 그룹에 들어가게 되었고 그룹에서 처음부터 1주일에 30문제와 그에 대한 답변을 만들어 나갔다. 회사 업무도 바빠 하루에 3~4시간도 잠을 못 잔 것 같다. 처음 30문제 답안 작성은 너무 힘겨운 싸움이었다. 합격이라는 절대 사라지지 않는 희망으로 버틴 것 같다. 이 시절 가장 행복한 시간은 답안을 완성하여 스캔 하는 30~40분간이었다. 답에 대한 멘토 기술사님들의 Feedback을 항상 반영하려 최선의 노력을 하였다. 주중에는 모여 1주일에 1회 모의고사를 보았고, 모든 모의고사 때 항상 시간 내에 모든 답을 쓸 수 있도록 노력을 하였다. 한 회의 모의고사도 헛되이 임하지 않았고, 모든 모의고사에서 모든 문제의 답을 주어진 시간 내에 완성하였다. 시간배분에 대한 훈련을 모의고사를 치르며 연습한 것이다.

모의고사가 끝나면 또 새로운 30문제 답안을 만드는 두려운 한 주의 시작이었다. 나는 크리스천으로서 일요일은 주일이라 예배를 드리며 안식일을 지켰다. 지금 생각해보면 주일에 쉬지 않았으면 1주일에 3~4시간 자고 못 버텼을 것 같다. 회사 내에서 점심시간 꾸준한 운동으로 체력향상에 신경을 쓴 것도 장기적으로 보았을 때 큰 도움이 되었다. 이렇게 약간 무식하게 1주일에 30개의 답을 쓰면서, 가장 달라진 점은 내가 써야 하는 답은 내가 아는 것을 쓰는 것이 아니라 상대방이 이해 할 수 있도록 써야 한다는 점이다. 이것이 기술사의 덕목 중 하나인 듯싶다. 어떻게 하면 효율적으로 그림을 그리고, 표를 만들고, 설명을 하고.. 이런 부분에 있어서 멘토 기술사님들한테 많이 배웠다. 이로써 3년 동안 쌓은 지식, 스터디에서 얻은 정답 작성에 있어서의 패러다임의 변화가 시너지를 일으켜서 마침내 스터디 그룹에서 함께 공부한 후 첫 시험에서 1차 합격의 영광을 얻게 되었다. 그러나, 이것은 최종 기술사 합격 과정의 시작일 뿐이었다. R&D조직에만 10년 넘게 있었던 나는 언변이 뛰어난 다른 기타 조직의 경쟁자에게 2차 시험에서 계속 밀렸다. 개인적으로 기술사 합격 과정 중 이 예비 기술사(?)라 불리는 시간이 가장 힘들었던 것 같다. 2차는 수월하게그냥 붙는 거 아냐? 하는 시선들과 붙은 것도 아니고 안 붙은 것도 아닌 애매한 상황으로 2년이내에 최종 합격하지 못하면 1차 시험을 다시 봐야 한다는 압박감이 가장 컸던 것 같다. 모의 면접만 한 50번 이상은 준비한 것 같다. 그러나 지금 생각해 보면, 이 시절이 나 자신을 객관적으로 돌아보게 하는 감사한 시간이었다. 나를 왜 안 뽑을 까 하는 생각에 나를 면접관 입장에서 계속 생각하게 되었고, 이로 써 나의 문제점이 하나씩 보이기 시작했다. 면접관에게 질문과는 상관없이 내가 아는 것만 답변하고 있던 나의 모습을 알게 되었다. 면접관의 질문의 의도를 파악하고 빠른 시간에 면접관이 원하는 답변을 만들어 내는 것이 필요하다는 것을 알게 되었다. 이런 부분도 어떻게 보면 기술사의 덕목이 아닐까 생각된다. 이렇게 보다 냉정하고 객관적인 나의 단점들을 파악하고 준비한 결과 마침내 2차 시험 합격의 영광을 얻게 되었다.

2차 시험 합격까지 도와 준 여러 멘토 기술사님들께 감사의 마음을 전하고 싶고, 무엇보다고 기뻐해주신 부모님과 장시간 헌신해준 아내와 아빠의 수험생 외도에도 잘 자라 준 아이들, 마지막으로, 나에게 큰 계획을 가지고 계시고 이를 계획하고 계신 하나님께 감사의 영광을 돌리고 싶다.

내 인생 영화 한편을 꼽으라면 쇼생크 탈출(The Shawshank Redemption)이다. 영화 속 주인공 Andy는 낮에는 수감생활을 하고 밤에 땅굴을 파서 19년 만에 탈출을 한다. Andy의 마음속에 희망 단어를 가지고 치밀한 준비 끝에 19년의 깜깜한 터널을 벗어난 것이다. 기술사를 준비하는 여러분도 희망을 버리지 말고 치밀한 준비를 한다면 때가 이를 때에 터널을 벗어날 것을 믿어 의심치 않는다.

희망은 절대 사라지지 않으니까...

유가람

기술사 공부는 시간 관리의 싸움

기술사로 활동 하셨던 아버지의 영향으로, 기술사에 대한 관심을 다른 분들 보다 일찍 가질 수 있었지만, 회사 업무를 핑계로 쉽게 본격적인 준비를 시작 하지 못했습니다. 하지만 회사 연차가 쌓여 감에 따라 업무에 있어 전문가가 되고 싶다는 욕심이 생겨 기술사를 준비하게 되었습니다.

기술사 시험을 처음 시작한 것은 2012년 2월 이었습니다. 인터넷을 통해 책을 추천받아 학원의 교재를 구매하여 독학으로 준비 하였습니다. 2012년 7월 첫 번째 시험을 보았습니다만, 많은 수험생 분들이 그랬듯이 4교시를 시험장에서 버티는 것도 힘들었습니다. 대략적인 개념만을 알고 있는 상태에서 시험지를 채우기는 역부족이었습니다. 돌이켜 생각해 보면 이 5개월이라는 시간은 기술사 시험이 어떤 종류의 시험인지만 인식하는 계기만 되었을 뿐, 시험을 준비하는 데에는 큰 도움이 되지 않았습니다.

첫 번째 시험이 끝난 후 스스로 기술사 시험에 대한 이해가 부족했다는 사실을 절실히 느꼈습니다. 또한, 다른 수험생 분들은 어떤 방법으로 시험을 준비하고 계신지 궁금했습니다. 영등포에 있는 기술사 준비 학원의 주말 반에 등록 하였습니다. 학원의 정규과정을 수강하고 두 번째 기술사 시험을 봤습니다만, 정규반에서 준비한 내용으로는 답변할 수 없는 문제가 많았습니다. 결과적으로 40점 후반대의 점수로 낙방하게 되었습니다. 학원 수업은 기술사 시험 전체적인 내용에 대한 파악에는 많은 도움이 되었습니다만, 학원 수업 내용만으로는 시험을 준비하기에는 부족하다는 생각이 듭니다. 그리고 학원 수강생간의 스터디는 기술사 시험을 막 준비하기 시작한 사람들과 진행하게 되어, 스터디 운용이 비효율적이었다는 생각이 듭니다.

두 번째 시험을 끝내고 개인적인 사정으로 5개월 이상 시험 준비를 놓게 되었습니다. 개인적인 생각이지만 이 기간에 잠시 시험공부를 놓았던 것은 좋은 선택이었던 거 같습니다. 기술사 시험 공부는 짧은 시간에 밀도 있게 하셔야 합니다. 개인적인 사정으로 공부에 집중 하시지 못하는 상황이라면 잠시 쉬셨다가 다음 기회를 준비하시는 것도 추천 드립니다.

다시 공부를 시작하면서, 이번에는 반드시 합격을 해야 한다고 결심했습니다. 기존에 공부방법과는 다른 새로운 공부 방법을 찾아보기 시작했습니다. 학원에서 운영하고 있는 멘토반에 참석하고 싶었으나 시간적인 문제로 참여하지 못하여 고민하고 있을 때 박영철 기술사님이 운영하고 계신 스터디 모임을 우연히 찾게 되었습니다. 첫 번째 미팅에서 박영철 기술사님으로부터 1교시의 중요성과 단답형 문제 작성 요령에 대해 설명을 듣고 스터디 멤버(김우동 예비 기술사, 권혁현 예비 기술사)들과 함께 준비를 시작 하였습니다. 스터디는 생각했던 것 이상으로 알찼으나 준비 과정은 쉽지 않았습니다. 매주 약 30개의 주제에 대해 답안을 작성하여 준비해야 했으나 당시 회사에서 진행하던 프로젝트로 평균 귀가 시간이 늦어 절대적인 시간이 부족했습니다. 하지만 박영철 기술사님의 지도와 스터디 멤버들의 도움으로 하루 평균 4시간의 학습 시간을 유지하며 과제를 진행했습니다. 스터디 첫 번째 주에는 10개의 과제도 제출하지 못했습니다만, 스터디가 마무리되는 시기에는 25개 이상씩은 과제를 제출 할 수 있었습니다. 이러한 준비 과정의 덕택인지 네 번째 시험에선 64.8점으로 합격 할 수 있었습니다.

수험시간을 돌이켜 보면, 마지막으로 시험에 집중했던 시기를 제외하고는 아깝게 낭비한 시간이 너무 많았습니다. 제가 기술사 수험생활을 겪으며 터득한 몇 가지 팁을 공유 드립니다.

1. 스터디 모임 활용

절대 혼자 준비 하지 마십시오. 스터디의 장점은 한두 가지가 아닙니다. 자정을 넘어가면 몸과 정신 모두 긴장이 풀리게 됩니다. 혼자 하는 공부라면 포기하고 내일로 공부를 미뤘겠습니다만, 오늘 제가 준비해가지 않으면 다른 스터디 멤버들 모두에게 피해를 주게 된다는 생각에 그날 계획했던 과제를 마무리하고 난 후에야 잠자리에 들 수 있었습니다. 또한 기술사 시험은 실무의 경험이 있는 분들에게 유리한 시험입니다만, 방대한 기술사 시험 범위를 모두 경험하기란 현실적으로 어렵습니다. 다양한 분야의 스터디 멤버들과 함께 하는 스터디로부터 다양한 실무 지식을 간접적으로 체험 할 수 있었습니다.

2. 기술사 공부는 시간 관리의 싸움입니다.

기술사 시험은 준비 과정도 실제 시험도 모두 시간과의 싸움입니다. 저는 강지양 기술사님의 15분 시간관리 기법을 활용했었습니다. 공부 시간을 15분 단위로 쪼개서 낭비되는 시간이 없는지 감시하며, 시험장에서 답안지를 작성하듯 서브 노트 작성 시에도 시간에 제한을 두고 노트를 작성하였습니다. 저희와 같이 직장 생활과 수험 생활을 병행하시는 분들은 버려지는 시간이 없는지 꼼꼼히 확인해 보셔야 합니다.

3. 필기시험 요령

3.1 자신만의 포맷을 만들자

짧은 시간에 답안지 분량을 채우기 위해서는 정형화된 포멧 없이는 불가능합니다. 박영철 기술사님이 알려 주신 포맷을 기반으로 해서 문제 유형별로 사용할 수 있는 자신만의 포멧을 만들어서 시험에서는 고민 없이 문제에 대한 개요가 즉각적으로 나올 정도로 연습이 되어야 합니다.

3.2 출제자의 의도를 파악하자

출제자의 의도는 문제에 나와 있습니다. 문제를 지우고 본인의 답안지만을 보고 원래의 문제가 무엇인지 파악이 가능하실 정도로 답안지를 구성하셔야 합니다. 각 문제는 각각의 기술의 특정 측면에 대해 기술사가 어떤 생각을 가지고 있는지 물어보고 있습니다. 기술사 시험 답안지는 출제자에 대한 답변에 기술사 본인의 생각을 논리적으로 설명해 주고 있어야 합니다.

3.3 기술사의 역량이 무엇인지 고민하자

기술사는 기술에 대한 이해뿐만 아니라 현업에서의 이슈를 알고 있어야 합니다. 또한 기술의 트렌드를 알고, 기술의 발전을 위해 비전을 제시 할 수 있어야 합니다. 이러한 기술사의 역량을 답안지내에서 어필 하실 수 있어야 합니니다. 답안을 작성하실 문제를 고를 때 이러한 기술사의 역량을 골고루 어필 할 수 있도록 문제를 선택 하셔야 합니다.

왜 기술사를 준비하시는지 다시 한 번 생각해 보십시오.

회사에서는 당당하게 전문가로 인정받고, 집에서는 든든한 가장이 되기 위해서가 아닐까요?

마지막으로 기술사 공부와 집필에 아낌없는 지원과 응원을 해준 가족과 다양한 조언을 주신 삼성전자 무선 사업부 하드웨어 개발팀원 분들에게 진심으로 감사드립니다.

박종화

기나긴 수험역정, 특별하지 않아도 꾸준하면 합격한다.

특별함이 없는 평범한 시작

2017년 봄, 마지막의 마지막 면접 결과 발표 전까지 저는 평범하면서 무미건조하게 삶을 살아왔던 것 같습니다. 남들보다 뛰어난 특별한 재능이나, 많은 자본, 박사나 유학 같은 고학력이 없는 저로서는 어찌 보면 당연한 것이라 생각됩니다. 다른 보통의 사람들처럼 대학을 무난하게 졸업하고 중소기업과 대기업 계열사 등에 취업, 그리고 몇 번의 이직을 하면서, 바쁘지만 한편으로는 따분한 회사 생활을 하고 있었습니다. 다니던 회사의 합병과 구조조정 전까지 저는 커다란 실패나 좌절의 경험이 없어서인지, 스스로를 위한 삶에 대해 크게 고민하지 않았고 그저 회사 생활을 통해 나의 생활이 이루어지는 것이라 생각하며 회사에서의 맡은 일에 충실히, 열심히 하고자 하였습니다.

기술사와의 만남, 그리고 전환점

그러던 중, 대학 때 들어보기만 했던, 매우 어려운 시험이라고만 알고 있던 기술사를 이웃 부서의 한 분께서 합격을 하셨습니다. 그 분의 합격 소식은, 한편으로는 그 분이 대단해 보였지만, 기술사라는 시험이 너무나 멀리 있는, 저와는 전혀 무관한 것은 아니라는 것도 알게 되었습니다. 그리고 마침 얼마 지나지 않아 회사의 구조조정 소식을 접하게 되면서 지금까지 회사만 열심히 다니면 무난하게 생활할 수 있을 거라는 것이 그저 막연한 믿음일 뿐이라는 사실을 깨닫게 되었습니다. 이러한 미래에 대한 불안감, 기술사가 될 수도 있다는 자신감과, 회사만이 아닌 나를 위한, 인생에서의 나의 의미를 찾기 위해서 기술사에 도전을 해보자 마음을 먹게 되었습니다.

공부의 시작

무지한 자는 용감하다고 했던가... 기술사 시험에 대해 충분히 알아보지도 않고, 기사 자격증을 준비할 때 알게 된 학원의 정규 과정을 무턱대고 등록하였습니다. 이내 꽤 두꺼운 교재와 매 주말 3시간이 넘는 수업 시간은 조금 힘들긴 했지만, 그래도 대략적으로만 알던 이론들을 배우고 정리해가면서 지루하던 업무와는 달리 재미도 있었습니다. 특히 통신이론과 이동통신 부분은 대학 때 흥미롭게 공부했고, 당시의 실무 분야이기도 해서 즐겁게 수업을 들었습니다. 그래서인지 수업은 빠지지 않고 들었고 이내 시험을 칠 수 있을 것이라 생각이 들어, 수업을 들은 지 몇 개월이 되지 않아 시험을 쳤습니다만, 부족함만을 깨닫게 되었습니다. 아침부터 오후까지 장시간 자리에 앉아 있기도 힘든데, 생소하거나 깊이 있게 출제된 문제들은 기본 이론만으로는 10문제, 4문제, 4문제, 4문제의 답안을 채울 수조차 없었습니다.

첫 시험 이후, 역시 어려운 시험임을 깨닫고 폭넓게 공부를 하고자 하였으나, 지방에서 근무를 하게 되면서 혼자 공부를 하게 되었습니다.

좌절들, 하지만 꾸준함, 기다림, 사람들

공부를 하던 당시의 지방은 서울, 수도권과는 달리 상당히 열악한 공부 인프라(학원, 스터디, 기술사 멘토) 환경이었습니다. 처음에는 혼자 공부를 계속 하였으나, 시험장에서 같이 시험을 치면서 만난 분들과 스터디를 하게 되었습니다.

처음에는 의욕적으로 모여 스터디를 진행했지만 당시 기술사 합격자가 없던 지방 상황이라 좋은 멘토를 만날 수 없었습니다. 덕분에 혼자 공부했을 때보다 더 많이 공부를 하는 기분이었지만 시험 점수는 점점 더 떨어지는 것이었습니다. 6개월마다 주말을 쉬지 않고 스터디를 했지만 점수가 더 떨어지자 한편으로는 포기를 할까 생각도 했지만, 서점에 가면 정보통신, 기술사 키워드를 찾고 있는 자신을 보면서, 그리고 함께 해온 스터디원들에 힘을 얻어 이내 다시 스터디를 하게 되었습니다. 이후에도 비록 여러 시행착오를 거치긴 했지만, 좋은 스터디원들과 꾸준히 공부하며 매년 2번씩 시험을 쳐온 덕분인지 무사히 합격을 하게 되었습니다.

마침내 다가온 소중한 합격

자랑은 아니지만 공부를 시작한 이후 합격에 이르기까지 일반적인 경우보다 훨씬 오랜 기간 어렵게 수많은 시행착오를 거쳤다고 생각합니다. 그럼에도 합격을 할 수 있었음은 이렇게나 특별한 재능이 없는 사람도 기술사가 될 수 있다는 것을 증명하는 것이라 생각됩니다.

제가 시행착오를 거치며 얻게 된 기술사 수험에서의 가장 중요한 팁은 다음과 같습니다.

1. 끈질긴 인내심

물론 빨리 합격을 할 수 있으면 좋지만, 기술사 시험은 단기간에 합격하기는 매우 어려운 시험입니다. 따라서 조급함보다는 기다림, 인내심을 가져야 한다고 생각합니다. 한 번의 시험 점수에 일희일비하지 말고 꾸준히 공부를 하다보면 언젠가는 합격이 찾아올 것입니다.

2. 스터디

특히 정보통신 기술사는 혼자 공부하기에는 분량과 범위가 너무 방대합니다. 다양한 주제에 대해 꼼꼼히 공부하고, 실무를 경험하기에는 너무 어려우므로 스터디원들끼리 도움을 주고받으며 공부 분량을 나누어야 합니다. 그리고 답안의 채점을 자신이 하는 것이 아닙니다. 다른 스터디원을 이해시킬 수 있는 답안이면 채점자를 설득할 수 있을 것입니다.

3. 좋은 멘토

조금이라도 시행착오를 줄이기 위해서는 좋은 멘토를 만나야 합니다. 멘토인 선배 기술사님의 성공의 노하우와 실패의 경험에 귀를 기울이면서 자신만의 공부 방법을 점검한다면 충분히 빨리 합격을 할 수 있을 거라 생각합니다.

마지막으로, 기나긴 수험 기간 동안 참고 견뎌줬던 가족과, 가족만큼이나 오랜 시간 함께 동고동락한 스터디원들, 기술사님들께 감사 인사를 드립니다. 그리고 기술사 시험에 도전하시는 분들도, 꾸준함과 인내심을 믿으신다면 언젠가는 정보통신 분야의 인정받는 기술사가 되어 있으리라 의심치 않습니다. 감사합니다.

조응영

합격을 갈망하는 간절한 눈빛

"눈물을 흘리며 씨를 뿌리는 자는 기쁨으로 거두리로다(시편 126:5)"

서론

우리는 인생을 살면서 주위에서 실패하는 인생을 살다가 비참한 노후를 맞이하는 사람, 나름대로 성공을 하여 주위의 부러움을 사는 사람 등 다양한 인간 군상의 모습 속에서의 성공한 삶과 실패한 삶에 대해 고민을 합니다.

그 과정에서 우리는 "기회"라는 화두를 얻게 되고 그 "기회" 는 누구에게나 공평하게 주어지지 않는다고 생각을 하며 삶을 살아갑니다. 하지만 우리는 이렇게 불공평한 세상에서 우리에게 주어지는 그 몇 번 되지 않는 소중한 기회조차 알아보지 못해 떠나보내기도 하고 기회가 나에게로 와서 문을 두드리며 문을 열어 달라고 하여도 나의 것으로 만들지 못하여 다른 사람에게 떠나보내야만 했던 아픈 상처를 안고 살고 있습니다.

이러한 삶 속에서 저는 미리 준비한 사람만이 혜안을 갖게 되어 그 "기회"라는 녀석을 알아 볼 수 있으며 나의 앞을 지나가고 있을 때 손을 뻗어 그 기회를 움켜쥘 수 있다는 것을 알게 되었습니다.

그럼 무엇을 준비할 것인가? 여기서 나의 고민은 또다시 심연의 바닥으로 떨어졌고 한동안 박사학위, 유창한 외국어, 회사에 충성하기, 공인중개사 자격증 등등의 명제로 기나긴 고민의 터널에서 해매이게 되었습니다.

저는 여기서 지금까지 10년 이상의 나의 회사경력이 뿌리가 되어야 한다는 것을 원칙으로 삼고 범위를 좁혔고 그 결과 저는 인생의 거대한 바다에서 "정보통신기술사" 라는 거대한 대어를 낚기로 결정하였습니다.

본론

1. 공부이력 및 취득 점수

1) S 정보통신 학원 기초반 수강 6개월: 15점(2교시 까지 점수)

2) S 정보통신 학원 심화반 수강 및 스터디 참여 6개월: 43점, 45점

3) 독학 2년(단순 암기): 45.8점 46.3점, 47점, 48점

4) "손에 잡히는 ICT" 스터디 참여 3회 1년 6개월: 49점, 53점, 59점

5) K 학원 파이널반 참여 (스터디는 참여안함) 6개월: 60.2점 합격

2. 핵심 합격 노하우

(1) Self 미니테스트

59점으로 불합격 통지를 받았을 때는 정말 하늘이 무너지는 줄 알았습니다. 조금 시간이 지난 후 다른 합격자와 교시별 점수를 비교해 보니 2,3,4 교시는 차이가 없었는데 1교시에서 15점 이상 차이가 벌어져 합격과 불합격의 당락이 갈라지게 되었습니다. 이때부터 본인은 1교시 단답형 문제에 대해 집중적으로 트레이닝을 시작하였습니다. 시험 2개월 전부터는 100분 단답형 Self 미니테스트를 주 2회 실시 하였고 시험 1개월 전부터는 매일 100분 단답형 Self 미니테스트를 실시하였습니다.

외울 것도 많고 마음도 급하지만 하루 3시간 공부시간 중 미니테스트 100분, 정리 20분을 무조건 투자하고 나머지 한 시간은 그림연습을 하였습니다.

암기는 스캔한 서브노트를 Tablet PC에 저장해 출퇴근 시간 버스에서 집중적으로 하였습니다. 공부시간의 2/3 이상은 암기가 아닌 미니테스트와 그림에 투자한 샘입니다.

결국 이 전략은 성공하여 1교시의 경우 당해 필기 합격자중 최고로 높은 점수를 받았습니다.

(2) 악필 탈출

수년 공부의 결실인 서브노트를 자랑스럽게 아내에게 보여주자 아내의 첫 마디는 "이게 뭐야? 뭐라고 쓴 거야? 읽을 수가 없잖아!"였습니다. 아내의 말을 듣고 화도 났지만 결국 아내의 지적이 옳다는 생각이 들었고 바로 서

점에서 글씨교정 책을 구매해서 글씨 연습을 시작하였습니다.

매일 책상머리에 앉아 공부를 시작하기 전 30분 정도 악필교정을 위해 구입한 교재로 글씨 연습을 하였습니다. 특히 직장에서 짬짬이 시간이 날 때의 글씨연습은 다른 직원의 눈치를 보지 않아도 돼서 사무실에서도 글씨 연습을 자주 하였습니다.

3개월 정도 거의 매일 교본을 따라서 글씨 연습을 지속적으로 한 결과 글씨체는 완전히 변화되었고 답안지도 보기 좋게 작성이 가능해 졌습니다.

합격 후 다른 수험생들의 시험지를 채점해줄 기회가 있었는데 "보기 좋은 떡이 먹기도 좋다" 고 글씨체가 보기 좋고 읽기 편하면 악필인 답안지 보다는 아무래도 경쟁력(?)을 갖는 것은 부정할 수 없는 사실입니다.

(3) 화가가 되자 !!!

삐뚤삐뚤하고 성의 없는 그림은 악필과 더불어 채점자의 채점의지(?)를 꺽어 버리는 요소라고 생각합니다. 결론을 말씀드리면 "답안에서의 그림은 연습하지 않으면 결코 그릴 수 없다" 입니다. 그리고 단답형의 경우 1개, 서술형의 경우 2개 이상 반드시 그림이 포함 되어야 하며 눈금자를 이용하여 그림을 보기 좋게 그리고 채점자가 그림만 보고 설명을 읽어보지 않아도 내용을 한 번에 이해할 수 있도록 그림을 그리는 것을 목표로 잡으셔야 합니다. 더불어 수험생들이 모두 그리는 그림이 아닌 나만의 차별화된 그림이 합격의 지름길이기에 평소 공부과정에서 암기도 중요 하지만 차별화된 그림의 준비도 매우 중요한 요소입니다.

본인은 학원에서의 미니테스트와 실제 수험장에서의 그림을 다르게 적용하여 나름대로 보안(?)도 유지했습니다.

결론

정보통신 기술사 합격의 길은 다른 사람과의 경쟁이 아닌 나와의 치열한 싸움이며 겸손함을 잃는 순간 모든 것을 잃게 됩니다. 끝가지 초심을 잃지 않고 포기하지 않는다면 지금 이글을 읽고 계시는 예비기술사님은 정보통신 기술사 자격증을 움켜쥘자격이 있습니다.

합격의 영광을 나의 아내와 두 아이들에게 바칩니다.

찾아보기

ㄹ

ㅁ

ㅂ

ㅅ

ㅊ

ㅋ

ㅌ

M

N

O

P

W

X

Z

손에 잡히는 ICT 2.0 1st

2018년 3월 30일 초판 인쇄

2018년 4월 05일 인쇄 발행

저　　자 박영철 • 장기천 • 최원태 • 이치문
유가람 • 조응영 • 노조원 • 박종화

발 행 인 송기수

발 행 처 도서출판 GS인터비전

편 집 처 도서출판 GS인터비전

인 쇄 처 대명프린팅

등록번호 제 25100-2016-000050 호

I S B N 979-11-5576-231-8(94560)
979-11-5576-230-1(세트)

주　　소 서울 은평구 증산로 15길 69 2층

전　　화 02-976-7898, 02-3272-7898.

팩　　스 02-6468-7898

홈페이지 gsintervision.co.kr

E-Mail gsinter7@gmail.com

정 가 60,000원